高等学校生物工程专业教材

生物化学

（第二版）

马 霞 魏述众 主 编
陈丽花 丁 伟 副主编

中国轻工业出版社

图书在版编目（CIP）数据

生物化学/马霞，魏述众主编.—2版.—北京：中国轻工业出版社，2020.8
高等学校生物工程专业教材
ISBN 978-7-5184-3063-5

Ⅰ.①生… Ⅱ.①马…②魏… Ⅲ.①生物化学—高等学校—教材 Ⅳ.①Q5

中国版本图书馆CIP数据核字（2020）第114009号

责任编辑：钟 雨　　　　责任终审：白 洁　　整体设计：锋尚设计
策划编辑：钟 雨 江 娟　责任校对：吴大鹏　　责任监印：张 可

出版发行：中国轻工业出版社（北京东长安街6号，邮编：100740）
印　　刷：三河市国英印务有限公司
经　　销：各地新华书店
版　　次：2020年8月第2版第1次印刷
开　　本：787×1092 1/16 印张：29.25
字　　数：726千字
书　　号：ISBN 978-7-5184-3063-5 定价：68.00元
邮购电话：010-65241695
发行电话：010-85119835 传真：85113293
网　　址：http://www.chlip.com.cn
Email：club@chlip.com.cn
如发现图书残缺请与我社邮购联系调换

191187J1X201ZBW

第二版前言

发酵工程专业《生物化学》第一版教材（以下称"原教材"），自1993年出版以来，被广泛用作轻工院校及工学院、商学院的生物化学课程教材，还被十余所院校定为硕士研究生招生入学考试指定参考教材。本书第一版至今仍在重印，受到读者普遍欢迎。原教材也受到国内、外知名专家的赞许，认为该教材是"适宜的"。截至2019年已重复印刷16次。

随着高等教育教学改革的发展，"发酵工程专业"现更名为"生物工程专业（工学）"，专业内涵宽了，对课程设置、教学提出了新的要求。生物化学课程作为专业的主干基础课，原教材内容的深度和广度等方面都有不足之处，需要就一些内容和要求进行调整和完善，还要考虑与其他课程协调。

工学生物化学教材与经典普通生物化学或医学、农学等有关专业的生物化学教材出发点都有区别，经典生物化学是站在学科的前沿，必须具有学科的完整性、先进性，体现学科各分支领域的新成就、新技术。工学生物工程专业生物化学教材是为生物相关的非生物类专业教学服务的，应立足生物化学基本理论和基本概念，侧重专业所需，强调生化原理在生产实践中的应用。

此次修订变动较大的内容有①增加功能性糖和次生物质代谢调节的内容；②兼顾营养生物化学、加工生物化学及生物化工的内容；③重新绘制部分图、表，修改了错别字、符号及语言表达不通顺的地方。书中楷体字内容可供学生自学参考。

马霞、魏述众
2020年4月

前言（第一版）

本书是轻工高等院校工业发酵专业教材委员会统一组织编写的教材之一，是工业发酵专业本科"生物化学"的教学用书，也可作为本专业专科及成人教育的教材。

本书取材以突出专业的实际需要为特点，着重阐述了生物化学的基础理论、基本概念、物质代谢和能量代谢的基本规律及其与轻工发酵生产的关系，适当反映了生化领域中比较成熟的有关应用研究成果，以及与本专业有关的新动向。本书不是压缩饼干式的写法，各章内容繁简不一，该详则详，该简则简。

教材内容的组织，注意了系统性和逻辑性，附加了一些必要的指导学习的内容。例如每章开始有学习指导，章后有习题和主要参考书。学习指导说明了本章内容的地位，编写宗旨和教学要求，并根据大纲，把学习要求分为掌握和了解两个层次，希望能起到沟通编者与读者思路的作用。书中用小体字编入了一些参考性内容，作为自学参考。

全书共分十四章，编写分工是：绪论、糖类化合物、蛋白质、维生素及辅酶、代谢总论、生物氧化、糖代谢、脂类及脂代谢由魏述众编写，核酸、生物膜的结构与功能、核酸降解及核苷酸代谢由年燕兰编写，酶由王玉华编写，核酸与蛋白质的生物合成及基因工程由年燕兰、高祖泉合写，蛋白质降解及氨基酸代谢由王玉华、年燕兰合写，微生物的代谢调节由魏述众、王玉华合写。

编写工作承轻工高等院校工业发酵专业教材委员会主任伦世仪教授、顾国贤教授的关心和支持，高焕春教授除主审了全部书稿之外，还对编写大纲提出了宝贵的指导性建议，山东大学江伯英教授对糖类化合物，高东教授对微生物的代谢调节等章提出了重要的指导性意见。张曰亮同志誊清了大部分书稿，在此一并表示衷心感谢。

由于编者水平所限，书中问题和错误在所难免，敬请提出批评纠正。

编　者

目　录

绪论 ··· (1)
　　学习指导 ··· (1)
　　习题 ··· (6)

第一章　糖类化合物 ··· (7)
　　学习指导 ··· (7)
　　第一节　概述 ··· (7)
　　第二节　单糖的结构和性质 ··· (9)
　　第三节　重要的寡糖 ··· (20)
　　第四节　几种重要的植物多糖 ·· (24)
　　第五节　几种经济微生物多糖 ·· (34)
　　第六节　活性多糖 ·· (38)
　　习题 ··· (40)
　　参考文献 ··· (40)

第二章　脂类化合物 ··· (42)
　　学习指导 ··· (42)
　　第一节　概述 ··· (42)
　　第二节　简单脂质 ·· (44)
　　第三节　复合脂质 ·· (48)
　　第四节　衍生脂质 ·· (50)
　　习题 ··· (51)
　　参考文献 ··· (51)

第三章　蛋白质 ·· (53)
　　学习指导 ··· (53)
　　第一节　概述 ··· (53)
　　第二节　氨基酸 ·· (57)
　　第三节　蛋白质分子的一级结构与功能 ··· (73)
　　第四节　蛋白质分子的空间结构与功能 ··· (80)
　　第五节　蛋白质的重要理化性质 ··· (92)
　　第六节　蛋白质相对分子质量的测定 ·· (99)
　　习题 ··· (103)
　　参考文献 ··· (104)

第四章　核酸 (105)
学习指导 (105)
第一节　概述 (105)
第二节　核酸的组成 (106)
第三节　DNA 的结构 (110)
第四节　RNA 的结构 (114)
第五节　核酸及核苷酸的性质 (118)
第六节　核酸的分离提取和纯化 (123)
习题 (124)
参考文献 (125)

第五章　维生素与辅酶 (126)
学习指导 (126)
第一节　概述 (126)
第二节　水溶性维生素及有关辅酶 (126)
第三节　脂溶性维生素 (139)
习题 (144)
参考文献 (144)

第六章　酶 (145)
学习指导 (145)
第一节　概述 (145)
第二节　酶催化作用的特点 (146)
第三节　酶的命名与分类 (148)
第四节　酶分子的组成与结构 (151)
第五节　酶催化作用的机制 (155)
第六节　酶促反应动力学 (158)
第七节　酶活力测定 (170)
第八节　酶的分离、纯化 (175)
第九节　固定化酶 (180)
习题 (186)
参考文献 (187)

第七章　生物膜的结构与功能 (188)
学习指导 (188)
第一节　细胞膜和胞内膜 (188)
第二节　生物膜的化学组成和结构 (195)
第三节　生物膜的物质运送功能 (203)
习题 (207)

参考文献 ··· (208)

第八章　代谢总论 ··· (209)
　　学习指导 ··· (209)
　　第一节　新陈代谢的有关概念 ··· (209)
　　第二节　代谢的发生过程 ·· (211)
　　第三节　中间代谢的实验研究方法 ··· (214)
　　第四节　微生物的代谢特点及其与发酵生产的关系 ··· (218)
　　习题 ··· (219)
　　参考文献 ··· (219)

第九章　生物氧化 ··· (221)
　　学习指导 ··· (221)
　　第一节　概述 ·· (221)
　　第二节　生物氧化中的能量问题 ··· (223)
　　第三节　生物氧化酶类 ··· (228)
　　第四节　生物氧化体系 ··· (232)
　　第五节　呼吸链及氧化磷酸化 ·· (235)
　　第六节　生物氧化中 CO_2 的生成 ·· (245)
　　习题 ··· (248)
　　参考文献 ··· (249)

第十章　糖代谢 ·· (250)
　　学习指导 ··· (250)
　　第一节　多糖的酶促降解 ·· (250)
　　第二节　葡萄糖的酵解（EMP 途径） ··· (257)
　　第三节　葡萄糖的有氧分解代谢 ··· (269)
　　第四节　单磷酸己糖支路（HMP 途径） ··· (283)
　　第五节　磷酸解酮酶（PK）途径 ··· (287)
　　第六节　脱氧酮糖酸途径（ED 途径） ·· (289)
　　第七节　葡萄糖分解代谢途径的相互联系 ·· (291)
　　第八节　糖异生作用 ·· (294)
　　习题 ··· (298)
　　参考文献 ··· (299)

第十一章　脂类代谢 ··· (301)
　　学习指导 ··· (301)
　　第一节　甘油三酯的分解代谢 ·· (301)
　　第二节　脂肪酸和甘油三酯的生物合成 ··· (307)

第三节　甘油磷脂的生物合成 ……………………………………………… (318)
　　习题 …………………………………………………………………………… (320)
　　参考文献 ……………………………………………………………………… (320)

第十二章　蛋白质的降解与氨基酸代谢 …………………………………… (321)
　　学习指导 ……………………………………………………………………… (321)
　　第一节　氮源与氨基酸库 …………………………………………………… (321)
　　第二节　蛋白酶类及蛋白质的酶促水解 …………………………………… (323)
　　第三节　氨基酸分解代谢的公共途径 ……………………………………… (326)
　　第四节　氨基酸的合成代谢 ………………………………………………… (337)
　　第五节　发酵生产谷氨酸的生物化学机制 ………………………………… (348)
　　第六节　糖、脂肪、蛋白质代谢的相互联系 ……………………………… (350)
　　习题 …………………………………………………………………………… (352)
　　参考文献 ……………………………………………………………………… (352)

第十三章　核酸降解及核苷酸代谢 …………………………………………… (354)
　　学习指导 ……………………………………………………………………… (354)
　　第一节　核酸的酶促降解 …………………………………………………… (354)
　　第二节　核苷酸的分解代谢 ………………………………………………… (356)
　　第三节　核苷酸的合成代谢 ………………………………………………… (358)
　　习题 …………………………………………………………………………… (365)
　　参考文献 ……………………………………………………………………… (366)

第十四章　核酸与蛋白质的生物合成及基因工程 …………………………… (367)
　　学习指导 ……………………………………………………………………… (367)
　　第一节　DNA 的生物合成 ………………………………………………… (368)
　　第二节　RNA 的生物合成 ………………………………………………… (374)
　　第三节　蛋白质的生物合成 ………………………………………………… (380)
　　第四节　基因突变和 DNA 损伤的修复 …………………………………… (388)
　　第五节　基因工程 …………………………………………………………… (393)
　　习题 …………………………………………………………………………… (399)
　　参考文献 ……………………………………………………………………… (399)

第十五章　微生物的代谢调节 ………………………………………………… (400)
　　学习指导 ……………………………………………………………………… (400)
　　第一节　概述 ………………………………………………………………… (400)
　　第二节　细胞结构对代谢途径的分隔控制 ………………………………… (403)
　　第三节　酶活性调节机制 …………………………………………………… (404)
　　第四节　酶量调节机制 ……………………………………………………… (414)

第五节　分支合成代谢途径的几种反馈调节模式 …………………………（426）
第六节　能荷对糖代谢的调节及巴斯德效应的解释 …………………………（432）
第七节　代谢控制与发酵工业生产 ……………………………………………（433）
习题 ………………………………………………………………………………（454）
参考文献 …………………………………………………………………………（455）

绪　　论

学习指导

了解生物化学的含义及学科的形成，建立学习生物化学的思维体系是非常重要的。

一、生物化学的涵义

生物化学是关于生命的化学，或者说是关于生命的化学本质的科学。它是以研究生物体的化学组成、生命物质的结构和功能、生命过程中物质变化和能量变化的规律以及一切生命现象（例如，生长、发育、运动、呼吸、遗传、变异、衰老、生命起源等）的生物化学原理为基本内容的科学。

生物化学涉及的范围很广，学科分支越来越多。以所研究的生物对象之不同，可分为动物生物化学、植物生物化学、微生物生物化学、昆虫生物化学和临床生物化学等。随着生物化学向纵深发展，学科本身的各个组成部分常被作为独立的分科，如蛋白质生物化学、糖的生物化学、核酸、酶学、能量代谢及代谢调控等。现代科学中非常引人注目的分子生物学，可视为以研究生物大分子的结构与功能为主要内容的现代生物化学的前沿学科。

二、学科的形成和发展

生物化学是一门新兴学科，是20世纪早期在有机化学、生理学、医学等学科的基础上形成的一门边缘学科。

早在史前，人类就已经在生产、生活和医疗等方面积累了许多与生物化学有关的实践经验。我们的祖先在公元前22世纪就用谷物酿酒；公元前12世纪就会制酱、制饴；公元7世纪，孙思邈就用车前子、杏仁等中草药治疗脚气病，用猪肝治疗夜盲（雀目）症等。然而，人们对生命的化学本质的认识却很晚，直到18世纪中后期才有所发现。例如，18世纪70年代，Scheele从动、植物材料中分离出甘油及柠檬酸、苹果酸、乳酸、尿酸等有机物。18世纪80年代，Lavoisier发现呼吸作用吸入氧气（O_2），呼出CO_2，证明了呼吸就是氧化作用。他还证明了酒精发酵本质上是一系列的化学反应过程。

19世纪，对生命现象开展了比较广泛的研究，对生命的化学本质的认识有了许多重大进展，为生物化学学科的形成奠定了基础。例如，1810年Gay-lussac推导出了酒精发酵的反应式；1833年Payen分离出麦芽淀粉酶；1838年施莱德-施旺提出了细胞学说。19世纪50年代Pasteur证明了酒精发酵是微生物引起的，排除了发酵自生论。19世纪60年代，德国生理化学家Hoppe-Seyler得到了蛋白质结晶——血红蛋白；Mendel发表了豌豆杂交试验；Miescher发现核酸等。此后，Altmann对线粒体进行了多方面的研究，Fischer等对酶的催化作用机制进行了早期的研究。1877年，Hoppe-Seyler首次提出"Biochemie"（生物化学）这一名词，并创办了《生理化学》杂志。从此，随着生产和研究工作的发展以及教学工作的需要，生物化学的有关内容才从有机化学、生理学、医学等学科中独立出来，逐渐形成了现在这样一门以生物功能为轴心的理论体系独特的边缘学科。应当说，发酵和医学研究对生物化学的发展，无论是在生物化学的早期，还是在现代生物化学研究中，都是重要的动力。特别值得提出的是，1897年Büchner兄弟利用无细胞酵母汁液发酵蔗糖产生酒精的研究，是生物化学发展早期的一个重要里程碑。它不仅结束了关于酒精发酵机制持续了半个世纪的大论战，而且将酶学和代谢等现代生化研究引入了一个快速发展的新时期。

20世纪30年代以来，生物化学进入了快速发展的历史时期。脂肪酸氧化降解途径、糖酵解途径、三羧酸循环途径的基本化学过程都在20世纪30年代提出来了。继1926年Sumner获得脲酶结晶，证明了酶的化学本质是蛋白质之后，蛋白质分子结构和功能的研究成了学者们追逐的热点。终于，1955年Sanger首次完成了牛胰岛素分子的一级结构分析。在10年之后的1965年，我国生物化学家率先完成了结晶牛胰岛素分子的人工合成，为推动核酸、蛋白质等生物大分子的人工合成做出了重大贡献。同一历史时期，关于蛋白质分子空间构象与功能的研究，核酸大分子结构与功能的研究，生物膜的结构与功能的研究，以及生物氧化、电子传递链、辅酶及激素等方面都有突破性的研究成果。1965年Monod提出的蛋白质变构学说，对酶学和代谢调节的研究产生了积极的影响。

在20世纪50年代，由于放射性同位素标记追踪实验用于代谢研究，以及酶抑制剂的使用和微量分析技术的进步，科学家们阐明了关于氨基酸、嘌呤、嘧啶、脂肪酸和萜类化合物等许多物质的生物合成和酶促降解途径。进入20世纪80年代世界新的工业革命浪潮以来，各国政府对生物技术和新材料都倍加重视，分子生物学研究成了最受青睐的学术领域之一。酶工程、遗传工程、细胞工程、发酵工程等生物工程技术都得到了迅速发展。其中，DNA重组技术已成为当代最突出的科学成就之一。

自1944年Avery用肺炎球菌转化实验证明了核酸是遗传的物质基础之后，Watson和Crick于1953年提出了DNA双螺旋结构模型，奠定了分子遗传学的理论基础。1967年Weiss发现了T_4噬菌体DNA连接酶，R. Yuan发现了DNA限制性内切酶。这些发现为研究核酸大分子结构和功能找到了自由切割和重组的工具。在此基础上，1977年Sanger完成了由5375个核苷酸组成的ΦX174DNA一级结构分析。这些成果和方法，以及原核细胞代谢调控机制的研究成果为进行遗传物质结构和功能的研究，为基因分离、体外重组和体内表达创造了条件。通过重组技术，可将亲缘关系很远的外来基因引入细胞，从而实现了定向改造微生物的DNA分子，创造出具有新的遗传性状的新物种的愿望。生物化学研究把人们认识自然、改造自然的能力发展到了一个自由度更大的新阶段。

三、本课程的内容组成

本教材是生物工程、食品科学与工程、制药工程等工学专业及其他生命科学相近专业教学用书，属于普通生物化学的范畴，其内容以介绍生物界普遍存在的化学物质和共同遵循的基本代谢规律为主，偏重于微生物生物化学。课程内容主要由以下四部分组成。

1. 生物体的化学组成

生物机体的化学组成非常复杂，从无机物到有机物，从小分子到各种生物大分子，应有尽有。除了各种无机盐和水之外，大多数生物物质是由下面30种小分子前体物质构成的。有人将这30种前体物质称为生物化学的字母表。

（1）20种氨基酸　氨基酸是组成所有蛋白质分子的单体，也参与许多其他结构物质和活性物质的组成。

（2）5种芳香族碱基　2种嘌呤（腺嘌呤和鸟嘌呤）和3种嘧啶（胞嘧啶、尿嘧啶和胸腺嘧啶）分别参与核苷酸的组成。核苷酸是DNA和RNA分子的前体，也是核苷酸类辅酶和高能磷酸化合物ATP等三磷酸核苷酸的前体。

（3）2种单糖　D-葡萄糖是植物光合作用的主要产物，也是多糖化合物的主要单体分子。D-核糖是核苷酸的组成成分。

（4）脂肪酸、甘油和胆碱　它们是脂肪和类脂质的组成成分。类脂质中，磷脂分子是组建生物膜双层脂质的基本物质。

由以上单体分子或它们的衍生物为基本成分组成的糖类、脂类、蛋白质、核酸以及对代谢起催化和调节作用的酶、维生素和激素，通常被称为生物化学中的四大基本物质和三大活性物质。在生物化学中，研究这些生物物质的结构、性质和功能的内容被称为静态生物化学。书中的第一章至第七章属于静态生物化学方面的内容。

2. 代谢的研究

新陈代谢是生命的基本特征。在生物化学中，关于代谢的内容称为动态生物化学。代谢是生物体与外界的物质交换过程，是活细胞进行的复杂的系列酶促反应过程，包括同化作用和异化作用。同化作用是生物体利用外来营养物质转化为自身有机物质的过程；异化作用则是生物机体中原有的有机物质分解并转化为环境中物质的过程。同化和异化作用过程的化学反应可分为氧化还原反应、基团转移反应、水解反应、裂解反应、异构反应和合成反应。动态生物化学以代谢途径为中心，研究物质在细胞内的变化规律及其伴随发生的能量变化。书中第八章至第十二章属于动态生物化学方面的内容。

3. 遗传的分子基础及代谢调节

生物性状之所以能代代相传，是靠核酸和蛋白质作为物质基础。DNA是遗传信息的载体，通过DNA分子半保留复制，将遗传信息传递给子代细胞，再通过蛋白质生物合成，将生物的遗传性状表达出来。生物体内的化学变化，就反应性质的复杂性、产物的多样性和生产组织调控的严密性来说，是任何现代化大工厂所不能比拟的。从20世纪60年代以来，现代生物化学研究正在逐渐揭示生物体代谢调节机制的秘密，所取得的成果已经对微生物育种和发酵生产产生着巨大的影响。第十四章和第十五章介绍这方面的基本知识。

代谢调控理论是新型发酵生产的主要理论依据，它可以指导从微生物变异群落中定向选育所需要的菌种，可以指导提高发酵产量的技术措施。特别在抗菌素、氨基酸、核苷酸、酶制剂、单细胞蛋白等新型发酵领域，若没有代谢调控理论的指导，则难以实现生产目标。

4. 生物化学实验

生物化学是一门实验学科，生物化学理论本身就是通过实验研究发展起来的。新技术的应用往往成为生物化学理论发展的关键。如1940年瑞典Svedberg发明的超速离心技术，使生物化学分离制备技术达到了新水平，特别是成功地分离纯化了细胞亚显微结构，推动了生物化学反应定位研究的进程。1937年Tiselins发明了电泳技术，20世纪40年代英国化学家 Martin 等发明了纸上层析，都为生物化学研究做出了重大贡献。Sanger 对胰岛素的顺序分析主要是依靠纸上层析技术完成的。如今，色层分析技术已经发展成多门类、多形式、高灵敏度的分析技术大家族，在科研、生产等各种实践领域发挥着重要作用，它不仅用于分析测定，还可用于生物化学物质分离制备，新近出现的氨基酸自动分析仪、核苷酸自动分析仪等各种自动化色谱分析仪器都是传统色层分析技术的改进和发展。可以说，如果没有同位素标记追踪技术，代谢途径的探索会更加困难；没有 20 世纪 60 年代发现的限制性内切酶和连接酶，也就没有 DNA 重组技术。仅从这几个简单的例证就可以领略到生物化学实验技术在生物化学研究工作中的重要地位。

因此，生物化学实验是生物化学课程内容的重要组成部分。通过实验教学，既学知识又学技术，还会受到实验室工作的基本训练，培养动手能力。理论和技术都很重要，相辅相成，前者是提高认识水平和分析能力的基础；后者是实际工作能力的表现，是解决问题、进行生产和科研实践的必要条件，两者不可偏废。

四、为什么要学习生物化学

生物化学既是由多学科共同孕育形成并发展起来的边缘学科，又是生物及医学、农学等各学科必不可少的基础学科；既是在理论和技术方面都有很大影响的带头学科，又是涉及面很广的应用学科。无论就其在自然科学中的地位来看，还是从其在国民经济建设中的作用来看，都是十分重要的一门科学。正如 1953 年 Watson 和 Crick 提出 DNA 分子双螺旋结构模型，对生物学、遗传学、医学、农学，从理论到实践所产生的深刻影响那样，生物化学研究成果的意义远远超出对生命本身的认识。

对生物工程、食品科学与工程、制药工程等工学专业及其他生命科学相关专业来说，在了解生物化学学科先进性的基础上认识生物化学的基础性和实用性，具有更为现实的意义。

（1）生物化学是必不可少的基础　发酵工程是用工程手段大规模培养微生物，利用其代谢活动积累发酵产品，进而进行分离提取的工业生产。工程设备和微生物菌种是构成发酵工程技术的基本要素。微生物代谢和代谢产物的分离提取是发酵工程的基本生产过程。因此，学习生物化学，研究微生物的代谢规律及生理特点，了解积累发酵产品的最佳工艺条件及产品的理化性质和分离纯化方法，才能成功地指导发酵生产。

不同微生物，同样是利用淀粉质原料进行发酵，为什么酒精酵母产生酒精、乳酸细菌产生乳酸、黑曲霉又产生了柠檬酸？在有氮源供应的前提下，为什么有的微生物代谢糖质原料能产生并积累谷氨酸，而另一些微生物代谢烃类也能积累谷氨酸？诸如这类问题，都需要通过生物化学的研究，解释现象，阐明代谢规律。更重要的，还要利用这些代谢规律，设计超常积累产品的技术措施。

（2）生物化学是专业人才培养计划重要的基础课　专业培养计划是塑造专业技术人才的蓝图。生物化学是构成生命科学相关专业教学计划的基础主干课程之一，是相关专业技术人才知识结构的重要部分。对发酵工程专业而言，生物化学不仅是学习微生物、发酵工艺、后处理工艺等课程的基础，而且有关的生物化学知识和技术可直接应用于生产实践；静态生物化学中关于生物物质的结构、性质及分离纯化方法，是发酵分析、检验和分离提取回收产品的工艺基础；研究微生物的代谢规律，可指导微生物育种、产品开发及正确拟定发酵工艺条件，从而提高产品产量和质量。

（3）生物化学研究推动技术进步　回顾生物工程的历史，从早期的自然发酵到微生物纯种培养，到液态深层发酵，到代谢调控发酵，到酶工程、遗传工程等超微生物发酵。每个阶段的跃迁都是以生物化学理论发展为基础的。

19世纪中叶Pasteur证明了酒精发酵是酵母无氧代谢活动的产物，从而产生了发酵技术的第一次变革，以微生物纯种发酵取代了历史悠久的经验性的自然发酵。第二次世界大战期间，在对呼吸作用研究成果的基础上，出现了抗生素工业通气培养发酵，直至发展成为现在仍旧沿用的液态深层发酵技术。20世纪60年代以来，对代谢调节控制机制的研究取得了突破，很快就指导发酵工程，形成了代谢调节控制发酵技术，使正常代谢本来不能积累的中间产物实现超常积累，本来产量很低的产品大幅度提高了产量。20世纪70年代以来，以酶工程技术、DNA重组技术为代表的分子水平上的生物化学成就，正在使传统发酵工程发生更加令人振奋的根本性变革。

显而易见，生物工程与生物化学的关系是多么密切。不学习生物化学就不懂生物工程；不研究生物化学就不能推动生物工程相关技术的进步，就不能开发新的生物工程生产领域。

五、学习生物化学应注意的几个问题

（1）建立起以生物功能为轴线的思维体系　非生物学科的学员尤其需要注意这一点。因为生物化学的理论体系是以生物功能为轴线建立起来的，不同于无机化学以元素周期律为基础的理论体系；也不同于有机化学以官能团为基础的理论体系。从静态生物化学到动态生物化学都贯穿着生物功能这根轴线。静态生物化学中有些生化物质的概念就与有机化学的不同。关于分子结构与生物功能的关系更是生物化学重点讨论的内容。例如，维生素类化合物有30多种，它们的化学结构相差很大，可分别属于有机化学的醇、酸、酚、醌、醛、胺苷等化合物，因为它们在体内都有调节代谢、维持生命的作用，故同归为一类，叫作维生素。生物化学中的脂类化合物，是泛指生物合成并能被生物体利用的所有溶于有机溶剂的化合物，其成员复杂，远远超出了有机化学中酯类的范围，却又不能包括有机化学中所有的酯类化合物。酶是蛋白质，却又从蛋白质化学中独立出来，以突出研究其结构、功能和作用机理。至于各种物质在细胞内的代谢变化，都有其特定的生物功能。学习研究反应过程和代谢变化规律，要理解正常代谢与生命现象的关系，还要理解正常或非正常代谢平衡与发酵生产的关系。

（2）注意学习技巧　生物化学内容虽有静态和动态之分，但编排次序并没有固定的格式，无论怎样编排，前后内容都是平等的，但又互相联系，互相依存。前面的内容常常需要学到后面才能深入理解，学习后面的内容又离不开前面的知识。因此，学习方法上需要前挂后联，温故知新。根据经验，随学随消化，则越学越容易，否则，越学困难越大。经常复习，总结归纳，是很重要的方法。复习时要由纲到目，先粗后细，否则会觉得内容多、零乱无序、没有系统。

（3）要充分利用实验课的机会加深对生物化学理论知识的理解，学习实验研究方法，提高分析问题、解决问题和动手的能力。

习 题

1. 为什么要学习生物化学？
2. 学习"生物化学"需要什么样的思维方法？

第一章 糖类化合物

学习指导

糖类化合物是自然界中最丰富的有机物。目前，发酵工业多以糖类为主要原料。微生物多糖的发酵生产则是新兴的发酵生产领域。本章重点从发酵工程角度讨论某些重要多糖。要求：(1) 复习掌握单糖的结构和主要理化性质；(2) 掌握几种重要植物多糖的结构、功能及应用；(3) 掌握几种微生物多糖的结构、性能，并了解其生产、应用动向；(4) 了解活性多糖的功能和应用。

第一节 概 述

一、糖类化合物的概念

糖类是生物界最重要的有机化合物之一，也是与发酵工业关系最为密切的一类化合物，它广泛分布于动物、植物、微生物中。糖类含量在植物体中最为丰富，一般占植物体干重的80%左右。在微生物中，占菌体干重的10%～30%。在人和动物体中含量较少，占人和动物体干重的2%以下，但也有个别组织含糖丰富，例如，肝脏贮存糖原占到组织湿重的5%，人乳中乳糖浓度达5%～7%。核糖和脱氧核糖则存在于一切生物的活细胞中。

糖类化合物主要是由碳、氢、氧三种元素构成的。因为早期研究发现，糖分子中氢与氧的比例是2:1，正好与水分子的组成相同，故糖类有"碳水化合物"之称。分子通式表示为：$C_n(H_2O)_n$。随着研究的深入和人们知识领域的扩展，发现有些糖类分子的组成并不符合这一比例，而有些化合物分子组成符合这一比例但并不属于糖类，因此将糖类化合物称为碳水化合物并不恰当，只是历史沿用已久，现在仍常这样称呼。

糖类化合物包括单糖、单糖的衍生物及聚合物。单糖分子都是带有多个羟基的醛类或酮类，因此，糖类化合物的化学概念为：单糖是多羟基醛或多羟基酮及它们的环状半缩醛或衍生物。多糖则是由单糖缩合的多聚物，糖类化合物的生物学作用主要有：

（1）作为生物能源。

（2）作为其他物质如蛋白质、核酸、脂类等生物合成的碳源。

（3）作为生物体的结构物质。如纤维素是植物茎秆等支撑组织的结构成分，甲壳质是虾、蟹等动物硬壳组织的结构成分。

（4）糖蛋白、糖脂等具有细胞识别、免疫活性等多种生理活性功能。

二、糖的种类

根据分子能否水解,以及水解产物组成情况,可将糖类化合物分为:单糖、寡糖、多糖和复合糖四种类型。

单糖是不能再水解成更小分子的多羟基醛或多羟基酮。含醛基者常称之为醛糖,含酮基者为酮糖。结构通式都是 $C_n(H_2O)_n$。根据分子中碳原子数目可将单糖分为丙糖、丁糖、戊糖……或三碳糖、四碳糖、五碳糖……单糖中以戊糖和己糖最为重要。常见的重要单糖在第二节中介绍。

寡糖是由 2~20 个相同或不同的单糖分子缩合而成的低聚糖分子,水解时得到相应数目和种类的单糖分子。

多糖是由很多个单糖分子脱水缩合而成的生物大分子,是自然界中糖类化合物存在的主要形式,根据分子组成特点,可将多糖分为均质多糖和非均质多糖。均质多糖又称同型多糖,是由同一种单糖分子通过相同或不同的糖苷键连接而成的多聚物。例如,淀粉、纤维素、右旋糖酐,以及动物体中的糖原等都是由葡萄糖聚合成的均质多糖。非均质多糖又称异型多糖或杂多糖,是由不止一种单糖或单糖衍生物及某些非糖物质参加组成的生物大分子。例如,果胶、透明质酸、黄原胶等。它们的完全水解产物都有两种以上的单糖或单糖衍生物,以及某些非糖小分子化合物。一些多糖的组成见表 1-1。

表 1-1　　一些多糖的组成

来源 \ 类别	均质多糖		杂多糖	
	名称	组成	名称	组成
植物多糖	阿拉伯聚糖	L-阿拉伯糖	琼脂糖	β-D-半乳糖、β-3,6-脱水-L-半乳糖
	木聚糖	D-木糖	果胶	D-半乳糖醛酸及其甲酯、L-鼠李糖、L-阿拉伯糖等
	淀粉	α-D-葡萄糖	阿拉伯胶	半乳糖、L-阿拉伯糖、L-鼠李糖、葡萄糖醛酸k
	纤维素	β-D-葡萄糖		
	菊糖	β-D-果糖		
动物多糖	糖原	α-D-葡萄糖	黏多糖	己糖胺、糖醛酸、乙酰氨基葡萄糖苷
	壳多糖	2-乙酰基-β-D-葡萄糖	脂多糖	多种己糖、辛酸衍生物、糖脂等
微生物多糖	葡聚糖	α-D-葡萄糖	肽聚糖	肽、N-乙酰氨基葡萄糖、N-乙酰氨基半乳糖
	环糊精	α-D-葡萄糖	菌壁酸	磷酸葡萄糖、甘油、核糖醇、N-乙酰氨基葡萄糖
			透明质酸	β-D-葡萄糖、N-乙酰氨基葡萄糖
			黄原胶	D-葡萄糖、D-甘露糖、D-葡萄糖醛酸、丙酮等

复合多糖是糖和非糖物质共价结合成的复合物，例如，糖与脂类结合成糖脂或脂多糖，糖与蛋白质结合成糖蛋白或蛋白聚糖。糖蛋白是以蛋白质分子为主体，共价结合许多短链（2~10个糖残基）杂多糖所成的复合物。它的分子性质更接近蛋白质。蛋白聚糖则是以一种长而不分支的黏多糖为主体，在一定部位上共价结合若干肽链所形成的复合物，其糖含量超过95%，总体性质更接近黏多糖。与此类同，糖脂的组成和总体性质以脂为主体，脂多糖则以多糖为主体。

复合糖主要为动物组织中的免疫球蛋白、血型多糖、细胞膜多糖等。其生理功能多种多样，是机体不可缺少的。20世纪70年代以来，对复合糖的分离制备、结构和功能的研究取得了突破性进展，成为分子生物学研究中最活跃的领域之一，但因专业关系，书中对各种动物多糖不作进一步讨论。

多糖分子都很大，有些多糖结构稳定，不溶于水，如纤维素、甲壳质等。有些多糖能溶于水，成为胶体溶液，如褐藻胶、果胶、黄原胶等。多糖的胶体溶液具有很强的胶凝性质、黏结性和特殊的流变性，可作为黏结剂、增稠剂、赋型剂、分散剂、悬浊液稳定剂等，在食品、纺织、印染、制药、搪瓷、陶瓷、造纸、塑料、铸造、石油钻探等领域有广泛的用途。因此，从生物材料制备多糖产品，早已形成产业。如淀粉、改性纤维素、槐豆胶、加拿大树胶、各种海藻胶及它们的化学改性衍生产物等，都是历史已久的植物多糖产品。

微生物多糖是微生物在生长代谢过程中，在不同的外部条件下代谢产生的一种多糖物质。其具有植物多糖所不具备的优良性质，如生产周期短，不受季节、地域和病虫害限制，并且安全无毒、具有独特的理化性质等，具有较强的市场竞争力与广阔的发展前景。研究开发微生物多糖资源和发酵生产技术，已经成为发酵工程和微生物工作者的重要课题。本章第四、五节中将扼要讨论一些植物多糖和微生物多糖的基本知识，作为涉入该领域的基础。

第二节 单糖的结构和性质

有机化学中已经比较系统地学习了糖化学，这里仅对单糖的结构和性质进行复习性的讨论。

一、单糖的分子结构

在单糖的名称前面常常冠有符号 D- 或 L-，α- 或 β-，"+"或"-"以及"吡喃"或"呋喃"等字样。例如，α-D(+)-吡喃葡萄糖，β-D(-)-呋喃果糖等。这些符号和字样除"+"或"-"是代表旋光性之外，其余的都代表单糖分子特定的结构。D- 或 L- 代表构型，α- 或 β- 代表异头物，"呋喃"或"吡喃"则代表环状半缩醛的成环方式。熟悉这些符号的含义并掌握它们的表现方法，单糖分子结构就会一目了然。现以葡萄糖为例加以讨论。

葡萄糖的分子式为 $C_6H_{12}O_6$，其结构式的表示方法有开链结构式、环状半缩醛结构的投影式、哈沃斯透视式及构象式。

1. 葡萄糖分子的开链结构及构型

手性分子中，因有不对称碳原子，可形成互为镜像关系的两种异构体，分别用 D-型或 L-型表示，这为手性分子的两种构型。换言之，构型是手性分子由于不对称碳原子上各原子或原子团的空间排布关系所形成的立体化学结构形式。当手性分子从一种构型变为另一种构型时,需要通过共价键的断裂和再生成。

构型的划分常以甘油醛分子作为基准,单糖分子也不例外,在其开链结构式投影图中,将氧化程度高的基团(醛基或酮基)写在上方,其余碳原子依次写在下方,最下面是伯醇基(—CH_2OH),在与伯醇基相连的一个不对称碳原子上,羟基的排列方位决定单糖分子的构型。例如,葡萄糖分子的构型决定于第5个碳原子上羟基(C_5—OH)的方位。羟基在右边者为 D-型,在左边者为 L-型。自然界中的葡萄糖都是 D-型结构。

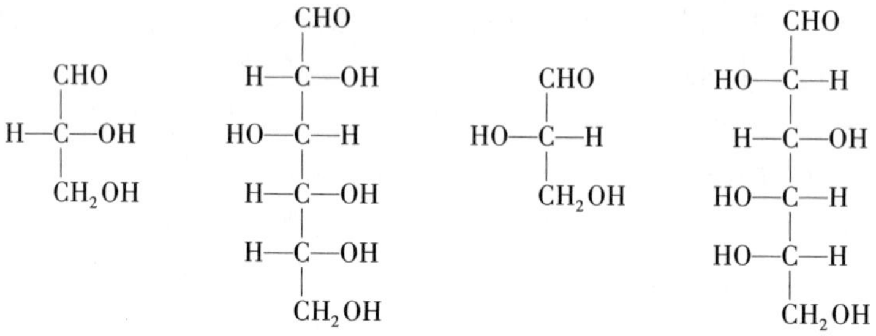

D-甘油醛　　　D-葡萄糖　　　L-甘油醛　　　L-葡萄糖

自然界中的葡萄糖都是 D-型结构。

在 D-(或 L-)甘油醛分子基础上,每增加一个不对称碳原子,都要产生两种立体结构不同的醛糖。因此,丁醛糖有 $2 \times 2 = 4$ 种;戊醛糖有 $2^3 = 8$ 种;己醛糖应有 $2^4 = 16$ 种,其中 D-型 8 种,L-型 8 种,D-葡萄糖与 L-葡萄糖仅为其中的一对镜像异构体,其余异构体是另外一些构型的己醛糖,有 D-型及 L-型的塔罗糖、半乳糖、艾杜糖、古洛糖、甘露糖、阿卓糖及阿洛糖。

己酮糖分子有 3 个不对称碳原子,故有 8 种异构体,分别成 4 对镜像异构体。

由丙糖到己糖的构型谱系如图 1-1,图 1-2 所示。

含不对称碳原子的化合物有一个重要的物理性质,即能够使透过其水溶液的平面偏振光的振动平面发生偏转,即所谓旋光性。一种化合物的 D-型与 L-型异构体的旋光方向不同,因此又称其为旋光异构体。能使偏振光平面发生顺时针方向偏转者,称为右旋,用"+"号表示;发生逆时针方向偏转者,称为左旋,用"-"号表示。旋光性与 D-或 L-构型没有必然联系,例如 D-葡萄糖是右旋糖(+),D-果糖则为左旋糖(-)。但是,同一种化合物的 D-型和 L-型异构体旋光方向相反,比旋光度(见单糖的性质)相同。当其 D-型和 L-型等量混合时,旋光互相抵消,这种现象称为外消旋。外消旋产品用 DL-表示。

2. 葡萄糖分子的环状结构和 α- 或 β- 型异头物

研究发现,葡萄糖的一些物理化学性质与其开链分子结构不符,它不具有醛类的某些典型反应性能。例如,不能使被 H_2SO_3 漂白了的品红呈现红色;不能与 $NaHSO_3$ 起加成反应;仅与一分子醇成半缩醛反应,不能与两分子醇成缩醛反应。据此,1893 年 E. Fischer 提出了葡萄糖分子的投影式环状结构,认为其醛基不是游离的,而是与分子中的醇羟基(—OH)发生加成反应,分子环化成为环状半缩醛结构式。醛基可与 C_4—OH 成氧桥结合,形成五元环,也可与 C_5—OH 结合形成六元环。因为所形成的含氧五元环和六元环分别与呋喃环和吡喃环相似,因此,葡萄糖有呋喃型和吡喃型之分:

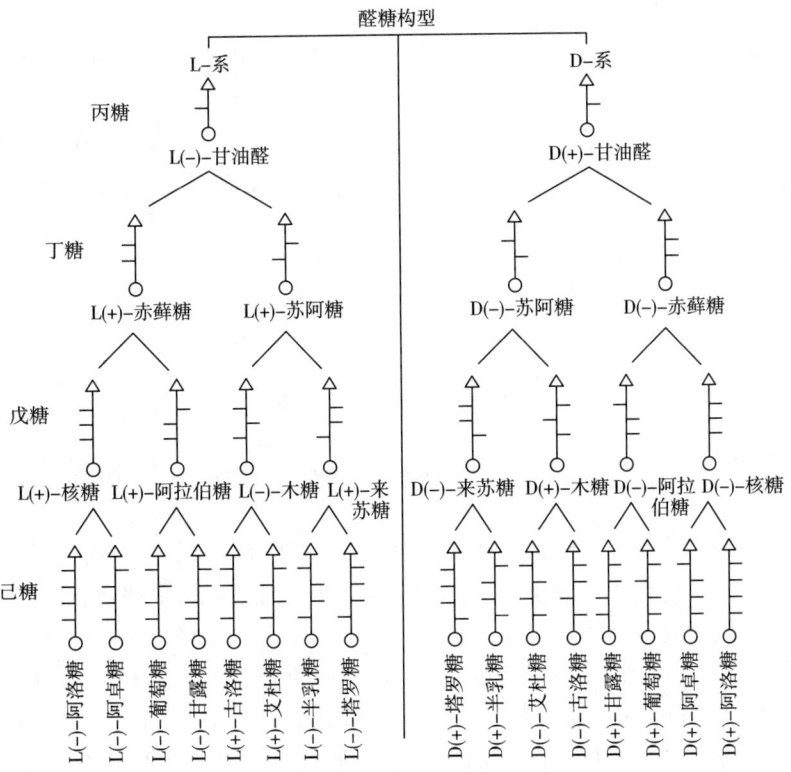

图 1-1　醛糖的构型谱系

简化的开链分子结构式中"△"代表醛基，"—"表示碳链及不对称碳原子上 —OH 的方位，"○"表示伯醇基（—CH$_2$OH）

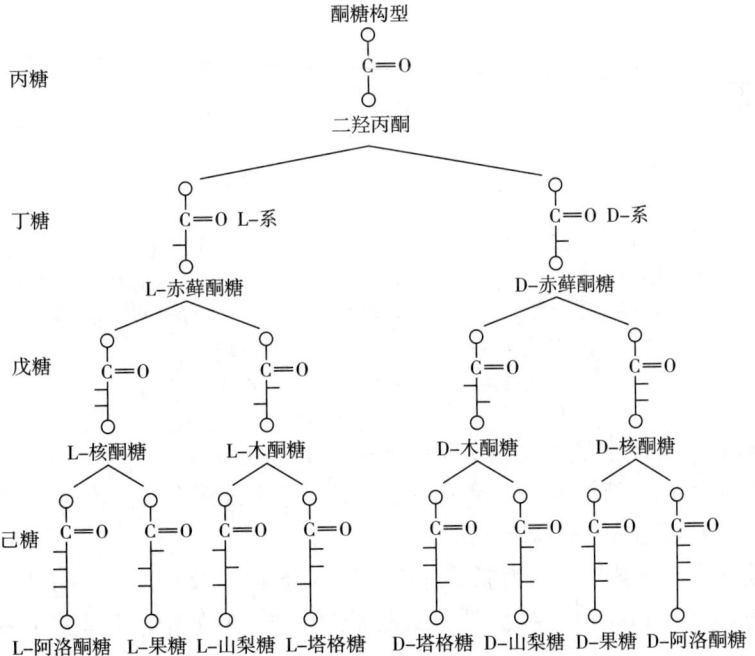

图 1-2　酮糖构型谱系

图中"—"及"○"的含义同图 1-1

α-D(+)-呋喃型　　β-D(+)-呋喃型　　α-D(+)-吡喃型　　β-D(+)-吡喃型
　葡萄糖　　　　　葡萄糖　　　　　葡萄糖　　　　　葡萄糖

在分子热力学上，六元环比五元环稳定，故天然葡萄糖分子主要是以吡喃型结构存在。

形成环状半缩醛结构后，C_1原子也随之变成了不对称C原子。半缩醛羟基可有两种不同的排列方位，由此产生了α-和β-型两种异头物。规定异头物的半缩醛羟基与决定构型的醇羟基在同侧者为α-型，在相反侧者为β-型。D-型糖的α-半缩醛羟基位于右边，β-半缩醛羟基在左边。L-型糖的α-、β-半缩醛羟基的方位与D-型糖正好相反。

α-D-葡萄糖与β-D-葡萄糖除半缩醛羟基的方位不同之外，其余不对称碳原子的构型都相同，因此，α-与β-葡萄糖并非镜像异构体，而是异头物。两者比旋光度不同，α-D-葡萄糖的比旋光度为+112°，β-D-葡萄糖为+18.7°。在溶液中α-型与β-型可通过开链结构相互转化，故新配的葡萄糖溶液表现出变旋现象，其转化过程如下式所示：

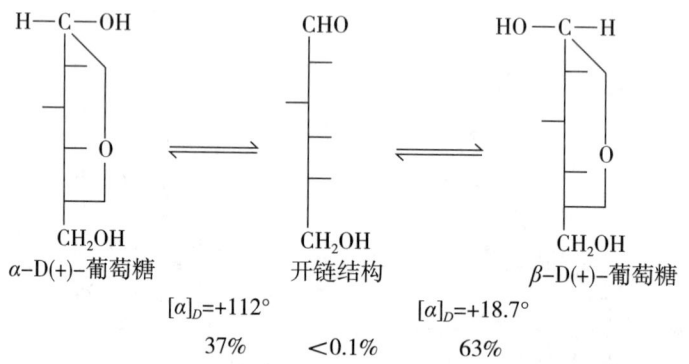

　α-D(+)-葡萄糖　　　开链结构　　　β-D(+)-葡萄糖
　$[α]_D$=+112°　　　　　　　　　　　$[α]_D$=+18.7°
　　37%　　　　　　　<0.1%　　　　　　63%

变旋平衡后，β-型浓度占64%，α-型占36%，开链结构很少，不到0.1%。D-葡萄糖的比旋光度为+52.2°，实际上是三种结构式动态平衡混合液的比旋光度。

3. 葡萄糖的哈沃斯式（Haworth式）

Fischer投影式环状结构，因为氧桥过长，不尽合理。1926年Haworth提出了用透视式表达葡萄糖的环状结构，称为哈沃斯式或透视式。呋喃型和吡喃型葡萄糖的哈沃斯式如下：

α-D-吡喃葡萄糖　　α-D-呋喃葡萄糖

在哈沃斯式中，用粗线表示环平面的视近边，用细线表示视远边，环上氧一般写在后面，C1 在右边。此时，D-葡萄糖的 C6 伯醇基在环平面的上方。α-半缩醛羟基及投影式中右边的—OH，在环平面的下方。β-半缩醛羟基及投影式中在左边的—OH 基在环平面上方。

β-D-吡喃葡萄糖　　β-D-呋喃葡萄糖

4. 葡萄糖分子的构象式

按哈沃斯式结构，葡萄糖的成环元素都在一个平面上。实际上并非如此，而是整个环的平面发生折叠形成近似椅形的构象。这种构象无张力，最为稳定。在葡萄糖分子的椅式构象中，醇羟基都在平伏键上，氢原子在直立键上。α-半缩醛羟基在直立键上，β-半缩醛羟基则在平伏键上。平伏键伸向分子外侧，热力学上稳定，所以，在水溶液上，β-D-葡萄糖所占比例最大。

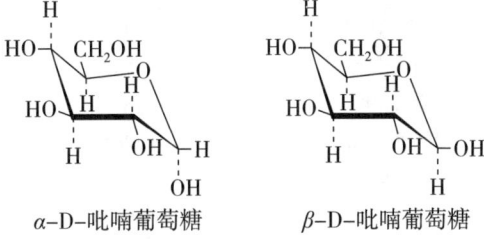

α-D-吡喃葡萄糖　　β-D-吡喃葡萄糖

葡萄糖分子的椅式构象
"｜" 直立键；"\" 平伏键

二、单糖的理化性质

1. 一般物理性质

（1）溶解度　单糖分子含有许多亲水基团，易溶于水，不溶于乙醚、丙酮等有机溶剂。

（2）甜度　各种糖的甜度不同，通常用感官品评的方法，规定蔗糖溶液的甜度为 1，以此为基准，在同样条件下，进行各种糖液的比较品评，打分，得出各种糖的甜度如表 1-2 所示。

表 1-2　各种糖的甜度

名称	相对甜度	名称	相对甜度
蔗糖	1.00	半乳糖	0.32
果糖	1.33	乳糖	0.16
转化糖	1.30	糖精	400*
葡萄糖	0.74	甜蜜素	30*
木糖	0.40	阿斯巴甜	180*
麦芽糖	0.32	莫内林	2000*

注：* 为非糖甜味剂。

(3) 旋光度和比旋光度　单糖分子中都有不对称碳原子,因此,其溶液都有旋光性。在一定条件下,测定一定浓度糖溶液的旋光度,可以计算其比旋光度:

$$[\alpha]_D^t = \frac{\alpha \times 100}{L \times c}$$

式中　　$[\alpha]_D^t$——比旋光度或称旋光率;

D——代表钠光,波长为589.6nm与589.0nm;

t——温度,一般用20℃;

α——测得的旋光度;

L——旋光管长度,dm;

c——糖液质量浓度,100mL溶液中溶质的质量表示,g。

每种糖都有特征性的比旋光度。据此,可鉴别糖的纯度。各种糖的比旋光度如表1-3所示。

表1-3　　　　　　　　重要单糖、寡糖和多糖的比旋光度

单糖	$[\alpha]_D^t$	寡糖	$[\alpha]_D^t$
D-阿拉伯糖	-105°	麦芽糖	-130.4°
L-阿拉伯糖	-104.5°	蔗糖	+66.5°
D-木糖	+18.8°	转化糖	-19.8°
D-葡萄糖	+52.2°	糊精	+195°
D-果糖	-92.4°	乳糖	+55.4°
D-半乳糖	+80.2°	淀粉	≥196°
D-甘露糖	+14.2°	糖原	+196°~+197°

在已知比旋光度的情况下,测定样品溶液的旋光度,可计算出纯溶质的质量浓度如式(1-1)所示。

$$\rho = \frac{\alpha \times 100}{[\alpha]_D^{20} \times L} \tag{1-1}$$

2. 单糖的重要化学性质

由于单糖分子的开链结构是多羟基醛或多羟基酮,因此,具有醇和醛或酮的化学性质。具有环状结构的单糖,不仅表现环状结构的化学性质,同时,也表现开链结构的化学性质。因为在水溶液中参加反应时,一般是以开链结构进行的,环状结构可转化为开链结构,直至反应平衡。单糖的重要化学性质简述如下。

(1) 氧化作用　醛糖的醛基具有还原性。酮糖的酮基由于受相邻羟基的影响,也具有还原性。环状结构的半缩醛羟基具有与醛或酮基等同的还原性。因此,所有的单糖都是还原糖,易被氧化成酸。

以葡萄糖为例,因反应条件不同,可有三种方式氧化,生成不同的酸。

①在弱氧化剂(如溴水)作用下,醛基被氧化生成葡萄糖酸。

②较强氧化剂(如稀硝酸)作用下,醛基和伯醇基同时被氧化,生成1,6-葡萄糖二酸。

③生物体内,在专一性酶的作用下,伯醇基被氧化,生成葡萄糖醛酸。

$$\text{CHO}-(\text{CHOH})_4-\text{CH}_2\text{OH} \begin{cases} \xrightarrow{Br_2+H_2O} \text{COOH}-(\text{CHOH})_4-\text{CH}_2\text{OH} \quad \text{葡萄糖酸} \\ \xrightarrow{HNO_3} \text{COOH}-(\text{CHOH})_4-\text{COOH} \quad \text{葡萄糖二酸} \\ \xrightarrow{\text{酶}[O]} \text{CHO}-(\text{CHOH})_4-\text{COOH} \quad \text{葡萄糖醛酸} \end{cases}$$

酮糖的氧化作用与醛糖有所不同，弱氧化剂溴水，不能使酮糖氧化，据此，可鉴别酮糖与醛糖。在强氧化剂作用下，酮糖在羰基处断裂，生成两种酸，以果糖为例：

$$\underset{\text{D-果糖}}{\begin{array}{c}\text{CH}_2\text{OH}\\|\\\text{C}=\text{O}\\|\\(\text{CHOH})_2\\|\\\text{CH}_2\text{OH}\end{array}} \xrightarrow{[O]} \underset{\text{乙醇酸}}{\begin{array}{c}\text{CH}_2\text{OH}\\|\\\text{COOH}\end{array}} + \underset{\text{三羟基丁酸}}{\begin{array}{c}\text{COOH}\\|\\\text{CHOH}\\|\\\text{CHOH}\\|\\\text{CH}_2\text{OH}\end{array}}$$

在碱性条件下，还原糖的醛基或酮基即变成非常活泼的烯醇式结构，具有还原性，能使金属离子（如 Cu^{2+}，Ag^+，Hg^{2+}，Bi^{3+} 等）还原，本身则被氧化成糖酸及其他产物。还原糖在碱性溶液中的氧化还原反应常被用作糖类定性、定量分析的依据。定性和定量糖最常用的碱性氧化剂是碱性硫酸铜溶液，所配成的定糖试剂有斐林（Fehling's）试剂和班氏（Benedict's）试剂。前者由甲液（$CuSO_4$溶液）和乙液（NaOH + 酒石酸钾钠溶液）组成。使用之前将甲、乙两种溶液等量混合，反应生成 $Cu(OH)_2$。酒石酸钾钠的作用的是防止 $Cu(OH)_2$ 沉淀，它与 Cu^{2+} 络合成可溶性酒石酸钾钠铜复合物，从而保证 Cu^{2+} 与还原糖发生氧化还原反应。斐林试剂定糖的反应过程如下：

(1) $\quad CuSO_4 + NaOH \longrightarrow Cu(OH)_2$

(2) $\quad Cu(OH)_2 + \begin{array}{c}\text{COONa}\\|\\\text{H}-\text{C}-\text{OH}\\|\\\text{H}-\text{C}-\text{OH}\\|\\\text{COOK}\end{array} \rightleftharpoons \begin{array}{c}\text{COONa}\qquad\qquad\text{COONa}\\|\qquad\qquad\qquad|\\\text{H}-\text{C}-\text{O}\diagdown\quad\diagup\text{O}-\text{C}-\text{H}\\\qquad\qquad\text{Cu}\\\text{H}-\text{C}-\text{O}\diagup\quad\diagdown\text{O}-\text{C}-\text{H}\\|\qquad\qquad\qquad|\\\text{COOK}\qquad\qquad\text{COOK}\end{array}$

(3) $\quad$ 还原糖 $+2Cu^{2+} \longrightarrow$ 糖酸 $+ 2Cu^+$

准确取一定量的斐林试剂与一定量的样品溶液（含糖量不得过量，需保证反应后有剩余 Cu^{2+}）反应。然后，用标准糖液滴定剩余的 Cu^{2+}，与空白对照，可计算出样品液的还原糖浓度。

班乃的克试剂是以 Na_2CO_3 代替 NaOH，以柠檬酸代替酒石酸钾钠。班氏试剂与斐林试剂基本原理一样。二者都是还原糖定性、定量的常用试剂。糖的氧化产物极为复杂，分子中的醇羟基（—OH）也能被氧化，曾有人分离出40余种产物，而且，反应条件不同，产物也不同。因此，用这种方法进行糖的定量分析时，一定要同时做标准品对照，否则，会带来较大的误差。

（2）酯化反应　单糖的所有醇羟基及半缩醛羟基都可与酸成酯。生物体内常见的糖酯有磷酸酯和硫酸酯。糖的磷酸酯是糖分子进入代谢反应的活化形式，重要的己糖磷酸酯如下：

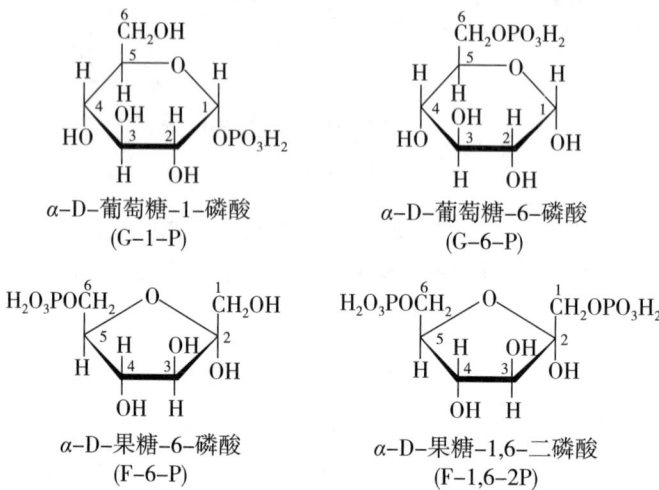

α-D-葡萄糖-1-磷酸
(G-1-P)

α-D-葡萄糖-6-磷酸
(G-6-P)

α-D-果糖-6-磷酸
(F-6-P)

α-D-果糖-1,6-二磷酸
(F-1,6-2P)

（3）糖的成苷作用　单糖分子的半缩醛羟基易于醇或酚的羟基缩合脱水，生成缩醛，这类缩醛化合物在糖化学中称之为糖苷。糖苷分子中的非糖部分叫做苷元。糖苷的名称叫作××（苷元名称）基××糖苷。如甲醇与葡萄糖生成的糖苷，叫做甲基葡萄糖苷。因为葡萄糖的半缩醛羟基有α-型与β-型之分，生成的糖苷也有α-与β-之分：

糖苷分子中成苷的—C—O—C—氧桥键称为糖苷键。α-型半缩醛羟基所成的糖苷键，叫做α-糖苷键。β-型半缩醛羟基的糖苷键，叫做β-糖苷键。寡糖或多糖都是通过各种α-或β-氧桥糖苷键连接而成的糖链。

半缩醛羟基还可与含氮碱的亚氨基 HN< 缩合生成 C—N< 糖苷键。主要存在于核苷和核苷酸类化合物中（见第三章）。

α-D-葡萄糖　　甲醇　　　　　　　α-甲基-D-葡萄糖苷

β-D-葡萄糖　　甲醇　　　　　　　β-甲基-D-葡萄糖苷

(4) 还原成醇　单糖分子的游离羰基易被还原成醇。例如，在钠汞齐及硼氢化钠类还原剂作用下，葡萄糖被还原成山梨醇：

$$\begin{array}{c} CHO \\ | \\ (CHOH)_4 \\ | \\ CH_2OH \end{array} \xrightarrow[H_2]{Na-Hg} \begin{array}{c} CH_2OH \\ | \\ (CHOH)_4 \\ | \\ CH_2OH \end{array}$$

D-葡萄糖　　　　　D-山梨醇

山梨醇是转化成维生素 C 的前体。在生物体内可由特异的脱氢酶催化，以 NADH 或 NADPH 作为供氢体，将葡萄糖还原成山梨醇。

(5) 强酸催化脱水作用　单糖在强酸作用下，受热脱水生成糠醛或糠醛衍生物。例如戊糖与强酸共热脱水生成糠醛，己糖则生成羟甲基糠醛，然后分解成乙酰丙酸、甲酸、CO 和 CO_2：

$$\begin{array}{c} CHO \\ | \\ (CHOH)_2 \\ | \\ CH_2OH \end{array} \xrightarrow[\triangle]{浓HCl} \text{糠醛} + 3H_2O$$

戊糖　　　　　　　　糠醛

$$\begin{array}{c} CHO \\ | \\ (CHOH)_3 \\ | \\ CH_2OH \end{array} \xrightarrow[3H_2O]{浓HCl, \triangle} \text{羟甲基糠醛} \xrightarrow{分解} \begin{array}{c} CH_2COCH_2CH_2COOH \\ + \\ HCOOH \\ + \\ CO+CO_2 \end{array}$$

己糖　　　　　　　　羟甲基糠醛

糠醛或羟甲基糠醛能与某些酚类作用生成有色的缩合物，利用这一性质，可进行糖的定性、定量测定。

糠醛是多种化工合成所需的原料，可用于合成塑料、药物、染料和溶剂，其水溶液可用于抑制小麦黑穗病。玉米棒含有丰富的多聚戊糖，工业上将玉米棒用稀酸在高温高压下水解、脱水和蒸馏制得糠醛。

(6) 在碱性条件下的异构反应　在弱碱作用下，葡萄糖、果糖和甘露糖可通过烯醇式中间物互相转化。动物体内，在酶作用下，也进行类似的反应：

D-葡萄糖　　　　1,2-烯醇式葡萄糖　　　D-甘露糖

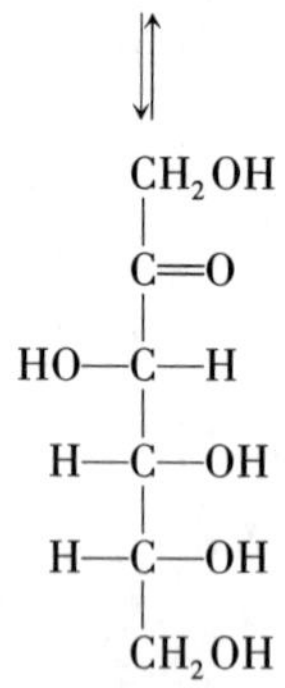

$$\text{D-果糖}$$

（7）发酵作用　己糖中的 D-葡萄糖、D-甘露糖、D-果糖均易被酵母发酵生成酒精和 CO_2，D-半乳糖则较难发酵。D-型的其他己糖和 L-型己糖以及戊糖则不能被酵母发酵。

（8）与苯肼成脎反应　苯肼是单糖的定性试剂。常温下，糖与一分子苯肼缩合生成苯腙，在过量的苯肼试剂中，加热则与三分子苯肼作用生成糖脎：

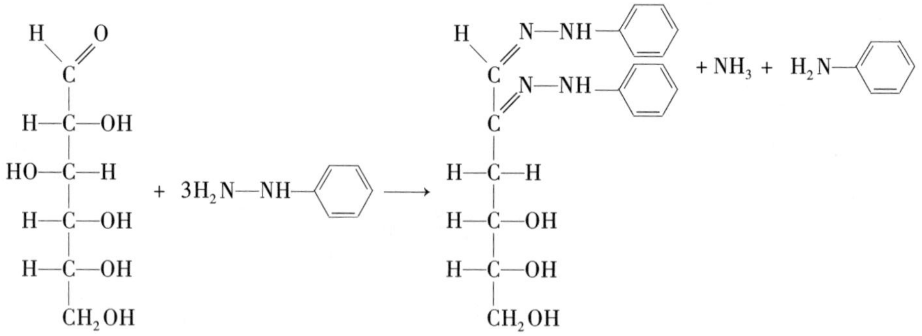

D-葡萄糖　　苯肼　　　　　糖脎

糖脎为黄色结晶，微溶于水。各种糖的糖脎都有特异的晶型和熔点，据此，可以定性鉴定糖的种类。

在单糖成脎反应中，单糖分子第三个碳原子以下的基团都不参加反应，故 D-葡萄糖、D-甘露糖、D-果糖的糖脎是相同的。

3. 单糖的分析测定

用成脎反应和呈色试剂可以定性鉴定未知样品溶液中的糖类。常用的呈色试剂见表 1-4。

表 1-4　　糖的呈色试剂

试剂	反应的糖	特点
α-萘酚（Molish 试剂）	醛糖和酮糖	酮糖
色氨酸		灵敏
氨基胍		
间苯二酚（Seliwanoff 试剂）	己酮糖	红色

续表

试剂	反应的糖	特点
半胱氨酸－咔唑	己酮糖、戊酮糖 二羟酮糖、甲基戊糖	
咔唑	糖醛酸、脱氧戊糖等	不同糖，颜色不同
半胱氨酸－硫酸	己糖、多糖等	
蒽、酮	己糖、多糖等	
2,4－二羟基甲苯	戊糖、庚酮糖、糖醛酸	糖醛酸脱羧成戊糖
间苯二酚	糖醛酸	
乙酰丙酮－对二甲基苯甲醛	氨基己糖	
二苯胺	脱氧核糖	
色氨酸－高氯酸	脱氧戊糖	
吲哚－盐酸	脱氧戊糖	
亚硝酸吲哚	氨基己糖	
无色品红	脱氧戊糖	

测定单糖浓度，常用的方法有物理和化学方法。物理方法，如测样品溶液的折射率、旋光度和利用密度计等方法进行测定。化学方法主要是根据单糖的还原性质建立的。常用的有 3,5－二硝基水杨酸法、斐林试剂法和碘量法等。

以上方法测定的是样品液中的总糖。为了弄清多糖水解产物中的单糖组分（种类和含量），则需经过分离。单糖混合液的分离方法常用层析法——纸上层析或薄层层析。新近又有高效液相色谱分析用于糖的分离分析，既方便又准确。

三、重要的单糖

1. 常见的丙糖和丁糖

常见的丙糖有 D－甘油醛和二羟基丙酮。常见的丁糖有 D－赤藓糖和 D－赤藓酮糖。它们的分子结构分别为：

```
    CHO              CH2OH           CHO              CH2OH
    |                |               |                |
 H—C—OH           C=O           H—C—OH            C=O
    |                |               |                |
    CH2OH            CH2OH        H—C—OH           H—C—OH
                                     |                |
                                     CH2OH            CH2OH

  D－甘油醛         二羟基丙酮       D－赤藓糖         D－赤藓酮糖
```

以上几种丙糖和丁糖的磷酸酯是糖代谢中重要的中间产物。

2. 自然界中存在的戊糖

戊醛糖主要有 D－核糖、D-2－脱氧核糖、D－木糖和 L－阿拉伯糖。

D－核糖和 D-2－脱氧核糖，是核苷酸的组成成分，以 β－呋喃型结构存在于天然化合物中。L-阿拉伯糖和 D-木糖广泛分布于植物界，大都以多聚戊糖形式存在，是植物黏质、树胶、果胶质及半纤维素的组成成分。

戊酮糖主要有 D-核酮糖和 D-木酮糖，均是糖代谢的中间产物。

3. 自然界中重要的己醛糖和己酮糖

己醛糖有 D-葡萄糖、D-半乳糖和 D-甘露糖。重要的己酮糖有 D-果糖和 D-山梨糖。D-葡萄糖广泛分布于各种植物体中，是多种多糖的组成成分。D-半乳糖是乳糖、蜜二糖、棉子糖、琼脂及半纤维素的组成成分。甘露糖是植物黏质及半纤维素的组成成分。果糖是糖类中甜度最大的糖，分布很广，与葡萄糖结合成蔗糖，在甘蔗和甜菜中含量最为丰富。蔗糖是食品的主要甜味剂。D-山梨糖是生物合成抗坏血酸的前体物质。

上述重要戊糖和己糖的结构如前面图 1-1，图 1-2 所示。

第三节 重要的寡糖

寡糖是由 2~20 个单糖通过糖苷键连接而成的糖类，可溶于水，又称低聚糖，在自然界中普遍存在。自然界中最重要的寡糖有双糖和三糖等。

一、双　糖

双糖是由两个环状单糖分子 α- 或 β- 糖苷键结合而成的。自然界中游离存在的重要双糖有蔗糖、麦芽糖和乳糖等。

1. 蔗糖

蔗糖是由一分子 α-D-葡萄糖和一分子 β-D-呋喃果糖通过 α, β-1, 2-糖苷键结合而成的。葡萄糖和果糖互为苷元。因此，蔗糖分子可视为 α-D-葡萄糖苷，也可以视为 β-D-果糖苷：

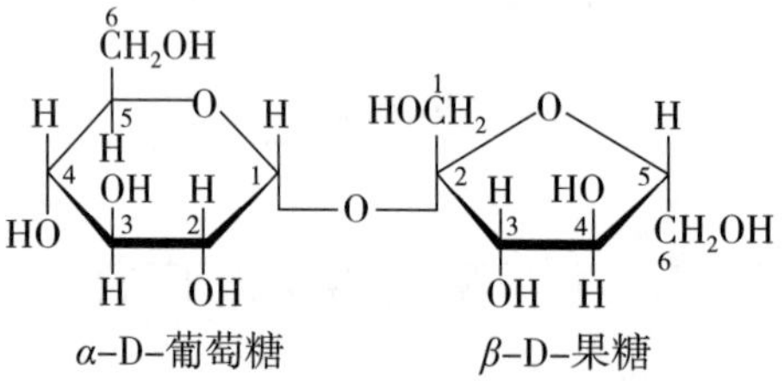

蔗糖
葡萄糖-α, β-1,2-果糖苷

蔗糖分子中，无游离半缩醛羟基，故无还原性，称为非还原糖。具有右旋光性质，$[\alpha]_D^{20}$ 为 +66.5°。水解后生成等分子的 D-葡萄糖和 D-果糖。前者 $[\alpha]_D^{20}$ 为 +52.2°，后者为 -92.4°。两相抵消，水解液表现为左旋，与原来的蔗糖不同，故称蔗糖水解产物为转化糖。

蔗糖易结晶，易溶于水，较难溶于乙醇，熔点为 186℃，加热至 200℃ 则呈褐色焦糖。

蔗糖甜度大，是传统的食品甜味剂。植物界分布广泛，甘蔗、甜菜、胡萝卜及有甜味的水果如香蕉、柑橘、苹果、菠萝等，都含有丰富的蔗糖。其中，甘蔗含量达 26%，甜菜含量达20%,是主要的蔗糖生产原料。

2. 乳糖

乳糖由一分子 α-D-葡萄糖和一分子 β-D-半乳糖缩合而成,是以葡萄糖为苷元的 β-D-半乳糖苷,即D-葡萄糖基-β-1,4-半乳糖苷。结构式为:

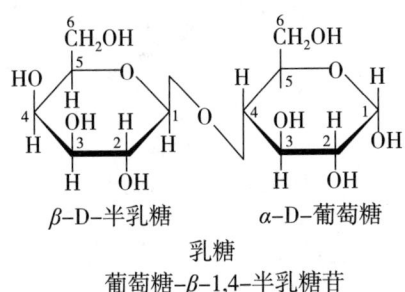

乳糖
葡萄糖-β-1,4-半乳糖苷

乳糖不易溶于水,甜度低,其分子中有游离半缩醛羟基存在,故为还原性双糖。右旋,$[\alpha]_D^{20}$ 为 +55.4°。酵母不能发酵乳糖。

乳糖是乳汁中的主要糖分,牛乳含4%,人乳含5%~7%,是婴幼儿食物中的唯一糖分。消化道内的 β-D-半乳糖苷酶将其水解为两分子单糖后,被吸收利用。缺少半乳糖苷酶的人不能分解乳糖,若过量食用乳品则消化不良。用 β-半乳糖苷酶处理乳品,将乳糖水解为单糖,则可解除乳糖不适者的困难。

3. 麦芽糖

麦芽糖由两分子 α-D-葡萄糖分子缩合而成,是葡萄糖基-α-1,4-葡萄糖苷,结构式为:

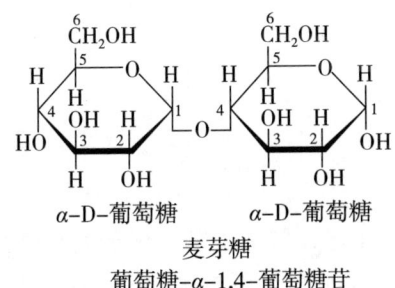

麦芽糖
葡萄糖-α-1,4-葡萄糖苷

麦芽糖易溶于水,右旋,$[\alpha]_D^{20}$ 为 +136°。分子中有游离半缩醛羟基存在,属还原性双糖。易被酵母发酵。

麦芽糖大量存在于发芽谷粒中,特别是麦芽中。是籽粒中淀粉被酶促水解的产物。工业上,通过酶促水解淀粉大量生产麦芽糖。

4. 异麦芽糖

异麦芽糖由两分子葡萄糖缩合而成,与麦芽糖不同,它是通过 α-1,6-葡萄糖苷键连接的。结构式为:

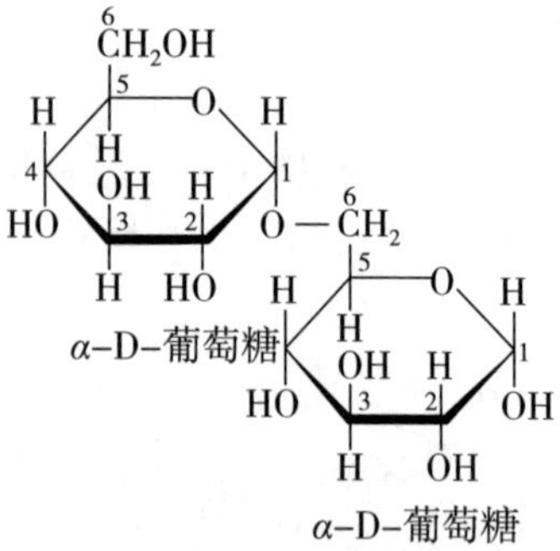

α-D-葡萄糖

α-D-葡萄糖

异麦芽糖

葡萄糖-α-1,6-葡萄糖苷

在支链淀粉和糖原分子中,通过 α-1,6-葡萄糖苷键引出分支。淀粉经酶促水解时,常因转苷酶的作用新合成 α-1,6-糖苷键。这些都是异麦芽糖的来源。异麦芽糖不能被酵母发酵。异淀粉酶可催化 α-1,6-葡萄糖苷键水解。

二、三 糖

常见的三糖有棉子糖、龙胆三糖和松三糖等。其中棉子糖在棉子、桉树干分泌物(甘露蜜)以及甜菜中含量较多。其分子由 α-D-半乳糖、α-D-葡萄糖及 β-D-果糖各一分子组成。分子结构如下:

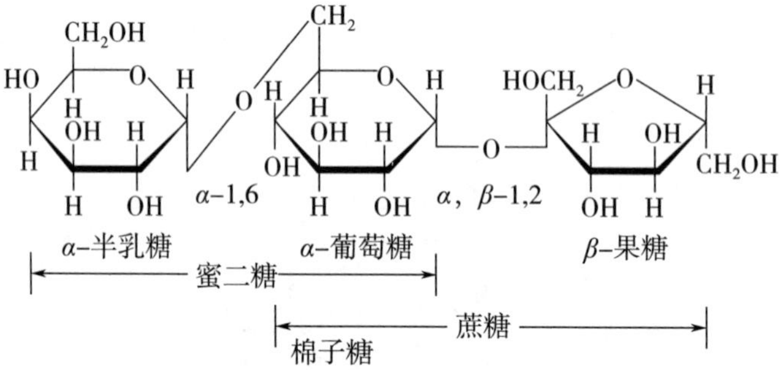

α-半乳糖 α-葡萄糖 β-果糖

蜜二糖

棉子糖

蔗糖

用甜菜制糖的废糖蜜中,含有大量棉子糖。棉子糖是酵母不可发酵糖,经蔗糖酶或 α-半乳糖苷酶催化水解后,则生成可发酵性糖。α-半乳糖苷酶可提高甜菜制糖的蔗糖得率。

三、壳寡糖

壳寡糖(chitosan oligsaccharide, COS),又称低聚壳聚糖、氨基寡糖素、甲壳低聚糖,是指壳聚糖(chitosan, CTS)经酶促反应或化学降解而得、以 β-1,4 糖苷键连接的聚合度为 $2\sim10$ 的低相对分子质量的水溶性低聚氨基葡萄糖,其分子化学式为 $(C_6H_{11}O_4N)_n$。通常情况下,壳寡糖的聚合度为 $2\sim20$,分子质量为 $340\sim3500u$。是目前自然界唯一带正电荷的碱性氨基寡糖。

COS 无毒、相对分子质量低、水溶性较好、生物活性高、易被人体吸收利用,具有调节免疫、抗炎、降血脂和抗肿瘤等多种生物活性，在医药保健和功能食品方面具有重要的研究意义和应用价值。

四、环状糊精

环状糊精（cyclomaltodextrin）又称夏丁格糊精或环状淀粉，是由寡聚 $\alpha-D-1,4-$葡萄糖苷链环化所成的环状寡聚糖。有聚合度为 6，7，8 个残基的三种分子，分别称为 $\alpha-,\beta-,\gamma-$环状糊精。以 $\beta-$环糊精为例，分子结构如图 1-3 所示。

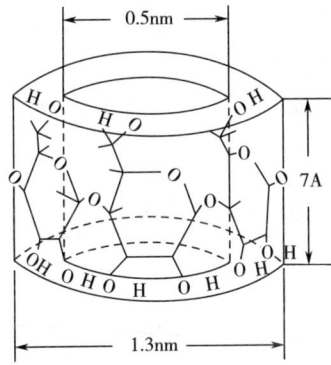

图 1-3 $\beta-$环状糊精的分子结构

三种环状糊精的结构特点和性质有所不同，见表 1-5。

表 1-5 环糊精的结构特点和性质

种类	$\alpha-$环糊精	$\beta-$环糊精	$\gamma-$环糊精
聚合度	6	7	8
空穴内径/nm	0.45	0.78	0.85
比旋光度	+150.5°	+162.5°	+177.4°
溶解度/（g/100mL），25℃	14.5	18.5	23.2

在环状糊精分子的环内侧，相对地比环外侧疏水性强。若溶液中有疏水性分子则会进入或部分进入环内，形成包接物，使本来不溶于水的分子也能稳定地溶于水中了。因此，环状糊精可作为乳化剂、香味物质及色素保护剂、稳定剂等用于食品工业、医药及日化行业。它能稳定易挥发、易氧化的物质，乳化油类化合物，掩盖口味和气味，增加脂溶性香料、色素的水溶性，还能将黏性或油状化合物做成粉剂。大量环糊精用作药片的糖衣，应

用效果以 β-环糊精最好。

环状糊精早在 1891 年就被发现，是软化芽孢杆菌（*Bacillus macerams*）作用于淀粉的产物。该菌能产生一种环麦芽糊精葡聚糖转移酶（E.C.2.4.1.19），催化淀粉转化为环状糊精。至 20 世纪 60 年代后期，日本、美国等开始研究其工业发酵生产及应用。研究发现多种微生物都有这种转化能力，如浸麻芽孢杆菌、巨大芽孢杆菌、环状芽孢杆菌、嗜热脂肪杆菌等。不同微生物转化产物有所不同，例如浸麻芽孢杆菌、嗜热脂肪杆菌产生 α-环糊精，巨大芽孢杆菌、嗜碱芽孢杆菌产生 β-环糊精。我国近年来已经利用嗜碱芽孢杆菌发酵生产 β-环糊精，淀粉转化率为 36% 以上。

第四节　几种重要的植物多糖

一、淀　粉

1. 分布和结构

高等植物的根、茎、叶、花、果、种等组织器官中，都有淀粉存在。其中，谷物种子、薯类块根、马铃薯块茎及各种水果和坚果等，是贮存淀粉最多的器官。农作物的淀粉含量，因作物品种、生长条件、地理气候条件及生长期不同而变化。常见作物的淀粉含量，见表 1-6。

表 1-6　一些作物贮藏组织中的淀粉含量

植物组织	淀粉含量/%	直链淀粉所占比例/%	植物组织	淀粉含量/%	直链淀粉所占比例/%
大麦种子	58~65	17~24	大米	70~80	17~25
小麦种子	53~70	20~30	糯米	75~85	2
玉米种子	70~75	20~26	光滑豌豆	30~50	34.5
黏玉米	70~75	0	皱皮豌豆	25~35	66
高直链玉米	75~80	55~80	甘薯	65~68	17.8
高粱	65~70	21~28	木薯（鲜）	25~30	17
黏高粱	75	0	马铃薯（鲜）	11~25	13~25

植物借光合作用合成葡萄糖并将其输送到淀粉贮存器官转化为淀粉，以淀粉粒形式沉积于贮藏细胞中。淀粉粒的形状有圆形、卵圆形和多角形。表面有许多细纹，称为轮纹。不同作物的淀粉粒形状、大小和轮纹都不相同。另外，在偏振光显微镜下观察，可见有黑色十字将淀粉粒分成四个白色区域，称之为偏光十字。不同淀粉的偏光十字的位置、形状和明显程度不一样。商业上通过形态观察可鉴别商品淀粉的种类及纯净与否。某些淀粉粒的形态特点见表 1-7。

表1-7　　　　　　　　　　　　　几种淀粉粒的形态特点

品种	形状	大小/长轴/μm		轮纹	偏光十字
		最小	最大		
马铃薯	卵圆形	15	100	螺壳形、轮纹明显	明显、交叉点在一端
玉米	圆形和多角形	5	26	无轮纹	明显、交叉点在中心
稻米	多角形	3	8	—	—
高粱	—	—	—	无轮纹	明显
小麦	圆形	2	35	无轮纹	交叉点在中心
甘薯	—	10	25	—	—
木薯	圆形和半圆形	—	—	无轮纹	明显，交叉点在中心

根据分子结构的特点，可将淀粉分为直链淀粉和支链淀粉。

直链淀粉是由 α-D-吡喃葡萄糖脱水缩合，通过 α-1,4-糖苷键连接而成的线形大分子，如图 1-4（1）所示。分子的一端有游离半缩醛羟基，称为还原性末端，另一端为非还原性末端。直链淀粉分子在溶液中的构象呈左手螺旋。每个螺旋圈由 6 个椅式吡喃葡萄糖组成，螺旋圈的直径为 1.3nm，螺距 0.8nm。残基上的游离羟基大都处于螺旋圈内侧，如图 1-4（2）所示。

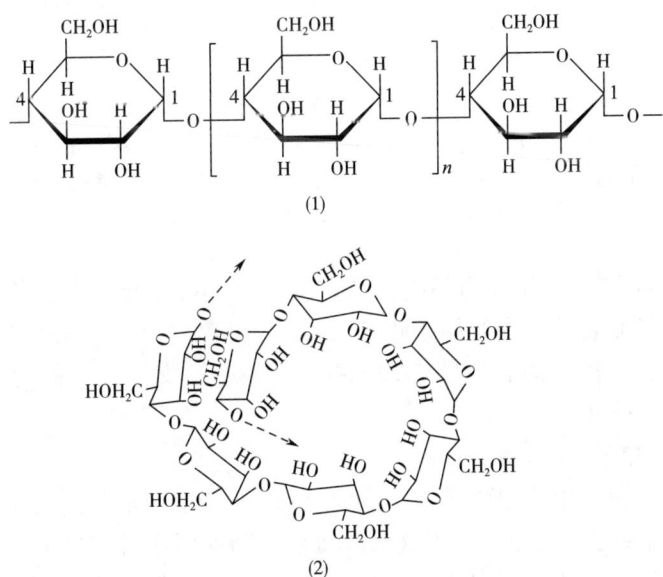

图 1-4　直链淀粉的分子结构
（1）直链结构　（2）左手螺旋

支链淀粉分子也是均质多糖。葡萄糖残基除了通过 α-1,4-糖苷键连结成的糖链之外，还有 α-1,6-葡萄糖苷键引出的分支。每个分子约有 50 个分支点。分支点间隔 8~9 个残基，支链的聚合度（$\overline{DP}$）为 24~30 个残基，分子结构如图 1-5 所示。

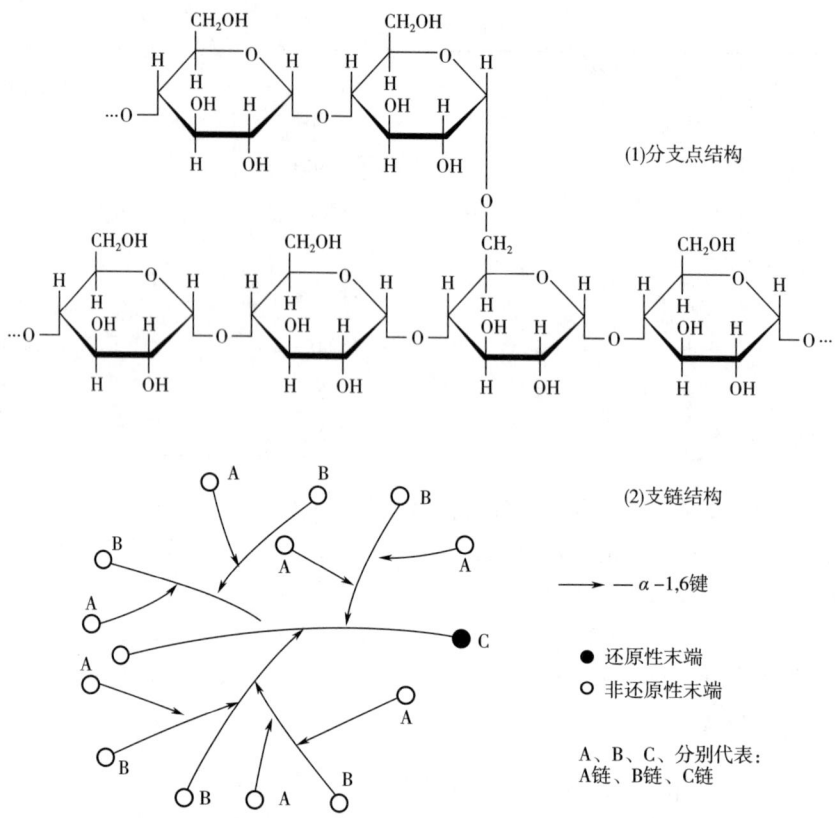

图 1-5 支链淀粉的分子结构

图中可见，支链淀粉有 A，B，C 三种链，A 链是外链，通过 α-1,6-键与 B 链连接；B 链又经 α-1,6-键与 C 链连接；A，B 链数目大约相等。C 链是主链，有游离的还原性及非还原性末端。每个淀粉分子只有一个 C 链。A，B 链只有非还原性末端游离。

淀粉的相对分子质量，随作物品种而异，即使同一种作物，因生长条件或生长期不同，或者使用不同方法测定，所得结果相差很大。一般教科书中采用的数据为，直链淀粉相对分子质量为（6~10）万，$\overline{DP}$ 为 300~400 个残基。支链淀粉的为（50~100）万，$\overline{DP}$ 为 1300~6000 个残基。

2. 淀粉的糊化和凝沉

（1）淀粉的糊化的作用　天然淀粉（生淀粉）不溶于冷水。淀粉粒的相对密度约为 1.6，大于水的相对密度。工业上利用这些性质从植物材料中分离制取淀粉。将植物的淀粉组织粉碎磨浆、分离除杂，通过流槽沉淀或离心脱水、干燥，则得到工业淀粉。

淀粉在热水中能糊化。将淀粉加水调成乳浊液，随着加热升温，淀粉粒吸水溶胀，双折射及偏光十字消失。当温度升高到一定限度，淀粉粒出现极度不可逆的润胀，彼此互相黏连，体积膨胀几十倍时，分子均匀分散，并有一部分溶出，形成黏性很大的糊状胶体溶液，这种作用过程称为淀粉的糊化。糊化作用是淀粉粒的溶胀和水合过程。从热力学分析，糊化作用可理解为淀粉微晶熔融的过程。由于受热，淀粉分子内和分子间的氢键断裂，分子由原来沉积于淀粉粒中的晶形或非晶形有序状态变成无序状态，分散在热水中，形成胶体溶液。如图1-6所示。

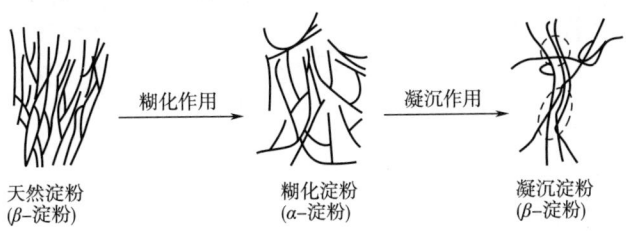

图1-6　淀粉的糊化作用和凝沉

晶态或非晶态的天然淀粉又叫β-淀粉，糊化的淀粉又叫α-淀粉。淀粉糊化过程，实为β-淀粉向α-淀粉转化的过程。因此，广而言之，淀粉蒸熟或膨化加工都可视为糊化作用。β-淀粉不易被酸或酶水解。α-淀粉则易溶于水，易被酸或酶水解。

使淀粉发生糊化的温度称为糊化温度。糊化温度与淀粉粒大小有关，较大的淀粉粒易糊化，较小者则难糊化。也有人认为与直链淀粉含量、微晶大小和完善程度有关，平均分子链长，糊化温度高。因为每种天然淀粉都是由大小不一的淀粉粒组成的，所以，使其完全糊化的温度有一个范围。通常用糊化开始的温度和糊化完成的温度表示糊化温度，是一个"热过程"。一些常见淀粉的糊化温度见表1-8。

表1-8　　　　　　　　　　　　常见淀粉的糊化温度

淀粉来源	糊化温度/℃	淀粉来源	糊化温度/℃
山芋	53~64	小麦	58~69
甘薯	70~76	大麦	51.5~59.5
马铃薯	56~67	大米	68~78
木薯	59~70	豌豆	57~70
玉米	64~72	小米	68~78
高粱	68~78	高直链淀粉玉米	67~[①]

注：①在沸水中也不能完全糊化。

实验证明，蔗糖、氢氧化钠、氯化钠、碳酸氢钠等化合物对糊化温度影响很大。例如玉米淀粉在水中糊化温度为62~72℃，在0.2%的NaOH溶液中则降为55.5~69.5℃，在0.3%的NaOH溶液中则降为49~65℃。蔗糖、NaCl、Na_2CO_3都能使玉米淀粉的糊化温度升高。升高的度数与这些化合物的浓度成正比。例如，1.5%的NaCl溶液中玉米淀粉的糊化温度为67.5~77℃，6%的NaCl溶液中则升至75~82.5℃。

因为淀粉一般都是经糊化以后应用，所以糊化淀粉（又称淀粉糊）的性质很重要。影响使用的性质主要表现在透明度、黏度、胶黏性及冷凝性等方面。一些淀粉糊的性质见表1-9。

表 1-9　　一些淀粉糊的性质

淀粉	糊丝长度	热黏度	热黏度稳定性	冷凝胶体强度	透明度
小麦	短	低	较稳定	很强	不透明
玉米	短	较高	较稳定	强	不透明
高粱	短	较高	较稳定	强	不透明
黏高粱	长	较高	降低很多	不成凝胶	半透明
木薯	长	高	降低	很弱	透明
马铃薯	长	很高	降低很多	很弱	很透明

淀粉糊的黏度随温度而变化。图 1-7 是玉米淀粉糊和马铃薯淀粉糊的黏度——温度曲线。图中可见马铃薯淀粉糊化温度低，黏度大，黏度的热稳定性小，80℃上黏度急骤下降，冷却后黏度又回升。玉米淀粉糊化温度较高，黏度比马铃薯淀粉糊低，黏度热稳定性较高。

（2）糊化淀粉的凝沉（retrogradation）作用　糊化淀粉溶液快速冷却可成冻状凝胶。若长时间放置，缓慢冷却，会变混浊，甚至产生凝结沉淀，这种现象称为凝沉，又称"回生"或"老化"。发生凝沉作用的机制相当于糊化作用的逆转，由无序的直链淀粉分子向有序排列转化，部分地恢复结晶性状，如图 1-6 所示。

发生凝沉的淀粉不易再溶解，也不易被水解。欲使其再溶，需加热至 140~150℃ 以上。因此，在淀粉水解工艺流程中，已经糊化的淀粉应避免使其发生凝沉。

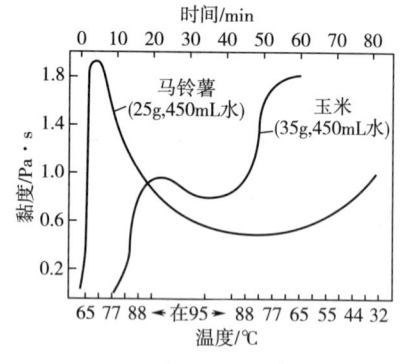

图 1-7　淀粉糊的黏度-温度曲线

凝沉作用受温度、浓度等因素的影响。常温下易凝沉，2~4℃是最易发生凝沉作用的温度。高于60℃或低于-20℃都不易发生凝沉。水分含量在30%~60%易凝沉，>65%或<10%的干燥状态都不易发生凝沉。将糊化淀粉脱水干燥、磨粉贮存，很容易再调成淀粉糊。用凉水也能调成糊状胶体溶液。不同来源的淀粉凝沉性能不同，与其所含直链淀粉比例有关。高聚合度直链淀粉含量高者易凝沉，支链淀粉糊化后不易发生凝沉。

3. 淀粉的重要化学反应

（1）碘显色反应　淀粉遇碘液立即显蓝色，反应非常灵敏，常用作淀粉的定性鉴定或指示淀粉水解反应终点。在分析化学上，也常用淀粉作指示剂，指示碘量法氧化还原滴定的终点。

多糖链的螺旋构象是碘显色反应的必要条件。当碘分子落入螺旋圈内时，糖的游离羟基成为电子供体，碘分子成为电子受体，形成淀粉-碘络合物，呈现颜色。如果将显色的溶液加热至70℃以上，因为糖链螺旋构象破坏，伸展成直链，颜色随之消失，冷却后，颜色重现。

碘显色反应的颜色与葡萄糖链的长度有关。糖链聚合度大于 60 个残基者，显蓝色；小于 20 个残基者显红色；低于 6 个残基的寡糖不显色。因此，直链淀粉显蓝色，纯支链淀粉显紫红色。一般天然淀粉大都是直链和支链淀粉的混合物。遇碘显蓝色。

(2) 水解反应及 DE 值　淀粉分子中的葡萄糖苷键对碱比较稳定。在酸或酶的催化下加水分解，最终生成葡萄糖。因此，淀粉的水解又称做糖化。反应如下：

$$(C_6H_{10}O_5)_n + nH_2O \xrightarrow{\text{酶或酶}} nC_6H_{12}O_6$$
$$\text{淀粉} \qquad\qquad\qquad \text{葡萄糖}$$

淀粉的不完全水解产物有糊精、寡糖和麦芽糖等。糊精是淀粉从轻度水解直到变成寡糖之间各种不同相对分子质量中间产物的总称，具有旋光性，能溶于水，不溶于酒精。取淀粉水解液加到 50%～70% 的酒精中，若有糊精存在则有白色沉淀析出。相对分子质量不同的糊精遇碘显不同颜色。随相对分子质量逐渐变小，碘显色反应依次为：蓝色糊精→紫色糊精→红色糊精→浅红色糊精→无色寡糖→葡萄糖。生产上，常用酒精沉淀和碘反应后的显色情况来了解淀粉水解的进程。

随着水解反应的进行，还原糖逐渐增加。测定还原糖量，计算葡萄糖值，可以代表淀粉水解（糖化）的程度。

葡萄糖值，简称 DE 值 (dextrose equivalent value)，是在淀粉糖浆生产中用于表示淀粉水解程度的术语，其定义为：还原糖总量（按葡萄糖计）占试样中干物质质量分数。DE 值越高，说明还原糖越多，剩余的糊精就越少。

$$DE = \frac{R_p \times 10}{m \times w \times \frac{V}{250}} \times 100\% \qquad (1-2)$$

式中　R_p——每 1mL 斐林试剂相当的葡萄糖量，g；

　　　10——滴定时斐林试剂用量，mL；

　　　m——称取糖浆样品的量，g；

　　　w——糖浆样品中干物质的质量分数，%；

　　　250——样品稀释总体积，mL；

　　　V——滴定时消耗样品稀释液的体积，mL。

因为水解液中麦芽糖、麦芽三糖等低聚糖也具有还原性，所以葡萄糖的实际含量比 DE 值低。DE 值所代表的还原糖实际质量要比计算值高。淀粉完全水解，理论上值应为 111%。实际上，由于淀粉纯度，水解逆反应生成副产物等因素的影响，DE 值难以达到理论值。

目前，生产上常用的淀粉水解方法有酸法、酸酶二步法及双酶法。酸法 DE 值可达 92%；双酶法可达 98%；酸酶法介于两者之间，不同水解方法的效果比较见表 1-10。

(3) 淀粉的化学改性　淀粉经适当化学处理，分子中引入相应的化学基团，分子结构发生变化，产生了一些符合特殊需要的理化性能，这种发生了结构和性状变化的淀粉衍生物称为改性淀粉。例如，用次氯酸盐处理淀粉，使部分糖苷键断裂，分子变小，羟基被氧化成羧基或羰基，这种产品为氧化淀粉。用磷酸将淀粉酯化，得到磷酸化淀粉，也称阴离子淀粉。在碱性条件下，用适当的试剂处理，引入叔铵或季铵基团，成为阳离子淀粉。

用醋酸酐处理，得到羧甲基淀粉。在碱性条件下，引入羟乙基或羟丙基则成羟烷基淀粉。用丙二醛、环氧氯丙烷、短链二羧基酸和三偏磷酸盐等双功能试剂处理，淀粉分子被交联成更大的分子，这为交联淀粉等。改性淀粉改变了淀粉原来的糊化性能、黏性、胶凝性、凝沉性和亲水性，可分别被作为增稠剂、胶凝剂、黏合剂、分散剂、淀粉膜等，广泛用于纺织、印染、造纸、纸箱、食品、包装以及生化分离分析和生物材料的固定化技术等领域。

表1-10　　　　　　　　　　淀粉不同水解方法效果比较

分析指标	酸法	酸酶法	双酶法
DE/%	91	95	98
葡萄糖含量/%	86	93	97
灰分含量/%	1.6	0.4	0.1
蛋白质含量/%	0.08	0.08	0.10
羟甲基糠醛含量/%	0.300	0.008	0.003

注：①酸法：在耐酸耐压罐中进行，用食品级盐酸将浓度为40%的淀粉乳调pH至1.8或1.5，通高压蒸汽，维持罐压0.294MPa（143℃），经5~6min，DE值可达42%；8~10min，达55%；20~25min，可达90%~92%。优点为时间短，糖化均匀，精制比较容易，便于自动化操作。缺点是易发生复分解反应，副产物多，颜色深，灰分高，DE值偏低。

②双酶法：30%~40%的淀粉乳，pH6.0~6.5，加Ca^{2+}（$CaCl_2$）到浓度为0.01mol 按30U/g淀粉的量加入BF7658α-淀粉酶，85~90℃保温10~15min，DE值达10%~13%，转入糖化为宜。转入糖化阶段，温度降至60℃，调pH4.0~4.5，按100U/g淀粉的量加入UV-11糖化酶，保温72h，DE值可达98%。优点为条件温和，设备要求低，能耗低，糖化液纯度高，DE值可达95%~100%，颜色浅，易精制。缺点是工艺流程长，有些淀粉如玉米、麦类淀粉液化困难。

③酸酶法：先酸法液化，后酶法糖化，可克服某些淀粉不易液化的困难，优缺点介于酸法和酶法之间。

二、纤维素

1. 分布及分子结构

纤维素是植物细胞壁的主要成分，占植物体干重的1/3~1/2，是贮藏量最大的植物多糖资源。纤维素是天然植物纤维的主要成分。例如，棉花纤维中纯纤维素占97%~99%，木材纤维中占41%~43%，亚麻纤维中占80%。

纤维素也是由D-葡萄糖聚合而成的均质多糖。但分子结构与淀粉不同，它是由β-D-葡萄糖通过β-1,4-葡萄糖苷键结合成的线型大分子，不成螺旋构象，也无分支结构，如图1-8所示。

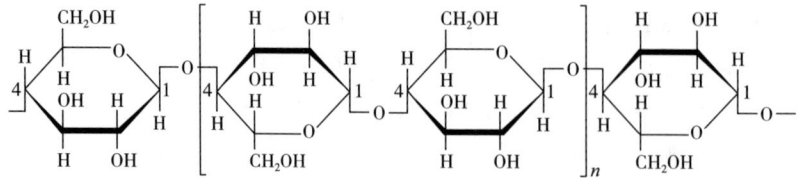

图1-8　纤维素分子的糖链结构

在植物组织中，纤维素分子平行排列，糖链与糖链之间有氢键联结，构成微纤维。每个微纤维约60个纤维素分子组成。有的区域分子排列非常整齐，为结晶区；有的排列不整齐，是非结晶区。许多微纤维黏合在一起组成微纤维束。微纤维束紧密聚集成层并填充半纤维素、果胶质、木质素等多聚物，构成天然植物纤维。复杂的层次结构使植物纤维具有很强的抗拉强度和化学稳定性以及水不溶性等特性。

2. 改性纤维素

纤维素带有大量的亲水基团，对水有很强的亲和力，通常有20%左右的束缚水。生化实验室常用纤维素制品作为色层分析的惰性支持物。

将纤维素进行化学修饰，得到具有特殊理化性能的纤维素的衍生物，称为改性纤维素。例如，二乙氨基乙基纤维素（DEAE－纤维素）、三乙氨基乙基纤维素（TEAE－纤维素）等是带有可交换阴离子基团的纤维素。羧甲基纤维素（CMC）、磷酸基纤维素、磺酸基纤维素等，是带有可交换阳离子基团的纤维素。这些具有离子交换功能的改性纤维素在生物化学分离分析中，具有很强的分辨能力，已经成为实验室不可缺少的技术材料。

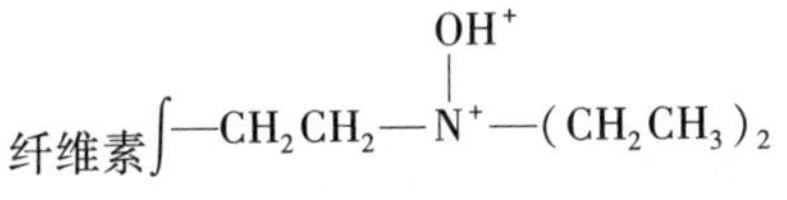

纤维素$\int$—CH_2CH_2—$\overset{OH^+}{\underset{}{N^+}}$—$(CH_2CH_3)_2$ $\int$—CH_3CH_2—$\overset{R}{\underset{R}{N^+}}$—$OH^-$

DEAE－纤维素 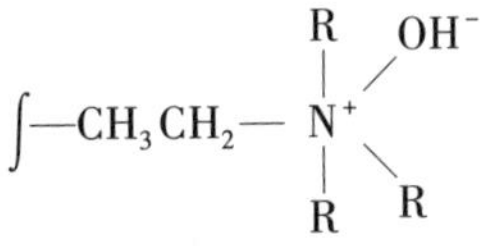   QAE－纤维素

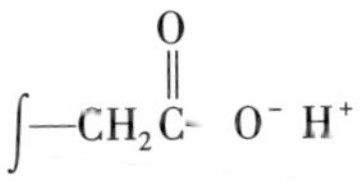

$\int$—$CH_2\overset{O}{\underset{}{C}}$—$O^-H^+$ $\int$—O—$\overset{O^-}{\underset{O^-}{P}}$—$O^-H^+$ $\int$—$SO_3^-H^+$

羧甲基纤维素（CMC） 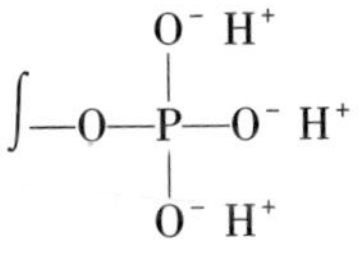   磷酸基纤维素 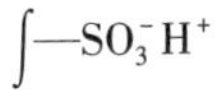   磺酸基纤维素

三、果 胶 质

1. 种类及分子结构

在高等植物的薄壁细胞组织中，细胞与细胞之间充满一些起黏合作用的胶状物质，称为细胞间质，其组成成分包括纤维素、半纤维素、果胶质和水分等。其中，果胶质是主要成分。果胶质又可分为果胶酸和果胶两类基本多糖成分。

果胶酸又称半乳糖醛酸聚糖（PGA），是由D－半乳糖醛酸缩合脱水以α-1,4-糖苷键连接而成的长链分子，结构式如图1-9所示。

分子中的游离羧基pK_a为4.5左右，在中性pH条件下处于解离状态，使胶酸带有很多阴离子，遇Ca^{2+}，Mg^{2+}等多价阳离子很容易凝聚沉淀。

果胶，又称甲氧基半乳糖醛酸聚糖（PMGA），是PGA分子与甲醇发生酯化反应的产物。其分子结构如图1-10所示。

不同植物材料的果胶，甲酯化程度不同。若羧基100%被甲酯化，甲氧基（—O—CH_3）的理论含量为16.3%。实践中规定甲氧基含量大于7%者，称为高甲氧基果胶，小于7%者，为低甲氧基果胶。

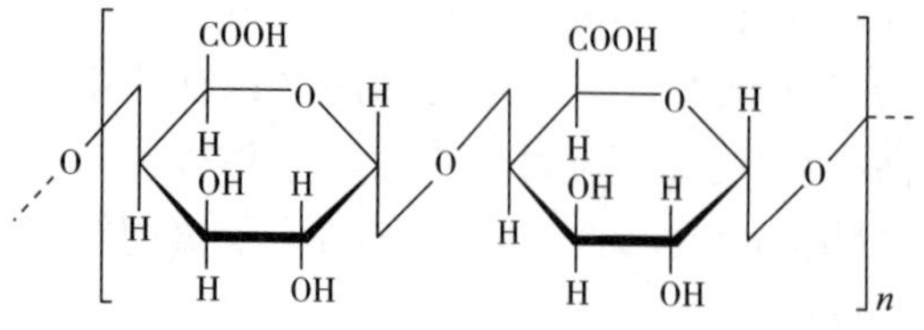

图1-9 果胶酸（PGA）的分子结构

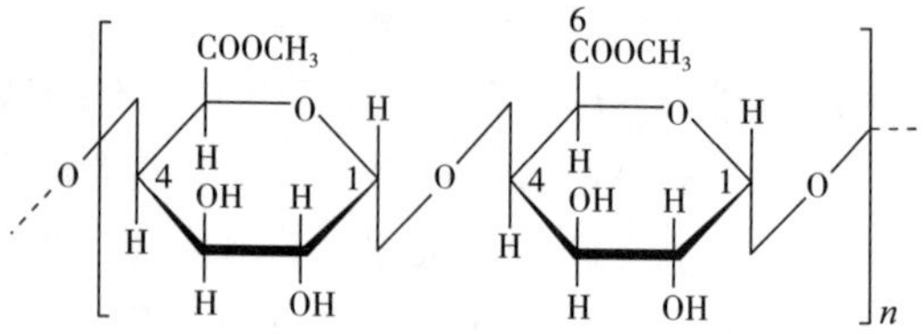

图1-10 果胶（PMGA）的分子结构

新近研究的资料认为，上述PGA和PMGA的分子结构仅仅是其天然分子的局部结构。天然分子的组成和结构实际要复杂得多，不是线型分子，而是多分支分子，由鼠李糖将多个PGA联结成很长的鼠李糖-半乳糖醛酸聚糖作为主链，由D-半乳糖、L-阿拉伯糖及木糖等分别组成长短不同的侧链。但是，目前还没有可靠的分离制备方法从植物材料中制备不发生降解的天然果胶质多糖样品，也没有鉴别标准能够证明所得样品是天然分子。

果胶质广泛分布在所有植物的薄壁细胞组织中，一些果蔬及植物组织的果胶含量见表1-11。商品果胶制剂主要利用苹果、柑橘的皮渣、制糖厂的甜菜废渣及桑蚕的蚕砂分离提取。

表1-11　一些果蔬及植物组织的果胶含量

名称	果胶含量/%	名称	果胶含量/%
番茄	0.2~0.5	烟叶梗	14.24
草莓	0.6~0.7	松木形成层	16.6
桃	0.3~1.2	柠檬皮	32
葡萄	0.5~1.6	柠檬果肉	25
梨	0.5~0.8	萝卜	8~10
葡萄柚	1.6~4.5	甜菜	30
香蕉	0.7~1.2	柑橘皮	20
杏	0.7~1.3	橘囊衣	29
苹果	0.5~1.8	橘汁液	16
南瓜	7~17	山楂	6.4
甜瓜	3.8	胡萝卜	8~10

2. 重要的理化性质

（1）溶解性　果胶酸及果胶在水中溶解度随相对分子质量增加而降低，随酯化程度增加而增加。果胶酸在水中溶解度低于1%。果胶则易溶于水，溶液黏度大，黏度与果胶相对分子质量成正比。稀酸溶液有利于果胶质溶解，因此，生产上用稀盐酸分离提取果胶质。果胶质不溶于酒精。取一定量的果胶溶液加到盛有酒精的量筒中，混匀，则果胶质呈絮状析出，凝结成层，浮在溶液上层。据此，可以进行果胶的定性、定量检验。

（2）胶凝性质　果胶是亲水胶体，其水溶液在适当条件下可形成凝胶。发生胶凝作用的条件主要有：果胶浓度0.3%~0.7%以上，pH2.0~3.5，蔗糖浓度60%~65%以上

（作为脱水剂）。满足这些条件，在室温下即可形成凝胶。果胶的胶凝作用与明胶、洋菜等不同，不受温度的影响，甚至在接近沸腾的温度下也可胶凝。酯化程度与胶凝作用关系密切，高甲氧基果胶，100%酯化者，只要有蔗糖作脱水剂就可胶凝。低甲氧基果胶则难凝，除需满足上述三个条件之外，还需 Ca^{2+}，Mg^{2+} 等多价金属离子作交联剂。

（3）水解作用　果胶的甲氧基由酶催化或高温、高压蒸煮可水解产生甲醇，酒类发酵中的甲醇即来源于此。

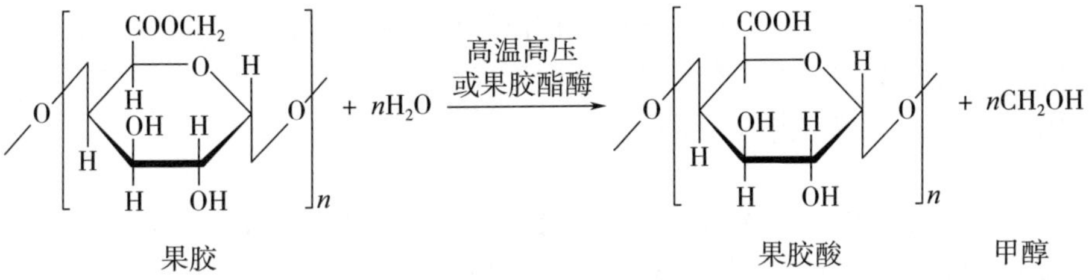

$$\text{果胶} + n\text{H}_2\text{O} \xrightarrow{\text{高温高压或果胶酯酶}} \text{果胶酸} + n\text{CH}_2\text{OH（甲醇）}$$

果胶酸和果胶分子的 α-1,4-糖苷键经果胶降解酶类催化断裂，则大分子解体。人的消化道中不产生果胶酶。因此，不能消化果胶。

四、海 藻 胶

许多海藻所含的胶质多糖，具有特殊的分子结构和理化性质，在生物固定化技术、生物化学分析、微生物培养及食品工业中有许多特殊用途，已经开发利用的有琼脂糖、角叉菜胶、褐藻胶等。

1. 琼脂糖

从石花菜属多种藻类中提出的多糖制品——琼脂，又称洋菜。不溶于冷水，溶于热水，其胶凝性很好。1%~2%的水溶液，在35~50℃就可成凝胶。一般微生物不产琼脂水解酶类，因而琼脂被广泛用作微生物培养基的固体支持物。生物化学中，琼脂被用作生物固定化技术的包埋材料。

据分析，琼脂的水解产物含有40%的 β-D-半乳糖，40%的 α-3,6-脱水-L-半乳糖，3%的硫酸酯，2%的丙酮酸。琼脂实际上是琼脂胶和琼脂糖两种多糖的混合物。琼脂糖的基本结构单位是［β-D-半乳糖-1,4-β-3,6-脱水-L-半乳糖］，通过 β-1,3-糖苷键聚合成线性大分子，结构式如图1-11所示。

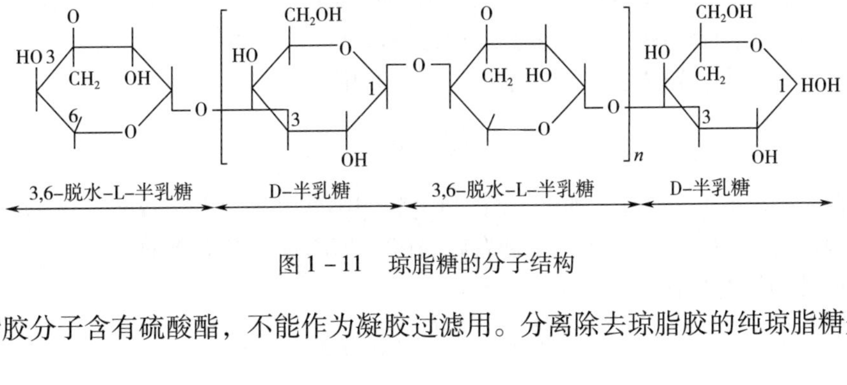

图1-11　琼脂糖的分子结构

琼脂胶分子含有硫酸酯，不能作为凝胶过滤用。分离除去琼脂胶的纯琼脂糖是生化分离分析中使用效果很好的凝胶材料。已经制成适合柱层析用的多孔性珠状凝胶颗粒。商品名称 Sepharose，型号有 2B，4B，6B 等，分别相当于浓度为 2%，4%，6% 的琼脂糖凝胶。Sepharose 经化学修饰可接入化学活性基团，成为有离子交换功能的层析载体。例如 DEAE - Sepharose 具有阴离子交换功能，又保留着凝胶网孔的过滤功能。

2. 角叉菜胶

角叉菜胶是一种红藻 - 鹿角藻的多糖，故又称鹿角菜胶。分子组成主要有 β - D - 半乳糖和 α - 3，6 - 脱水 - D - 半乳糖（琼胶为 L - 型），以 β - 1，4 - 糖苷链连接成二糖单位，再重复聚合而成线型分子。角叉菜胶被广泛用作生物固定化技术的包埋材料，是琼胶的良好代用品。在食品加工中具有与乳酪蛋白形成乳凝胶的特异反应，是乳品的良好稳定剂，可用来改善干酪、冰淇淋等产品的质量。

3. 褐藻胶

褐藻胶又叫褐藻酸，是昆布属、巨藻属等多种藻类的多糖。由 D - 甘露糖醛酸以 β - 1，4 - 糖苷键连接成的线型高分子多糖。结构式如图 1 - 12 所示。

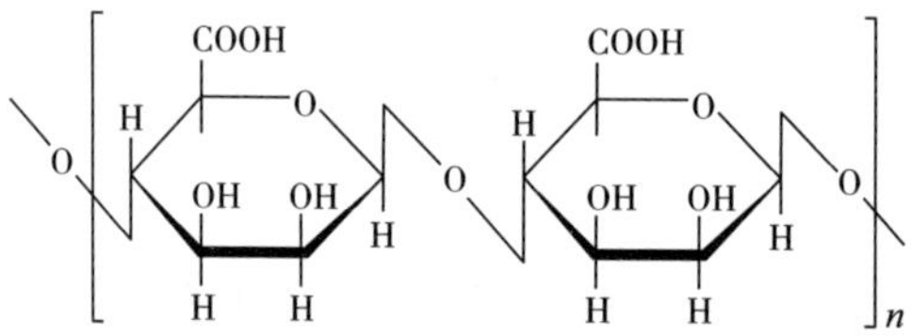

图 1 - 12　褐藻胶的分子结构

它的商品制剂通常为钠盐形式，也是生物固定化技术中最常用的包埋材料之一。

第五节　几种经济微生物多糖

目前认为，微生物多糖是微生物利用现成的碳水化合物进行二次代谢，在细胞内合成，分泌到胞外的产物，其中大多是作为荚膜和胞外黏液的成分。产胞外多糖的微生物目前已发现有 50 多个属的 100 多个种，主要是细菌、真菌和酵母。

有些微生物多糖的实用性能比植物胶还好，又具有生产周期短、成本低、便于实现工业化生产等优点，因此近 20 多年来研究开发很快，已经成为发酵生产的一个新兴领域。如黄原胶、右旋糖酐、茁霉多糖、透明质酸和环状糊精等，国内已经实现了工业化发酵生产，产品的应用范围日渐扩大，在某些应用方面形成了取代植物胶的趋势。

本节主要介绍几种微生物多糖的结构、性能和用途。

一、葡　聚　糖

葡聚糖（dextran）又称右旋糖酐，是由肠膜状明串珠球菌（*Leu - conostoc mesenteroides*）利用蔗糖发酵合成的。生产菌产生一种右旋糖酐蔗糖酶（又称葡聚糖蔗糖酶），能利用蔗糖分子中的葡萄糖合成葡聚糖：

$$n \text{蔗糖} \xrightarrow{\text{右旋糖酐蔗糖酶}} (\text{葡萄糖})_n + n \text{果糖}$$

葡聚糖是均质多糖，相对分子质量分布很宽，为（1.5~2000）万。分子结构中，90%~95%以上的葡萄糖残基以α-1,6-糖苷键连接成主链，其余残基以α-1,3-糖苷键连接到主链上。也有少数是由α-1,2-或α-1,4-糖苷键连接的。图1-13所示是肠膜状明串珠球菌NRRL-B_{512}所产葡聚糖的结构式。

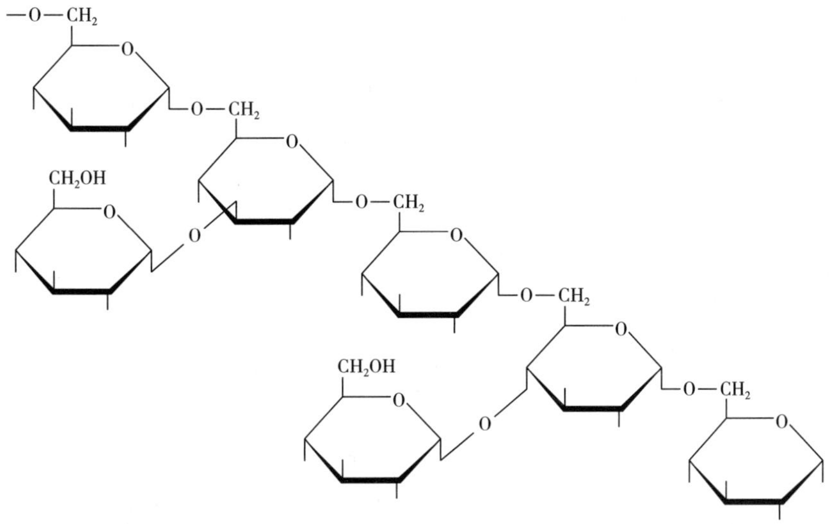

图1-13 葡聚糖的分子结构

葡聚糖易溶于水，形成透明溶液，耐高温消毒，耐反复冷冻。产品主要医用。将其天然分子轻度水解，取平均相对分子质量（7.5±0.25）万的组分，用生理盐水配成6%的溶液作为血浆增量剂，可维持一定的渗透压，称为代血浆。食品工业中葡聚糖可用作饮料、糕点和糖果的稳定剂、增稠剂增量剂。石油钻井曾用作泥浆添加剂。相对分子质量4万以上的葡聚糖曾用于过氧化氢酶、淀粉酶的固定化。

用环氧氯丙烷（$\overset{O}{CH_2CHCH_2Cl}$）作交联剂，将葡聚糖聚合成具有三维立体网状结构的水不溶性交联葡聚糖，商品名称Sephadex，又称分子筛，是生物化学分析和分离制备的常用技术材料，结构如图1-14所示。

通过调整交联剂与葡聚糖的配料比例，可以合成交联度大小不同的系列产品。商品型号有SephadexG10，15，25，50，75，150，200，300等。型号越大，交联度越小，孔径越大。小型号适用于小分子质量混合样品或小分子与大分子混合样品的分离。例如，用G25柱将生物大分子的盐析沉淀过柱脱盐，大型号的Sephadex用于大分子质量混合物的分离。Sephadex再经化学修饰，可加工成具有离子交换功能的层析柱装料。例如DEAE-Sephadex，羧甲基-Sephadex等。

二、黄原胶

黄原胶（xanthan gum）又称汉生胶、黄杆菌胶、黄杆菌多糖等，是1962年发现的一种细菌胞外多糖，由野油菜黄单孢菌（*Xanthanmonas Campestris*）产生，其分子组成主要

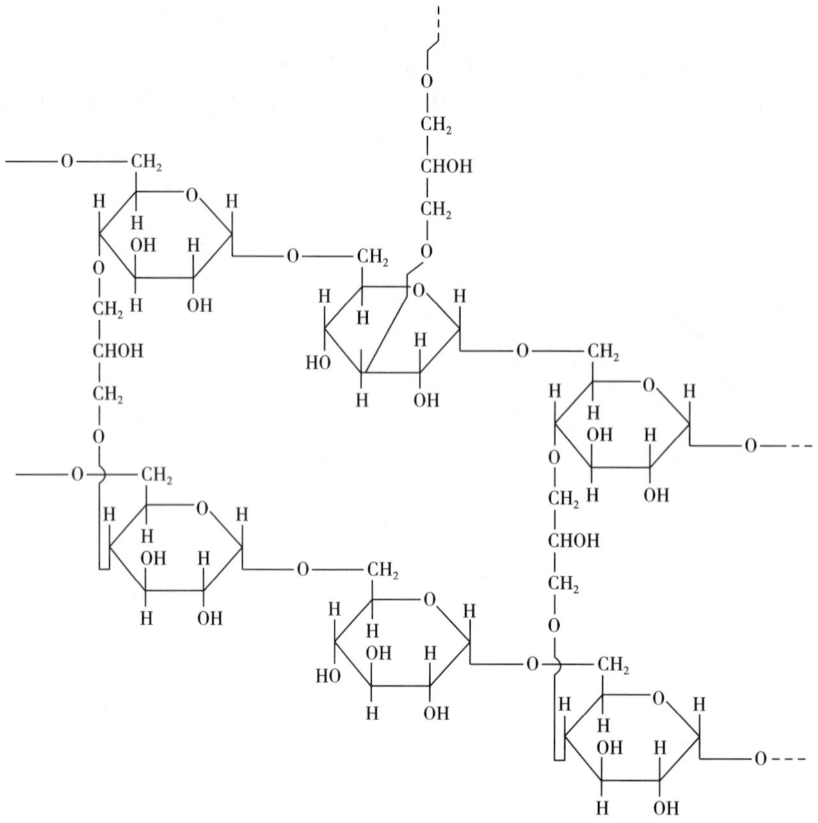

图 1-14 交联葡聚糖的分子结构

有 D-葡萄糖、D-甘露糖和 D-葡萄糖醛酸,比例为 2:2:1。此外,还有 2%~6% 的丙酮酸和 4.5% 的乙酸,相对分子质量为 (100~1000) 万。结构式如图 1-15 所示。

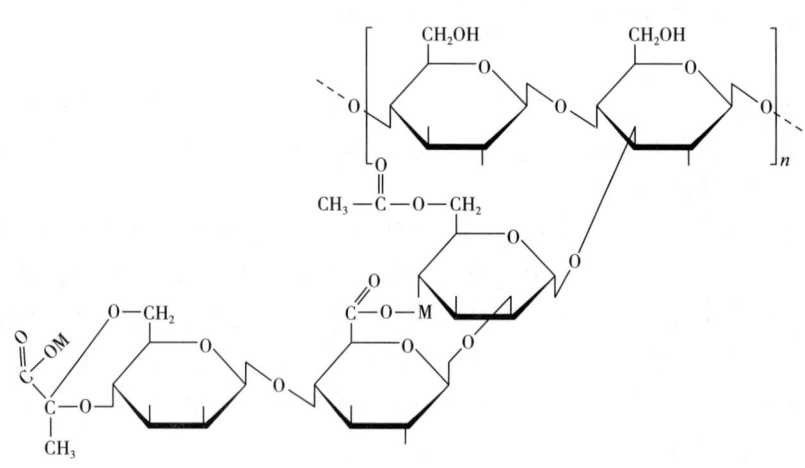

图 1-15 黄原胶的分子结构

式中 M 代表金属离子 Na^+,K^+,$\frac{1}{2}Ca^{2+}$ 等

黄原胶分子的主链与纤维素分子类似，是β-D-葡萄糖以β-1,4-葡萄糖苷键连接而成的多糖链。侧链是杂聚寡糖，通过α-1,3-甘露糖苷键连接到主链上。约有半数侧链的非还原性末端的甘露糖上连接着丙酮酸。丙酮酸或葡萄糖醛酸的羧基可与金属离子结合。

黄原胶易溶于冷水或热水，低浓度下就有很高的黏度，有良好的剪切稀释恢复能力[①]、很好的乳胶稳定性能和悬浊液稳定性能，其黏性非常稳定，几乎不受温度、pH，盐浓度的影响。黄原胶的这些优良性状使它有广泛的用途，常被作为增稠剂、悬浮剂、稳定剂或润滑剂应用于石油钻井、轻化工、制药和食品等领域。

目前，工业发酵生产是用葡萄糖或液化淀粉作碳源进行好气培养，当糖浓度为1%~5%时，转化率达40%~70%。发酵液经除去菌体后，加两倍体积的酒精可使黄原胶沉淀析出。

三、茁霉多糖

茁霉多糖（pullulan）又称短梗霉多糖或普鲁兰多糖，是由出芽短梗霉（*Aureobasdium Pulluans*）或发酵茁霉变种（*Pullularia fermantans Var·fermantans*）等真菌产生的。碳源为蔗糖、果糖或葡萄糖，也可用麦芽糖、半乳糖或乳糖。其中，用蔗糖时，产率可达50%以上。工业发酵生产用水解淀粉（*DE*值约为50%最好）为碳源，茁霉多糖产率可达淀粉的70%。

茁霉多糖是均质葡聚糖，分子结构麦芽三糖为基本单位，通过α-1,6-葡萄糖苷键鱼贯连结而成，间或也出现麦芽四糖，结构如图1-16所示。

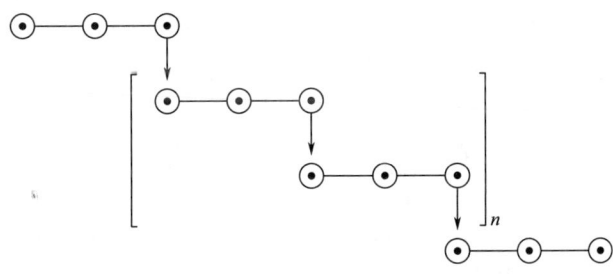

图1-16 茁霉多糖的分子结构

茁霉多糖无毒、易溶于水、黏性大、涂布性好，所成薄膜光滑透明。在食品工业中可作为增稠剂、抗氧化剂、黏着剂、食品被覆包装材料等，可用于糖果、肉食、饮料、奶油等食品，也可以用于日用化工、烟草、铸造翻砂及医药等领域。

四、透明质酸

透明质酸（hyaluronate）是酸性黏多糖，广泛存在于高等动物的关节液、软骨、结缔

---

① 高速旋转剪切力作用下，黏度下降；随着旋转速度减慢，黏度又恢复。

组织、皮肤、脐带、眼球玻璃体液及鸡冠等组织和某些微生物的细胞壁中。就目前所知，这是唯一一种在微生物中存在的高等动物组织的黏多糖。它的分子结构是以二糖单位 [β-D-葡萄糖醛酸-1,3-N-乙酰氨基葡萄糖] 为基本单位，通过 β-1,4-糖苷键鱼贯连接而成的链型大分子，相对分子质量为数十万到数百万，其分子结构如图 1-17 所示。

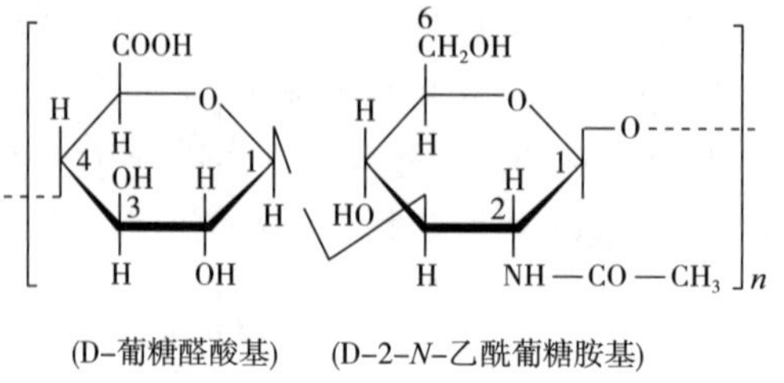

图 1-17 透明质酸的分子结构

在动物体内，透明质酸主要作为组织润滑剂起保护作用，并能防止病原微生物侵入组织。它又是构成皮肤真皮层的重要物质，作为真皮细胞间质的主要成分，使真皮和皮下结缔组织持水量大增，有利于增加皮肤营养，使皮肤充实而有弹性。人体内透明质酸减少是促进皮肤老化的主要原因之一。因此，化妆品中添加透明质酸对于抗皱、皮肤美容，效果颇好。

由于透明质酸在外科手术上有防止感染、防止肠粘连、促进伤口愈合等特殊效果，化妆品中也大量使用，因此，国际市场上需求量大。近年来，生产发展快，利用微生物发酵生产的专利文献不少。生产菌种多采用细菌中的马链球菌（*Streptococcus egul*）及其变种。目前，国内除了利用鸡冠等动物组织提取之外，已有发酵生产。

第六节 活 性 多 糖

生物活性多糖（bioactive polysaccharides）是多糖中具有促进机体健康，控制细胞分化，调节细胞生长衰老，参与细胞识别、细胞代谢、胚胎发育、病毒感染、免疫应答等多项生命活动的一类多糖，一般由七个以上的一种或多种单糖缩合而成，广泛存在于自然界的植物、细菌、真菌、藻类及动物体内。按多糖的主要来源可将其划分为真菌多糖、植物多糖、动物多糖三大类。活性多糖具有安全性高、毒副作用小、疗效好、来源广等特点，近年来受到国内外学者的广泛关注，成为食品科学、医学、分子生物学等领域的研究热点之一。

一、银耳多糖

银耳多糖（tremella polysaccharides，TP）是银耳中的主要活性成分，来源于银耳子实体、孢子、发酵液中分离纯化得到的带有分支的杂多糖，结构如图 1-18 所示，主要包括酸性杂多糖、中性杂多糖、胞壁多糖、胞外多糖和酸性低聚糖五种多糖。

其主链为由 α-1,3-糖苷键组成的甘露聚糖，主链的 2,4,6 位上连接有葡萄糖、木糖、岩藻糖及普通糖醛酸等残基组成的侧链，其活性中心是 α-1,3-甘露聚糖这一共

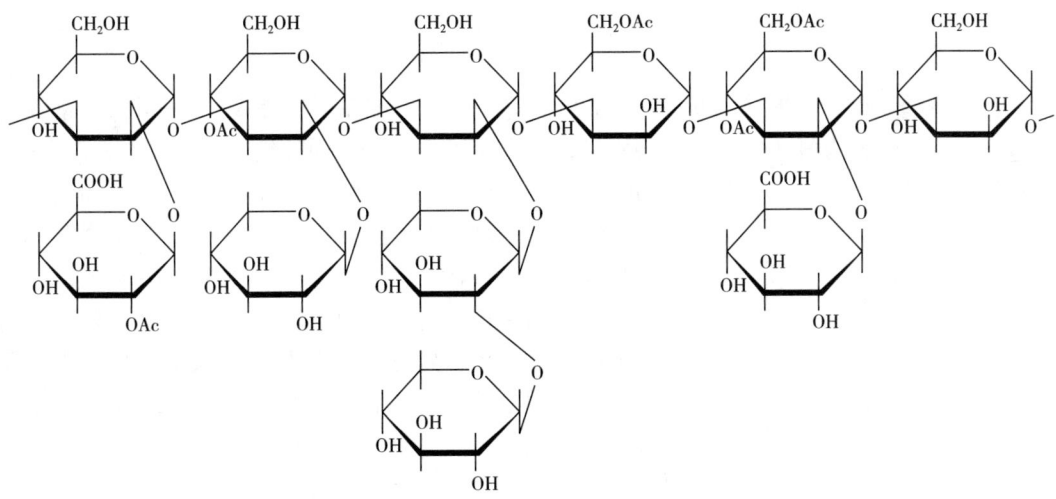

图 1-18 银耳多糖结构

同结构部分，相对分子质量达到 130 万～175 万。具有抗肿瘤、抗氧化、降低血脂、促进伤口愈合、增强免疫力等功效。

二、酵母 β-葡聚糖

β-葡聚糖存在于许多细菌、真菌和高等植物中，它的一个重要来源是酵母（Saccharomyces cerevisiae）的细胞壁。酵母 β-D-葡聚糖占酵母细胞壁干重的 30%～60%。它的结构包括由 β-1,3-糖苷键连接的主链以及由 β-1,6-糖苷键连接的分支化糖苷键所组成的糖链。酵母 β-葡聚糖结构如图 1-19 所示，其中一侧是亲水基团，另外一侧是疏水基团，两条葡聚糖链的疏水基团面相对构成螺旋结构，分子内多羟基相互作用形成致密的三股螺旋结构而使其不溶于水及醇等有机溶剂。大量研究表明：酵母 β-D-葡聚糖可以激活巨噬细胞发挥抗肿瘤、抗菌、促进伤口愈合、抗氧化和降脂的作用。酵母 β-D-葡聚糖是当前研究最多的一类活性多糖。

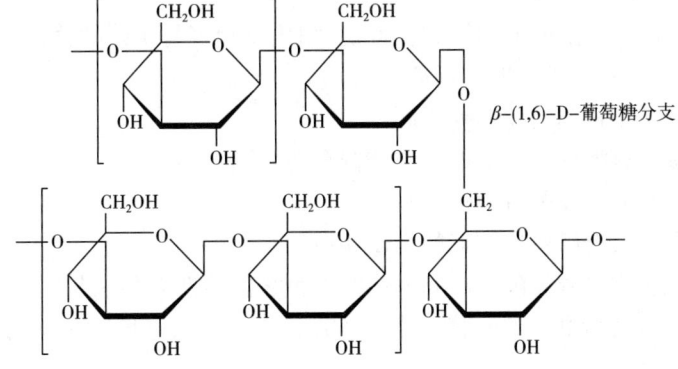

图 1-19 酵母 β-葡聚糖结构

三、几丁聚糖

几丁聚糖又称壳聚糖（chitosan），是几丁质［又称甲壳质或甲壳素，（chitin）］的脱乙酰基产物，化学名为(1,4)-2-乙酰氨基-2-脱氧-β-D-葡聚糖，是 N-乙酰基-D-葡胺糖通过β-(1,4)-糖苷键联结的直链状多糖，分子化学结构与植物中广泛存在的纤维素非常相似。甲壳素广泛存在于甲壳动物外壳和真菌的细胞壁中，其分子式（$C_8H_{13}O_5N$）$_n$，结构如图1-20所示。

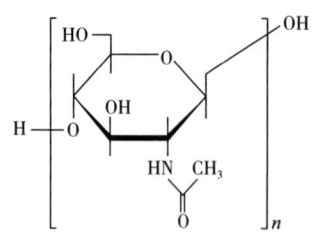

图1-20 甲壳素的结构

几丁聚糖又被称为可溶性的甲壳素或者是壳多糖，有比较强的吸湿效果，较好的成膜和透气效果。具有生物降解性、生物相容性、无毒性、抑菌、抗癌、降脂、增强免疫等多种生理功能，应用范围很广泛，在工业上可做布料、衣物、染料、纸张和水处理等，在农业上可做杀虫剂、植物抗病毒剂，渔业上做养鱼饲料，以及化妆品中的美容剂、毛发保护剂、保湿剂等，医疗用品上可做隐形眼镜、人工皮肤、缝合线、人工透析膜和人工血管等。

习　题

1. 根据分子组成，糖类化合物可分为哪些种类？糖类化合物的主要生理功能有哪些？
2. 糖的名称前面常冠有符号"D-"或"L-"，"α-"或"β-"，"+"或"-"，"呋喃"或"吡喃"等，它们的含义如何？
3. 参考图1-1，写出下列单糖的哈沃斯式结构：β-D-呋喃核糖、β-D-2-脱氧呋喃核糖、β-D吡喃葡萄糖、β-D-吡喃半乳糖、β-D-呋喃果糖、α-D-吡喃甘露糖。
4. 单糖的重要理化性质有哪些？并举例说明其实际用途。
5. 试述斐林试剂测定总糖含量的原理。
6. 试述蔗糖与麦芽糖与乳糖分子结构、化学性质的特点及其鉴定方法。
7. 试述淀粉分子结构的特点？
8. 什么是淀粉的糊化作用？什么是凝沉？糊化及凝沉与实践的关系如何？
9. 何谓改性淀粉？举例说明其用途。
10. 纤维素分子结构与淀粉有何异同？
11. 果胶质多糖有哪些？它们的分子结构有何异同？
12. 果胶质与食品、发酵有何关系？
13. 重要的海藻胶有哪些？它们的用途如何？
14. 重要的微生物多糖发酵产品有哪些？说明它们的性能和主要用途。
15. 列表比较右旋糖酐、黄原胶、茁霉多糖、透明质酸、环状糊精的分子组成和结构特点。

参考文献

1. 朱圣庚，等. 生物化学（第4版）[M]. 北京：高等教育出版社，2017.

2. ［德］卡尔森（著），张增明（译）. 生物化学精华［M］. 上海：上海科学出版社，1989.

3. ［美］A·怀特. 生物化学原理［M］. 北京：科学出版社，1978.

4. 张力田，等. 淀粉糖（第3版）［M］. 北京：中国轻工业出版社，2011.

5. Dumitriu, et al. Polysaccharides［M］. New York：Marcel Dekker In.，2004.

6. ［美］贝米勒（Be Miller J. N.），等. 淀粉化学与技术［M］. 北京：化学工业出版社，2013.

7. ［美］惠斯特勒（Whistler R. L.）. 淀粉的化学与工艺学［M］. 北京：中国食品出版社，1988.

8. 金国琴，等. 生物化学（第3版）［M］. 上海：上海科学技术出版社，2017.

第二章 脂类化合物

学习指导

脂类化合物包括甘油三酯和类脂质，甘油三酯是生物体的主要营养物质之一，类脂质大都是细胞的重要结构物质和生理活性物质。学习本章要求：（1）了解脂类化合物的概念、主要类别、分布和生理功能；（2）掌握天然脂肪酸的结构特点和几种磷脂结构。

第一节 概　　述

一、脂类的概念

脂类是生物体中所有能够溶于有机溶剂（如苯、乙醚、氯仿、酒精等）的多种化合物的总称。它们在化学结构上本不属于一类化合物，但因溶解性质相似，都不溶于水、易溶于有机溶剂，而且，研究发现它们在代谢上和生理功能上也存在着密切的联系，故在"生物化学"中统归为一类，称为脂类。除了溶解性质和代谢上的密切关系之外，生物化学中的所谓"脂类"化合物还存在如下一些共性：它们都是由生物体产生的，并能被生物体所利用；在分子组成上大都是脂肪酸与醇所组成的酯；也有些不含脂肪酸的脂类化合物是异戊二烯的聚合产物，如胡萝卜素类和固醇类化合物；有些脂类化合物分子结构具有亲水的极性端和疏水的脂链（或脂环）结构，这种结构特点与磷脂的成膜作用、胆汁酸对脂肪的乳化作用等生理功能有着密切的关系。

二、脂类化合物的种类

脂类化合物没有统一规定的分类方法，通常根据分子组成和结构特点分为简单脂质、复合脂质和衍生脂质，后两类又称为类脂质。也可以根据生物学功能进行分类。

1. 根据分子组成分类

（1）简单脂质　仅仅由脂肪酸和醇所组成的酯，称为简单脂，主要有甘油三酯和蜡。

（2）复合脂质　由简单脂与非脂性成分组成的脂类化合物，称为复合脂。重要的复合脂有磷脂和糖脂两类。

磷脂因分子中含有磷酸和含氮碱的脂类，故可分为甘油磷脂和神经醇磷脂。糖脂是分子中含糖的脂类。

（3）衍生脂类　由简单脂质和复合脂质衍生而来，包括脂肪酸、萜类、类固醇等。

2. 根据生物学功能分类

（1）贮存脂质　主要是甘油三酯和蜡。甘油三酯是许多生物的主要贮能形式，蜡是海洋浮游生物的能量储库。

（2）结构脂质　即膜脂，包括磷脂、糖脂和胆固醇。

（3）活性脂质　它们是细胞内的微量成分，但具有重要而专一的生物活性，包括类固醇激素、充当胞内信使的磷脂酰肌醇衍生物、具有激素样作用的前列腺素、脂溶性萜类维生素、光合色素以及作为电子载体的泛醌和质体醌。

三、脂类的分布和生理功能

脂类广泛分布于一切生物体中，在体内主要以贮脂和体脂（结构脂）两种形式存在。它们的含量和功能有明显的不同。

1. 贮脂

甘油三酯作为浓缩燃料的贮存形式，在体内含量变动很大，因营养条件和生理状况而异。高等动物和人体的脂肪大都贮存于大网膜、肠系膜、皮下脂肪等结缔组织中。这些组织以干重计，脂肪含量可达80%以上。植物油脂集中于果实和种子内，如花生米含油质量分数为40.2%～60.0%，芝麻含油质量分数为46.2%～61.0%，大豆含油质量分数为10%～25%。微生物细胞内，油脂是以脂肪滴的形式存在。某些微生物油脂含量很高，并已证明无毒，可作为油脂生产的潜在资源。几种含油脂较高的微生物见表2-1。

表2-1　　　　　　　　　　某些微生物的脂质含量

菌名	脂质含量/%	菌名	脂质含量/%
构巢曲霉	51.0	红酵母	61.0～71.0
索氏青霉	40.0	啤酒酵母	14.0～17.0
淡紫青霉	56.0	异常汉逊酵母	16.9
卷枝毛霉	65.0	阴沟气杆菌	12.0～20.0
巨大芽孢杆菌	9.2～33.8		

贮脂的生理功能主要是作为营养物质贮存备用，是重要的能源和碳源。当油脂在体内氧化分解时，产热量比糖和蛋白质高。脂肪的热量为38.9kJ/g，相当于糖或蛋白质的二倍多，而糖和蛋白质的热量仅为17.1kJ/g。脂肪氧化分解的许多中间产物可转化为糖类和氨基酸。因此，有些微生物可以利用脂肪或脂肪酸作为唯一碳源维持正常生长，例如灰青霉和大毛霉。

此外，对于人体来说，体内贮脂有润滑组织、保持体温等功能。食物中的油脂能提供人体必需脂肪酸，帮助脂溶性维生素吸收。

2. 体脂

生物体内各种类脂质主要作为生物膜的基本结构成分，有些类脂质如异戊二烯类脂质等主要作为生理活性物质，有些蜡质则分布在生物体表面起保护作用，所有这些脂类统称为体脂，又称结构脂。体脂含量较低，但比较稳定，不像贮脂那样含量会大幅度变化。

甘油磷脂是细胞生物膜的基本结构物质，神经磷脂是高等动物神经鞘膜的基本结构物质。除此之外，糖脂、类固醇等也参加生物膜的组建。生物膜的各种生理功能，如屏障作用、免疫作用、物质传送、能量转换、细胞识别、代谢调控及神经传导等，都体现了体脂的重要性。有关内容详见第七章生物膜。

异戊二烯类脂质多属于维生素和激素等生理活性物质，具有调节代谢、促进细胞分化和生理发育等功能，是生物体不可缺少的。

第二节 简单脂质

一、甘油三酯

1. 名称和结构

甘油三酯也叫真脂或中性脂，是由三个脂肪酸分别与甘油的三个醇羟基缩合脱水所成的酯。根据在室温下的物理状态不同又分为油和脂。室温下呈液态者称为油，呈固态者称为脂。前者含不饱和脂肪酸和短链脂肪酸较多；后者含饱和脂肪酸多。甘油三酯的结构通式为：

$$\begin{array}{c} \quad\quad\quad\quad\quad\quad O \\ \quad\quad\quad\quad\quad\quad \| \\ \quad\quad\quad\quad CH_2-O-C-R_1 \\ O\quad\quad\quad\quad | \\ \| \quad\quad\quad\quad | \\ R_2-C-O-CH \\ \quad\quad\quad\quad | \quad\quad O \\ \quad\quad\quad\quad | \quad\quad \| \\ \quad\quad\quad\quad CH_2-O-C-R_3 \end{array}$$

R 是烃基

因为甘油是三元醇，它可以形成甘油一酯、甘油二酯和甘油三酯，按新的命名法应分别称为单酯酰甘油、二酯酰甘油和三酯酰甘油。甘油三酯分子，大多是两种或三种不同的脂肪酸参加组成的，称为混合甘油酯。若由同一种脂肪酸所成的甘油三酯称为单纯甘油酯。天然油脂都是许多不同的甘油三酯的混合物，很难分离纯化成品。

2. 脂肪酸

从动物、植物、微生物中分离到的天然脂肪酸已达百多种，有饱和的与不饱和的之分。天然脂肪酸都是一个长的碳氢链，在其一端带一个羧基。碳氢链大多是直链，分支者或环状者很少。不饱和脂肪酸有一个双键的单烯不饱和脂肪酸和几个双键的多烯不饱和脂肪酸。不同脂肪酸之间的区别主要在碳氢链的长度、饱和与否及双键的数目和位置。一些重要的天然脂肪酸见表 2–2 所示。

表 2–2　　　　　　　某些天然存在的脂肪酸

	习惯名称	简写符号	系统名称	分子结构式	熔点/℃
饱和脂肪酸	月桂酸	12:0	n-十二烷酸	$CH_3(CH_2)_{10}COOH$	44.2
	豆蔻酸	14:0	n-十四烷酸	$CH_3(CH_2)_{12}COOH$	53.9
	软脂酸	16:0	n-十六烷酸	$CH_3(CH_2)_{14}COOH$	63.1
	硬脂酸	18:0	n-十八烷酸	$CH_3(CH_2)_{16}COOH$	69.6
	花生酸	20:0	n-二十烷酸	$CH_3(CH_2)_{18}COOH$	76.5
	山嵛酸	22:0	n-二十二烷酸	$CH_3(CH_2)_{20}COOH$	—

续表

	习惯名称	简写符号	系统名称	分子结构式	熔点/℃
饱和脂肪酸	掬焦油酸	24:0	n-二十四烷酸	$CH_3(CH_2)_{22}COOH$	86.0
	蜡酸	26:0	n-二十六烷酸	$CH_3(CH_2)_{24}COOH$	
	褐煤酸	28:0	n-二十八烷酸	$CH_3(CH_2)_{26}COOH$	
不饱和脂肪酸	棕榈油酸	$16:1^{\Delta 9}$	9-十六碳烯酸	$CH_3(CH_2)_5CH=CH(CH_2)_7COOH$	
	油酸	$18:1^{\Delta 9} cis$	9-十八碳烯酸（顺）	$CH_3(CH_2)_7CH=CH(CH_2)_7COOH$	13.4
	亚油酸	$18:2^{\Delta 9,12}$	9,12-十八碳二烯酸 (cis, cis)	$CH_3(CH_2)_4CH=CHCH_2CH=CH(CH_2)_7COOH$	-5
	亚麻酸	$18:3^{\Delta 9,12,15}$	9,12,15-十八碳三烯酸 (all, cis)	$CH_3CH_2CH=CHCH_2CH=CH-CH_2CH=CH(CH_2)_7COOH$	-11
	花生四烯酸	$20:4^{\Delta 5,8,11,14}$	5,8,11,14-二十碳四烯酸 ($all\ cis$)	$CH_3(CH_2)_4(CH=CHCH_2)_3-CH=(CH_2)_3COOH$	-49.5
少见脂肪酸	结核硬脂酸			$CH_3(CH_2)_7CH(CH_2)_8COOH$ $\quad\quad\quad\quad\ \ |$ $\quad\quad\quad\quad CH_3$	
	结核菌酸			$CH_3(CH_2)_3CH(CH_2)_5CH(CH_2)_9CHCH_2COOH$ $\quad\quad\quad\quad |\quad\quad\quad\quad |\quad\quad\quad\quad |$ $\quad\quad\quad\quad CH_3\quad\quad\ CH_3\quad\quad\ CH_3$	
	乳杆菌酸			$CH_3(CH_2)_6HC\!-\!CH(CH_2)_9COOH$ $\quad\quad\quad\quad\ \backslash\ /$ $\quad\quad\quad\quad CH_2$	
	脑羟脂酰		α-羟二十四烷酸	$CH_3(CH_2)_{21}CHCOOH$ $\quad\quad\quad\quad\quad |$ $\quad\quad\quad\quad\quad OH$	
	桐油酸	$18:3^{\Delta 9,11,13}$	9,11,13-十八碳三烯酸	$CH_3(CH_2)_3CH=CH-CH=CH-CH=CH(CH_2)_7COOH$	
	神经酸	$24:1^{\Delta 15} cis$	15-二十四碳烯酸	$CH_3(CH_2)_7CH=CH(CH_2)_{13}COOH$	
	大枫子酸		13-(2-环戊烯)十三酸	$\begin{array}{c}CH=CH\\ |\quad\quad |\\ CH_2-CH_2\end{array}CH(CH_3)_{13}COOH$	
	蓖麻酸		12-羟-9-十八碳烯酸	$CH_3(CH_2)_5CHCH_2CH=OH(CH_2)_7COOH$ $\quad\quad\quad\quad |$ $\quad\quad\quad\quad OH$	
	芥子酸	$22:1^{\Delta 13}$	13-二十二碳烯酸	$CH_3(CH_2)_7CH=CH(CH_2)_{11}COOH$	

脂肪酸常用简写方法表示。简写法的原则是先写出碳原子数目，再写出双键的数目，

最后标明双键的位置。例如：

软脂酸是 16 碳饱和脂肪酸，简写为 16:0；

油酸是 18 碳不饱和脂肪酸，在 9 和 10 碳原子之间有一个双键，可简写为 $18:1^{\Delta 9}$ 或 18:1（9）；

花生四烯酸是有 4 个双键的 20 碳不饱和脂肪酸，可简写为：$20:4^{\Delta 5,8,11,14}$ 或 20:4（5.8.11.14）。

天然脂肪酸的分子结构存在以下一些共同规律。

① 一般都是偶数碳原子，其中 14～20 个碳原子者占多数。最常见的是 16 碳和 18 碳，即软脂酸（16:0）、硬脂酸（18:0）和油酸（$18:1^{\Delta 9}$）。在哺乳动物的乳脂中存在许多 12 碳以下的饱和脂肪酸。② 高等动、植物的不饱和脂肪酸一般都是顺式结构，反式者很少。顺式用 *cis* 表示，反式用 *trans* 表示。③ 不饱和脂肪酸双键的位置有一定的规律性：一个双键者位置在 9 和 10 碳原子之间，用 Δ^9 表示。多个双键者也常常有一个 Δ^9，其余双键在 Δ^9 与碳链甲基末端之间，两个双键之间有亚甲基间隔。所以，不饱和脂肪酸很少有共轭双键，只在少数植物中有所发现。几种常见不饱和脂肪酸的结构和表示方法如下：

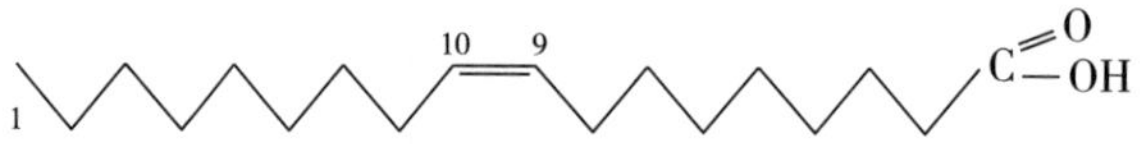

油酸(*cis*)18:1

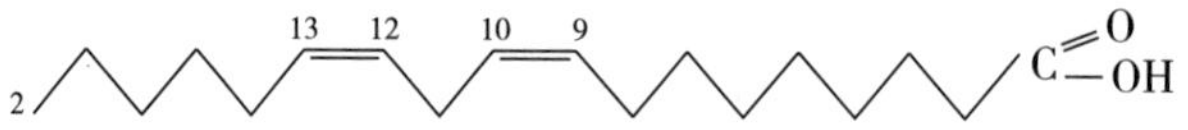

亚油酸(*cis*)18:2

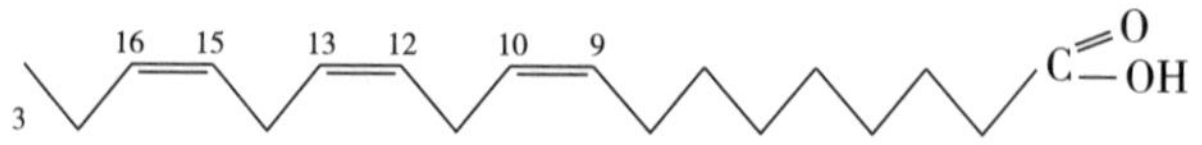

亚油酸(*cis*)18:3

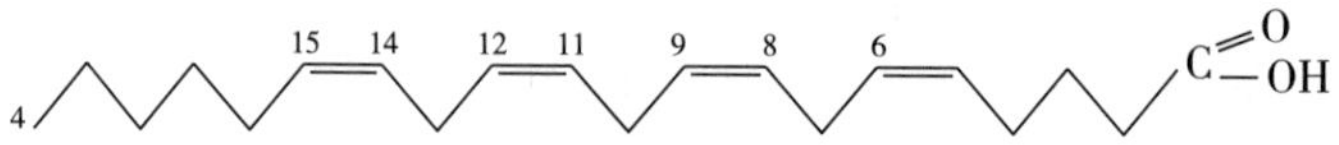

花生四烯酸(*cis*)20:4

哺乳动物和人体不能合成亚油酸和亚麻酸，而它们又是生长所必需的，须由食物供给，故称之为必需脂肪酸。植物油中含丰富的必需脂肪酸。亚油酸是人体合成花生四烯酸，进而合成前列腺素的原料。前列腺素是类似激素的环状 20 碳含氧脂肪酸，有调节肌肉收缩、舒张，降血压等多种生理功能。前列腺素根据碳链的不饱和程度可分为几种不同类型。其基本结构是前列腺（烷）酸：

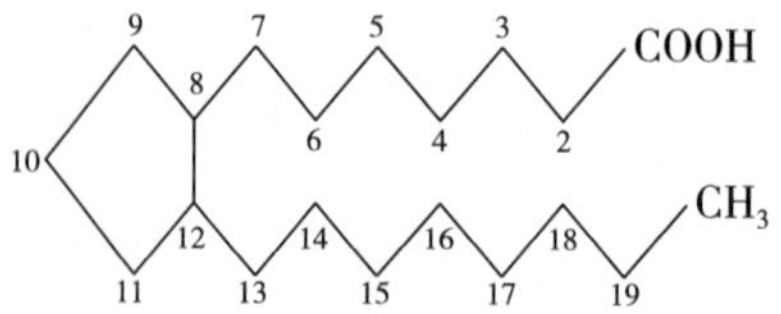

前列腺(烷)酸

④一般说来，动物脂肪中含饱和脂肪酸多，细菌的脂肪酸也多为饱和脂肪酸，而且，有的脂肪酸具有分支碳链，但种类比动、植物少得多。细菌的不饱和脂肪酸一般都是单烯不饱和脂肪酸，到目前为止，尚未发现细菌含有两个或更多双键的不饱和脂肪酸。

3. 脂肪酸和脂肪的性质

(1) 溶解度　脂肪酸由极性羧基和非极性烃基组成，既有亲水性又有疏水性，为两亲化合物。脂肪酸的烃基长度对其溶解度有影响，随碳链加长溶解度减小。低级脂肪酸如丁酸易溶于水。碳链增加则溶解度减小。碳链相同，有无不饱和键对溶解度无影响。

脂肪一般不溶于水，易溶于有机溶剂如乙醚、石油醚、氯仿、二硫化碳、四氯化碳、苯等。由低级脂肪酸构成的脂肪则能在水中溶解。脂肪的相对密度小于1，故浮于水面上。脂肪虽不溶于水，但经胆酸盐的作用而变成微粒，就可以和水混匀，形成乳状液，此一过程称为乳化作用。

(2) 熔点　饱和脂肪酸的熔点依其分子质量而变动，分子质量越大，其熔点就越高。不饱和脂肪酸的双键愈多，熔点愈低。纯脂肪酸和由单一脂肪酸组成的甘油酯，其凝固点和熔点是一致的。而由混合脂肪酸组成的油脂的凝固点和熔点则不同。

脂肪的熔点各不相同，所有的植物油在室温下是液体，但几种热带植物油例外。例如棕榈果、椰子和可可豆的脂肪在室温下是固体。动物性脂肪在室温下是固体，并且熔点较高。脂肪的熔点决定于脂肪酸链的长短及其双键数的多寡。脂肪酸的碳链越长，则脂肪的熔点越高。带双键的脂肪酸存在于脂肪中能显著地降低脂肪的熔点。

(3) 吸收光谱　脂肪酸在紫外和红外区显示出特有的吸收光谱，可用来对脂肪酸的定性、定量或结构研究。饱和脂肪酸和非共轭酸在220nm以下的波长区域有吸收峰。共轭酸中的二烯酸在230nm附近、三烯酸在260~270nm、四烯酸在290~315nm各显示出吸收峰。测定此种吸光度，就能算出其含量。

红外线吸收光谱可有效地应用于决定脂肪酸的结构。它可以区别有无不饱和键、是反式还是顺式、脂肪酸侧链的情况以及检出过氧化物等特殊原子团。

(4) 皂化作用　脂肪内脂肪酸和甘油结合的酯键容易被氢氧化钾或氢氧化钠水解，生成甘油和水溶性的肥皂。这种水解称为皂化作用。通过皂化作用得到的皂化价［皂化1g脂肪所需氢氧化钾质量（mg）］，可以求出脂肪的分子质量。

(5) 加氢作用　脂肪分子中如果含有不饱和脂肪酸，其所含的双键可因加氢而变为饱和脂肪酸。含双键数目越多，则吸收氢量也越多。植物脂肪所含的不饱和脂肪酸比动物脂肪多，在常温下是液体。植物脂加氢后变为比较饱和的固体，它的性质也和动物脂肪相似，人造黄油就是一种加氢的植物油。

(6) 加碘作用　脂肪分子中的不饱和双键可以加碘，每100g脂肪所吸收碘的质量（g）称为碘化价。脂肪所含的不饱和脂肪酸越多，或不饱和脂肪酸所含的双键越多，碘化价越高。根据碘化价高低可以知道脂肪中脂肪酸的不饱和程度。

(7) 氧化和酸败作用　脂肪分子中的不饱和脂肪酸可受空气中的氧或各种细菌、霉菌所产生的脂肪酶和过氧化物酶所氧化，形成一种过氧化物，最终生成短链酸、醛和酮类化合物，这些物质能使油脂散发刺激性的臭味，这种现象称为酸败作用。

二、蜡

蜡是高级脂肪酸（14～16个碳）与高级饱和一元醇（16～30个碳）所成的酯，是不溶于水的固态酯，如蜂蜡，是软脂酸与26～34碳的蜡醇所成的酯。羊毛脂是脂肪酸与羊毛固醇所成的酯等。蜡一般都在生物体表面起保护作用。

有些海洋生物如抹香鲸在头部贮存大量蜡，属于贮存脂类，其功能是作为代谢燃料。

> **知识小贴士**

反式脂肪酸

反式脂肪酸（trans fatty acids，TFA）是所有含有反式双键的不饱和脂肪酸的总称，其双键上两个碳原子结合的两个氢原子分别在碳链的两侧，其空间构象呈线性。与之相对应的是顺式脂肪酸，其双键上两个碳原子结合的两个氢原子在碳链的同侧，其空间构象呈弯曲状。由于它们的立体结构不同，二者的物理性质也有所不同，例如顺式脂肪酸多为液态，熔点较低；而TFA多为固态或半固态，熔点较高。另外，二者的生物学作用也相差甚远，主要表现在TFA对机体多不饱和脂肪酸代谢的干扰、对血脂和脂蛋白的影响及对胎儿生长发育的抑制作用。

人类使用的反式脂肪主要来自经过部分反式脂肪酸氢化的植物油。"氢化"是20世纪初由德国化学家威廉·诺曼发明的食品工业技术，并于1902年取得专利。1909年美国宝洁公司取得此专利的美国使用权，并于1911年开始推广第一个完全由植物油制造的半固态酥油产品。氢化植物油与普通植物油相比更加稳定，成固体状态，可以增加产品货架期，使食品外观更好看，口感松软；与动物油相比价格更低廉。不饱和脂肪酸氢化时产生的反式脂肪酸占8%～70%。

自然界也存在反式脂肪酸，牛乳、乳制品、牛肉和羊肉的脂肪中反式脂肪酸占2%～9%。

许多流行病学调查或者动物实验研究过反式脂肪各种可能的危害，其中对心血管健康的影响具有最强的证据。目前没有明确证据能够证实影响早期生长发育、Ⅱ型糖尿病、高血压、癌症等疾病与反式脂肪的相关性。

WHO建议每天来自反式脂肪的热量不超过食物总热量的1%（大致相当于2g）。

第三节　复合脂质

一、磷　脂

磷脂包括甘油磷脂和鞘氨醇磷脂两类，普遍存在于生物体细胞质和细胞膜中，是含磷酸的脂类总称。甘油磷脂是第一大类膜脂，鞘磷脂是第二大类膜脂。

甘油磷脂由甘油、脂肪酸、磷酸和胆碱或胆胺等所组成，其结构通式如下：

$$\begin{array}{c} \text{CH}_2-\text{O}-\overset{\text{O}}{\underset{}{\text{C}}}-\text{R}_1 \\ \text{R}_2-\overset{\text{O}}{\underset{}{\text{C}}}-\text{O}-\text{CH} \\ \text{CH}_2-\text{O}-\overset{\text{O}}{\underset{\text{O}^-}{\text{P}}}-\text{X} \end{array}$$

式中 R_1，R_2 分别表示脂酰基的烃链，X 表示胆碱基等基团。关于甘油磷脂的类别、X 基团的名称和结构见表 2-3。

表 2-3   几种常见甘油磷脂的类别及结构通式中 X 基团的结构

甘油磷脂名称	X 基团的名称	X 基团的结构
磷脂酸	—	—H
甘油磷脂	甘油基	—CH$_2$—CH—CH$_2$OH 　　　　OH
卵磷脂	胆碱基	—CH$_2$—CH$_2$—$\overset{+}{\text{N}}$(CH$_3$)$_3$
脑磷脂	胆胺基	—CH$_2$—CH$_2$—$\overset{+}{\text{N}}$H$_3$
丝氨酸磷脂	丝氨酸基	—CH$_2$—CH—$\overset{+}{\text{N}}$H$_3$ 　　　　COO$^-$
肌醇磷脂	肌醇基	(肌醇环结构)
二磷脂酰甘油（心磷脂）	磷脂酰甘油基	$\begin{array}{c}\text{CH}_2-\text{O}-\text{C(O)}-\text{R}_1\\ \text{R}_2-\text{C(O)}-\text{O}-\text{CH}\\ \text{CH}_2\\ \text{O}\\ -\text{CH}_2-\text{CH}-\text{CH}_2-\text{O}-\overset{\text{O}}{\underset{\text{O}^-}{\text{P}}}=\\ \text{OH}\end{array}$

鞘氨醇磷脂由神经鞘氨醇、脂肪酸、磷酸及胆碱或胆胺等组成，结构通式为：

$$\underbrace{R-\overset{O}{\underset{}{C}}-}_{\text{脂酰基}}\underbrace{\overset{H}{\underset{N}{|}}-\overset{\text{HC}=\text{CH}-(\text{CH}_2)_{12}-\text{CH}_3}{\underset{\text{CH}_2}{\overset{\text{CHOH}}{\text{CH}}}}}_{\text{鞘氨醇基}}\underbrace{-\text{O}-\overset{\text{O}}{\underset{\text{OH}}{\text{P}}}-}_{\text{磷酰基}}\underbrace{\text{X}}_{\text{胆碱基或胆胺基}}$$

磷脂分子中都含有极性基团（磷酰胆碱、磷酰胆胺、磷酰丝氨酸等），常称它们为极性头部，又含有非极性基团（脂肪酰基的烃链、鞘氨醇的烃链等），称为疏水尾部。磷脂分子的这种两性性质（指分子中有极性端和非极性端），对于生物膜的形成、膜脂与膜蛋白的结合及生物膜的许多功能起重要作用。此外，磷脂分子中脂酰基烃链的长短和不饱和程度与生物膜的流动性直接相关。

二、糖 脂

糖脂主要为甘油醇糖脂和鞘氨醇糖脂。甘油醇糖脂是甘油二酯与己糖（主要是半乳糖、甘露糖）或脱氧葡萄糖结合而成的化合物，连接的糖残基可以是一个或两个。

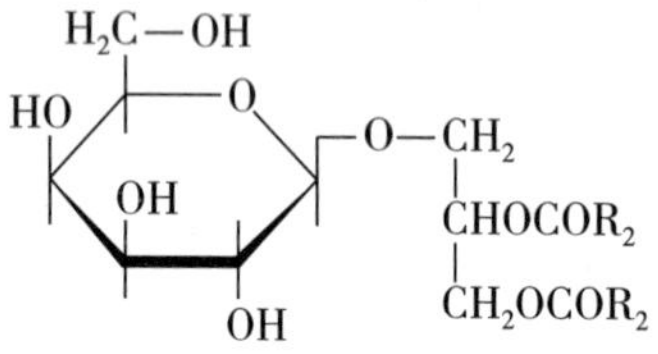

半乳糖甘油二酯 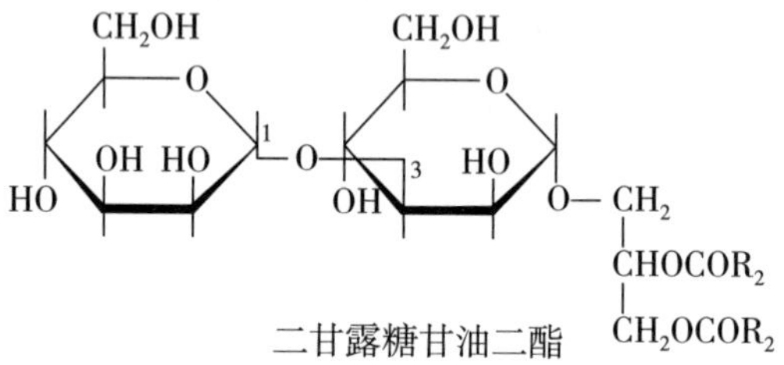　　　　　　二甘露糖甘油二酯

鞘氨醇糖脂由神经鞘氨醇、脂肪酸和糖类物质结合而成，又可分为脑苷脂和神经节苷脂。脑苷脂分子中只含一分子单糖（半乳糖或葡萄糖或岩藻糖或 N-乙酰葡萄糖胺等），其共同结构是：

（半乳糖、岩藻糖或 N-乙酰葡萄糖胺）葡萄糖—鞘氨醇
　　　　　　　　　　　　　　　　　　　　　脂肪酸

神经节苷脂的糖基链比较复杂，含有半乳糖、葡萄糖、唾液酸等，分子结构简示如下：

半乳糖-N乙酰葡萄糖胺—半乳糖—葡萄糖—鞘氨醇
　　　　唾液酸　　　　　　　　　　　脂肪酸

植物和细菌细胞膜中的糖脂主要是甘油醇糖脂，动物细胞膜中主要是鞘氨醇糖脂。糖脂在膜上的分布是不对称的，质膜中的糖脂仅分布在细胞外侧的单分子层中，糖链伸向膜外。

糖脂分子中也含亲水基团（糖残基）和疏水基团（鞘氨醇 R 基和脂肪酸 R 基），对膜的形成也起重要作用。神经节苷脂有受体功能，现已知道破伤风毒素、霍乱毒素、干扰素、促甲状腺素等的受体就是不同的神经节苷脂。同时神经节苷脂还与组织免疫、细胞识别等有关。

第四节　衍 生 脂 质

衍生脂质指由单纯脂质和复合脂质衍生而来或与之关系密切，但也具有脂质一般性质的物质，主要有取代烃、固醇类、萜和其他脂质。它们在生物体内含量虽然不多，但许多是重要的活性脂质。

一、萜类

萜类化合物不含脂肪酸，是异戊二烯的衍生物，它们的碳链骨架可以用异戊二烯来划分。异戊二烯结构式为：

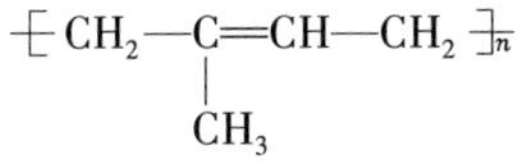

$$\{CH_2-C=CH-CH_2\}_n$$
$$\quad\quad\quad |$$
$$\quad\quad CH_3$$

根据所含异戊二烯的数目，可将其分为单萜、双萜、三萜、四萜和多萜等。植物中的萜类多数有特殊臭味，而且是各类植物特有油类的主要成分。例如柠檬苦素（limonene）、薄荷醇（menthol）、樟脑（camphor）等依次是柠檬油、薄荷油、樟脑油的主要成分。

二、固醇和类固醇

固醇又叫甾醇，是脂类中不被皂化，在有机溶剂中容易结晶出来的化合物。固醇分子结构都有一个环戊烷多氢菲环。最常见的是胆固醇，又称胆甾醇，其分子结构如下：

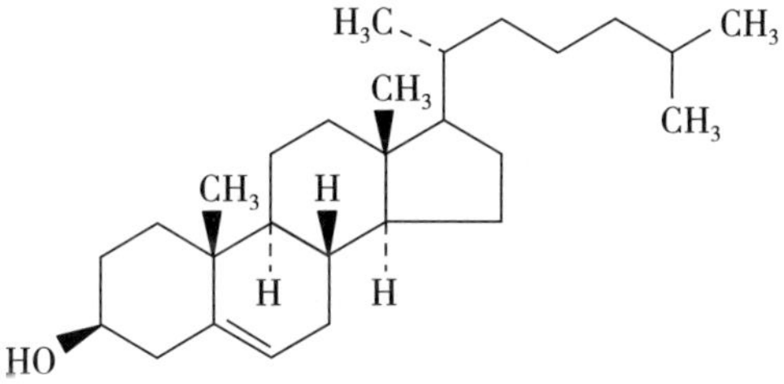

胆固醇结构

此外，生物体中有许多生理功能不同的化合物，如某些激素、胆汁酸（如牛磺胆酸、甘氨胆酸）都具有环戊烷多氢菲基本结构，这些化合物统称为类固醇。胆汁酸的钠盐是乳化剂，能乳化油脂，以利于消化吸收。

类固醇激素常见的有雄性激素睾丸酮、雌性激素雌二醇等。

除类胡萝卜素和类固醇之外，泛醌、生育酚、维生素 K 等（详见第五章）都有多聚异戊二烯侧链，也属异戊二烯类脂质。

习　题

1. 何谓脂类？脂类物质有哪些种类？它们的生理功能如何？
2. 写出脂肪、卵磷脂和胆固醇的结构式。
3. 饱和与不饱和天然脂肪酸的分子结构各有什么特点？

参 考 文 献

1. 常桂英，等. 生物化学（第 2 版）[M]. 北京：化学工业出版社，2018.
2. 朱圣庚，等. 生物化学（第 4 版）[M]. 北京：高等教育出版社，2017.
3. [德] 卡尔森（著），张增明（译）. 生物化学精华 [M]. 上海：上海科学出版社，1989.

4. ［澳］H·W·多伊尔（著），郭杰炎（译）. 细菌的新陈代谢［M］. 北京：科学出版社，1983.

5. 陈思妘，等. 酵母的生物化学［M］. 济南：山东科学出版社，1990.

第三章 蛋 白 质

▼ 学习指导

蛋白质是生物体最重要的基本组成成分之一,是表达遗传性状的主要物质基础。蛋白质的分子结构、性质和功能贯穿于生物化学的始终,与发酵生产实践关系也很密切。学习本章要求:(1)了解蛋白质的化学组成,掌握蛋白质常见氨基酸的种类、名称、符号、结构和性质,以及氨基酸分离制备、分析鉴定的技术原理;(2)了解蛋白质的分类方法、主要类别及有关术语;(3)掌握有关蛋白质分子结构的概念,各级空间结构的构象特点及结构与功能的关系;(4)掌握蛋白质的一些重要理化性质及其实践意义;(5)了解几种蛋白质分子质量测定方法的基本原理,并掌握有关术语。

第一节 概 述

一、蛋白质的概念

生活中,人们普遍都具有一些关于蛋白质的常识,都知道蛋清、豆腐、乳、肉、鱼等含有丰富的蛋白质。可是,若问何谓蛋白质?则难以对答。

有些教材根据分子组成、结构和功能等方面的特征将蛋白质定义为:蛋白质是一切生物体中普遍存在的,由天然氨基酸通过肽键连接而成的生物大分子;其种类繁多,各具有一定的相对分子质量、复杂的分子结构和特定的生物功能;是表达生物遗传性状的主要物质。

二、蛋白质的化学组成

1. 蛋白质的元素组成

对自然界不同来源的种种蛋白质进行元素分析研究的结果表明,C,H,O,N 和少量 S 是蛋白质的组成元素。P,Cu,Fe,Mn,Mo,Co,Zn,Mg,Ca 等矿质元素是蛋白质分子的结合成分。

蛋白质元素组成方面的一个重要特征是,无论样品来源如何,其氮含量一般都在 15% ~17%,平均16%。取其倒数:100/16 = 6.25,即蛋白质换算系数,其含义为样品中每存在 1g 元素氮,就说明含有 6.25g 蛋白质。蛋白质换算系数是通过氮素含量分析测定蛋白质含量的依据。通过凯氏定氮法测得样品中氮元素的含量,便可按式(3-1)计算出试样中粗蛋白质含量:

$$\text{粗蛋白质含量} = \text{样品含氮量} \times 6.25 \qquad (3-1)$$

如果已知某种生物材料蛋白质的确切含氮量，则蛋白质换算系数就不用6.25。表3-1所示为某些生物材料蛋白质换算系数。

表3-1　　　　　　　　　　　不同生物材料的蛋白质换算系数

生物材料	系数	生物材料	系数
小麦（整粒）	5.83	核桃	5.30
大麦	5.83	花生	5.46
燕麦	5.83	大豆	5.71
大米	5.95	蓖麻	5.30
玉米	6.25	乳	6.30
棉籽	5.30	蛋	6.25
向日葵籽	5.30	肉	6.25
芝麻籽	5.30	明胶	5.55
椰子	5.30		

2. 蛋白质大分子的化合物组成

研究蛋白质大分子是由什么化合物组成的，需要先将样品进行完全水解。大量研究分析证明，蛋白质分子的化合物组成有两种类型。一类是单纯蛋白质，其完全水解产物只有 α-氨基酸。一类是结合蛋白质，是由单纯蛋白质与耐热的非蛋白质物质结合而成的，其非蛋白质部分称为辅基。即：

结合蛋白质分子 = 单纯蛋白质 + 辅基

组成蛋白质的基本氨基酸有20种。第二节中将进行专题讨论。

细胞中作为结合蛋白质辅基的物质包括种类有限的一些小分子有机化合物，例如血红素、黄素核苷酸、烟酰胺腺嘌呤二核苷酸、辅酶A等。也有些结合蛋白是以磷酸或 Fe^{2+}，Cu^{2+}，Ca^{2+}，Mg^{2+} 等无机离子作为辅基。辅基种类虽然有限，但可以通用，即一种辅基可分别与多种单纯蛋白质结合，构成不同的结合蛋白质分子。但是一种单纯蛋白质只能与特定的一种或几种辅基结合成一种结合蛋白质分子。

三、蛋白质的分类

每个细胞中蛋白质的种类都很多，即使结构简单的原核细胞，如大肠杆菌中也含有3000多种不同的蛋白质。生物体的结构和机能越复杂，含蛋白质的种类越多。人体中的蛋白质种类估计达10万种以上。

为了便于对为数众多的蛋白质进行研究，需要将它们归纳分类。因为不同历史时期对蛋白质研究的深度和侧重点不同，所以，形成了一些与当时研究水平相适应的分类方法，主要有：根据蛋白质分子的形状分为球状蛋白质和纤维状蛋白质；根据蛋白质分子的化学组成分为单纯蛋白质和结合蛋白质，再分别根据溶解性质和辅基成分分为若干小类；根据生物功能将蛋白质分为生理活性蛋白质和非活性蛋白质。

1. 根据蛋白质分子的形状分类

这是20世纪三四十年代形成的蛋白质分类方法。根据分子的外形将蛋白质分成两类：

球状蛋白质和纤维状蛋白质。球状蛋白质分子近似球形或卵圆形,较易溶解,能成结晶。大多数蛋白质属于这一类。纤维状蛋白质,分子形状不对称,类似细棒或纤维状,有的可溶,如肌肉的结构蛋白、血纤蛋白原等。大多数都不溶,如胶原、弹性蛋白、角蛋白、丝心蛋白等。这种分类方法虽然简单,但有一定的实用性。球蛋白、纤维蛋白已经成为描述蛋白质的常用术语,至今仍广为沿用。

2. 根据蛋白质分子的化学组成和溶解性分类

这是 20 世纪五六十年代形成的分类方法,目前仍比较普遍采用。该分类法首先根据化学组成情况将蛋白质分为单纯蛋白质和结合蛋白质两类。如前所述,单纯蛋白质的完全水解产物只有 α - 氨基酸,如血清清蛋白、麦胶蛋白质以及毛、发、蚕丝等组织中的角蛋白等。结合蛋白质分子是由单纯蛋白质和辅基组成的。辅基大多是小分子有机物或金属离子,也有些结合蛋白质是由生物大分子作为辅基,如核蛋白、脂蛋白、黏蛋白等。

对单纯蛋白质,又根据溶解性质分成若干小类;对结合蛋白质则根据辅基成分分成若干小类,见表 3-2。

表 3-2   蛋白质的分类

	类别	特点及分布	举例
简单蛋白质	清蛋白	溶于水,需饱和硫酸铵才能沉淀。广泛分布于一切生物体中	血清清蛋白、乳清蛋白
	球蛋白	微溶于水,溶于稀盐溶液,需半饱和硫酸铵才能沉淀。分布普遍	血清球蛋白、肌球蛋白、大豆球蛋白等
	谷蛋白	不溶于水、醇及中性盐溶液,易溶于稀酸或稀碱。各种谷物中	米谷蛋白、麦谷蛋白
	醇溶谷蛋白	不溶于水及无水乙醇,溶于 70%~80% 乙醇中	玉米蛋白
	精蛋白	溶于水及稀酸,不溶于氨水,是碱性蛋白,含 His、Arg 多	蛙精蛋白
	组蛋白	溶于水及稀酸,能溶于稀氨水,碱性蛋白,含 Arg、Lys 多	小牛胸腺组蛋白
	硬蛋白	不溶于水、盐、稀酸或稀碱溶液。分布于动物体内结缔组织,毛、发、蹄、角、甲壳、蚕丝、腱等	角蛋白、胶原、弹性蛋白、丝心蛋白等
结合蛋白质	核蛋白	辅基是核酸,存在于一切细胞中	核糖体、脱氧核糖核蛋白体
	脂蛋白	与脂类结合而成,广泛分布于一切细胞中	卵黄蛋白、血清脂蛋白、细胞中的许多膜蛋白
	糖蛋白	与糖类结合而成	黏蛋白、γ-球蛋白、细胞表面的许多膜蛋白等
	磷蛋白	以丝氨酸和苏氨酸残基的—OH 与磷酸成酯键结合而成。乳、蛋等生物材料中	酪蛋白、卵黄蛋白
	血红素蛋白	辅基为血红素。存在于一切生物体中	血红蛋白、细胞色素、叶绿蛋白等
	黄素蛋白	辅基为 FAD 或 FMN。存在于一切生物体中	琥珀酸脱氢薄、D-氨基酸氧化酶等
	金属蛋白	与金属元素直接结合	铁蛋白、乙醇脱氢酶(含锌)、黄嘌呤氧化酶(含钼、铁)

3. 根据生物功能分类

近年来，蛋白质研究已经发展到深入探索分子结构与生物功能相互关系为重点的新时期，因此，有些学者提出了按生物功能进行蛋白质分类的方法，将蛋白质分为活性蛋白质和非活性蛋白质。活性蛋白质包括生命过程中一切有生理活性的蛋白质或它们的前体，例如酶、酶原、激素蛋白、运动蛋白、防御蛋白和病毒外壳蛋白、受体蛋白、控制生长与分化的蛋白质等类型。非活性蛋白质主要包括一大类起保护和支持作用的蛋白质，如胶原、角蛋白、弹性蛋白、丝心蛋等。

四、蛋白质的分布和生物学意义

1. 蛋白质的分布

蛋白质存在于一切生物体中。人体干重的45%是蛋白质。微生物菌体的蛋白质含量一般都比较高，但随微生物种类、菌龄、培养基成分及培养条件的不同含量变化很大，例如，细菌菌体蛋白质占干重的50%～80%；酵母为32%～75%；白地霉为50%；真菌占14%～52%，植物体中蛋白质含量以植物种类、不同组织器官、生长环境等条件而悬殊。一般而言，根、茎、叶中含量低些，种子含量高些。一些粮食中的蛋白质含量见表3-3。

表3-3　　　　　　　我国一些谷物中主要成分的含量

粮食种类	蛋白质/%	脂肪/%	糖类/%	粮食种类	蛋白质/%	脂肪/%	糖类/%
粳米	6.42	1.01	77.64	大豆	36.30	17.50	26.00
籼米	6.47	1.76	77.50	蚕豆（干）	24.51	1.55	56.67
糯米	6.69	1.44	76.25	豌豆	22.78	1.35	54.70
小麦	9.42	1.47	68.74	绿豆	22.25	1.08	56.02
精面粉	9.12	0.90	75-65	赤豆	21.44	0.58	55.85
标准粉	10.37	1.70	72.57	花生仁	26.20	39.20	22.00
麦麸	13.90	4.20	56.00	油菜籽	26.34	40.35	17.59
大麦	9.87	1.68	68.04	芝麻	20.30	53.60	12.40
玉米	5.22	6.13	72.40	棉（仁）籽	39.00	33.20	14.80
高粱	10.20	3.00	70.80	薯干	2.90	1.34	77.56

2. 蛋白质的生物学功能

蛋白质是生命最重要的物质基础之一，已知最简单的生物体如病毒、噬菌体就是由蛋白质和核酸组成的核蛋白体。

生物的遗传性状都是通过生物自身合成的各种不同的蛋白质互相作用表现出来的。具体一点说，蛋白质的生物学作用表现在以下三个方面。

（1）形态学功能　生物体的各种组织结构都有蛋白质参加构成，例如，动物的角、毛、蹄、肉等形态结构的干物质主要成分都是蛋白质。

（2）生理活性功能　生物体的代谢活动和各种生理现象都是种种功能不同的球蛋白参加作用的过程。例如，酶的催化作用，蛋白类激素调节代谢和生物发育的作用；运载蛋白的输导作用；细胞色素蛋白传递电子的作用；糖蛋白的细胞识别作用；免疫球蛋白的抗感染作用等。由上述可知，蛋白质与生命息息相关，没有蛋白质也就没有生命活动。

（3）外源蛋白质具有营养功能　蛋白质是人和动物的重要营养物质，也是许多微生物所需要的营养物质。外源蛋白质经消化分解生成的氨基酸，被细胞吸收主要作为合成自身蛋白质或其他含氮化合物的原料。有一部分氨基酸被作为细胞的能源氧化分解。人体的能量来源主要靠糖类氧化分解产生。但是，合理的营养要求有10%左右的能量由蛋白质氧化分解供应。

第二节　氨　基　酸

一、蛋白质的水解

1. 完全水解和不完全水解

研究蛋白质的分子组成或生产水解蛋白质制品时，都需要进行蛋白质的水解。蛋白质分子在水解过程中的变化依次为：蛋白质分子→多肽→寡肽→二肽→α-氨基酸。将蛋白质水解到不能再水解的程度，得到α-氨基酸混合液。这种水解作用称为完全水解。

将蛋白质进行适度水解，得到各种水解中间产物及α-氨基酸的混合物。这种水解作用称为不完全水解。不完全水解制品的成分复杂，因水解程度不同，差别很大。微生物培养基用的蛋白胨、牛肉膏、酵母膏等，都属于蛋白质的不完全水解产物。

2. 常用的蛋白质水解方法

（1）酸法水解　用稀硫酸或稀盐酸与蛋白质一起保温，可得到不完全水解产物。用浓盐酸在高温下可将蛋白质完全水解。在盛有样品的水解管中，加入样品重10～15倍体积（mL/g）的5.7mol/L的重蒸恒沸点盐酸，将水解管充氮烧结封口，置于105～110℃恒温箱中进行水解。约经20～72h，蛋白质会完全水解。为了确定完全水解所需的时间，可同时做几个水解管，分别在不同时间取出，测定氨基酸回收率。氨基酸不再增加的最短水解时间即为完全水解时间。

酸法水解是最常用的方法。其优点是能保持各种L-型氨基酸分子的立体结构不变。缺点是水解过程中色氨酸完全破坏，谷氨酰胺、天冬酰胺分别变为谷氨酸和天冬氨酸，丝氨酸、苏氨酸、酪氨酸、半胱氨酸也会有不同程度的破坏，产生腐黑质。

如果想了解酸不稳定氨基酸的准确含量，需测定不同水解时间的试样中的含量，然后，以水解时间为横坐标，氨基酸含量为纵坐标作图，外推到水解时间为零时的氨基酸含量，即可代表其真实含量。

（2）碱法水解　蛋白质样品用2mol/L的Ba(OH)$_2$煮沸10h以上，可使肽键完全水解。此法缺点很多，碱液煮沸会使氨基酸普遍发生消旋作用，含羟基、硫、胍基的氨基酸都被破坏。所以进行氨基酸分析时，一般不用碱法水解。然而，色氨酸在碱液中表现非常稳定，因此，碱法水解常作为酸法水解的补救方法，在测定色氨酸含量时使用。

（3）酶法水解　选择合适的蛋白酶，在适当的pH和温度条件下与蛋白质溶液混匀，保温，经一定时间得到所需的水解产物。这种方法反应条件温和，氨基酸不被破坏，不发生消旋作用。但由于酶的专一性很强，使用单一的蛋白酶不能使蛋白质完全水解。有些酶，例如，枯草杆菌蛋白酶、胃蛋白酶等专一性差一些，但也不能使蛋白质完全水解。所以，酶法水解主要用于生产部分水解的蛋白质制品，如医用水解蛋白或微生物培养基用的蛋白胨等。酿造生产上，豆腐乳、臭豆腐、酱油等调味品的加工制造，也都是利用微生物的蛋白酶对蛋白质进行不完全水解的过程。啤酒、饮料工业中用蛋白酶水解大分子蛋白质可除去蛋白质混浊，增加产品稳定性。专一性很强的蛋白酶，能定点水解蛋白质分子，在分析蛋白质一级结构的研究中，具有特殊用途。

（4）稀酸、稀碱水解 用稀酸或稀碱溶液长时间保温，可使蛋白质发生不完全水解。培养基用的蛋白胨、牛肉膏以及医用水解蛋白注射液等工业产品的生产，除酶法水解之外，稀酸或稀碱水解也是常用的方法。水解常用的酸碱有 HCl，H_2SO_4，NaOH，$Ca(OH)_2$ 等。例如，用碱法水解明胶废渣可生产蛋白胨。将明胶废渣加水浸泡，加 $Ca(OH)_2$ 调 pH 11～12，100℃保温水解 5～6h，经中和、过滤、浓缩、干燥，即得培养基用蛋白胨。

二、氨基酸的结构和分类

1. 基本氨基酸

（1）结构通式 从不同天然蛋白质完全水解产物中分离到 20 种基本氨基酸，它们的分子结构有两个共同点：都是 α-氨基酸；除甘氨酸之外，都是 L-型氨基酸。结构通式为：

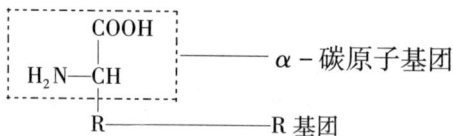

上式表明：基本氨基酸都可视为羧酸（R—CH_2—COOH）的 α-碳原子上被一个氨基取代的产物，故都是 α-氨基酸，且具有同样的 α-碳原子基团。它们彼此之间的区别主要在于 R 基团的结构和性质不同。因为常见氨基酸的 α-碳原子是不对称碳原子（只有甘氨酸例外，它的 α-C 原子上有 2 个氢原子），所以，它们都应该有 D-型和 L-型两种异构体。可是，蛋白质分子中出现的氨基酸都是 L-型。细胞中虽存在某些 D-型氨基酸，但不参加蛋白质分子组成，只在一些小肽等生理活性分子中存在。

除了分子结构上的共同特点之外，每种基本氨基酸都与 RNA 存在着特殊的关系。在 mRNA 分子上顺序排列着每个基本氨基酸的密码子；在 tRNA 分子上有专与某种氨基酸呼应并与密码子成反向互补关系的反密码子（详见第十四章）。这种关系是每个基本氨基酸准确参加蛋白质分子生物合成的保证机制。

（2）基本氨基酸的分类和结构 基本氨基酸的分类没有统一规定的方法，通常是根据 R 基团的结构和性质归纳分类，方法有：

①根据 R 基团的化学结构分为脂肪族、芳香族和杂环族氨基酸三类。

②根据 R 基团的酸碱性质分为中性、酸性和碱性氨基酸三类。

③根据 R 基团的电性质可分为：疏水性 R 基团氨基酸（Gly, Ala, Val, Leu, Ile, Pro, Met, Phe, Trp）、不带电荷极性 R 基团的氨基酸（Ser, Thr, Cys, Tyr, Asn, Gln）和带电荷 R 基团的氨基酸（Asp, Glu, His, Lys, Arg）。

表 3-4 是根据第（2）种分类方法将 20 种基本氨基酸分为三类，其中，中性氨基酸

又按化学结构特点分成了若干小类。

表 3-4　　　　　　　　　　　基本氨基酸的分类和结构

分类	名称	缩写符号 中文	缩写符号 英文	分子结构	化学名称
中性氨基酸	甘氨酸	甘	Gly	H-CH(NH₂)-COOH	氨基乙酸
	L-丙氨酸	丙	Ala	CH₃-CH(NH₂)-COOH	α-氨基丙酸
	L-缬氨酸	缬	Val	(CH₃)₂CH-CH(NH₂)-COOH	α-氨基异戊酸
	L-亮氨酸	亮	Leu	(CH₃)₂CH-CH₂-CH(NH₂)-COOH	α-氨基异己酸
	L-异亮氨酸	异亮	Ile	CH₃-CH₂-CH(CH₃)-CH(NH₂)-COOH	α-氨基-β-甲基戊酸
	L-丝氨酸	丝	Ser	HO-CH₂-CH(NH₂)-COOH	α-氨基-β-羟基丙酸
	L-苏氨酸	苏	Thr	CH₃-CH(OH)-CH(NH₂)-COOH	α-氨基-β-羟基丁酸
	L-半胱氨酸	半	Cys	HS-CH₂-CH(NH₂)-COOH	α-氨基-β-巯基丙酸
	L-甲硫氨酸	蛋	Met	CH₃-S-CH₂-CH₂-CH(NH₂)-COOH	α-氨基-γ-甲硫基丁酸
	L-脯氨酸	脯	Pro	四氢吡咯-2-羧酸	四氢吡咯-2-羧酸（或吡咯烷-2-羧酸）
	L-苯丙氨酸	苯丙	Phe	C₆H₅-CH₂-CH(NH₂)-COOH	α-氨基-β-苯基丙酸
	L-酪氨酸	酪	Tyr	HO-C₆H₄-CH₂-CH(NH₂)-COOH	α-氨基-β-对羟基苯丙酸
	L-色氨酸	色	Trp	吲哚-CH₂-CH(NH₂)-COOH	α-氨基-β-吲哚基丙酸

续表

分类	名称	缩写符号 中文	缩写符号 英文	分子结构	化学名称
中性氨基酸	L-天冬酰胺		Asn	$H_2N-\underset{\parallel}{C}-CH_2-\underset{NH_2}{\overset{}{CH}}-\underset{\parallel}{C}-OH$ (含 O, O)	α-氨基-β-酰胺丙酸
	L-谷氨酰胺		Gln	$H_2N-\underset{\parallel}{C}-CH_2-CH_2-\underset{NH_2}{\overset{}{CH}}-\underset{\parallel}{C}-OH$	α-氨基-γ-酰胺丁酸
酸性氨基酸	L-天冬氨酸	天冬	Asp	$HOOC-CH_2-\underset{NH_2}{\overset{}{CH}}\underset{OH}{\overset{O}{C}}$	α-氨基丁二酸
	L-谷氨酸	谷	Glu	$HOOC-CH_2-CH_2-\underset{NH_2}{\overset{}{CH}}\underset{OH}{\overset{O}{C}}$	α-氨基戊二酸
碱性氨基酸	L-精氨酸	精	Arg	$\underset{NH_2}{\overset{NH}{C}}-NH-(CH_2)_3-\underset{NH_2}{\overset{}{CH}}\underset{OH}{\overset{O}{C}}$	α-氨基-σ-胍基戊酸
	L-组氨酸	组	His	$\underset{N}{\overset{}{\text{咪唑}}}-CH_2-\underset{NH_2}{\overset{}{CH}}-COOH$	α-氨基-β-咪唑基丙酸
	L-赖氨酸	赖	Lys	$H_2N-CH_2-(CH_2)_3-\underset{NH_2}{\overset{}{CH}}\underset{OH}{\overset{O}{C}}$	α,ε-氨基己酸

附：根据 R 基团的结构或性质特点，巧记 20 种常见氨基酸的口诀：
甘、丙、缬、亮、异、脂链（脂肪链 R 基团的五种），
丝、苏、半、甲硫、羟硫添（含—OH，—S 者共四种）。
天、谷、精、赖、组、酸碱（酸性、碱性者五种），
脯、酪、苯、色、杂芳环（芳香环和杂环 R 基团者四种）。
天冬酰胺、谷氨酰胺（两种酰胺），
都有密码属"常见"（常见氨基酸都有特异的遗传密码）。

2. 蛋白质分子中的稀有氨基酸

参加天然蛋白质分子组成的氨基酸，除了上述 20 种有遗传密码的基本氨基酸之外，在少数蛋白质分子中还有一些不常见的氨基酸，称为稀有氨基酸。它们都是在蛋白质分子合成之后，由相应的基本氨基酸分子经酶促化学修饰而成的衍生物。

例如，在结缔组织的胶原蛋白中有 4-羟脯氨酸（4-Hpro）和 5-羟赖氨酸（5-Hlys），肌球蛋白中有 N-甲基赖氨酸，凝血酶原中发现有 γ-羧基谷氨酸，弹性蛋白中存

在一种链锁素是赖氨酸的衍生物，由4分子赖氨酸的R基团组成一个吡啶环结构。甲状腺蛋白中分离出3,5-二碘酪氨酸，是构成甲状腺素分子的前体。

上述几种稀有氨基酸的分子结构如下：

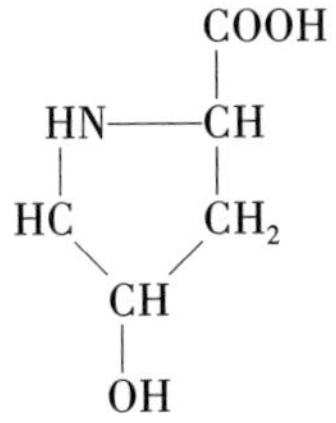

4-羟脯氨酸

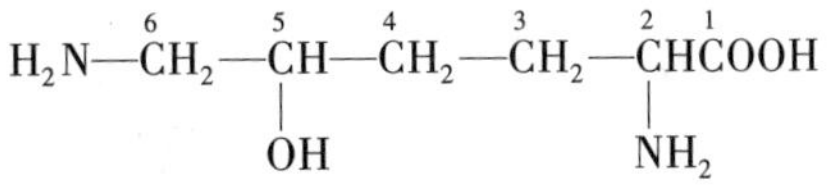

5-羟赖氨酸

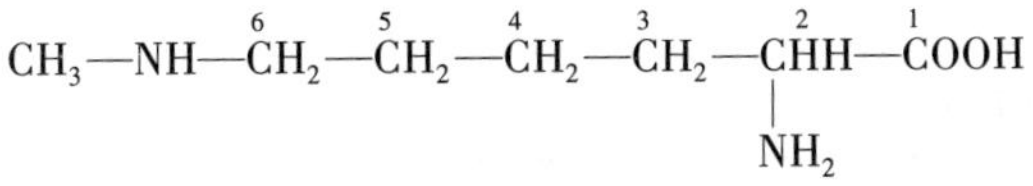

6-N-甲基赖氨酸

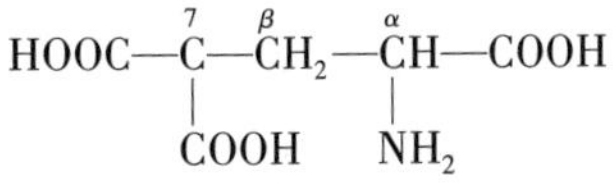

γ-羧基谷氨酸

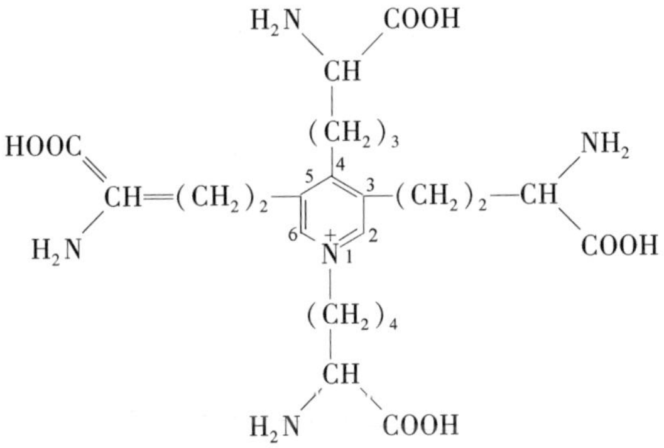

锁链素

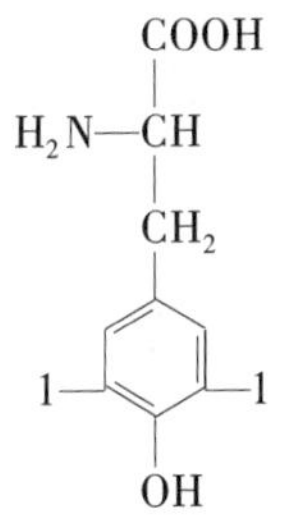

3,5-二碘酪氨酸

3. 非蛋白质氨基酸

从各种生物材料中已经发现的氨基酸计有180多种，除前面为数有限的一些氨基酸参加蛋白质组成外，还有很多稀有氨基酸不参加蛋白质分子组成，称为非蛋白质氨基酸。非蛋白质氨基酸也大多是基本氨基酸的衍生物，此外，还有些β-、γ-、δ-氨基酸和D-型氨基酸。有些非蛋白质氨基酸是细胞的结构物质，例如，细菌细胞壁的肽聚糖中发现有D-谷氨酸和D-丙氨酸。有些参与活性物质的分子组成，例如，抗菌素短杆菌肽S中含D-苯丙氨酸，泛酸（维生素B_3）中含β-丙氨酸。还有一些是代谢中间产物，如瓜氨酸、鸟氨酸是尿素循环的中间产物。氨基丁酸是L-谷氨酸脱羧的产物，是动物的神经冲动传递介质。很多非蛋白质氨基酸的生物学意义目前还不清楚。

上面提到的个别非蛋白质氨基酸的结构如下：

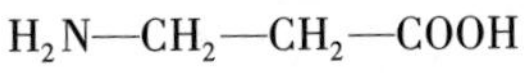

β-丙氨酸

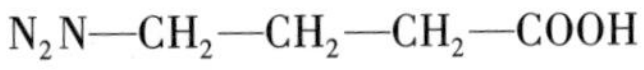

γ-氨基丁酸

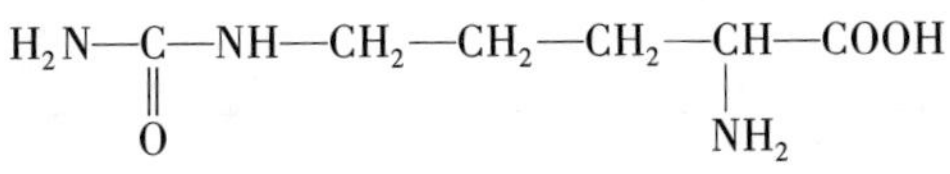

L-瓜氨酸

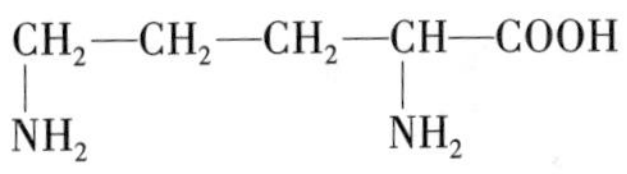

L-鸟氨酸

三、氨基酸的理化性质

1. 一般物理性质

各种基本氨基酸均为无色结晶。结晶形状因氨基酸的构型而异。如 L-谷氨酸为四角柱形结晶，D-谷氨酸则为菱片状结晶。各种氨基酸分子都以内盐（两性离子）形式存在，因而氨基酸结晶的熔点比相应的羧酸或胺类高，一般在 200~300℃。各种氨基酸都能溶于水，但溶解度差别很大。所有氨基酸都易溶于稀酸、稀碱溶液中。

除甘氨酸之外，每种氨基酸都有旋光性和一定的比旋光度。基本氨基酸的比旋光度 $[\alpha]_D$ 见表 3-5。

表 3-5　　　　　　　　　　基本氨基酸的一些性质

氨基酸	相对分子质量	pK_1' α-COOH	pK_2' α-NH_3^+	pK_R'	pI	$[\alpha]_D$ (1%~2%)	
						H_2O	5mol/L HCl
甘氨酸	70.05	2.34	9.60		5.97		
丙氨酸	89.06	2.34	9.69		6.02	+1.8	+14.6
缬氨酸	117.09	2.32	9.62		5.97	+5.6	+28.3
亮氨酸	131.11	2.36	9.60		5.98	-11.0	+16.0
异亮氨酸	131.11	2.36	9.68		6.02	+12.4	+39.5
丝氨酸	105.06	2.31	9.15		5.68	-7.5	+15.1
苏氨酸	119.18	2.63	10.43		6.53	-28.5	-15.0
天冬氨酸	133.6	2.09	9.82	3.86（β-COOH）	2.97	+5.0	+25.4
天冬酰胺	132.6	2,02	8.80		5.41	-5.3	+33.2 （2mol/L HCl）
谷氨酸	147.08	2.19	9.67	4.25（γ-COOH）	3.22	+12.0	+31.8
谷氨酰胺	146.08	2.17	9.13		5.65	+6.3	+31.8 （1mol/L HCl）
精氨酸	174.4	2.17	9:04	12.8（胍基）	10.76	+12.5	+27.6
赖氨酸	146.13	2.18	8.95	10.53（ε-NH_3^+）	9.74	+13.5	+26.0
组氨酸	155.09	1.82	9.17	6.00（咪唑基）	7.59	-38.5	+11.8
半胱氨酸	121.12	1.71	8.33	10.78（—SH）	5.02	-16.5	+6:5
甲硫氨酸	149.15	2.28	9.21		5.75	-10.0	+23.2
苯丙氨酸	165.09	1.83	9.13		5.48	-34.5	-4.5
酪氨酸	181.09	2.20	9.11	10.07（—OH）	5.65		-10.0
色氨酸	204.11	2.38	9.39		5.89	-33.7	+2.8
脯氨酸	115.09	1.99	10.60		6.30	-86.2	-60.4

各种基本氨基酸对可见光均无吸收能力。Tyr，Trp，Phe 在近紫外光区有吸收，它们

的紫外最大吸收峰（λ_{max}）和摩尔消光系数（ε）分别为：

Tyr：λ_{max} 在 275nm，$\varepsilon_{275nm} = 1.4 \times 10^3$

Trp：λ_{max} 在 280nm，$\varepsilon_{280nm} = 5.6 \times 10^3$

Phe：λ_{max} 在 259nm，$\varepsilon_{259nm} = 2 \times 10^2$

利用紫外吸收可定量测定这几种氨基酸的浓度。

以上各种物理性质对氨基酸的分离制备、分析鉴定都具有实用价值。

2. 氨基酸的两性解离及等电点

氨基酸分子中具有碱性基团氨基（—NH_2）和酸性基团羧基（—COOH），氨基的 N 原子有未共用电子对，能接受质子（H^+）成带正电荷的铵离子（—NH_3^+）。羧基能给出质子成带负电荷的羧根负离子（COO^-）。像氨基酸这种在同一分子中带有性质相反的酸、碱两种解离基团的化合物，称为两性化合物或称两性电解质。

两性电解质分子的解离受环境 pH 的影响。在 pH < 1.7 的条件下，混合液中各种氨基酸的可解离基团全部质子化，分子净带正电荷；在 pH > 12.5 的条件下，各种氨基酸的可解离基团全都去质子化，分子净带负电荷；在其他 pH 条件下，酸性、碱性、中性氨基酸的解离状况和带电性质会有很大的差别。

例如，中性氨基酸随 pH 变化发生解离的反应过程为：

$$\underset{A^+}{\overset{\begin{array}{c}COOH\\|\end{array}}{H_3^+N-CH}} \underset{H^+}{\overset{OH^-\quad H^+}{\underset{\longleftarrow}{\overset{K_1}{\rightleftharpoons}}}} \underset{A^\pm}{\overset{\begin{array}{c}COO^-\\|\end{array}}{H_3^+N-CH}} \underset{H^+}{\overset{OH^-\quad H^+}{\underset{\longleftarrow}{\overset{K_2}{\rightleftharpoons}}}} \underset{A^-}{\overset{\begin{array}{c}COO^-\\|\end{array}}{H_2N-CH}}$$

使氨基酸分子所带正负电荷相等，总净电荷为零的环境 pH 称为氨基酸的等电点，用 pI 表示。氨基酸在等电点时溶解度最小，易发生沉淀。发酵生产中，可根据这种性质，从发酵液中提取氨基酸。

各种氨基酸都有其特定的等电点（表 3-5）。中性氨基酸的 pI 在微酸性；碱性氨基酸的 pI 在碱性 pH 范围；酸性氨基酸的 pI 在酸性 pH 范围。

等电点（pI）的高低与氨基酸分子两性解离基团的解离平衡常数有一定关系。在上面列举的解离式中，K'_1，K'_2 分别为 α-COOH 和 α-$\overset{+}{N}H_3$ 的表观解离平衡常数[①]。K'_1，K'_2 的负对数分别用 pK'_1 和 pK'_2 表示，则中性氨基酸的等电点，在数值上等于两个 pK' 之和的二分之一，如式（3-2）所示：

$$pI = \frac{1}{2}(pK'_1 + pK'_2) \tag{3-2}$$

在溶液中氨基酸随 pH 升高而逐级解离时，总是 pK' 小的基团先解离，pK' 大者后解离。因此，对于具有三个解离基团的氨基酸，只靠近等离子的两个 pK 影响等电离子的浓度。所以，只要正确写出解离反应式，皆可根据等电离子两边的 pK' 计算其 pI。例如

[①] 生物化学中的解离平衡常数习惯于在特定的条件（例如一定的温度、pH、离子强度等）下进行测定，故称为表观解离常数或浓度解离常数，用 K' 表示，以区别物理学中常用的真实解离常数 K。

Lys 的 $pK'_{\alpha\text{-COOH}} = 2.18$，$pK'_{\alpha\text{-}NH_3^+} = 8.95$，$pK'_{R\text{-}NH_3^+} = 10.53$。随 pH 升高，其解离过程为：

$$\begin{array}{c}\text{COOH}\\ NH_3^+\text{—C—H}\\ (CH_2)_4\\ NH_3^+\\ A^{++}\end{array} \underset{}{\overset{pK_1'}{\rightleftharpoons}} \begin{array}{c}\text{COO}^-\\ NH_3^+\text{—C—H}\\ (CH_2)_4\\ NH_3^+\\ A^{\pm\pm}\end{array} \underset{}{\overset{pK_2'}{\rightleftharpoons}} \begin{array}{c}\text{COO}^-\\ NH_2\text{—C—H}\\ (CH_2)_4\\ NH_3^+\\ A^{\pm}\end{array} \underset{}{\overset{pK_3'}{\rightleftharpoons}} \begin{array}{c}\text{COO}^-\\ NH_2\text{—C—H}\\ (CH_2)_4\\ H_2N\\ A^-\end{array}$$

其等电离子在二级、三级解离之间，所以：

$$pI = \frac{1}{2}(pK_2' + pK_3') = \frac{1}{2}(8.95 + 10.53) = 9.74$$

再如天冬氨酸 $pK'_{\alpha\text{-COOH}} = 2.09$，$pK'_{R\text{-}NH_3^+} = 9.82$，$pK'_{\alpha\text{-COOH}} = 3.86$，随 pH 由低到高，其解离反应式为：

$$\begin{array}{c}\text{COOH}\\ NH_3^+\text{—C—H}\\ CH_2\\ \text{COOH}\\ A^+\end{array} \underset{}{\overset{pK_1'}{\rightleftharpoons}} \begin{array}{c}\text{COO}^-\\ NH_3^+\text{—C—H}\\ CH_2\\ \text{COOH}\\ A^{\pm}\end{array} \underset{}{\overset{pK_2'}{\rightleftharpoons}} \begin{array}{c}\text{COO}^-\\ NH_3^+\text{—C—H}\\ CH_2\\ \text{COO}^-\\ A^{\pm}\end{array} \underset{}{\overset{pK_3'}{\rightleftharpoons}} \begin{array}{c}\text{COOH}\\ NH_2\text{—C—H}\\ CH_2\\ \text{COOH}\\ A^-\end{array}$$

其等电离子在一级、二级解离之间，所以：

$$pI = \frac{1}{2}(pK_1' + pK_2') = \frac{1}{2}(2.09 + 3.86) = 2.98$$

在引入等电点的概念之后，关于氨基酸的解离与环境 pH 的关系则可更确切地描述为：一种氨基酸在低于其等电点的 pH 条件下，其碱性解离大于酸性解离，分子总是显正电性；在高于其等电点的 pH 条件下则相反，分子总是显负电性。在 pH 2~11 的某一 pH 条件下，混合液中 pI 不同的氨基酸的解离态各有差异，等电点偏离溶液 pH 越远者，其酸性基团和碱性基团的解离度相差越大，分子所带净电荷（正或负）数量越多。因此，通过调整氨基酸混合液的 pH，造成不同氨基酸电性质的差异，可以通过离子交换、电泳或等电沉淀等技术进行氨基酸的分离制备或分析鉴定。

通过酸、碱滴定试验会有助于更好的理解氨基酸的两性解离性质。氨基酸的各个表观解离平衡常数也可通过测定滴定曲线的实验方法求得。例如，丙氨酸在 pH 很低的水溶液中，其解离基团完全质子化，分子呈阳离子状态，$H_2N\text{—}\overset{CH_3}{\underset{}{C}H}COO^-$，根据广义酸碱的概念，可视其为二元酸，当用标准 NaOH 滴定时，它可释出两个质子（H^+）。在高 pH 条件下，丙氨酸分子呈负离子状态，$H_3^+N\text{—}\overset{CH_3}{\underset{}{C}H}COOH$，可视为广义的碱，用酸滴定时，可接受两个质子。若从低 pH 开始，用标准 NaOH 滴定时，滴定过程中解离反应可分为两步：

第一阶段：
$$NH_3^+-\underset{H}{\overset{CH_3}{C}}-COOH \underset{H^+}{\overset{OH^- \quad K_1' \quad H^+}{\rightleftharpoons}} NH_3^+-\underset{H}{\overset{CH_3}{C}}-COO^-$$
$$[A^+] \qquad\qquad\qquad [A^\pm]$$

第二阶段：
$$NH_3^+-\underset{H}{\overset{CH_3}{C}}-COO^- \underset{H^+}{\overset{OH^- \quad K_2' \quad H^+}{\rightleftharpoons}} NH_2-\underset{H}{\overset{CH_3}{C}}-COO^-$$

式中 [ ] 代表离子浓度，K_1' 和 K_2' 分别为 α-COOH 和 α-$\overset{+}{N}H_3$ 的表观解离平衡常数。根据质量作用定律，应有：

$$K_1' = \frac{[A^\pm][H^+]}{[A^+]} \qquad K_2' = \frac{[A^-][H^+]}{[A^\pm]}$$

等式两边取负对数并整理，则得：

$$pH = pK_1' + \lg\frac{[A^\pm]}{[A^+]} \tag{3-3}$$

$$pH = pK_2' + \lg\frac{[A^-]}{[A^\pm]} \tag{3-4}$$

如果已知氨基酸解离基团的 pK'，则可计算出任何 pH 条件下，各种离子浓度的比例。

已知 pH 接近 pK_1 时用式（3-3）；pH 接近 pK_2 时，用式（3-4）计算。

图 3-1 所示为丙氨酸的 NaOH 滴定曲线，0.1mol 的丙氨酸溶于水中，从很低的 pH 用 0.1mol/L NaOH 标准液滴定，以 NaOH 的物质的量对 pH 作图。在滴定曲线上显示了两个解离阶段，每一阶段有一个 pH 转折中点，第一个中点在 pH 2.34，第二个中点在 pH 9.69。

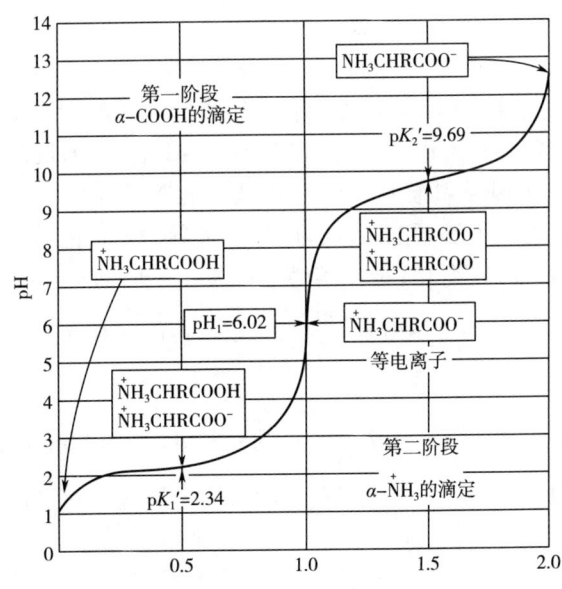

图 3-1 丙氨酸的滴定曲线

（方框内为转折中点上氨基酸的主要离子形式，R 代表 -CH₃）

在 pH 转折中点前后，NaOH 滴定量的变化只能引起 pH 的极小变化。这种现象说明在一定的 pH 范围内，氨基酸对酸、碱具有缓冲作用。

滴定曲线的走向与氨基酸的解离状态相关，在第一个 pH 转折中点上，丙氨酸正离子（A^+）应当有一半变成了等电离子（$A^\pm$）。根据式（3-3）可知，当 Ala 离子浓度 $[A^+]$ = $[A^\pm]$ 时，$pH = pK'_1$；又据已有知识，脂肪酸羧基（—COOH）的 pK' 一般都在 4～5，pK'_1 与之相近，所以，pK'_1 即为丙氨酸 α-COOH 的 pK 为 $pK'_1 = 2.34$。同理，第二个转折中点时，$[A^\pm] = [A^-]$，由式（3-4）知，$pH = pK'_2$；又据胺类 $\overset{+}{N}H_3$ 的 pK' 一般在 9～10，pK'_2 与之相近，所以 pK'_2 是 α—$\overset{+}{N}H_3$ 的 pK'，$pK'_2 = 9.69$。

在丙氨酸滴定曲线上可以看到在两个阶段之间，$pH = 6.02$ 处有一个转折点，在这一 pH 时，氨基酸呈等电离子状态，总静电荷为零，这一 pH 即为氨基酸的等电点（pI）或称为等电 pH。

3. 氨基酸的重要化学反应

氨基酸分子的 α-氨基、α-羧基及 R 基团，能够分别发生多种化学反应。其中，有一些反应是氨基酸或蛋白质定性、定量测定的依据；有一些反应是蛋白质合成或顺序分析的基础；有一些反应可用于蛋白质分子化学修饰，研究结构和功能的关系。这里不一一讨论，仅就定性、定量分析有关的一些反应简介如下。

（1）α-氨基的反应

① 与亚硝酸反应：除脯氨酸外，氨基酸的 α-氨基都能与亚硝酸反应，产生相应的羟基化合物并放出氮气（N_2）：

$$\underset{\alpha\text{-氨基酸}}{H_2N-\underset{\underset{R}{|}}{\overset{COOH}{\overset{|}{C}}}-H} + \underset{\text{亚硝酸}}{HNO_2} \longrightarrow \underset{\text{羟酸}}{HO-\underset{\underset{R}{|}}{\overset{COOH}{\overset{|}{C}}}-H} + N_2\uparrow + H_2O$$

反应中产生的 N_2，有一个 N 原子来自 α-NH_2，另一个 N 原子来自亚硝酸。通过范斯莱克（Van Slyke）定氮法测定 N_2 的体积，计算出 N_2 的物质的量，便得到氨基酸的物质的量。此法反应很快，测定结果准确。α-氨基氮在 3～4min 内即反应完全。Lys，Arg R 基团中的 N 虽能参加反应，但反应很慢。其他 R 基团的 N 皆不能反应。在生产上，该反应用作测定游离氨基氮，可以了解蛋白质水解进程，指导监控蛋白质水解。

② 与甲醛反应：氨基酸在高 pH 的水溶液中能发生下面的解离反应：

$$\underset{\underset{NH_3^+}{|}}{R-CH-COO^-} \xrightarrow{OH^-} \underset{\underset{NH_2}{|}}{R-CH-COO^-} + H_2O$$

假如能用标准 NaOH 直接滴定等物质的量的 α—$\overset{+}{N}H_3$，氨基酸定量就很方便了。可是，因为 α—$\overset{+}{N}H_3$ 及 α-COO^- 的 pK' 是一个弱酸，使其完全解离的 pH 在 pH 12～13，找不到适当的指示剂指示反应终点。所以，不能用 NaOH 直接滴定。当溶液中存在 1mol/L 的甲醛时，滴定终点由 pH 12 附近移至 9 附近，即酚酞指示剂的变色区域，可用 NaOH 直接滴定。

在中性 pH 条件下，甲醛能与 α-氨基很快发生加成反应，释放出 H^+，生成羟甲基衍生物：

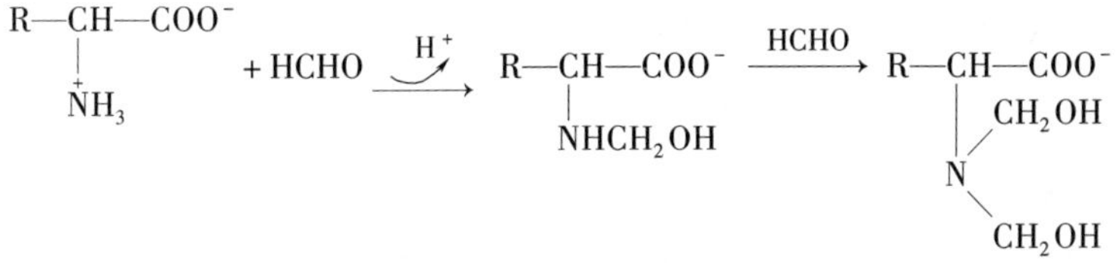

$$\underset{\alpha-\text{氨基酸}}{\text{R—CH—COO}^-} + \text{HCHO} \xrightarrow{\text{H}^+} \underset{\text{羟甲基衍生物}}{\text{R—CH—COO}^-} \xrightarrow{\text{HCHO}} \underset{\text{二羧甲基衍生物}}{\text{R—CH—COO}^-}$$

反应放出的 H^+ 使 pH 很快下降。这时，可用酚酞作指示剂，用标准 NaOH 溶液滴定。根据标准 NaOH 的消耗量可计算出样品溶液中 α - 氨基酸的浓度。生产上，中性甲醛滴定法常用于测定氨基酸或游离氨基的浓度。

（2）α - 羧基的反应

①脱羧反应。氨基酸经氨基酸脱羧酶催化脱羧，生成伯胺，放出 CO_2。脱羧酶专一性很强，一种氨基酸脱羧酶只催化一种氨基酸脱羧。例如，大肠杆菌 L - 谷氨酸脱羧酶，只催化 L - 谷氨酸脱羧：

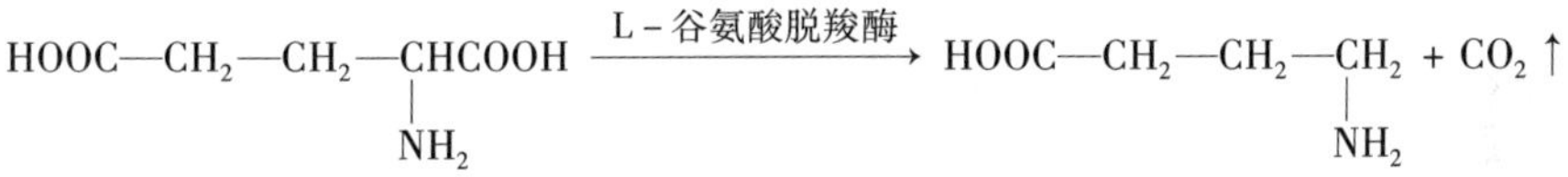

$$\underset{\text{L - 谷氨酸}}{\text{HOOC—CH}_2\text{—CH}_2\text{—CHCOOH}} \xrightarrow{\text{L - 谷氨酸脱羧酶}} \underset{\gamma-\text{氨基丁酸}}{\text{HOOC—CH}_2\text{—CH}_2\text{—CH}_2} + CO_2 \uparrow$$

反应中生成的 CO_2 可用瓦氏呼吸计定量测定。释放 CO_2 的物质的量等于溶液中氨基酸物质的量。目前氨基酸发酵生产中普遍用此方法进行生产检测。

②成盐反应。氨基酸分子中的氨基和羧基可分别与酸和碱成盐。调味品味精即为谷氨酸一钠盐：

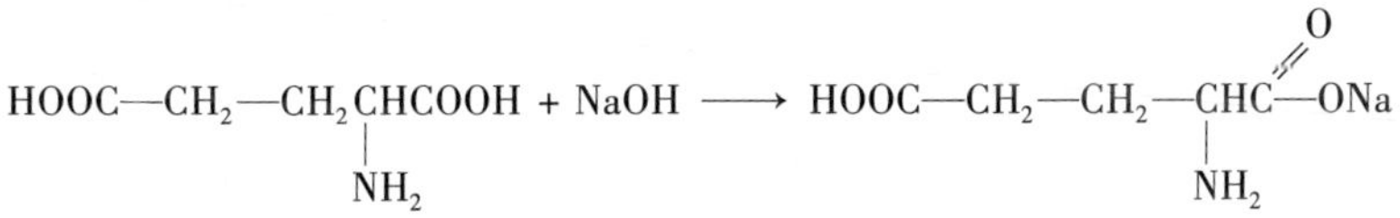

$$\underset{\text{L - 谷氨酸}}{\text{HOOC—CH}_2\text{—CH}_2\text{CHCOOH}} + \text{NaOH} \longrightarrow \underset{\text{味精}}{\text{HOOC—CH}_2\text{—CH}_2\text{—CHC—ONa}}$$

（3）α - 氨基和 α - 羧基共同参加的反应

①成肽反应。一个氨基酸的 α - 氨基与另一个氨基酸的 α - 羧基脱水缩合，生成酰胺化合物，在蛋白质化学中称这种酰胺为肽，称其酰胺键为肽键。例如，甘氨酸与丙氨酸可生成甘氨酰丙氨酸或丙氨酰甘氨酸：

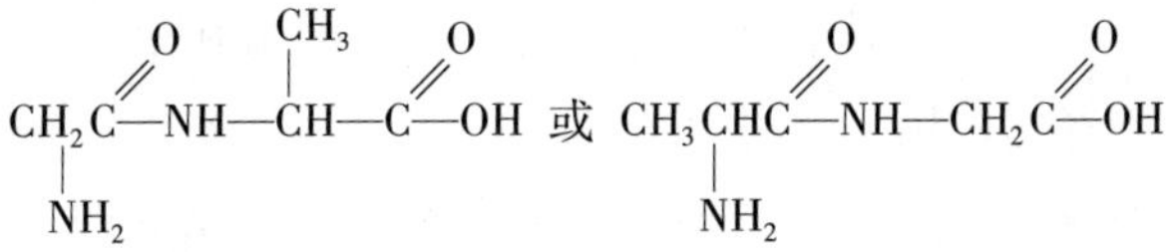

两个不同的氨基酸可生成 2 种二肽；三个不相同的氨基酸可生成 6 种三肽；四个不相同的氨基酸可生成 24 种四肽；有 n 个不同的氨基酸则可生成 $n!$ 种多肽。

②茚三酮反应。在弱酸性溶液中，α - 氨基酸与水合茚三酮试剂共热，可发生脱氨脱羧反应，生成的氨和还原茚三酮再与茚三酮反应，生成蓝紫色化合物：反应非常灵敏，几个微克的 α - 氨基酸即可显色。经过层析分离的氨基酸，用茚三酮显色可进行定性定量测定。也可用于蛋白质定量测定。蓝紫色反应液在 540nm 波长下有最大的吸收率，在 0.5 ~

50μg/mL，α-氨基酸含量与光密度成正比。

脯氨酸只有亚氨基，与茚三酮反应直接生成黄色化合物，不释放 NH_3。天冬酰胺因有游离酰胺基，与茚三酮反应生成棕色产物。

③羰氨反应。氨基酸的氨基与糖类的羰基易发生反应，生成羰氨化合物，进而缩合成更复杂的棕色到黑色化合物"类黑色素"。食品加工中将这种反应称为褐变。轻度的褐变可赋予食品一定的色、香、味。但生成的黑色素不能被细胞利用，也不能被发酵，不仅影响原料利用率，而且有毒副作用。

④个别 R 基团的反应。苯氨酸、色氨酸、酪氨酸三种氨基酸的芳香环均可与浓硝酸反应，生成黄色硝基化合物，常用于临床检查尿蛋白。色氨酸的吲哚环在浓硫酸（起脱水剂作用）存在下能与乙醛酸反应，生成紫红色化合物，可用于色氨酸定性。

酪氨酸的酚羟基具有还原性，在碱性条件下，可使福林-酚试剂［含磷钼酸（$H_3PO_4 \cdot 12MoO_3$）及磷钨酸（$H_3PO_4 \cdot 12WO_3$）］还原生成蓝色钼蓝与钨蓝混合物，在 660nm 或 680nm 波长下有最大的吸收率。此反应常用于酪氨酸或蛋白质的定量测定，也可借此进行蛋白酶的活力测定。

半胱氨酸的巯基（—SH）有很强的还原力，易被氧化成二硫键（—S—S—）。后者对稳定蛋白质分子空间结构起着重要作用。巯基又是许多球蛋白分子活性中心的必需基团。一些金属离子（如 Ag^+，Hg^{2+} 等）和氧化剂（如碘乙酸、对氯汞苯甲酸、PCMB）与巯基作用，则导致蛋白质分子失活。

四、氨基酸的分离制备和分析鉴定

从蛋白质水解液中分离制备氨基酸或者分离分析氨基酸组成，需要分辨力很强的分离技术。层析法是近代生化中非常有效的常用分离方法。对于氨基酸混合样品，或者其他各种性质相近，一般化学方法难以分离的混合样品，如核苷酸、糖类、蛋白质、维生素、抗生素、激素等，都能使用层析法达到分离分析的目的。

"层析"也叫色层分析。1903 年由俄国植物学家茨维特首创。他用硅藻土装入玻璃管中，做成层析柱，将植物叶子匀浆加到柱的顶端，然后用有机溶剂洗脱。洗脱过程中，各种植物色素在柱中分离成层，且呈现不同的颜色，故而得名色层分析。这种柱上分离技术称为柱层析。1941 年，英国学者 Martin 与 Synge 发明用滤纸作支持物的层析技术，称为纸上层析。此后，层析技术发展很快，应用非常普遍。至今，已有多种自动化专用色层分析仪器进入实验室。

层析技术由三个基本条件构成：水不溶性惰性支持物；流动相（即溶剂系统）能携带溶质沿支持物流动；固定相是附着在支持物上的水或离子基团，能对各种溶质的流动产生不同的阻滞作用。当流动相沿固体支持物流动时，因混合样品中的各种组分与固定相的亲和力不同，与流动相的亲和力也各不同，随流动相流动的速度有快有慢，彼此逐渐分离，各自形成单组分的区带。

根据分离机制，可将层析法分为吸附层析、离子交换层析、分配层析、分子筛过滤层析及离子交换与分子筛效应两种机制相结合的层析等。

对于分子大小不等的化合物，例如含多种蛋白质的混合液，宜用分子筛过滤分离；对于能溶于有机溶剂，难溶于水的化合物，常用吸附层析法分离；对于既溶于水也溶于有机溶剂的化合物，宜用分配层析分离；电解质混合物则宜用离子交换层析分离。

对于混合液中氨基酸的分离，分配层析和离子交换层析都能得到很好的分离效果。20 世纪 70 年代问世的氨基酸自动分析仪就是在离子交换层析基础上设计的专用分析仪器。下面简要讨论一下分配层析和离子交换层析的分离原理和技术要点。

1. 分配层析

纸层析是最常用的经典分配层析技术。其支持物是用滤纸；固定相是有机溶剂饱和的水相；流动相是用水饱和的有机溶剂相。技术要点如图 3-2 所示。

溶质在流动相和固定相中的溶解度比值称为分配系数如式（3-5）所示：

$$\text{分配系数} = \frac{\text{溶质在流动相中的溶解度}}{\text{溶质在固定相中的溶解度}} \tag{3-5}$$

不同溶质在同一个溶剂系统中的分配系数不一样。当流动相携带溶质流经固定相时，分配系数不同的各种溶质便在两相中进行分配。结果，在有机相中溶解度大的组分，随流动相移动快；在水中溶解度大的组分，则移动慢。经过连续分配，各个组分被分离开，分别集中在滤纸的不同位置上。

纸层析分离的原理可用图 3-3 作进一步的说明。

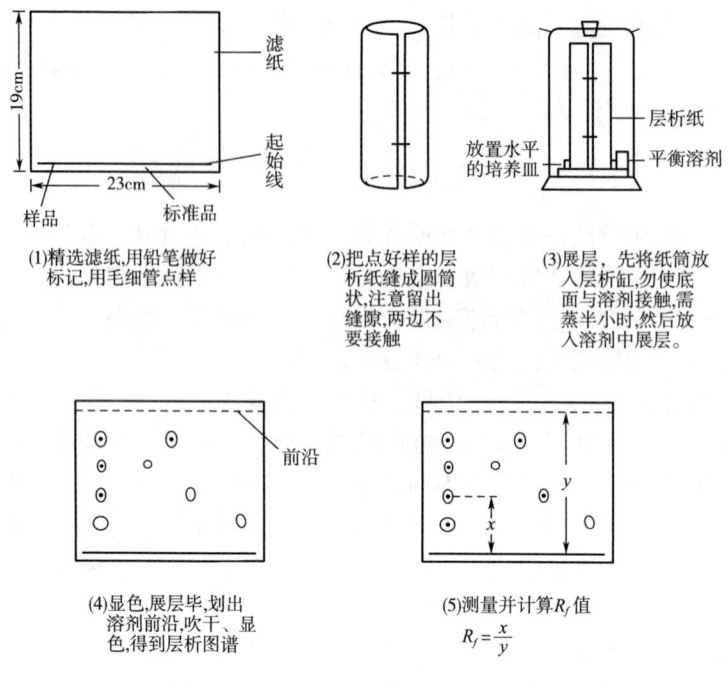

图3-2 纸层析的技术要点

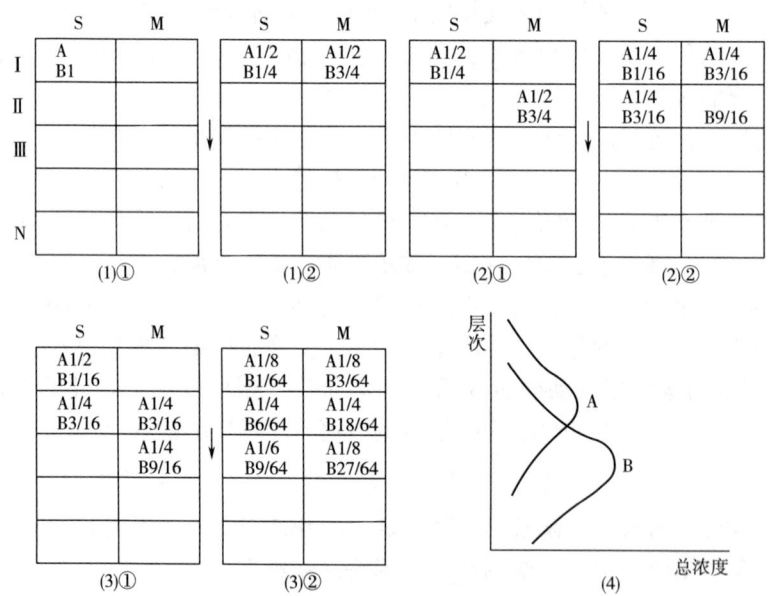

图3-3 分配层析的分离原理

假若将滤纸按溶剂流动方向分成若干板层：Ⅰ Ⅱ Ⅲ……N。滤纸上吸附的水为固定相S，有机溶剂作为流动相M。设样品中有A、B两种物质，A的分配系数为1，B的分配系数为3。

将样品点到滤纸板层的第一层上[图3-3（1）①]，当流动相流入第一层时，A，B便在S，M两相中发生分配，如图3-3（1）②。M相继续流动，进入第二层时，第二层中又有新的流动相M流入。A，B在Ⅰ，Ⅱ两层中再发生分配，如图3-3（2）①，图3-3（2）②。依次类推，经过三次分配后，已经看到A，B分别向不同部位集中，出现相互分离的趋势。由图中 3-3（3）②和（4）可见，A 向中间集中，有 $\frac{2}{4}$ 在第Ⅱ层上；B 则向前沿集中，有 $\frac{36}{64}$ 集中到第Ⅲ层上。再经若干次分配后，则 A，B 可完全分离开。

2. 离子交换层析

离子交换层析是用离子交换剂作为水不溶性支持物兼固定相，装成层析柱，用不同 pH 和不同离子强度的缓冲液作流动相（洗脱液）构成的柱层析技术。这是目前应用非常普遍的分离技术，无论实验室还是生产领域都有广泛的实用性。装置如图 3-4 所示。

离子交换剂是人工合成的能与溶液中的离子发生交换反应的水不溶性高分子离子交换树脂、离子交换纤维素、离子交换葡聚糖凝胶等。它们的共同点是在水不溶性高分子惰性支持物上，通过化学反应接上一些可以电离的活性基团。带有酸性解离基团者，可与溶液中的阳离子发生交换，叫做阳离子交换剂；带有碱性解离基团者，可与溶液中的阴离子发生交换，叫做阴离子交换剂。

以离子交换树脂为例，它是以二乙烯苯为交联剂，以苯乙烯为单体聚合而成的聚苯乙烯高分子聚合物，（即所谓树脂），再在苯环上引入适当的活性根所构成的离子交换剂。结构如图 3-5 所示。

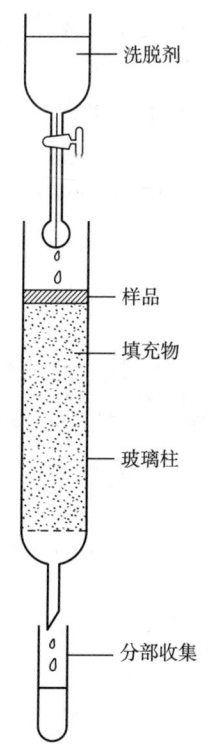

图 3-4　柱层析装置

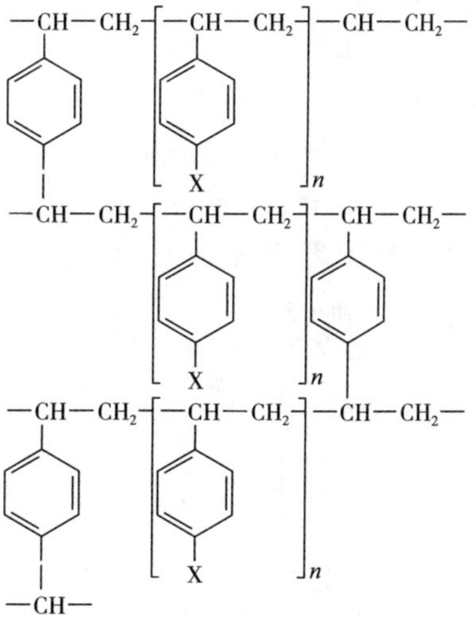

图 3-5　离子交换树脂的结构

X 为活性根　X＝—SO$_3^-$ 为强酸型　X＝—COO$^-$ 为弱酸型

$$X = -\overset{CH_3}{\underset{CH_3}{\overset{|}{\underset{|}{N^+}}}}-CH_3 \text{ 为强碱型}$$

X＝—NH$_3^+$ 为弱碱型

若在苯环上引入酸根,则成阳离子交换树脂。在低 pH 条件下,溶液的氨基酸阳离子可与酸根上结合的 H^+ 发生交换,氨基酸结合到树脂上在高于 pI 的碱性条件下,又被高浓度的 Na^+ 交换下来:

$$树脂—SO_3^- \cdot H^+ (氢型) + H_3\overset{+}{N}—\underset{\underset{R}{|}}{CH}—COOH \rightleftharpoons 树脂—SO_3^- \cdot H_3\overset{+}{N}—\underset{\underset{R}{|}}{CH}—COOH + H^+$$

$$树脂—SO_3^- \cdot H_3^+N—\underset{\underset{R}{|}}{CH}—COOH + Na^+OH^- \rightleftharpoons 树脂 \cdot SO_3^- \cdot Na^+ + H_2N—\underset{\underset{R}{|}}{CH}—COO^- + H_2O$$

在聚苯乙烯树脂上引入碱根,则为阴离子交换树脂。在碱性条件下,溶液中的氨基酸负离子可交换到树脂上:

$$树脂—\overset{+}{N}(CH_3)_3OH^- + H_2N—\underset{\underset{R}{|}}{CH}—COO^- \rightleftharpoons 树脂—N^+(CH_3)_3 \cdot {}^-OOC—\underset{\underset{R}{|}}{CH}—NH_2$$

在低于 pI 的 pH 条件下,又被高浓度的 Cl^- 交换下来:

$$树脂—N^+(CH_3)_3 \cdot {}^-OOC—\underset{\underset{R}{|}}{CH}—NH_2 + HCl \rightleftharpoons 树脂—\overset{+}{N}(CH_3)_3Cl^- + H_2N—\underset{\underset{R}{|}}{CH}—COOH$$

离子交换树脂使混合样品中的各种氨基酸分离的原理是由两种因素综合作用的结果:①氨基酸与树脂电离基团的静电相互作用,这种作用受环境 pH 影响而变化。②氨基酸的 R 基团与树脂的非极性苯环的疏水相互作用。疏水性强的 R 基团与树脂的亲和力大。

当使用阳离子交换树脂柱时,在 pH2~3 的条件下,各种氨基酸都带正电荷,都能交换,上柱。与树脂的静电亲和力大小依次为:碱性氨基酸(A^{2+})> 中性氨基酸(A^+)> 酸性氨基酸($A^{\pm}$)。当用缓冲液洗脱时,随 pH 由低到高,氨基酸洗脱流出的次序大体上是酸性氨基酸先流出,其次是中性氨基酸,最后是碱性氨基酸。同种性质的氨基酸,R 基团与树脂间亲和力小者先流出,大者后流出。

3. 氨基酸自动分析仪

氨基酸自动分析仪是一种分离分析氨基酸的自动化专用仪器。利用阳离子交换树脂柱将蛋白质水解液中的氨基酸全部分离并自动显色、自动进行定性、定量测定,自动记录测定结果。仪器的基本结构原理如图 3-6 所示。

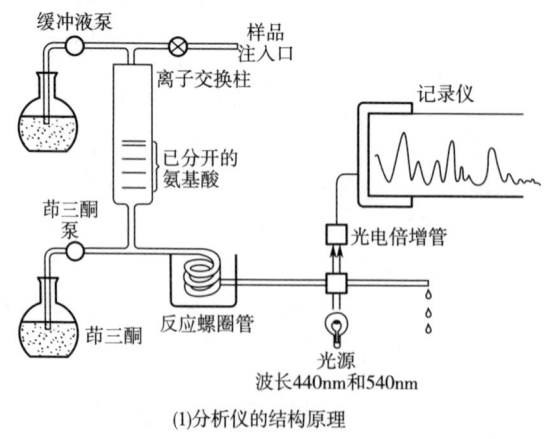

(1)分析仪的结构原理

图 3-6

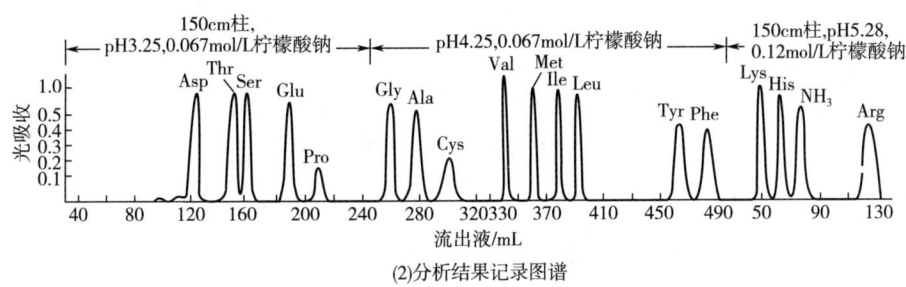

(2)分析结果记录图谱

图3-6 氨基酸自动分析仪结构原理简图

第三节 蛋白质分子的一级结构与功能

氨基酸分子是具有完整生物功能的蛋白质的最小结构单位。

自然界中，种类繁多的蛋白质分子都是由很多氨基酸通过肽键连接而成的生物大分子，相对分子质量一般在0.5万~10万。蛋白质分子的结构非常复杂，需要分层次描述，即所谓的一级、二级、三级、四级结构。有些蛋白质分子三级结构是其最高结构形式，有些蛋白质分子还需要由两个以上的三级结构单位缔合在一起，才成为具有完整生物功能的分子。每种蛋白质分子的结构都有其特异性，这种特异性表现在分子结构的各个层次上。

目前，约有1500种蛋白质分子的一级结构已经分析清楚。二、三、四级结构都是三维结构，只有为数不多的蛋白质分子研究得比较深入，从中总结出了一些结构规律，不同程度地揭示了结构与功能的关系。本节首先讨论蛋白质一级结构及其与功能的关系。

一、蛋白质分子的一级结构

1. 一级结构的含义

一级结构又称初级结构、基本化学结构或共价结构。1969年国际纯粹与应用化学联合会（IUPAC）定义为：一级结构即肽链中的氨基酸顺序。

一级结构是高级结构的化学基础，也是认识蛋白质分子生物功能、结构与生物进化的关系、结构变异与分子病的关系等许多复杂问题的重要基础。所以，一级结构分析清楚了，就具备了探索生化及相关领域许多问题的有利条件。研究一级结构需要阐明的内容包括：蛋白质分子的多肽链数目；每条肽链的末端残基种类；每条肽链的氨基酸顺序；链内或链间二硫键的配置等。

2. 多肽链

在前面讨论氨基酸性质时已经介绍过，一个氨基酸的羧基与另一个氨基酸的氨基所成的酰胺键，在蛋白质化学中称为肽键。很多氨基酸依次通过肽键连接而成的链状结构称为多肽链。多肽链就是蛋白质分子的一级结构的基本结构形式。多肽链的每个氨基酸都因缩合脱水，成了不完整的氨基酸分子，称其为氨基酸残基。肽链有两个游离的末端，分别称为氨基末端（或N末端）和羧基末端（或C末端）。书写时，一般是将N末端写在左边，C末端在右边，如图3-7所示。

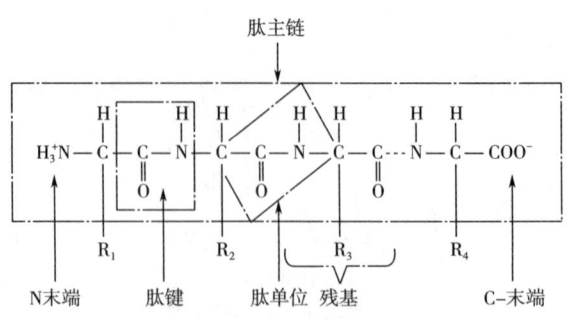

图 3-7 多肽链的结构

图中 R 基团称为侧链基团，除去 R 基团的肽链骨架称为主链。主链是由 $-C_\alpha-\overset{O}{\overset{\|}{C}}-NH-C_\alpha-$ （实为 $-C_\alpha-\overset{O}{\overset{\|}{C}}-NH-$ ）为基本单位重复排列而成的。每个重复单位称为肽单位。有些蛋白质分子的一级结构是一条多肽链；有些蛋白质分子的一级结构是由两条以上的肽链组成的。如胰凝乳蛋白酶（图3-8）、胰岛素（图3-9）等。

除肽键连接之外，一级结构中还配置有二硫键。二硫键是由两个半胱氨酸分子的巯基脱氢氧化形成的硫桥—S—S—，它对稳定蛋白质分子的空间构象起着重要作用。二硫键的配置属一级结构的重要研究内容。由一条肽链组成的蛋白质分子，只有链内半胱氨酸间形成的二硫键（使肽链具有环状结构）。由两条以上肽链组成的蛋白质分子，除链内二硫键之外，链与链间也可形成二硫键连接。如图3-8所示。

3. 分析一级结构的一般程序

20 世纪 50 年代以前，蛋白质的研究主要着眼于分离、纯化、物理化学性质及生物学性能方面。虽已开始进行分子结构方面的研究，但还知之甚少。至 1954 年，英国剑桥大学 Sanger 等人首先分析排出了牛胰岛素分子的一级结构并创立了一级结构的分析方法。

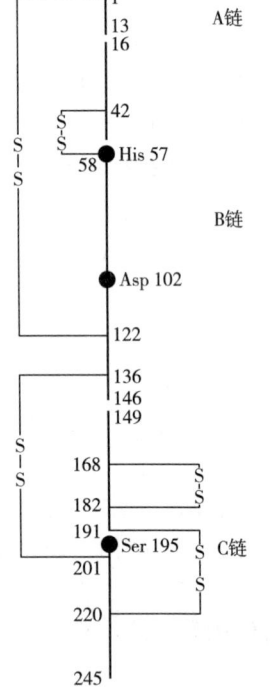

图 3-8 胰凝乳蛋白酶的链内和链间二硫键

一级结构的分析是一项非常细致而又复杂的技术工作，基本工作程序是：①先将蛋白质纯化，测定末端组成，根据末端物质的量和相对分子质量，确定蛋白质分子的肽链数目。②拆分蛋白质分子并将多肽分离纯化并测其蛋白质组成。③用酶法或化学方法进行专一性切割，得到一系列长短不一的肽段。一般需要两种水解方法，分别取样水解，得到切点不同的两套肽段。④将肽段分离，通过末端分析方法测定各肽段的氨基酸顺序。⑤根据二套肽段的顺序重叠关系确定各个肽段的衔接顺序，排出完整多肽链的氨基酸顺序。⑥确定二硫键的位置。为此，需单独取样，不作拆分，直接水解，得到含二硫键的肽段，并测氨基酸顺序，与已排出的多肽链顺序比较，即可确定二硫键的位置。

借助肽段顺序重叠关系排出多肽链氨基酸顺序的方法，如下例所示。

(1) 测定所得资料（以单字母符号代表氨基酸残基，以黑线标记肽段）：

N 末端残基：H

C 末端残基：S

第一套肽段：QGS PS EQVE RLA HQWT

第二套肽段：SEQ WTQG VERL APS HQ

(2) 末端肽段的确定

N 末端为 H 的肽段，只有 HQWT 和 HQ 二者都是末端肽段。C 末端为 S 的肽段，第一套中有两个：QGS 和 PS，不能确定顺序。然而，第二套中只有 APS，可见 PS 和 APS 是 C 末端的肽段。

(3) 借助两套 E 段序重叠关系排出衔接次序：

第一套肽段：HQWT QGS EQVE RLA PS

第二套肽段：HQ WTQG SEQ VERL APS

多肽链的顺序：HQWT QGS EQVE RLA PS

一级结构分析技术发展很快，特别是 20 世纪 70 年代蛋白质顺序仪（Sequencer）问世，一次就能连续测出 60~70 个残基的肽链顺序。当初 Sanger 分析胰岛素的顺序用了整整 10 年的时间，现在分析一个相对分子质量 10 万左右的肽链，只需要几天就可完成。如今已有上千种蛋白质的一级结构被阐明了。相对分子质量达 10 万以上的有：大肠杆菌 β-半乳糖苷酶（1021 个残基）、大肠杆菌 RNA 多聚酶（1407 个残基）和牛皮胶原 α-链（1052 个残基）等。

4. 一级结构举例

第一个被阐明一级结构的蛋白质是牛胰岛素。

胰岛素是哺乳动物胰脏中的 β-细胞分泌的一种蛋白质激素。对糖代谢起调节作用，促进血糖的利用和糖原的合成。还有调节脂肪和蛋白质代谢的功能。

牛胰岛素分子（单体）由 51 个残基分 A，B 两条肽链组成。相对分子质量 5734。A 链有 21 个残基，N 末端为 Gly，C 末端为 Asn，链内有 A_6 与 A_{11} 间形成的链内二硫键。B 链有 30 个残基，N 末端为 Phe，C 末端为 Ala。A，B 两链之间有 A_7 与 B_7，A_{20} 与 B_{19} 间分别形成的两个链间二硫键，将两条肽链连接在一起，构成完整的一级结构，如图 3-9 所示。

由 51 个残基组成的胰岛素分子，实际上是一个单体（或称亚基），胰岛素的生理活性分子是寡聚蛋白，是由两个亚基组成的二聚体。

在牛胰岛素分子一级结构分析清楚之后的第十个年头，即 1965 年，我国科学家在世界上最先完成了牛胰岛素分子的全人工合成研究。这个全人工合成的牛胰岛素分子的结构、生物活性、结晶形状、免疫特性、层析和酶解图谱以及电泳行为等方面，都与天然分子完全相同。这是人类历史上第一次成功地人工合成蛋白质分子，标志着我国在这一科学领域攀上了世界高峰，在人类认识生命奥秘的进程中迈出了有历史意义的一步。

对一级结构研究较多的蛋白质还有牛胰核糖核酸酶、血红蛋白、木瓜蛋白酶、细胞色素 c，溶菌酶、胰蛋白酶、胰凝乳蛋白酶等。其中，牛胰核糖核酸酶由一条肽链组成，含 124 个残基，相对分子质量 12600，N 末端是 Lys，C 末端是 Val，分子内有 4 个链内二硫键。

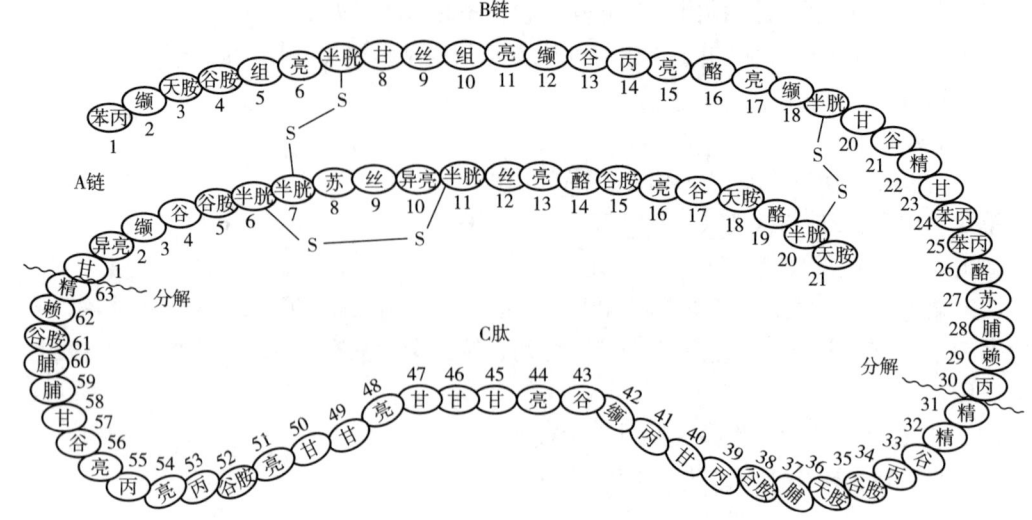

图 3-9 牛胰岛素原分子的氨基酸顺序
在蛋白质合成后的加工成熟过程中，酶促切去 C 肽，即为胰岛素单体分子，由 A、B 两条链组成

血红蛋白是由四条肽链组成的寡聚蛋白（α_2, β_2）。其中，两条相同的 α-链，各有 141 个残基，两条相同的 β-链各有 146 个残基。α-链和 β-链在许多位置上的残基是相同的。

木瓜蛋白酶是从木瓜中提取的蛋白质水解酶，其分子由一条肽链组成，含 212 个残基，有三个链内二硫键（43-152，100-186，22-153）。细胞色素 c 是由 104 个残基组成的一条多肽链分子。是结合蛋白，每分子含有一个辅基血红素。

5. 一级结构与功能的关系

研究蛋白质分子一级结构与功能的关系主要是研究多肽链中不同部位的残基与生物功能的关系。进行这方面研究常用的方法有：同源蛋白质氨基酸顺序相似性分析，氨基酸残基的化学修饰及切割实验等方法。许多研究结果表明，一级结构中，有的部位保守性很强，既不能缺失，也不能更换，否则就会丧失活性；有的部位则可以改变，切除或更换别的残基都不影响生物活性；还有的部位必须切除之后，蛋白质分子才显活性。不同部位的残基对功能的影响，实质是影响了蛋白质分子特定的空间构象的形成。在第四节蛋白质分子空间结构中，将对此进行讨论。下面举例说明一级结构与功能的关系。

[例1] 在非洲流行一种镰刀形贫血病，患者血红细胞合成了一种不正常的血红蛋白（Hb-S），它与正常血红蛋白（Hb-A）的差别仅仅在于 β-链的 N-末端第 6 位残基发生了变化，Hb-A 第 6 位残基是极性的谷氨酸残基，Hb-S 中换成了非极性的缬氨酸残基：

$$\text{Hb—A} \quad \text{N-末端} \quad \overset{1}{\text{Val}} \quad \overset{2}{\text{His}} \quad \overset{3}{\text{Leu}} \quad \overset{4}{\text{Thr}} \quad \overset{5}{\text{Pro}} \quad \overset{6}{\boxed{\text{Glu}}} \text{------C-末端}$$

$$\text{Hb—S} \quad \text{N-末端} \quad \text{Val} \quad \text{His} \quad \text{Leu} \quad \text{Thr} \quad \text{Pro} \quad \boxed{\text{Val}} \text{------C-末端}$$

因为 Glu 与 Val 性质差别较大，在生理 pH 条件下，Glu 的 R 基团带负电荷，而 Val 的 R 基团显电中性，使得 Hb-S 分子表面电荷减少，等电点升高，分子发生不正常聚集，溶解度下降。致使血红细胞收缩成镰刀形，输氧功能下降，细胞变得很脆弱，易发生溶血。

四条肽链中仅仅在两条β-链上各更换了一个残基,生理功能就发生了如此大的变化。这说明了蛋白质分子结构与功能关系的高度统一性。近年来有人用异氰酸盐与蛋白质侧链作用,恢复 Hb-S 分子表面的电荷平衡,能够改善病情。

[例2] 细胞色素 c（Cyt c）是普遍存在于各种生物细胞中的一种结合蛋白。它是呼吸链（详见第八章第五节）的成员,起电子递体的作用。类似 Cyt c 这种在不同生物体中行使同一种功能的蛋白质称为同源蛋白质。不同生物的同源蛋白质具有相同的或近似的多肽链结构。也有些同源蛋白质随物种不同氨基酸组成变化很大。同源蛋白质氨基酸顺序的相似性称为顺序同源现象。比较分析顺序同源现象,能够了解一级结构与功能的关系,也能了解物种间的进化关系。

Cyt c 是目前进行顺序同源现象研究最多的一种蛋白质。有 50 多个物种的 Cyt c 的一级结构已被分析清楚了。其中,最早的一个是马心肌细胞的 Cyt c,由 104 个残基组成,相对分子质量 1.25 万。其他生物的 Cyt c 一般都由 104 个以上的残基组成。比较发现,Cyt c 的一级结构中有 27 个部位的 35 个残基对所有研究过的物种都是相同的,这些残基称为不变残基。不变残基在构成或维持 Cyt c 活性中心的空间构象,与铁卟啉结合并参加电子传递功能等方面是必需的。如图 3-10 所示。

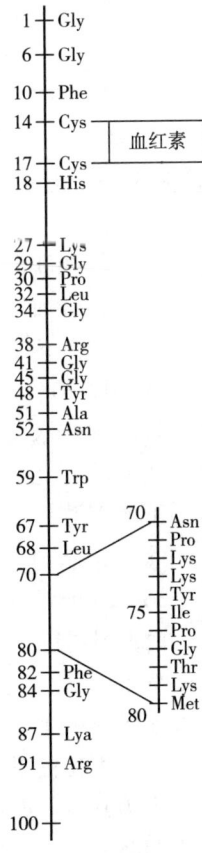

图 3-10　25 种不同生物来源的细胞色素 c 中不变以氨基酸残基（35 个）

25 种有机体是:人、黑猩猩、猕猴、兔、袋鼠、马、驴、猪、牛、绵羊、狗、鸭、鸽、火鸡、鸡、企鹅、啮龟、响尾蛇、鲔、鲨鱼、蛾（*Samira cynthia*）、粗糙链孢霉、酵母和小麦。脊椎动物的细胞色素 c 含 104 个残基,无脊椎、植物和真菌的细胞素 c 在 N 末端另含有 4~8 个残基。

除不变残基之外，分子中的其他残基是可以变换的，称为可变残基，多数可变残基都是被性质相似的氨基酸代替，例如，Lys 代替 Arg，Glu 代替 Asp，一种疏水性残基代替另一种疏水性残基等。也有个别残基被不同性质的残基取代的现象。可变残基是一些对形成活性中心空间构象关系不大的残基。然而，恰恰是这些残基差异的数目能反映出物种在系统进化中的关系远近，进化位置相距越远，差异数目越大。某些生物 Cyt c 的氨基酸残基差异见表 3-6 所示。

表 3-6 不同生物细胞色素 c 的氨基酸差异数（以人的 Cyt c 为基数）

生物	残基差异数	生物	残基差异数
黑猩猩	0	响尾蛇	14
猴子	1	海龟	15
兔	1	金枪鱼	21
猪、牛、羊	10	小蝇	25
狗	11	蛾	31
驴	11	小麦	35
马	12	粗糙链孢霉	43
鸡	13	酵母	44

[例 3] 肽链结构局部断裂与蛋白质的激活。生物体内的某些蛋白质分子初合成时，常带有抑制肽，呈无活性状态，称为蛋白质原。当这些蛋白质分子前体以特定的方式被蛋白酶或其他因子作用而切去抑制肽后，才变为活性分子。

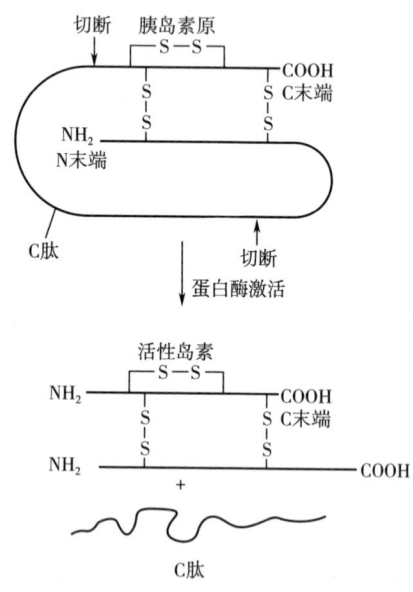

例如胰岛素在胰岛的 β-细胞内质网的核糖体上初合成时，是一个比成熟胰岛素分子大一倍多的单链多肽，称为前胰岛素原。其 N-末端带有一段 20 个残基组成的一段肽，称为信号肽，信号肽中疏水性残基很多，它引导新生肽链进入内质网腔。在内质网腔内，信号肽被酶促切掉，剩下的多肽称胰岛素原，仍比胰岛素分子多一段 C 肽。C 肽称为连接肽，其长短因物种而异，由 26~31 个残基组成。C 肽将 B 链的 C 末端与 A 链的 N 末端连接在一起。C 肽被切除之后才成为有 51 个残基，分 A，B 两条链的胰岛素分子单体。如图 3-11 所示。

类似的现象在动物消化道分泌的蛋白酶类中更为常见。如胰蛋白酶原的激活（详见第六章第四节）。

图 3-11 牛胰岛素分子的激活

二、体内活性肽

生物体内有很多游离存在的小分子活性肽，各具有一定的生物功能。有些活性肽属于激素类，如催产素、加压素、舒缓素等都是九肽：

```
Cys—Tyr—Ile—Gln—Asn—Cys—Pro—Leu—Lgy—NH₂
 |_____S—S_____|
              催产素

Cys—Tyr—Phe—Gln—Asn—Cys—Pro—Arg—Gl—NH₂
 |_____S—S_____|
              加压素

Arg—Pro—Pro—Gly—Phe—Ser—Pro—Phe—Arg
              舒缓素
```

有些微生物产生的活性肽是抗生素类物质，如短杆菌肽 S，多黏菌素 E、放线菌素 D 等。

```
Leu—Phe—Pro—Vou
 |              |
Orn            Orn
 |              |
Val—Pro—Phe—Leu
     短杆菌肽 S
```

短杆菌肽是环状十肽。对革兰阳性菌有很强的抑制作用，有溶血现象，不能作针剂，可用于治疗化脓性病症。

```
                    Dia→Leu→Leu
                   ↗          ↓
R→Dia→Thr→Dia→Dia    Thr←Dia←Dia—NH₂
      |       |
     NH₂     NH₂
         多黏菌素 E
```

Dia 为 L-α，γ-二氨基丁酸，R 为 6-甲基辛酸或 6-甲基庚酸，对革兰阴性菌，特别是绿脓杆菌有很强的杀菌作用。

某些蕈类产生的剧毒物质属于肽类，如鬼笔鹅膏蕈产生的 α-鹅膏蕈碱是一种环状八肽，能与真核细胞的 RNA 结合，抑制 RNA 合成，但不影响原核生物 RNA 的合成。

α-鹅膏蕈碱的分子结构

动物、植物及微生物细胞中都含有一种还原型三肽：γ-谷氨酰半胱氨酰甘氨酸，称为谷胱甘肽，用 GSH 表示。结构式为：

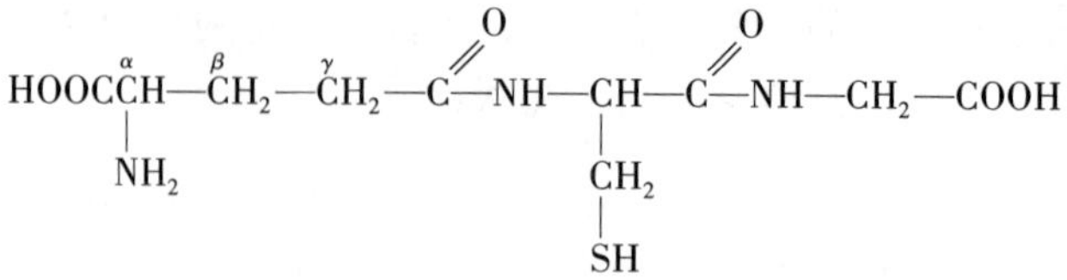

$$\text{HOOCCH}\overset{\alpha}{-}\text{CH}_2\overset{\beta}{-}\text{CH}_2\overset{\gamma}{-}\overset{\text{O}}{\underset{}{\text{C}}}-\text{NH}-\text{CH}-\overset{\text{O}}{\underset{}{\text{C}}}-\text{NH}-\text{CH}_2-\text{COOH}$$

（NH$_2$ 在 α 碳上；CH$_2$—SH 在中间 CH 上）

GSH 的巯基能发生可逆的氧化还原反应，在细胞中是某些蛋白质和巯基酶的缓冲剂。其还原型的巯基可作为供氢体使酶活性中心必需基团的—SH 保持还原状态。酵母细胞中含 GSH 特别高。

$$2\text{GSH} \underset{+2\text{H}}{\overset{-2\text{H}}{\rightleftharpoons}} \text{G—S—S—G}$$

第四节　蛋白质分子的空间结构与功能

一、构型与构象

所谓蛋白质分子的空间结构是指分子的构象而言。构象与构型都是立体化学结构概念，但含义不同。

构型是由于化合物分子中某一不对称碳原子上四种不同的取代基团（或原子）的空间排列所形成的一种光学活性立体结构。一个不对称碳原子只能形成两种不同的构型。分子从种构型变为另一种构型，例如从 D-丙氨酸变为 L-丙氨酸，必须发生共价键的变化（断裂和另生成）。

构象是分子内所有原子或原子团的空间排布所形成的一种立体结构。这类立体结构不需要共价键断开，只要分子中发生 C—C 单键的转动就能从一种构象变为另一种构象。如此说来，蛋白质分子该有无数构象了，其实不然。研究证明，天然蛋白质分子都有与其生物活性相关的一种或少数几种特定的构象，这种天然构象相当稳定。一定条件下，将蛋白质分子从细胞中分离出来，仍能保持其天然构象和生物活性。

二、维系蛋白质分子构象的化学键

蛋白质分子三维构象的稳定性，要靠大量的化学键来维系，这些化学键主要有氢键、离子键、二硫键、配位键等，另外还有疏水相互作用力、范德华力等。如图 3-12 所示。

1. 氢键

氢键是一种静电引力。当一个电负性较大的原子 x 与一个氢原子结合形成偶极矩时，成键电子云偏向 x，氢原子核的外侧裸露，显正电性。当其遇到另一个电负性较大，半径较小，带有孤对电子的 y 原子时，便产生静电吸引。这种静电吸引即所谓氢键，用虚线表示：

$$\text{x—H}\cdots\cdots\text{y}①$$

---

① 氢键有两种不同含义，一是指"x—H……y"的整体结构，氢键的键长即指 x 与 y 之间的距离；二是专指 H……y 之间的结合力，即氢键的键能是指打开 H……y 的结合所需要的能量。

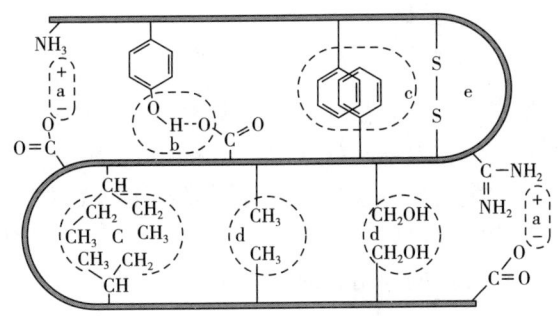

图 3-12 维系蛋白质分子空间结构各种作用力
a—离子键　b—氢键　c—疏水相互作用力
d—范德华力　e—二硫键

偶极矩 x—H 是供氢体，y 是受氢体。x，y 都是电负性较强的原子，如 F，O，N 等。蛋白质分子中的主链和侧链中有很多—NH，—OH 可作为供氢体，又有很多羰基氧原子等可作为电子受体，当它们处于直线关系，x 与 y 距离为 0.279 ± 0.012 nm 时，便形成氢键连接。

肽链主链上的氨基与羰基氧原子间形成的氢键是维系蛋白质分子二级结构最重要的化学键。侧链基团之间或侧链基团与主链基团间形成的氢键，对维系三级结构有一定的作用。

2. 疏水相互作用力

两个非极性基团，（疏水基团）为了避开水相而互相聚集的作用力称为疏水相互作用力。蛋白质分子中的疏水相互作用力主要是由疏水氨基酸的 R 基团间形成的，如图 3-12 中的 c 所示。此外，主链中的亚甲基（—CH_2—）也可参加疏水相互作用力的形成。

链内疏水相互作用对维系三级结构特别重要。亚基间的疏水相互作用是稳定四级结构的重要作用力。非极性溶剂、去污剂、脲及盐酸胍等能破坏疏水相互作用力，使蛋白质变性。

3. 范德华力

实质上也是一种静电引力，有三种表现形式（图 3-12d）：①极性基团（如 Ser 的—OH）之间，偶极矩与偶极矩的相互吸引。②极性基团的偶极矩与非极性基团的诱导偶极矩间的相互吸引。③非极性基团瞬时偶极矩之间相互吸引。

范德华力对维持蛋白质分子三、四级结构有一定作用。在一定意义上，氢键可以视为一种特殊的范德华力。

4. 离子键

离子键又称盐键，是由于正负离子间的静电吸引所形成的化学键，与环境 pH 有关，高浓度的盐、过高或过低的 pH 都会破坏离子键。

5. 配位键

在两个原子之间，由于单方面提供共享电子对所形成的共价键，即所谓配位键。在一些金属蛋白质分子中，金属离子与蛋白质的连接往往是配位键。对维系三、四级结构有重要作用。某些螯合剂可除去蛋白质分子中的金属离子，破坏配位键，使三级结构破坏，以致活性丧失。

6. 二硫键

如前所述，两个半胱氨酸巯基氧化脱氢所形成—S—S—桥称为二硫键，是很强的化学键。可以把一条链的不同部位，或不同肽链连接起来，对稳定蛋白质分子空间结构起重要作用。二硫键数目增多，则蛋白质分子抗拒外界因素作用的能力也强，构象稳定性增加。在生物体中，具有保护功能的蛋白质，如毛、发、鳞、甲、角、爪等角蛋白，含二硫键很多。因此，对外界物理化学因素的作用表现出很好的稳定性。

三、蛋白质分子的二级结构

1. 二级结构的含义

蛋白质分子的二级结构是指肽链主链有规则的盘曲折叠所形成的构象。二级结构仅仅是主链构象，不讨论侧链基团的空间排布。

据目前所知，天然蛋白质分子存在的主链构象只有少数几种基本类型，即 α-螺旋、β-折叠、β-转角和无规则卷曲。这些主链基本构象都是以酰胺平面为基本结构单位，有规则的盘曲而成的。因此，讨论主链构象之前还需要对酰胺平面的概念和结构有所认识。

2. 酰胺平面

X 光衍射研究证明，肽键的键长大于 C=N 双键，小于 C—N 单键，具有部分双键性质，不能自由转动。因此，每个肽单位的六个原子（ $-C_\alpha-\overset{\overset{O}{\|}}{C}-\underset{\underset{H}{|}}{N}-C_\alpha-$ ）都被酰胺键固定在同一个平面上，这一平面称为酰胺平面，又称肽平面（如图 3-13 所示）。酰胺平面是刚性平面，六个原子的相对位置都是固定不变的，而且，其羰基氧原子与亚氨基氢原子总是呈反式排列。多肽主链若用酰胺平面表示，如图 3-13 所示。

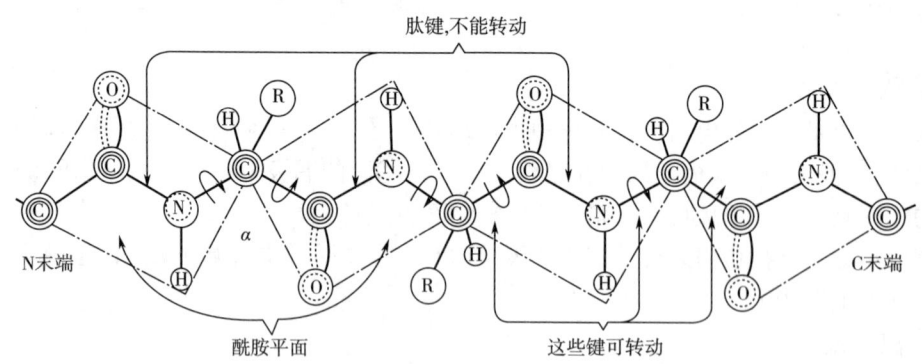

图 3-13　多肽主链的酰胺平面结构形式

在主链的成链共价键中，肽键占 1/3，且不能自由转动，这对肽链形成三维构象显然有很大约束作用，只能靠 α-碳原子两边的单键，C_α—C 和 N—C_α 键的转动，使酰胺平面的相对位置发生变化，形成有限的几种主链构象。现分别将它们的结构特点讨论如下。

3. 二级结构的基本构象

（1）α-螺旋　α-螺旋是蛋白质分子中最常见的很稳定的一种构象。它是由多肽主链环绕一个中心轴有规则地一圈一圈盘旋前进形成的螺旋状构象。这是1951年前后，Pauling等通过X光衍射对纤维蛋白质α-角蛋白（毛、发、角、甲、爪等）进行构象分析证实的一种主链构象，故称α-螺旋。

肽链盘旋方向不同可形成右手螺旋和左手螺旋两种。天然蛋白质分子中存在的主要是右手螺旋，左手螺旋只在少数几种蛋白质中被发现，如高温菌蛋白质。

典型右手α-螺旋的结构特点是：①主链环绕中心轴（虚设的）按右手螺旋方向盘旋，每3.6个残基前进一圈，每圈前进距离0.54nm，每个残基占0.15nm。②每个残基的亚氨基（ NH ）与它前面第四个残基的羰基（ C=O ）氧原子形成氢键，氢键与螺旋轴近乎平行。大量链内主链氢键维系α-螺旋，使其结构非常稳定。每个残基的R基团都在α-螺旋外侧，不影响螺旋的稳定性。③α-螺旋的结构常用S_N表示，S代表每圈螺旋的残基个数，N表示氢键封闭环本身的原子数。上述典型的α-螺旋，S为3.6，N为13，可表示为"3.6_{13}"。此外，还发现有些不典型的α-螺旋，如"3_{10}"、"4.4_{16}"等。

右手α手螺旋的结构如图3-14所示。

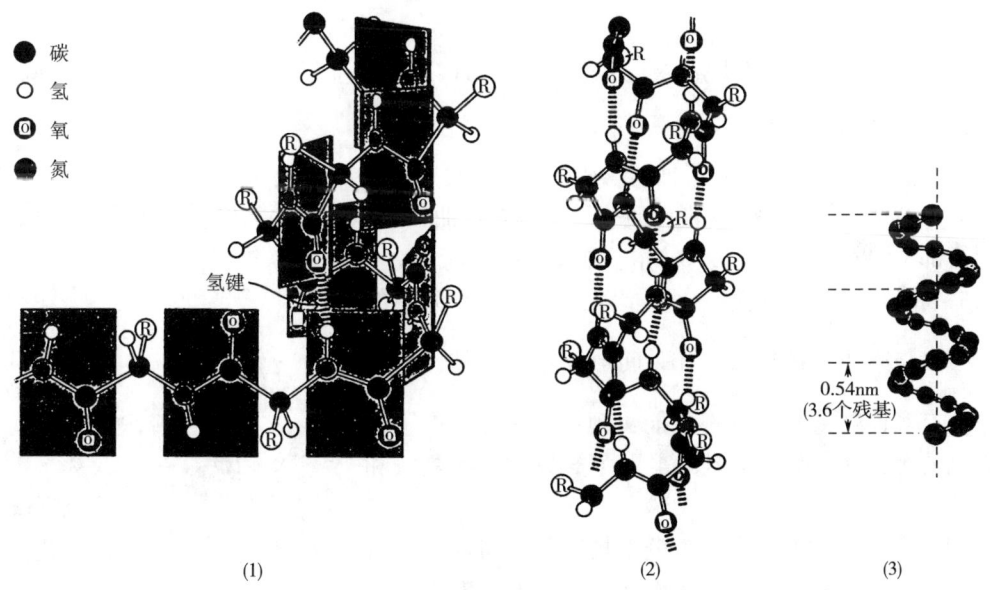

图3-14　右手α-螺旋的结构模型
(1) α-螺旋的形成，肽平面平行于中心轴
(2) α-螺旋的球棒模型，可见到链内氢键　(3) 螺旋一圈的结构参数

（2）β-折叠　β-折叠又称β-折叠片或β-片层结构，也是蛋白质分子中常见的主链构象之一。所谓β-折叠是两条或两条以上充分伸展成锯齿状折叠构象的肽链，侧向聚集，按肽链的长轴方向平行并列，形成的折扇状构象。这种构象最早是在纤维蛋白质蚕丝丝心蛋白（β-角蛋白）中发现的，故名β-折叠。丝心蛋白的二级结构只有折叠一种构象。

根据肽链的排列方向，可将β-折叠分为平行式和反平行式两种。平行式β-折叠的所有肽链都呈一顺排列，N 末端都在同一端，C 末端同在另一端。如图 3-15（1）所示。反平行式β-折叠的肽链呈一反一顺地排列，如图 3-15（2）所示。

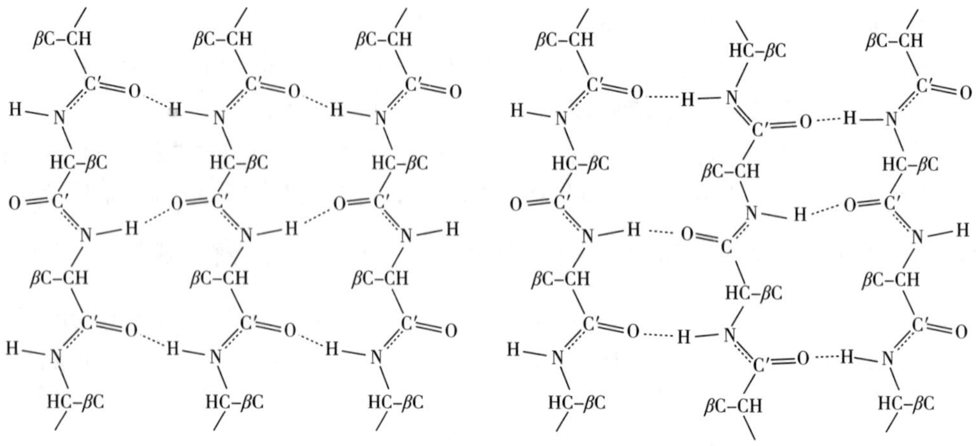

(1)平行式　　　　　　　　　　　　　(2)反平行式

图 3-15　β-折叠

β-折叠构象靠相邻肽链主链亚氨基（＞NH）和羰基氧原子（＞C═O）之间形成有规律的氢键联结维系。

（3）β-转角　又叫 U 形回折、β-转弯或发夹结构。是近年来在球状蛋白质分子中发现的一种主链构象。球状蛋白质分子主链在盘曲折叠运行中往往发生 180°的急转弯，这种回折部位的构象即所谓β-转角。如图 3-16 所示。

β-转角是由 4 个连续的残基组成的，第一个残基的＞C═O 与第四个残基的＞NH 间形成氢键联结，稳定构象。有多种氨基酸残基都可能出现在β-转角中，但最常见的有：甘氨酸、脯氨酸、天冬氨酸、天冬酰胺和色氨酸。

（4）无规则卷曲是多肽主链不规则，多向性地随机盘曲所形成的构象。它也是球状蛋白质分子中常见的一种主链构象。

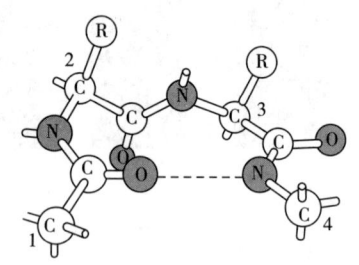

图 3-16　β-转角的结构

无规卷曲在同一种蛋白质分子中出现的部位和结构完全一样。在这种意义上，无规卷曲实际上是有规律的，是一种稳定的构象。但是，在不同种类的蛋白质或同一分子的不同肽段所成的无规卷曲，彼此间没有固定的格式。不像α-螺旋或β-折叠那样，无论在什么蛋白质分子中出现，都只有变化很少的几种构象。从这种意义上讲，无规卷曲的结构规律又是不固定的，多种多样的。

以上是蛋白质分子二级结构的几种主要构象。它们在不同蛋白质中的分布差别很大。

纤维蛋白质的二级结构，构象单一。例如，毛、发、角、爪、蹄、羽、鳞等α-角蛋白的二级结构，只有α-螺旋，丝心蛋白的二级结构则没有α-螺旋构象，只有高度伸展的折叠链所组成的β-折叠片层。

纤维状蛋白质分子不再形成更高级的三级结构。在二级结构基础上，分子之间轴向排列组成超二级结构，再进一步层层组合，构成特定的组织结构。例如毛发的蛋白质是由三条右手螺旋并在一起，按左手方向旋转扭曲成原纤维，十一条原纤维组合成微纤维，成百根微纤维再组合成大纤维。在毛发皮层细胞中，大纤维轴向排列成有序结构，使毛发具有很强的抗张力和很好的伸缩性能。如图3-17所示。

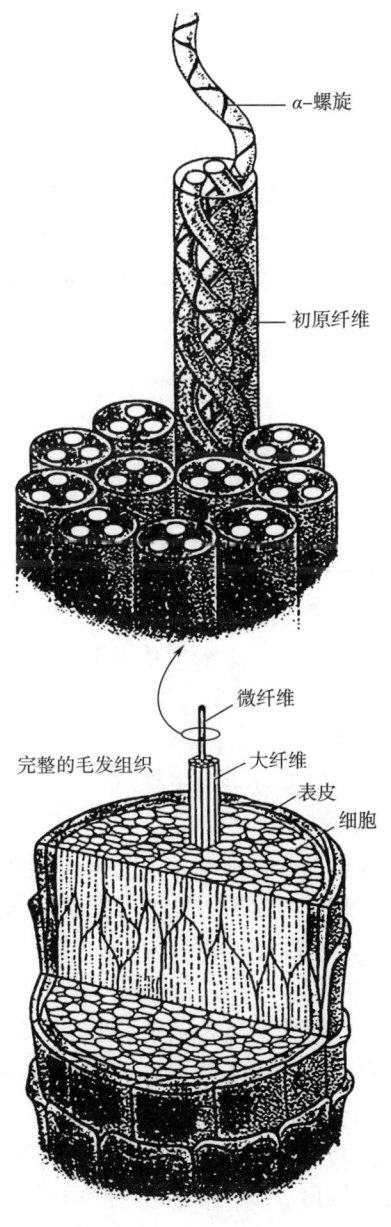

图3-17　纤维状蛋白质分子的组织结构

4. 球状蛋白质分子的二级结构——多种构象单元组成

球状蛋白质分子的二级结构一般都不是单一构象。主链的不同段落构象不同，多种构象单元交替连接组成整条肽链的二级结构，如图 3-18 所示。

球状蛋白质分子的二级结构还不是活性分子的结构形式。在二级结构基础上再盘曲折叠形成三级结构，有些蛋白质还要由三级结构单位再进一步缔合成四级结构，才能成为具有完整生物功能的活性分子。

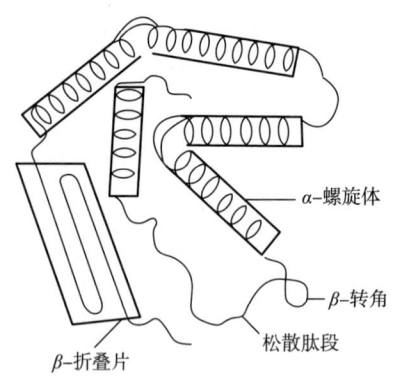

图 3-18　球状蛋白质分子二级结构的多元构象

四、球状蛋白质分子的三级结构

1. 三级结构的含义

球状蛋白质分子在一、二级结构基础上，再进行三维空间的多向性盘曲折迭，形成特定的近似球状的构象，称为蛋白质分子的三级结构。根据 1969 年 IUPAC 的定义，三级结构包括蛋白质分子主链和侧链所有原子或原子团的空间排布关系，但不讨论亚基间或分子间的排布关系。

2. 构象特点

球状蛋白质分子三级结构的构象有下面一些特征。

（1）三级结构构象近似球形。

（2）分子中的亲水基团相对集中在球形分子的表面，疏水基团相对集中在分子内部，形成所谓"亲水表面，疏水核"。不过，也有例外。例如，镶嵌在线粒体内膜中的细胞色素类蛋白质则相反，其疏水基团在分子表面，能与膜的脂质双分子层融合在一起，使这些蛋白质不会被细胞汁溶出。在分离制备这类蛋白质时，也不能以水作浸提溶剂。

（3）三级结构构象的稳定性主要靠疏水相互作用维系。亲水表面能吸附形成厚厚的水化膜和双电层，对蛋白质分子构象起很好的保护作用。此外，二硫键、盐键和范德华力等次级键对三级结构构象的稳定也有一定的作用。

（4）三级结构形成之后，蛋白质分子的生物活性部位就形成了。在球形分子的表面往往有一个很深的裂隙，活性部位就在其中。

例如，肌红蛋白分子由 153 个残基组成，主链中 75% 的酰胺平面形成 A，B，C，D，E，F，G 八段长短不等的 α-螺旋，余者分别成无规卷曲和 β-转角。在此基础上，再多向盘绕，形成近似球形的构象，即为其三级结构，如图 3-19 所示，图中可见辅基血红素位于疏水区的裂隙之中，其两价铁（Fe^{2+}）可形成 6 个配位键，四个键分别和吡咯环的 N 原子结合，一个键与 F_8 的组氨酸咪唑基结合，空一个配位键，与 O_2 发生可逆结合。

再如，图 3-20 所示的是我国科学工作者测定的结晶胰岛素单体分子的精细空间结构。图中可见：$A_{12} \sim A_{15}$ 是一个右手螺旋，A 链的其他残基为不同伸展程度的肽链构象。B 链的 $B_1 \sim B_6$ 是伸展的 β-折叠，B_8 处发生转折，$B_9 \sim B_{19}$ 是右手螺旋，成为支撑分子空间构象的骨架。$B_{20} \sim B_{23}$ 又是 β-转角。$B_{23} \sim B_{27}$ 为一段伸展的 β-折叠。分子内部由非极性基团形成一个疏水核，对稳定分子构象起重要作用，全部极性侧链都分布在分子表面。

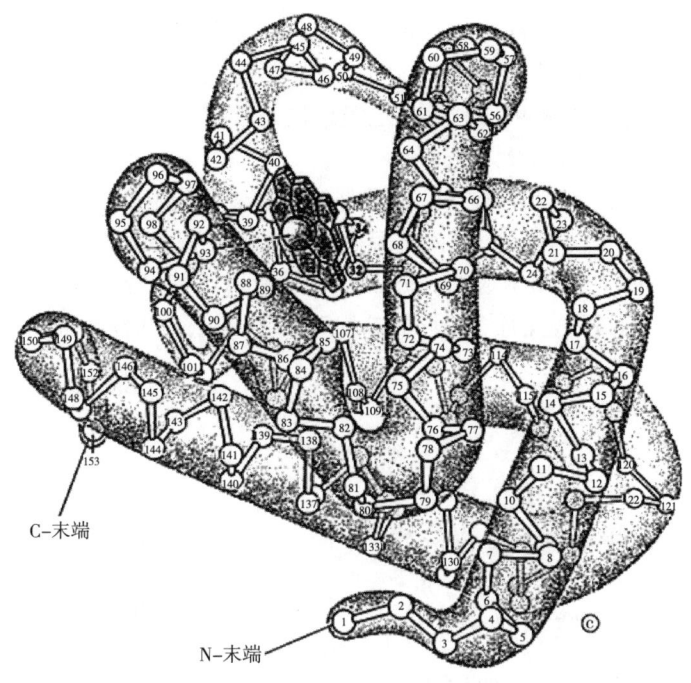

图 3-19 肌红蛋白分子的三级结构

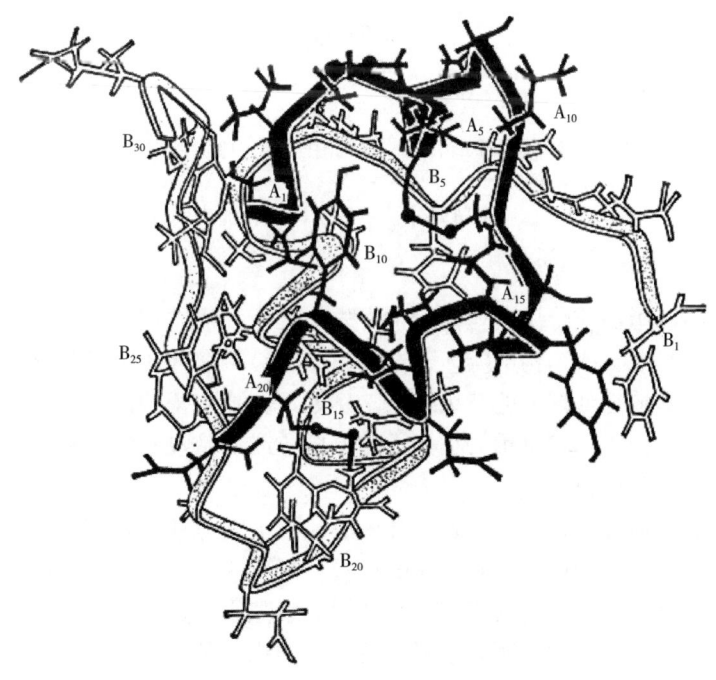

图 3-20 胰岛素的空间结构

3. 活性部位

所谓球蛋白质分子的活性部位，又叫活性中心，是在三级结构构象中，由少数必需基团组成的负责完成分子生物功能的一个空间小区域。若三级结构遭到破坏，活性中心的构象不复存在，生物功能随之丧失。因此，三级结构是球状蛋白质分子生物活性所必须具备的结构形式。仍以胰岛素为例加以说明。

据推测，胰岛素分子与受体分子（膜蛋白）的结合可能主要发生在一个表面部位，这一部位是由 B_{24}，B_{25}，B_{16}，B_{26}，B_{28}，A_{19} 等残基构成的面积相当大的疏水区及分散在疏水区周围的表面电荷和极性基团组成的，如图 3-21 所示。其中，疏水残基 B_{25} 的 Phe 非常保守，被 Leu 或 Ser 取代后，活性严重丧失，仅剩 1% 左右。B_{24} Phe 被 Leu 或 Ser 取代后，活性可剩 20% 左右。

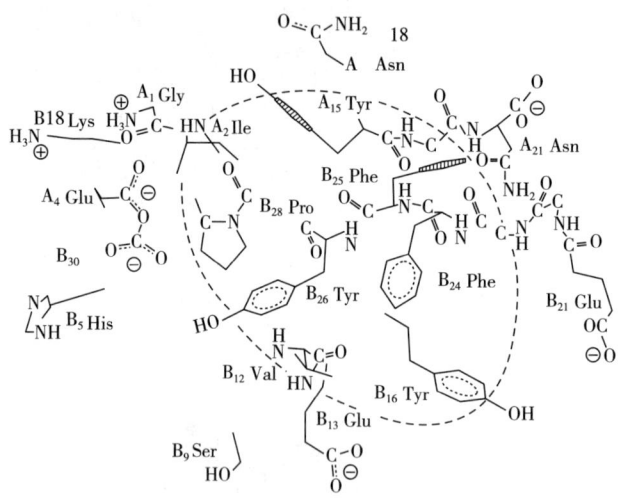

虚线包含部分为疏水区域，周围分散着一些极性基团。

图 3-21 胰岛素分子中与受体结合的表面部位

4. 结构域

有些较大的球状蛋白质分子或亚基，常常先由几个二级结构单元组合在一起形成超二级结构，以此作为形成三级结构的实体，这些超二级结构实体称为结构域，又称辖区。结构域进一步缔合则形成近似球形的三级结构。例如，卵清溶菌酶的三级结构就是由两个结构域缔合而成的，如图 3-22 所示。小分子的蛋白质或亚基没有结构域这一结构层次，它们的三级结构就是一个结构域。

从功能角度看，通过结构域图组建活性中心比较灵活方便。在图 3-22 中，溶菌酶的两个结构域通过共价键转动调节相互之间的位置，形成一个大的裂隙，酶的活性中心即在这一部位。许多酶的活性中心都是位于结构域之间的裂隙中。这样一种构成方式由于结构域之间容易发生相对位置的移动，而赋予蛋白质分子结构一种柔性，有利于酶与底物发生诱导契合作用或进行变构调节作用。

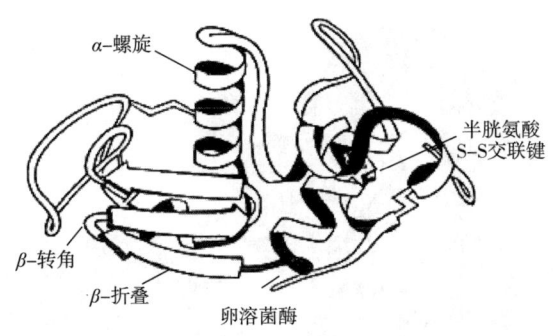

图 3-22 溶菌酶分子的二、三级结构及结构域

五、球状蛋白质分子的四级结构

1. 四级结构的含义

有些球状蛋白质分子是由两个或两个以上的三级结构单位缔合而组成的，通常称为寡聚蛋白。寡聚蛋白分子中的每个三级结构单位称为一个亚基（或亚单位）。所谓蛋白质分子的四级结构就是指寡聚蛋白质分子中亚基与亚基间的立体排布及相互作用关系。亚基的数目和类型也属四级结构研究的内容，但不涉及亚基本身的构象。

四级结构的稳定性主要靠亚基间的疏水相互作用维系，离子键、氢键、范德华力等次级键也有程度不同的作用。

寡聚蛋白质分子的亚基虽然具有完整的三级结构，但是，它与单体蛋白质分子不同，每个亚基单独存在时，生物活性很低或没有活性。只有当各个亚基缔合成完整的四级结构之后，才能发挥正常的活性功能。

2. 寡聚蛋白质分子的亚基组成

据统计，已经研究过的寡聚蛋白质分子达 700 多种。它们的亚基数目差别很大，少则几个，多则十几个，数十个。大多数寡聚蛋白是由偶数亚基组成的。其中，两个或四个亚基者最多。奇数亚基的分子很少见。

亚基类别组成有两种类型。一种是由相同亚基组成的均一寡聚蛋白，如过氧化氢酶，是由四个相同亚基组成的四聚体，每个亚基的一、二、三级结构都相同，功能也相同，3-磷酸甘油醛脱氢酶、醛缩酶都属这种类型。另一种是由结构不同的亚基组成的非均一寡聚蛋白，如血红蛋白（$\alpha_2\beta_2$）、大肠杆菌的天冬氨酸转氨甲酰基酶（C_6R_6）、多黏芽孢杆菌天冬氨酸激酶（$\alpha_2\beta_2$）等。

血红蛋白质分子的结构和功能研究得相当深入，它的每个亚基形成三级结构后都结合一个血红素分子（铁卟啉）作为辅基。α 亚基与 β 亚基在一级结构上有很大差别，二、三级结构却非常相似。四个亚基聚合成对称的球状分子，各亚基分布在相当于四面体的四个角上。如图 3-23 所示。

3. 变构蛋白的概念

血红蛋白质分子的各个亚基功能相同，都是运输 O_2 和 CO_2。在肺中，O_2 分压高，血红素的亚铁原子以配位键与 O_2 结合（Fe^{2+} 不发生价键数目的变化），成为氧合血红蛋白，同时释放出 CO_2。在组织中，O_2 分压低，血红素释放出分子 O_2，同时每个亚基的 N-末端氨

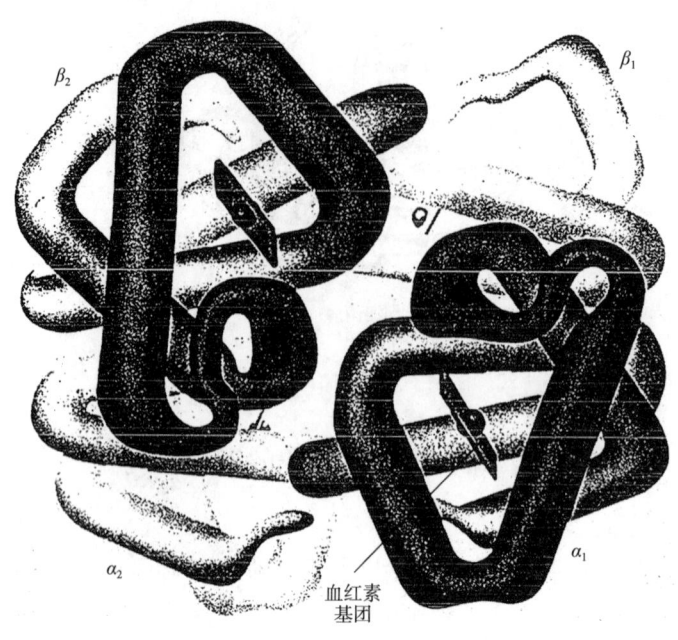

图 3-23 血红蛋白分子的四级结构

基结合一个 CO_2，成为氨基甲酸血红蛋白。再到肺中，又放出 CO_2，结合 O_2。

但是，α 亚基与 β 亚基对 O_2 的亲和力不同。α 亚基对 O_2 的亲和力比 β 亚基大，所以，总是先与 O_2 结合。一个非常重要的现象是，当一个 α 亚基与 O_2 结合时发生构象的变化，这种变化影响到一个 β 亚基构象变化，活性随之增强。一对 α，β 亚基的变化又影响到另一对 α，β 亚基构象变化，活性改变，对 O_2 的亲和力增强 5 倍以上。

像这种寡聚蛋白质分子，由于一个亚基与底物结合时发生构象的变化，进而引起其他亚基发生相应的构象和活性变化的协同变构作用，称为协同效应。具有协同变构性质的蛋白质称为变构蛋白。蛋白质的协同变构性质是蛋白质分子生理活性调节变化的机制是细胞赖以调节代谢活动的基础，在酶和代谢调节中将作进一步讨论。

知识小贴士

抗冻蛋白质

抗冻蛋白质（Antifreeze proteins，AFPs）又称不冻蛋白、冰结构蛋白（ice structuring proteins，ISPs），是一类具有提高生物抗冻能力的蛋白质类化合物的总称。AFP 结合到小的冰晶上能阻止冰的结晶化和晶体生长，从而维持体液的非冰冻状态，保证相关物种在零下温度环境下生存。

在 20 世纪 50 年代，加拿大科学家 t Scholander 最早着手于解释为何北极的鱼类可以在低于其血液冰点的冷水中生存。在 20 世纪 60 年代后期，动物生物学家 Arthur Devries 从南极鱼类体内分离出不冻蛋白质。1970 年，Devries 与 Robert Feeney 合作勾画出抗冻蛋白的物理和化学性质。1992 年 Griffith 等记载了在冬黑麦（winter rye）叶子中发现的 AFP，Urrutia、Duman 和 Knight 记载了在被子植物（angiosperms）中的热滞后蛋白。转年，Duman and Olsen 指出在 23 种以上的被子植物中发现 AFP，包括一些被人们作为食物的被子植物，他们还报道了 AFP 存在于真菌和细菌中。

Ⅰ型 AFP 是最早被解析三维结构的抗冻蛋白，由单条、长的、两性的 α 螺旋构成，分子质量约为 3.3～4.5ku，其残基组成中丙氨酸含量高，另外沿着相关序列每 11 个氨基酸残基周期内就出现一个苏氨酸残基，其三维结构有疏水面、亲水面和 Thr - Asx 面三个面。Ⅰ型 AFP 分子的抗冻机制是：AFP 通过其四个苏氨酸残基的羟基与沿着冰晶格方向的氧之间形成的氢键以拉链式样结合到冰的成核结构上，从而停止或抑制冰的金字塔表面生长以降低冰点。Ⅱ型 AFP 是富含半胱氨酸的球蛋白，含五个二硫键。Ⅲ型 AFP 分子质量接近 6ku，在整个冰结合表面表现了与Ⅰ型 AFP 相似的疏水性。Ⅳ型 AFP 分子质量接近 12ku，是富含谷氨酸和谷氨酰胺的 α 螺旋蛋白，其唯一的翻译后修饰是一个焦谷氨酸残基、一个环化的谷氨酸残基处于 N - 末端。与其他的 AFP 相比，植物的 AFP 热滞后活性要弱得多，生理功能是抑制冰的重结晶而不是防止冰的形成。昆虫 AFP 是由不同数量的分子质量大约为 8.3～12.5ku 的 12 或 13 聚体构成，具有高的热滞后值。北欧 *Rhagium mordax* 甲虫的抗冻蛋白质冰结合位点非常平坦，有轻微的疏水性，并且没有任何带电荷的残基，其波纹结构能固定水的通道。当这些蛋白质接触冰时，水分子会发生改变，以形成不同的氢键结构和方向，而不是冻结。研究人员发现：低温导致结晶生成时，抗冻蛋白便会活化，参入阻止晶格的形成；而一旦温度回升或是酸碱度降低时，抗冻蛋白又会完全失去活性。

抗冻蛋白质具有无数的商业用途，如：增加谷类植物的耐冻性在寒冷气候的区域拓宽收获季节、在寒冷气候的地区改善渔业产量、延长冷冻食品的货架存放期、改善冷冻手术、增强医学上移植或输血用组织的保存效果、用于体温过低状态的治疗等。联合华利公司把 AFP 用到一些冰棒和轻双搅雪糕（light double churned ice cream bars）中，在添加较少添加剂情况下即可产生非常滑腻、密实和低脂的效果。抗冻蛋白质还可作为设计合成版本的模型，从而帮助飞机除冰、保存器官和防止冰淇淋在冰箱中形成晶体等。

耐高温蛋白质

蛋白质空间结构中，主要是氨基酸序列的连接方式、双硫键的多少和分子中原子的相对位置影响了蛋白质的耐热性。当加热时，这些相对不稳定的结构会优先发生变化，导致蛋白质失活或改变了生理功能。

2006 年，日本的油谷克英领导对一种嗜热菌的蛋白质"CutA1"进行研究，发现这种蛋白质在高达 148.5℃时才会遭到破坏。研究小组通过对这一蛋白质立体构造的分析发现，覆盖蛋白质分子表面的离子键形成网络状，起到隔热材料的功能，从而保持其热稳定性。研究小组在各种条件下观察热分解过程，发现蛋白质的立体结构能够抑制氨基酸残基的热分解，并在接近 150℃的高温环境下保持蛋白质的形状。这一发现对设计高耐热性蛋白质以及分析普里昂异常蛋白质在体内的功能具有重要作用。"CutA1"蛋白质广泛存在于微生物和动、植物体内，人的脑细胞中也含有这种蛋白质。

第五节 蛋白质的重要理化性质

因为蛋白质是氨基酸组成的，所以，氨基酸的许多理化性质必然反映到蛋白质上。如两性解离和等电点、成酯反应、成盐反应、一些显色反应、光吸收性质等在蛋白质上都有所表现。不仅如此，从氨基酸小分子到蛋白质大分子已经发生了质的变化，所以，蛋白质又具有氨基酸所不具备的许多性质。下面仅就与实践关系极为密切的一些重要理化性质进行简要的讨论。主要有蛋白质的胶体性质、沉淀作用、变性作用、两性解离及等电点，以及某些重要的显色反应。

一、蛋白质的胶体性质

1. 蛋白质胶体溶液的稳定性

蛋白质是生物大分子相对分子质量一般都在 1 万 ~ 100 万，其颗粒大小属于胶体粒子的范围。又由于其分子表面有许多极性基团，亲水性极强，易溶于水成为稳定的亲水胶体溶液。

蛋白质亲水胶体的稳定性，主要决定于两个因素：第一是表面电荷，在非等电点 pH 条件下，蛋白质分子表面带有大量的同性表面电荷，表面电荷又吸附溶液中的异性电荷，形成所谓双电层，将分子颗粒包住，彼此之间互相排斥，不致发生聚集絮凝。第二是水化膜，蛋白质分子表面的亲水基团和水相遇则吸附大量水分子形成一层厚厚的水化膜（每克蛋白质结合的水量高达 0.4g）。水化膜又将蛋白质颗粒隔离起来，彼此不再发生碰撞絮结。这样两个因素使蛋白质水溶液成为非常稳定的胶体溶液。

蛋白质的亲水胶体性质对生物体是非常重要的。活细胞的原生质就是以蛋白质胶体为主的异常复杂的非均一胶体系统，这是细胞新陈代谢的基本物质基础。

蛋白质胶体溶液具有丁道尔现象、布朗运动、半透膜不透性、很强的吸附性能、胶凝性能以及黏性大、流动性差等性质。

2. 蛋白质的膜过滤分离纯化

蛋白质的半透膜不透性在实际工作中很有用。所谓半透膜是指允许溶液中小分子物质透过，大分子物质不能透过的一些薄膜，如羊皮纸、火棉胶、玻璃纸、肠衣等薄膜。在分离纯化蛋白质时，只要含有小分子杂质的蛋白质溶液装在半透膜做成的小袋——透析袋中，扎紧袋口，浸入水中，流水冲洗，或缓冲液浸泡，小分子物质如无机盐、葡萄糖、氨基酸等渗透析出，随水流走，蛋白质大分子则留在袋内，经过一定时间可达到纯化的目的。这种技术叫做透析，如图 3-24 所示。

透析是一种膜过滤技术，曾为生物大分子的分离纯化起过重要作用。

20 世纪 70 年代以来，随着合成滤膜的发展，膜过滤技术发展很快，其中，超滤技术已经用于蛋白质溶液的浓缩、纯化及分级分离。超滤是一种加压膜过滤技术，它是利用具有选择透过性的微孔滤膜，在液压作用下，迫使小分子水和无机盐等透过膜，大分子则被阻留在膜的内侧，从而达到分离纯化的目的。超滤原理如图 3-25 所示。

超滤具有操作简便、快速、条件温和、合成滤膜的孔径大小可以选择等优点。在实验室，乃至大生产上得到日益广泛的应用。

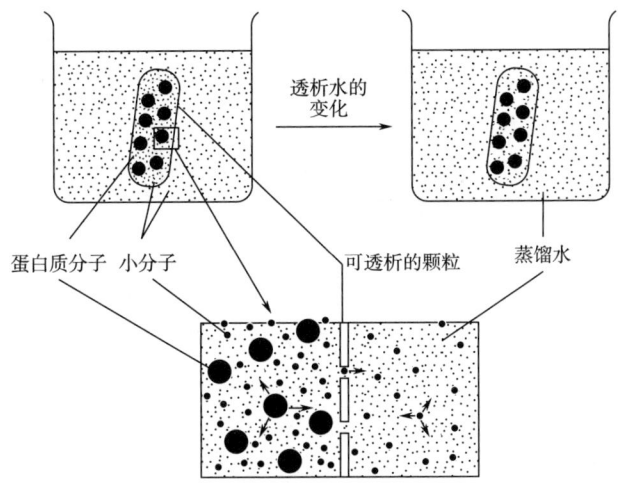

图 3-24 透析技术示意图

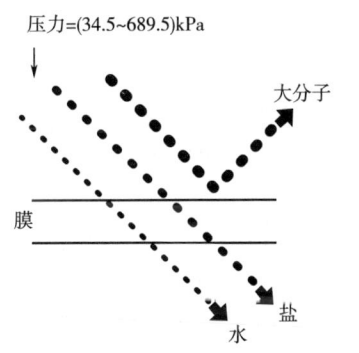

图 3-25 超滤原理示意图

二、蛋白质的两性解离和等电点

1. 两性解离

蛋白质分子中有很多酸性解离基团和碱性解离基团,是具有两性解离性质的化合物。分子中除末端残基的游离 $\alpha\text{-}NH_2$ 和 $\alpha\text{-}COOH$ 之外,还有大量的侧链解离基团。酸性解离基团有 $\gamma\text{-}COOH$(Glu),$\beta\text{-}COOH$(Asp),以及 Tyr 的酚羟基(—OH)和 Cys 的巯基(—SH)等。碱性解离基团有 $\varepsilon\text{-}NH_2$(Lys)、$\beta\text{-}$咪唑基(His)、$\delta\text{-}$胍基(Arg)等。

各种解离基团的解离度与溶液的 pH 有关。pH 越低,碱性基团解离度越大,蛋白质分子带正电荷越多,负电荷越少。pH 升高,则解离情况相反。以"P"代表蛋白质分子,以 —NH_2 和 —COOH 分别代表其碱性和酸性解离基团,随 pH 变化,蛋白质的解离反应如下:

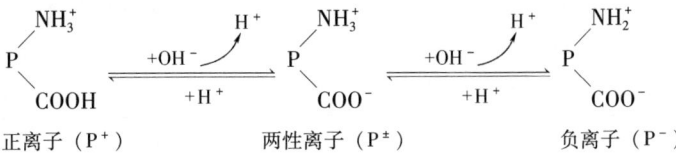

2. 等电点

调节溶液的 pH 可以改变蛋白质分子的带电状况。在特定 pH 条件下，某种蛋白质分子所带正负电荷相等，净电荷为零，这一 pH 称为该蛋白质的等电点，用 pI 表示。一些蛋白质的等电点见表 3-7。

表 3-7　　一些蛋白质的等电点

蛋白质	等电点	蛋白质	等电点
胃蛋白酶	1.0	α-糜蛋白酶	8.3
卵清蛋白	4.6	核糖核酸酶	9.5
血清蛋白	4.7	细胞色素 c	10.7
β-乳球蛋白	5.2	溶菌酶	11.0
胰岛素	5.3	大豆球蛋白	5.0
血红蛋白	6.7		

每种蛋白质都有特定的等电点，但等电点并非常数。当溶液中有中性盐存在时，蛋白质分子的解离基团除了与 H$^+$ 发生作用外，还能分别与阳离子（如 Mg^{2+}，Ca^{2+} 等）或阴离子（如 Cl^-，HPO_4^{2-} 等）结合而发生带电性质的变化，使等电点偏移。因此，等电点并不是一个恒定值，它会因溶液中盐的种类和离子强度的影响而有所不同。

蛋白质在纯水溶液中的带电状态则没有其它离子干扰，完全由 H$^+$ 的解离和结合来决定，这种条件下的等电点（使蛋白质分子正负电荷相等的 pH）称为等离子点，等离子点是蛋白质的特征性常数。

等电点与蛋白质分子的氨基酸组成有关。对于变性蛋白质来说，其可解离基团都已外露，全部可以滴定，根据其分子中所含酸性、碱性氨基酸的数量比例就可以判断其等电点的 pI 范围，含酸性氨基酸多者 pI 低；含碱性氨基酸多者 pI 高。可是，对于天然球状蛋白质分子来说，其一部分可解离基团在分子内部掩蔽着，参与组成氢键、盐键，不能被滴定，所以不能简单地根据分子中酸性、碱性氨基酸的数量比例来判断其 pI 的 pH 范围。例如，肌红蛋白质分子中有 11 个组氨酸，其中有 5 个咪唑基在蛋白质变性前不能被滴定。表 3-8 所示为一些球状蛋白质的氨基酸数量及等电点，从中也可看到它们并没有必然的数量关系。

表 3-8　　蛋白质的酸性氨基酸和碱性氨基酸含量与等电点的关系

蛋白质	酸性氨基酸残基数/mol	碱性氨基酸残基数/mol	碱性氨基酸与酸性氨基酸的比值	等电点
胃蛋白酶	37	6	0.16	1.0
血清蛋白	82	99	1.2	4.7
血红蛋白	53	88	1.7	6.7
核糖核酸酶	7	20	2.9	9.5
细胞色素 c	12	35	2.9	10.7
菊糖酶	35	12	0.34	8.2

3. 等电沉淀和蛋白电泳

在等电点条件下，蛋白质为电中性，比较稳定。其物理性质如导电性、溶解度、黏度、渗透压等都表现为最低值，易发生絮结沉淀。因此，等电点性质常被用于蛋白质的分离制备，称为等电沉淀技术。

在溶液 pH 不等于等电点的条件下，蛋白质分子显电性，在直流电场中向其所带电荷相反的电极泳动。根据这一原理建立了将带电性质不同的蛋白质混合物，在直流电场中进行电泳分离的技术，称为蛋白电泳。蛋白质电泳技术也是蛋白质分离制备、分析鉴定中常用的一种实验手段。

在同一电泳条件下，不同蛋白质分子大小、形状不一样，所带电荷的性质、数量不同，因此在电场中的受力情况不同，泳动的方向、速率也各不相同。电泳一定时间后，可达到使各组分彼此分离的目的。

常用的蛋白质电泳技术有区带电泳，以滤纸、醋酸纤维薄膜或凝胶等惰性物质作为载体，将样品点到载体上，用一定 pH 的缓冲液作为介质，通直流电，经一定时间，蛋白质各自向相应的方向迁移，分别聚积在不同部位，形成彼此分离的区带。近年来发展起来的电泳新技术有：利用聚丙烯酰胺凝胶作为支持物的凝胶电泳技术。这项技术兼有电泳分离和分子筛分离两种机制的分离效果。将电泳分离和等电点沉淀相结合的电泳技术叫做等电聚焦。将电泳分离与免疫反应结合起来，称为免疫电泳。这是利用抗体与抗原专一性结合的原理与电泳融会在一起的电泳技术。

三、蛋白质的变性作用

1. 概念

天然蛋白质分子受到某些物理或化学因素的作用，有序的空间结构被破坏，致使生物活性丧失，并伴随发生一些理化性质的异常变化，但一级结构并未破坏。这种现象称为蛋白质的变性作用。变性的蛋白质叫做变性蛋白，变性蛋白的分子质量未变。

2. 变性因素及其作用机制

能引起蛋白质变性的因素很多。变性作用的产生，主要是由于各种次级键断裂，二、三级空间结构被破坏，分子的紧密构象变成了松散的无序状态。所以凡是能破坏次级键的物理化学因素都可导致蛋白质变性。物理方面的因素如热、紫外线、超声波、X-射线、高压、表面张力、剧烈振荡、搅拌、研磨等。化学方面的因素如酸、碱、有机溶剂、重金属盐类、脲、胍、表面活性剂、生物碱试剂等。

关于各种变性因素破坏次级键的机制，解释不尽相同。一般认为，加热、搅拌、射线及超声波等物理因素是以其较高的能量作用于蛋白质，使次级键断裂。重金属盐如 Ag^+，Hg^{2+}、Pb^{2+} 等能与蛋白质的酸性基团生成不溶性盐，并破坏盐键和氢键。酸、碱变性是通过静电作用产生的。当 pH 高于等电点时，蛋白质分子净带负电荷；pH 低于等电点时，净带正电荷；同性电荷相斥，引起空间结构破坏。强酸、强碱也能破坏盐键和脂键，引起变性。脲、胍是常用的蛋白质变性剂，其高浓度（8mol/L 脲或 5mol/L 胍）的水溶液能使许多蛋白质分子肽链呈高度伸展状态。因为已知高浓度脲、胍水溶液是非极性物质的良好溶剂，故认为破坏疏水键是其引起蛋白质变性的主要原因。也有的认为它们有多个负电性很强的氮原子所成的极性基团，即可作为质子供体，也可作为质子受体，与蛋白质分子形成氢键，从而破坏蛋白质分子自身的氢键，引起变性。有机溶剂引起变性的机制，认为主要是影响疏水键、氢键和静电引力的稳定性。

3. 变性蛋白质的性质

变性蛋白与天然蛋白质有明显不同，主要表现如下。

（1）理化性质发生了变化，旋光性改变，黏度增加，光吸收性质增强，失去结晶能力，溶解度降低，易发生凝集、沉淀。由于侧链基团外露，颜色反应增强了。

（2）生物化学性质发生了变化，变性蛋白质比天然蛋白质易被蛋白酶水解。因此，蛋白质煮熟食用比生吃好消化。

（3）生物活性丧失，这是蛋白质变性的最重要的明显标志之一。例如，酶变性失去催化活性，血红蛋白变性失去运输氧的能力，抗体蛋白变性失去免疫活性等。

4. 蛋白质变性作用的实践意义

蛋白质变性作用的研究在理论上和实践上都有很重要的意义。理论上，变性作用常常被用作研究蛋白质分子结构与功能的一种手段，例如：蛋白质分子质量的测定，亚单位的拆分以及二、三级结构单元分析等。因此，研究蛋白质变性作用的产生条件，可以根据需要，人为地引发变性作用或防止变性作用。

在生产和生活实践方面，蛋白质变性作用有有利的一面，也有不利的一面。有利的方面可充分利用，不利的方面则需竭力防止。①食品加工、消毒灭菌、蚕茧抽丝等，都是需要引起蛋白质变性的过程。实验室中进行非蛋白质生物物质提取分离时，常通过变性作用除去蛋白质杂质。终止酶促反应时，常用热变性或化学变性处理（灭酶活）等。这些场合，变性作用都是有利的。②一些场合，变性作用是有害的，需竭力防止。例如，酶制剂、抗体蛋白等活性蛋白质制品的分离提取和保存过程中，都不希望蛋白质发生变性。生物体的许多生命现象与蛋白质的变性有关，例如人体衰老，皮肤变粗糙、干燥，是因为蛋白质逐渐变性，亲水性相应减弱的结果。紫外照射，引起眼睛白内障，主要是由于眼球晶体蛋白的变性凝固。植物种子长久保存，发芽力减小，也与蛋白质失水变性有关等。研究蛋白质的变性作用产生机制，有利于探索这些现象的防治措施。

四、蛋白质的沉淀作用

1. 概念

蛋白质胶体溶液的稳定性是有条件的、相对的。假若改变环境条件，破坏其水化膜和表面电荷，蛋白质亲水胶体便失去稳定性，发生絮结沉淀现象。这即所谓蛋白质沉淀作用。

实践中进行蛋白质沉淀，一般是为达到两种不同的目的：第一，为了分离制备有活性的天然蛋白质制品，例如酶制剂、抗体蛋白、细胞色素类蛋白等。这种场合，使蛋白质发生沉淀的方法必须保证不使蛋白质分子变性。当除去沉淀剂之后，蛋白质又溶于水，恢复其天然状态和生物活性。这一类沉淀的方法，属于天然蛋白质沉淀，或称不变性沉淀。第二，为了从生物制品中除去杂蛋白，或者制备失去活性的蛋白质制品。这一类沉淀方法，一般都造成蛋白质变性失活，或生成不溶性盐，或变性絮结，或凝固沉淀。这样沉淀的蛋白质不能再恢复天然状态和生物活性。例如,在分离制备核酸、黏多糖等生物制品时,需要反复去除结合蛋白。再如,将分离的大豆蛋白溶液煮沸,加盐卤或加酸调 pH 做成豆腐等。这一类沉淀方法属于变性沉淀。

2. 沉淀方法

现将几种最常用的蛋白质沉淀方法分述如下。

(1) 盐析法　在蛋白质溶液中加入中性盐[如 NaCl,KCl,$(NH_4)_2SO_4$,Na_2SO_4 等]时,可产生两种现象,盐溶和盐析。

在盐浓度很稀的范围内,随着盐浓度增加,蛋白质的溶解度亦随之增加,这种现象称盐溶。盐溶作用的发生是由于蛋白质表面电荷吸附盐离子之后,增强了蛋白质和水的亲和力,促进蛋白质的溶解。

与盐溶作用相反,当溶液中盐浓度提高到一定的饱和度时,蛋白质溶解度逐渐降低,蛋白质分子发生絮结,成沉淀析出,这种现象称为盐析。盐析作用的发生机制很复杂,一般认为中性盐与水的亲和力大,又是强电解质,当一定高浓度的中性盐加到蛋白质溶液中时,一方面结合大量自由水,降低水分活度;一方面又夺取蛋白质表面的水化膜,增强蛋白质分子之间互相作用的机会,促其聚集絮结成沉淀析出。不同蛋白质表面电荷量不同,水化膜的厚度不一样,盐析所需要的中性盐浓度也不一样。一般而言,相对分子质量大的容易盐析,相对分子质量越小,所需盐浓度越高。根据这种性质,同一溶液中不同相对分子质量的蛋白质,可通过逐步提高盐浓度的方法逐一沉淀分离出来,这种方法称为分级盐析。

盐析方法操作简便,不需要低温。室温下操作,加盐之后即可长时间放置,对蛋白质不仅没有损害,而且还有保护作用。盐析所得沉淀,用透析、凝胶过滤或超滤方法将盐除去之后,蛋白质又恢复其天然状态。因此,这是制备天然蛋白质制品时常用的沉淀方法。

$(NH_4)_2SO_4$ 是盐析法最常用的中性盐。它具有离子强度大,盐析能力强;有较高的溶解度和较低的溶解度温度系数(例如,0℃时溶解度为 706g/L,25℃时为 766g/L),价格低,对蛋白质不产生副作用等优点。因此,在实验室或大生产中被广泛采用。

盐析与等电点结合沉淀效果更好。一般是先将蛋白质溶液的 pH 调至目的蛋白的等电点,然后再加固体 $(NH_4)_2SO_4$ 或其饱和溶液,使达到一定浓度后,蛋白质即可沉淀析出。

(2) 有机溶剂沉淀法　水溶性有机溶剂如丙酮、乙醇等,具有介电常数比较小,与水的亲和力大,能以任何比例与水相溶等特点。当向蛋白质水溶液中适量加入这类溶剂时,它能夺取蛋白质颗粒表面的水化膜,同时,还能降低水的介电常数,增加蛋白质颗粒间的静电相互作用,导致蛋白质分子聚集絮结沉淀。这即是有机溶剂沉淀蛋白质的基本原理。乙醇为有机溶剂沉淀法最常用的沉淀剂,特别在工业生产中,它有盐析法不可取代的优点。例如,食品级酶制剂的生产一般都采用酒精沉淀工艺。

有机溶剂沉淀法若与等电点结合,沉淀更易生成,而且彻底。先将提取液的 pH 调至目的蛋白质的等电点,再加有机溶剂到所需要的浓度,蛋白质会很快沉淀析出。与盐析法类似,沉淀所需有机溶剂的浓度也与蛋白质相对分子质量有关,相对分子质量大的要求浓度低,相对分子质量小的要求浓度高。不同相对分子质量的混合溶液,可以通过调节有机溶剂的浓度达到分级沉淀的目的。

在对蛋白质的影响方面,与盐析法不同。有机溶剂长时间作用于蛋白质会引起变性。

因此，用这种方法进行操作时需要注意以下几点：①低温操作。提取液和有机溶剂都需要事先冷却。向提取液中加入有机溶剂时，要边加边搅拌，防止局部过热，引起变性。②有机溶剂与蛋白质接触时间不能过长，在沉淀完全的前提下，时间越短越好，要及时分离沉淀，除去有机溶剂。

等电点盐析和等电点有机溶剂沉淀是制备活性天然蛋白质制品最常用的方法。也适用于变性沉淀。

下面讨论的几种方法，在发生沉淀的同时，蛋白质随之变性失活。因此，它们的使用场合与前述两种方法不同。

（3）重金属盐沉淀法　当溶液 pH 大于等电点时，蛋白质颗粒带负电荷，易与重金属离子（Hg^{2+}、Pb^{2+}、Cu^{2+}、Ag^+ 等）结合，生成不溶性盐类，沉淀析出。误服重金属盐的病人，大量口服牛乳、豆浆或蛋清能够解毒，就是因为这些食物中的蛋白质与重金属离子形成了不溶性盐，后者经催吐剂呕吐排出体外，则达到解毒的目的。

（4）生物碱试剂①沉淀法　当溶液的 pH 低于等电点时，蛋白质分子是阳离子形式存在，易与生物碱试剂（如苦味酸、鞣酸、磷钨酸、磷钼酸及三氯醋酸等）作用，生成不溶性盐沉淀，并伴随发生蛋白质分子变性。实验室中常用这些试剂定性检验蛋白质或去除杂蛋白。在啤酒生产工艺中有麦芽汁加啤酒花煮沸的工序，其目的之一就是借酒花中的单宁类物质与变性蛋白质成盐沉淀，使麦芽汁得以澄清，防止成品啤酒产生蛋白质混浊。

（5）热凝固沉淀法　蛋白质受热变性后，在有少量盐类存在或将 pH 调至等电点，则很容易发生凝固沉淀。究其原因可能由于变性蛋白质的空间结构解体，疏水基团外露，水化膜破坏，同时由于等电点破坏了带电状态等而发生絮结沉淀。我国传统的做豆腐工艺是将豆浆煮沸，点入少量盐卤（含 $MgCl_2$）或石膏（含 $CaSO_4$），或者点入酸浆或葡萄糖酸内酯将 pH 调至等电点，热变性的大豆蛋白便很快絮结凝固，经过滤成型则成豆腐。这是蛋白质热变性凝固性质实际应用的一个很好的例子。

五、蛋白质的颜色反应

蛋白质分子因具有某些特殊的化学结构和许多侧链上的官能团，能与多种化合物发生特异的化学反应，在蛋白质研究工作中起着重要作用。与一般生化分析、定性定量测定有关的常用反应大都在氨基酸性质中介绍过了，如黄色反应、乙醛酸反应、福林酚试剂反应等。除此之外，最常用的还有双缩脲反应。

双缩脲是两分子尿素经加热脱氨缩合生成的产物，反应式如下：

$$\underset{\text{尿素}}{\overset{\displaystyle NH_2}{\underset{\displaystyle NH_2}{C=O}}} + \underset{}{\overset{\displaystyle NH_2}{\underset{\displaystyle NH_2}{C=O}}} \xrightarrow[\Delta]{180\text{℃}} \underset{\text{双缩脲}}{H_2N-\overset{\displaystyle O}{\overset{\|}{C}}-NH-\overset{\displaystyle O}{\overset{\|}{C}}-NH_2} + NH_3\uparrow$$

两分子双缩脲与碱性硫酸铜作用，生成粉红色的复合物——双缩脲铜钠氢氧化物。这一呈色反应称为双缩脲反应。一切蛋白质和两个肽键以上的多肽化合物都具有双缩脲反

---

① 生物碱是生物特别是植物产生的一类复杂含氮碱性化合物。凡能与生物碱成沉淀反应或显色反应的试剂称为生物碱试剂。文中列举的苦味酸等属于生物碱试剂。

应。肽链越长显色越深，由粉红、紫红直到蓝紫色。该反应常用于蛋白质的定性、定量及水解进程鉴别。

一般认为蛋白质水解至不显双缩脲反应了就是水解完全了。其实，这是不够严格的，因为二肽就不显双缩脲反应了。另外，双缩脲反应受 NH_3，草酰二胺（$NH_2-\overset{\overset{O}{\|}}{C}-\overset{\overset{O}{\|}}{C}-NH_2$）、丙二酰胺（$NH_2-\overset{\overset{O}{\|}}{C}-CH_2-\overset{\overset{O}{\|}}{C}-NH_2$）以及一个肽键和一个$-CS-NH_2$，$-CH_2-NH_2$，$-CRN-NH_3$ 等基团所成化合物的干扰。所以，双缩脲反应阴性，可以确定无蛋白质存在，单凭阳性反应，则不能断定有蛋白质存在，需再用其他方法验证。

六、蛋白质的紫外吸收性质

一般蛋白质在 280nm 波长处都有最大的吸收率，这是由于蛋白质中有酪氨酸、色氨酸和苯丙氨酸存在的缘故。通常利用这特异性的吸收，可以测定蛋白质的浓度。如果没有干扰物质存在的话，可用来测定浓度为 $0.1\sim0.5mg/mL$ 的蛋白质溶液。

所有的蛋白质对小于 230nm 波长的光波都有强烈的吸收。能高出对 280nm 波长的光波吸收的若干倍。例如，0.1% 牛血清白蛋白的消光系数在 225nm 处为 5.0，在 215nm 处为 11.7，而在 280nm 处仅为 0.58。对 230nm 以下波长光波的强烈吸收是肽键的属性，因此，所有蛋白质都是一样的。利用 215nm 和 225nm 的吸收差测定浓度为 $20\sim100\mu g/mL$ 的蛋白质溶液符合比尔（Beer）定律。对于稀溶液可用此法测定。标准曲线用标准液对 215nm 与 225nm 的吸收差（$\triangle A$）对蛋白质浓度作图。测得样品溶液的 $\triangle A$，可查得蛋白质浓度。

用吸收差 $\triangle A$ 的目的是为减少溶液中非蛋白质成分产生的误差。高浓度的缓冲液及某些无机化合物可能干扰测定。蛋白质样品用 5mmol/L NaOH 溶解则没有问题。由于蛋白质的吸收高峰常因 pH 改变而改变，所以制作标准曲线与样品测定的条件应该一致。

第六节 蛋白质相对分子质量的测定

一些小分子化合物相对分子质量的测定方法，如冰点降低法、沸点升高法或蒸汽压减小等方法，对于胶体大分子相对分子质量的测定是不适用的。测定蛋白质相对分子质量，除了可用化学分析方法测定某种化学成分的含量比例，计算其最小相对分子质量之外，常用的一些其他方法都是根据蛋白质的物理化学性质设计的，主要有超离心沉降速度法、凝胶过滤层析法、SDS 聚丙烯酰胺凝胶电泳法、渗透压法等。下面仅就几种方法的基本原理进行简单的介绍。

一、化学测定法

此法是测定特征性化学成分，计算最低相对分子质量。首先利用化学分析方法测定蛋白质中某一特殊成分（某种元素或某种氨基酸）的百分含量。然后，假定蛋白质分子中该元素只有一个原子（或一分子某种氨基酸），据其含量比例可计算出最低相对分子质量，如式 3-3 所示。

$$\text{最小相对分子质量} = \frac{\text{已知成分的相对分子质量（或相对原子质量）}}{\text{已知成分的含量比例}} \times 100 \qquad (3-3)$$

例如，测得细胞色素 c 的铁元素含量为 0.43%，已知铁相对原子质量为 55.8，则最小相对分子质量（M）为：

$$M = 55.8 \times \frac{100}{0.43} \approx 13000$$

因为细胞色素 c 分子只有一个铁卟啉辅基，所以，计算结果与其他方法测得的真实相对分子质量相当。

如果蛋白质分子中所含已知成分不是一个单位，则真实相对分子质量等于最小相对分子质量的倍数。例如，血红蛋白分子中含铁 0.335%，计算出其最低相对分子质量为 1.67 万。只相当于其他方法所得血红蛋白相对分子质量的四分之一。可见，血红蛋白分子中实际含有四个铁原子，其真实相对分子质量为最小相对分子质量的四倍。

二、超离心沉降速度法

对蛋白质溶液进行 50000~60000 r/min 的高速离心，蛋白质分子会向离心池底部方向移动，离心池上面成为清液，清液与下面的溶液之间出现一个界面。用光学方法测定界面移动的速度，即为蛋白质的离心沉降速度。根据式（3-6）可以求出溶质的沉降系数：

$$S = \frac{dx}{dt} \cdot \frac{1}{\omega^2 x} \qquad (3-6)$$

式中　x——界面移动的距离；
　　　t——离心的时间；
　　　ω——角速度；
　　　S——沉降系数。

由所得沉降系数 S 可根据斯维得贝格（Svedberg）方程（式 3-7）计算蛋白质相对分子质量：

$$M = \frac{RTS}{D(1 - \bar{v}\rho)} \qquad (3-7)$$

式中　R——气体常数，8.214 J/(mol·K)；
　　　T——绝对温度，K；
　　　$\bar{v}$——分子的偏微分比体积，即当一克溶质加到一个大体积的溶剂中时，溶液体积的增量，蛋白质溶于水的偏微分比体积约为 0.74 cm³/g；
　　　D——扩散系数；
　　　ρ——溶剂（一般用缓冲液）的密度，g/cm³。

S，D，$\bar{v}$ 和 ρ 都可通过实验求出。

沉降系数 S 是文献中经常使用的一个物理量。其物理意义是溶质颗粒在单位离心场中的沉降速度，量纲为秒。一个 S 单位是 1×10^{-13} s，即 $1S$；$8S$ 即 8×10^{-13} s。相对分子质量越大，S 越大。蛋白质的沉降系数大都在 1~200 S。

当一种新发现的大分子（或离心质点），其结构、性质和功能都处在研究过程中时，其名称未定,为了描述方便,常用其沉降系数 S 来表示。例如细菌的核蛋白体为 $70S$,有大、小两个亚基,小亚基是 $30S$,大亚基是 $50S$。$30S$ 亚基的组成包括 $5SrRNA$,$16SRNA$ 和 23 种蛋白质等。

三、凝胶过滤法

葡聚糖凝胶过滤法是测定蛋白质相对分子质量常用的方法之一。葡聚糖凝胶颗粒有三维网状结构,一定型号的凝胶网孔大小一定,只允许相应大小的分子进入凝胶颗粒内部,大分子则被排阻在外。洗脱时大分子随洗脱液从颗粒间隙先流下来,洗脱液体积小;小分子在颗粒网状结构中穿来穿去,历程长,迟后洗脱下来,所以洗脱体积大。如图 3-26 所示。

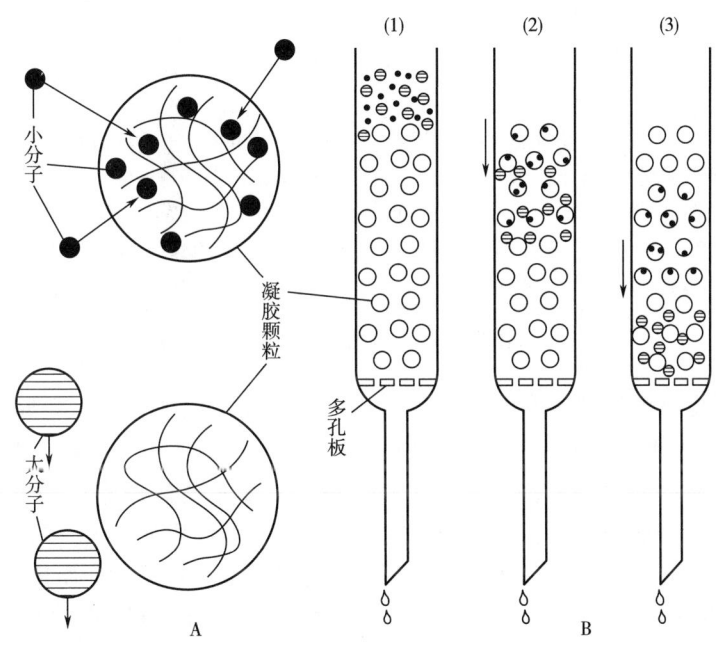

图 3-26 凝胶过滤层析的原理
A 小分子由于扩散作用进入凝胶颗粒内部而被滞留;大分子被排阻在凝胶颗粒外面,在颗粒之间迅速通过,大分子行程较短,小分子流程长
B (1) 蛋白质混合物上柱。(2) 洗脱开始,小分子扩散进入凝胶颗粒内。大分子则被排阻于颗粒之外。
(3) 小分子被滞留,大分子向下移动,大小分子完全分开

若用多种已知相对分子质量的标准蛋白质准确测得各自的洗脱体积(V_e),以 V_e 对相对分子质量对数作图,得标准曲线(如图 3-27 所示),再用同样条件测定未知样品洗脱体积(V_e),从标准曲线上可查出样品蛋白质的相对分子质量。凝胶过滤法可测定 1 万~80 万范围内的相对分子质量,误差为 ±5%。此法设备简单,操作比较容易,结果准确,一般实验室都可进行。但对变性蛋白和线性分子不适用。

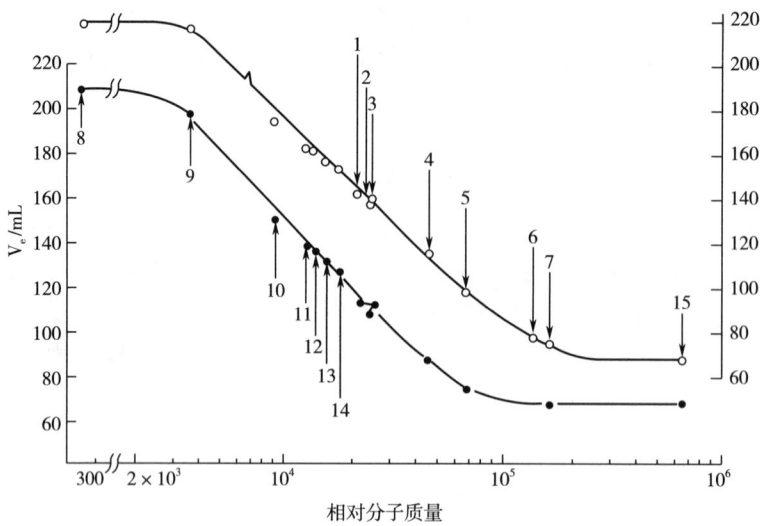

图3-27 多聚葡聚糖凝胶柱层析洗脱体积对相对分子质量对数作图

1—大豆胰酶抑制剂 2—细胞色素c二聚体 3—胰凝乳蛋白酶原 4—卵清白蛋白 5—血清白蛋白
6—血清白蛋白二聚体 7—γ-球蛋白 8—蔗糖 9—葡聚朊 10—假单胞菌属细胞色素c-551
11—细胞色素c 12—核糖核酸酶 13—α-乳清蛋白 14—肌红蛋白 15—甲状腺球蛋白

四、SDS聚丙烯酰胺凝胶电泳法

普通蛋白质电泳的泳动速率取决于荷质比。若将蛋白质在烷基十二酯硫酸钠（SDS）溶液中于100℃热处理，并加巯基化合物将二硫键打开。则蛋白质变性，伸展成棒状并与SDS结合而带上大量的负电荷，这样一来，蛋白质分子本身的原有电荷就相对地不重要了。所结合的大量SDS负电荷决定着分子的带电性质。蛋白质分子大，结合SDS多；分子小，结合SDS少。因此，不管分子大小，荷质比是相同的。可见，荷质比对不同分子质量的SDS-蛋白质的电泳迁移率的影响不会有什么差别了。凝胶的分子筛效应对长短不同的棒形分子会产生不同的阻力，这是影响迁移率的主要因素。凝胶的浓度（T）和交联度（C）对迁移率也有一定的影响。同一电泳条件下，分子小，受阻小，泳动快，迁移率大。相对分子质量大者，迁移率小。进行SDS-蛋白电泳时，用一种染料（如溴酚蓝或甲基绿）作为前沿标志。电泳相对迁移率（μ_R）等于蛋白质泳动的距离和原点到前沿距离的比值。

$$\mu_R = \frac{SDS-蛋白质分子泳动的距离}{原点到前沿的距离}$$

μ_R与相对分子质量的对数成一定比例关系，测定几种已知标准相对分子质量的μ_R，并对相对分子质量对数作图，得一直线，如图3-28所示。根据未知相对分子质量的μ_R即可从图上查得相对分子质量。

这种方法，优点是快速，用样品量少，一次实验可同时测几个样品。缺点是误差较大，约为±10%。误差来源主要产生于迁移距离的测量误差。这种方法只能测得亚单位肽链的相对分子质量。

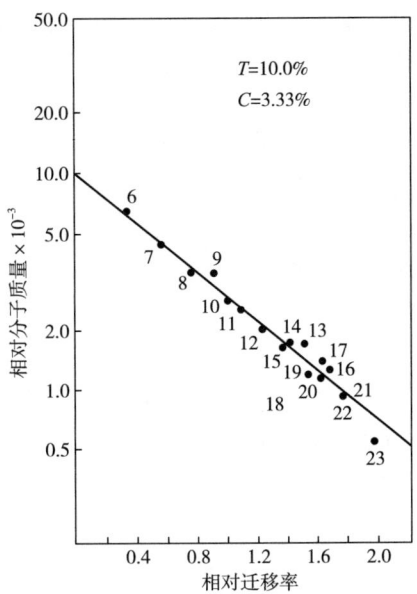

图 3-28　SDS-聚丙烯酰胺凝胶电泳测相对分子质量的标准曲线
T—凝胶总浓度　C—交联剂浓度

习　题

1. 蛋白质换算系数 6.25 是如何产生的？什么情况下可以不用 6.25？

2. 组成蛋白质的常见氨基酸有哪些？它们的分子结构有哪些共同点？写出各种常见氨基酸的名称、结构和三字母符号。

3. 写出 His 的解离反应式，并计算其等电点？

4. 向 1L 浓度为 1mol/L、处于等电点的 Gly 溶液中，加入 0.3mol 的 HCl（体积忽略不计），问溶液 pH 为多少？并用计算结果说明氨基酸的 pH 缓冲作用。

5. 在 pH4 的溶液中，Glu，Ile，Arg 的带电情况如何？它们在直流电场中的泳动方向如何？

6. 在 pH3.0 的柠檬酸缓冲液中有 Asp，Gly，Thr，Leu 和 Lys，将此溶液加到 732 阳离子交换柱上（此柱先用同样缓冲液平衡）。然后用适当的 pH 梯度（低→高）缓冲液洗脱，并分部收集。试问五种氨基酸洗脱下来的顺序如何？

7. 在做氨基酸纸上层析时，用正丁醇:甲酸:水 = 15:3:2 的溶剂系统作展层剂，样品溶液中有 Val，Ile，Arg，Ala，试分析它们在层析图谱上的排列顺序如何？为什么？

8. 蛋白质如何分类？

9. 试述蛋白质一、二、三、四级结构的含义？三级结构的构象有什么特点？三级结构与生理功能关系如何？

10. 试述蛋白质的胶体性质及其与实践的关系？

11. 蛋白质为何具有两性解离性质？同一 pH 条件下，等电点不同的蛋白质带电状况如何？

12. 何谓蛋白质变性作用？举例说明与实践的关系？

13. 试述蛋白质沉淀的类型、方法及其与实践的关系？

14. 何谓双缩脲反应？有何用途？

15. 简述几种蛋白质相对分子质量测定方法的原理？

16. 解释下列名词：蛋白质、肽键、酰胺平面、肽链、末端、构象、疏水相互作用、α - 螺旋、β - 折叠、变构蛋白、亚基、辅基、沉降系数 S，GSH。

17. 总结蛋白质定量、定性分析的常用方法有哪些？

参 考 文 献

1. 朱圣庚，等. 生物化学（第4版）[M]. 北京：高等教育出版社，2017.
2. 陶慰孙，等. 蛋白质分子基础（第2版）[M]. 北京：人民教育出版社，1995.
3. 刘国琴，等. 生物化学（第3版）[M]. 北京：中国农业大学出版社，2019.
4. 汪世龙. 蛋白质化学 [M]. 上海：同济大学出版社，2012.
5. 张峰，等. 基础生物化学 [M]. 北京：中国轻工业出版社，2012.

第四章 核 酸

学习指导

核酸是生物遗传信息的载体，是细胞中一类重要的生物大分子。学生应掌握：（1）核酸的组成，DNA 和 RNA 的一、二、三级结构，染色体结构及有关的物理化学性质和生物学功能；（2）结合核酸和核苷酸的制备和应用，深入了解它们的两性解离性质、紫外吸收特性、变性、复性和分子杂交等性质及定性定量测定等技术的原理、方法和应用。

第一节 概 述

一、核酸的发现及发展

核酸是重要的生物大分子，是分子生物学研究的重要内容。核酸的研究可分为三个时期。早在 1869 年，瑞士的青年科学家 F. Miescher 从外科绷带上的脓细胞中，分离出了称为"核素"的有机物，即是后来证明的脱氧核糖核蛋白。以后进一步发现任何生物细胞均含有核酸，而且分为两大类：核糖核酸和脱氧核糖核酸。之后的 80 多年间，研究工作主要集中于探索核酸的化学组成，可是，核酸被错误地推测是由四种核苷酸作为重复单位而组成的多聚物，这种"四核苷酸假说"统治了将近 100 年，严重地阻碍了核酸研究的发展。

1944 年，美国科学家 Avery 完成了肺炎球菌的转化实验，证明 DNA 是生物性状遗传的物质基础，从而大大地推动了核酸结构及其功能的研究。20 世纪 50 年代初，苏联科学家 Chargaff 在测定多种生物的 DNA 碱基组成后，发现了 DNA 的碱基组成规律：$A = T, G = C$；$A + G = T + C$，称为 Chargaff 定则。在总结前人工作的基础上，1953 年 Watson（美）和 Crick（英）提出了著名的 DNA 双螺旋结构模型，从此揭开了分子生物学的序幕。

1960 年，Crick 提出了遗传信息传递的中心法则，从此，核酸的研究进入了突飞猛进的发展时期，有关核酸研究的重大成果，仅就荣获诺贝尔奖的科学家而言，就有 30 多人次，这在整个科学发展史上也是极其罕见的。20 世纪 70 年代初，DNA 体外重组技术获得成功，以核酸研究为基本内容的基因工程高新技术，已成为当前科技领域中发展最快的学科之一，并大大推动了其他生物学科的发展。

二、核酸的类别、分布和功能

核酸分为脱氧核糖核酸（简称 DNA）和核糖核酸（简称 RNA），所有生物细胞都含有这两类核酸。DNA 主要集中在细胞核内，但细胞核外的线粒体和叶绿体也含有 DNA，此外原核细胞还有质粒 DNA 等。RNA 主要分布在细胞质中，但细胞核内有 RNA 的前体。有些病毒只含有 DNA，称 DNA 病毒，有些病毒只含有 RNA，称 RNA 病毒。

RNA 主要有三大类，它们分别是核糖体 RNA，简写成 rRNA，占 RNA 总数的 80% 以上，是核糖体的主要成分；转移 RNA，简写成 tRNA，占总数的 15% 左右，在蛋白质合成中搬运氨基酸；信使 RNA，简写成 mRNA，占总数的 5% 左右，是合成蛋白的模板。这三大类 RNA 直接参与蛋白质的生物合成。

DNA 是遗传物质，具有自我复制的能力，同时还有作为模板指导 RNA 合成的功能，并通过 RNA 指导蛋白质的合成。生物通过这些过程，表现出基本的遗传现象。DNA 分子上的基因发生突变、重组及损伤修复中的差错，又使生物产生变异和进化。

第二节　核酸的组成

一、核酸的完全水解产物

研究核酸的分子组成，通常要对核酸大分子进行水解，其完全水解产物为碱基，戊糖和磷酸，不完全水解产物中除了上述三类化合物外，还有核苷和核苷酸。由此得出核酸的基本化学组成及它们构成核酸大分子的方式。表 4-1 列出了 DNA 和 RNA 的基本化学组成的名称及缩写符号。

表 4-1　　　　　　　　　两类核酸的基本化学组成

		DNA	RNA
碱基	嘌呤碱（Pu）	腺嘌呤（Ade） 鸟嘌呤（Gua）	腺嘌呤 鸟嘌呤
	嘧啶碱（Py）	胞嘧啶（Cyt） 胸腺嘧啶（Thy）	胞嘧啶 尿嘧啶（Ura）
戊糖		D-2′-脱氧核糖	D-核糖
磷酸		磷酸	磷酸

核酸完全水解产物的结构式和式中原子编号表示如下：

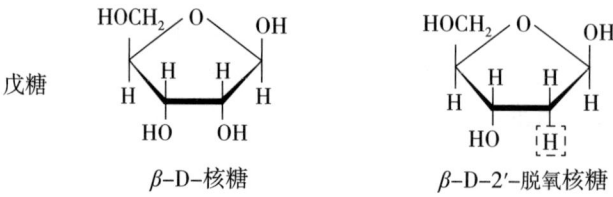

戊糖　　　β-D-核糖　　　β-D-2′-脱氧核糖

嘌呤 (Pu)　腺嘌呤　鸟嘌呤

嘧啶　尿嘧啶　胸腺嘧啶　胞嘧啶

二、核苷和核苷酸

核酸不完全水解产物分析结果表明，构成核酸大分子的单体是核苷酸。核苷酸由核苷和磷酸结合而成，而核苷（或脱氧核苷）又由核糖（或脱氧核糖）C1′原子与嘌呤碱基第9位N原子、嘧啶碱基第1位N原子，以β-C-N糖苷键连接而成。核苷分子中戊糖C5′原子（或C3′原子）上的醇羟基与磷酸连接所成的化合物，即为核苷酸，故核苷酸又可分为核糖核苷酸和脱氧核糖核苷酸，5′核苷酸和3′核苷酸。RNA是由四种核糖核苷酸组成，DNA则是由四种脱氧核糖核苷酸组成。部分核苷和核苷酸的结构式如下：

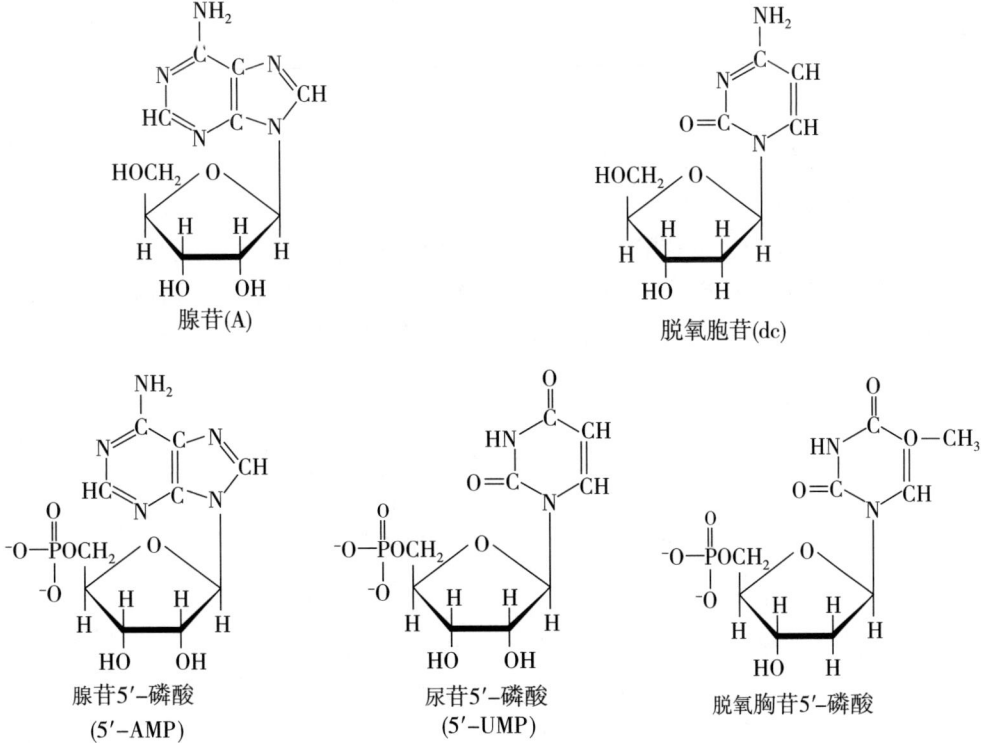

腺苷(A)　脱氧胞苷(dc)

腺苷5′-磷酸 (5′-AMP)　尿苷5′-磷酸 (5′-UMP)　脱氧胸苷5′-磷酸

三、稀有组分

除上述主要碱基外，某些核酸中还含有少量其他碱基，称为稀有碱基。目前发现的有约 80 种，主要分布在 tRNA 中。稀有碱基构成的核苷或正常碱基与核糖之间的稀有连接所构成的核苷，称稀有核苷。稀有碱基和稀有核苷总称为稀有组分。有些 tRNA 中稀有组分高达 20%。稀有组分是核酸生物合成后正常组分的酶促修饰产物。主要稀有碱基有次黄嘌呤、5-甲基胞嘧啶、5-羟甲基胞嘧啶、二氢尿嘧啶。主要稀有核苷有假尿嘧啶核苷（ψ），它是由正常尿嘧啶和正常核糖通过不常见的 $C_1 - C_5$ 连接而成。部分稀有组分的结构式如下：

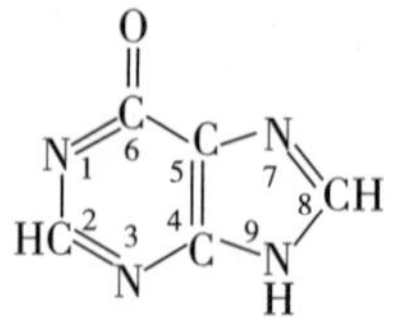

次黄嘌呤 (I)

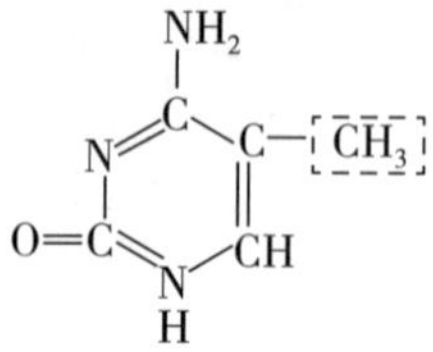

5-甲基胞嘧啶 (m^5c)

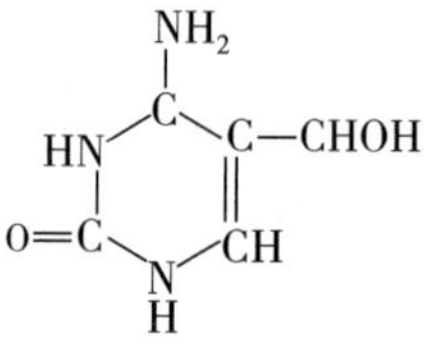

5-羟甲基胞嘧啶 (5hmc)

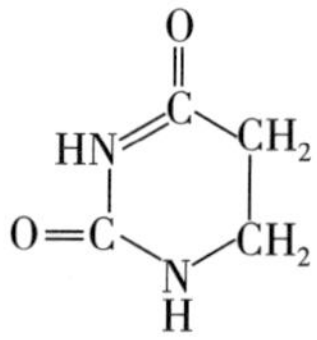

二氢尿嘧啶 (D, 或 DHU)

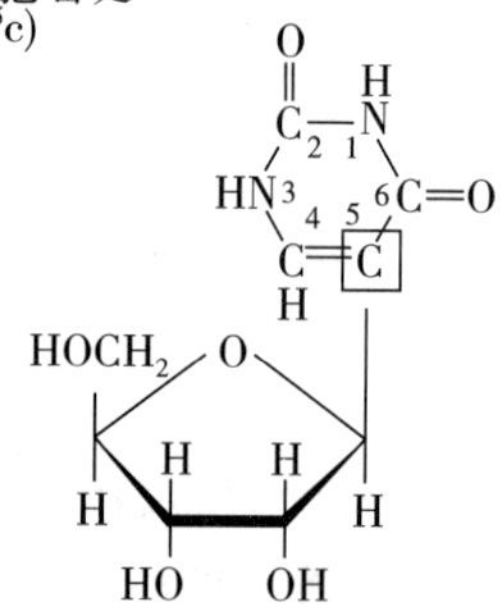

假尿嘧啶核苷 (ψ)

四、核苷酸衍生物

除了前面介绍的作为核酸基本组成单位的核苷酸外，细胞中还存在其他核苷酸及核苷酸衍生物，它们具有重要的生理功能。

1. 二磷酸核苷酸与三磷酸核苷酸

一磷酸核苷的 C_5 位继续磷酸化得到二磷酸核苷和三磷酸核苷。如腺苷酸（AMP）磷酸化生成二磷酸腺苷（ADP）和三磷酸腺苷（ATP）。二磷酸核苷、三磷酸核苷中的焦磷酸键水解时可放出大量自由能（30.5 kJ/mol），它们都是高能化合物，结构式如下：

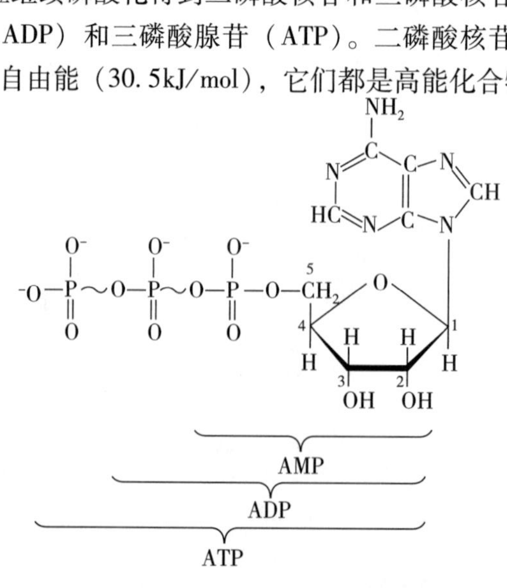

AMP
ADP
ATP

营养物质在体内氧化产生的能量通常不能被生物体直接利用,但这些能量可使 ADP 磷酸化生成 ATP,ATP 的能量可被机体直接利用,是细胞合成大分子、物质运送、肌肉收缩等活动的直接能源。所以 ATP 是产能与耗能过程的中间媒介。其他核苷三磷酸也具有传递能量的作用,参与某些代谢过程,如 UTP 参与单糖的相互转换和多糖的合成,CTP 参与磷脂合成,GTP 参与蛋白质合成等。

四种核苷三磷酸是 RNA 合成的前体,四种脱氧核苷三磷酸是 DNA 合成的前体。

2. 环化核苷酸

主要发现的有 3′,5′-环化腺苷酸(cAMP)和 3′,5′-环化鸟苷酸(cGMP)。它们是重要的代谢调节物质,许多激素通过它们起作用,所以称为第二信使,激素本身则为第一信使。它们能影响多种酶的活性,并对核酸和蛋白质合成有调节作用。有实验表明 cAMP 和 cGMP 有相互制约的关系,在调节作用中,两者的比例比各自的浓度更重要。

3′,5′-环化腺苷酸(cAMP)

3. 核苷酸是多种辅酶的组分

辅酶 NAD^+,$NADP^+$,FAD,CoA 等都含有腺苷酸,它们是重要的核苷酸衍生物。这些辅酶是多种酶催化作用必不可少的成分(详见第五章)。

此外,某些核苷酸及其类似物作为药物在临床上被应用。例如 ATP 作为能源药物用于刺激肌肉收缩,可急救心脏衰竭。cAMP 有调节心脏收缩的功能,用于处理血休克和心肌梗死。阿拉伯糖胞苷及其衍生物有抗 DNA 病毒作用,用作抗癌药。5-氟环胞苷具有抗白血病作用。胞二磷胆碱可治疗肝硬化和急性肝炎等。

在食品发酵工业上,5′-肌苷酸(次黄嘌呤核苷酸)和 5′-鸟苷酸有很强的助鲜作用,与味精(谷氨酸钠盐)以不同比例混合能制成各种有特殊风味的强力味精。

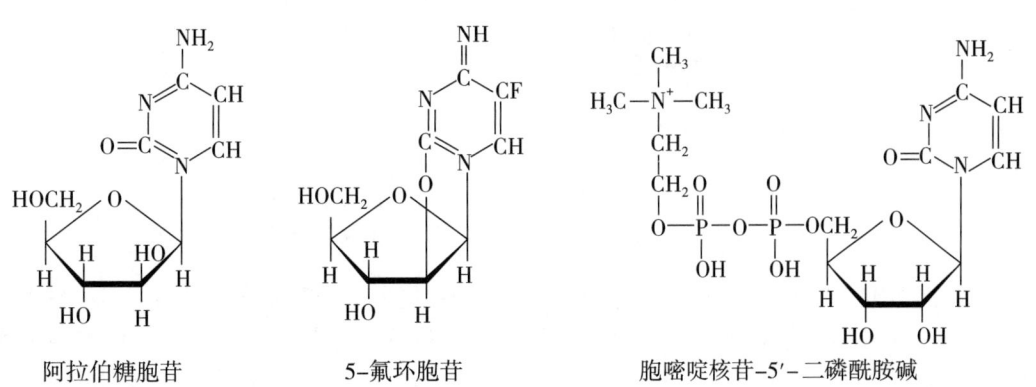

阿拉伯糖胞苷　　　　　5-氟环胞苷　　　　　胞嘧啶核苷-5′-二磷酰胺碱

第三节 DNA 的结构

一、DNA 的一级结构

核酸的一级结构是指核酸分子中核苷酸的排列顺序（又称碱基顺序），以及核苷酸之间的连接方式。DNA 分子的多核苷酸链是以数量不等的四种脱氧核苷酸通过 3′-5′磷酸二酯键连接起来的。所以，DNA 的主链骨架是磷酸和脱氧核糖相间排列成的长链，碱基挂在戊糖的另一侧。线形 DNA 分子有两个游离的末端：脱氧核糖 5′—OH 末端（5′—末端）和脱氧核糖的 3′—OH 末端（3′—末端）。一级结构的书写方向规定为 5′末端→3′末端，如图 4-1 所示。

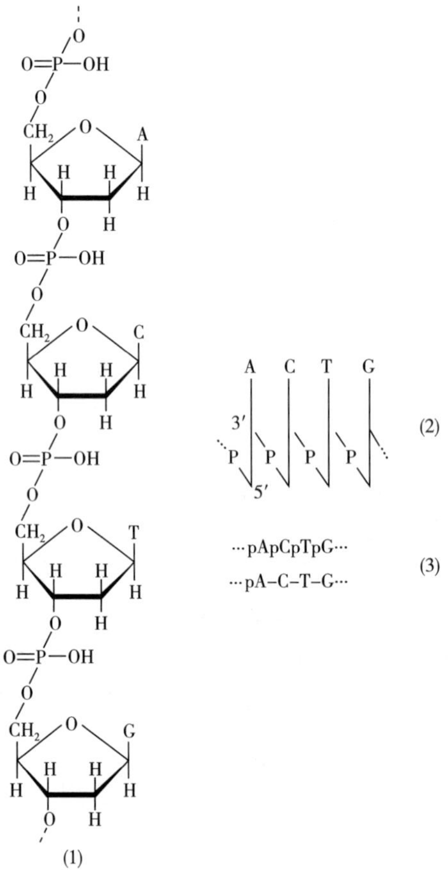

图 4-1 DNA 中多核苷酸链的一个小片段及编写符号
(1) 小片段结构式　(2) 线条式缩写　(3) 文字式缩写

不同的 DNA 分子具有不同的一级结构，即含有的脱氧核苷酸数目不同，四种碱基的比例不同，排列顺序也不同。DNA 分子中的核苷酸排列顺序是生物遗传信息的贮藏和表现形式，它决定了生物遗传性状的多样性和复杂性。测定 DNA 分子的碱基排列顺序曾是一个十分困难的问题,直到 20 世纪 70 年代中期,英国科学家 Sanger 才建立了 DNA 一级结构分析的新办法,并首先用他自己发明的方法测定了 Φxl74 噬菌体 DNA5386 个碱基的顺序。目前采用先进的测定技术,借助核酸顺序分析仪,已可测出 10^6 碱基对(bp)以上的 DNA 分子的碱基顺序。

二、DNA 的二级结构

1953 年,Watson 和 Crick 提出的 DNA 双螺旋结构模型,主要有两个依据。一是 20 世纪 50 年代 Chargaff 等人利用纸层析法对多种生物 DNA 的碱基组成进行的分析,发现了 A=T 和 G≡C 的碱基组成规律。二是 DNA 晶体的 X 光衍射实验,衍射图谱表明 DNA 分子是有规则的周期性重复结构。Watson–Crick 结构模型(如图 4-2 所示),要点如下。

(1) DNA 分子是两条反平行的多聚脱氧核苷酸链,绕同一中心轴盘旋而形成右手双螺旋结构。

(2) 每条主链由磷酸和脱氧核糖相间连接而成,位于螺旋外侧,糖的呋喃环平面与中心轴平行碱基位于螺旋的内侧,碱基平面与螺旋中心轴垂直,螺旋表面有两条螺旋形的凹槽:大沟和小沟。

(3) 双螺旋的直径是 2nm,沿中心轴每个螺旋周期有 10 个核苷酸对,螺距为 3.4nm。碱基平面之间的距离为 0.34nm。

(4) 两链间的碱基以氢键互相配对。A 与 T 配,有两个氢键,G 与 C 配,有三个氢键,如图 4-3 所示。

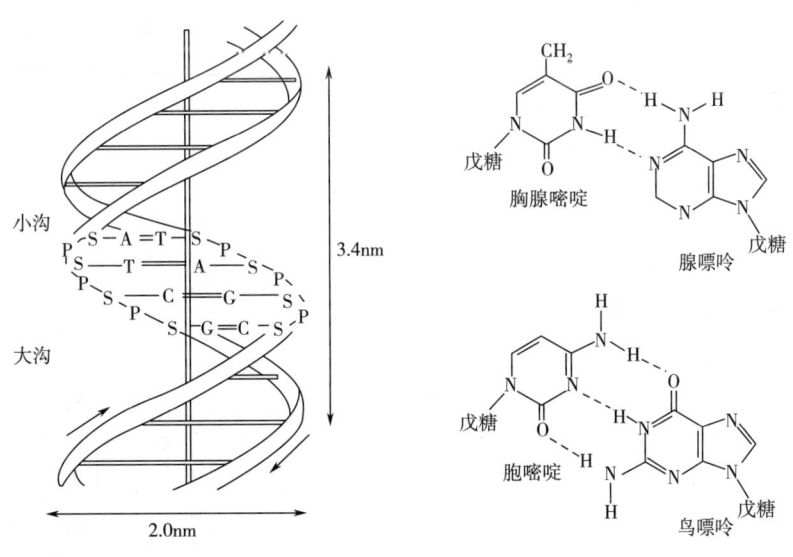

图 4-2 DNA 分子双螺旋结构模型　　图 4-3 DNA 分子中的碱基配对

(5) 模型提出了配对的严格性,所以当一条链上的碱基顺序确定之后,便可推知另一条链上的碱基顺序。

稳定 DNA 双螺旋的力,主要有两条链间碱基配对的氢键,以及每条链上相邻碱基平面之间的疏水作用力,称为碱基堆积力。此外,带正电荷的离子(Na^+,K^+,Mg^{2+} 等)、精胺、组蛋白等,与核酸分子中带负电荷的磷酸基之间形成的盐键,也是维持螺旋稳定的因素。

进一步研究发现,在不同湿度条件下,含不同盐离子的 DNA 结晶,其 X 射线衍射图谱也不同,说明有不同的双螺旋构象。据此,又可将 DNA 分为 A 型、B 型、C 型和 D 型多种构象。在细胞的生理条件下,DNA 构象是接近于 B 型的,相当于相对湿度 92% 时 DNA 钠盐的构象。A 型 DNA 存在于 DNA-RNA 杂交分子中,故推测转录时 DNA 的构象将由 B 型转变成 A 型,即 DNA 分子相对地变得更粗短些。Watson-Crick 提出的 DNA 双螺旋模型与 B 型接近。各种类型的 DNA 双螺旋结构参数见表 4-2。

表 4-2　　　　　　　　　不同构象的 DNA 结构参数

DNA 构象	外形	每对碱基间距/nm	直径/nm	螺旋方向	螺距/nm	螺旋-周期碱基对数目	螺旋表面
A 型	粗短	0.23	2.55	右手	2.46	11	大、小沟
B 型	适中	0.34	2.37	右手	3.32	10.4	大、小沟
Z-DNA	细长	0.38	1.84	左手	4.56	12	小沟深

左旋 DNA,又称 Z-DNA,是 1979 年美国科学家 Wang 和 Rich 等人,在研究人工合成的 DNA 小片断 $\frac{CGCGCG}{GCGCGC}$ 结晶时发现的新型 DNA 构象。这种构象完全不同于 Watson-Crick 提出的模型,外形虽也是双螺旋,但却是左手螺旋方向,其表面只有一条较明显的小沟。Z-DNA 分子结构的其他物理参数均已被测定,外形比 B 型 DNA 更细长。现已证明,天然 DNA 的绝大部分区域是 B 型 DNA,但局部区域由于碱基的特殊组成和排列,可以是 Z-DNA 结构。而且,B-DNA 与 Z-DNA 之间是可以相互转变的。Z-DNA 的发现,对于了解癌变和基因表达调控的机制有重要意义,已引起生物学家的极大兴趣。B-DNA 与 Z-DNA 模型如图 4-4 所示。

三、DNA 的三级结构

DNA 三级结构是指双螺旋 DNA 的扭曲或再螺旋。

一个环形双螺旋 DNA 分子,如果通过细胞内旋转酶[①](Gyrase) 的作用,或体外 EB[②] 染料作用,即可在环形分子的内部引进张力。这种新产生的张力不能释放到分子外部,而只能在 DNA 分子内部促使原子的位置重排,造成双螺旋的再螺旋,形状似麻花,称为超螺旋。如果引进张力的方向与原先右手螺旋的方向相同,则超螺旋的螺旋方向是左手螺旋,称正超螺旋。反之,如果引进张力的方向与原先右手螺旋的方向相反,则超螺旋的螺旋方向是右手螺旋,称负超螺旋。所以,正超螺旋是旋紧双螺旋后形成的,而负超螺旋则是放松双螺旋后形成的,如图 4-5 所示。

---

① 旋转酶为一种拓扑异构酶,它结合在 DNA 的特定位点,切断双链,使断口通过另一段双链,从而使 DNA 内部产生了张力,断口封闭后 DNA 便形成了超螺旋。

② EB 为溴化乙锭,是一种在紫外光下发金黄色荧光的染料。

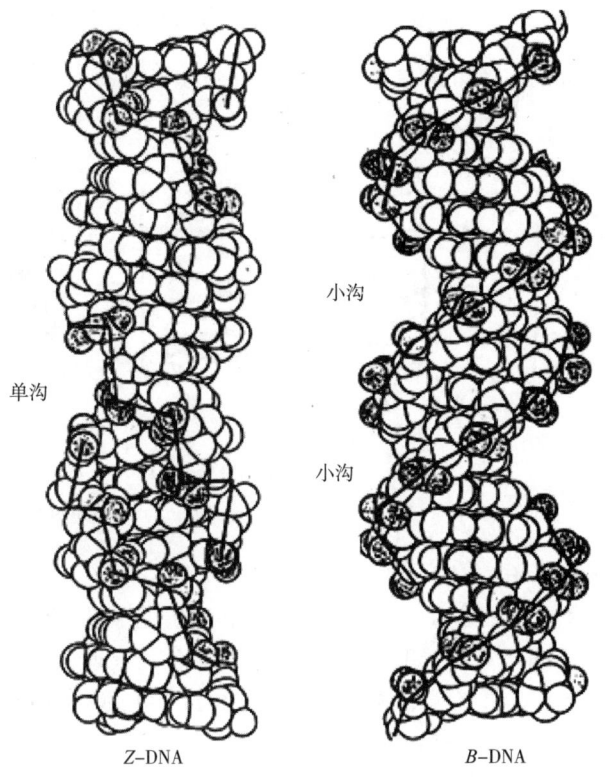

图 4-4 左旋 DNA（Z-DNA）和右旋 DNA（B-DNA）的比较

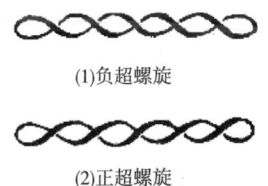

图 4-5 两种超螺旋构象示意图

生物体内天然存在的环形 DNA 分子，如病毒、细胞器、质粒、细菌染色体等的 DNA 均以负超螺旋形式存在。

正超螺旋只在特殊情况下出现，例如，环形 DNA 分子复制时，复制叉前进方向的前面部分，由于局部解链引起的右手螺旋方向的张力，造成旋紧螺旋后形成的正超螺旋。

四、染色体结构

真核细胞核内的染色体是由 DNA 和蛋白质结合而成的复合物，一条染色体只含一个 DNA 分子。染色体 DNA 的线性长度与其细胞直径相比要长几百至几千倍，因此可推测染色体 DNA 必定是经过了复杂的盘曲折迭才被包装在细胞内的。现已知染色体中的蛋白质主要分为组蛋白和非组蛋白两大类，其中组蛋白共有 5 种，它们含有较多的碱性氨基酸，生理条件下带正电荷，与 DNA 结合紧密，非组蛋白种类很多，多数为酸性蛋白，与 DNA

结合较松散。组蛋白、非组蛋白和染色体 DNA 组装成染色体。

下面介绍一个 Kornberg – Klug 提出的染色体结构模型,如图 4-6 所示。

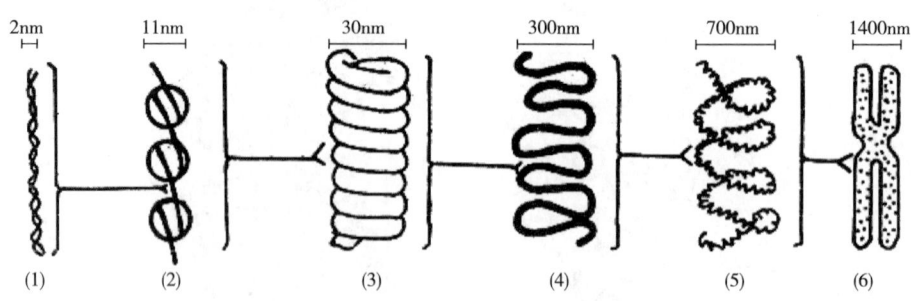

图 4-6　真核染色体的结构模型
(1) 双螺旋 DNA (2) 核小体　(3) 螺线筒　(4) 套环链　(5) 染色单体　(6) 染色体

1. 核小体一级螺旋水平

核小体的核心是由 4 种组蛋白（H_2，H_{2b}，H_3，H_4）各两分子组成的扁球状体,大小约为 $11nm \times 11nm \times 5.7nm$,双螺旋 DNA 在组蛋白八聚体的表面盘绕 1.75 周,长度相当于 140~160bP,构成核小体。相邻两个核小体之间由长相当于 50~60bP 的 DNA 链连接,其上结合有一分子组蛋白 H_1。核小体结构是 DNA 双螺旋的第一级螺旋化,线性长度压缩了 7 倍。DNA 上带负电荷的磷酸基与带正电荷的组蛋白之间的静电,是维持 DNA 高度弯曲、稳定核小体结构的主要作用力。

2. 螺线筒二级螺旋水平

紧密排列的核小体呈念珠状细丝,称脱氧核糖核蛋白纤维（DNP 纤维）,DNP 纤维再次螺旋可形成中空的螺线筒,螺线筒一圈有 6~7 个核小体。经过这第二级螺旋,DNA 的线性长度又压缩了 7 倍。

3. 套环链三级螺旋水平

螺线筒在非组蛋白构成的蛋白支架上形成套环,即套环的两端固定在蛋白支架上。每个套环大小约有 60kb,相当于一个复制单位的长度。经过这第三次折叠,DNA 的线性长度又压缩了约 50 倍。

4. 染色体的形成

在有丝分裂过程中形成染色体时,套环链所固定的蛋白支架进一步螺旋化,构成染色单体。相连的两条染色单体组合成染色体,在光学显微镜下可见为 $1.2 \sim 1.4 \mu m$ 的粗棒状结构。这第四级螺旋化压缩了 5 倍。经过这四级水平的螺旋化折叠,压缩总倍数高达 10000 倍。至此,线性的 DNA 分子便可以被包装在直径小得多的细胞中了。

第四节　RNA 的结构

如概论中所述,RNA 有三类,它们有不同的生物学功能。为表述方便,我们将 mRNA 作为一级结构例子介绍,tRNA 和 rRNA 作为二级结构例子介绍,至于三级结构,只能介绍结构最简单的 tRNA。

一、RNA 的一级结构

RNA 分子的基本结构是一条线形的多核苷酸链，由四种核糖核苷酸以 3′，5′-磷酸二酯键连接而成。RNA 分子中的核苷酸数目比 DNA 少得多，所以，核酸的顺序测定首先开始于 RNA。1965 年 Holley 等人首先测定了酵母丙氨酸 tRNA 的核苷酸顺序。近年来，由于顺序分析技术的进步，许多种 RNA 分子的核苷酸顺序已被测定。

mRNA 是以 DNA 为模板转录产生的，本身又是合成蛋白质的模板，所以，它起到了把遗传信息（指 DNA 上的脱氧核苷酸顺序）从 DNA 传递给蛋白质（指蛋白质中氨基酸顺序）的信使作用。mRNA 平均长度为 1000~1500 核苷酸，其一级结构包括 RNA 链上的核苷酸顺序以及各个功能部位的排列顺序。

1. 原核 mRNA 的结构

原核 mRNA，一般为多顺反子①，即一条 mRNA 链含有指导合成几种蛋白质分子的信息，可作为模板翻译出几种蛋白质。原核 mRNA 的 5′末端和 3′末端无特殊结构。在 mRNA 分子内部，一个顺反子的编码区（指由遗传密码排列组成的区段），是从起始密码 AUG 开始，到终止密码 UAG 为止（详见第十四章）。各个顺反子的编码区之间，以及 5′端第一个顺反子的编码区之前，3′端最后一个顺反子编码区之后，都含有一段非编码区，其结构模式如图 4-7 所示。

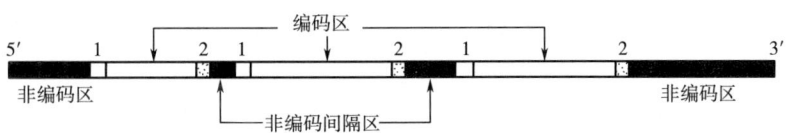

图 4-7 原核 mRNA 的结构模式
1—起始密码　2—终止密码

值得注意的是，每个顺反子编码区 AUG 之前，有一段多嘌呤区，称为 SD 序列，在蛋白合成起始时该序列与核糖体结合，起到使 mRNA 在核糖体上恰当定位的作用。

2. 真核 mRNA 的结构

真核 mRNA 一般为单顺反子，即一条 mRNA 链只翻译产生一种多肽链。结构模式为 5′-帽子-5′非编码区-编码区-3′非编码区-多聚 A（Poly A）。帽子的结构简式是 m^7G (5′) pppNmp。帽子的结构如图 4-8 所示。

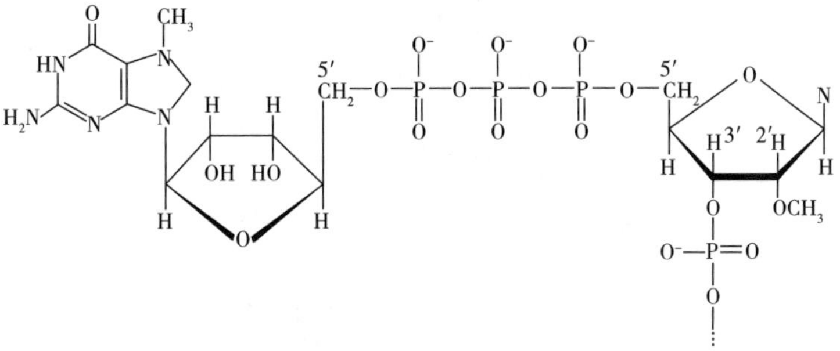

图 4-8 帽子的结构式

---

① 顺反子为遗传学名词，指 mRNA 分子中对应于 DNA 上一个完整基因的一段核苷酸序列。

在帽子结构中，m^7G 与 mRNA 链形成 5'-5'磷酸二酯键的反式连接，使 mRNA 的 5'末端没有游离的磷酸基，而只有 2'—OH 和 3'—OH，这种 RNA 链的 5'端能对核酸外切酶的降解表现出抗性。帽子结构还可能具有协助核糖体与 mRNA 结合，促使核糖体在起始密码子 AUG 处正确起始翻译的作用。

绝大多数真核 mRNA 的 3'末端都具有多聚腺苷酸结构，称为 PolyA 尾。PolyA 尾的长度为 20~200 个腺苷酸。这段特殊的序列不是直接从基因上转录下来的，而是在转录后经酶促反应逐个加上去的。PolyA 的作用是延长 mRNA 的寿命，从而可增加蛋白质合成的数量。此外还有助于 mRNA 穿过核膜，进入细胞质执行其模板功能。

二、RNA 的二级结构

RNA 的二级结构是指单链 RNA 分子自身回折，链内的互补碱基配对形成的局部双螺旋区与非配对顺序形成的突环相间分布的花形结构。每个局部双螺旋区至少有 4~6 对碱基才能保持稳定。RNA 分子中的双螺旋构象与 A 型 DNA 相类似，一般双螺旋区约占分子碱基数量的 40%~70%。

1. tRNA 的二级结构

目前发现的 tRNA 已有 50 多种，活细胞中普遍存在 30~50 种 tRNA。tRNA 一般由 70~90 个核苷酸组成。许多种 tRNA 的一级结构碱基顺序和二级结构均已被测定。tRNA 的二级结构均呈三叶草形，三个双螺旋区成为三叶草的三个叶柄，三个突环形成三个小叶，如图 4-9 所示。

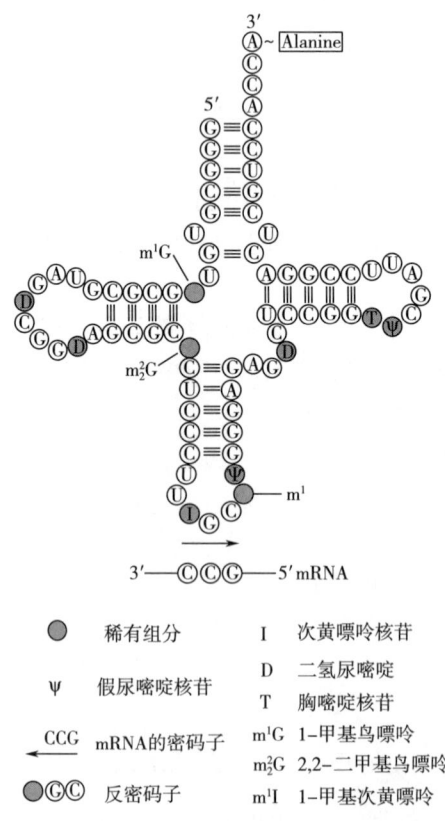

图 4-9 酵母丙氨酸 tRNA 三叶草二级结构模型

(1) 反密码子环　因含有三联体反密码子而得名，此环一般由 7~9 个核苷酸组成，在蛋白质合成时，反密码子是 tRNA 识别 mRNA 上密码子的功能部位。它与密码子有反向互补关系。

(2) 二氢尿嘧啶环　又称 D 环，由 8~12 个核苷酸组成，因其中必有稀有碱基二氢尿嘧啶而得名。

(3) TψC 环　由 7 个核苷酸组成，因其中含有稀有核苷 T 和 ψ 而得名。

(4) 氨基酸臂　由 7 对碱基组成，其 3′末端为 CCAOH，可在此部位接受活化的氨基酸。

(5) 额外环　由 3~18 个核苷酸组成。不同 tRNA 具有不同大小的额外环，故又称可变环，是 tRNA 分类的重要依据。

2. rRNA 的二级结构

rRNA 与多种蛋白质一起组装成核糖体，作为蛋白质合成的场所。大肠杆菌核糖体中含有三种 rRNA（5SrRNA、16SrRNA、23SrRNA 以及 55 种蛋白质。动物和植物细胞中的核糖体，则含有四种 rRNA（5SrRNA、5.8SrRNA、18SrRNA、28SrRNA）和更多种蛋白质。许多 rRNA 的一级结构和二级结构都已阐明，图 4-10 为蛙 5.8SrRNA 的二级结构。

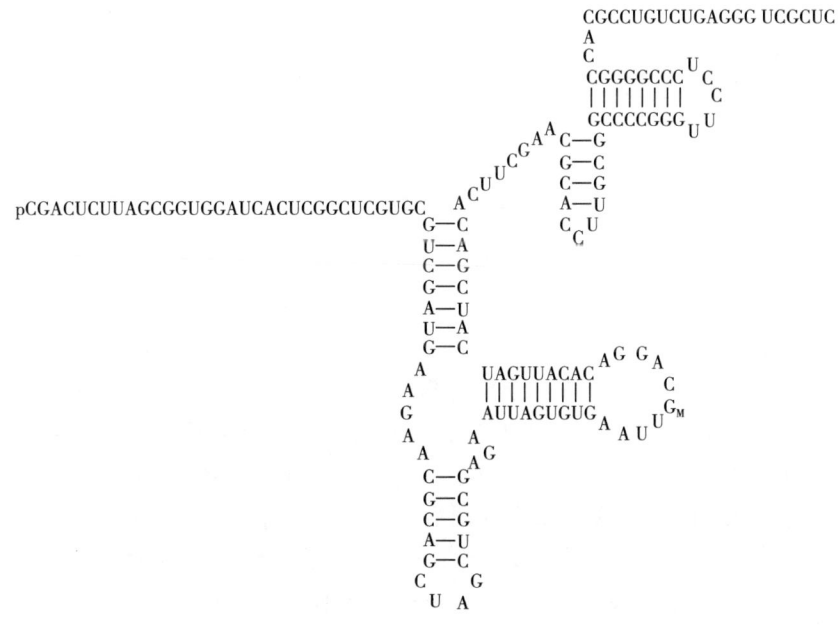

图 4-10　真核细胞（蛙）5.8SrRNA 的二级结构

三、RNA 的三级结构

RNA 的二级花形结构在细胞中还要进一步回折扭曲，以使分子内部的自由能达到最小值。在二级结构中突环上未配对的碱基，由于 RNA 链的再度扭曲而与另一突环上的未配对碱基相遇，形成新的氢键配对关系，其结果是平面花形结构变成立体花形结构。以 tRNA 为例，二级结构的三叶草形变成了三级结构的倒 L 形。

酵母苯丙氨酸 tRNA 的三级结构是研究得最详尽的例子。根据 X 光衍射图谱和其他实验资料，证明其形状像一个倒写的"L"字母。L 形的一端为 3′-CCA 末端，L 形的另一端是反密码环，T 环和 D 环会合，构成 L 形的拐角，整个分子呈扁平的 L 形，大小为 7.5mm×6.5mm×2.5nm。如图 4-11 所示。

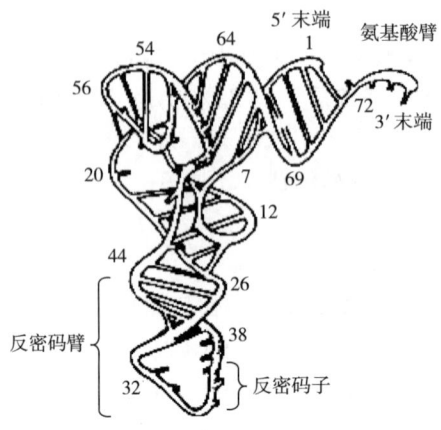

图 4-11　酵母苯丙氨酸 tRNA 的三级结构

端粒和端粒酶保护染色体机制的发现

细胞的寿命与端粒有直接关系，而端粒的消耗和增长取决于端粒酶的多少。细胞增殖分裂的过程就是生命体生长的过程，但细胞的分裂次数是有限的，达到上限后就不再分裂，生命体会逐渐衰老死亡。这一现象的发生就是由于染色体的末端具有一段端粒结构，其与细胞分裂过程紧密相关，在每次分裂中都会消耗一些端粒，使端粒结构缩短，当端粒消耗殆尽后细胞便不再分裂，生命体进入衰老和死亡。同时发现端粒酶可直接作用于端粒，控制端粒的消耗和增长速度。若细胞中端粒酶活性很高，端粒的长度就尽可能地得到保持甚至恢复，细胞的老化就被延缓甚至逆转，生命体的寿命就会得到延长。癌细胞就是一个典型的例子。相反，某些特定的遗传疾病，会出现缺少端粒酶的特征，导致细胞受损。该发现为疾病的治疗提供了理论依据，有助于未来新的治疗方法的发展。

伊丽莎白·布莱克本（美国）、卡罗尔·格雷德（美国）和杰克·绍斯塔克（美国）因为发现了端粒和端粒酶保护染色体的机制获得 2009 年诺贝尔生理学或医学奖。

第五节　核酸及核苷酸的性质

一、物　理　性　质

DNA 相对分子质量很大，一般在 $10^6 \sim 10^{12}$，制品为白色絮状物。RNA 相对分子质量较小，一般在1万~10万，制品为白色粉末。核苷酸也是白色粉末。

DNA，RNA和核苷酸都是极性化合物，易溶于水，RNA钠盐在水中溶解度可达4%。相对分子质量为100万的DNA在水中的溶解度为1%。DNA，RNA和核苷酸均难溶于有机溶剂，所以常用乙醇做沉淀剂，使其从溶液中析出。

二、紫外吸收性质

嘌呤碱和嘧啶碱都具有共轭双键结构，所以核苷、核苷酸、DNA，RNA都有吸收240~290nm紫外光的特性。DNA和RNA的紫外吸收性质无明显差别，最大吸收峰都在260nm，最小吸收都在232nm。不同碱基的紫外吸收特性不同。同一种碱基，在不同的pH条件下，不同波长下，紫外吸收值也不同，根据这些特性，可对核酸类物质进行定性和定量测定。

1. 鉴定 DNA 和 RNA 的纯度

待测DNA或RNA样品的纯度，可用它们的A_{260nm}/A_{280nm}的比值来判断，纯DNA溶液的A_{260nm}/A_{280nm}比值为1.8，而纯RNA溶液的比值为2.0，样品中若含有蛋白质，则A_{260nm}/A_{280nm}的比值要下降，因为蛋白质的最大吸收峰在280nm。

2. DNA 和 RNA 的定量测定

对于DNA和RNA制品，可以用分光光度计通过比色法测出制品溶液的A_{260nm}值从而计算出含量。在溶液pH为7，比色杯厚度为1cm的情况下，浓度为1μg/mL的天然DNA溶液的比吸光度$A_{260nm} = 0.020$。浓度为1μg/mL的天然RNA溶液的比吸光度$A_{260nm} = 0.022$，所以若测得未知未知浓度DNA或RNA样品溶液的消光，则有计算公式如下：

$$\text{DNA}(\mu g/mL) = A_{260nm}/0.02$$
$$\text{RNA}(\mu g/mL) = A_{260nm}/0.022$$

3. 核苷酸的定性鉴定

各种核苷酸对不同波长的紫外光吸收特性不同，表4-3给出了一些主要核苷、核苷酸的紫外吸收数据。测定溶液A_{250nm}，A_{260nm}，A_{280nm}和A_{240nm}数据，再计算出A_{250nm}/A_{260nm}，A_{280nm}/A_{260nm}及A_{290nm}/A_{260nm}三项比值，与表中数值加以对照，便可以定性鉴定几种常见的核苷酸和核苷。近年来，应用自动记录分光光度计，可以直接扫描出核苷酸溶液的光密度—波长曲线，根据曲线的特征形状，也可以快速鉴定出是何种核苷酸。

表4-3　　常见核苷、核苷酸的紫外吸收数据

	pH	λ_{max}/nm	$\varepsilon_{max} \times 10^3$	$\varepsilon_{260nm} \times 10^3$	λ_{min}/nm	$\varepsilon_{min} \times 10^3$	A_{250nm}/A_{260nm}	A_{280nm}/A_{260nm}	A_{290nm}/A_{260nm}
腺苷	1~2	257	14.6	14.30	230	3.50	0.84	0.215	0.03
鸟苷	1	256.5	12.2	11.75	228	2.40	0.94	0.695	0.50
胞苷	1~2	280	13.4	6.40	241	1.70	0.45	2.10	1.58
尿苷	1~7	260	10.1	9.55	231	2.00	0.74	0.35	0.03
AMP	2	257	15.0	14.50	230	2.50	0.84	0.22	0.038
GMP	1	256	12.2	11.60	223	2.60	0.96	0.68	0.49
CMP	1~2	280	13.2	6.30	241	1.70	0.45	2.10	1.55
UMP	2~7	262	10.0	9.90	230	1.95	0.73	0.33.	0.03
TMP	2	267	9.6	8.40			0.64	0.72	0.23

4. 核苷酸的定量测定

测定某核苷酸制品溶液在最大吸收峰时的吸光度,即可根据该核苷酸在最大吸收峰时的摩尔消光系数,计算出制品中该核苷酸的百分含量,如式 4-1 所示。

$$核苷酸百分含量 = \frac{A_{max} \times M}{\varepsilon_{max} \times c} \tag{4-1}$$

式中　A_{max}——某核苷酸溶液最大吸收波长下测得的吸光度;
　　　M——该核苷酸的相对分子质量;
　　　ε_{max}——该核苷酸在最大吸收波长下的摩尔消光系数;
　　　c——该核苷酸制品溶液的质量浓度,g/L。

摩尔消光系数定义为:1mol/L 的某核苷酸溶液,在特定波长下测得的吸光度。各种核苷酸的 ε_{260nm} 和 ε_{max} 见表 4-3 所示。

三、核酸和核苷酸的两性解离

核酸及核苷酸中碱基上有可解离基团,如胞嘧啶的 N_3,嘌呤的 N_1 和 N_7,可接受质子带正电荷。磷酸基团可进行酸性解离带负电荷。所以,核酸和核苷酸是两性化合物,有等电点。核酸和核苷酸的等电点概念类似于蛋白质和氨基酸。当溶液 pH 等于某种核酸或核苷酸的等电点时,其分子中的酸性基团和碱性基团解离度相等,呈电中性状态。

尿嘧啶和胸腺嘧啶不能进行碱性解离,故其核苷酸不是两性化合物。一些核苷酸的解离平衡常数 pK 见表 4-4 所示。

表 4-4　　核苷酸的解离常数 pK_α

	碱基=NH⁺—	烯醇式羟基	磷酸基一级解离	磷酸基二级解离
腺嘌呤核苷酸	3.70		0.89	6.01
鸟嘌呤核苷酸	2.30	9.33	0.70	5.92
胞嘧啶核苷酸	4.24		0.80	5.97
尿嘧啶核苷酸		9.43	1.02	5.88
胸腺嘧啶核苷酸		10.0	1.6	6.50

核酸和核苷酸的两性解离性质和等电点,在分离、纯化、分析和制备过程中有重要应用。利用它们在同一 pH 溶液中带电性质不同的特性,可应用电泳和离子交换层析方法将它们彼此分离。通过调节溶液的 pH,使其达到某种核酸或核苷酸的等电点,便可将其从溶液中沉淀析出。

四、核酸的变性、复性和分子杂交

1. 变性

核酸的变性指核酸分子中双螺旋区碱基对间的氢键受某种物理化学因素作用而破裂,变成单链的过程,如图 4-12 所示。

核酸变性不涉及共价键的断裂,所以变性后相对分子质量不变,但物理化学性质发生变化,生物学功能丧失。引起核酸变性的因素很多,如温度升高,介质 pH<4 或>10,变

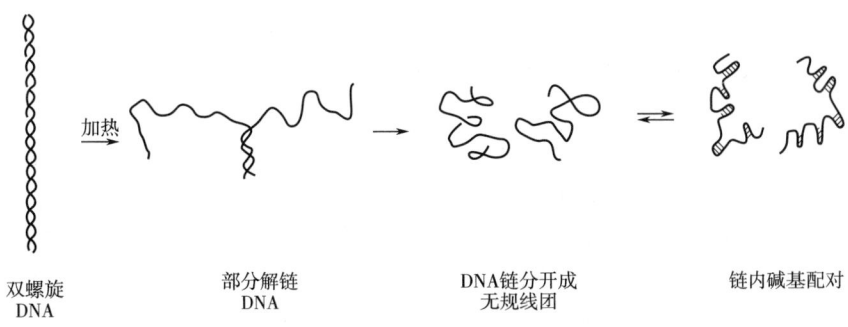

图 4-12 DNA 的变性过程

性剂如脲素或甲酰胺的浓度增加等。

伴随着变性，核酸的紫外吸收值增加，此现象称为增色效应。一般天然 DNA 的紫外吸收 A_{260nm}，变性后可增加 20%～25%，天然 RNA 溶液的紫外吸收 A_{260nm}，变性后可增加 10% 左右。变性还可使溶液黏度降低，浮力密度增加，生物活性丧失。

DNA 的热变性，不是随着温度升高逐渐发生的，而是当温度达到某一数值时，在一个很窄的温度范围内突然发生并迅速完成的，就像晶体物质达到熔点时突然融化一样。因此，DNA 的变性温度也称为熔点，用 T_m 表示。T_m 为增色效应达最大值的 50% 时的温度，即 DNA 溶液的温度达到 T_m 时，将有 50% 的双链 DNA 处于解链状态，如图 4-13 所示。

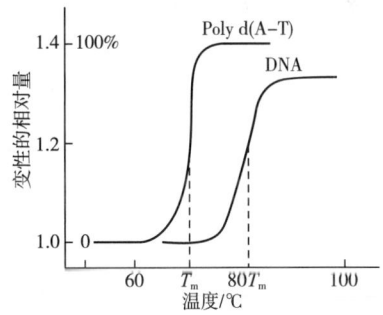

图 4-13 DNA 的热变性曲线和 T_m

DNA 的 T_m 一般在 70～85℃，随 DNA 分子内 G-C 对含量的不同，以及介质中的离子强度的不同而有差异。G-C 对含量越高，T_m 就越大。测定 T_m 可以推算出 G+C 的含量，其经验公式为：

$$(G+C) = (T_m - 69.3) \times 2.44$$

熔点可作为 DNA 制品均一程度的指标，如果 DNA 是均一制品（如某种病毒 DNA），熔解过程可发生在一个很窄的温度范围内；如果 DNA 制品不均一，熔解过程的温度范围将变得较宽。

T_m 与溶液的离子强度有关，一般来说，离子强度低，T_m 也低，表明核酸的稳定性也低，所以，保存 DNA 制品，应该在较高离子强度的缓冲液（约 1mol/L 的 NaCl 溶液）中为好。

2. 复性

变性 DNA 在适当条件下，两条彼此分开的互补单链又可以恢复碱基配对，重新成为双螺旋，这一过程称为复性。复性后某些物理化学性质及生物活性也可得到部分或全部恢复。复性过程中，紫外吸收值降低，此现象称为减色效应。复性反应与许多因素有关。首先，复性时的降温速度必须缓慢，变性 DNA 从高温缓慢冷却的过程称为退火，如果热变性 DNA 从变性高温迅速冷却至低温（4℃以下），此过程为淬火，淬火处理后 DNA 不能复性。此外，DNA 溶液的浓度越大，互补 DNA 片断碰撞机会越多，也就容易复性。DNA 片断长度越大，DNA 内部的顺序越复杂，互补碱基相遇的机会也越小，复性也越难。

3. 分子杂交

不同来源的变性 DNA，若彼此之间有部分互补的核苷酸顺序，当它们在同一溶液中进行热变性和退火处理时，可以得到分子间部分配对的缔合双链，这个过程叫分子杂交。分子杂交不仅可发生在单链的 DNA 与 DNA 之间，而且 DNA 与 RNA 之间，不同来源的 RNA 与 RNA 之间，也都可以进行分子杂交。分子杂交技术目前在分子生物学实验和基因工程技术中被广泛使用，以此来检测 DNA 或 RNA 上特定基因或特定功能部位的定位和分布。

五、核酸的显色反应

核酸中含有核糖和磷酸，它们与专一的化学试剂发生颜色反应，可作为定性定量检测核酸的依据。

1. 核糖的地衣酚（3,5-二羟基甲苯）反应

RNA 中的核糖经浓 HCl 或浓 H_2SO_4 作用，脱水生成糠醛，糠醛能与地衣酚反应，缩合生成深绿色化合物，其最大吸收峰的波长为 675nm，可用比色法定量检测 RNA 含量。此反应在 $FeCl_3$ 存在时更灵敏，反应过程如下：

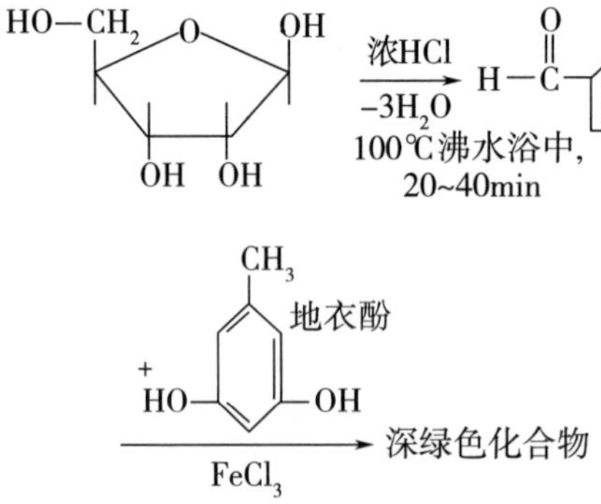

2. 脱氧核糖的二苯胺反应

DNA 中的脱氧核糖经浓 H_2SO_4 作用，脱水生成 ω-羟基-γ-酮基戊醛，该产物与二苯胺试剂在酸性溶液中，100℃加热数分钟，可生成蓝色化合物，其最大吸收峰的波长为 595nm，可用比色法定量测定 DNA 含量，其反应过程如下：

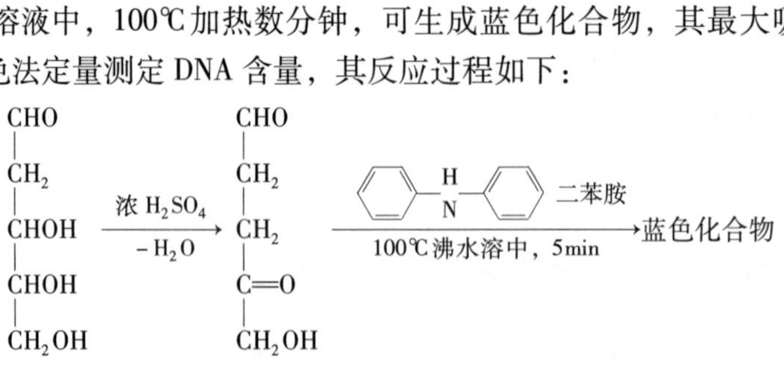

上述两种戊糖的颜色反应都具有专一性，因此，可分别用来检测同一样品中的 DNA 或 RNA。

3. 核酸中磷酸的定量检测

常规的经典定磷法——钼蓝反应可定量检测核酸中的磷酸。然后再根据已知的核酸含磷量常数，计算出核酸的含量。已知 RNA 的含磷量为 9.2%，DNA 的含磷量为 9.5%。

第六节　核酸的分离提取和纯化

一、核酸分离提取的一般原理和方法

制备核酸有两个不同的目的，一是作为生产核苷酸的原料，所制备的核酸并不考虑长链大分子是否已经断裂，所用方法也就简单得多。二是为了制得分子完整、并保持生物活性的天然核酸，制备过程中就要注意避免大分子的断裂和变性，方法也要复杂得多。

1. 核酸的工业化生产

目前，通常利用啤酒厂废弃的啤酒酵母为原料提取 RNA，作为生产核苷酸的原料，提取的方法有稀碱法和浓盐法两种。稀碱法是用 1% 的 NaOH 使酵母细胞壁破裂，核酸即可从细胞中释放，溶于水中，然后用 HCl 中和，离心除去菌体。溶液调 pH 至 2.5，使 RNA 在等电点时沉淀出来，离心收集即可得到粗品。浓盐法是在含 10% 干酵母的溶液中，加入 NaCl 使其终浓度达到 10%，然后加热到 90℃ 并抽提 3~4h，得到 RNA 提取液。高浓度的 NaCl 可以改变酵母细胞的渗透压，有利于 RNA 从菌体中释放。以下操作同稀碱法。

得到的粗品 RNA，可以用桔青霉 5′-磷酸二酯酶降解，生成四种 5′-核苷酸的混合液。再通过离子交换层析技术，将四种 5′-核苷酸分离开，便可得到纯度很高的单核苷酸。其中 5′-AMP 可作为生产 ATP 的原料，5′-GMP 可作为味精的助鲜剂，5′-CMP 作为生产胞二磷胆碱的原料，5′-UMP 也可作为生产其他药物的原料。

2. 活性核酸的制备

在科研领域中制备保持生物活性的核酸，需要注意防止降解和变性失活。所以在制备过程中要注意低温（0~4℃）、不过酸（pH>4）、不过碱（pH<10）、较高的离子强度、温和的操作及必需添加核酸降解酶的抑制剂等。

目前，天然 DNA 和 RNA 的提取方法常用的是苯酚法，其原理和步骤如下。

（1）DNA 的提取　提取的第一步是破碎细胞，在破细胞之前，需先加去污剂十二烷基硫酸钠（SDS），用以抑制核酸酶的活性。在细胞破碎成匀浆后，再加入含 1mol/L NaCl 的 pH8.0 缓冲液，1%SDS（终浓度）和 90% 苯酚，一起振荡抽提。SDS 和苯酚可使蛋白质变性，并可使 DNA 从脱氧核糖核蛋白复合物中释放出来。抽提液经过离心分层后，变性蛋白位于中间层，下层酚相中含有变性蛋白和细胞碎片，上层水相中含有 DNA，取出水相，加两倍体积 95% 乙醇，白色絮状 DNA 纤维即可从溶液中析出。

（2）RNA 的提取　RNA 的苯酚法提取使用的是 0.1%SDS 和 90% 苯酚，在 pH6.0 的缓冲液中反复抽提，离心去蛋白，取水相再加乙醇，便出现白色颗粒状沉淀，即为 RNA 粗品。

二、核酸的纯化

提取制备得到的核酸，其中含有少量的蛋白质，或多糖，或其他种类的核酸，需要进一步纯化。纯化的方法主要有超离心、凝胶电泳、柱层析三种。

1. 超离心

有两种超离心,一种是根据不同密度的分子分布在不同密度层溶液中的原理,而建立起来的密度梯度超离心。另一种是根据不同相对分子质量的分子在离心时有不同的沉降速度,建立起来的速度超离心。通常,不同 DNA 分子因其 G + C 含量不同,而具有不同的密度,利用密度超离心可把不同种 DNA 分子分离开。此外,由于 DNA,RNA、蛋白质的分子质量和密度都不同,所以也可用超离心将它们彼此分开,或者把不同 RNA 分子分开,达到纯化专一核酸的目的。

2. 凝胶电泳

用于纯化核酸的凝胶电泳技术,主要是琼脂糖凝胶电泳(AGE)和聚丙烯酰胺凝胶电泳(PAGE)。凝胶电泳兼有分子筛和一般电泳的双重作用。一般电泳速度取决于分子质量、带电荷数和分子形状三个因素,但在凝胶中电泳,还取决于凝胶的浓度。浓度越大,凝胶孔径越小,适宜较小分子的通过,反之,欲分离较大分子核酸,则必需选用稀胶电泳。一般来说,AGE 可使用 1% 以下浓度,而 PAGE 只能使用 2% 以上浓度,太稀则不能达到足够的机械强度或不成胶。凝胶电泳可以把不同的 DNA 分开,甚至可把碱基顺序相同,而长度只差一个核苷酸的单链核酸片断彼此分开。它的高分辨率优点,已在分子生物学研究上作出了重要贡献。

3. 柱层析

用于纯化 DNA 的柱层析常用羟基磷灰石(HA)作层析剂。HA 对不同的 DNA 分子吸附能力不同,吸附双链 DNA 能力大于单链 DNA,而且不吸附 RNA 和蛋白质。所以,利用 HA 柱层析可以把天然 DNA 从混合物中纯化出来。

近年来,DEAE(二乙胺乙基)- 纤维素离子交换层析,Sepharose(琼脂糖)- 4B 分子筛层析,寡聚脱氧胸苷酸(oligo - dT)- 纤维素亲和层析,寡聚尿嘧啶核苷酸(poly U)- 琼脂糖分子杂交亲和层析等新技术和新方法,均可用来分离纯化某些特定的 DNA 片断或专一性 RNA 分子,以供给高科技实验的需用。

习　题

1. 比较 DNA 和 RNA 在化学组成上、分子结构上、生物学功能方面的不同特点?
2. 酵母 DNA 的碱基组成中,T 的摩尔分数为 32.9%,试计算此 DNA 分子中其他碱基的含量?
3. DNA 分子双螺旋结构模型的基本要点有哪些?
4. 如果人体有 10^{14} 个细胞,每个细胞 DNA 含量为 6.4×10^9 bp,试计算人体 DNA(以双螺旋形式存在)的总长度为多少米?它相当于地球到太阳距离(2.2Gm)的多少倍?
5. RNA 有哪些主要类型,比较其结构与功能各有什么特点?
6. 核酸的紫外吸收性质有何特点?如何应用来定性定量检测核酸和核苷酸?
7. 核酸的热变性有何特点?何谓 T_m? T_m 有何意义?
8. 什么叫核酸的分子杂交?此技术有何应用?
9. 试比较淀粉、蛋白质和核酸三种大分子的结构共同规律和不同点?
10. 试比较淀粉、蛋白质和核酸三种大分子各有什么特异性的显色反映?

参 考 文 献

1. Albert LLehninger, et al. principles of Biochemistry [M]. New York: Worth Publishers, 1982.
2. 朱圣庚, 等. 生物化学（第4版）[M]. 北京: 高等教育出版社, 2017.
3. 刘国琴, 等. 生物化学（第3版）[M]. 北京: 中国农业大学出版社, 2019.
4. Lubert stryer（著），唐有祺（译）. 生物化学（第3版）[M]. 北京: 北京大学出版社, 1988.
5. 金凤燮. 生物化学 [M]. 北京: 中国轻工业出版社, 2009.

第五章 维生素与辅酶

学习指导

维生素是维持正常代谢所必需的微量有机物质。许多维生素的生物功能是通过组成辅酶分子调节代谢。学习本章要求：(1) 了解维生素的概念和类别；(2) 着重掌握维生素参加组成的重要辅酶的名称、结构和功能，以及辅酶分子的活性基团与维生素的关系。

第一节 概述

维生素是维持细胞生长和正常代谢所必需的微量有机化合物。人和哺乳动物所需的维生素大都不能自身合成，须由食物供给。人体缺乏维生素，则发生代谢障碍，表现出病症，严重者会导致死亡。

维生素在维持正常生命活动中的作用，大都是作为辅酶（或辅基）分子的结构成分参与生物体内的代谢反应，也有少数维生素具有一些特殊的生理机能。不仅人和动物体需要维生素，植物和微生物也需要。植物所需的各种维生素，自身都能合成。微生物一般也能合成自身需要的维生素，个别维生素不能自身合成者，则成为其生长限制因子。因此，在微生物培养和发酵生产时，往往需要补充某些维生素作为生长因子。例如，培养产谷氨酸或赖氨酸的棒杆菌时，需加入生物素（维生素 H）。

维生素在化学结构上不属于同一类化合物，脂肪族、芳香族、脂环族、糖苷、杂环和甾类等化合物都有。只是因为它们的生物功能有共同性，都是维持正常代谢所必需的，需要量很少，人体又不能自身合成的小分子有机物，故在生物化学中同归为一类，叫做维生素。通常根据溶解性质将维生素分为水溶性维生素和脂溶性维生素两大类。水溶性维生素有 B 族维生素和维生素 C。重要的 B 族维生素有：硫胺素（维生素 B_1）、核黄素（维生素 B_2）、烟酸和烟酰胺、吡哆素（维生素 B_6）、泛酸、叶酸（维生素 B_{11}）、钴胺素（维生素 B_{12}）等。脂溶性维生素有：维生素 A、维生素 D、维生素 E、维生素 K 等。

一些重要维生素的结构、名称及其参与组成的重要辅酶和主要生理功能在下一节进行简要地讨论。

第二节 水溶性维生素及有关辅酶

一、维生素 B_1 和焦磷酸硫胺素（TPP）

1. 结构

维生素 B_1 为抗神经炎维生素，其分子是由一个带氨基的嘧啶环和一个含硫的噻唑环组成的，故又称硫胺素。在体内它以焦磷酸硫胺素（TPP）形式存在，结构如图 5-1 所示。

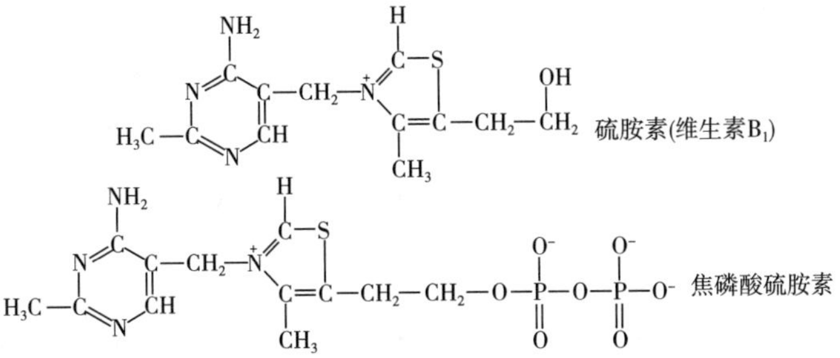

图 5-1 维生素 B_1 及 TPP 的化学结构

2. 功能

TPP 是一个重要的辅酶，其功能如下。

（1）作为脱羧酶的辅酶 参与一些 α-酮酸的脱羧反应。例如，在丙酮酸氧化脱羧反应中，TPP 作为辅酶先与丙酮酸结合，生成丙酮酸-TPP 加成物，再脱羧生成羟乙基-TPP，后者又称活性乙醛（详见图 10-8 丙酮酸脱氢酶系的反应机制）。

（2）作为转酮醇酶的辅酶 参加磷酸戊糖代谢途径的转酮醇反应（详见第十章磷酸戊糖途径）。

TPP 作为辅酶的活性基团在噻唑环上。噻唑环中由于第 3 位 N 原子上的正电荷和第 1 位电负性很强的 S 原子的影响，使第 2 位 C 原子上失去质子（H^+）而成为稳定的负碳离子。负碳离子很容易和 α 成酮基结合成加成物。在丙酮酸脱羧酶催化的反应中，是在丙酮酸-TPP 加成物上脱去羧基，生成羟乙基-TPP。在转酮醇酶催化的反应中，是在酮糖-TPP加成物上脱去醛糖生成二羟乙基-TPP。将二羟乙基转移到另一分子醛糖上则生成新的酮糖。例如：

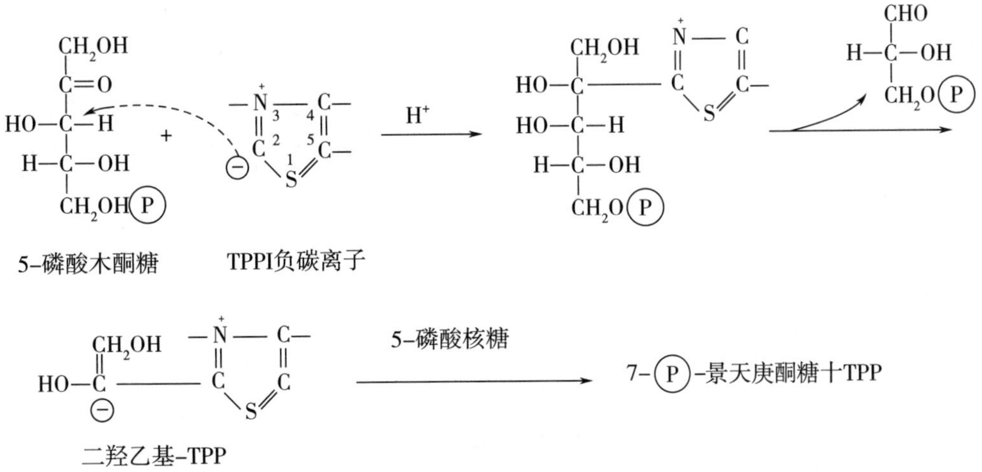

5-磷酸木酮糖   TPPI负碳离子

二羟乙基-TPP →（5-磷酸核糖） 7-Ⓟ-景天庚酮糖+TPP

维生素 B_1 和糖代谢关系密切，人体缺乏维生素 B_1 时，糖代谢受阻，丙酮酸积累，表现出食欲不振，皮肤麻木，四肢乏力和神经系统损伤等症状，临床称为脚气病。

3. 来源

维生素 B_1 在植物中分布广泛，谷类、豆类的种皮，例如，米糠中含量丰富，酵母中含量尤多。维生素 B_1 易溶于水，在酸性溶液中较稳定，在中性和碱性溶液中遇热很容易被破坏。某些生鱼肌肉中含有热不稳定的硫胺素酶，能催化硫胺素分解，所以多食生鱼肉会导致维生素 B_1 缺乏。

二、维生素 B_2 和 FAD，FMN

1. 结构

维生素 B_2 是核醇与 6，7-二甲基异咯嗪缩合成的糖苷化合物，因呈黄色，故又称核黄素。

在细胞中，维生素 B_2 参加组成氧化还原酶的两种重要辅酶：黄素核苷酸（FMN）和黄素腺嘌呤二核苷酸（FAD）。FMN 和 FAD 都和酶蛋白紧密地结合，成为酶的辅基。这些酶的制剂显黄色，故称为黄酶。维生素 B_2、FAD、FMN 结构如图 5-2 所示。

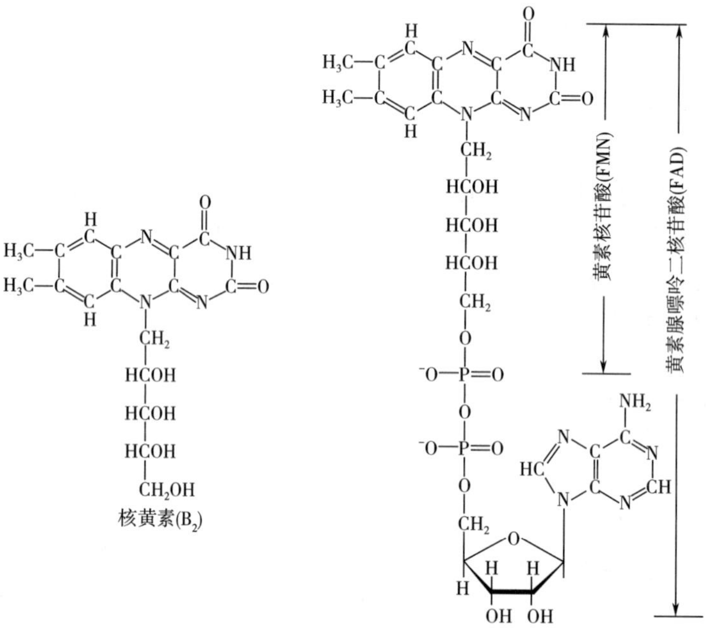

图 5-2 维生素 B_2、FMN、FAD 结构

知识小贴士

维生素 B_1

谷物为人类提供了 60% 以上的维生素 B_1。维生素 B_1 存在于谷类的表层，若将大米和小麦等谷物精加工，大米和面粉会显得又白又好吃，但 80% 以上的宝贵的维生素 B_1 却随

之丢失。

食物中的维生素 B_1 在小肠内吸收，在肝、肾等组织中经磷酸化作用转为焦磷酸硫胺素（Thiamine pyrophosphate，TPP），以辅酶形式参与多种酶系统活动，尤其参与糖代谢过程中 α-酮酸的氧化脱羧反应，使丙酮酸和乳酸进一步分解为水和二氧化碳，产生能量并促进肝内糖元合成。

维生素 B_1（硫胺素）缺乏病又称脚气病，是常见的营养素缺乏病之一。维生素 B_1 缺乏，主要引起糖代谢障碍，能量生成不足，导致血中丙酮酸和乳酸堆积，使主要由葡萄糖供能的神经、心脏、脑组织结构和功能发生改变，出现相应的症状和体征，血中丙酮酸和乳酸浓度增高，可引起周围小动脉扩张，舒张压下降，脉压差增大，静脉回流量增多，加重心脏负担。

维生素 B_1 还可抑制胆碱酯酶对乙酰胆碱的水解作用，故维生素 B_1 缺乏时，乙酰胆碱水解加速，使神经传导障碍，出现胃肠蠕动减慢、消化液分泌减少等消化系统症状。

2. 功能

在异咯嗪环的 N_1 和 N_{10} 之间有一对活泼的共轭双键，很容易发生可逆的加氢或脱氢反应，因此，在细胞氧化反应中，FMN 和 FAD 能起递氢体的作用：

以 FAD 为辅基的酶有琥珀酸脱氢酶，脂酰 CoA 脱氢酶等，以 FMN 或 FAD 为辅基的酶有 L-氨基酸氧化酶等。

维生素 B_2 广泛参与体内多种氧化还原反应，能促进糖、脂肪和蛋白质的代谢，它对维持皮肤、黏膜和视觉的正常机能均有一定作用。缺乏维生素 B_2 时，组织呼吸减弱，代谢强度降低，主要症状表现为口角炎、舌炎、结膜炎、视觉模糊、脂溢性皮炎等。

维生素 B_2 耐热，酸性环境中较稳定，遇光易破坏，在碱性溶液中不耐热，而且对光更为敏感。维生素 B_2 的水溶液具有黄绿色荧光，此性质可用于维生素 B_2 的定量分析。

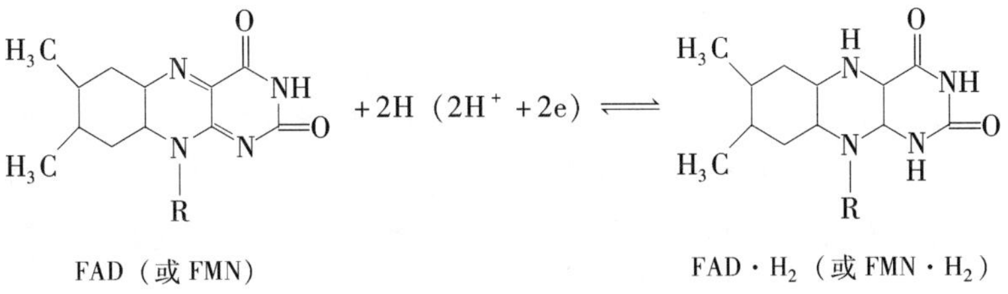

$$FAD（或 FMN） + 2H (2H^+ + 2e) \rightleftharpoons FAD \cdot H_2（或 FMN \cdot H_2）$$

3. 来源

维生素 B_2 广泛存在于动物、植物中，米糠、酵母、肝、蛋黄中含量丰富。微生物可以代谢产生核黄素，我国医用核黄素除了化学合成和从酵母中提取以外，也利用豆腐渣水、缫丝废水等进行微生物发酵生产，目前工业化生产主要以阿舒假囊酵母（*Eremothecium ashbyii*）为核黄素生产菌种。

三、维生素 PP 和辅酶 I、辅酶 II

1. 结构

维生素 PP 又称抗糙皮病因子，包括烟酸（又称尼克酸）和烟酰胺（又称尼克酰胺）两种结构形式，都是吡啶的衍生物，体内主要以烟酰胺形式存在。结构式为：

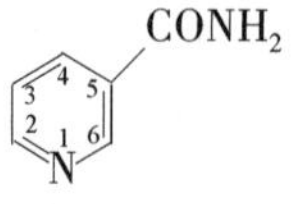

烟酰胺 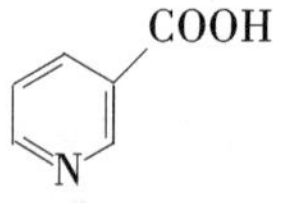　　　　　　　　烟酸

在细胞内,烟酰胺参加组成两种重要辅酶:烟酰胺腺嘌呤二核苷酸（NAD）又称辅酶Ⅰ（CoI）和尼克酰胺腺嘌呤二核苷酸磷酸（NADP）又称辅酶Ⅱ（CoⅡ）。结构如图5-3所示。

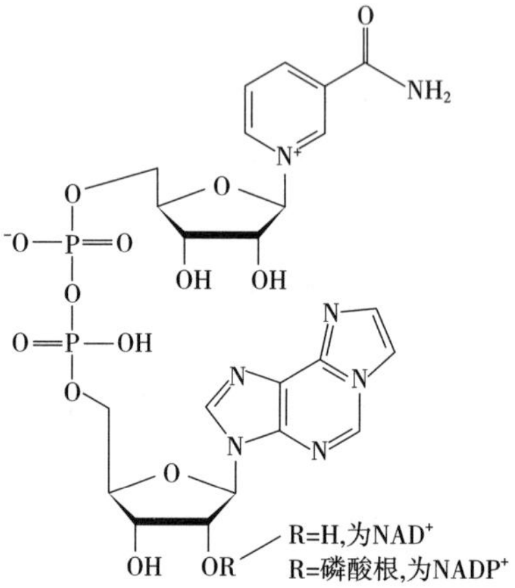

R=H,为NAD^+
R=磷酸根,为$NADP^+$

图5-3　NAD^+和$NADP^+$的结构式

二者基本结构相同,差别仅在$NADP^+$的核糖的2′位上多一个磷酸。这两种辅酶都有氧化型及还原型两种形式,氧化型用NAD^+及$NADP^+$表示,还原型用NADH和NADPH或NAD·2H(CoI·2H)和NADP·2H(CoⅡ·2H)表示。

2. 功能

NAD^+和$NADP^+$都是作为不需氧脱氢酶的辅酶。有些酶以NAD^+或$NADP^+$为辅酶皆可,也有一些酶较为特异,其辅酶只能是两者中的一种。一般而言,NAD^+常用于分解代谢产能。还原型辅酶Ⅰ（CoⅠ·2H）的氢原子对经呼吸链氧化。CoⅡ·2H则首先用于合成代谢的还原反应。

这两种辅酶分子中的吡啶环是在氧化还原反应中接受氢离子及电子的活性基团。吡啶环的C_4上可接受一个H原子,N原子上可接受一个电子,另一个H^+离子游离于反应基质中,反应机制如下所示:

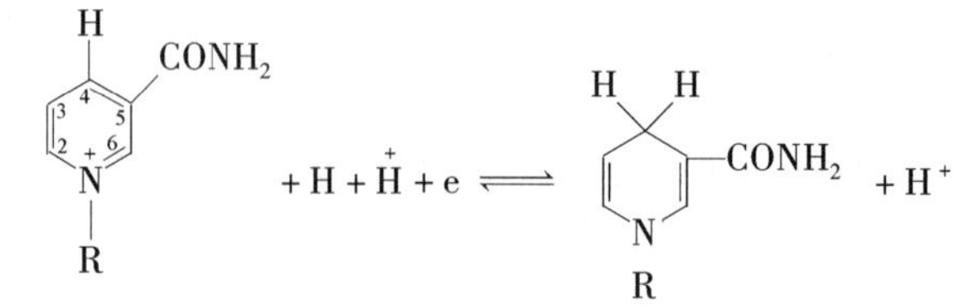

（NAD^+或$NADP^+$）　　　　　（NADH或NADPH）

也可用简式表示，例如，

$$NAD^+ \underset{-2H}{\overset{+2H}{\rightleftharpoons}} NADH + H^+ \text{ 或 } Co\,I \underset{-2H}{\overset{+2H}{\rightleftharpoons}} Co\,I \cdot 2H$$

3. 来源

烟酰胺分布甚广，人体一般不缺，除了由食物直接供给外，在体内尚可由色氨酸转变生成烟酸。玉米中缺色氨酸，长期主食玉米会造成烟酸缺乏症。

烟酸缺乏症，称为糙皮病，主要表现为皮炎、腹泻及痴呆。服用烟酸后，一日之内即可见效。

四、维生素 B_6 和磷酸吡哆醛、磷酸吡哆胺

1. 结构

维生素 B_6 包括三种结构类似的物质，即吡哆醇、吡哆醛及吡哆胺。化学结构上都是吡啶的衍生物。在体内，吡哆醇经磷酸化后可以转变成磷酸吡哆醛。磷酸吡哆醛与磷酸吡哆胺之间又可互相转变。它们结构如图 5-4 所示。

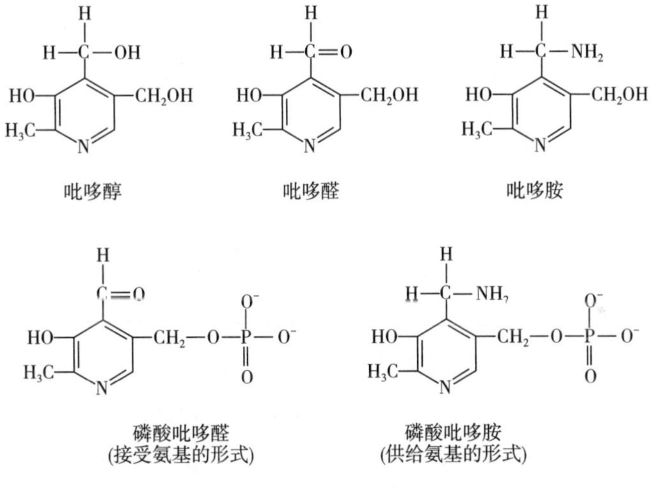

图 5-4　维生素 B_6 及其辅酶形式的结构

2. 功能

磷酸吡哆醛和磷酸吡哆胺是氨基酸代谢中的重要辅酶。它们与酶蛋白紧密结合，成为酶活中心的一部分，其辅酶作用主要如下。

（1）作为转氨酶的辅酶参加转氨反应

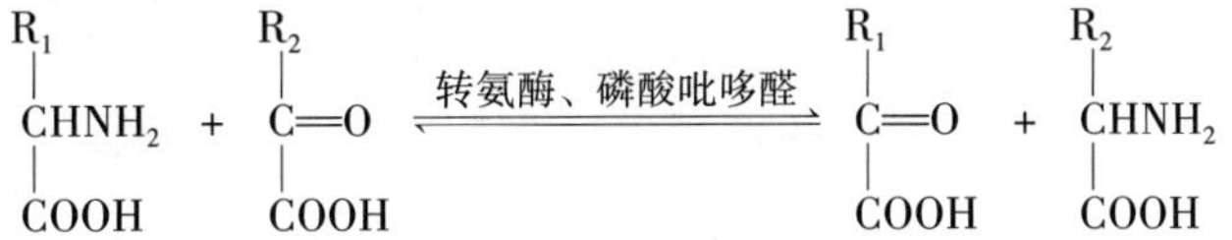

$$\begin{array}{c} R_1 \\ | \\ CHNH_2 \\ | \\ COOH \end{array} + \begin{array}{c} R_2 \\ | \\ C=O \\ | \\ COOH \end{array} \xrightleftharpoons{\text{转氨酶、磷酸吡哆醛}} \begin{array}{c} R_1 \\ | \\ C=O \\ | \\ COOH \end{array} + \begin{array}{c} R_2 \\ | \\ CHNH_2 \\ | \\ COOH \end{array}$$

反应中，磷酸吡哆醛起氨基递体的作用，先接受氨基酸上的氨基，形成磷酸吡哆胺，然后，再把氨基转移到另一酮酸上，生成新的氨基酸：

$$\text{转氨酶反应}$$

式中 Ⓟ 代表吡啶环部分

（2）作为脱羧酶的辅酶参与催化氨基酸脱羧反应。氨基酸脱羧的反应机制还没有完全弄清，可能磷酸吡哆醛的醛基与 α-NH_2 先形成希夫碱中间产物，后者有利于从氨基酸移去 CO_2 生成胺：

$$\underset{\alpha-\text{氨基酸}}{\overset{R}{\underset{COOH}{HC-NH_2}}} + \underset{\text{磷酸吡哆醛}}{O=\overset{H}{\underset{\text{Ⓟ}}{C-H}}} \xrightarrow{\text{氨基酸脱羧酶}} \left[\underset{\text{希夫碱}}{\overset{R}{\underset{COOH}{H-\overset{|}{C}-N=C-H}}}\right] \xrightarrow{CO_2} \underset{\text{胺}}{\overset{R}{H_2C-NH_2}} + \underset{\text{磷酸吡哆醛}}{O=\overset{H}{\underset{\text{Ⓟ}}{C-H}}}$$

（3）作为丝氨酸转羟甲基酶的辅酶参与转一碳基团的反应。

3. 来源

维生素 B_6 在动植物中分布很广，蜂皇浆、麦胚芽、米糠、大豆、酵母、蛋黄、肝、肾、肉、鱼中含量丰富，人体一般不会缺乏。

五、泛酸和 4′-Ⓟ-PaSH 及 CoASH

1. 结构

泛酸是 α, γ-二羟基-β, β-二甲基丁酸与 β-丙氨酸的氨基成酰胺键结合而成的一种酸性化合物。因为在生物界分布广泛，又称遍多酸，也曾称为维生素 B_3。在细胞中，泛酸与磷酸和氨基乙硫醇结合生成 4′-磷酸泛酰巯基乙胺（4′-Ⓟ-PaSH），后者又与 5′-腺嘌呤核苷酸-3′-磷酸组成辅酶 A（CoASH 或 CoA），是泛酸在生物体内的主要活性形式。

泛酸，4′-Ⓟ-PaSH 及 CoASH 的分子结构如图 5-5 所示。

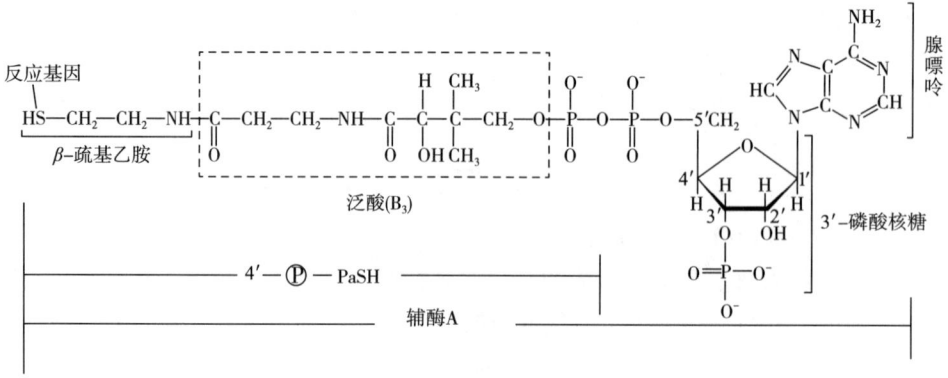

图 5-5 泛酸及其组成的辅酶

2. 功能

4′-Ⓟ-PaSH 分子中活泼的—SH 基能与羧基成硫酯键结合。因此，4′-Ⓟ-PaSH 作为酰基载体，在糖、脂、氨基酸代谢中具有多方面作用。尤其重要的是：①作为酰基载体蛋白（ACP）的辅基，参与脂肪酸合成代谢（详见第十一章）②CoASH 作为酰基载体，可充当多种酶的辅酶参加酰化反应及氧化脱羧等反应。例如，在糖代谢中，作为硫辛酰转酰基酶的辅酶，参与丙酮酸氧化脱羧反应生成乙酰 CoA。在脂肪酸分解代谢中，与脂肪酸结合成脂酰 CoA，进入 β-氧化。在氨基酸分解代谢中，氨基酸脱氨生成的 α-酮酸，有的也要与辅酶 A 结合成脂酰辅酶 A，再进一步进行分解代谢。此外，辅酶 A 还参与体内一些重要物质如乙酰胆碱、胆固醇、卟啉、甾类激素和肝糖原等的合成，并能调节血浆脂蛋白和胆固醇的含量。

辅酶 A 对厌食、乏力等症状有明显的疗效，故被广泛用作多种疾病的重要辅助药物，如白细胞减少症、原发性血小板减少性紫癜、功能性低热、脂肪肝、各种肝炎、冠心病等症。

3. 来源

泛酸广泛存在于动植物组织中，在酵母、肝、肾、蛋、小麦、米糠、花生、豌豆中含量丰富，在蜂皇浆中含量最多。肠细菌及植物能合成泛酸，哺乳类动物不能。

六、生物素与羧化酶辅酶

1. 结构

生物素又称维生素 H，自然界中存在的生物素至少有两种：α 生物素（存在于蛋黄中）和 β 生物素（存在于肝脏中）。它们的生理功用相同，基本化学结构也相同，都是噻吩环与尿素相结合而成的骈环化合物。不同之处在于 α 生物素带有异戊酸侧链，β 生物素有戊酸侧链，结构如图 5-6 所示。

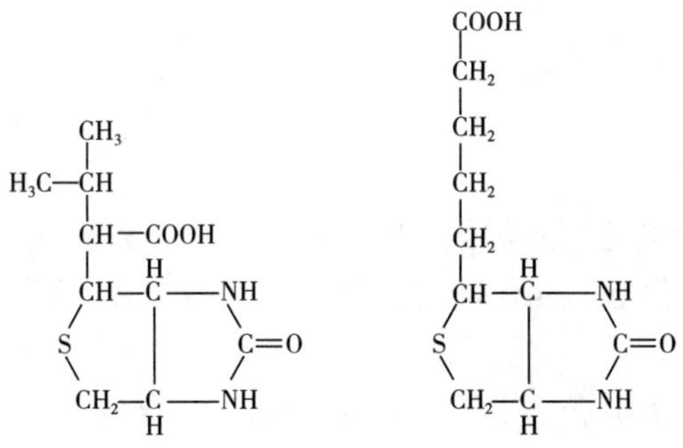

图 5-6 生物素的结构

2. 功能

生物素是作为羧化酶的辅酶或辅基参与细胞内固定 CO_2 的反应。例如，作为丙酮酸羧化酶的辅酶，乙酰辅酶 A 羧化酶及丙酰 CoA 羧化酶等酶的辅酶。从猪心中提纯的丙酰 CoA 羧化酶的结晶，经过分析发现生物素是通过其侧链戊酸的羧基与酶蛋白赖氨酸残基的 ε-氨基成酰胺键紧密结合。功能部位是尿素环上的一个 N 原子，它能与 COO^- 结合，然后再去羧化底物。生物素与糖、脂肪、蛋白质和核酸的代谢密切相关，因为这些物质代谢中均

有产生或利用 CO_2 的反应。

3. 来源

生物素在动、植物界分布很广，如肝、肾、蛋黄、酵母、蔬菜、谷类中都有。在微生物的培养中，一般利用玉米浆或酵母膏就可满足微生物对生物素的需要。在新型发酵，例如谷氨酸发酵生产中，控制培养基中生物素浓度对发酵产物在胞外的积累至关重要。

因肠道中有些微生物能合成生物素，一般不会缺乏。未熟的鸡蛋清中有一种抗生物素的蛋白，能与生物素结合而使生物素不能为肠壁吸收。吃生鸡蛋清过多或长期口服抗菌素易患生物素缺乏症。人体缺乏生物素时，毛发易脱落，皮肤易发炎。

七、叶酸与辅酶 F（CoF）

1. 结构

叶酸又称蝶酰谷氨酸（PGA），是由 2-氨基-4-羟基-6-甲基蝶呤啶与对氨基苯甲酸（PABA）和 L-谷氨酸三部分组成的。结构式如图 5-7 所示。

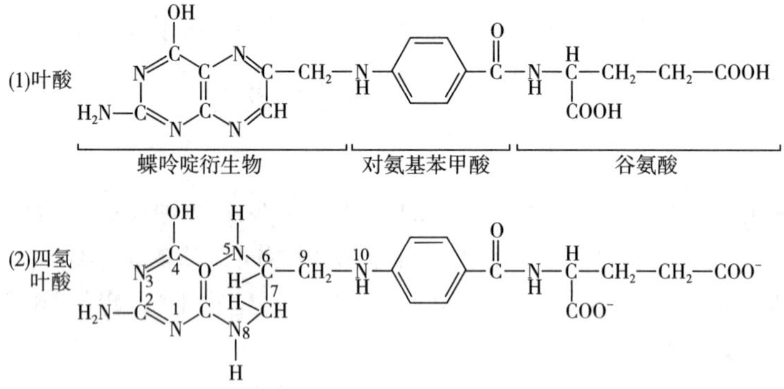

图 5-7 叶酸及其辅酶形式

2. 功能

生物体内，由二氢叶酸还原酶催化，叶酸连续还原，先生成二氢叶酸，再生成四氢叶酸，反应需 $NADPH+H^+$ 供氢。四氢叶酸是细胞中一碳基团代谢的辅酶，称为辅酶 F，缩写为 CoF 或 THFA 或 FH_4。

FH_4 分子中的第 5 和第 10 位 N 原子是一碳基团的结合位点。可结合的一碳基团有：甲基（—CH_3）、亚甲基（>CH_2）、甲酰基（H—C=O）、次甲基或甲炔基（=CH—）、羟甲基（—CH_2OH）或甲酰亚胺基（—CH=NH）等。而且，这些基团在 FH_4 分子上可以发生互变。丝氨酸是一碳基团的主要供体，其羟甲基（—CH_2OH）转移到 FH_4 上，先生成 N^5，N^{10}-甲羟-FH_4，然后再转化成其他形式的一碳基团供合成代谢需要。几种一碳基团与 FH_4 的结合方式简示如下：

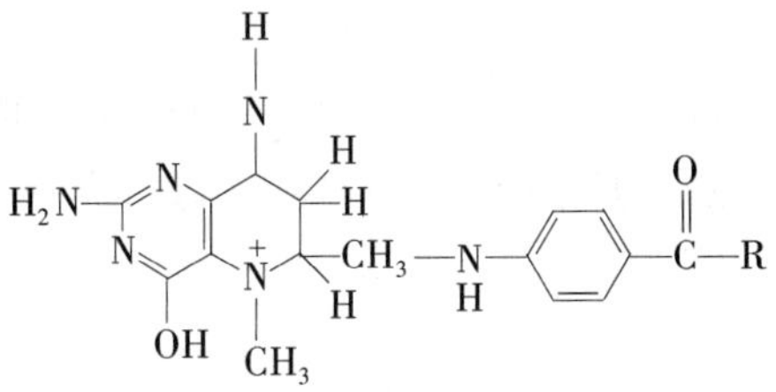

N^5 - 甲基四氢叶酸

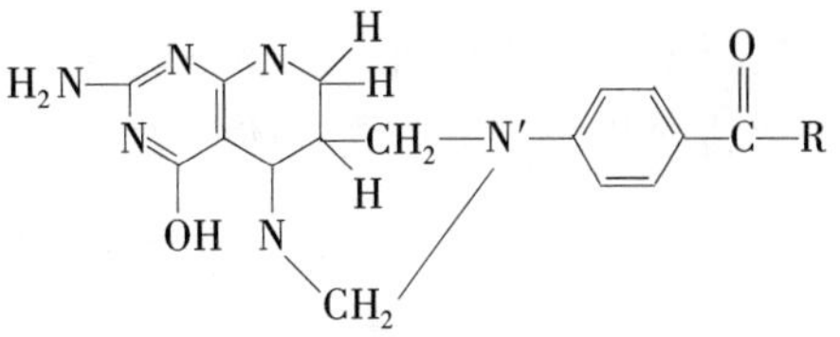

N^5, N^{10} - 亚甲基四氢叶酸

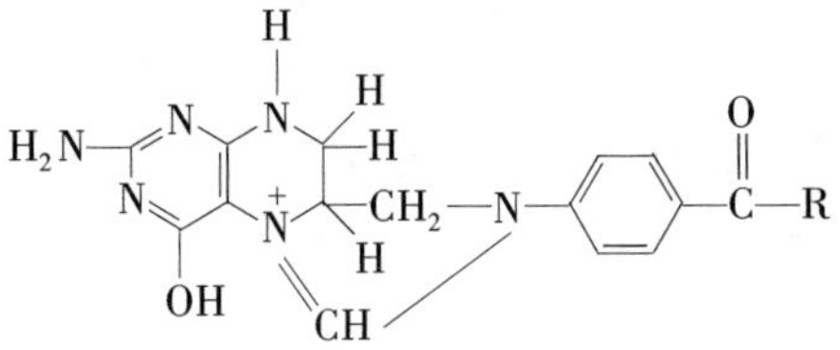

N^5, N^{10} - 甲炔基四氢叶酸

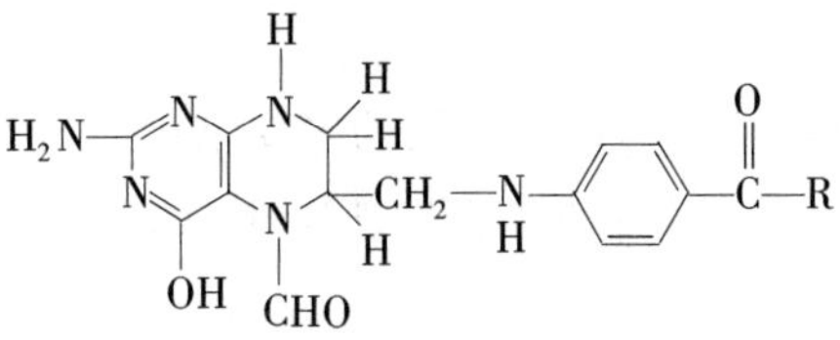

N^5 - 甲酰基四氢叶酸

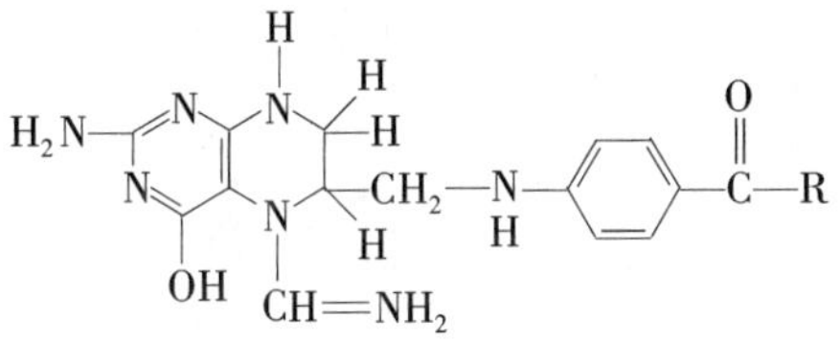

N^5 - 亚胺甲基四氢叶酸

以上各种形式的一碳单位可分别供应不同化合物的生物合成。例如 N^5, N^{10} - 亚甲基 - FH_4 可提供甲基（—CH_3）给尿苷酸合成胸苷酸。N^5, N^{10} - 甲川 - FH_4 和 N^{10} - 甲酰 - FH_4 可分别为嘌呤环的生物合成提供第 8 位和第 6 位的碳原子（详见第十二章核苷酸生物合成）。N^5 - 甲基 - FH_4 可提供甲基给高半胱氨酸，生成蛋氨酸。N^5, N^{10} - 亚甲基 - FH_4 可提供一个羟甲基给甘氨酸合成丝氨酸（详见第十二章氨基酸合成）。

由于 FH_4 是许多生物合成反应所必需的辅酶，若细胞内缺乏 FH_4，则使多种生物合成受阻，细胞不能生长。因此，医药上仿效叶酸的分子结构设计了多种磺胺类药物，例如，对磺基苯甲酸是对氨基苯甲酸的结构类似物，作为对氨基苯甲酸的代谢拮抗物能抑制细菌合成叶酸，从而抑制细菌生长繁殖。

甲氧苄氨嘧啶（TMP）是二氢叶酸还原酶的抑制剂，可作为磺胺药的增效剂，与磺胺药合用可双重阻断细菌合成四氢叶酸，从而大大增强抑菌效果。甲氧苄氨嘧啶的结构式为：

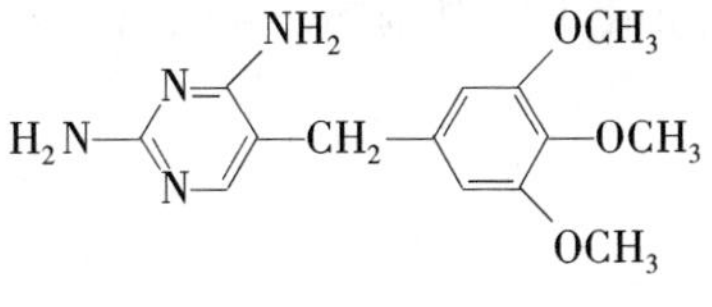

3. 来源

植物和大多数微生物都能合成叶酸。某些微生物不能自行合成，则需要用现成的叶酸作为生长因子。人体和哺乳动物不能合成叶酸，但肠道微生物可以合成。绿叶蔬菜、肝、酵母等食品含叶酸丰富，故人体一般不会发生叶酸缺乏症。

八、维生素 B_{12} 及维生素 B_{12} 辅酶

1. 结构

维生素 B_{12} 结构复杂，是一种与卟啉环结构相近似的咕啉环衍生物，分子中含有钴（Co^{2+}）和氰基（—CN），故又称氰钴胺素或氰钴素，是唯一的一种分子中含有金属元素的维生素。

维生素 B_{12} 作为辅酶的主要结构形式是 5-脱氧腺苷钴胺素。它是维生素 B_{12} 的—CN 基被 5′-脱氧腺苷取代的产物，称为维生素 B_{12} 辅酶。结构式如图 5-8 所示。

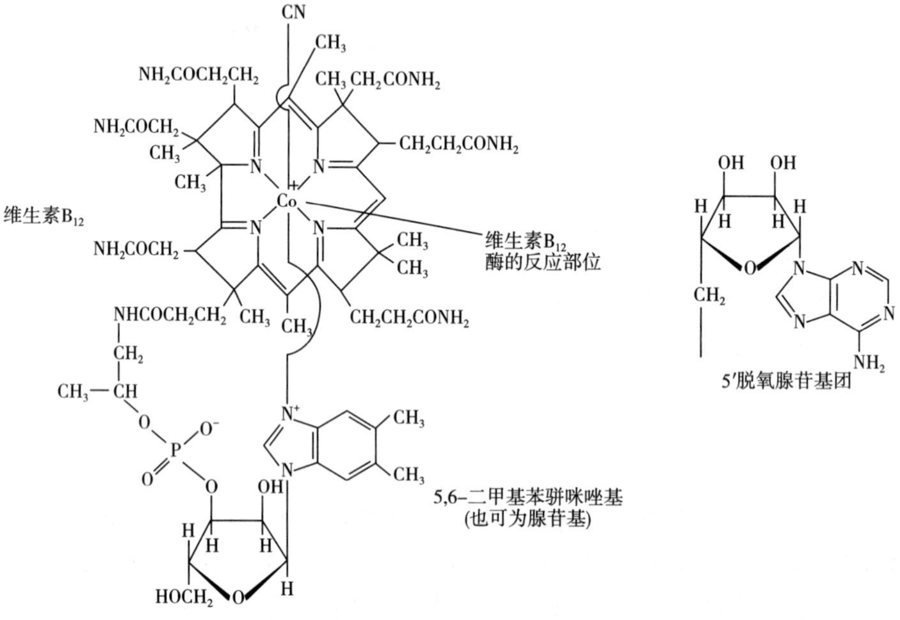

图 5-8　维生素 B_{12} 及其辅酶的结构

维生素 B_{12} 中，钴原子的第六个配位体是氰基（—CN）。其—CN 若被 5′-脱氧腺苷取代，则为 5′-脱氧腺苷钴胺素；若被甲基取代，则为甲基钴胺素，二者分别为维生素 B_{12} 辅酶的不同结构形式

2. 功能

在体内，维生素 B_{12} 辅酶作为变位酶的辅酶，参加一些异构化反应。例如，作为甲基天冬氨酸变位酶的辅酶，参加催化谷氨酸与 β-甲基天冬氨酸转化反应；作为甲基丙二酸单酰 CoA 变位酶的辅酶，参加催化 L-甲基丙二酸单酰 CoA 与琥珀酰 CoA 互变。以后者为例，反应如下：

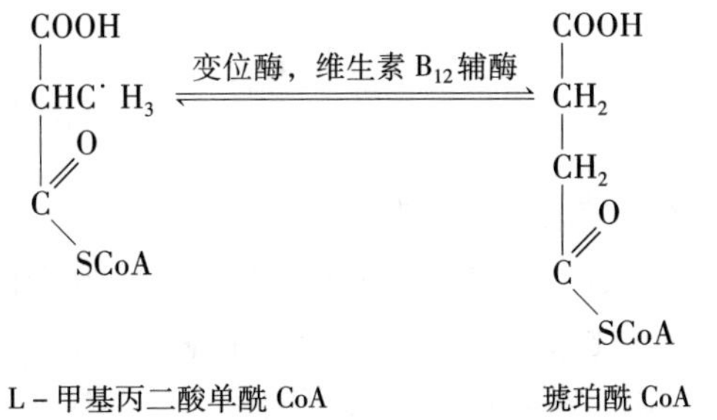

$$\text{L-甲基丙二酸单酰 CoA} \xrightleftharpoons{\text{变位酶，维生素 B}_{12}\text{辅酶}} \text{琥珀酰 CoA}$$

维生素 B_{12} 的另一种辅酶形式为甲基钴胺素，它参与生物合成中的甲基化作用。例如胆碱、甲硫氨酸等化合物的生物合成。胆碱是乙酰胆碱和卵磷脂的组成成分。乙酰胆碱和卵磷脂分别是神经传递介质和生物膜的基本结构物质。因此，维生素 B_{12} 对神经功能有特殊的重要性。

维生素 B_{12} 对红细胞的成熟起重要作用，可能和维生素 B_{12} 参与 DNA 的合成有关。缺少维生素 B_{12} 时，巨红细胞的 DNA 合成受到阻碍，不能进行细胞分裂，因而不能分化成红细胞。临床可以用维生素 B_{12} 治疗恶性贫血、神经炎、神经萎缩、烟毒性弱视等病症。

3. 来源

植物和动物均不能合成维生素 B_{12}，只有某些微生物能合成。因此，人和动物主要靠肠道细菌合成维生素 B_{12}。又因为动物肝、肾、鱼、肉、蛋类等食品富含维生素 B_{12}，所以人体一般不会缺乏。

九、硫 辛 酸

1. 结构

硫辛酸是一个含硫的八碳酸，在第 6，8 位上有巯基，可脱氢氧化成二硫键，称 6, 8-二硫辛酸。在细胞中以氧化型和还原型两种形式存在，结构如图 5-9 所示。

2. 功能及来源

硫辛酸是 α-酮酸氧化脱羧酶系的辅酶及转羟乙醛基酶的辅酶。起转移酰基和氢的作用与糖代谢关系密切。

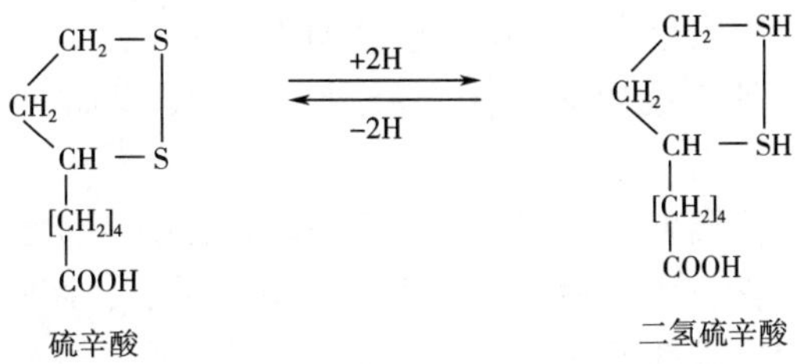

图 5-9 硫辛酸

硫辛酸是微生物和原生动物的生长限制因子，人体能自行合成，在肝脏及酵母细胞中含量甚高。

十、维生素 C

1. 结构

维生素 C 是一种 L-型己糖酸内酯,其分子中第 2,3 位 C 原子上的两个烯醇式羟基极易解离出质子(H^+)而显酸性,又因能防治坏血病,故得名抗坏血酸。维生素 C 分子中的两个烯醇式羟基易脱氢氧化成脱氢抗坏血酸。在体内,维生素 C 以还原型和氧化型两种形式存在,两者能可逆转化,在氧化还原反应中起递氢体作用。氧化型和还原型维生素 C 同样具有生理功能。氧化型维生素 C 易水解生成古洛酮酸,丧失生理活性,而且,水解作用不能逆转。古洛酮酸继续氧化则分解成草酸和 L-赤藓糖酸。维生素 C 的分子结构及化学变化如图 5-10 所示。

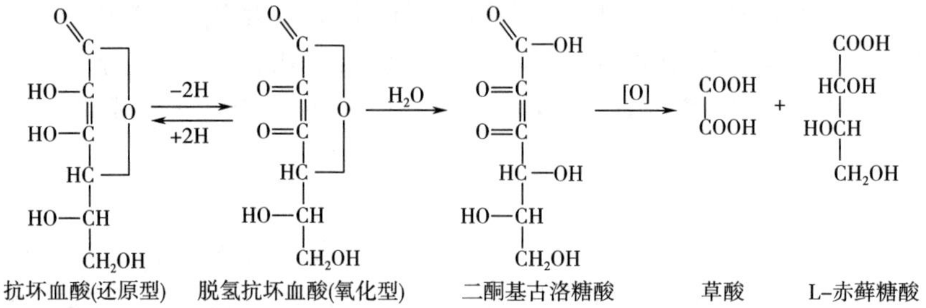

图 5-10 维生素 C 的分子结构及其化学变化

L-抗坏血酸的异构体 D-抗坏血酸性质与 L-型相同,但生理活性很小,仅为 L-型的十分之一。

2. 功能

维生素 C 的生理功能是多方面的:①可作为还原剂维持细胞中许多化合物的还原态,如四氢叶酸、巯基酶的-SH 等。②可促进羟化酶的活性,参加一些重要羟化作用,如前胶原分子中赖氨酸及脯氨酸残基,经羟化后,前胶原分子才能成为胶原蛋白分子。分子之间能交联成为正常胶原纤维,参加构成骨及毛细血管等结缔组织,所以,这些结缔组织的生成或维持完好都需要维生素 C。③维生素 C 可与细胞中其他氧化还原体系偶联发挥氧化还原作用,如谷胱甘肽、细胞色素 c,NAD^+,$NADP^+$ 等。

此外,维生素 C 的还原性还能将胃中的铁还原成亚铁,以利于吸收。

3. 来源

植物、微生物能够合成维生素 C,人和灵长类动物自身不能合成,须靠食物供给。维生素 C 广泛存在于水果、蔬菜中,柑橘、红枣、山楂、番茄、辣椒、松针和新生幼苗中含量丰富。工业上,可利用青霉菌或细菌,以葡萄糖为原料进行发酵生产。

维生素 C 易被氧化,受热易破坏,在中性或碱性溶液中尤甚。遇光或微量金属离子如 Ca^{2+},Fe^{2+}、都可使其破坏。果蔬加工中提高维生素 C 的保存率是很受重视的技术问题。

第三节 脂溶性维生素

重要的脂溶性维生素有维生素 A，维生素 D，维生素 E，维生素 K 等，都是异戊二烯的衍生物，近 20 年来，对它们的生化功能的研究发展很快。

一、维 生 素 A

1. 结构

维生素 A 化学名称为视黄醇，有维生素 A_1 和维生素 A_2 两种，维生素 A_1 在海水鱼的肝脏中丰富，维生素 A_2 在淡水鱼的肝脏中丰富。两者都是以四个异戊二烯单位构成的脂环不饱和一元醇，彼此的差别是维生素 A_2 在脂环第 3 位上多一个双键，故维生素 A_2 又称为 3 - 脱氢视黄醇。维生素 A_2 活性仅为维生素 A_1 的一半。维生素 A_1 和维生素 A_2 结构如图 5 - 11 所示。

图 5 - 11　维生素 A 的分子结构

2. 功能

维生素 A 与人的视觉关系极为密切。人的眼睛感受暗光的视色素为视紫红质，感光能力取决于视紫红质的浓度。视紫红质是由维生素 A_1 转变成的 11 - 顺视黄醛与视蛋白组成的结合蛋白，视黄醛与视蛋白在弱光中结合，在强光中分解。

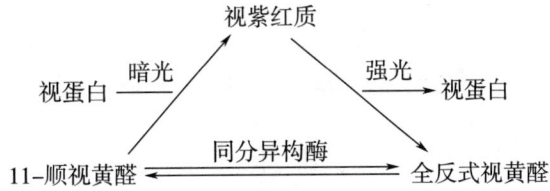

只有正常供应维生素 A，视紫红质浓度才能正常。缺乏维生素 A，视紫红质不能合成，则患夜盲症，表现为暗适应缓慢或丧失。

3. 来源

动物的肝、乳中含有丰富的维生素 A。高等植物一般不含维生素 A，但普遍能够合成类胡萝卜素，例如，胡萝卜、菠菜、番茄、枸杞子等都有丰富的类胡萝卜素。某些微生物也能大量合成类胡萝卜素。类胡萝卜素可分为 α -，β -，γ - 三种类型，它们的基本结构相似，区别仅在一端的白芷酮环的双键数目或位置有所不同。

α-胡萝卜素　　β-胡萝卜素　　γ-胡萝卜素

（R 代表有关胡萝卜素的其余部分）

　　类胡萝卜素的分子结构相当于两个维生素 A 分子的基本结构，在人和动物体内可转化为维生素 A，因此，把这些类胡萝卜素称为维生素 A 原。其中，β-胡萝卜素是最重要的维生素 A 原，在体内经过氧化还原可生成两分子视黄醇，如图 5-12 所示。α-、γ-胡萝卜素也可转化为维生素 A，但转化率比 β-胡萝卜素低。维生素 A 易氧化，遇热和光更易氧化，加热或日光曝晒食品，维生素 A 大量破坏。

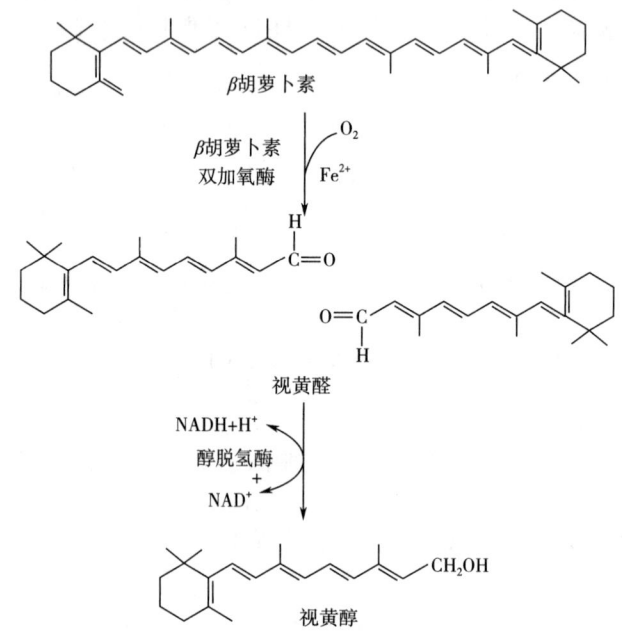

图 5-12　维生素 A 原转化为维生素 A

二、维生素 D

1. 结构

维生素 D 有多种，都是类固醇化合物，含有环戊烷多氢菲结构，以维生素 D_2（麦角钙化醇）及维生素 D_3（胆钙化醇）最重要。维生素 D_2 与维生素 D_3 的分子结构仅在侧链上稍有不同，维生素 D_2 在 C_{22} 上有一个双键，C_{24} 上有一个甲基。维生素 D_2 与维生素 D_3 的分子结构如图 5-13 所示。

2. 功能

维生素 D 的主要生理功能是促进钙、磷吸收和促进成骨作用。它的活性分子形式是 1,25-二羟胆钙化醇，可简化写为 $1,25-(OH)_2-D_3$。维生素 D 在体内转化为 $1,25-(OH)_2-D_3$ 的过程是：先在肝中经羟化反应，生成 25-羟基胆钙化醇。然后，再在肾脏发生

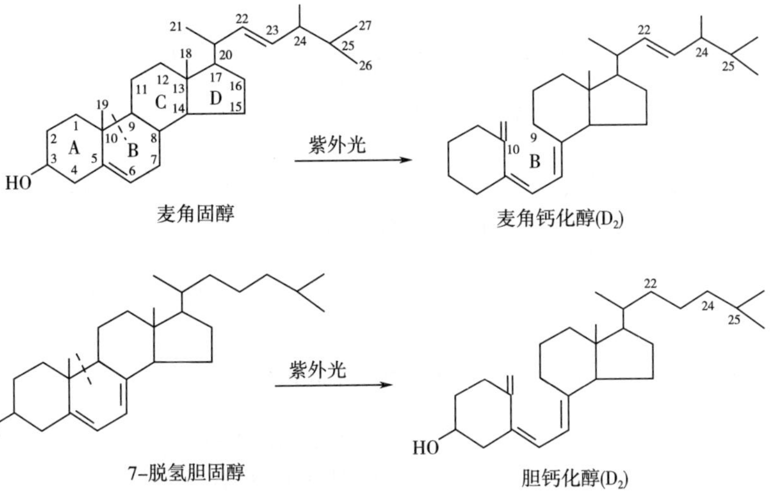

麦角固醇 →(紫外光) 麦角钙化醇(D_2)

7-脱氢胆固醇 →(紫外光) 胆钙化醇(D_2)

图5-13 维生素D的分子结构及转化生成

羟化，变成1,25-二羟胆钙化醇。羟化完成后才成为生理有效物质从肾脏转运到小肠及骨中，在这两个组织中调节Ca^{2+}和PO_4^{3-}的代谢。研究证明，维生素D是通过对RNA的影响，诱导钙的载体蛋白的生物合成，从而促进钙、磷吸收的。

缺少维生素D的婴儿，钙、磷代谢能力弱，骨、牙不能正常发育，临床表现为手足抽搐。严重者导致佝偻病，成人可致软骨病。

3. 来源

鱼肝油中含有丰富的维生素D，蛋黄、牛乳和肝、肾、脑、皮肤等动物组织都含有维生素D。植物体内不含维生素D。动物、植物、微生物体内都含有可以转化为维生素D的固醇类物质，称为维生素D原。自然界中的维生素D原有10余种，以人及动物皮肤中的7-脱氢胆固醇和植物、酵母及其他真菌中的麦角固醇最为重要，经紫外线照射，它们可分别转化为维生素D_2和维生素D_3（图5-13）。

三、维生素K

1. 结构

维生素K是具有异戊二烯类侧链的萘醌类化合物，有K_1和K_2之分。从化学结构上看，维生素K_1和维生素K_2都是2-甲基-1,4-萘醌的衍生物。区别仅在于R基团不同，分子结构如图5-14所示。

2. 功能

维生素K具有凝血活性，故又称为凝血维生素，其凝血活性几乎集中在2-甲基萘醌这一基本结构中。人工合成的2-甲基萘醌已用于临床，称为维生素K_3，其活性比等量的维生素K_1，维生素K_2高。

3. 来源

人体维生素K的来源一靠食物补充，二靠肠道微生物合成。食物中的绿色蔬菜、动物肝脏和鱼类含有较多的维生素K，其次是牛乳、麦麸、大豆等食物。

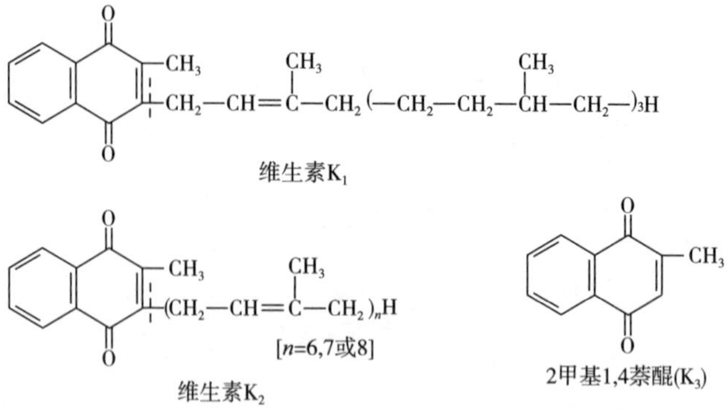

图 5－14　维生素 K 的结构

人体一般不会缺乏维生素 K。若食物中缺乏绿色蔬菜或长期服抗菌素影响肠道微生物生长，可能造成维生素 K 的缺乏，表现为出血时间或凝血时间延长。

四、维 生 素 E

1. 结构

维生素 E 又称生育酚，为苯并二氢吡喃的衍生物。天然存在的维生素 E 有多种不同的分子结构，主要是苯环上取代基的数目和位置不同，据此，可将维生素 E 分为 α，β，γ，δ，η 等数种，基本结构如图 5－15 所示。

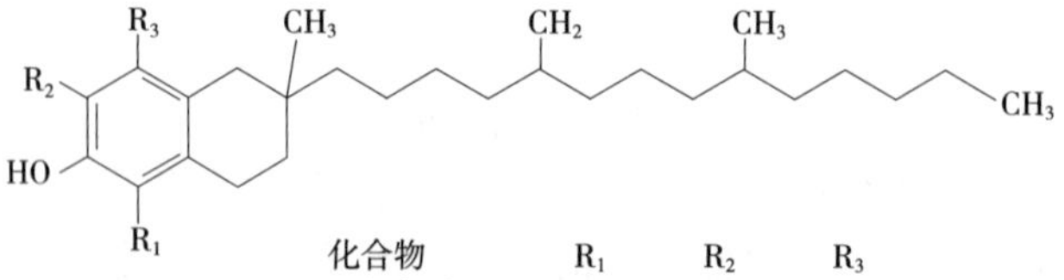

化合物	R_1	R_2	R_3
α-生育酚	CH_3	CH_3	CH_3
β-生育酚	CH_3	H	CH_3
γ-生育酚	H	CH_3	CH_3
δ-生育酚	H	H	CH_3

图 5－15　生育酚的基本结构

2. 功能

各种维生素 E 中，以 α－生育酚生理活性最高，β－及 γ－生育酚的活性仅为 α－生育酚的 40% 和 80% 。

维生素 E 为微带黏性的黄色油状物，在无氧条件下稳定，甚至加热至 200℃ 以上也不被破坏，但在空气中极易被氧化，颜色变深。由于维生素 E 易于氧化，所以对其他易被氧化的物质，如维生素 A 和脂肪等有保护作用。在食品上可用作抗氧化剂。

在细胞中，维生素 E 极易与分子氧及自由基起反应，能防止磷脂中的不饱和脂肪酸被氧化，对生物膜有保护作用。

维生素 E 对动物生育是必需的，在缺乏维生素 E 时，会造成不育。但对人类生殖机能的重要性不很明确，在临床上也用于防治流产和早产。除此之外，目前，维生素 E 在临床上试用范围很广,对贫血、动脉粥样硬化、肌营养不良、脑水肿等病症都有一定的防治作用。近年来又发现有抗衰老作用。

3. 来源

一般食品中维生素 E 含量丰富,人体一般不缺。麦胚油、棉籽油、大豆油、玉米油中富含维生素 E,豆类及绿叶蔬菜中含量也较多。

各种维生素参加组成的辅酶及功能见表 5-1。

表 5-1　　　　　　　　　　　　维生素及有关重要辅酶

维生素		辅　酶（或辅基）			
名称	俗称	名称	符号	生理功能	作用机制
维生素 B_1	硫胺素	焦磷酸硫胺素	TPP	(1) α-酮酸脱羧酶的辅酶	转羟乙基
				(2) 转酮醇酶的辅酶	转二羟乙基
维生素 B_2	核黄素	黄素核苷酸	FMN	(1) 需氧脱氢酶的辅酶	递氢体
		黄素腺嘌呤二核苷酸	FAD	(2) 不需氧脱氢酶的辅酶	
维生素 PP	烟酸	烟酰胺腺嘌呤二核苷酸或辅酶Ⅰ	NAD 或 Co Ⅰ	不需氧脱氢酶的辅酶	递氢体
	烟酰胺	烟酰胺腺嘌呤二核苷酸磷酸或辅酶Ⅱ	NADP 或 Co Ⅱ		
维生素 B_6	吡哆素	磷酸吡哆醛	H—C=O | P	(1) 转氨酶的辅酶 (2) 氨基酸脱羧酶的辅酶	转氨
		磷酸吡哆胺	H—C=NH₂ | P		脱羧
遍多酸	泛酸	(1) 4′磷酸泛酰巯基乙胺	4′-Ⓟ-PaSH	ACP 的辅基	转酰基
		(2) 辅酶 A	CoASH	丙酮酸脱氢酶系的辅酶	
维生素 B_{11}	叶酸	四氢叶酸	CoF, THFA, FH₄	一碳单位代谢的辅酶	转碳单位
维生素 H	生物素			羧化酶的辅酶	CO_2 的载体
维生素 B_{12}	氰钴素 钴胺素	B_{12} 辅酶		甲基变位酶的辅酶,甲基化作用辅酶	
维生素 B_7	硫辛酸		S L| S	丙酮酸脱氢酶系的辅酶	转酰基,氢载体
维生素 C	抗坏血酸		VC		作还原剂,促进羧化作用,氧化还原作用

续表

维生素		辅	酶（或辅基）		
名称	俗称	名称	符号	生理功能	作用机制
维生素 A	视黄醇 视黄醛	视黄醛		与视蛋白组成视紫红质	
维生素 D	抗佝偻病 维生素		$1,25-(OH)_2-D_3$	促进钙磷代谢、促进成骨作用	
维生素 E	生育酚			抗氧化作用，保护生物膜 ——维持肌肉正常功能， 维持生殖机能	
维生素 K	K_1,K_2,K_3			促进凝血因子合成	

习　题

1. 何谓维生素？
2. 写出 NAD^+ 与 $NADP^+$ 及 FMN 与 FAD 分子结构，并简述它们的辅酶功能及其与维生素的关系？
3. 泛酸的辅酶结构形式有哪些？功能如何？
4. 维生素 B_{11} 在一碳代谢中起什么作用？
5. 转氨酶的辅酶是什么？
6. 各种脂溶性维生素的结构特点及生物功能如何？
7. 列表简示各种重要辅酶分子的结构，催化活性及其与维生素的关系。

参 考 文 献

1. 朱圣庚，等．生物化学（第 4 版）［M］．北京：高等教育出版社，2017．
2. 常桂英，等．生物化学（第 2 版）［M］．北京：化学工业出版社，2018．
3. 张楚富．生物化学原理（第 2 版）［M］．北京：高等教育出版社，2011．
4. 杨海灵，等．基础生物化学［M］．北京：中国林业出版社，2015．

第六章 酶

学习指导

酶是生物体内最重要的活性物质之一，体内一切代谢反应都是酶催化的。酶的制剂已成为重要的新技术材料，在许多领域发挥着重要作用。本章学习要求：（1）了解酶的化学本质和催化作用特点，以及酶促作用具有高效率和专一性的机制；（2）掌握酶的分子组成及结构，以及酶活性中心、变构酶等基本概念；（3）掌握有关物理化学因素对酶促反应速度的影响以及有关的基本概念；（4）理解酶单位的含义及用途，掌握酶活力的概念及正确测定酶活力的方法；（5）了解酶的分离纯化及生物固定化技术的一般方法。

第一节 概 述

一、酶的概念

酶是由活细胞产生的具有高效催化能力和催化专一性的蛋白质或 RNA。由于目前所有的酶都来源于生物体，所以又将酶叫做生物催化剂。

生物体最重要的特征是具有新陈代谢作用，生物体的一切生理机能无不以物质代谢为基础，而新陈代谢过程中所包括的各种化学反应，基本上都是由酶来催化的。因而，酶的存在是生物体进行新陈代谢的必要条件。没有酶就没有新陈代谢，也就没有生命。

不同生物体所含的酶在类别与数量上各有不同，这种差异决定了生物的代谢类型。而且，细胞自身还可以通过改变酶的活性来控制和调节代谢过程的方向和强度，使代谢过程能经常地与周围环境和自身生理活动的需要保持平衡。

二、酶学的历史发展

据考古和文字记载的大量史实说明，远在古代，人类就已开始凭着实践所积累的经验，广泛地应用动、植物和微生物酶的催化作用在为生产和生活服务了。但在当时，人们并不知道有酶这类化合物的存在。

直到 19 世纪以后，科学家由对酵母酒精发酵，对肠胃消化作用以及对麦芽中淀粉糖化作用的研究，才逐步开始建立了酶的概念，发展起了酶学。

1857 年，法国科学家巴斯德（Pasteur）最早提出了"发酵系由微生物引起"的观点，并认为没有活细胞就不会有发酵过程，从而引起了关于酒精发酵的"生命催化论"和"化学催化论"之间的科学大论战。

1897 年，德国学者巴赫纳（Buchner）在实验中意外地发现了酵母的无细胞抽提液同样可以引起蔗糖的酒精发酵。由此证明了生命体内有酶，而且，酶脱离开生命体照样能发挥作用。这无疑是酶发展史上的一个重要里程碑。从此揭开了酶学飞速发展的光辉一页。

1926年萨姆纳（Sumner）从刀豆中提取脲酶结晶获得成功，并证明了酶的本质是蛋白质。从而奠定了蛋白质化学与酶化学的基础。

1949年日本人采用深层培养法生产细菌α-淀粉酶，从而开辟了微生物酶制剂进入大规模工业化生产的新纪元。1959年，酶法生产葡萄糖又获成功，推进了酶制剂工业的发展进程。到目前为止，从生物界发现的酶，总数已达到2500多种，其中的数百种已被提纯、结晶。

如今酶制剂的生产和应用、酶的分子结构和功能的研究，乃至酶分子的改造和人工合成的研究，都已成为令世人瞩目的重要领域。

第二节　酶催化作用的特点

一、酶与非生物催化剂的共性

1. 都能降低反应能阈

在一个反应体系中，反应物的每一个分子所含的能量并不相同。根据化学反应的有效碰撞原理，只有那些能量已达到或超过某一水平的分子才能参加反应，这种分子称为活化态（或过渡态）分子。反应物分子由初态（初始能量状态）转化为活化态所需要的自由能称为活化自由能（活化能），单位是J/mol。在化学反应体系中活化态的分子越多，反应速度就越快。因此，有两种方法可加快反应：①向反应体系提供能量，如光照、加热等可以促进分子的活化，加速化学反应。②想办法降低化学反应的活化能，使得那些能量水平较低，本来不能参加反应的大批分子也具有参加反应的能力，这样也能加快化学反应速度。在化学反应体系中加入催化剂所以能加快反应速度，就是由于催化剂能降低化学反应的活化能，如图6-1所示。

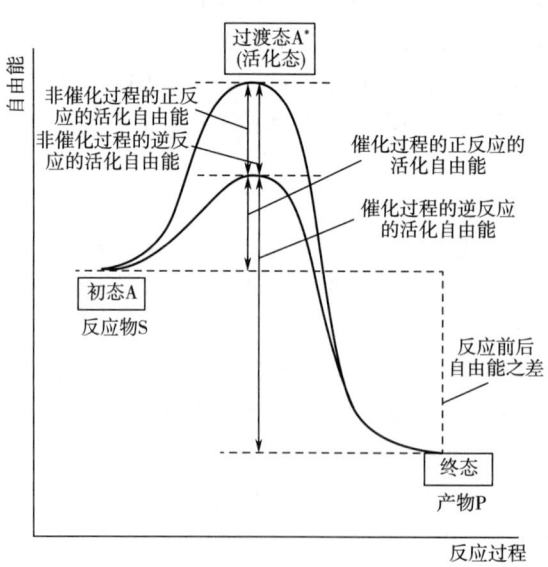

图6-1　反应中的能量变化

酶和一般催化剂都能降低反应的活化能。不过，酶能使活化能降低得更多，因此，同样初态的分子所需要的活化能就更低，活化分子数也就更多，反应更容易进行。以 H_2O_2 的分解为例：

    无催化剂   活化能 75.3kJ/mol
    胶态钯为催化剂 活化能 49.0kJ/mol
    过氧化氢酶   活化能 8.4kJ/mol

2. 能加快反应速度，但不能改变反应的平衡点

酶和一般催化剂一样，只能加速反应达到平衡点的速度，而不能改变反应的平衡点。

3. 反应前后不发生质与量的变化

在反应的前后，酶和一般催化剂一样，其本身不发生质与量的变化。

二、酶作为生物催化剂的特点

1. 酶催化效率极高

酶的催化效率比一般无机催化剂高 $10^5 \sim 10^{13}$ 倍。极少量的酶就可使大量的物质很快地发生化学反应。例如，铁离子和过氧化氢酶都能够催化 H_2O_2 分解为 H_2O 和 O_2 的反应，但是铁离子的催化效率是 6×10^{-4} mol/(mol·s)，而过氧化氢酶的催化效率为 5×10^6 mol/(mol·s)。

2. 酶的催化作用具有高度的专一性

所谓酶作用的专一性，是指酶对反应底物的选择性。一种酶仅仅能催化一种或某一类物质发生一定性质的化学反应，生成一定的产物。例如蛋白酶只能催化蛋白质的肽键水解，产生小肽或氨基酸，但不能催化淀粉的水解。同样，淀粉酶只能水解淀粉类分子中的葡萄糖苷键，而不能作用于其他物质。无机催化剂则没有这么严格的专一性。盐酸既能催化蛋白质水解，也可促进淀粉水解。由于酶反应具有严格的专一性，所以它的催化反应产物比较单一，副产物少，甚至往往可以从比较复杂的原料中有选择地加工制备某些需要的物质，或除去其他不必要的成分。

根据各种酶对底物选择性的严格程度不同，可将酶的专一性分成以下几种类型。

（1）绝对专一性 一种酶只能作用于特定的底物，发生特定性质的反应，对其他任何物质都没有作用，这种酶选择性的严格程度极高。例如，脲酶只能催化尿素水解：

$$H_2N-\underset{\underset{O}{\|}}{C}-NH_2 + H_2O \xrightarrow{\text{脲酶}} 2NH_3 + CO_2$$

对尿素的各种衍生物（如尿素的甲基取代物或氯取代物）不起作用，对于其他同样酰胺键结构的肽类或其他化合物也没有作用。

（2）相对专一性 有些酶的专一性程度较低，对具有相同化学键或成键基团也相同的底物，都具有催化性能，这称为相对专一性。例如，羧酸酯酶，凡是由羧酸所成的酯键都可以水解，对脂肪酸和醇基无选择性。又如，RNA酶对RNA分子内的 $3',5'$-磷酸酯键都能水解，对碱基无选择性。

（3）立体异构专一性（光学专一性） 几乎所有的酶对立体异构物的作用，都具有高度专一性。当底物具有不对称碳原子时，酶仅能作用于旋光异构体中的一种，而对其对

映体则完全无作用。例如，L-氨基酸氧化酶只对L-型氨基酸起氧化作用，而对D-型的氨基酸无作用。

同时，顺反异构体酶也仅能作用于顺反异构物中的一种。例如，反丁烯二酸酶仅作用于反丁烯二酸，而不能作用于顺丁烯二酸。

酶作用上的专一性从根本上保证了生物体内为数众多的各种各样的化学反应能有条不紊的协调进行。

3. 反应条件温和

酶来源于生物细胞，其本身是蛋白质，对高压、高温或强酸、强碱等剧烈条件非常敏感。所以，一般酶的催化反应都是在常温、常压和近中性pH条件下进行的。因此，酶作为工业催化剂时，不用耐高温、高压的设备，也不需要耐酸、耐碱的容器，生产安全、快速，有利于改善劳动条件，也有利于环境保护。例如，用盐酸水解淀粉生产葡萄糖，需在约0.15MPa和140℃的操作条件下进行，需要耐酸碱的设备。若用淀粉酶和糖化酶水解，则可用一般设备在常压下进行。

4. 酶的催化活性是受调节和控制的

生命现象表现了生物体内化学反应历程的有序性和协调性。这是由于生物体内的酶促作用是受多方面因素的调节和控制的。正因为如此，酶在生物体内才能够准确地发挥催化作用，维持正常的代谢平衡，使生命活动有节奏地进行。

在生物体内，酶的调节和控制方式是多种多样的。归纳起来有：①在分子水平上，对酶的催化活性进行调节，例如，共价修饰调节、变构调节、同工酶调节、多功能酶调节等。②在酶分子合成水平上，对酶量进行调节。这些将在第十五章中详细介绍。

第三节 酶的命名与分类

一、习惯命名法

现已发现的酶有2500多种，新的酶还在不断地被发现。酶的结构复杂，不能像一般有机化合物那样，根据其结构来命名。现在普遍使用的酶的习惯名称是根据以下原则确定的。

1. 根据被作用的底物命名

例如，水解淀粉的酶称为淀粉酶，水解尿素的酶称为脲酶，水解蛋白质的酶称为蛋白酶等。

2. 根据催化反应的性质命名

例如，催化氧化还原反应的酶称为氧化酶或还原酶；催化转移氨基反应的酶称为转氨酶等。

3. 将酶的作用底物与催化反应的性质结合起来命名

例如，催化葡萄糖进行氧化反应的酶称为葡萄糖氧化酶；催化乳酸脱氢反应的酶称为乳酸脱氢酶。

4. 将酶的来源与作用底物结合起来命名

例如，酶作用底物分别为淀粉和蛋白质，来源于细菌时，分别称为细菌淀粉酶和细菌蛋白酶。

5. 将酶作用的最适 pH 和作用底物结合起来命名

例如，酶作用底物为蛋白质，作用最适 pH 为中性的称为中性蛋白酶；最适 pH 为碱性的称为碱性蛋白酶。

酶的习惯名称使用起来比较方便，但由于缺乏统一的原则，所以会造成一些混乱。例如，一酶数名或一名数酶，同时也有些酶命名不甚合理。为了适应酶学发展的需要，避免名称的重复和混乱，1961 年国际生化学会酶学委员会规定了酶的系统命名法。

二、国际系统命名法

按照国际系统命名原则，每一种酶具有一个系统名称和一个习惯名称。习惯名称应简单，便于使用。系统名称应标明酶的作用底物和催化反应的性质。如果有两种底物，均需标出，并用":"隔开；若其中一种底物是水，则可省略。现举例如表 6-1 所示。

表 6-1　　　　　　　　　　　　酶的命名实例

习惯名称	系统名称	催化反应
乳酸脱氢酶	L-乳酸：NAD^+ 氧化还原酶	L-乳酸 + NAD^+ → 丙酮酸 + NADH + H^+
谷丙转氨酶	L-丙氨酸：α-酮戊二酸氨基转移酶	L-丙氨酸 + α-酮戊二酸 → 丙酮酸 + L-谷氨酸
蔗糖酶	蔗糖（：水）水解酶	蔗糖 + 水 → 葡萄糖 + 果糖

系统命名很严格、科学性强，可以消除习惯名称中的一些混乱现象。但是系统名称太长，使用不方便，所以酶学委员会推荐一个习惯名称供使用。同时规定，在以酶为主要论题的文献、著作中，在酶的名称首次出现时，要标出其系统名称和 EC. 编号。

三、国际系统分类法及编号

1961 年，国际生物化学与分子生物学联合会酶学委员会，在规定酶的系统命名原则的同时，也规定了酶的系统分类法和分类编号。根据催化反应的性质①将酶分为六大类，分别用 1，2，3，4，5，6 表示。②再根据底物中被作用的基团或键的特点，将每一大类分为若干个亚类。③每个亚类再分为若干个亚亚类，亚亚类以下，按命名先后排列各个具体的酶。2018 年 8 月，国际生物化学与分子生物学联合会（IUBMB）更改了酶的分类规则，在原有六大酶类之外又增加了一种新的酶类——转位酶（Translocases），也称为易位酶，系统编号为 EC7。

酶学委员会根据上述原则，将每个酶四个层次的类别号码排列起来，用圆点（·）隔开，组成一个酶的编号：第一个数字表示"大类"；第二个数字表示"亚类"；第三个数字表示"亚亚类"；第四个数字表示具体的酶在一定亚亚类中的流水编号，前面冠以"E. C."标志。例如，醇脱氢酶的编号为 E. C. 1. 1. 1. 1，其中，"E. C."代表酶学委员会（Enzyme Commission），大类位置的"1"表示氧化还原酶类；亚类位置的"1"表示底物供体是 CH-OH，亚亚类位置的"1"表示受体底物是 NAD^+ 或 $NADP^+$，最后一个"1"是在该亚亚类中的流水编号。又如，胰蛋白酶编号 E. C. 3. 4. 21. 4，第一位的"3"表示水解酶类；第二位的"4"表示它在第 4 亚类，主要作用于肽键；第三位的"21"表示它属于第 4 亚类中的第 21 亚亚类，是丝氨酸酶类；最后位上的"4"是流水编号。由于每一种酶都有特定的编号，从编号就可以了解其性质。新发现的酶可随时编入酶表，在其亚亚类中入座，不需要改动酶表的次序。

下面简要介绍各大类酶的作用方式。

1. 氧化还原酶类

这是一类催化氧化还原反应的酶类，其反应通式为：

$$AH_2 + B \rightleftharpoons A + BH_2$$

式中 AH_2 为供氢体，B 为受体。根据供氢不同，又分为 13 个亚类。每个亚类又根据受体不同，分为若干亚亚类。

2. 转移酶类

此类酶能催化一种化合物上的基团转移到另一种化合物的分子上，其反应通式为：

$$A-R + B \rightleftharpoons A + B-R$$

式中 R 为被转移的基团，它可以是一碳基团、醛基、酮基、酰基、磷酸基、糖基或氨基等。例如，谷丙转氨酶（简称 GPT），属氨基转移酶类，其催化的反应为：

$$\begin{matrix} COOH \\ (CH_2)_2 \\ CHNH_2 \\ COOH \end{matrix} + \begin{matrix} COOH \\ C=O \\ CH_3 \end{matrix} \rightleftharpoons \begin{matrix} COOH \\ (CH_2)_2 \\ C=O \\ COOH \end{matrix} + \begin{matrix} COOH \\ CHNH_2 \\ CH_3 \end{matrix}$$

谷氨酸　　丙酮酸　　α-酮戊二酸　　丙氨酸

又如，己糖激酶为磷酸基转移酶，其催化的反应为：

$$ATP + D-葡萄糖 \xrightarrow{己糖激酶} 6-\text{\textcircled{P}}-葡萄糖 + ADP$$

3. 水解酶类

此类酶催化大分子物质加水分解成小分子物质的反应，其反应通式：

$$A-B + HOH \rightleftharpoons AOH + BH$$

式中 A—B 代表大分子底物。

这类酶大多数属于细胞外酶，在生物界分布最广，数量也多，工业上应用也最广泛。淀粉酶、蛋白酶、纤维素酶、果胶酶、脂肪酶、核酸酶等皆属此类。

4. 裂合酶类

此类酶催化一个化合物分解为几个化合物的反应或其逆反应，反应通式为：

$$AB \rightleftharpoons A + B$$

例如，脱羧酶催化分子中 C—C 键断裂，产物中有 CO_2；脱水酶催化分子中 C—O 键断裂，生成物中有 H_2O；脱氨酶催化 C—N 键断裂，产物中有氨；醛缩酶催化分子中 C—C 键断裂，产生醛。

5. 异构酶类

此类酶催化同分异构物之间的相互转化，即分子内部基团的重新排列，通式为：

$$A \rightleftharpoons B$$

例如，葡萄糖异构酶催化葡萄糖转变为果糖的反应。工业生产上已应用此酶由葡萄糖制成果糖与葡萄糖的混合糖浆，以提高其甜度，应用于食品工业。其反应式如下：

$$\begin{array}{c}
\text{CHO} \\
\text{H—C—OH} \\
\text{HO—C—H} \\
\text{H—C—OH} \\
\text{H—C—OH} \\
\text{CH}_2\text{OH}
\end{array}
\xrightleftharpoons{\text{葡萄糖异构酶}}
\begin{array}{c}
\text{CH}_2\text{OH} \\
\text{C=O} \\
\text{HO—C—H} \\
\text{H—C—OH} \\
\text{H—C—OH} \\
\text{CH}_2\text{OH}
\end{array}$$

D-葡萄糖   D-果糖

6. 合成酶类

此类酶一般是催化有腺苷三磷酸（ATP）参加的合成反应。它关系到许多重要生命物质的合成，如蛋白质、核酸的生物合成，其通式为：

$$A + B + ATP \rightleftharpoons AB + ADP + 无机磷酸$$

式中 ADP 或为 AMP，无机磷酸或为无机焦磷酸。

7. 转位酶类

规定其催化的反应类型为"将离子或分子从膜的一侧转移到另一侧"。这类酶中的一部分因为能够催化 ATP 水解，所以曾经被归类到 ATP 水解酶（EC 3.6.3.-）中，现在则认为催化 ATP 水解并非其主要功能，所以划归到转位酶中。

另外，不依赖酶催化反应的交换转运体（Exchange transporters）不属于转位酶，例如通过离子交换穿越膜结构等。通过磷酸化或其它催化反应，在"开启"和"关闭"构象之间转换的通道，分类到 EC 5.6（大分子构象异构酶类）。

第四节　酶分子的组成与结构

一、单成分酶和双成分酶

除少数具有催化活性的 RNA 分子外，所有研究过的酶，它们的化学本质是蛋白质，所以人们根据酶分子的组成将它们划分为单纯蛋白质酶与结合蛋白质酶两大类。

单纯蛋白质酶，本身就是具有催化活性的单纯蛋白质分子，如脲酶、胰蛋白酶等都属于单纯蛋白质酶。

结合蛋白质酶，除蛋白质外，还含有非蛋白质部分。蛋白质部分称为酶蛋白，非蛋白质部分称为辅助因子。酶蛋白与辅助因子单独存在时均无催化活性，只有这两部分结合起来组成复合物才能显示催化活性。此复合物称为全酶。所以：

$$全酶 = 酶蛋白 + 辅助因子$$

有些酶的辅助因子是金属离子，有些酶的辅助因子是有机小分子。在这些有机小分子中，凡与酶蛋白结合紧密的就称为辅基；而与酶蛋白结合得比较松弛，用透析法等可将其与酶蛋白分开者则称为辅酶。但是，辅基与辅酶之间并没有严格界限。

生物体内酶的种类繁多，但辅酶的种类却较少。同一种辅酶往往能与多种不同的酶蛋白结合，组成催化功能不同的多种全酶。如辅酶Ⅰ（NAD^+）可作为许多脱氢酶（乳酸脱氢酶、3-磷酸甘油醛脱氢酶等）的辅酶。但每一种酶蛋白只能与特定的辅酶结合成一种全酶。可见决定酶的专一性的是酶蛋白部分。辅酶在酶促反应中通常作为电子、原子或某些化学基团的传递体，决定反应的性质。例如，3-磷酸甘油醛脱氢酶只有当酶蛋白与辅酶I结合时，才能催化3-磷酸甘油醛脱氢，其中辅酶I起着传递氧原子的作用。其反应可表示如下：

$$\begin{array}{c}\text{CHO}\\\text{H}-\text{C}-\text{OH}\\\text{CH}_2-\text{O}-\text{P}\end{array} \xrightarrow[\text{NAD}^+]{\text{H}_3\text{PO}_4} \text{NADH}+\text{H}^+ \begin{array}{c}\text{O}\\\parallel\\\text{C}-\text{O}\sim\text{P}\\\text{H}-\text{C}-\text{OH}\\\text{CH}_2-\text{O}-\text{P}\end{array}$$

3-磷酸甘油酸　　　　　　　　　　　　1,3-二磷酸甘油酸

金属离子在酶分子中的作用，或是作为酶活性部位组成成分，或是帮助形成酶活性中心所必需的构象，或是在酶与底物分子间起桥梁作用。

二、酶分子的空间结构及酶活性中心

酶分子都具有球状蛋白质分子所共有的一、二、三级结构，许多酶还具有四级结构或更高级的结构形式。以一个独立三级结构为完整生物功能分子最高结构形式的酶，称为单体酶，以四级结构作为完整生物功能分子结构形式的酶，称为寡聚酶。

酶的高效率、高度专一性和酶活可调节等催化特性，都与酶蛋白本身的结构直接相关。酶蛋白的一级结构决定酶的空间构象，而酶的特定空间构象是其生物功能的结构基础。

为了弄清酶的分子结构与其催化功能的关系，有人做了水解木瓜蛋白酶的实验。发现当将木瓜蛋白酶的180个氨基酸残基水解掉120个以后，该酶仍保持全部活性。这说明此酶的活力只与剩下的60个氨基酸残基直接相关。利用抑制剂对酶分子进行化学修饰，这种方法也是研究酶结构与功能关系的重要手段。例如，脲酶的相对分子质量为48万，然而发现这样大的分子平均只要用四个 Ag^+ 与它结合，就能使其失去活性，可见活性部位并不是整个分子，而只能是有限的部分。

酶蛋白中只有少数特定的氨基酸残基的侧链基团和酶的催化活性直接有关，这些官能团称为酶的必需基团。在酶分子三级结构的构象中，由少数必需基团组成的能与底物分子结合并完成特定催化反应的空间小区域，称为酶的活性中心或酶活中心。构成酶活性中心的必需基团，主要是某些氨基酸残基的侧链基团。有的必需基团负责与底物分子结合，称之为结合基团，或称为结合部位；有些基团负责催化反应，称之为催化基团或催化部位。有些酶活中心，结合基团和催化基团并非都有严格的分工，常常是两种功能兼而有之。研究发现，在酶活中心出现频率最高的氨基酸残基有：丝氨酸、组氨酸、半胱氨酸、酪氨酸、天冬氨酸，谷氨酸和赖氨酸。它们的极性侧链基团，常常是酶活性中心的必需基团。表6-2所示为一些酶的活性中心的组成。

表6-2　　　　　　　　　某些酶活性中心的必需基团

酶	氨基酸残基数	酶活性中心必需基团
牛胰核糖核酸酶A	124	His12 His119 Lys41
溶菌酶	129	Asp52 Glu35
牛胰凝乳酶	245	His57 Asp102 Ser195
牛胰蛋白酶	238	His46 Asp90 Ser183

续表

酶	氨基酸残基数	酶活性中心必需基团
木瓜蛋白酶	212	Cys25 His159
弹性蛋白酶	240	His45 Asp93 Ser188
枯草杆菌蛋白酶	275	His64 Ser221

碳酸酐酶	258	His93 — Zn — His95
		              |
		            His117

三、酶原和酶原激活

某些酶，尤其是蛋白酶，在细胞内合成或初分泌时，并无催化活性，经一些酶或酸的激活，才能变成具有活性的酶。这些无催化活性的酶分子前体称为酶原。使酶原转变为具有活性的酶的作用称为酶原激活或活化作用。酶原激活过程的本质是酶原分子中肽链的局部水解，部分肽段断裂并伴随有空间结构的变化。例如，胰蛋白酶原，在肠激酶的作用下，水解掉一个六肽，使肽链螺旋度增加，导致含有必需基团的组氨酸、丝氨酸、缬氨酸及亮氨酸聚集在一起，形成活性中心。于是胰蛋白酶原就变成了胰蛋白酶。如图 6-2 所示。

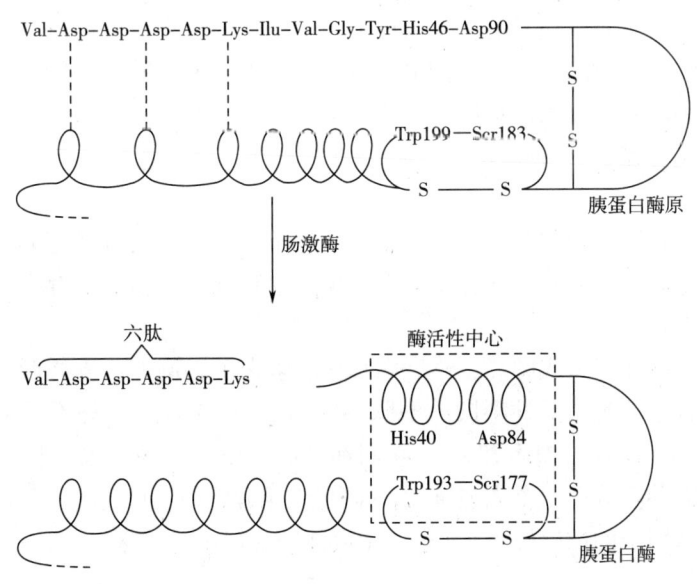

图 6-2 胰蛋白酶原的激活

四、寡聚酶、同工酶和变构酶

1. 寡聚酶的亚基组成

目前已研究过的寡聚酶多达 500 种以上。在第二章中关于"寡聚蛋白"的讨论中已经介绍过，寡聚酶的分子大都是由偶数亚基组成的，以四聚体为最常见，奇数亚基者甚少。因为是由多亚基组成的，所以相对分子质量都比较大，一般都在十来万到几十万，见表6-3。

表6-3　　　　　　　　　　　某些寡聚酶的亚基数及相对分子质量

酶	亚基 数目	亚基 相对分子质量	相对分子质量
磷酸化酶 α	4	92500	370000
己糖激酶	4	27500	102000
果糖磷酸激酶	2	78000	190000
果糖二磷酸酶	2	29000	58000
醛缩酶	4	40000	160000
3-磷酸甘油醛脱氢酶	2	72000	140000
烯醇化酶	2	41000	82000
肌酸激酶	2	40000	80000
乳酸脱氢酶	4	35000	150000
丙酮酸激酶	4	57200	237000

不同寡聚酶分子的亚基类别组成不一样。有些酶是由结构相同、功能也相同的一种亚基组成的，例如3-磷酸甘油醛脱氢酶就是由完全相同的四个亚基组成的。四聚体分子的每个亚基上都有酶活中心，还具有多个与调节因子结合的位点，称为调节中心。调节中心负责与调节因子结合，对酶活性进行调节。有些酶是由结构不同，功能也不同的两种亚基组成的。其中一种亚基具有酶活性中心，称为催化亚基；另一种亚基只有调节中心，没有酶活中心，称为调节亚基（详见第十五章第三节）。

2. 同工酶

同工酶是指催化同一种化学反应，但酶蛋白分子组成、结构有所不同的一组酶。它们存在于同一个体或同一组织中，而在生理上、免疫上和理化性质上都存在差异。至今发现的同工酶有100多种。

同工酶是由不同亚基组成的二聚体、四聚体或多聚体。例如，乳酸脱氢酶有五种不同的分子结构形式，它们是由两种不同的多肽链即M链和H链按五种不同的组合方式而构成的——M_4，M_3H，M_2H_2，MH_3和H_4。它们都是四聚体，五种四聚体构成了一组乳酸脱氢酶的同工酶。五种酶分子虽然都能催化丙酮酸与乳酸的可逆反应，但它们对底物的 k_m 不同，对酶活调节因子的敏感性也不一样，因而在生理功能上具有不同的表现。

3. 变构酶

变构酶又称别构酶（或别位酶），也是由两个以上亚基组成的寡聚酶。变构酶与普通酶不同，它除了具有与底物结合的活性中心外，还具有与调节剂（变构激活剂或变构抑制剂）结合的调节中心。当酶与调节剂结合后，酶蛋白构象发生变化，从而引起酶活性的变化。酶的这种变构调节性质在生物体的代谢控制中有着重要的作用（详见第十五章第三节）。

由不同亚基组成的寡聚酶，都具有变构调节性质，都属于变构酶。相同亚基组成的寡聚酶，有许多已被证明也具有变构性质，也属于变构酶。

五、多酶复合体

细胞中的许多酶常常在一个连续的反应链中起作用，即前一个酶反应的产物恰是后一个酶反应的底物，依次完成一个系列反应。这种由几个酶相互连接成的反应链体系称为多酶体系。而多酶体系控制下的反应即为代谢途径。

有些多酶体系中的酶，是各自独立的，彼此之间没有分子结构上的联系（如图6-3所示），例如，组成糖酵解途径的酶就是如此。

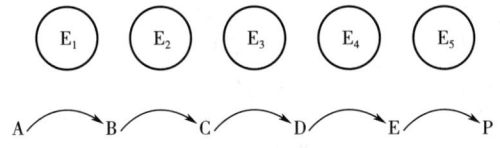

图6-3 分散的多酶体系示意图

有些多酶体系中的酶彼此有机地结合在一起，镶嵌成一个功能完整的具有特定结构的多酶复合体。典型的例子是细菌及动物组织中的丙酮酸脱氢酶复合体。这个复合体由三种酶组成，即丙酮酸脱氢酶（E_1）、二氢硫辛酸转乙酰酶（E_2）和二氢硫辛酰脱氢酶（E_3），它们共同完成催化丙酮酸脱氢、脱羧过程，最后生成二氧化碳、还原型辅酶Ⅰ和乙酰辅酶A（见第十章第三节）。另外一个例子是酵母中的脂肪酸非线粒体合成途径的多酶复合体——脂肪酸合成酶复合体，这种复合体组成更复杂，包括七种不同的酶。它们协同催化合成软脂酸（详见第十一章第三节）。

还有一些多酶体系，它们定位于细胞器结构上，例如，核糖体的蛋白质生物合成酶系，线粒体内膜上的电子传递体等。

多酶复合体中，各种酶巧妙地、有序地结合在一起，形成特定的结构，有利于化学反应的进行和各种酶之间的密切配合。这些复合体的完整结构，是它们催化功能不可缺少的。一旦复合体解体，各个独立的酶分子则无所作为。

第五节 酶催化作用的机制

一、与酶高效催化作用有关的因素

酶催化作用的基本机制包括下列共同程序：酶与底物相遇、互相定向、电子重组以及产物释放。现在认为，与酶的高效催化作用有关的重要因素有以下五个方面。

1. 底物和酶的靠近与定向

化学反应速度与作用物浓度成正比。若反应系统局部区域的底物浓度增高，反应速度也随之增高。提高酶反应速度最简单的可能方式是使底物分子进入酶的活性中心，即增大酶活性中心区域的底物有效浓度。曾有人测到过，某底物在溶液中的浓度为0.001mol/L，而在活性中心的浓度高达100mol/L，即浓度增高10^5倍左右，这就是靠近效应。

要使反应进行，还需要使底物的反应基团与酶活性中心的催化基团相互严格地定向。当专一性底物与活性中心结合时，酶蛋白发生一定的构象变化，可以使两者正确地排列并定向。这种定向效应也是反应速度增高的一种重要原因。Storm 等认为，酶活性基团的主要作用就是产生轨道控制，使底物与酶催化基因相互间精确定位，如图 6-4 所示。

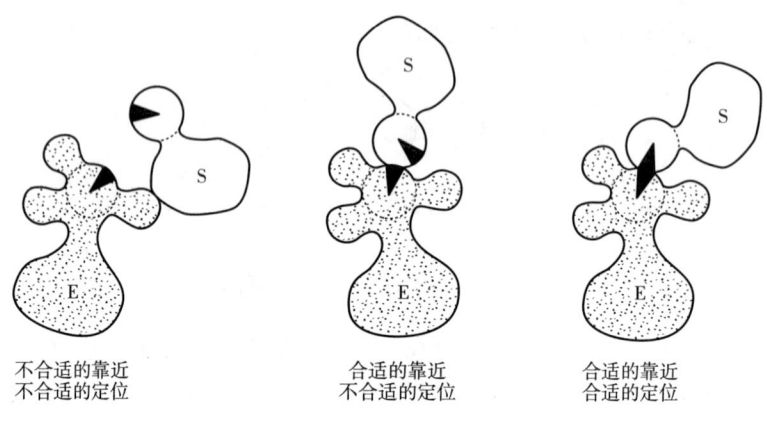

不合适的靠近　　　合适的靠近　　　合适的靠近
不合适的定位　　　不合适的定位　　　合适的定位

图 6-4　"轨道控制学说"示意图

2. 底物分子的敏感键产生张力或变形

酶分子中某些基团可使底物分子的敏感键中电子云密度部分地增高或降低，从而产生"电子张力"，使敏感键更加敏感，更易于反应，有的甚至使底物分子发生变形，如图 6-5 所示，这样就更容易形成酶-底物复合物。

3. 共价催化作用

某些酶能与底物形成一个反应活性很高的共价中间复合物，即共价酶-底物复合物。这样底物只需越过较低的活化能阈就可形成产物，从而提高了催化反应速度。这是一种共价催化作用。

共价催化有两种类型，一是亲核催化，二是亲电子催化。

一个被催化的反应，凡是必须由一个亲核的催化剂提供一个电子对给底物才能进行时，称为亲核催化作用。这种亲核的"攻击"在一定程度上控制反应速度。一个良好的电子供体必然是一个良好的亲核催化剂。许多蛋白酶和

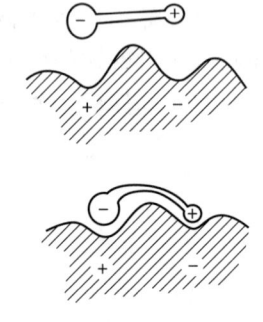

图 6-5　酶的张力效应示意图

酯酶，在它们的活性中心上，亲核的氨基酸侧链基团（如丝氨酸上的羟基、半胱氨酸上的巯基、组氨酸上的咪唑基）可作为肽类或酯类底物上酰基部分的受体。在第二步反应中酰基就从亲核催化剂转移到最后的酰基受体分子上。

相反，亲电子催化作用涉及亲电子催化剂从底物分子中吸取一个电子对。在酶蛋白中只有一种特殊类型的亲电子侧链基团，即亲核碱基被质子化了的共轭酸，如 NH_3^+。

4. 酸碱催化

酸碱催化有两类：狭义的酸碱催化和广义的酸碱催化。狭义的酸碱催化是指反应速度的增加仅仅与 H^+ 或 OH^- 离子浓度成比例。广义的酸碱催化则与质子供体或质子受体（广义酸和广义碱）的浓度成比例。在催化反应中，重要的是广义酸碱催化。发生在细胞内的许多生化反应都受广义的酸碱催化作用，如将水加到羰基上、羧酸酯和磷酸酯的水解、从双键上脱水、各种分子重排以及许多取代反应。酶蛋白中起酸碱催化的功能基有：氨基、巯基、酚羟基、羧基和咪唑基等，其中以咪唑基最重要。它既可作为"亲核"基团，又可作为广义的酸碱功能基团。

影响酸碱催化反应速度的因素有两个。第一个因素是功能基上的酸碱强度，即其质子的解离常数。最活泼的广义酸碱是组氨酸的咪唑基，它的解离常数 pK' 约为 6.0。因此，在生物体液接近中性 pH 条件下，咪唑基既可作为质子供体，又可作为质子受体。第二个因素是功能基提供质子或接受质子的速度，在这方面又以咪唑基表现突出，它接受质子或提供质子的速度很快，半衰期小于 10^{-10}s。由于咪唑基的这些优点，所以组氨酸在蛋白质中的含量虽然少，却很重要。

广义酸碱催化为在中性 pH 的生理条件下进行催化创造了有利条件，它突出地显示了酶的高效催化性能。例如蛋白质的非酶促水解，需要很高浓度的 H^+ 或 OH^-，还要求高温，反应时间很长。而用胰凝乳蛋白酶催化水解，由于其活性中心的广义酸碱催化，在中性 pH 条件下，蛋白质就能被迅速水解。

5. 活性中心部位的微环境效应

某些酶分子表面部分常常出现凹陷，而活性中心多半靠近或位于疏水微环境的凹陷中。由于疏水环境的介电常数较极性环境的介电常数为低，故在疏水环境中两个带电物之间的作用力比在极性环境中的显著增加。当底物分子与酶的活性中心相结合，就埋在疏水环境中，这里底物与催化基团之间的作用力将比在极性环境中的作用力要强得多。这也是使某些酶催化总速度增高的一个原因。

上面介绍了实现酶促反应高效率的几个有关因素，但不同的酶起主要作用的因素可能不同，各自都有其特点。一般说来，多种因素联合作用才是整个反应加快的原因。有人估计，靠近和定向这两个因素联合作用可使酶反应速度增高 10^8 倍。在酶的作用机制上，共价催化和酸碱催化虽很重要，但对反应速度的增加所起的作用却较小，估计不超过 10^3 倍。

二、"锁钥假说"和"诱导契合假说"

酶分子活性中心的组成和三维构象是酶活性的结构基础。关于酶对作用底物的专一性，也可从活性中心结构方面给予解释。对这个问题，Fischer 提出了"锁钥假说"，认为只有特定的底物才能契入与它互补的酶分子表面的"缝隙"中，底物分子（或其一部分）像钥匙那样专一地嵌进酶的活性中心部位，而且底物分子化学反应的敏感部位与酶活性中心的催化基团具有密切互补的关系，如图 6-6 所示。锁钥假说可以较好地解释立体异构专一性，但是它不能解释酶专一性的所有现象。例如，假设酶活性中心是"锁"而底物是"钥匙"，那么就不能解释酶活性中心的结构既适合于可逆反应的底物，又适合于产物了。

Koshland 在"锁钥假说"的基础上，提出了"诱导契合假说"。他认为酶的初始状态的活性基团并非处于它们起催化作用的最适位置，但是酶分子与底物分子相互接近时，酶

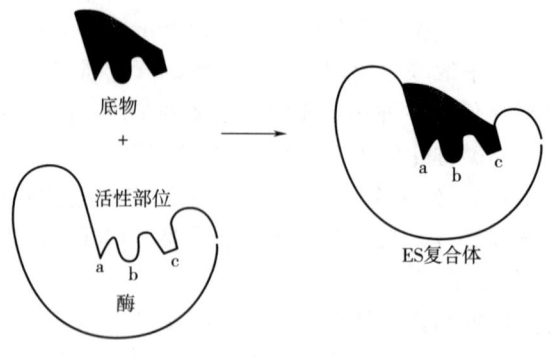

图 6-6 锁钥假说示意图

蛋白受底物分子的诱导，其构象将发生有利于和底物结合的变化，从而使酶与底物互相契合而进行反应，如图 6-7 所示。近年来有些实验结果支持了这一假说，证明酶与底物结合时，确有显著的构象变化。因此目前公认"诱导契合假说"比较符合实际。

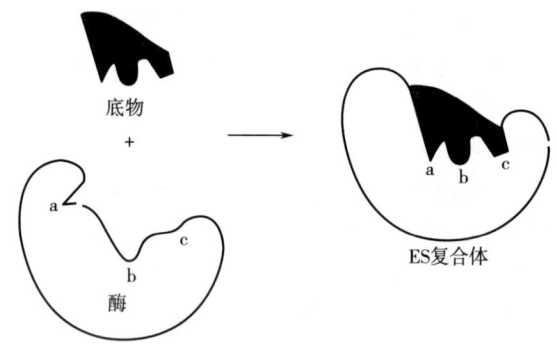

图 6-7 诱导契合假说示意图

图中，酶分子的 a，b，c 是必需基团，底物与结合基团接触后，酶分子构象改变，催化基团 a，b 与底物敏感部位很好地契合。

第六节　酶促反应动力学

酶促反应动力学是研究酶促反应速度及各种物理化学因素对酶促反应速度影响的科学。这些因素包括底物浓度、酶浓度、pH、温度、抑制剂和激活剂等。酶促反应动力学对基础理论和生产实践都有十分重要的意义。例如，为了确定最有效的反应系统、反应条件和反应器以期能以最少的酶量、最短的时间完成最大量的反应；为了建立一个适宜的酶分析体系以期获得准确可靠的结果；为了筛选出理想的药物或毒物，以期专一而有效地达到治疗疾病或消灭害虫的目的，这些都需要以酶促反应动力学为依据。此外，酶促反应动力学的研究也是探讨酶反应历程、酶作用机制，阐明代谢过程和进行代谢调控的重要手段。因此，酶促反应动力学是酶学研究中的一个既具有重要理论意义，又具有实践意义的课题。

一、底物浓度对酶促反应速度的影响

酶反应动力学的研究必须从酶反应的基本动力学关系开始。所谓酶反应基本动力学关系，是指酶反应速度和酶与底物之间的动力学关系。对于任何一个酶反应体系来说，由于酶和底物是最基本的构成因素，它一方面决定酶反应的基本性质，另一方面各种因素又必须通过它们才能产生影响，因此，这种动力学关系是整个酶反应动力学的基础。

1. 实验所得 v—[S] 关系曲线

1903 年 Henri 研究蔗糖酶水解蔗糖的反应时就发现，在一定条件下，当酶浓度不变时，测定不同底物浓度 [S] 与酶反应速度 v 之间的关系，得到如图 6-8 所示的关系曲线，称为 v—[S] 关系曲线。此曲线可分成三段来进行分析。

（1）当底物浓度较低时（图中 a 段），酶的活性中心没有全部被底物占据，随着底物浓度 [S] 的增加，反应速度 v 成正比关系增加。这段为一级反应。

（2）当底物浓度继续增加时（图中 b 段），反应速度虽然仍在增加，但比较缓慢，不再与底物浓度成正比。这一段内的反应为混合级反应。

（3）当底物浓度很高时（图中 c 段），几乎所有酶的活性中心都被底物饱和了，这时反应速度逐渐趋近极限值。可以认为这一段反应速度与底物浓度无关，为零级反应。

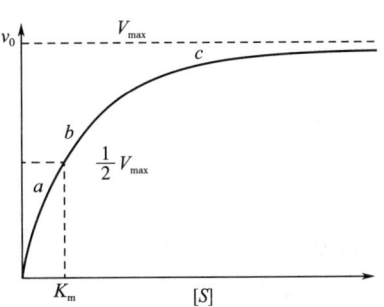

图 6-8 底物浓度对反应速度的影响

对于反应速度与底物浓度之间的这种曲线关系的解释，曾提出过各种假说，其中，Henri 等人的"中间产物学说"是被公认为比较合理的学说。"中间产物学说"认为，酶促反应的历程是酶与底物首先生成中间复合物，再由中间复合物分解成产物和游离酶。

1913 年，Michaelis 和 Menten 二人根据中间产物学说，对酶促反应进行了动力学分析，推导出酶促反应速度与底物浓度之间关系的基本公式，称为米氏方程，如式（6-1）所示：

$$v = \frac{V_{\max}[S]}{[S] + K_m} \tag{6-1}$$

式中　v——反应初速度；

$V_{\max}$——最大反应速度；

[S]——底物浓度；

K_m——米氏常数。

米氏方程所表达的反应速度 v 与底物浓度 [S] 的关系与实验所得 v-[S] 关系完全一致。这为酶促反应历程的中间产物学说提供了动力学依据。

2. 米氏方程的推导

根据中间产物学说，单底物分子的酶促反应的历程分两步进行，首先酶 E 与底物 S 结合成中间产物 ES；然后 ES 分解，生成产物 P，并释放出酶，即：

$$E + S \underset{k_2}{\overset{k_1}{\rightleftharpoons}} ES \xrightarrow{k_3} E + P$$

式中 k_1，k_2，k_3 分别表示各步反应的速度常数。

若以反应产物 P 的生成速度代表整个酶促反应速度 v，根据质量作用定律，则 v 取决于中间产物的浓度 [ES]，如式 6-2 所示：

$$v = k_3(ES) \tag{6-2}$$

以 [E] 表示游离酶的浓度，[S] 表示游离底物的浓度，则 ES 的生成速度和分解速度可用下面二式表示：

$$ES \text{ 生成速度} = k_1 [E][S]$$

$$ES \text{ 分解速度} = k_2 [ES] + k_3 [ES] = (k_2 + k_3)[ES]$$

当反应系统中 [ES] 达到动态平衡（稳态）时，ES 生成速度等于其分解速度，即：

$$k_1 [E][S] = (k_2 + k_3)[ES]$$

$$\therefore \frac{[E][S]}{[ES]} = \frac{k_2 + k_3}{k_1}$$

令 $K_m = \dfrac{K_2 + K_3}{K_1}$ 并代入上式，则得：

$$\frac{[E][S]}{[ES]} = K_m \tag{6-3}$$

因为式 (6-3) 中 [E] 和 [ES] 两项数值都难以测定，故需将它们从式 (6-3) 中消去。设酶的总浓度为 $[E_0]$，则游离酶分子的浓度为：

$$[E] = [E_0] - [ES]$$

将其代入式 (6-3)，则得：

$$K_m = \frac{([E_0] - [ES])[S]}{[ES]}$$

变换上式，得：

$$K_m [ES] = ([E_0] - [ES])[S]$$

$$K_m [ES] + [ES][S] = [E_0][S]$$

$$\text{稳态时中间复合物 } [ES] = \frac{[E_0][S]}{K_m + [S]} \tag{6-4}$$

将式 (6-4) 代入式 (6-2) 得：

$$v = k_3 \frac{[E_0][S]}{K_m + [S]} \tag{6-5}$$

当底物浓度 $[S] \gg [E_0]$ 时，所有的酶都被底物所饱和，即 E_0 都以 ES 形式存在。此时，反应速度达到最大值，用 V_{max} 表示，V_{max} 是一个常数，只与 $[E_0]$ 成正比关系，如式 (6-6) 所示：

$$V_{max} = k_3 [E_0] \tag{6-6}$$

将式 (6-6) 代入式 (6-5)，得米氏方程：

$$v = \frac{V_{max}[S]}{K_m + [S]} \tag{6-7}$$

3. 米氏方程的意义

米氏方程是酶促反应最基本的动力学关系式。它不仅表达了酶促反应速度 v 与底物浓

度 [S] 之间的关系，而且，通过动力学常数 K_m 和最大反应速度 V_{max} 表达了酶的性质及反应条件与反应速度 v 之间的关系。

(1) 关于 K_m 公式中的 K_m 称米氏常数，它是由各个速度常数共同决定的反应总平衡常数，即 $K_m = \dfrac{k_2 + k_3}{k_1}$。

当 $v = \dfrac{V_{max}}{2}$ 时，代入米氏方程，得 $K_m = [S]$，所以，K_m 有浓度量纲，其物理意义是使反应速度达到最大速度一半时的底物浓度。或者说，K_m 是使反应系统中有一半的酶分子处于被底物饱和状态时所必须具有的底物浓度。它的单位即底物浓度单位，一般用 mol/L。

K_m 是酶的特征性常数之一，一般只与酶的性质有关，而与酶浓度无关。K_m 受 pH 及温度等反应条件的严格限制，因此，测定 K_m 只能在酶的最适反应条件下进行。

如果一个酶有几个反应底物，那么，它对每一种底物各有一个 K_m。其中，K_m 最小的底物是该酶的最适底物。

K_m 非常重要。它不仅是酶性质的表现，而且在酶的研究和实践中都很有用。例如，在多酶反应系统中，可通过测定各种酶的 K_m 确定限速反应步骤。再如，当使用酶制剂时，可以根据 K_m 判断使酶发挥一定反应速度时需要多大的底物浓度；反过来，在已经规定了底物浓度的条件下，也可根据 K_m 估算出酶能够获得多大的反应速度。下举二例。

[例1] 要求酶按其最大反应速度的 99% 的速度进行反应，求所需底物浓度 [S]。

解：将 $v = 0.99 V_{max}$ 代入米氏方程，得：

$$\frac{V_{max}[S]}{K_m + [S]} = 0.99 V_{max}$$

∴ $0.99 K_m + 0.99 [S] = 1.00 [S]$

最后得：$[S] = 99 K_m$

[例2] 已知 $[S] = 9 K_m$ 求该酶体系的反应速度为何值？

解：$$v = \frac{V_{max}[S]}{K_m + [S]} = \frac{V_{max}(9K_m)}{K_m + 9K_m} = 0.9 V_{max}$$

即 v 等于最大反应速度的 90%。

(2) 关于底物常数 K_s K_s 是 K_m 的一种特殊形式，但其意义与 K_m 有所不同。

在酶促反应体系中，若 k_3 很小，$k_3 \ll k_2$ 则反应体系 $E + S \underset{k_2}{\overset{k_1}{\rightleftharpoons}} ES \overset{k_3}{\longrightarrow} P + E$ 的平衡主要在 k_1 和 k_2 之间进行。在这种条件下，关系式 $K_m = \dfrac{k_2 + k_3}{k_1}$ 中的 k_3 可以忽略，即 $K_m = k_2/k_1$。k_2/k_1 是中间产物 ES 的解离反应平衡常数，它反映了 E 和 S 的亲和力的大小。

1961 年国际酶学委员会建议将 k_2/k_1 定名为酶的底物常数，用 K_s 表示。文献中常用 K_m 代表酶和底物的亲和力，这时的 K_m 实指底物常数 K_s。K_m 大（应为 K_s 大），说明 ES 易分解，E 和 S 的亲和力小；反之，K_m 小，则说明 E 和 S 亲和力大，反应容易发生。

(3) 关于 V_{max} V_{max} 是酶的理论最大反应速度，也是一个重要的动力学常数，是酶的特征性常数。其物理意义已在式 (6-6) 中讨论过了。

(4) 米氏方程为中间产物学说提供了动力学证据米氏方程描述了 v 与 [S] 的关系。从公式 (7) 可知,当 [S] ≪ K_m 时,分母中的 [S] 可以省略,$v = \dfrac{V_{max}}{K_m} \cdot$ [S]。因 V_{max}/K_m 是一个常数,所以,v 与 [S] 之间成直线关系,这时反应为一级反应。

当 [S] ≫ K_m 时,$v = V_{max}$,反应速度达到了最大值,这时反应为零级反应。

当 [S] ≈ K_m 时,v 与 [S] 间具有较复杂的动力学关系,反应介于零级与一级之间。

从以上分析可知,米氏方程与实验测得的 v - [S] 关系曲线是完全一致的。这为酶促反应历程的中间产物学说提供了动力学上的证据。

4. 双倒数作图法求解 K_m 和 V_{max}

将米氏方程 (6-7) 的形式适当改变,例如取其倒数,则有:

$$\frac{1}{v} = \frac{K_m}{V_{max}} \frac{1}{[S]} + \frac{1}{V_{max}}$$

这显然是一个直线方程,相当于 $y = ax + b$,直线的斜率为 $\dfrac{K_m}{V_{max}}$,截距为 $\dfrac{1}{V_{max}}$。以 $\dfrac{1}{v}$ 对 $\dfrac{1}{[S]}$ 作图,直线与横坐标轴 $\dfrac{1}{[S]}$ 的交点等于 $-\dfrac{1}{K_m}$,如图 6-9 所示。

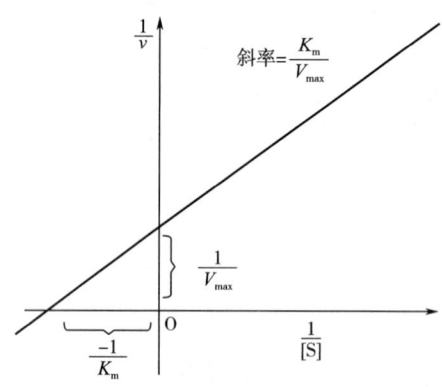

图 6-9 双倒数作图法求 K_m 与 V_{max}

通过实验可测得一系列底物浓度 [S] 下的反应速度 v,按上法作图,则很容易求出 K_m 及 V_{max}。这种方法称为双倒数作图法,又称 Lineweaver-Burk 作图法。

不同的酶,米氏常数 K_m 不同。同一种酶对不同的底物,米氏常数也不同。大多数酶的 K_m 在 $10^{-2} \sim 10^{-5}$ mol/L。表 6-4 列举了一部分酶的 K_m。

表 6-4　　　　　　　　　　　一些酶的 K_m

酶名称	底物	K_m/(mol/L)
蔗糖酶	蔗糖	2.8×10^{-2}
麦芽糖酶	麦芽糖	2.1×10^{-1}
磷酸酯酶	磷酸甘油酯	3.0×10^{-3}
磷酸甘油酸激酶	ATP	1.1×10^{-4}

续表

酶名称	底物	K_m/(mol/L)
乳酸脱氢酶	丙酮酸	3.5×10^{-5}
乙醇脱氢酶	乙醇	1.8×10^{-2}
乙醛脱氢酶	乙醛	1.1×10^{-4}
细胞色素 c 氧化酶	细胞色素 c	1.2×10^{-4}
苹果酸酶	苹果酸	5.0×10^{-5}
己糖激酶	葡萄糖	1.5×10^{-4}
	果糖	1.5×10^{-3}
天冬氨酸氨基转移酶	天冬氨酸	9.0×10^{-4}
	α-酮戊二酸	1.0×10^{-4}

二、酶浓度对反应速度的影响

在 [S] 足够大，不会成为 v 的限制因素且其他反应条件也都一定的前提下，测定不同酶浓度下的反应速度，得 v-[E] 关系曲线，如图 6-10 所示。由图可见，反应速度与酶浓度成正比关系。这种关系，正是酶活力测定的依据。

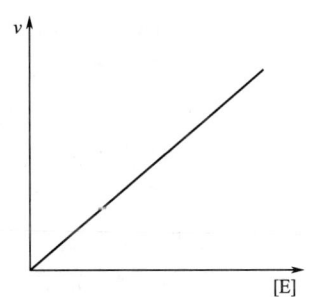

图 6-10 酶浓度 [E] 与反应速度 v 之间的关系

在正常情况下，酶反应速度与酶浓度之间存在着这种线性关系。有时出现直线向横坐标弯曲的现象，其原因可能是：底物浓度不足或酶浓度过高、产物积累对反应有抑制作用、酶发生了变性等，如图 6-11 所示。

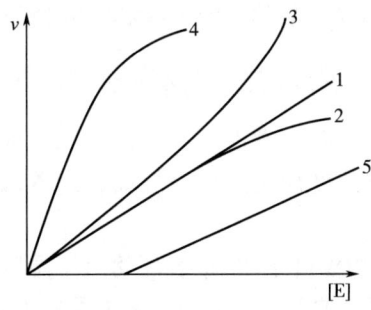

图 6-11 一些 v-[S] 关系的不正常现象

1—表示正常的反应曲线 2—表明在酶制剂中含有酶的抑制剂 3—酶制剂中含有激活剂或相关酶类
4—底物浓度不足 5—体系中存在一定量的失活剂

在生产实践中，酶的用量要根据具体情况和要求来确定。酶的浓度太低，反应时间长；酶浓度过高，既造成浪费，又可能影响产品质量。通过前期准备工作可找出最佳用酶量。

三、pH 对酶促反应速度的影响

酶的活性受环境 pH 的影响。在一定的 pH 条件下，酶反应速度最大，高于或低于此 pH 时反应速度都下降。在一定条件下，能使酶发挥最大活力的 pH 称为酶的最适 pH。各种酶的最适 pH 不同，一般在 6.0~8.0。其中微生物和植物来源的酶最适 pH 常在 4.5~6.5；动物来源的酶最适 pH 常在 6.5~8.0。但有不少例外，如霉菌酸性蛋白酶最适 pH 为 2.0，地衣芽孢杆菌碱性蛋白酶则为 11.0，胃蛋白酶为 1.5~2.0。

用酶反应速度对 pH 作图，一般酶都可得到钟形曲线，如图 6-12 所示。但不是所有的酶都如此，有的酶曲线只是钟形的一半。

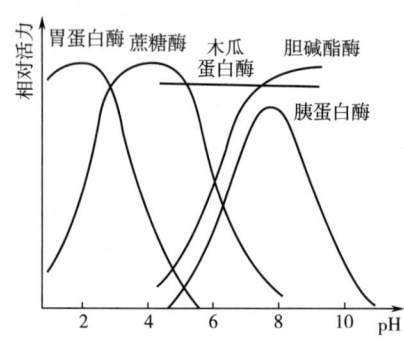

图 6-12 某些酶的 pH-活性曲线

酶的最适 pH 可用实验的方法测定，其数值随着底物的种类和浓度、缓冲液的种类和浓度等条件的变化而变化。因此，最适 pH 是酶的一个特征性参数，但并非常数，只是在一定的条件下才为某一确定的数值。

pH 对酶促反应的作用是复杂的。它不但影响酶的稳定性，而且还影响酶活性中心必需基团的解离状态和底物的解离状态。在非最适 pH 范围内，底物不易与酶结合，或者结合后不易生成产物。例如，蔗糖酶只有当它处于等电点时才具有活性，胃蛋白酶只能在酸性条件下作用于蛋白质，胰蛋白酶只能在碱性条件下作用于蛋白质，木瓜蛋白酶则是在中性条件下作用于蛋白质。

酶除了最适 pH 可能各不相同之外，酶分子的酸碱稳定性也不同。在一定条件下，能够使酶分子空间结构保持稳定，酶活性不损失或极少损失的 pH 范围，称为酶的酸碱稳定范围，或稳定 pH 范围。在实际工作中，例如，测定酶活力时，必须加入适宜的缓冲溶液，用以维持最适 pH。而在酶提取精制过程中，或者酶制剂使用过程中，只要按照酶的稳定 pH 范围控制工艺条件，就可以减少酶的失活，有利于酶分子结构的稳定。

四、温度对酶促反应速度的影响

温度对酶反应速度的影响有两个方面。一方面，像一般化学反应一样，随着温度升高，活化分子数增多，酶反应速度加快。另一方面，随着温度升高，酶蛋白逐渐变性失活，反应速度随之降低。

在酶促反应体系中，通常用温度系数 Q_{10} 表征酶对于温度变化的敏感程度。Q_{10} 定义为温度每升高 10℃，其反应速度与原速度之比值。一般酶的 Q_{10} 多在 1~2。显然当反应温度升高 10℃ 反应速度增加 1 倍时，$Q_{10}=2$。

如果以反应速度对温度作图，可以得到一条曲线，这条曲线反映了温度对于酶促反应的两个方面的影响，如图 6-13 所示。曲线顶点对应的温度，就是使酶发挥最大反应速度的温度，称为酶反应的最适温度。在低于最适温度时，前一种影响为主；在高于最适温度时，后一种影响（酶的变性失活）起主导作用。

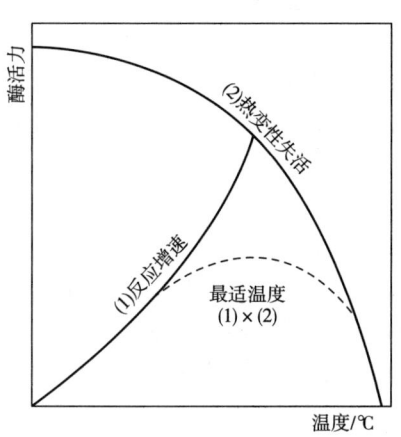

图 6-13　温度对酶反应的影响
（1）表示反应速度作为温度的函数而增加　（2）表示反应速度作为酶的热变性的函数而降低
（1）×（2）表示两种影响的综合作用（曲线最高点对应的温度为最适温度）

每一种酶都有一最适反应温度。动物来源的酶最适温度一般在 35~40℃；植物来源的酶在 40~50℃；大部分微生物酶的最适温度则在 30~60℃。

酶的最适温度往往受作用时间、酶浓度、底物、激活剂和抑制剂等因素影响。例如，最适温度随作用时间而改变：作用时间长，最适温度低；作用时间短，最适温度高。如图 6-14 所示。这种规律在生产实践中有重要意义。比如在葡萄糖生产中，α-淀粉酶液化温度控制到高达 93℃，因为它在数秒之内即可完成液化。

低温也会使酶活性降低，但酶不被破坏，当温度回升时，酶的催化活性又随之恢复。酶对低温的稳定性是生物制品、菌种等低温保存的理论基础。而酶的热变性则是高温灭菌的依据。

与 pH 的情况相类似，酶除了最适温度之外，还有一个与生产和应用关系密切的概念——酶的稳定温度范围。酶的稳定温度范围，是指在一定时间和一定条件下，不使酶变性或极少变性的温度范围。加入保护剂可以提高酶的热稳定性。

酶的分离、纯化和干燥的工艺条件的设计，以及酶制剂的使用条件，都必须充分考虑到酶的稳定温度范围。

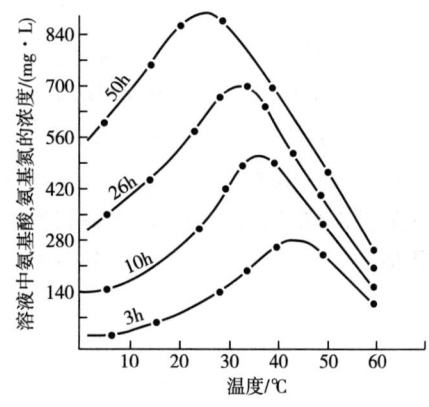

图 6-14　反应时间对酶促作用最适温度的影响

酶在干燥状态下比在水溶液中稳定得多，对温度的忍耐力也明显提高。

五、抑制剂对酶促反应速度的影响

很多因素能降低酶的催化反应速度，但归纳起来可分为两类，即失活作用和抑制作用。由于理化因素的影响，破坏了酶分子的三维结构，酶蛋白变性，导致酶部分或全部丧失活性，称为酶的失活或钝化。酶在不变性的情况下，由于必需基团或活性中心化学性质的改变而引起的酶活性降低或丧失，则称作抑制作用。能产生抑制作用的物质称为抑制剂。

1. 抑制作用类型

根据抑制剂作用的方式及抑制作用是否可逆，可将抑制作用分为两类。

（1）不可逆抑制作用　这类抑制剂通常以共价键与酶蛋白中的必需基团结合，使酶活性降低，甚至丧失。丧失活性的酶不能用透析、超滤等方法除去抑制剂而恢复酶活性。例如，某些有机磷农药如敌百虫、敌敌畏及1059等，它们能与胆碱酯酶活性中心的丝氨酸—OH结合而使酶的活性完全丧失。

根据不可逆抑制作用的选择性，又可分为非专一性的不可逆抑制和专一性的不可逆抑制。

非专一性的不可逆抑制剂，不但能和酶的必需基团作用，同时也能和酶的非必需基团作用，甚至还会和不止一种类型的侧链基团作用。这类抑制剂主要是一些修饰氨基酸侧链基团的化学试剂。它可与氨基、巯基、羟基、胍基及酚基反应。

非专一性不可逆抑制作用在研究酶的结构与功能时，可为确定酶的必需基团和活性中心提供线索，也可作为探测酶分子构象的手段。

专一性不可逆抑制剂仅能和活性中心的有关基团反应。它在研究酶活性中心的结构和功能中是极其重要的。

（2）可逆性抑制作用　可逆抑制剂与酶蛋白结合成复合物的过程是可逆的。可用透析、分子筛过滤等物理方法除去抑制剂，恢复酶的活性。根据抑制剂与底物的关系，可将可逆性抑制作用分为两类。

①竞争性抑制作用。这是一种比较常见的可逆抑制作用。这类抑制作用中的抑制剂在分子结构上与底物相似，在酶促反应中，抑制剂（I）和底物（S）竞争与酶的活性中心结合，ES复合物不能再结合I，EI复合物也不能再结合S。因为生成的EI复合物不能分解为酶和产物，故酶促反应速度下降。若增加底物浓度，抑制作用可以解除。

最典型的例子是丙二酸对琥珀酸脱氢酶的抑制。因为丙二酸与酶的正常底物琥珀酸结构很相似：

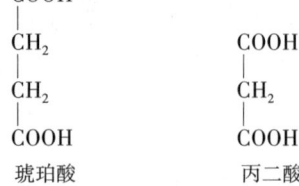

于是，丙二酸就产生了对琥珀酸脱氢酶的抑制作用。如增加琥珀酸的浓度，则可增加其与酶结合的机会，故可使丙二酸的抑制作用减弱乃至消失。

由于竞争性抑制剂阻碍E和S的结合，所以K_m值随[I]增加而增大，但V_{max}的数值不变。

②非竞争性抑制作用。底物和抑制剂可同时与酶发生可逆结合，二者没有竞争作用，能形成 EIS 三位一体的复合物：

$$E \underset{+S}{\overset{+I}{\rightleftharpoons}} \begin{matrix} EI & \overset{+S}{\rightleftharpoons} & EIS \\ & & \\ ES & \overset{+I}{\rightleftharpoons} & ESI \end{matrix}$$

复合物 EIS 或 ESI 不能进一步分解为产物，因此，酶反应速度降低。这类抑制剂与酶活性中心以外的基团相结合，不能用增加底物浓度的方法解除抑制。可以用透析或分子筛过滤的方法将抑制剂除去。与前者不同，非竞争性抑制剂存在时，K_m 不受影响，但 V_{max} 变小。动力学作图可以表明它们的差异，如图 6-15 和表 6-5 所示。

③反竞争性抑制作用。抑制剂 I 不能与游离酶 E 结合，只能和酶—底物复合物（ES）结合，形成 ESI，ESI 不能转化成产物。当反应体系中加入抑制剂 I 时，可使 E+S 和 ES 的平衡倾向 ES 的形成。因此 I 的存在反而增加 E 和 S 的亲和力。此情况正和竞争性抑制作用相反，故称为反竞争性抑制作用。L-苯丙氨酸等一些氨基酸对碱性磷酸酶的作用是反竞争性抑制。在多底物反应中，反竞争性抑制作用比较常见。

2. 可逆抑制作用动力学

（1）竞争性抑制作用　在竞争性抑制中，底物或抑制剂与酶的结合都是可逆的，如图 6-15 所示。

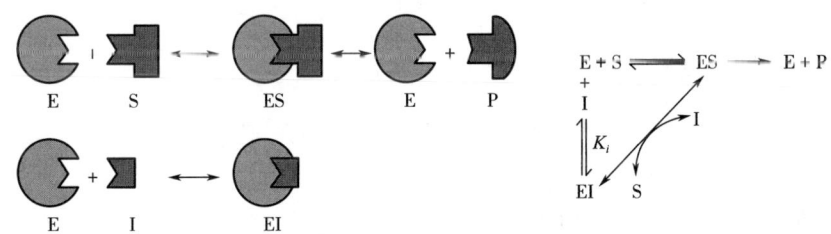

图 6-15　竞争性抑制作用

竞争性抑制动力学方程如式（6-8）所示。

$$v = \frac{v_{max}[S]}{K_m(1+\frac{[I]}{K_i})+[S]} \tag{6-8}$$

式中　$K_i = \frac{[S][I]}{[EI]}$。

双倒数方程如式（6-9）所示：

$$\frac{1}{v} = \frac{K_m}{v_{max}}(1+\frac{[I]}{K_i})\frac{1}{[S]}+\frac{1}{v_{max}} \tag{6-9}$$

竞争性抑制动力学曲线如图 6-16 所示。

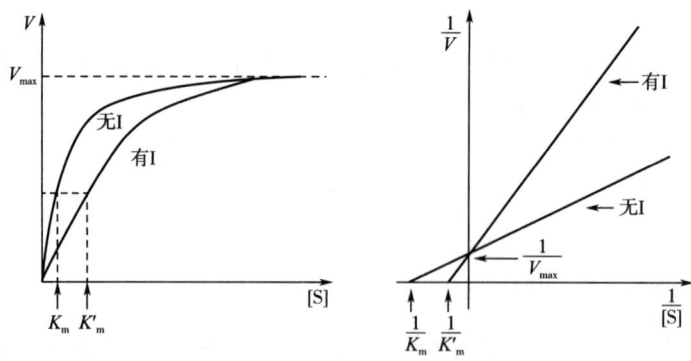

图 6-16 竞争性抑制动力学曲线

（2）非竞争性抑制作用　在非竞争性抑制中，底物和抑制剂同时与酶的结合，二者没有竞争作用，如图 6-17 所示。

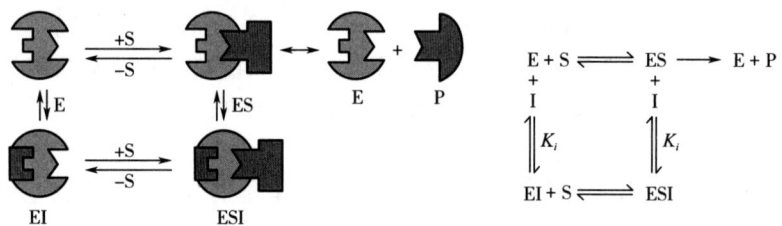

图 6-17 非竞争性抑制作用

非竞争性抑制动力学方程如式（6-10）所示：

$$v = \frac{v_{max}[S]}{(K_m + [S])\left(1 + \frac{[I]}{K_i}\right)} \tag{6-10}$$

双倒数方程如式（6-11）所示：

$$\frac{1}{v} = \frac{K_m}{v_{max}}\left(1 + \frac{[I]}{K_i}\right)\frac{1}{[S]} + \frac{1}{v_{max}}\left(1 + \frac{[I]}{K_i}\right) \tag{6-11}$$

非竞争性抑制动力学曲线如图 6-18 所示。

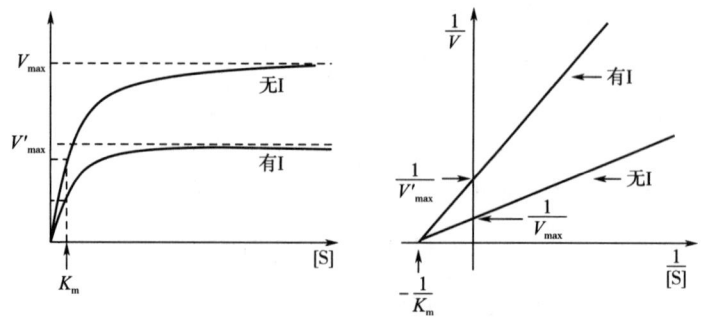

图 6-18 非竞争性抑制动力学曲线

（3）反竞争性抑制作用　在反竞争性抑制中，酶先与底物结合，然后才和抑制剂结合，如图 6-19 所示。

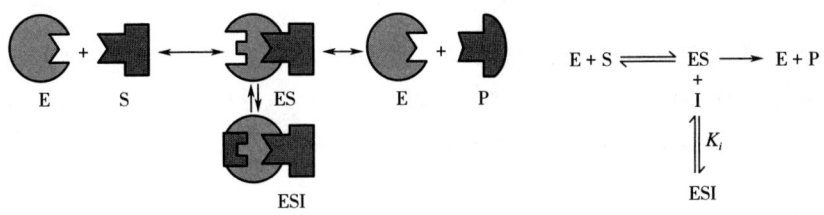

图 6-19　反竞争性抑制作用

反竞争性抑制动力学方程为：

$$v = \frac{v_{max}[S]}{K_m + [S]\left(1 + \frac{[I]}{K_i}\right)}$$

双倒数方程为：

$$\frac{1}{v} = \frac{K_m}{v_{max}} \frac{1}{[S]} + \frac{1}{v_{max}}\left(1 + \frac{[I]}{K_i}\right) \tag{6-12}$$

反竞争性抑制动力学曲线如图 6-20 所示。

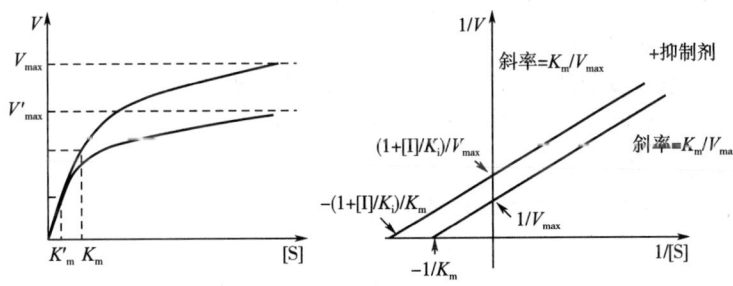

图 6-20　反竞争性抑制动力学曲线

表 6-5　　　　　　　　　　　两种类型可逆抑制的动力学特点

类型	公式	V_{max}	K_m
无抑制剂（正常）	$v = \dfrac{V_{max}[S]}{K_m + [S]}$	不变	不变
竞争性抑制剂	$v_i = \dfrac{V_{max}[S]}{K_m(1 + [I]/K_i) + [S]}$	不变	增大
非竞争性抑制剂	$v_i = \dfrac{V_{max}[S]}{(1 + [I]/K_i)(K_m + [S])}$	减小	不变
反竞争性抑制剂	$v = \dfrac{v_{max}[S]}{K_m + [S]\left(1 + \dfrac{[I]}{K_i}\right)}$	减小	减小

注：表中 [I] 表示抑制剂浓度，K_i 表示抑制常数，即酶抑制剂复合物 EI 或 EIS 的解离数：

$$K_i = \frac{[\text{E}][\text{I}]}{[\text{EI}]} \text{ 或 } K_i = \frac{[\text{ES}][\text{I}]}{[\text{EIS}]}$$

六、激 活 剂

凡是能提高酶活性的物质都称为激活剂。激活剂大部分是离子或低分子有机化合物。

作为激活剂起作用的离子有 K^+、Na^+、Mg^{2+}、Mn^{2+}、Fe^{2+}、Zn^{2+}、Ca^{2+} 和 Cl^-、Br^- 等。例如，Mg^{2+} 激活激酶、Mn^{2+} 激活醛缩酶、Cl^- 激活唾液淀粉酶。其激活作用的机制通常认为有以下三种。

(1) 与酶分子肽链上的侧链基团相结合，稳定酶催化作用所需的构象。

(2) 作为底物（或辅酶）与酶蛋白之间联系的桥梁。

(3) 可能作为辅酶或辅基的一个组成部分，协助酶的催化作用。

一般说，这三种功能相互间存在着协同作用。

低分子有机化合物如半胱氨酸、谷胱甘肽等激活剂，能使酶中二硫键还原成巯基，从而提高了巯基酶的活性。有的简单有机化合物对酶的激活可能是通过与游离酶结合，形成活性酶复合物，或与底物结合形成复合的活性底物，或者和酶-底物复合物形成三元复合物等，从而起激活作用。

使用激活剂时，要注意以下两点。

(1) 激活剂对酶的作用具有一定选择性 即一种激活剂对某种酶能起激活作用，而对另一种酶可能起抑制作用。有时离子之间有拮抗现象，例如，Na^+ 抑制 K^+ 的激活作用，Ca^{2+} 则抑制 Mg^{2+} 的激活作用。

(2) 激活剂的浓度要适当 同一种酶因激活剂浓度不同，效果会正好相反。例如，$NADP^+$ 合成酶，当 $[Mg^{2+}]$ 为 $(5\sim10)\times10^{-3}$ mol/L 时有激活作用，但 $[Mg^{2+}]$ 在 3×10^{-2} mol/L 时酶活性反而下降。

在酶提取或纯化过程中，激活剂容易丢失，所以需注意补充。

第七节 酶活力测定

酶活力测定是酶学研究、酶制剂生产和应用中必不可少的一项工作。酶制剂生产中，从发酵成效的好坏及提取、纯化方法的评价，一直到酶的保存与应用，都是以酶活力测定为依据的。在酒精、白酒生产中，通过测定曲子的酶活力来确定曲子的质量和使用量。在啤酒生产中，测定麦芽的酶活力来判断麦芽的好坏。在其他发酵工业的生产过程中，也都无一不涉及到酶活力的测定。这说明酶活力测定对指导生产实践具有极大的重要性。

一、酶活力、酶单位、比活力

1. 酶活力

因为酶难以纯化，而且很不稳定，所以，要定量描述生物材料或酶制剂中酶的存在量时，不能直接用质量、浓度单位表示，通常根据酶具有专一性催化能力的特点，用酶活力来表示酶的存在数量。所谓酶活力就是指酶催化一定化学反应的能力。酶活力的大小，规定用单位制剂中的酶活单位数表示。对液体酶制剂，用每毫升酶液中的酶活单位数（U/mL）

表示;对酶的粉剂,用每克酶制剂中的酶活单位数(U/g)表示。在一定的条件下,酶的活力大小表现在反应速度上。酶促反应速度越大,表明酶活力越高;反之,酶活力就越低。所以,通过测定酶促反应速度,可以了解酶活力大小。测定酶活力,实质上是在测定酶促反应速度的基础上进行计算的。

2. 酶单位(U)

酶单位是人为规定的一个对酶进行定量描述的基本度量单位,其含义是在一定反应条件下,单位时间内完成一个规定的反应量所需的酶量。这里的反应条件是酶反应的最适条件。单位时间有的用1min,有的用1h等。反应量可用底物减少的量,也可用产物增加的量。在规定条件下,单位时间内完成一个规定的反应量,就代表参加反应的酶制剂的实际酶量为一个单位;完成10个规定的反应量,制剂中就有10个单位的酶量。

实践中,往往对同一种酶,不同作者所定义的酶单位不一样,因此,用酶活力单位表达的酶活力也就失去了彼此参比的意义。为此,1961年国际生化学会酶学委员会对酶单位做了统一的规定:在酶作用的最适条件(最适底物、最适pH,最适缓冲液的离子强度及25℃)下,每分钟内催化$1.0/\mu mol$底物转化为产物的酶量为一个酶活力国际单位(IU)。国际单位虽然可以作为统一的标准进行活力的比较,但这种单位在实际应用时,往往显得太繁琐。所以,一般都还采用各自规定的单位。例如,我国标准QB546-80中关于α-淀粉酶活力单位规定为:每小时分解1g可溶性淀粉为无色糊精的酶量为一个酶单位(1U = 1g 淀粉/h)。也有规定每小时分解1mL 2%可溶性淀粉溶液为无色糊精的酶量为一个酶单位的(1U = 1×2% 淀粉/h)。后者显然比前一个单位小。再如,糖化酶的活力单位规定为:在规定条件下,每小时转化可溶性淀粉产生1mg还原糖(以葡萄糖计)所需的酶量为一个酶单位。对蛋白酶规定:在规定条件下,每分钟分解底物酪蛋白产生$1\mu g$酪氨酸所需的酶量为一个酶单位等。因为一种酶往往有多种测定方法,采用的酶单位也不一样,所以,当应用任何一种酶制剂时,不能只看有多少单位,还要注意所采用的单位是怎样定义的,是在什么条件下进行反应,用什么方法测定的。

3. 比活力

单位酶制剂中的酶活单位数,即为酶的比活力。

此处"酶制剂"可广义的理解为作为酶源的动、植物组织匀浆,微生物材料,酶提取液,或纯化制备的种种酶制品。

比活力是酶的定量描述的基本方法。它有多种不同的表达形式,分别适用于不同的场合。前述每克酶制剂中的酶活单位数(U/g)或每毫升酶液中的酶活单位数(U/mL)都是比活力,是酶学研究、酶制剂生产、流通和应用领域中最常用的酶量表达形式。它能分别相对地反映出粉剂酶和流体酶中的纯酶质量多少。

1964年国际生化学会还将酶的"比活力"定义为:"每毫克蛋白质所含酶活单位数(U/mg 蛋白质)"。

通常所谓酶的"比活力"就狭义地指此而言。这是一个表示酶纯度的概念。在酶的分离纯化过程中,需要跟踪测定比活力,对每步纯化方法作出评价。随着纯化处理,去杂蛋白,酶的比活力会逐步提高。当纯化到不再增加时的比活力,称为恒比活力。恒比活力表明酶制剂已经很纯了,此时的比活力可以认为是每毫克酶蛋白的活力单位数。

除此之外,如果酶分子个数或酶活中心数目可以测定的话,比活力的表达方式还有每个酶分子的活力单位数或每个催化活性中心的活力单位数。它们分别表示每个酶分子或每个酶活中心转换底物能力的大小。

二、酶促反应的时间进程曲线和初速度

前已述及，酶反应速度可用单位时间内产物或底物的变化量来表示。假如将最适条件下反应的产物量对时间作图，便可得到一条酶反应的时间进程曲线，如图 6-21 所示。这条曲线上每一点的斜率就是该相应时间的瞬时反应速度。

在酶促反应中常用到"初速度"。初速度应该是一个化学反应开始一瞬间的速度，但按照这样一个定义，测定酶促反应的初速度，显然在技术上是困难的。从图 6-22 中可以看出，酶促反应在开始的一段时间内，产物的生成量随反应时间而直线增加，这时的反应速度一般认定为酶促反应的初速度。也有的规定反应体系中底物浓度减少量不超过 5% 时的反应速度为初速度。初速度是所给反应条件下测得的最大反应速度，是进行酶动力学研究的基础。

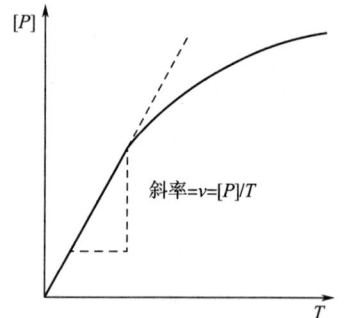
图 6-21　酶促反应时间进程曲线

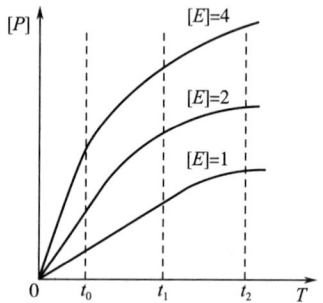
图 6-22　不同酶浓度的反应进程曲线

随着反应时间延长，曲线逐渐弯曲，斜率逐渐减小，表明反应速度越来越低。造成这种现象的原因很多，例如，随着反应的进行，底物浓度降低，产物浓度增加，从而加速了逆反应的进行；产物对酶的抑制作用，以及由于 pH 和温度等因素的影响使酶逐渐失活等。因此，为了确定酶促反应的最大速度，就必须在反应的初速度范围内进行检测。假如不是测定的初速度，则酶活力实质上是被低估了。

从米氏方程的讨论中已知，底物浓度对酶促反应速度的影响极大。当底物浓度 [S] ≫ K_m 时，$v = V_{max}$，即：酶促反应达到最大速度 V_{max}。

V_{max} 是个理论值，实验中测得的初速度 v 不等于 V_{max}。例如，测酶活时，通常取底物浓度 [S] 相当于 K_m 值的 20 倍以上，即使如此，初速度 v 也仅仅相当于 95% V_{max}。因此，初速度仅仅是规定条件下的最大反应速度，并非 V_{max}。

在底物浓度已经规定好的最适反应条件下，初速度与酶浓度成正比。由图 6-22 可知，酶浓度越大，初速度越大，但初速度维持的时间越短。因此，为了在规定的底物浓度 [S] 和反应时间内维持初速度，就必须要求酶液具有适当的稀释度，通过测绘时间进行曲线可以验证酶浓度是否合适。

三、酶活力的测定方法

测定酶活力时,对酶促反应的观察有隔时取样检测法和利用自动检测记录仪器连续追踪法。前者是常规测定酶活普遍使用的方法,下面仅就此进行讨论。

常规测定酶活力的操作程序为:将样品酶液适当稀释,在最适条件下进行酶促反应,通过化学分析或仪器分析的方法测定反应量,根据酶单位定义和实验数据计算出酶活力,即每毫升酶液或每克酶粉中的酶活单位数。以上每个步骤能否正确操作,都会对测定结果产生很大影响。其中,特别是酶的稀释度和酶促反应条件的影响更为突出。下面做简要讨论。

1. 关于酶液的稀释

在酶活力测定中,酶液的稀释倍数都必须控制在适宜的范围之内。酶粉剂测定时要溶解和稀释;液体酶(包括生产厂家的发酵液)也要稀释。至于究竟稀释多少倍,要看样品的酶活力大小。初测时,最佳稀释倍数只能通过实验来确定。

根据酶的动力学性质,初速度是最能反映酶的真正活力的,采用初速度法测酶活是最理想的。因此,无论酶学研究还是生产应用,都应尽量采用此法。一般酶活力测定方法中,除了明确要求最适 pH,最适温度之外,对底物浓度[S]和反应时间也都有明确的规定。因此,要使反应速度在规定的时间内保持恒定不变(初速度法),或者使反应在规定的时间内完成(非初速度法,见碘-淀粉显色法测 α-淀粉酶酶活力),就取决于酶的浓度了,换言之,对酶液进行适当的稀释就成了技术操作的关键。在成熟的酶活力测定方法中,都明确规定了控制酶液稀释度的标准。例如,在福林-酚法测定蛋白酶活力中规定"须将酶液稀释到吸光度 A 在 $0.2 \sim 0.4$"。用斐林试剂定糖法测定淀粉葡萄糖苷酶(糖化酶)活力中规定"酶液应稀释到样品与空白滴定消耗 $0.1 \mathrm{mol/L} \left(\frac{1}{2} \mathrm{Na_2S_2O_3} \right)$ 的标准液体积之差在 $14 \sim 20 \mathrm{mL}$"。在碘-淀粉显色法测定 α-淀粉酶活力中规定"酶液稀释到使反应消色时间在 $2 \sim 2.5 \mathrm{min}$"等。

2. 关于酶促反应条件及保证措施

测酶活所用的反应条件应该是最适条件,所谓最适条件包括最适温度、最适 pH,足够大的底物浓度、适宜的离子强度、适当稀释的酶液及严格的反应时间,抑制剂不可有,辅助因子不可缺。有的酶活测定中没有采用初速度法(如碘-淀粉显色法测 α-淀粉酶活力),在这种情况下,测定标准中硬性规定了一些操作参数(如反应要在 $2 \sim 2.5 \mathrm{min}$ 内"完成"等),测定时必须严格地按照标准去做,这样才能保证分析结果的可重复性。

此外,最适温度需要用恒温槽来控制,因为酶促反应速度随温度变化很大,每相差 1℃,反应速度变化达 10%。最适 pH 要用对酶无抑制作用的酸或碱来调整,且离子强度适当并对下一步测定反应量没有影响的缓冲液维持。

反应计时必须准确。反应体系必须预热至规定温度后,加入酶液并立即计时。反应到时,要立即灭酶活性,终止反应,并记录终了时间。

3. 关于反应量的测定

测底物减少量或产物生成量均可。因为酶促反应所用底物的浓度一般都很高,在反应过程中底物减少量很小,不易甚至无法准确测定,而产物是从无到有,变化量明显,极利于测定,所以大都测定产物的生成量。

4. 计算酶活力

酶活力计算是将实验中所用各种参数和所测得的实验数据（反应时间、酶液稀释度和用量、产物生成量等）换算成每毫升（或每克）酶制剂中所含的酶活力单位数。各种数据的换算关系必须符合酶单位的定义和酶活力的表示方法。制剂的单位要与剂型相符，液体酶用毫升，粉剂用克。

四、酶活力测定法举例

1. 福林－酚法测蛋白酶活力

该方法的基本原理是以酪蛋白为底物进行反应，然后用福林－酚试剂显色，并用光度法测定酶促反应产物酪氨酸的生成量。测定在初速度阶段进行，为初速度法。

实验操作：准确称取蛋白酶制剂0.5g，用规定的缓冲液配制成1000mL酶溶液。酶制剂活性高时采用二次稀释法进行高倍稀释，直至测定时吸光度A_{680nm}在0.2～0.4为宜。取三支10mL离心管做平行实验。管中分别加入1mL酶液，在40℃恒温状态下，与1mL的2%酪蛋白准确反应10min。加2mL 0.4mol/L的三氯醋酸终止反应，并沉淀过量的底物。继续保温10min，使残余蛋白沉淀完全。离心或过滤，取滤液1mL，加5mL 0.4mol/L的碳酸钠溶液，最后加入1mL福林－酚试剂，摇匀。在40℃下显色20min。在680nm处测定其吸光度，得样品A_{680nm}。

另取一空白管，先加入2mL 0.4mol/L的三氯醋酸，再加1mL 2%的酪蛋白溶液，在40℃沉淀完全后加1mL酶液。其余操作同上。得空白A_{680nm}。

酶活力单位定义：在给定条件下，以每分钟产生1μg酪氨酸的酶量为一个单位如式（6-13）所示：

$$酶活力 = K \times A_{680} \times \frac{4}{10} \times N \times \frac{1}{m}$$

式中　K——在标准曲线上求得的1ABS所相当的酪氨酸的质量，μg；
　　　A_{680nm}——样品A_{680nm} - 空白A_{680nm}；
　　　4——反应液总体积，mL；
　　　10——反应时间，min；
　　　N——酶液稀释倍数；
　　　m——酶制剂的质量，g。

若测得$K=110$，$A_{680nm}=0.400$，$N=1000$，$m=0.5$，则：酶活力 $= 110 \times 0.400 \times \frac{4}{10} \times 1000 \times \frac{1}{0.5} = 3.52 \times 10^4 \mu/g$。

2. 利用碘－淀粉显色法测定α－淀粉酶活力

文献资料中，蛋白酶活力测定都采用初速度法，而α－淀粉酶的情况则大不相同。α－淀粉酶的测定方法很多，例如，日本工业标准（JISK-7001-1976）中的检测黏度的测定方法，利用麦芽寡糖苷等特殊底物的方法，使用各种专用分析仪器的方法等。应该说各种方法都有其优点又都存在着自身的缺陷。而最易为生产厂家和使用者接受的当数碘－淀粉显色法。这种方法是以测定底物淀粉全部转化为小分子无色糊精所需的时间为基础。

所需时间越短，表明酶活力越高；所需时间越长，酶活力越低。显然，这种测定方法所测得的速度不是初速度。尽管测定方法中，将碘-淀粉反应消色时间限制得很短，但这并不能保证测定酶促反应初速度时［S］与［E］之间的关系——因为碘-淀粉反应消色时意味着底物已全部转化。

碘-淀粉显色法所测得的反应速度是在规定条件下，酶反应各阶段速度的平均值，可称其为酶促反应的平均速度。

实验操作如下。

（1）待测酶液　精确称取酶粉0.2g，用规定的缓冲液（pH6的磷酸氢二钠-柠檬酸液）溶解，定容至一定体积（使其测定时酶解反应控制在2~2.5min），过滤，滤液供测定用。

（2）测定取0.5mL酶液与20mL 2%淀粉溶液和5mL pH6的缓冲液于60℃的条件下进行反应，定时取出反应液少许，滴在预先充满比色稀碘液的白磁盘穴中，当穴内淀粉与碘的蓝色反应消失即为终点，记下秒表指示的时间T（T控制在2~2.5min）。

（3）酶活力单位定义在上述反应条件下，1h内液化1g可溶性淀粉所需的酶量定义为一个单位。

（4）按式（6-14）计算酶活力

$$酶活力 = 20 \times 0.02 \times \frac{60}{T} \times \frac{1}{0.5} \times N \times \frac{1}{m}$$

式中　20——可溶性淀粉体积，mL；

0.02——淀粉液的浓度，%；

T——反应时间，min；

0.5——所取稀释酶液体积，mL；

N——稀释倍数；

m——酶制剂称样量，g。

例如，当$N = 1000$，$T = 2.5$min 时，

$$酶活力 = 20 \times 0.02 \times \frac{60}{2.5} \times \frac{1}{0.5} \times 1000 \times \frac{1}{0.2} = 9.60 \times 10^4 U/g。$$

第八节　酶的分离、纯化

一、酶分离、纯化的一般原则与注意事项

酶是蛋白质，通常用来分离、纯化蛋白质的方法基本上都适用于酶的分离、纯化。由于各种酶的特性和发酵生产方式的差异及对酶的纯度要求不尽相同，故酶的分离提纯方法是各种各样的。

酶一般不太稳定，提纯过程中，酶纯度越高，越不稳定。在酶分离提纯中需要注意以下几个问题。

1. 防止酶蛋白变性

在酶的提纯过程中，要使整个操作尽可能在低温下（5℃以下）进行，尤其是在用有机溶剂沉淀时更应注意控制低温和缩短时间。调整pH时应避免局部过酸或过碱。在选择

pH 时，同时要考虑酶的稳定 pH 范围和酶的溶解度。剧烈搅拌易引起蛋白质变性，因而在提纯中要避免剧烈搅拌和产生泡沫。

有些酶以金属离子或小分子有机化合物为辅助因子，经过透析等方法处理过的制剂，应补充流失的辅助因子。

2. 要随时测定酶活力

在提纯过程的每一步骤中都必须测定酶的活力和蛋白质含量，以便计算酶的总活力和比活力，借以追踪酶的去向，了解每一提纯步骤的回收率和提纯倍数，掌握提纯效果，便于及早发现问题与解决问题。

3. 酶制剂的纯度应与使用目的相适应

酶的纯化过程越长，损失越多，所以，酶制剂的纯度要求应与使用目的相适应，不要片面追求高纯度。例如，食品工业用酶允许含有蛋白质及多糖类杂质，不允许含有有毒物质和大量无机盐。在符合质量标准的前提下，要尽可能缩短流程，以提高收率，降低成本。为研究酶的结构、功能及理化性质使用的酶制剂，当然必须是纯酶。

在酶制剂工业中，常把微生物培养产酶之后的工艺称为下游技术。所谓下游技术主要包括酶的提取、酶液澄清、浓缩及酶的沉淀、干燥和标准化等步骤。下面分别介绍一些重要的下游技术。

二、菌体细胞的破碎

微生物产生的酶有胞内酶和胞外酶之分，胞内酶是在细胞内合成又在细胞内起作用的酶；胞外酶是在细胞内合成后，分泌到细胞外，在细胞外起作用的酶。除此之外，还有些酶牢固地结合在细胞膜或细胞壁上，称为表面酶。

工业上生产的酶制剂，如果是胞外酶，只要将发酵液过滤或离心，除去菌体细胞后，滤液即可供进一步提纯用。而如果是胞内酶或表面酶，则需先从发酵液中收集菌体，然后将菌体细胞破碎，再用适当的溶剂进行抽提，从而把酶最后精制出来。

微生物菌体细胞破碎的方法很多，常用的有机械法（主要有珠磨法、高压均质法、超声破碎法等），以及非机械法（主要有酶溶法、化学渗透法、物理法和干燥法等）。动植物组织的细胞则常用高速组织捣碎机及匀浆机来破碎。

1. 自溶法

将菌体悬液加入少量甲苯或氯仿，在适宜温度和 pH 下，保温一定时间，使菌体自溶液化。酵母常用此法。

2. 机械磨碎法

研磨是最简单的机械破壁方法。用少量石英砂或氧化铝粉与浓稠的菌体悬液相混并研磨，即可破碎细胞。此外，如匀浆设备和振动球磨设备等都可用于菌体细胞的破碎。

3. 超声波破碎法

将超声波探头置于微生物悬液中。工作频率为 10~25kHz。实验室规模功率为 100~500W 即可。此法可使细菌、放线菌细胞破碎。

4. 酶法或化学试剂破壁法

溶菌酶能破坏革兰阳性细菌的细胞壁，使细胞壁降解。一些表面活性剂，如聚乙二醇烷基芳香醚（Triton X—100）等也能有效地破坏细菌壁。

5. 丙酮粉法

丙酮能使细胞迅速脱水并破坏细胞壁。首先用离心的方法收集菌体，在低温下加入冷的丙酮，迅速搅拌均匀后，随即抽滤，然后，再用冷丙酮洗涤数次，抽干后低温保存。这样得到的细菌干粉，通常称为丙酮粉。

三、酶的抽提

固体发酵法中的酶常需提取出来，胞内酶等将菌体细胞破坏后也要将酶提取出来。这步工艺即为抽提。

大部分酶蛋白都可用稀酸、稀碱或稀盐溶液浸泡抽提。选用何种溶液及其抽提条件取决于酶的溶解特性和稳定性。

抽提液的 pH 一般以 4~6 为好。为了达到好的抽提效果，选择的 pH 应该在酶的稳定 pH 范围之内，抽提液的 pH 应远离酶蛋白的等电点，即酸性酶蛋白用碱性溶液抽提，碱性酶蛋白用酸性溶液抽提。关于盐的选择，由于大多数蛋白质在低浓度的盐溶液中更容易溶解，最常用的是 0.02~0.05mol/L 磷酸缓冲液、0.15mol/L 氯化钠溶液及柠檬酸钠溶液等。抽提温度通常控制在 0~4℃，抽提液的用量常为酶原料体积的 1~5 倍。

四、发酵液的预处理

胞外酶虽然在提纯过程中无须破碎菌体细胞，但从酶液中除去菌体细胞的工艺却难易差异很大。有些发酵液，如霉菌的胞外酶发酵液，只要采用过滤或离心等固液分离技术，就很容易除去菌体细胞和混杂的固形物，从而得到澄清酶液。但是，像枯草芽孢杆菌、地衣芽孢杆菌及放线菌等发酵液，因菌体小、有荚膜、密度与水相接近，同时，由于菌体自溶、核酸和蛋白质及其他有机黏性物质的存在，使发酵液的黏性极大。这样的发酵液，过滤、除菌体十分困难，不经过预处理，菌体与酶液就无法分离。

通过预处理，可以从三个方面改变发酵液的物理性状，使之容易进行固液分离。第一，改变发酵液中悬浮颗粒的物理状态，使颗粒变大，硬度增加，或表面性状发生变化。第二，使发酵液中某些可溶性的胶体物质变成不溶性的粒子。第三，改变液体的物理性质，降低其黏度。

向发酵液中加絮凝剂或凝固剂可有效地改变悬浮粒子的物理状态。常用的絮凝剂有离子型和非离子型有机高分子聚合物，例如，聚丙烯酰胺、磺化聚苯乙烯、聚谷氨酸、右旋糖酐等。常用的无机絮凝剂有磷酸钙、氯化钙、硫酸铝等。

不同的絮凝剂作用机制也不相同，有些絮凝剂是电解质，能中和悬浮粒子的表面电荷；有些絮凝剂起架桥作用或吸附裹挟作用，能将菌体等悬浮颗粒聚结成絮团。对于我国以农产物豆饼粉、谷物粉或甘薯粉等原料得到的粗料发酵液而言，使用无机絮凝剂经济合理，例如枯草杆菌 α-淀粉酶发酵液中添加1%左右的氯化钙和磷酸氢二钠，并伴以均匀地缓慢搅拌和加热处理，可收到很好的絮凝效果。有时候，只用无机絮凝剂还不行，采用无机絮凝剂和有机絮凝剂配合使用的方法，则两类絮凝剂相辅相成，会更有成效。例如，在处理 2709 碱性蛋白酶发酵液时，先添加无机絮凝剂硫酸铝（添加量为 0.02%~

0.04%），后添加高分子絮凝剂聚丙烯酰胺（添加量为0.0038%~0.0084%），结果很好地解决了酶液与菌体的分离问题。

乙醇、丙酮等有机溶剂对蛋白质类胶体粒子有凝固作用。在特定条件下，例如，在用乙醇沉淀法制取酶制剂时，若发酵液很难过滤，可以在不使酶发生沉淀的限度内，将一部分乙醇先加入发酵液中，使一些杂蛋白先凝固，用以降低滤液黏度，提高过滤效率，这样有助于固液分离，从酶液中除去菌体细胞及杂质。

考虑到酶的热稳定性，在允许的条件下，提高发酵液的温度，也是降低黏度的有效方法。

五、酶液的浓缩

分离出菌体以后的澄清酶液及酶的抽提液一般浓度都比较低，须经过浓缩，才便于进一步纯化、保存与应用。

对于较少量的酶液，可用葡聚糖凝胶、聚乙二醇、火棉胶袋、超过滤膜等进行浓缩。在工业上酶液的浓缩，一般运用真空浓缩法和逆向渗透法，也越来越多地应用超过滤法。通过浓缩工艺可将较低的酶液浓度提高到减压蒸馏所要求的浓度。

六、酶的粉剂和液体制剂

浓缩后的酶液可用盐析等天然蛋白质沉淀技术（详见第三章）或喷雾干燥的方法制成酶粉，也可以液体酶的形式直接出售。

目前我国的酶制剂主要是酶粉。粉剂的优点是包装、运输比较方便，稳定性好，不易变性失活。缺点是能耗高，生产成本高，而且污染环境，影响工人健康。冷冻干燥工艺安全可靠，但设备投资和生产成本太高，目前还难以用于酶制剂的大生产。

近年来，为了简化生产工艺，缩短生产周期，节约能耗和降低成本，已加速了液体酶的研究与开发工作。有一部分产品，如蛋白酶、糖化酶、α-淀粉酶，已部分改为浓缩液体酶来出售。

液体酶研究与开发的技术关键是酶活力的保持问题。我国在这方面已有厂家和高等院校做了不少有益的工作，取得了明显的效果。当选用适宜的稳定剂和最佳添加量时，液体酶室温贮存6个月，失活低于15%；贮存一年，失活低于22%。国外市场上出售的液体酶指标是在室温下贮存6个月，失活不超过20%。

增强液体酶的稳定性主要是采用添加稳定剂的方法。选用稳定剂的原则是无害、成本低、加量少。已报道过的稳定剂是一些无机或有机的盐类及醇类，实际上，无论是厂家还是研究者都没有将这一技术全部公开。

七、酶 的 精 制

如果需要高纯度的酶制剂，则需要进行反复的纯化。常用的方法仍是盐析法、等电点沉淀法、有机溶剂沉淀法等。除此之外，还有吸附法、离子交换法、凝胶过滤法、亲和层析法及蛋白电泳分离等。这些技术的基本原理大都在有关章节中作过介绍，这里仅将亲和层析技术的基本原理进行简要的讨论。

亲和层析是新近发展起来的一种层析分离技术。它是利用生物大分子与其小分子配基之间具有专一性亲和力，能发生可逆的结合，形成络合物的特性，将其一方（例如，酶的底物或抑制剂）固定到水不溶性载体上，装入柱中，做成亲和层析柱。当含有另一方（例如，酶）的样品溶液进入柱中时，便与固定化的配基结合，留在柱中。而其他非酶杂质则从柱中通过。把层析柱冲洗干净后，再换适当的溶剂将酶从柱上洗脱下来。这样即得到高纯度的酶溶液。

这种利用酶（或其他生物大分子）能够与其配基专一结合的特性，对制品进行分离纯化的技术，称为亲和层析。其技术要点如图6-23所示。

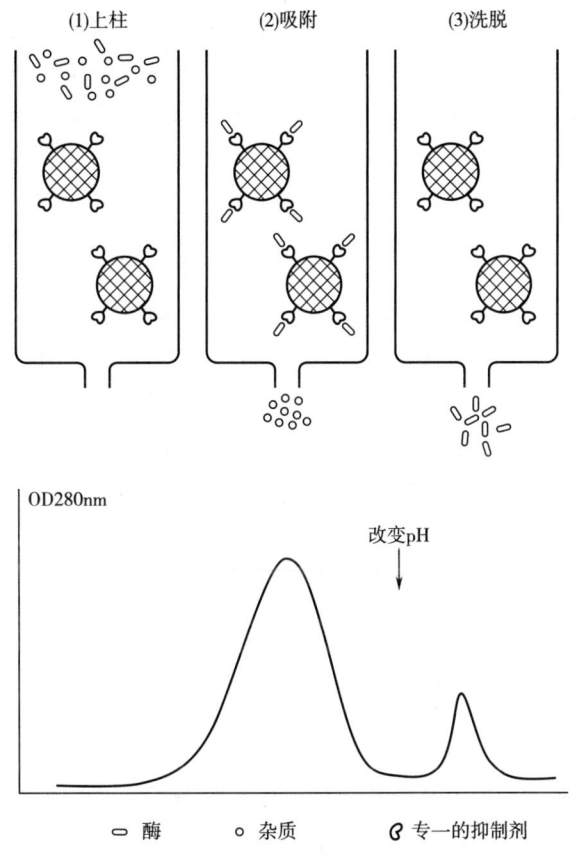

图6-23 亲和层析技术要点

亲和层析技术操作简便，设备要求不高，分离效果好。对于酶与酶的配基、抗体与抗原、激素与受体等具有专一性互补关系的化合物，任何一方的分离纯化都非常适用。

八、回收率、纯化倍数和纯度的鉴定

在分离纯化过程中，对每个纯化步骤都必须进行酶活力测定和比活力、总活力的计算、比较，以掌握纯化程度和酶损失情况。这样才能了解所选择的方法和条件是否适宜，当发现问题时才可及时加以改进。

回收率：是酶在提纯以后和提纯之前的总活力之比，它表示提纯过程中酶损失程度的大小。

纯化倍数：酶在提纯以后与提纯之前的比活力之比，它表示提纯过程中纯度提高的程度。

理想的提纯方法是既有较高的纯化倍数，又有较高的回收率。或者说，既能最大限度地除去杂蛋白，又能尽量保护酶蛋白不受损失。因此，在选择提纯方法时，必须根据实际需要而设计方案。工业用酶对纯度要求较低，但用量大，成本价格具有重要意义，故一般应选用回收率高的方法。食品级和医药级用酶需要量少，纯度要求高，以选用纯化倍数高的方法为宜。

纯度鉴定：高纯度的酶制剂需要进行纯度鉴定。然而，目前还没有什么简单的方法可以对纯度作出肯定的结论。任何一种方法的鉴定结果都是相对的。通过凝胶柱的层析法进行分析，若制剂只有一个色带，可认为是层析纯；在蛋白电泳中，若只有一个区带，可认为是电泳纯；测比活力，若纯化到比活力恒定不变，则可认为是比活力法的纯品。除此之外，超速离心沉降、等电聚焦等也都可以用于酶纯度的鉴定。几种方法互相印证，无疑可使结论更加可靠。

九、酶制剂的保存

酶制剂易受各种因素的影响而渐渐变性失活，任何酶制剂都难以做到长期保存不变化。一般工业酶制剂，在规定条件下要求半年酶活损失不超过10%，一年不超过20%。至于液体酶，在贮存过程中酶活损失更大，这已在前面讨论过了。

酶在贮存过程中，必须注意环境条件，特别是其中的低温、干燥和避光三条。

酶在低温下比较稳定，酶制剂的水分越高，越需要低温保存，最好在0℃以下。酶液在冰冻状态下可长期保存不失活。

酶在干燥状态下稳定性好，若受潮，则易霉变。

光对酶蛋白有破坏作用，所以，避光保存也是必要的。

第九节　固定化酶

一、固定化酶概况

固定化酶是用物理的或化学的方法，将酶分子束缚在水不溶性载体上，使其既保持酶的天然活性，又便于与反应液分离，可以重复使用的酶，它是酶制剂中的一种新剂型。

固定化酶是20世纪60年代发展起来的。在这种技术开发的初期，主要着重于固定方法的研究，随着技术的进步，广义的固定化酶扩展到固定化辅酶、固定化细胞及固定化细胞器等。近年来，研究重点已转向固定化技术在工业、医学、化学分析、环境保护和能源开发等方面的应用，以及理论研究等方面。目前，固定化技术已经取得了许多重要成果，在很多领域中都发挥了作用。

固定化酶与水溶性酶相比，具有以下优点。

（1）极易将固定化酶与底物、产物分开，简化了提纯工艺。

（2）可以反复使用，提高了酶的利用率，降低了成本。

(3) 能装柱连续反应，有利于实现工艺连续化、自动化，酶反应过程容易进行严格控制。

(4) 在大多数情况下可以提高酶的稳定性。

固定化酶也有其缺点，如只能用于水溶性底物，较适用于小分子底物，对大分子底物不适宜。与完整菌体细胞相比，它不适合于多酶反应，特别是需要辅助因子的反应等。

与酶的固定化相比，细胞固定化省去了酶的分离工艺，简化了手续。对于多酶系统，辅酶再生容易。细胞生长停滞时间短，细胞多，反应快。对污染的抵抗力强。固定化细胞的连续使用，降低了生长细胞对养料的消耗。使用固定化细胞反应塔，一边进入培养基，一边排出发酵液，可以避免反馈抑制和产物的消耗等。

固定化细胞的研究和应用发展很快，近年来，又从固定化静止菌体发展到固定化活细胞，或称为固定化增殖细胞。

固定化酶和固定化细胞在改革工艺和降低成本方面已经收到了很好的效果。固定化技术的发展将会引起应用酶学及生物工程学的变革。

二、固定化酶的制备方法

酶的催化活性依赖于酶的空间结构及活性中心，所以在固定化时，必须保持酶蛋白的天然高级结构及活性中心基团不受到破坏。

酶的固定化方法有载体结合法、交联法和包埋法等。这些方法也可以并用，称为混合法。例如，交联加包埋、载体结合加包埋等。

1. 载体结合法

载体结合法指的是用共价键、离子键或物理吸附法把酶固定在纤维素、琼脂糖、甲壳质、多孔玻璃或离子交换树脂等水不溶性载体上的固定化方法。

(1) 共价结合法　利用酶蛋白分子上的非必需基团与载体反应，形成共价结合的固定化酶的方法称为共价结合法，如图6-24所示。这种结合方法又有重氮法、烷化法和肽键法。其中，以重氮法最为常用。

我国学者独创地用对 $-\beta-$ 硫酸酯乙砜基苯胺为试剂，成功地将 5′ - 磷酸二酯酶共价结合到糖类载体上。这种固定化酶已用于水解 RNA，生产 5′ - 核苷酸。用此法还成功地制备了固定化胰蛋白酶、青霉素酰胺酶、枯草杆菌蛋白酶、糖化酶及核苷酸磷酸化酶等。

共价结合法控制条件较苛刻，反应激烈，操作工艺复杂，常引起酶蛋白变

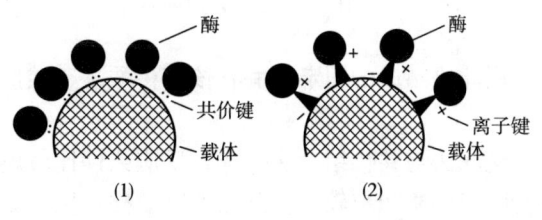

图6-24　载体结合法示意图
(1) 共价结合法　(2) 离子结合法

性失活。但是，用此法制得的固定化酶，酶分子和载体间结合牢固，即使用高浓度底物溶液或盐溶液，也不会使酶分子从载体上脱落下来。

(2) 离子结合法　这种结合法是通过离子效应，将酶固定到具有离子交换基团的非水溶性载体上（图6-24）。例如，氨基酰化酶在 pH7.0 的磷酸盐溶液中，于37℃条件下，即可与 DEAE - Sephadex 葡聚糖发生离子结合反应，制得固定化氨基酰化酶。此酶可用来

拆分乙酰-DL-氨基酸,以制备L-氨基酸。

与共价结合法相比较,离子结合法的操作简便,处理条件较温和,酶分子的高级结构和活性中心很少改变,可得到活性较高的固定化酶。其缺点是载体和酶分子之间的结合力不够牢固,易受环境因素的影响,在离子强度较大的状态下进行反应,有时酶分子会从载体上脱落下来。

(3) 物理吸附法　这也是一种将酶分子吸附到不溶于水的惰性载体上的固定化方法,与前两种方法的不同之处在于酶与载体的结合是靠物理吸附。常用的载体有活性炭、多孔玻璃、酸性白土、磷酸钙凝胶等。此法优点为操作简便、载体价廉,酶分子不易变性。缺点是吸附不牢,极易脱落。

2. 交联法

交联法又称架桥法。它借助双功能试剂的作用,使酶蛋白分子之间发生交联,结成网状结构而制成固定化酶。如图6-25所示。常用的双功能试剂有戊二醛、双偶氮苯、N,N'-聚乙烯双碘醋酸胺、顺丁烯二酸酐和乙烯的共聚物。酶蛋白中的游离的氨基、酚基、咪唑基及巯基等均可参与交联反应。其中以戊二醛最为常用。戊二醛和酶蛋白的游离氨基形成希夫(Shiff)碱而使酶分子交联。若以E表示酶蛋白,其反应如下式:

图6-25　交联法固定化酶示意图

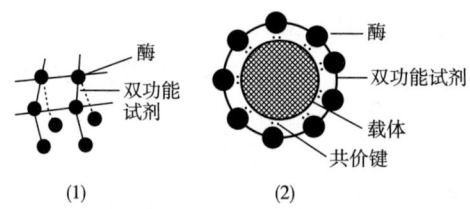

用此法制成的固定化酶有核糖核酸酶、羧肽酶、枯草杆菌蛋白酶、溶菌酶及过氧化物酶等。

交联法与共价结合法一样,反应条件比较剧烈,固定化酶活性较低。又由于交联法制备的固定化酶颗粒较细,此法不宜单独使用,如与吸附法或包埋法联合使用,则可取得良好的效果。

3. 包埋法

包埋法是将酶包埋在凝胶的微细格子中或用半透性的聚合物膜来包裹。这样,固定化后,酶分子不能从凝胶的网格中漏出,而小分子的底物和产物则可以自由通过凝胶网格。包埋法有几种类型,下面介绍格子型和胶囊型。

(1) 格子型　格子型是将酶包埋在聚合物的凝胶格子中,最常用的凝胶有聚丙烯酰胺凝胶、淀粉、明胶、海藻酸、角叉菜胶等,其中以聚丙烯酰胺凝胶为最好,固定化酶的活力高,其机械性能也好。制备时,在酶溶液中加入丙烯酰胺单体和交联剂,N,N'-甲叉双丙烯酰胺，在氮气的保护下，加聚合反应催化剂四甲基乙二胺和聚合引发剂过硫酸钾等进行聚合，酶分子便被包埋在刚聚合的凝胶内。

用此法制成的固定化酶很多，如胰蛋白酶、淀粉酶、葡萄糖氧化酶、核糖核酸酶、脲酶、胆酸酯酶、乳酸脱氢酶等。

（2）胶囊型　胶囊又称微胶囊，微胶囊型是以半透膜的高聚物薄膜包围含有酶分子的液滴。制备方法有三种：界面聚合法、液中干燥法和相分离法。

界面聚合法是应用亲水性单体和疏水性单体在界面发生聚合而将酶包裹起来。液中干燥法是把酶液在含有高聚物的有机溶剂中进行乳化分散，然后，再把该乳化液转移到水溶液中使之干燥，形成高聚物半透膜将酶分子包裹起来。相分离法是将聚合物溶解在不与水混溶的有机相中，然后，将酶乳化分散在此溶液中，再在搅拌下徐徐加入引起相分离的非溶性溶剂，聚合物的浓厚溶液将酶包围，聚合物相继析出，形成半透膜，酶就被包裹在里面。

包埋法很简便，酶分子仅是被包埋起来而未起任何化学反应，它可用来制备各种固定化酶。一般酶活力也较高。如果在化学聚合过程中，反应条件比较剧烈，也会导致酶的失活。所以，在设计包埋条件时要充分考虑这一因素，予以注意。

格子型和微胶囊型两种包埋方法的示意图如图6-26所示。

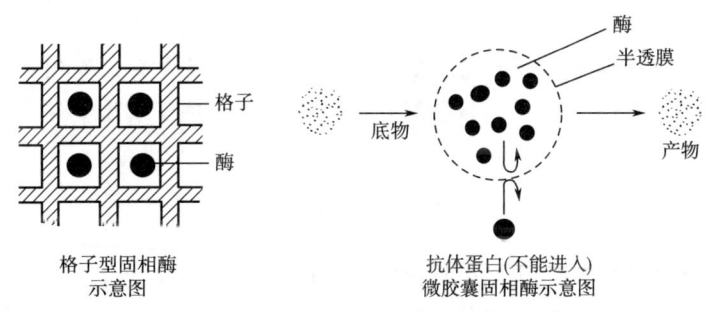

图6-26　格子型和微胶囊型固相酶示意图

三、辅酶的固定化

辅酶的种类很多，其中以吡啶核苷酸和腺嘌呤核苷酸最重要。辅酶因为与酶蛋白结合得不牢固，很容易从酶蛋白上分离出来，因此有加以固定化的必要。

辅酶的固定化方法与酶很相似，也有载体结合法和包埋法。下面介绍一下包埋法。

辅酶的相对分子质量很小，因此要将它包埋、封闭在半透膜中是比较困难的。目前，都是将辅酶结合于水溶性高分子，使其高分子化来解决这一难题。

辅酶高分子化一般的顺序是先在辅酶的一定部位进行化学修饰，引入适当的基团，生成辅酶的衍生物，然后，再与水溶性高分子结合。

1. 引入功能基

辅酶引入的功能团主要是氨基或羧基。NAD^+，$NADP^+$和ATP，ADP，AMP等均含有腺嘌呤核苷酸。这类辅酶一般考虑在腺嘌呤6-位氨基或8-位引入新的功能团（进行化学修饰），制成各种辅酶衍生物。腺嘌呤6-位氨基烷化一般反应简写为：

$$\begin{array}{c}\text{ATP}\\\text{ADP}\\\text{NADP}\end{array}\xrightarrow[\text{[或}\bigtriangleup\text{O CH}_2\text{COOH, }\bigtriangleup\text{N, }\square\text{=O]}]{\text{ICH}_2-\text{COOH}}$$ (腺嘌呤结构，N位连NHCH$_2$COOH)

而腺嘌呤8-位引入功能团采用反应：

$$\begin{array}{c}\text{NAD}\\\text{NADP}\end{array}\xrightarrow{\text{Br}^-}\text{（8-Br腺嘌呤衍生物）}\xrightarrow[\text{或己二胺}]{\text{HS(CH}_2)_2\text{COOH}}\text{（8-S(CH}_2)_2\text{COOH腺嘌呤衍生物）}$$

2. 高分子化

具有羧基的辅酶衍生物可与具有氨基的聚赖氨酸等水溶性高分子结合而高分子化。具有氨基的辅酶衍生物一般用 BrCN 活化以后与右旋糖苷那样的水溶性多糖结合而高分子化。具有乙烯基的 NAD 衍生物可与丙烯酰胺等有乙烯基的单体共聚而高分子化，不必预先引入功能团。

在辅酶高分子化的过程中，水溶性高分子的选择是至关重要的。例如，其相对分子质量的大小要适宜，应该使辅酶能够被包埋在半透膜内。相对分子质量过大，会增加溶液黏度和影响辅酶的活性。

四、固定化细胞

近年来，发展了直接固定化微生物细胞，从而把微生物的复合酶系作为固定化催化剂加以利用的方法。它所需要的先决条件是：底物和产物应容易透过微生物细胞膜；没有产物的分解系统或副反应系统；或者虽然具有这两种系统，但用热处理或控制 pH 等简单方法即可使其失效。凡满足这些条件的微生物即可用来制备固定化细胞。

固定化的细胞可以是死细胞或静止态细胞，只利用其酶活性。也可以固定化增殖细胞，例如，琼脂包埋的酵母细胞数，初时为 10^6 个/cm^3，在营养培养基里培养两天后，细胞数可达 $10^9 \sim 10^{10}$ 个/cm^3。这就是固定化活细胞或固定化增殖细胞。

固定化细胞的制备比固定化酶容易。固定化活细胞中的酶是稳定的，当反应需要辅助因子时，固定化活细胞能再生辅助因子；细胞被固定化后活性没有明显损失，操作和贮藏的稳定性都好。

固定化细胞的制备方法有物理吸附法和包埋法。

1. 物理吸附法

物理吸附法主要靠微生物细胞的表面电荷和载体之间的静电作用力。

酵母一般带负电，在固定化时应选择带正电荷的载体。例如，在 pH4 条件下，酿酒酵母在陶瓷表面上吸附程度最大，这时载体表面约有 40%~70% 的细胞被牢固吸附，不会被高流速培养基冲掉。

物理吸附法的优点是酶活性不受影响，但是吸附成功相当困难。只有当微生物细胞的性质和载体的性质相互配合恰当时，才能形成稳定的细胞-载体复合物，才能用于生产。

2. 包埋法

微生物细胞可包埋在多种载体中，如聚丙烯酰胺、琼脂、海藻酸钙及角叉菜聚糖等。以海藻酸钙凝胶包埋法为例，其制备过程如下：室温下，将一定浓度的海藻酸钠液与微生物细胞混合均匀，然后，滴加到氯化钙溶液中，形成珠球，即成固定化细胞制剂。一般10g海藻酸钠可包埋200g细胞（皆干重），非常经济。但磷酸盐会破坏凝胶的结构。

五、固定化酶和固定化细胞的应用

固定化酶和固定化细胞在食品发酵工业等领域中具有重要的应用价值。它不仅可以改革现有酶法工艺，而且可以开创新的多酶反应工艺。

固定化酶和固定化细胞在工业生产上实际应用的例子有：用固定化氨基酰化酶光学拆分乙酰-DL-氨基酸，从而连续制造L-氨基酸；用固定化青霉菌酰化酶，制造6-氨基青霉素烷酸；用固定化葡萄糖异构酶制造果葡糖浆；用固定化乳糖酶制造不含乳糖的牛乳；用固定化木瓜蛋白酶和多酚氧化酶解决啤酒的混浊问题；用固定化活细胞实现啤酒的连续化生产等。另外，在医学上，用固定化酶作人工脏器；用微胶囊法制备的固定化酶用以治疗酶缺乏症或代谢异常症。在环保中，用固定化微生物细胞进行工业废水的大规模处理。

固定化技术的发展历史还很短。20世纪90年代以后是生物工程大发展的时代，固定化技术也越来越显示出它的威力。

呼吸酶的性质和作用方式的研究

德国生理学家和医生奥托·海因里希·瓦尔堡（Otto Heinrich Warburg）在研究细胞呼吸作用时发现了呼吸酶，证明呼吸酶是一种含铁的蛋白质，并称之为铁氧酶。奥托得出结论：是呼吸酶中的含铁蛋白起到了催化的作用。1931年，奥托·海因里希·瓦尔堡因呼吸酶的相关研究荣获诺贝尔生理学或医学奖。

奥托的贡献远不止此，他研究发现：癌细胞在生长过程中偏好利用糖代谢作用代替正常细胞的有氧循环，因此癌细胞使用线粒体的方式与正常细胞不同，得出癌细胞的生长速度远大于正常细胞的原因是能量来源的差别，这就是"瓦氏效应"，这一结论为治疗癌症提供了一种新的理论依据。他还对光合作用有深入的研究，在光合作用的机制和量子效率等方面具有独特的见解。奥托一生发表了数百篇论文及5部专著，培养了大批年轻的科学家。

酶的化学本质的研究

自1907年德国化学家爱德华·比希纳证明发酵不是依赖于活的酵母细胞，而是酒化酶这类物质之后，越来越多的科学家开始致力于酶化学本质的研究。这一课题也是 20 世纪初期酶学研究领域的热点。

20 世纪初许多科学家认为酶是一种附着在胶体上的相对分子质量较小的物质。但美国科学家詹姆斯·萨姆那（J. B. Sumner）坚持认为酶是一种蛋白质。1926 年，他选用脲酶含量较高的刀豆为实验材料，成功提取出一种能分解尿素的酶，命名为脲酶。经过反复实验，证明脲酶具有蛋白质特性。这是生物化学史上首次成功提取酶的结晶，有力推动了生物化学的发展。

随后在 1930 年，美国科学家约翰·霍华德·诺斯罗普（J. H. Northrop）及其研究团队从猪的胃里首次获得了胃蛋白酶晶体，并且合成了胰蛋白酶等多种消化性蛋白酶的结晶，证明了这些结晶是纯蛋白质。至此酶的化学本质是蛋白质这一结论被人们所接受。与此同时，美国科学家斯坦利（W. M. Stanley）运用萨姆那和诺斯罗普纯化和结晶酶的方法，成功分离出了烟草花叶病毒。

这三位科学家不仅在酶学研究上都取得了重大的成就，其锲而不舍的科研精神也值得后人学习，因其卓越的贡献他们共享了 1946 年的诺贝尔化学奖。

习　题

1. 为何说酶的本质是蛋白质？
2. 酶作为生物催化剂有何特点？
3. 何谓酶分子的必需基团？其作用如何？常见的必需基团有哪些？
4. 何谓寡聚酶？何谓变构酶？
5. 米氏方程的基本形式是什么？K_m 的意义及用途如何？
6. 假如反应体系中存在着下列各种情况，求其初速度 v 相当于理论最大速度 V_{max} 的百分数。

   (1) $[S] = K_m$　　　　　　(2) $[S] = \dfrac{1}{2} K_m$

   (3) $[S] = 2K_m$　　　　　　(4) $[S] = \dfrac{1}{10} K_m$

   (5) $[S] = 10K_m$

7. 过氧化氢酶 K_m 为 2.5×10^{-2} mol/L，当底物 H_2O_2 浓度为 100 mmol/L 时，求反应速度达到最大速度的百分数？
8. 试对比不同类型可逆抑制剂的特点。
9. 为什么测酶活力时，酶液要适当稀释？"适当"的标准是什么？
10. 有 0.5g α-淀粉酶制剂，配制成 500mL 溶液，从中取出 1mL，在规定条件下进行酶促反应，测得 10min 分解 5g 淀粉成无色糊精，试计算酶制剂的酶活力（酶活单位定义见第七节"一"）。
11. 称取 500mg 蛋白酶粉配制成 500mL 酶液，从中取出 0.1mL 酶液，以酪蛋白为底物，用福林-酚法测定酶活力，得每小时产生 1500μg 酪氨酸。试计算 1mL 酶溶液的活力及酶制剂的活力（酶活单位定义见第七节"一"）。
12. 酶制剂应该在什么条件下保存？为什么？

13. 酶的分离纯化一般经过哪些步骤？应注意哪些问题？

14. 解释下列名词：（1）酶的专一性。（2）酶的活性中心。（3）酶活单位。（4）酶活力，比活力。（5）酶促反应初速度。（6）中间产物学说。（7）K_s，K_m，V_{max}。（8）酶的最适温度与最适 pH。（9）酶的热稳定范围，酶的酸碱稳定范围。（10）竞争性抑制剂。（11）固定化酶与固定化细胞。

15. 固定化酶、固定化细胞的方法有哪几种类型？其优缺点是什么？

参 考 文 献

1. 朱圣庚，等. 生物化学（第 4 版）[M]. 北京：高等教育出版社，2017.
2. 张峰，等. 基础生物化学 [M]. 北京：中国轻工业出版社，2012.
3. 熊振平，等. 酶工程 [M]. 北京：化学工业出版社，1989.
4. 陈宁. 酶工程 [M]. 北京：中国轻工业出版社，2011.
5. 梅乐和，等. 现代酶工程 [M]. 北京：化学工业出版社，2011.
6. 吴敬，等. 酶工程 [M]. 北京：科学出版社，2013.
7. ［美］A.L 伦宁格（著），任邦哲（译）. 生物化学细胞结构和功能的分子基础 [M]. 北京：科学出版社，1981.
8. A. 怀特（著），张澄波（译）. 生物化学原理 [M]. 北京：科学出版社，1979.
9. ［日］岛英治. 食品工业と酵素 [M]. 朝仓书店版，1983.
10. 张楚富. 生物化学原理（第 2 版）[M]. 北京：高等教育出版社，2011.
11. 刘国琴，等. 生物化学（第 3 版）[M]. 北京：中国农业大学出版社，2019.

第七章 生物膜的结构与功能

学习指导

生物膜结构是细胞结构的基本形式，是细胞功能的基本结构基础。了解生物膜的基本结构和性质对更好地理解代谢及生命的本质是必要和有益的。本章学习要求：（1）掌握生物膜的基本概念，了解一些重要细胞器的结构和生理功能；（2）掌握生物膜的化学组成及生物膜的结构模型；（3）掌握生物膜的物质运送作用的主要类型及其相关分子机制的主要观点。

第一节 细胞膜和胞内膜

一、生物膜的概念

所有细胞原生质团的外面都有一层由脂类和蛋白质为主要成分组成的薄膜，它将内含物与外界环境隔开，这层膜称细胞膜，又称原生质膜或质膜。真核细胞除细胞膜外，还有广泛的内膜系统，将细胞原生质分隔成许多特殊区域，组成具有各种特定功能的细胞器，例如，细胞核、线粒体、内质网、高尔基体、溶酶体、过氧化物酶体、叶绿体、液泡等，构成这些细胞器的膜称为胞内膜，细胞膜与胞内膜统称为生物膜。细胞膜及这些膜性细胞器都属于细胞的膜结构。膜结构可占真核细胞干重的70%~80%。

与真核细胞不同，原核细胞没有分化的细胞器，只有细胞膜内陷而形成的少量片层状或囊装结构，称间体。间体在细胞的能量代谢、细胞分裂等活动中起重要作用。原核与真核细胞结构上的差异见表7-1。动物细胞、植物细胞及原核细胞的模式结构如图7-1所示。

表7-1　　　　　　　　　　原核细胞和真核细胞的结构差异

原核细胞	真核细胞
细胞壁的结构厚而复杂，有荚膜	植物细胞壁的结构较薄也较简单，动物无细胞壁和细胞荚膜，有细胞套膜
细胞内部结构简单	细胞内部结构复杂
无被膜包围的细胞器（无核膜、核仁）	有被膜包围的细胞器（有核膜、核仁）
遗传物质不被核膜包围，无组蛋白	遗传物质被核膜包围并与组蛋白相连
细胞分裂不是用核分裂和减数分裂	细胞用核分裂和减数分裂进行繁殖
氧化呼吸链与质膜密切相连	氧化呼吸链与线粒体结构密切相连

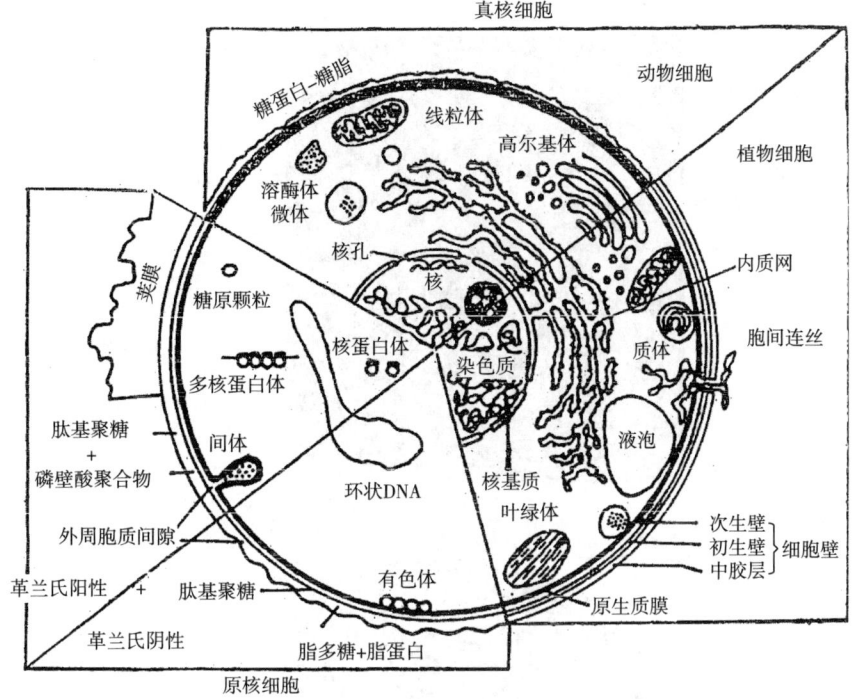

图 7-1　动物细胞、植物细胞及原核细胞模式结构图

二、细胞膜的生物学作用

细胞膜是把细胞质与外界环境隔开的一层半透膜,厚度为 5～10nm。细胞膜在细胞的生命活动中担负着许多重要的生理功能,如细胞与环境间的物质交换、能量转化、信息传递、代谢调节、细胞识别、细胞免疫、细胞对药物的反应、分泌作用等都与细胞膜的结构紧密联系。同时,细胞膜对细胞也起到一定的保护作用,使细胞不受或少受外界环境因素变化的影响。若没有完整的细胞膜,细胞内容物将迅速分散,细胞质的溶胶体系也将迅速改变,维持生命所必需的代谢不能进行,细胞便不能正常生存。

三、细　胞　器

真核细胞的内膜系统形成的各种细胞器,将细胞的内环境分隔成各个互相联系又相对独立的区间。在不同的细胞器内分布着不同的酶系,进行不同类型的代谢反应,从而实现了细胞结构和功能的"区域"化,使细胞内的复杂代谢活动相互联系,又互不干扰,协调一致地进行。下面简要介绍几种主要细胞器的结构和功能。

1. 细胞核

细胞核是真核细胞最重要的细胞器。结构如图 7-2 所示。一般为圆形或卵圆形,由两层质膜组成的核膜包围核质而成,每层核膜厚约 7～8nm,两层膜间隔约 50nm,称为核腔。核膜上有的部位内膜和外膜相连,形成穿过核膜的直径为 50～70nm 的孔隙,称核孔。核孔是细胞核与细胞质进行物质交流的重要通道。核孔处有专一识别蛋白,使物质进出核有高度选择性。核膜上核孔的密度因细胞类型不同而异;转录活跃的细胞,核孔多,反之则少。

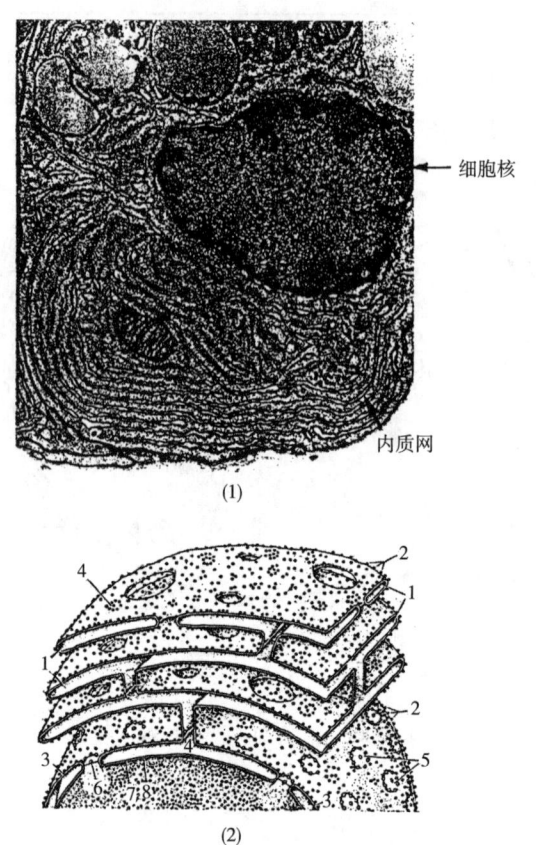

图 7-2 细胞核与内质网的形态结构
(1) 细胞核及内质网的电子显微图 (2) 核膜和内质网的模式图
1—粗面内质网 2—核糖核蛋白体 3—核膜外膜 4—多核糖体 5—核孔 6—核孔内侧
7—核膜内膜 8—附于内膜的染色质

细胞核外层膜与内质网相连,外面附着有核糖体颗粒,可进行蛋白质的合成。

内层膜包围着的浆液为核质。核仁、染色体及多种酶系存在其中。染色体是由DNA和蛋白质组合而成的。各种生物的染色体数目是相对恒定的,如酵母为12条,玉米20条,绵羊54条,人类为46条。DNA复制、RNA的转录合成及转录后的加工是在核质中进行的。核仁为圆形,比周围核液要浓密得多,无膜包围。核仁是rRNA合成、加工、装配及暂贮的场所,它只在细胞分裂间期出现,细胞分裂时消失。

细胞核是细胞的控制中心,通过核酸合成控制着细胞的生长、繁殖。一般来说,真核细胞失去细胞核后很快就会死亡。若把一个卵细胞的核去除,它将不能发育成一个新个体。

2. 内质网

所有真核细胞都具有内质网。内质网是广泛分布于细胞质中的由膜围起的扁囊、小管及小泡形成的网状系统。这些扁囊、小管的内腔(称内质网腔)彼此相通,与细胞核外膜相连,并通过小泡与高尔基体相连。内质网分两种类型,一种是粗面内质网,其外表面附着有许多核糖体。另一种是光面内质网，表面没有核糖体附着。

光面内质网膜上分布有参与固醇、磷脂及甘油三酯合成的酶，机体解毒反应有关的酶等，所以，光面内质网与固醇、磷脂、甘油三酯等的合成及药物解毒作用有关。

粗面内质网参与蛋白质合成后的加工、运转及膜的生成。粗面内质网上附着的核糖体负责合成分泌性蛋白及装配质膜、内膜系统的蛋白。这些蛋白质被送入内质网腔，进行一定的加工改造（如特定部位糖基化、形成二硫键等）后，在内质网末端以膜包围形成小囊泡，再被运转至高尔基体。经高尔基体进一步加工、分拣后，被运到特定功能部位。另外，粗面内质网可利用蛋白质和类脂不断地进行自身膜的装配和生成，这些膜再经一定的化学和结构上的改造，逐步变成细胞的各种膜，如光面内质网、高尔基体、溶酶体膜、质膜及核膜等。内质网的形态如图 7-2 所示。

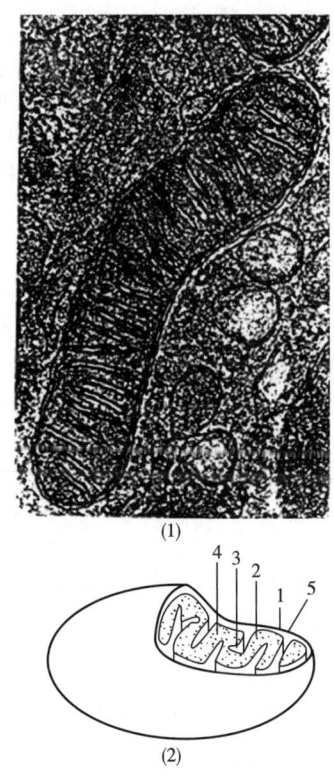

图 7-3　线粒体的结构
(1) 线粒体的电子显微图　(2) 线粒体结构模式图
1—外膜　2—内膜　3—嵴　4—基质　5—外室

3. 线粒体

线粒体是普遍存在于真核细胞中的细胞器，呈球状或棒状通常直径为 0.2~1μm，长度为 3~10μm 不同细胞中含有的线粒体数目相差很大，可由几个到几十万个不等，一般来说，需能较多的细胞线粒体的数目多。线粒体具有双层膜，称线粒体外膜和内膜。外膜、内膜各厚约 5μm，外膜平滑而连续，通透性大，相对分子质量 1 万以下的分子都能通过。内膜选择透性严格。外膜与内膜间有一厚为 8.5μm 的腔,称线粒体外室。内膜以内称内室,内膜反复延伸折入线粒体内室中,这些内折称为嵴,嵴的存在大大增加了线粒体内膜的面积。内室中充满胶状的液体称基质,基质中含丰富的蛋白质。线粒体的结构如图 7–3 所示。

线粒体外膜、内膜都是由脂类和蛋白质组成的,但在含量和种类上差异较大。外膜蛋白质含量占 52%,脂类 48%,内膜蛋白质占 76%,脂类 24%。外膜、内膜和基质中的蛋白质主要是各种代谢途径的酶类及执行膜运转物质等功能的蛋白质,见表 7–2。

表 7–2　　　　　　　　　线粒体各部位上分布的主要酶类和蛋白质

部位	酶或蛋白质	部位	酶或蛋白质
外膜	脂酰基 CoA 合成酶、单胺氧化酶、核苷二磷酸激酶	外室	腺苷酸激酶
内膜	电子传递链各组分、琥珀酸脱氢酶、ATP 合成酶复合体、肉毒碱–酰基转移酶、脂酸碳链延长酶类、ATP 转移系统以及其他转移系统	基质	丙酮酸脱氢酶复合物、谷氨酸脱氢酶、转氨酶、除琥珀酸脱氢酶外的 TCA 循环的各种酶、脂肪酸 β–氧化途径的各种酶、磷酸烯醇式丙酮酸羧激酶、丙酮酸羧化酶

从表中可以看出,线粒体基质中含有 TCA 循环、脂肪酸 β–氧化、氨基酸代谢等代谢途径的各种酶,它们催化糖、脂、氨基酸等营养物质最后阶段的氧化分解反应,产生大量含有很高能量的氢原子,由还原型辅酶(NADH + H$^+$ 及 FMNH$_2$)携带,进入位于线粒体内膜上的电子传递链。在传递过程中氢原子被逐步氧化。氧化释放的自由能被线粒体内膜上的 ATP 合成酶利用,将 ADP 磷酸化生成 ATP(参看第九章生物氧化)。细胞活动所需要的 ATP 主要由线粒体提供,所以人们把线粒体比作细胞的动力站。

此外,线粒体基质中还含有线粒体 DNA,RNA,核糖体,以及参与线粒体 DNA 复制、RNA 转录和蛋白质合成的酶系。

线粒体内能进行 DNA 复制、转录,并合成某些它们自身的蛋白质,线粒体能进行自主复制和再生而不受细胞核的控制,因此,它被认为是一个半自主的细胞器。但它并不是完全独立的结构,因为,在线粒体所含有的蛋白质中,一般只有 5%~10% 是由它自身合成的,其余的都是由核内基因编码,在细胞质中合成的。因此,它的结构和功能在相当大的程度上还是受核遗传信息控制的。

4. 高尔基体

高尔基体的基本结构是由膜围成的扁囊(扁囊内腔称为高尔基池)、扁囊边缘分枝的小管和小囊泡组成的,一般 4~8 层扁囊成摞存在,其形态结构如图 7–4 所示。高尔基体中,扁囊与扁囊间距为 25~30nm。扁囊上带有窗孔。不同细胞高尔基体的大小和数目不同,真菌只有一个,动物肝细胞为 50 个,藻类可多达 25000 个。

高尔基体的主要功能如下。

(1) 高尔基体是细胞蛋白质合成后的加工、分拣中心　由粗面内质网上的核糖体合成的蛋白质进入内质网腔,经初步加工后,以小囊泡形式在高尔基体的形成面(靠近细胞核的一面)汇集,内含物进入高尔基池。在这里,蛋白质被糖基化、磷酸化等进一步修饰,

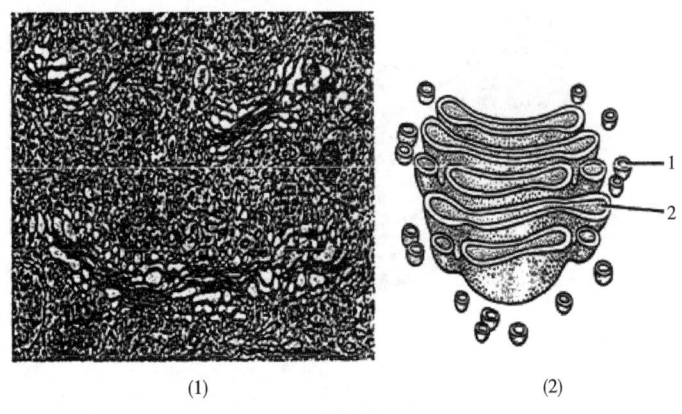

图 7-4 高尔基体的形态
(1) 高尔基体的电子显微图　(2) 高尔基体的结构模式图
1—囊泡　2—高尔基池

并进行肽链的改造,如将胰岛素原切去 C 肽转变为活性胰岛素等。加工后的蛋白质经贮藏浓缩后,在高尔基体的成熟面(靠近质膜的一面)以小囊泡的形式分类包装,然后运往不同的部位。有的囊泡称为溶酶体,内装有各类水解酶 > 有的为分泌囊泡,里面是待分泌的肽类激素、消化酶及酶原等。分泌囊泡将迁移至质膜内侧,囊泡膜与质膜融合,内含物被排到胞外。

(2) 高尔基体参与膜的转化　新的膜在内质网形成后,以小泡的形式在高尔基体的形成面汇集,成为高尔基体膜,此时膜较薄。小泡内装的蛋白质在高尔基池经修饰加工后,不断补充到膜上去,使膜的厚度增加,膜的成分也在变化。当到达高尔基体的成熟面时,分泌囊泡膜中已经含有了质膜需要的各种专一蛋白质和脂类物质。囊泡膜与质膜融合,囊泡膜就成了质膜的一部分。

(3) 高尔基体也是多种多糖合成的场所　黏多糖、果胶、纤维素等是在高尔基体内合成,包装于小泡中分泌的。有证据表明,高尔基体内用于使蛋白质糖基化的糖链也是在高尔基体内合成的。

5. 叶绿体

叶绿体存在于植物和某些藻类细胞内,一般为盘形,直径 5~8μm,厚约 2~3μm,一个植物细胞约含有 50 个叶绿体,是进行光合作用的细胞器。结构如图 7-5 所示。

叶绿体也像线粒体那样,它除了有外膜、内膜、两膜间隙及内膜包围的基质外,在基质内还悬浮着许多由膜围成的小扁囊,称为类囊体。那些大的类囊体叫基质类囊体,形成了内膜系统的基质片层。那些小的类囊体像小圆盘,每个间隔 5nm,叠成一种称为基粒的结构。每个叶绿体约含 40~80 个基粒。类囊体膜中含有叶绿素、胡萝卜素、细胞色素及相关的蛋白质、ATP 合成酶等。光合作用中捕捉光子、分解水释放氧气、产生还原力 $NADPH+H^+$ 及合成 ATP 等将光能转变为化学能的反应都是在类囊体膜上进行的。这些反应统称为光反应。

叶绿体内膜与类囊体之间充满的基质内,含有参与固定 CO_2 合成糖反应的酶系。光合

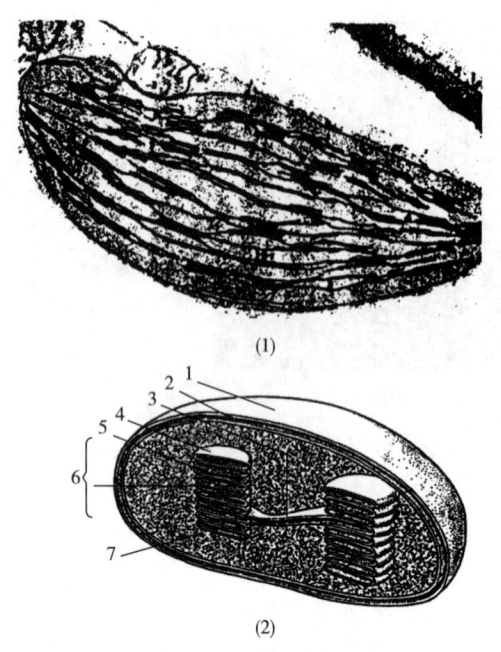

图 7-5 叶绿体的结构
(1) 叶绿体的电子显微图 (2) 叶绿体结构模式图
1—外膜 2—内膜 3—基质类囊体 4—基粒类囊体 5—基粒类囊体 6—基粒 7—基质

作用中，利用光反应产生的 $NADPH+H^+$ 和 ATP 将 CO_2 还原成糖的反应，是在基质中进行的。同时叶绿体基质中还含有叶绿体 DNA，RNA 及参与叶绿体内核酸和蛋白质合成的酶系。同线粒体一样，叶绿体也是半自主的。

光合作用的两大结果——释放氧气和合成糖，不仅对进行光合作用的生物本身十分重要，也是自然界好氧生物、异养生物赖以生存的物质基础。叶绿体中发达的膜结构大大提高了光合作用的效率。

6. 溶酶体和过氧化物酶体

(1) 溶酶体　溶酶体是由单层膜围起的细胞器，里面含有含各种水解酶类，直径约 $0.5\mu m$，在动物、植物和原生动物细胞中均有发现。溶酶体中含有的酶共有 50 余种，其中包括脂肪酶、蛋白水解酶、核酸酶、磷酸酯酶、糖苷酶和硫酸酯酶等。溶酶体酶的种类虽然很多，但每个溶酶体所含酶的种类却是有限的。这些消化酶被封闭在溶酶体中可防止细胞本身被酶消化。吞噬细胞通过质膜内陷，把环境中的大分子及颗粒物质以质膜包围的小泡形式运进细胞，此内吞小泡与溶酶体融合，内含物被溶酶体中的酶消化。细胞内衰老的细胞器等物质也是在溶酶体内被消化的。大分子物质经消化产生的氨基酸、单糖等可扩散出溶酶体，被细胞利用，消化残渣通过外排作用排出细胞。

溶酶体也能引起细胞自溶，如细胞受伤或衰老死亡时，溶酶体即自行解体，将酶释放到细胞液中将细胞本身消化掉。动物发育过程中一些细胞的清除，如蝌蚪变蛙时尾部的退化，也是通过细胞自溶方式进行的。

(2) 过氧化物酶体　过氧化物酶体是由内质网以出芽方式产生的。它也是由单层膜围起的细胞器，呈卵圆形，直径约 0.2~1.7μm。过氧化物酶体中除含有过氧化氢酶外，还含有多种以 FAD 或 FMN 为辅基的氧化酶，如尿酸氧化酶、D-氨基酸氧化酶、α-羟酸氧化酶等。这些氧化酶催化其底物脱氢，并将脱下的氢原子直接交给氧分子，生成双氧水。双氧水是强氧化剂，会对细胞产生毒害。过氧化物酶体中含有的过氧化氢酶能催化双氧水分解成水和氧气，以清除过氧化氢，对细胞起保护作用。反应式如下：

$$RH_2 + O_2 \xrightarrow{黄素氧化酶} R + H_2O_2$$

$$2H_2O_2 \xrightarrow{过氧化氢酶} 2H_2O + O_2$$

> **知识小贴士**
>
> **半透膜**
>
> 　　细胞膜主要是由磷脂构成的富有弹性的半透性膜，膜厚 7~8nm，对于动物细胞来说，其膜外侧与外界环境相接触。其主要功能是选择性地交换物质，吸收营养物质，排出代谢废物，分泌与运输蛋白质。根据细胞膜的工作原理制备了半透膜（semipermeable membrane）。
>
> 　　半透膜是一种只给某种分子或离子扩散进出的薄膜，对不同粒子的通过具有选择性的薄膜，例如细胞膜、膀胱膜、羊皮纸以及人工制的胶棉薄膜等。现代半透膜还用于多孔性壁（如无釉陶瓷）并使适当的化合物（如铁氰化铜）沉淀于其孔隙中制成。半透膜用于渗透溶胶和测定渗透压强等。生物吸取养分也是通过半透膜进行的。反渗透制纯水是用高分子材料经过特殊工艺制成的半透膜，它只允许水分子透过，而不允许溶质通过。用高压泵使处于半透膜一侧的原水压力超过渗透压时，原水中的水分子就能够透过半透膜进入另一侧，从而获得纯净水。而原水中的溶解与非溶解的无机盐、重金属离子、有机物、菌体及胶体等物质无法通过半透膜，只能留在浓缩水中被放掉。

第二节　生物膜的化学组成和结构

　　前已提及，生物膜主要由蛋白质、脂类和糖类物质组成，这一节我们较详细地讨论各种膜组分的分子结构特点，它们在膜的组建及功能方面所起的作用，最后讨论生物膜分子结构的模型。

一、生物膜的组成

1. 膜脂质

组成生物膜的脂类物质主要为磷脂、糖脂和胆固醇，其中磷脂含量最高，分布最广。

（1）膜脂质的种类

①磷脂。组成生物膜的磷脂主要为甘油磷脂和鞘氨醇磷脂。详见第二章相关内容。

②糖脂。组成生物膜的糖脂主要为甘油醇糖脂和鞘氨醇糖脂。详见第二章相关内容。

③胆固醇。生物膜中还含有少量胆固醇，一般情况下，动物细胞膜结构中的胆固醇含量高于植物，而质膜的胆固醇含量比胞内膜高。胆固醇的存在对生物膜中脂质的物理状态有一定的调节作用。

$$\text{胆固醇}$$

（2）膜脂质的结构　膜脂分子在水溶液中的存在形式组成生物膜的脂质虽然种类很多，但有共同的结构特点，即都是两性分子，并且分子中疏水基团占的比例较大。这一特性使它们在水中容易自动聚集成微团结构或双分子层微囊结构。

微团结构中，膜脂分子的疏水尾尽量避开水，藏在中央，极性头部与水亲和，露在外面。微团结构的直径是有限的，最大可为20nm，若再大，水会进入其中，导致微团破裂。

双分子层微囊结构中，膜脂分子的疏水尾相互亲和指向双分子层内部，极性头露在片层两侧的面上，面向水。这种双分子层微囊结构可扩展到直径1mm或更大，维系的力是脂分子疏水尾间的疏水力，范德华力和极性头与水分子间的静电力、氢键等。与微团不同，双层微囊内部有水溶液，即它能在微囊内外都是水相的条件下稳定存在。这种结构正好符合作为生物膜的要求，因为所有种类的生物膜两侧环境都是水相的。如细胞膜的外侧是胞外环境或细胞间液，是水相，内侧是细胞浆液，也是水相。膜脂分子在水中存在的几种结构形式如图7-6所示。

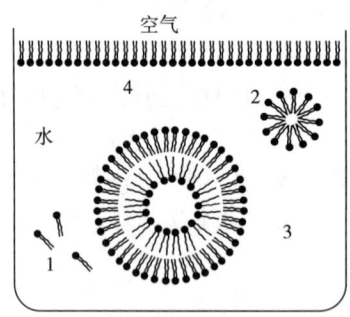

图7-6　膜脂分子在水溶液中存在的几种结构形式
1—单体　2—微团　3—双层微囊　4—单层

现已证实，生物膜中的脂质分子正是以双分子层结构形式存在的，脂双层结构是生物膜的基础，也称生物膜的基质，它使生物膜成为物质通透的屏障，把膜内物质与外环境分开。同时，一些膜脂与膜蛋白结合牢固，是那些膜蛋白发挥功能所必需的。

2. 膜蛋白

根据粗略计算，细胞中大约有 20%~25% 的蛋白质是与膜结合存在的。不同的生物膜，膜蛋白含量相差较大。神经细胞膜只含三种蛋白质，含量为 18%，细菌质膜及线粒体内膜蛋白质含量都超过 75%，种类在 60 种以上。实验证明，功能越复杂多样的膜，膜蛋白含量越高，种类也越多。根据膜蛋白在膜上的位置，可分为外周蛋白及内在蛋白，如图 7-7 所示。两类蛋白在分子结构及性质上有着不同的特点。

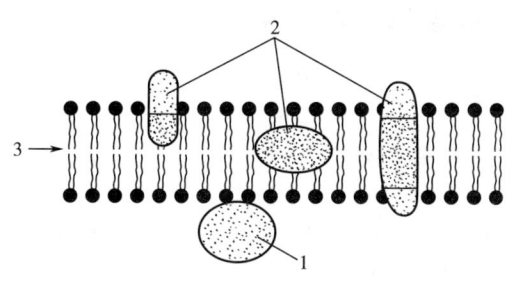

图 7-7　生物膜外周蛋白及内在蛋白示意图
1—外周蛋白　2—内在蛋白　3—脂双层

（1）外周蛋白　外周蛋白位于膜脂双层的表面，它们通过静电力、范德华力与膜脂的极性头部结合。一般用比较温和的条件处理，如改变溶液的离子强度，或改变 pH，或加入金属螯合剂，就能使它们从膜上溶解下来。脱离膜后，它们都能溶于水。如线粒体内膜上的细胞色素 c，F_1-ATP 酶等都属于这一类。外周蛋白一般占膜蛋白的 20%~30%。

（2）内在蛋白　内在蛋白一般占膜蛋白的 70%~80%，它们或部分镶嵌在脂双层中，或横跨全膜。这类蛋白不易与膜脂分离，只有采用剧烈的条件，如经去污剂、有机溶剂、超声波、酸性磷酸酯酶等处理，才能将它们从膜上溶解下来。内在蛋白难溶于水，从膜上分离下来后，一旦去除去污剂或有机溶剂，它们就会凝聚起来。

研究发现，内在蛋白的立体结构中常形成几个结构域，有的结构域中含有较多的疏水氨基酸残基，称疏水结构域，它们易与膜脂的疏水尾亲和而位于脂双层中间。有的结构域中富含极性、酸性、碱性氨基酸残基，称极性结构域。它们易与膜脂的极性头及膜两侧的水亲和，而位于膜两侧表面。内在蛋白多为糖蛋白，糖链分布于极性结构域中。可以看出，稳定内在蛋白的力有两类，一类是蛋白质分子疏水域中的疏水基团与膜脂分子疏水尾间的疏水力、范德华力；另一类是蛋白质极性结构域中的极性基团与膜脂的极性头及膜两侧水分子间的静电力、氢键等。

例如，红细胞膜上的血型糖蛋白是一种跨膜蛋白，由 131 个氨基酸残基组成的单肽链的单体蛋白分子。其 N 端含有 16 条低聚糖链，每条含 11~13 个单糖残基。此蛋白质分子有三个结构域，N 端（氨基酸残基 1~73 一段），包括与其相连的低聚糖链。这段肽链中富含苏氨酸、丝氨酸、酪氨酸等极性氨基酸及谷氨酸、精氨酸等酸性、碱性氨基酸，加上糖链，组成了一个亲水域，它位于质膜的外侧。中段（氨基酸残基 74~91），富含疏水氨基酸缬氨酸、亮氨酸、异亮氨酸等，组成一个疏水域，位于膜脂双层内部。C 端（氨基酸残基 92~131）一段，富含极性氨基酸、酸性、碱性氨基酸，组成了又一个亲水域，位于质膜的内侧表面,如图7-8所示。

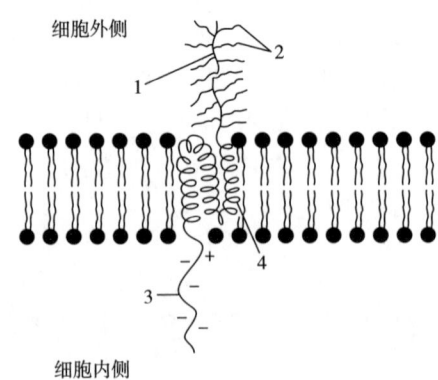

图7-8 人红细胞膜血型糖蛋白跨膜分布示意图
1—血型糖蛋白的极性末端 2—寡糖链 3—血型糖蛋白的极性末端
4—血型糖蛋白的非极性α-螺旋部分

膜蛋白都是功能蛋白,不同种类的膜蛋白担负着不同的生物功能,有的是受体蛋白,有的是运送蛋白,有的是酶类等。所以,蛋白质含量越高的、种类越多的膜,其功能自然也越复杂。

3. 糖类

质膜和胞内膜都含有糖类物质,这些糖类物质大多与膜蛋白结合,以糖蛋白的形式存在,少量与膜脂结合,组成糖脂。

糖蛋白与糖脂的糖链主要由九种单糖组成,它们是D-葡萄糖、D-半乳糖、L-岩藻糖、L-阿拉伯糖、D-木糖、N-乙酰-D-葡萄糖胺、D-甘露糖、N-乙酰-D-半乳糖胺、N-乙酰神经氨酸。

糖脂在生物膜中含量较少,一般不超过膜脂的5%。组成糖脂寡糖链的单糖残基数通常在8个以下,最接近脂分子的一个单糖多为葡萄糖。糖蛋白的寡糖链常为十几个单糖残基组成,最多不超过25个。各种糖蛋白分子中糖含量相差很大,有的在1%以下,多的可超过60%,红细胞膜血型糖蛋白的糖含量在60%以上。糖链与蛋白质直接相连的单糖残基通常是N-乙酰葡萄糖胺,它们与蛋白质分子特定部位的丝氨酸或天冬酰胺残基以糖苷键相连,其连接方式表示如下:

与一个天冬酰胺残基相连的
N-乙酰葡萄糖胺

与一个丝氨酸残基相连的
N-乙酰半乳糖胺

糖类在膜上的分布是不对称的。在质膜和胞内膜中，糖基链都分布于非细胞质一侧（质膜的外侧和内膜的内侧），即细胞膜中的糖脂、糖蛋白的糖残基分布于细胞的外表面。如图7-9所示。胞内膜中糖脂、糖蛋白的糖残基面向膜系内腔。分布于细胞膜外侧的糖链犹如细胞的化学天线，在细胞识别、细胞免疫、信息传递等功能中起重要作用。

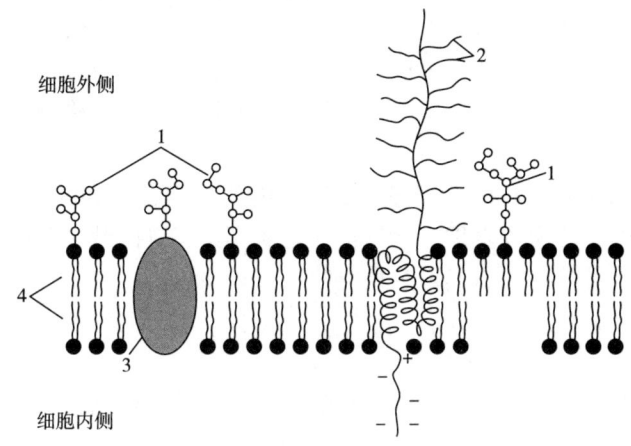

图7-9 细胞膜糖链分布示意图
1—糖脂 2—糖蛋白寡糖链 3—内在糖蛋白 4—脂双层

二、膜脂和膜蛋白在脂双层两侧分布的不对称性

1. 膜蛋白分布的两侧不对称性

不同种类生物膜的蛋白质含量和种类明显不同，同一种膜，脂双层两侧的蛋白质含量和种类也有很大差别，见表7-3所示。

表7-3　　　　　　　　某些生物膜脂双层两侧蛋白质颗粒密度

膜类型	每平方微米颗粒数目		颗粒占膜表面积/%
	稠密面	稀面	
人工卵磷脂膜	0	0	0
根尖内质网膜	1700	380	12
根尖核膜	1700	420	12
肌微粒体膜	4300	0	35
叶绿体类囊体膜	3860	1800	80
人红细胞膜	2800	1400	23

不论含量和种类有多大差别，膜蛋白在生物膜上的分布是不对称的。例如，现已知的分布于质膜外侧的蛋白质主要有非专一性 Mg^{2+}-ATP酶、$5'$-核苷酸酶、$5'$-磷酸二酯酶、对硝基酚磷酸酶、各种激素及毒素受体蛋白等，在质膜内侧的蛋白质有腺苷酸环化酶等。

实验证明，除了跨膜蛋白外，没有哪种蛋白质既出现在膜的这一侧，又出现于膜的另一侧。膜蛋白的这种不对称分布反映了膜两侧功能的不对称性。

2. 膜脂分布的两侧不对称性

膜脂在脂双层两侧的分布也是不对称的，除了糖脂只存在于膜的非细胞质一侧的单分子层中，是绝对不对称的之外，其他脂类在膜两侧的含量也有差异。例如，人红细胞膜脂双层外侧含卵磷脂、鞘磷脂较多，内侧含脑磷脂和磷脂酰丝氨酸较多。还发现同一细胞同一种膜的不同部位，各种脂质的分布也是不均一的。膜脂的不对称、不均一分布，可使膜的不同部位在流动性、电荷情况上有差异，这也为膜蛋白的不对称分布和执行不同的功能提供了条件。

生物膜结构上的两侧不对称性，保证了膜功能的方向性。如膜两侧质子梯度的产生、物质的跨膜运送、信息传递等生理生化过程都需要膜具有方向性。膜两侧不同组分的协同作用是生物膜迅速、准确地完成其复杂功能的保障。

三、生物膜的流动性

生物膜的流动性包括膜脂的流动性和膜蛋白的运动性。流动性是生物膜结构的主要内容，适当的流动性是生物膜表现其正常生理功能所必需的。

1. 膜脂的流动性

膜脂的流动性也即膜脂的运动状态，受温度影响，也与膜脂的组成等因素有关。

正常生理条件下，膜脂处于流动状态，称液晶态。温度降低可转变为类似晶态的凝胶态，发生这一变化的温度称为相转变温度。不同生物膜，膜脂的化学组成不同，相转变温度不同，特别是甘油磷脂分子中，脂肪酸烃链的长度和不饱和程度对相变温度的影响更为显著。

（1）膜脂分子的运动方式　相变温度以上，膜脂分子具有五种运动方式。

①脂酰烃链绕 C—C 键旋转，导致异构化运动。

②膜脂分子围绕与膜平面相垂直的轴左右摆动。

③膜脂分子围绕与膜平面相垂直的轴作旋转运动。

④膜脂分子在膜内沿膜平面作侧向扩散或侧向移动。

⑤膜脂分子在脂双层中做翻转运动。

翻转运动指脂分子由一单分子层倒翻至另一层，与其他几种运动方式相比，速度要慢得多。磷脂分子在各类膜中侧向扩散的平均速度为 $2\mu m/s$。这意味着一个磷脂分子能在一秒钟内从细菌质膜的一端移动到另一端。而翻转运动几小时才有一次。膜脂分子的几种运动方式如图 7-10 所示。

（2）影响膜脂流动性的因素　因为膜脂的基本组分是磷脂，影响膜脂流动性的最重要因素是磷脂分子的脂肪酸烃链的不饱和程度。饱和脂肪

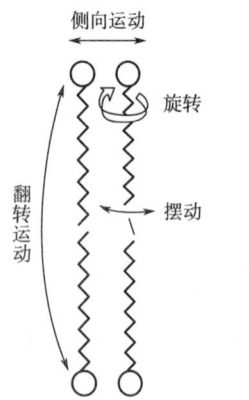

图 7-10　膜脂分子运动的几种方式示意图

酸烃链呈直线形，彼此间可紧密排布，烃链间非极性作用力强，相变温度高，而且随着烃链碳原子数增加，相变温度升高。不饱和脂肪酸的烃链在双键处发生折曲，分子呈弯曲状，因而彼此间排列疏松，减少了分子间的作用力，相变温度较低。

膜中胆固醇的存在对膜的流动性有一定的调节作用。在相变温度以上，胆固醇阻挡脂分子烃链产生较大范围的运动，增加膜的有序性，有利于维持膜正常的流动状态。在相变温度以下时，胆固醇会阻止脂肪酸烃链的有序排列，使相变温度降低。如从髓鞘膜提取出来的磷脂，在37℃时仍处于结晶态，而在正常髓鞘膜中的这些磷脂，由于与大量胆固醇一起存在，同样温度下仍保持流动的液晶态。

膜中鞘磷脂的含量也对流动性有影响，因鞘磷脂的脂肪酸饱和程度高，故鞘磷脂含量高的膜流动性较低。此外，膜结合蛋白以后也会影响膜脂的流动性，当膜脂发生相变时，蛋白质会影响脂分子的协同效应，使相变温度的范围变宽。膜脂的极性基团，溶液的离子强度、金属离子等均对膜脂的流动性有一定影响。

膜脂的流动性对于膜的功能，特别是对膜蛋白的活性具有重要意义。膜脂合适的流动性是膜蛋白正常功能表现的必要条件。如将肌质网膜小泡中99%的脂类用二油酰卵磷脂（相变温度为－22℃）来置换，则膜小泡上的钙运输酶（一种ATP酶）在全部测试温度下均具活性。若用二豆蔻酰卵酸酯（相变温度为24℃）置换，这种钙运输酶在温度低于24℃便失去活性。正常情况下，生物可通过调节磷脂分子中脂肪酸组成、胆固醇含量及pH、金属离子浓度等对生物膜进行调控，使其具有合适的流动性，从而表现其正常的生理功能。

2. 膜蛋白的运动性

（1）膜蛋白的侧向扩散　膜蛋白在膜上做侧向扩散运动的最早证据来自1970年Frye和Edidin的细胞融合实验。他们用结合有绿色荧光染料的专一抗体（可与小鼠细胞膜上某种蛋白质专一结合）标记在培养的小鼠细胞上面，而将培养的人体细胞用结合有红色荧光染料的专一抗体（可与人细胞膜上某种蛋白质专一结合）进行了标记。利用细胞融合技术，将这两种细胞融合起来形成一杂交细胞时，最初杂交细胞膜一半呈红色，一半呈绿色，经37℃保温培养40min后，发现两种颜色的荧光点在杂交细胞膜上呈均匀分布。这一实验为膜蛋白的侧向扩散提供了一个有力的证据。根据这一实验计算出来的膜蛋白侧向扩散速度约为每分钟几微米（如图7－11所示）。

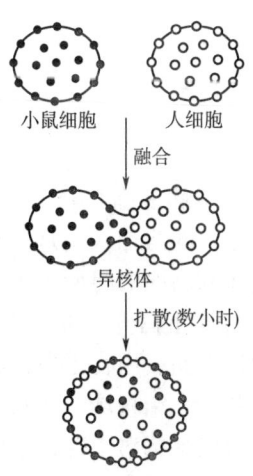

图7－11　细胞融合实验证明膜蛋白运动性示意图

（2）膜蛋白的旋转运动　除侧向扩散外，膜蛋白还可围绕与膜平面相垂直的轴进行旋转运动。实验证明，膜蛋白的旋转扩散速度比侧向扩散慢。

与膜脂相比，膜蛋白的分子更大，结构更复杂，所以，翻转运动更加困难，实际上蛋白质的翻转从未被观察到。因此，推测膜组分（尤其是膜蛋白）在膜上的相对位置在膜的组建过程中就被确定下来了，翻转困难可以使膜的不对称保持得很长久。

四、生物膜的结构模型

人们对生物膜的认识经过了一个漫长的历程。1899年Overton研究植物细胞膜的通透性时，发现易溶于脂肪的物质也容易穿过膜，提出了脂质和胆固醇类物质可能是构成细胞膜的主要成分。以后，随着新技术新方法的不断被应用，对于膜组分的结构特点及膜的性质、结构的认识更加深入。其间，对膜结构的模型提出了不下几十种。到了20世纪70年代，在关于膜的流动性和膜蛋白、膜脂分布不对称性的研究取得了一系列重要成果的基础上，1972年，美国S.J.Singer与G.Nicolson提出了生物膜的"流体镶嵌"模型，如图7-12所示。其基本观点目前已普遍为大家接受，主要内容如下。

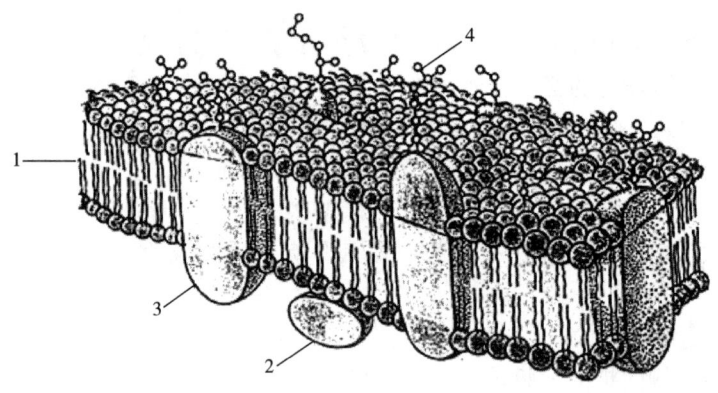

图7-12 Singer and Nicolson 流体镶嵌模型
1—脂双层 2—外周蛋白 3—内在蛋白 4—糖链

（1）组成膜的脂类分子呈双分子层排列，是构成膜结构的基础。脂双层有双重作用，既是内在蛋白的溶剂，又是物质通透的屏障。在生理条件下，膜脂处于流动状态，生物通过改变膜脂的脂肪酸组成等因素进行调节控制其流动性。

（2）外周蛋白分子表面分布有多极性R基，通过静电力与膜脂的极性头部亲和而附着于膜两侧表面。内在蛋白以不同深度镶嵌在脂双层中，有的贯穿整个膜。其分子中有疏水结构域和亲水结构域，疏水域埋在脂双层中心，与膜脂疏水尾相亲合，亲水域朝向膜的表面。脂双层结构对于内在蛋白构象的形成和功能表现是必要的，若脱离膜，内在蛋白就失去活性。

（3）除非为特殊的相互作用所限制，膜蛋白在脂双层中可以自由地侧向扩散，但它们一般不能从膜的一侧翻转到另一侧。

生物膜的流体镶嵌模型，除强调了生物膜是由脂类和蛋白质镶嵌组成以外，更突出了生物膜的流动性，认为活的膜总是处于流动变化之中，并强调了膜的不对称性。这一模型能很好地解释许多生物膜的物理、化学及生物学性质，因此，被广泛接受。但是，仍然存在着许多局限性，如近年来许多实验都表明的膜流动的不均匀性等，没有被引入模型中。相信随着研究的不断深入，它将会得到进一步完善和发展。

第三节　生物膜的物质运送功能

生物膜在细胞的生命活动中担负着多种重要的生理功能，关于能量转换、调节代谢方面的作用将分别在第九章和第十五章中讨论，本节简要讨论生物膜的物质运送功能。

生物膜对物质的通透有高度的选择性，质膜担负着活细胞与环境进行物质交换的功能，从环境中吸收并富集有用的营养物质，排出代谢废物，使细胞内 pH 及各种离子浓度维持在需要的狭窄范围内。稳定的内环境保证了细胞内各种酶催化反应的顺利进行。同理，细胞内各种细胞器膜是细胞器内外联系的桥梁和屏障，它们的选择透性使各细胞器与整体细胞保持紧密联系而又相对独立。此外，生物膜对物质的选择透性和专一运送而产生的跨膜离子梯度是细胞能量转换、神经冲动的接受与传导、肌肉收缩等许多生理活动完成的基础。

由于生物膜物质运送作用对生命的重要性，目前，从分子水平阐明各种运送过程的机制已成为生化领域中的研究热点。

生物膜运送物质的方式主要有穿膜运送和膜泡运送两种类型。

一、穿 膜 运 送

穿膜运送指物质进出生物膜时要穿过膜结构。根据物质运送自由能变化的情况，可分为被动运送和主动运送。

物质从膜的一侧（浓度为 c_1）被运送到膜的另一侧（浓度为 c_2）过程中，自由能变化可由式（7-1）计算：

$$\Delta G = 2.3RT\log\frac{c_2}{c_1} \tag{7-1}$$

如果物质带有电荷，穿膜运送中除与膜两侧浓度梯度有关外，还要考虑电荷梯度。浓度梯度和电荷梯度总起来称电化学梯度。自由能变化计算公式如式（7-2）所示：

$$\Delta G = 2.3RT\log\frac{c_2}{c_1} + nF\Delta V \tag{7-2}$$

式中　R——气体常数；
　　　T——绝对温度，K；
　　　n——被运送物质所带静电荷数；
　　　F——法拉第常数（96500C/mol）；
　　　ΔV——跨膜电位差，V。

当 $c_1 > c_2$，即顺浓度梯度运送，根据公式可知 ΔG 为负值，此过程可自发进行，称为被动运送。当 $c_1 < c_2$，为逆浓度梯度的运送，ΔG 为正值，此过程称为主动运送，需输入自由能才能进行。

1. 被动运送

被动运送过程中，物质从膜的高浓度一侧向低浓度一侧运送，为负值，所释放的自由能是物质顺浓度梯度运送过膜的驱动力，无需细胞另外提供能量。在被动运送中，又根据是否需要膜上专一载体蛋白的帮助而分为简单扩散和促进扩散。

（1）简单扩散　简单扩散是生物膜运送物质最简单的一种方式。它依赖于物质的扩散作用和渗透作用，运送速率取决于物质在膜两侧的浓度差及物质的分子大小、亲脂性等因素。物质在膜两侧的浓度差越大、分子越小、亲脂性越大，则穿膜速率越快。

一些非极性小分子物质如 O_2、N_2、苯、甾类激素等，以及一些不带电荷的极性小分子物质如 H_2O、CO_2、甘油、乙醇、尿素等，可以以简单扩散的方式穿过膜。体积较大的极性分子如葡萄糖、蔗糖、氨基酸等及各种离子都不能自由扩散通过膜。

简单扩散在膜对物质的运送中只占很小的比例。

（2）促进扩散　有些小分子物质顺浓度梯度穿膜运送中，需借助膜上载体蛋白的帮助，这种运送称为促进扩散。载体蛋白对物质的运送有很高的专一性，不同的物质由不同的载体蛋白运送。载体蛋白为跨膜蛋白，其分子中有与被运送物质专一结合的位点。在结合与释放被运送物质时，载体蛋白构象会发生可逆变化，促使其在膜一侧结合的物质在膜的另一侧释放。

促进扩散的速率在一定限度内与物质的浓度成正比，如果超过一定限度，浓度再高，运送速率不会再增加。此时，载体蛋白已被运送的物质所饱和，运送速率已接近或达到最大值。

人红细胞膜上有一种相对分子质量为 4.5 万的蛋白质，与葡萄糖专一结合，促进葡萄糖从膜外侧向膜内扩散，葡萄糖类似物对其有抑制作用。新近发现革兰阴性菌细胞膜表面存在着许多相对分子质量小的蛋白质、可以专一协助葡萄糖、半乳糖、亮氨酸、苯丙氨酸等扩散进入细胞内。

2. 主动运送

主动运送为逆浓度梯度或逆电化学梯度运送物质的过程，需输入自由能才能进行。所需自由能多数由 ATP 提供，有的以代谢底物（如磷酸烯醇式丙酮酸）的高能磷酸键提供。还有的利用呼吸链电子传递过程释放的能量。

主动运送也是由膜上专一载体蛋白帮助完成的，这些载体蛋白起泵的作用，它们利用能量，有选择地逆浓度梯度运送专一物质。下面以细胞膜对 Na^+，K^+ 及糖、氨基酸的运送为例讨论主动运送。

（1）Na^+，K^+ 的主动运送　无论是动植物还是微生物，细胞内外 Na^+，K^+ 的浓度都有明显差别。细胞内为高 K^+，低 Na^+，细胞环境是高 Na^+，低 K^+。例如，红细胞内 K^+ 比 Na^+ 浓度高约 20 倍，轮藻细胞内 K^+ 比其生存的水环境高 63 倍。这种现象显然是由于细胞膜对 Na^+ 或 K^+ 逆浓度梯度主动运送的结果。执行这种主动运送功能的复合物称 Na^+，K^+ 泵，也称为 Na^+，K^+ - ATP 酶，它由两个亚基组成，一个是跨膜的催化亚基相对分子质量为 10 万，另一个是与其结合的糖蛋白（相对分子质量约为 0.45 万）。催化亚基在膜内侧有 Na^+ 和 ATP 结合位点，外侧有 K^+ 结合位点。糖蛋白亚基的功能还不清楚，但当它与催化亚基分开时，Na^+，K^+ - ATP 酶失去运送 Na^+，K^+ 的功能。

关于 Na^+，K^+ - ATP 酶作用的分子机制，已有多种假说，其中被普遍接受的是"构象变化假说"，如图 7 - 13 所示。

①Na^+、K^+ - ATP 酶有两种构象，一种构象与 Na^+ 亲和力大，有利于胞内侧专一位点与 Na^+ 的结合。酶与 Na^+ 结合后，促进对 ATP 的水解，并使酶分子本身磷酸化（ATP 的 7 - 磷酸基连接到酶大亚基的门冬酰胺残基上），酶的磷酸化，导致其构象发生变化，转变为第二

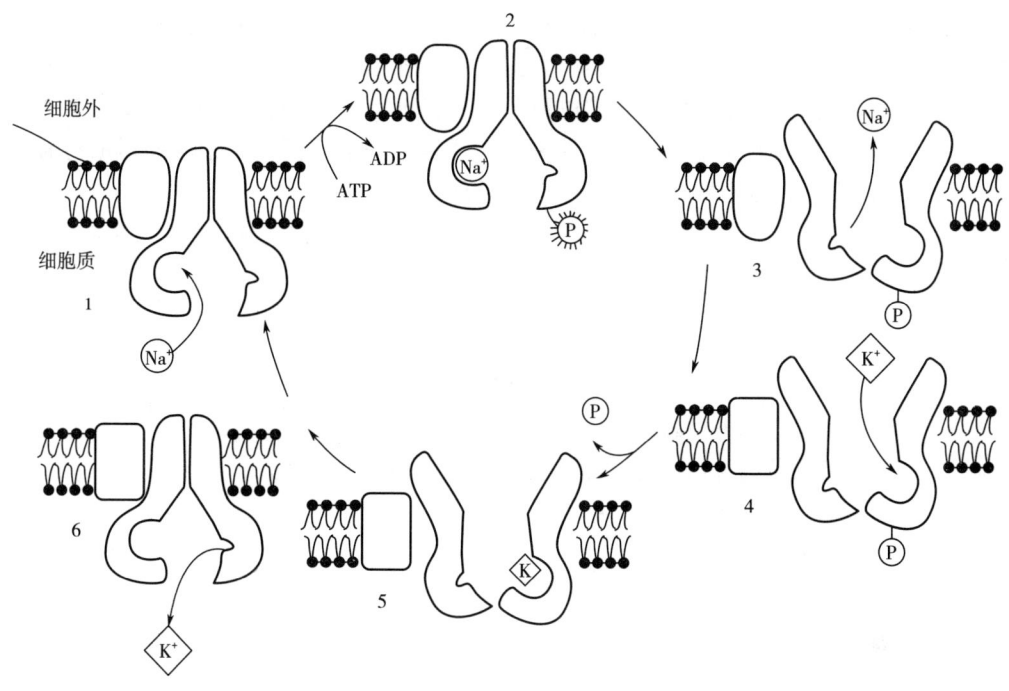

图 7-13　Na^+，K^+-ATP 酶的作用模型

Na^+ 的结合 1，和其后的酶的磷酸化 2，其诱导的构象变化运送 Na^+ 通过膜并在质膜外侧释放 3，K^+ 在细胞外表面结合 4，其后发生去磷酸化 5，使酶回到原来的构象并运送 K^+ 通过膜在细胞内侧释放 6

种构象，在这一构象转变过程中将 Na^+ 从膜内侧运到膜的外侧，释放 Na^+ 到细胞膜外。

②以第二种构象存在的酶对 K^+ 亲和力大，从膜外侧结合 K^+。K^+ 与酶结合后，促进酶去磷酸基，脱去磷酸基的酶又转变为第一种构象，在这一构象转变中将 K^+ 运送过膜，在膜内侧释放。以第一种构象存在的酶又重复与 Na^+ 结合的上述过程。如此，由于 ATP 提供能量及酶构象的变化而使细胞内的 Na^+ 不断运出，胞外的 K^+ 不断运进。

③实验证明，每水解 1 分子 ATP 能运出 3 个 Na^+，运进 2 个 K^+。若不运送 Na^+，K^+，此酶不进行 ATP 的水解，这就保证了能量不会无谓浪费。

细胞对 Na^+，K^+ 的这种主动运送有极重要的生理意义。细胞膜两侧的 Na^+，K^+ 浓度梯度是维持细胞的膜电位、控制细胞体积和细胞兴奋性的基础，也是某些细胞从外环境吸收氨基酸、葡萄糖等的驱动力。

（2）糖和氨基酸的协同运送　有些细胞对葡萄糖和氨基酸的吸收是伴随着 Na^+ 或 H^+ 顺浓度梯度流动一起进入细胞的。这种运送称为协同运送。以这种方式运送葡萄糖或氨基酸进入细胞，不是直接依靠 ATP 等提供的能量，而是利用离子顺电化学梯度流动释放的自由能来推动的。此时，葡萄糖或氨基酸的运送速度和程度取决于 Na^+ 等的跨膜浓度梯度。动物的小肠细胞和肾细胞对葡萄糖的吸收及动物细胞对氨基酸的吸收，是伴随 Na^+ 由高浓度的胞外环境进入低浓度的胞液协同运送的，如图 7-14 所示。在细菌中，许多种糖、氨基酸和核苷等物质的吸收是由质子梯度推动的，即在协同运送中，伴随运送的不是 Na^+ 而是 H^+。大肠杆菌每运送一个乳糖分子进入细胞就有一个质子协同运送。在线粒体和较低等真核生物中，也存在 H⁺ 推动的协同运送。伴随进入细胞的 Na⁺ 将通过 Na⁺，K⁺ 泵消耗 ATP 被运出细胞，伴随进入细胞的 H⁺ 将通过质子泵消耗呼吸链电子传递中释放的能量而被运往胞外。从而保持细胞膜内外正常的离子浓度梯度，以确保胞外的糖、氨基酸等不断运进胞内。所以，葡萄糖、氨基酸等的这种协同运送是一个间接消耗细胞能量的过程，也属于主动运送，而且，也需要膜上专一蛋白的搬运。

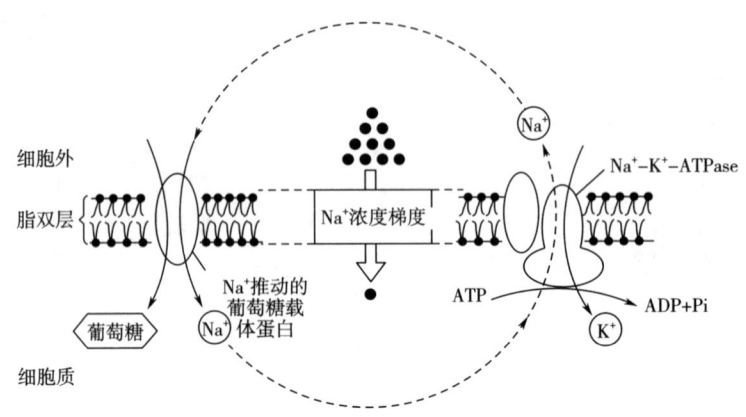

图 7-14　葡萄糖的协同运送示意图

表明葡萄糖的主动运送是由 Na⁺，K⁺-ATP 酶维持的 Na⁺ 梯度推动的

（3）基团运送　指生物在将物质穿膜运送时，由位于膜上的专一蛋白对被运送物质进行专一化学修饰，再运送过膜的过程。如 1964 年 S. Roseman 等在大肠杆菌质膜中发现的磷酸烯醇式丙酮酸转磷酸酶系统，此酶系统利用磷酸烯醇式丙酮酸作为磷酸供体，使葡萄糖磷酸化成为磷酸葡萄糖并运送过膜。此过程的总反应为：

$$\text{磷酸烯醇式丙酮酸} + \text{葡萄糖} \xrightarrow[\text{Mg}^{2+}]{\text{转磷酸酶系统}} \text{丙酮酸} + \text{磷酸葡萄糖}$$

（胞外）　　　　　　　　　　　　　　　　（胞内）

这一过程中，使糖磷酸化并运送过膜的能量是由磷酸烯醇式丙酮酸提供的（磷酸烯醇式丙酮酸分子内也含有高能磷酸键，水解时可释放的自由能为 61.1kJ/mol），所以，此种基团运方式也属于消耗细胞能量的主动运送。细菌对脂肪酸、嘌呤、嘧啶等的运送可能也是通过基团运送的方式进行的。细菌中糖以基团运送方式通过质膜的过程如图 7-15 所示。

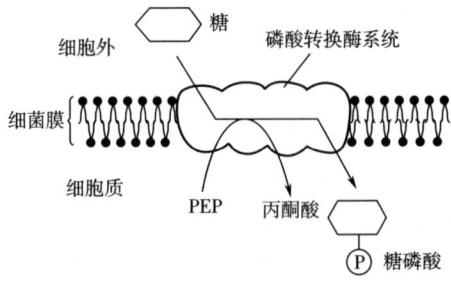

图 7-15　细菌中葡萄糖以基团运送方式通过质膜

二、膜泡运送

前面讨论了几种生物膜穿膜运送小分子物质的过程，生物膜对大分子物质的运送主要是通过膜泡运送的方式进行的。

膜泡运送是物质被包在由单层生物膜围起的小泡内进出细胞的过程，膜泡运送每次能将物质较大批量地运送过膜，也能将较大的颗粒物质运送过膜。绝大多数细胞都具有膜泡运送物质的能力。可分为外排作用和内吞作用。

1. 外排作用

细胞内有些待排出的物质，由膜包围成小泡移动至质膜内侧，小泡膜与质膜融合，把所裹入的物质排出胞外，称外排作用。如内分泌腺体细胞合成的激素及消化腺细胞合成的消化酶，都是通过外排作用排出细胞的。细胞内经溶酶体消化处理后的代谢废物，也是通过这种方式排出细胞的。

2. 内吞作用

细胞质膜内陷，由质膜把环境中的物质包围成小泡，小泡与质膜脱离，被包围的物质便进入到细胞内，称内吞作用。内吞作用中，根据内吞入物质的性质及吞入方式的不同，又可分为吞噬作用、胞饮作用、受体介导的内吞作用等。

细胞内吞较大的固体颗粒、直径达几微米的复合物、微生物及细胞碎片等称吞噬作用，如原生动物摄取食物颗粒，高等动物免疫系统的颗粒白细胞、巨噬细胞内吞入侵的细菌等。被吞噬的颗粒首先非专一性地吸附于细胞膜表面，引起质膜内陷，继后颗粒物质被质膜包围成囊泡，在质膜内侧，囊泡与质膜脱离进入胞内。总的来说，吞噬作用是一个需能的主动运送过程。

细胞将其周围的溶液或极小的颗粒物质，以小的囊泡形式内吞的过程称胞饮作用。内吞进的溶液中可含有蛋白质、氨基酸、糖及离子等。绝大多数细胞都具有胞饮作用。

某些内吞物质（蛋白质或小分子物质），可与细胞膜上专一受体蛋白结合，随即引发细胞膜内陷，形成小囊泡而被吞进细胞，这种称受体介导的内吞作用。它是一种专一性很强的内吞作用，可以吞入大量高度浓缩的特定分子而无须饮入很多的细胞外液。如动物细胞吸收胰岛素、去唾液酸血浆蛋白、胆固醇等就是通过受体介导的内吞方式进行的。

内吞作用进入细胞的大、小囊泡，多数与溶酶体融合，溶酶体内含有消化酶，囊泡裹入的物质经消化后，营养被细胞利用。图7-16是外排作用与内吞作用过程示意图。

习 题

1. 什么是生物膜？真核细胞的内膜系统组成了哪些主要的细胞器？细胞膜和各种细胞器的主要功能是什么？
2. 组成生物膜的主要成分是什么？各种成分的结构特点是什么？它们在膜的形成及功能活性中的作用是什么？
3. 举例说明膜组分在膜两侧分布的不对称性及其生物学意义？
4. 什么是生物膜的流动性？影响膜脂流动性的因素主要有哪些？正常情况下膜脂保持适当流动性的生物学意义是什么？
5. 生物膜"流体镶嵌"模型的要点是什么？

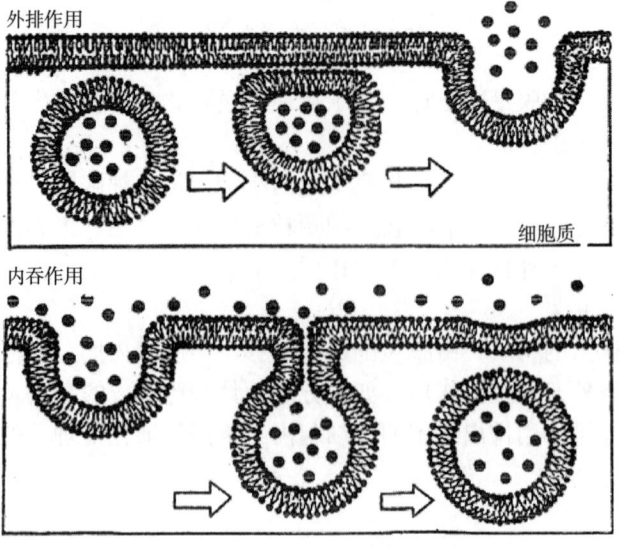

图 7-16　外排作用与内吞作用示意图

6. 生物膜的物质运送主要方式有哪些？各类运送方式的特点是什么？
7. 说明 Na^+，K^+-ATP 酶运送 Na^+，K^+ 通过质膜的机制及这种主动运送的生理意义？
8. 什么叫协同运送？以葡萄糖的协同运送为例说明此种运送的机制？
9. 什么是外排作用和内吞作用？它们有何共同特点？

参 考 文 献

1. 朱圣庚，等. 生物化学（第 4 版）[M]. 北京：高等教育出版社，2017.
2. 郑集. 普通生物化学（第 5 版）[M]. 北京：高等教育出版社，2015.
3. 韩贻仁. 分子细胞生物学（第 4 版）[M]. 北京：高等教育出版社，2016.
4. Lehninger, A. L.（著），任邦哲（译）. 生物化学 [M]. 北京：科学出版社，1981.
5. 尤复翰，等. 细胞的结构与细胞的代谢 [M]. 南京：江苏科学技术出版社，1982.
6. Lubert stryer（著），唐有祺（译）. 生物化学（第 3 版）[M]. 北京：北京大学出版社，1988.

第八章 代谢总论

> 学习指导

新陈代谢是所有生命最基本的特征之一，一切发酵产品也都是微生物代谢活动的产物。研究代谢变化规律，运用这些规律为生命健康发酵生产服务，是生物化学的基本任务。本章内容是代谢学习的先导，要求有：(1) 掌握代谢的一些基本概念；(2) 掌握分解代谢和合成代谢的一般发生过程；(3) 了解中间代谢的实验研究方法；(4) 了解微生物的代谢特点及其与生产的关系。

第一节　新陈代谢的有关概念

一、新　陈　代　谢

新陈代谢又称代谢，有狭义和广义之分。狭义的代谢是指细胞内所发生的有组织的酶促反应过程，称为中间代谢。这是代谢活动的主体，也是代谢研究的主要内容。广义的代谢泛指生物活体与外界不断进行的物质交换过程，包括消化、吸收、中间代谢及排泄等作用过程。

消化作用是活细胞在胞外对大分子营养物质进行酶促降解的生物化学过程。作为营养物质的外源生物大分子，只有在胞外经酶促降解成其单体小分子，才能被细胞吸收，然后进入中间代谢。动物体内有专门的消化器官完成消化。微生物的消化作用则由分泌到细胞周围介质中的酶或细胞膜上的表面酶催化完成。

生物体的一切生理现象，诸如生长、发育、繁殖、机械运动，乃至思维活动、静息状态的呼吸作用等，都是代谢反应的结果。新陈代谢是生命最基本的特征，一旦代谢停止，生命也就结束了。

二、物质代谢和能量代谢

新陈代谢包括物质代谢和能量代谢两个方面。前者侧重讨论各种有机营养物质，如糖、脂、蛋白质及核酸等类物质在细胞内发生酶促转化的途径及调控机制，包括细胞自身旧分子的分解和新分子的合成。能量代谢着重讨论光能或化学能在细胞中向生物能（ATP）转化的原理和过程，以及生命活动对能量的利用。能量代谢和物质代谢是同一过程的两个方面，能量转化寓于物质转化过程之中；物质代谢必然伴有能量转化，或者放能，或者需能。

三、分解代谢和合成代谢

按照物质转化方向，代谢活动可分为合成代谢和分解代谢。活细胞从内外环境中取得原料合成自身的结构物质、贮存物质和生理活性物质及各种次生物质的过程是合成代谢。这是需要供应能量的过程。有机物质在细胞内发生分解的作用过程称为分解代谢，分解过程中的许多中间产物可供作生物合成的原料。伴随分解代谢释放出化学能并转化为细胞能够利用的生物能（ATP）。合成代谢和分解代谢相辅相成，有机地联系在一起，构成中间代谢的统一整体。

四、代谢途径

无论物质代谢还是能量代谢，分解代谢还是合成代谢，一般都是由多种酶催化的连续反应过程。所谓代谢途径就是细胞中由相关酶类组成的、完成特定代谢功能的连续反应体系。细胞中具有某种代谢途径也就是指具有其酶系。代谢途径的组成可简单示意如下：

$$S \xrightarrow{e_1} A \xrightarrow{e_2} B \xrightarrow{e_3} C \xrightarrow{e_4} D \xrightarrow{e_5} P$$

式中 S 代表代谢底物，P 代表产物，e 代表酶。从 S 到 P 之间的一系列过渡产物称为中间产物。底物、中间产物、终产物统称为代谢物。不同代谢途径所具有的相同的中间产物称为公共中间产物。通过公共中间产物可实现途径间的互相联系，调节代谢物质的流向，维持细胞中各种物质的代谢平衡。

五、生物的营养类型

自然界中的生物根据其所利用的碳源和能源，可分为不同的营养类型。

碳源是为细胞生物合成提供碳素营养的物质。有些生物利用无机物二氧化碳作为碳源，这类生物称为自养生物。有些生物需要现成的有机物作为碳源，称之为异养生物。

生物体能够利用的能源主要有光能和化学能。根据不同生物对能源的要求，自养生物又可分为光能自养型和化能自养型，异养生物又可分为光能异养型和化能异养型。光能营养型是直接利用光能，通过光合磷酸化作用合成 ATP；化能营养型是利用现成有机物或无机物，通过氧化磷酸化反应合成 ATP。生物各种营养类型的特点见表 8-1。

表 8-1 生物营养类型

	营养类型	碳源	能源	电子供体	生物举例
自养型	光能自养	CO_2	光	无机物：H_2O、H_2S、S 等	绿色植物、蓝藻、光合细菌
	化能自养	CO_2	无机物氧化	无机物：H_2S、Fe^{2+}、NH_3 等	氢细菌、硫细菌、铁细菌
异养型	光能异养	有机物	光	有机物	不需氧紫色细菌、藻类
	化能异养	有机物	有机物氧化	有机物，如糖、脂、蛋白质等	人类和高等动物、大多数微生物、在黑暗中不进行光合作用的植物

四种营养类型中，光能自养型和化能异养型占绝大多数，另两种营养类型相对较少。还应指出，有些高等生物的所有细胞并非都属于同一营养类型。例如，高等植物叶子是光能自养，而根部则为化能异养型；叶绿细胞在日光中为光能自养型，在黑暗中又为化能异

养型。

不同生物对分子氧的依赖关系也有很大区别，据此可分为需氧生物、厌氧生物和兼性生物。需氧生物是在有氧条件下才能维持代谢的生物，其代谢活动需要以分子氧（O_2）作为有机物氧化反应的电子受体；厌氧生物是在无分子氧的环境中生活的，以无机物或有机物为电子受体，不能用 O_2 作为电子受体，而且分子氧（O_2）对绝对厌氧生物会有毒害作用；兼性生物在有氧、无氧条件下都能生存，有氧时利用氧，无氧时能利用某些氧化型有机物作为电子受体。大多数异养细胞，特别是高等生物细胞都是兼性的，只要有氧存在就优先利用氧，将燃料分子充分氧化，最大限度的取得能量。

目前，发酵生产中开发利用的微生物菌群基本上都是化能异养型，通过厌气或好气发酵分解现成的有机物取得能量，并以现成有机物作为碳源，以有机或无机含氮化合物作为氮源，维持代谢平衡，通过其代谢活动积累发酵产品。

知识小贴士

新陈代谢

任何生物都必须不断地摄入食物、不断地积累能量，还必须不断地排泄废物、不断地消耗能量，这种生物体内同外界不断进行的物质和能量交换的过程就是新陈代谢。新陈代谢是生命现象的最基本特征，它由两个相反而又同一的过程组成，一个是同化作用过程，另一个是异化作用的过程。

生物摄入外界的物质（食物）以后，通过消化、吸收，把可利用的物质转化、合成自身的物质；同时把食物转化过程中释放出的能量储存起来，这就是同化作用。绿色植物利用光合作用，把从外界吸收进来的水和二氧化碳等物质转化成淀粉、纤维素等物质，并把能量储存起来，也是同化作用。异化作用是在同化作用进行的同时，生物体自身的物质不断地分解变化，并把储存的能量释放出去，供生命活动使用，同时把不需要和不能利用的物质排出体外。

各种生物的新陈代谢在生长、发育和衰老阶段是不同的。婴幼儿、青少年正在长身体的时期需要更多的物质来建造自身的机体，因此新陈代谢旺盛，同化作用占主导位置。到了老年、晚年，人体机能日趋退化，新陈代谢就逐渐缓慢，同化作用与异化作用的主次关系也随之转化。

动物冬眠时，虽然不吃不喝，但是新陈代谢并未停止，只不过变得非常缓慢。新陈代谢是生命体不断进行自我更新的过程，如果新陈代谢停止，生命也就随之结束。

第二节　代谢的发生过程

一、分解代谢的一般过程

几乎所有生物都具有分解利用有机物的能力。总览有机营养物质（糖、脂、蛋白质）

分解代谢的发生过程，可以分为四个阶段，如图 8-1 所示。

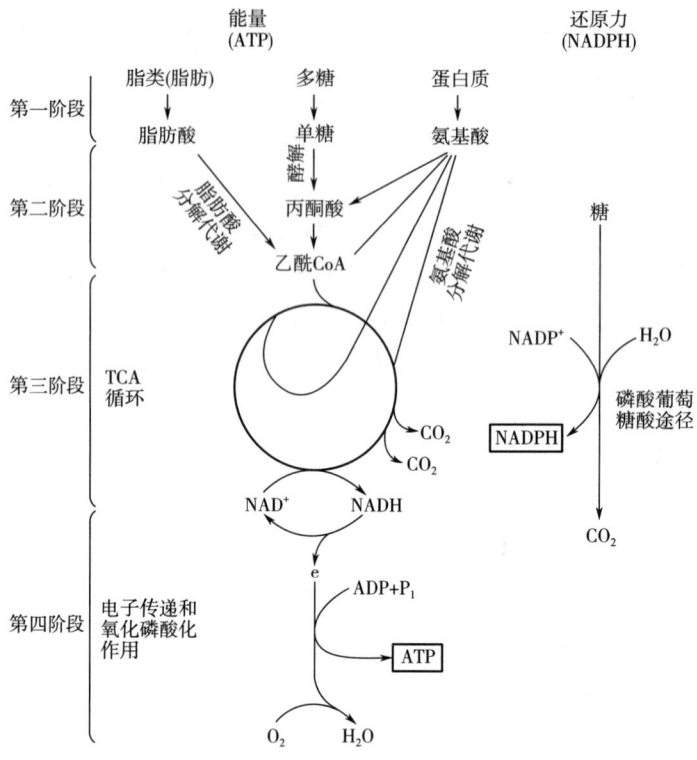

图 8-1　有机物质分解代谢的一般发生过程

第一阶段是生物大分子的降解阶段。外源生物大分子通过消化作用降解，内源生物大分子通过胞内酶催化降解，分解为其单体分子，即多糖分解为己糖或戊糖，蛋白质分解为氨基酸，脂肪分解为甘油和脂肪酸等。这些降解反应途径都很短，仅有几种酶催化，而且未发生氧化放能反应，故不产生可利用的能量。

降解各种生物大分子的酶类都不止一种。单由一种酶一般不能将生物大分子完全降解成单体。如果生物体不能分泌使某种生物大分子完全降解的多组分酶系，它就不能独立地利用这种大分子作为营养源。例如，人体和高等动物不产生纤维素酶，因此不能消化纤维素。酒精酵母不能分泌淀粉糖化酶，因而需要由黑曲霉或其他产糖化酶的微生物先将淀粉原料分解为葡萄糖后才能供其发酵生成酒精。

第二阶段是单体分子初步分解阶段。细胞都具有特定的分解代谢途径，分别将单糖、氨基酸、脂肪酸等单体分子进行不完全分解。例如葡萄糖的酵解途径（EMP）、脂肪酸的 β-氧化降解、氨基酸氧化脱氨分解等。各种单体分子不管其结构和性质差别多大，经过第二阶段的有关代谢途径都能巧妙地被降解成少数几种中间产物，主要有丙酮酸和二碳碎片——乙酰基（与 CoASH 结合成乙酰 CoA）。因此，第二阶段起到了殊途同归、把多形性的底物分子向一体化结构集中的作用，为最后纳入同一代谢途径进行完全分解创造了条件。

在不完全降解过程中有部分能量释放，可为细胞提供少量 ATP 和一定数量的还原型辅酶。

各种单体分子除了生成乙酰 CoA 的分解途径之外，还有其他降解途径，例如糖的 HMP、PK、ED 途径等。各种降解途径都有其特定的生理意义，有的还与某些发酵产品的生成和积累有密切关系。以后有关章节将陆续介绍。

第三阶段是乙酰基完全分解阶段。三羧酸循环途径是各种营养物质分解所生成的乙酰基集中燃烧的公共途径。经过三羧酸循环，乙酰基完全分解，碳原子氧化成二氧化碳，并有少量能量释放，生成 ATP。大量的化学能以氢原子对 $2H(=2H^+ +2e)$ 的形式转入还原型辅酶分子。还原型辅酶再将氢原子对送入呼吸链进行氧化放能。

三羧酸循环在中间代谢中处于特别重要的地位，与生产实践也有密切关系。

第四阶段是氢的燃烧阶段。这是有机物氧化分解的最后一个环节。主要包括电子传递过程和氧化磷酸化作用。在线粒体内膜上由多种色素蛋白组成的呼吸链是使二、三阶段生成的氢原子对（$2H^+ +2e$）完全氧化的组织体系，也是细胞中有机物氧化分解释放能量的主要部位。例如葡萄糖有氧分解时，90% 以上的化学能是在呼吸链阶段释放的，其中，40% 以上的能量通过伴随发生的氧化磷酸化反应转化为 ATP 的高能键供生命活动需要。在有氧条件下，细胞所需 ATP 主要由氢的燃烧供应。

二、合成代谢的一般过程

生物合成包括组建生物大分子所需单体分子的合成、生物大分子的合成、细胞结构的组建、生理活性物质及次生物质的合成等。所有生物合成都是需能酶促反应过程。需要由核苷三磷酸，主要是用 ATP 供能，也有些生物合成所需能量是由 GTP、CTP 或 UTP 提供的。所有生物合成过程都需还原型辅酶（$NADPH + H^+$）供应还原力。除了营养贮存物质的合成之外，一般正常生理状态下的生物合成都遵守细胞经济学的原理，用多少，合成多少。合成途径的启、闭、快、慢都受细胞调节系统调节。

不同生物类群的生物合成能力有所不同，所用的原材料和能量来源也不尽相同。但是，一切活细胞都需要自行合成本身所需要的各种生物大分子。

总览合成代谢概貌，以蛋白质、多糖、脂类及核酸合成过程为主体，可以分成三个阶段：原料准备阶段、单体分子合成阶段、生物大分子合成阶段。

生物合成所需的碳源、氮源、能量和还原力（$NADPH + H^+$）主要通过分解代谢供应。从这种意义上来讲，分解代谢可以视为合成代谢的原料准备阶段。从图 8-1 可见，呼吸链水平上的氧化磷酸化源源不断地供应能量。分解代谢的第二、三阶段都可为合成异质性单体分子提供素材和还原力。

一种供应丰富的单体分子，不论是单糖、脂肪酸或者是氨基酸，在细胞内既可直接用于生物大分子的合成，也可分解后参加异质性转化，即由一种营养物质转化为细胞的其他物质，特别是单糖分解生成的丙酮酸、乙酰 CoA，HMP 途径的多种中间产物，以及三羧酸循环的多种中间产物，可分别作为氨基酸、脂肪酸、核苷酸等单体分子生物合成的前体。有的异质性转化还需要某些无机物参加，例如，微生物利用糖的分解代谢中间产物合成氨基酸、核苷酸等化合物时需要有无机氮参加。

自养生物所需要的单糖、脂肪酸、氨基酸、核苷酸等各种单体分子及其他生理活性物质自身都能合成。高等动物如人体有几种氨基酸、脂肪酸及维生素等生理活性物质，自身不能合成，需要靠植物和微生物供给。微生物的生物合成能力差别很大。大多数类群都能合成自身所需要的单体分子，有些微生物缺乏合成某些单体分子的能力。凡自身不能合成的单体分子则为其生长限制因子，必须由外界供给。

对于异养生物而言，分解代谢是生物合成的先决条件。只有充足的营养源被分解，才能为生物合成供应必需的原料和能量。

在单体分子、能量和还原力都具备的条件下，细胞都能进行生物大分子的合成。核酸和蛋白质分子的合成需要由核酸作模板。脂类和多糖的生物合成虽不需要模板，但参加合成反应的酶仍是 DNA 指导合成的。生物大分子的合成同样受代谢调节机制的调节。

第三节 中间代谢的实验研究方法

一、体内实验和体外实验

中间代谢的研究内容很多，研究目的不同所用的生物材料和实验方法也不同。为探讨代谢途径及其调节机制，动物、植物、微生物材料都可作为实验对象。根据实验材料的水平，常将实验分为体内实验和体外实验。

1. 体内实验

用整体生物材料进行中间代谢实验研究，称为体内实验或整体实验，拉丁语称"in vivo"，"在体内"的意思。用高等动物离体器官或微生物细胞群体进行的实验，也属于体内实验。

通过体内实验，可以探讨生物体或组织器官及微生物细胞群体对代谢物的代谢能力及生成的产物，探讨限制生长因子对细胞代谢的影响及生长发育对限制因子的需求。如果与其他实验技术配合，也可为分析代谢途径提供依据。不过，单靠体内正常的代谢实验，不能阐明物质代谢的中间变化过程，也不能证明细胞各种亚显微结构与代谢的关系。

2. 体外实验

用离体生物为材料进行的代谢实验称为体外实验或试管实验，拉丁语称"in vitro"，"在体外"的意思。体外实验常用的离体生物材料有细胞匀浆（又叫无细胞制剂）、细胞亚显微组分制剂、酶制剂，或选择有关的几种离体材料组成人工重组体系。

体外实验将中间代谢研究深入到了亚显微结构及分子水平上，是确定物质代谢细胞定位和分析代谢途径的重要实验方法。随着分部离心技术、微量及超微量测定方法等新技术的发展，体外实验对中间代谢研究的贡献越来越大。例如糖酵解途径一系列酶促反应和许多中间产物的发现，都是用酵母提取液或肌肉提取液进行体外实验的结果；三羧酸循环、生物氧化、氧化磷酸化、脂肪酸氧化等都是用组织匀浆，如猪心匀浆、鸽肝匀浆等进行实验才阐明了其一系列酶促反应过程。

体内实验和体外实验互相补充，反复印证，才能够得到有关中间代谢的正确认识。

二、代谢途径的探讨方法

探讨物质代谢途径常用的方法有:代谢平衡实验、代谢障碍实验、代谢物质标记追踪实验及特征性酶活鉴定实验等。其中,最有效且常用的方法是代谢物标记追踪实验。现将几类方法概略介绍如下。

1. 代谢平衡实验

通过体内实验研究代谢物摄入和产物排出的平衡关系,可以了解对代谢物的利用能力及产物生成情况。例如,测定呼吸商可判断体内能量来源,也就是能源物质的利用情况。从代谢平衡实验可了解人和动物蛋白质的代谢情况等。

糖、脂、蛋白质等营养物质在体内氧化分解需要消耗 O_2,放出 CO_2。CO_2 与 O_2 的体积之比称为呼吸熵(R. Q.),如式 8-1 所示:

$$R. Q. = \frac{产 CO_2 量 (L)}{耗 O_2 量 (L)} \tag{8-1}$$

不同化合物分子中 C、H、O 组成比例不同。含氧多者,氧化程度高,氧化分解时耗 O_2 少,R. Q. 值大。含氢多者,还原程度高,则呼吸商小。糖类物质的呼吸商为 1,脂肪为 0.7,蛋白质为 0.8。人体正常代谢时,R. Q. 介于 0.85~0.95 之间,说明三大营养物质同时发生了氧化分解。饥饿状态下,能量主要靠体内脂肪和蛋白质分解供应,R. Q. 在 0.7~0.8 之间。糖尿病人因葡萄糖代谢受阻,能量主要靠分解体内脂肪,故 R. Q. 接近 0.7。如果测得生物材料的 R. Q. 接近 1,则说明能量主要来自糖类分解。

2. 代谢障碍实验

正常生物体的中间代谢过程中,中间产物不会过多积累,不容易进行分析研究。若用适当方法造成代谢障碍,阻断代谢途径,则使中间产物积累,便于进行分析研究,探讨中间代谢途径的历程。阻断代谢途径常用的方法有造成微生物营养缺陷型、使用抗代谢物或专一性抑制剂抑制酶活等。

(1) 微生物营养缺陷型 是由于基因突变造成某种酶缺损,代谢途径中断,丧失了某种营养物质合成能力的突变株。由于代谢途径中断,缺损之酶前面的中间产物会大量积累,为分析研究提供了方便。通过营养缺陷型的代谢产物分析结果可以探讨代谢途径的历程。例如,1941 年 G. W. Beadle 等研究链孢霉的精氨酸营养缺陷型(Arg^-),发现有三种不同的突变型,都不能合成 Arg,需要培养基中补充 Arg 才能供其合成蛋白质,维持生长。三种突变型的突变部位不同,因此,积累的中间产物不同,对于培养基中补充的某些 Arg 合成前体物质的反映也不一样。比较分析这些实验资料,可确定 Arg 的合成途径。如图 8-2 所示。

(2) 抗代谢物 又叫代谢拮抗物,其分子结构与代谢物的分子结构类似,故又称其为代谢物结构类似物,它能够抑制正常代谢物的代谢。实际上,起竞争性抑制剂的作用。例如丙二酸是琥珀酸的抗代谢物,能对琥珀酸脱氢酶发生很强的竞争性抑制作用,造成代谢中间产物琥珀酸积累,从而证明了 TCA 循环中有生成琥珀酸这一反应步骤。

(3) 许多酶的专一性抑制剂,被用于代谢途径分析。例如碘乙酸是巯基酶的专一性抑制剂,可抑制酵母的酒精发酵,造成 3-磷酸甘油醛和磷酸二羟丙酮积累。由此证明了酵

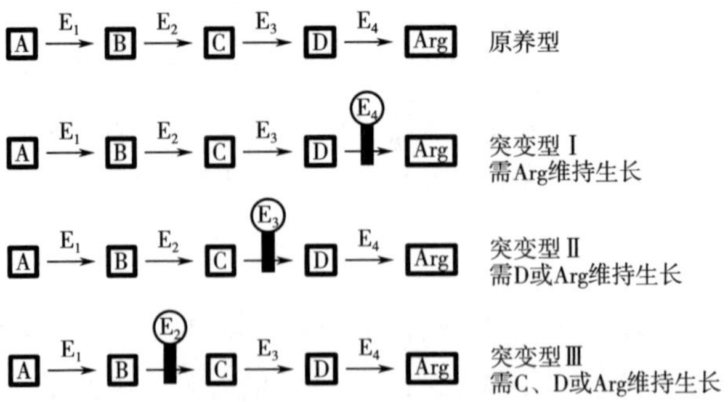

```
        E₁      E₂      E₃      E₄
    [A] ──→ [B] ──→ [C] ──→ [D] ──→ [Arg]    原养型

        E₁      E₂      E₃     (E₄)
    [A] ──→ [B] ──→ [C] ──→ [D] ─┤ [Arg]    突变型 I
                                              需Arg维持生长

        E₁      E₂     (E₃)     E₄
    [A] ──→ [B] ──→ [C] ─┤ [D] ──→ [Arg]    突变型 II
                                              需D或Arg维持生长

        E₁     (E₂)     E₃      E₄
    [A] ──→ [B] ─┤ [C] ──→ [D] ──→ [Arg]    突变型 III
                                              需C、D或Arg维持生长
```

图 8-2　链孢霉的精氨酸营养缺陷型（Arg⁻）

E_1、E_2……代表酶；

A、B、C、D 为精氨酸合成可能用的前体物质；

—┤代表缺损的酶。

对突变型 I，只有供给 Arg 才能维持生长，前体物质 A、B、C、D 都无用，证明是 E_3 缺损；对突变型 II，供给 Arg 或前体物质 D 都能生长，A、B、C 无用，证明是 E_3 缺损；对突变型 III，供给 Arg 或 C、D 都能生长，A、B 无用，证明是 E_2 缺损。I 与 II 比较，可知是 D 为 E_4 的底物；II 与 III 比较可知 C 是 E_3 的底物；综合分析可得到原养型 Arg 合成途径的中间产物排列顺序。

解途径中 1，6-二磷酸果糖是三三裂解生成了三碳糖。

利用糖尿病例研究蛋白质与糖、脂代谢的关系是一个成功的例子。给动物注射二氮嗪抑制胰岛素分泌，或注射根皮苷抑制肾小管对葡萄糖的吸收，则造成人工糖尿病。若饲以某些氨基酸，如 Ala、Glu 等，则发现其尿中葡萄糖排出量增加，说明这些氨基酸的碳链转化成了糖，这些氨基酸称为生糖氨基酸。另一些氨基酸，如 Tyr，Phe，Lys，Ile，Leu，Trp 和 Thr 能使尿中酮体（乙酰乙酸、β-羟丁酸、丙酮）增加，这些氨基酸被称为生酮氨基酸。其中，单纯生酮的只有 Leu 和 Lys，其余几种都是生糖兼生酮氨基酸。

以上这些方法对代谢途径分析都发挥过重要作用。

3. 代谢物标记追踪实验

将代谢底物分子适当"标记"，然后追踪"标记"在细胞中的去向，就可以了解底物分子在中间代谢中经过什么中间产物，生成了什么终产物。这是探索代谢途径最有效的方法。

标记方法有化学标记法，稳定同位素标记法和放射性同位素标记法。

1904 年，德国的 F. Knoop 根据苯基在高等动物体内不易被氧化分解的特点，首次设计了用苯环标记脂肪酸探讨中间代谢途径的实验。将标记的脂肪酸喂狗，分析其尿中代谢产物。发现食入标记奇数 C 原子脂肪酸者，尿中排出苯甲尿酸（马尿酸）；食入标记偶数 C 原子脂肪酸者，则有苯乙尿酸（犬尿酸）排出。苯甲尿酸与苯乙尿酸分别是苯甲酸和苯乙酸与甘氨酸分子合成的产物。排尿是高等动物排毒的一种方式。

```
奇数 C 者：                    偶数 C 者：
     β  α                        β  α
  CH₂CH₂COOH                  CH₂CH₂COOH
  [苯环]                        [苯环]
   苯丙酸                        苯丁酸
     │ C₂ 化合物                    │ C₂ 化合物
     ↓                              ↓
    COOH                          CH₂COOH
  [苯环]                        [苯环]
   苯甲酸                        苯乙酸
     │ 甘氨酸                       │ 甘氨酸
     ↓                              ↓
  COONHCH₂COOH                CH₂CONHCH₂COOH
  [苯环]                        [苯环]
  苯甲尿酸（马尿酸）             苯乙尿酸
```

比较分析发现：脂肪酸是以二碳单位氧化降解的，否则不会出现这种实验结果。据此提出了脂肪酸 β-氧化学说。这是首次用标记化合物追踪实验，成功地研究代谢途径的实例。至今，氧化学说仍被认为是正确的。不过，化学标记法使天然代谢物分子结构和物理化学性质发生了改变，这可能会给正常代谢造成某些影响，这是其不足的一面。

20 世纪 30 年代有人提出了同位素标记追踪的方法。同位素是原子序数相同，在元素周期表中占有同一位置的一组元素。同位素的质子数相同，核外电子数也相同。核外电子决定元素的化学性质，所以同位素的化学性质完全一样。但核内中子数不同，所以相对原子质量不同，物理性质也不同。

同位素有稳定同位素和放射性同位素。稳定同位素的原子核自己不会发生变化。常用的稳定同位素有：重氢用 ^2H 或 D 表示；氮 15、碳 13、氧 18 等分别用符号 ^{15}N、^{13}C、^{18}O 表示。这些同位素都存在于自然界中，但量很少，需要浓缩制取。自然界中这几种稳定同位素与普通同位元素的比例如下：

$$^1H/^2H = 99.98/0.02$$
$$^{14}N/^{15}N = 99.63/0.37$$
$$^{12}C/^{13}C = 98.9/1.1$$
$$^{16}O/^{18}O = 99.8/0.2$$

用稳定同位素标记的化合物可用质谱仪定量测定，也可用超离心法分离鉴定。

放射性同位素的原子核能够自己发生变化，放出带电荷的粒子或不带电荷的射线。生物化学上常用的放射性同位素有氚、硫 34，碳 14，磷 32，碘 131 等。这些同位素的放射性质见表 8-2。

表 8-2　　　　　　　　　　　　生物化学常用放射性同位素

同位素名称	符号	放射性	半衰期
氚	^3H 或 ^3T	$\beta-$	12.26N
碳14	$^{14}_{6}C$	$\beta-$	5730N
磷32	$^{32}_{15}P$	$\beta-$	14.3d
碘131	$^{131}_{53}I$	$\beta-$，$\gamma-$	8d
硫34	$^{34}_{16}S$	$\beta-$	88d

放射性同位素标记的代谢物进入中间代谢的变化，可根据放出的带电粒子或射线的性质，用专门仪器进行测定，追踪放射性元素出现在什么化合物上。常用仪器有盖革计数管和闪烁计数器。前者是根据射线对气体的电离作用；后者是利用晶体、液体或气体对射线的闪光作用。也可用感光底片感光，显示标记化合物在细胞中的位置。由于放射性同位素分析方法比稳定同位素更方便、灵敏，所以，在标记追踪实验中应用更普遍。

4. 测定特征性酶

每条代谢途径都有其特征性酶，即其他途径中不存在的酶，它的存在就表明该代谢途径存在。因此，对代谢途径不详的新菌种，可以根据已有的知识，通过特征性酶活测定，鉴定某代谢途径是否存在。例如一些糖代谢途径的特征性酶分别如下。

EMP 途径：醛缩酶；

HMP 途径：6-磷酸葡萄糖酸脱氢酶；

磷酸解酮糖途径：5-磷酸木酮糖磷酸解酮酶；

TCA 循环：柠檬酸合成酶；

ED 途径：6-磷酸葡萄糖酸脱水酶。

只要证明菌体中有某条代谢途径的特征性酶存在，就可断定存在这条代谢途径。

第四节　微生物的代谢特点及其与发酵生产的关系

一、生物新陈代谢的共性

人们很容易注意到动物、植物、微生物形态结构和生活习性的多种多样，千姿百态。这些表观特征正是生物代谢类型不同的表现。生物界无论是物种之间，还是个体之间，都有互不相同的代谢特点，越是高等的生物代谢内容越广泛，机制越复杂。相对而言，低等的单细胞生物，代谢内容和机制要简单得多。这即所谓个性。然而，任何生物的代谢，就物质变化规律和代谢反应本质来说，也都存在共性，主要表现在：

（1）代谢反应是在生物体内发生的，是由酶催化的，反应条件温和，效率高。

（2）物质的代谢变化，一般是由多种酶连续催化的系列反应过程。反应历程长，循序渐进，平顺温和，不像体外化学反应那样激烈。而且，一种物质在同一细胞中，常常有多种代谢途径。有些代谢途径是不同生物共有的，有些则是某些生物特有的。

（3）细胞内代谢内容多，反应多，路线错综复杂。细胞本身都具有完善的代谢调控机制，能非常精确、灵敏地调节控制代谢物的流向和速度，使代谢有条不紊地进行，适应环境和生理的要求。

二、微生物的代谢特点及其与发酵生产的关系

研究共性和研究个性都很重要。发酵工程专业对微生物的代谢特点更为关切。仅举与生产关系密切的几点。

（1）微生物是单细胞生物，比表面积大、与外界的物质交换速率快、生长繁殖快。因此，利用微生物进行发酵生产，具有生产周期短、转化效率高的特点，是动物、植物不能比拟的。例如细菌在适宜条件下，20min 可以繁殖一代，24h 可繁殖 72 代；乳酸菌每小时可产生相当于其体重 1000~10000 倍的乳酸；产朊假丝酵母合成蛋白质的能力相当于大豆的 100 倍等。

（2）微生物分布广，种类多，代谢类型多，是取之不尽的生物资源。目前已经发现的微生物多达 10 万种以上。各种微生物的营养要求、代谢方式和产物不同。代谢内容的多样性使微生物成了新产品生产菌种的潜在资源。发掘这些资源是微生物育种工作非常重要的任务。

（3）单细胞的微生物菌体容易受到外界理化因素的影响发生遗传变异。这为人工诱变培育新品种提供了有利条件。对出发菌株进行诱变处理后，在其非致死变异株中，可能筛选出固有代谢平衡规律发生改变而具有某些优良性状的菌株。再进一步培养驯化，有可能成为适合生产用的优良菌种。

（4）微生物具有以不同的代谢方式适应外界环境条件的能力。这种特点对生产很有用。由此可通过调节控制培养条件，提高产品产量或生产新产品。例如酵母在好氧条件下培养可大量繁殖菌体、生产单细胞蛋白；在无氧条件下发酵葡萄糖，可生产酒精及酒类饮料；在碱性条件下发酵葡萄糖则积累甘油等。这都是利用不同环境条件影响酵母代谢方式的例证，也可以说是酵母以不同代谢方式适应环境条件的表现。可见，通过改变培养条件，能使微生物按着人们希望的方式进行代谢，积累人们需要的产品。

习 题

1. 解释下列名词：
中间代谢、代谢途径、亚细胞结构、无细胞制剂、光能自养型、化能异养型、营养缺陷型、放射性同位素、抗代谢物。
2. 分解代谢发生过程如何？各阶段有什么特点？
3. 合成代谢发生过程如何？与分解代谢有何关系？
4. 何谓 Invivo？何谓 Invitro？Invitro 常使用哪些生物材料进行实验？
5. 为什么代谢途径发生障碍的生物材料可用于研究中间代谢？如何造成代谢障碍？
6. 代谢物标记追踪实验有什么优点？如何标记代谢物？
7. 简述微生物的代谢特点及其与发酵生产的关系？

参 考 文 献

1. 朱圣庚，等. 生物化学（第 4 版）[M]. 北京：高等教育出版社，2017.
2. 张峰，等. 基础生物化学 [M]. 北京：中国轻工业出版社，2012.

3. A. 怀特（著），张澄波（译）. 生物化学原理［M］. 北京：科学出版社，1979.
4. Lehninger, A. L. （著），任邦哲（译）. 生物化学［M］. 北京：科学出版社，1981.
5. 张楚富. 生物化学原理（第 2 版）［M］. 北京：高等教育出版社，2011.

第九章 生物氧化

学习指导

糖、脂、蛋白质等营养物质的氧化分解对活细胞具有能量供应、物质供应两方面的生理功能。本章的宗旨是以生物能量转化为中心，简明扼要地阐述供能物质氧化分解的公共生物化学过程和能量转化机制。要求有：(1) 掌握能量代谢所涉及的一些基本概念；(2) 掌握呼吸链、氧化磷酸化与 ATP 的生成过程；(3) 了解线粒体与生物氧化的关系。

第一节 概　述

一、生物氧化的含义

一切生命活动，无论机械运动还是维持静止的生命状态，都需要不断地消耗能量。这些能量主要是由供能营养物质糖、脂及蛋白质等营养物质在细胞内氧化分解所释放的化学能转化而来。供能物质在活细胞中氧化分解，释放化学能并转化为生物能的生物化学过程，称为生物氧化，又称细胞氧化或细胞呼吸。

二、生物氧化的方式

氧化反应与还原反应总是同时发生的。一个反应物被氧化必然伴有另一个反应物被还原。所以，氧化反应又叫氧化还原反应。生物氧化反应与体外氧化反应的化学本质一样，都是电子的得失过程。反应物丢失电子者被氧化，接受电子者被还原。被氧化的物质是还原剂，是电子供体；被还原的物质是氧化剂，是电子受体。在反应形式上，生物氧化反应有失电子氧化、加氧氧化、脱氢氧化、加水脱氢氧化等。

失电子氧化反应如：

$$2Cytb-Fe^{2+} \text{（电子供体）} \xrightarrow{2e} 2Cytc-Fe^{3+} \text{（电子受体）}$$
$$2Cytb-Fe^{3+} \text{（氧化型）} \qquad 2Cytc-Fe^{2+} \text{（还原型）}$$

加氧氧化反应如：

$$\underset{\text{苯丙氨酸}}{\text{C}_6\text{H}_5\text{—CH}_2\text{CHCOOH}} + 1/2\text{O}_2 \longrightarrow \underset{\text{酪氨酸}}{\text{HO—C}_6\text{H}_4\text{—CH}_2\text{CHCOOH}}$$
(氨基位 NH$_2$)

脱氢氧化反应如：

$$\underset{\text{琥珀酸}}{\begin{array}{c}\text{CH}_2\text{—COOH}\\|\\ \text{CH}_2\text{—COOH}\end{array}} \xrightarrow{-2\text{H}} \underset{\text{延胡索酸}}{\begin{array}{c}\text{HC—COOH}\\\|\\ \text{HOOC—CH}\end{array}}$$

加水脱氢氧化反应：

$$\underset{\text{延胡索酸}}{\begin{array}{c}\text{HC—COOH}\\\|\\ \text{HOOC—CH}\end{array}} + \text{H}_2\text{O} \longrightarrow \underset{\text{苹果酸}}{\begin{array}{c}\text{H}\\|\\ \text{HO—C—COOH}\\|\\ \text{CH}_2\text{COOH}\end{array}} \xrightarrow{-2\text{H}} \underset{\text{草酰乙酸}}{\begin{array}{c}\text{O}\\\|\\ \text{C—COOH}\\|\\ \text{CH}_2\text{COOH}\end{array}}$$

在能量代谢中，脱氢氧化和加水脱氢氧化反应是供能物质分子氧化的主要反应形式。加水反应，将本来难以氧化的稳定分子改造成了易脱氢分子。水分子的加入，既为碳原子氧化提供了氧，又为底物分子内能转移提供了氢。

三、生物氧化的化学本质和特点

供能物质的生物氧化和体外燃烧（或非生物氧化）的化学本质相同，最终产物都是二氧化碳和水，反应的终态和初态都与体外氧化反应一样，所以，释放的能量也一样。例如葡萄糖在体外燃烧反应是：

$$C_6H_{12}O_6 + 6O_2 = 6CO_2 + 6H_2O + (-2.867\text{MJ/mol})$$

体外燃烧产生的 CO_2 和 H_2O 由物质中的碳和氢直接与氧结合生成，能量的释放是瞬间突然释放，会产生大量的光和热，散失于环境中。而细胞内完全氧化分解可称为胞内燃烧，被氧化的能源物质称为"燃料"。每克燃料完全燃烧生成二氧化碳和水所释放的最大热量称为热价。不同燃料物质的热价不一样，还原程度越高者，热价越大。蛋白质的热价为 23.43kJ/g，糖的为 17.12kJ/g，脂肪的为 39.71kJ/g。

生物氧化具有与体外氧化不同的一些特点：第一，生物氧化是在细胞内的生理条件下进行的，条件温和，近似恒温恒压。第二，生物氧化一般都要经过复杂的反应历程，由系列酶促反应逐步完成。二氧化碳来自有机酸的酶促脱羧作用；水则主要是燃料分子脱下的氢通过呼吸链氧化生成的；能量主要在氢的氧化过程中逐步释放。第三，特别有意义的是，生物氧化释放的化学能可转化成高能键形式的生物能，供应生物化学反应、生理活动需要。第四，生物氧化受细胞的精确调节控制，有很强的适应性，可随环境和生理条件变化而改变呼吸强度和代谢方向。

四、有氧氧化和无氧氧化

生物氧化在有氧和无氧条件下都能进行。在有氧条件下，好气生物或兼性生物吸收空气中的氧作为电子受体,可将燃料分子完全氧化分解,这称为有氧氧化。因为有氧氧化燃烧完全、产能多,所以,只要有氧气存在,细胞都优先进行有氧氧化。

在无氧条件下,兼性生物或厌气生物能利用细胞中的氧化型物质作为电子受体,将燃料分子氧化分解,这称为无氧氧化。无氧氧化燃烧不完全,产能也少。例如,酵母在无氧条件下,经 EMP 途径将 1mol 葡萄糖分解为乙醇和二氧化碳只能得到 2mol ATP,比有氧氧化获得能量要少得多(详见糖代谢)。实际上,无氧氧化是细胞对不利环境的一种适应能力。在无氧的不利条件下,通过这种氧化方式可取得有限的能量维持生命活动。

第二节 生物氧化中的能量问题

一、氧化还原电位

氧化还原反应常常是可逆的,反应平衡式可表示为:

$$A \underset{+ne}{\overset{-ne}{\rightleftharpoons}} A^{n+}$$

式中 A^{n+}——反应物的氧化型;
　　A——反应物的还原型;
　　e——电子;
　　n——转移电子的数目。

将反应物的氧化型和还原型混合组成的反应体系称为"氧化还原对"。一个氧化还原对就是一个半电池,可写作 $A^{n+} + ne/A$,或简写为 A^+/A。氧化还原对获得电子(即 $A^{n+} + ne$)或失去电子(即 $A-ne$)的趋势,即其氧化还原电位,氧化还原电位只有在与另一半电池比较时,才能表现出来。在标准条件下与标准氢电极比较(图9-1)所得电位差称为该氧化还原对的标准氧化还原电位,用 E^0 表示,一个氧化还原对的 E^0 是个常数。

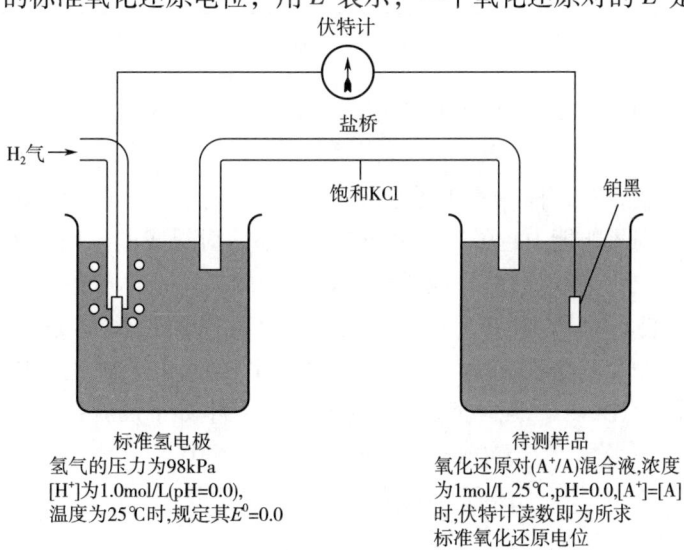

图9-1 标准氧化还原电位的测定

由样品氧化还原对与标准氢电极组成原电池,待测氧化还原对供出电子的能力强(还原势高)时,电子流向标准电极,伏特计量出负值,即 $E^0 A^+/A$ 小于 $E^0 2H^+/H_2$。若 $E^0 A^+/A$ 大于 $E^0 2H^+/H_2$,量出正值。

物理化学中规定测定标准氧还电位的标准条件为：25℃，pH=0，反应物浓度 [A$^+$] = [A] = 1mol/L；如果有气体参加，则需要维持在98kPa。在pH=0的条件下，一般酶促反应都不能进行，因而，生物氧化还原对的标准氧化还原电位规定在pH=7的条件下测定得出，标准氢电极pH仍为零，用$E^{0'}$表示。在pH=7的条件下，氢电极的$E^{0'}$=−0.42V。

一些重要生物氧化还原对的$E^{0'}$列于表9−1。

表9−1　　　　一些常见生物氧化还原对的标准氧化还原电位（pH=7）

氧化还原对	$E^{0'}$/V
$CH_3C(=O)\sim SCoH + CO_2 + 2H^+ + 2e \longrightarrow$ 丙酮酸 + CoASH	−0.48
$2H^+ + 2e \longrightarrow H_2$	−0.42
α−酮戊二酸 + CO_2 + $2H^+$ + 2e $\longrightarrow$ 异柠檬酸	−0.38
$NAD^+ + 2H^+ + 2e \longrightarrow NADH + H^+$	−0.32
（NADH脱氢酶）$FMN + 2H^+ + 2e \longrightarrow FMNH_2$	−0.30
1,3−二磷酸甘油酸 + $2H^+$ + 2e $\longrightarrow$ 3−磷酸甘油酸 + P_i	−0.29
乙醛 + $2H^+$ + 2e $\longrightarrow$ 乙醇	−0.197
丙酮酸 + $2H^+$ + 2e $\longrightarrow$ 乳酸	−0.185
草酰乙酸 + $2H^+$ + 2e $\longrightarrow$ 苹果酸	−0.166
$FAD + 2H^+ + 2e \longrightarrow FADH_2$	−0.12 [①]
延胡索酸 + $2H^+$ + 2e $\longrightarrow$ 琥珀酸	−0.03
$CoQ + 2H^+ + 2e \longrightarrow CoQH_2$	+0.10
$2Cyt\ b\ (Fe^{3+}) + 2e \longrightarrow 2Cyt\ b\ (Fe^{2+})$	+0.06 [②]
$2Cyt\ c_1\ (Fe^{3+}) + 2e \longrightarrow 2Cyt c_1\ (Fe^{2+})$	+0.23
$2Cyt\ c\ (Fe^{3+}) + 2e \longrightarrow 2Cyt c\ (Fe^{2+})$	+0.25
$2Cyt\ a\ (Fe^{3+}) + 2e \longrightarrow 2Cyt\ a\ (Fe^{2+})$	+0.29
$2Cyt\ a_3\ (Fe^{3+}) + 2e \longrightarrow 2Cyt\ a_3\ (Fe^{2+})$	+0.55
$\frac{1}{2}O_2 + 2H^+ + 2e \longrightarrow H_2O$	+0.82

注：①此处为游离状态的FAD/$FADH_2$，当它与不同的蛋白质分子结合成黄素蛋白时，标准氧化还原电位$E^{0'}$在0.00~0.30V之间变化。

②在没有ATP的情况下，CytbT的$E^{0'}$接近0伏；在有ATP存在时，由于变构效应，可使CytfeT的$E^{0'}$由−0.03增至+0.245V。

表中所列氧化还原对，标准氧化还原电位（$E^{0'}$）越小，其还原力越大，给出电子的趋势越强。反之，则氧化能力越强。在由两个氧化还原对组成的反应体系中，根据标准氧还电位（$E^{0'}$）的大小，可以判断反应进行的方向。例如，在标准条件下，等摩尔浓度的草酰乙酸、苹果酸、NAD^+ 和 NADH 四种化合物组成的反应体系，由表9−1可知$E^{0'}NAD^+$/NADH 比 $E^{0'}$草酰乙酸/苹果酸更负。NADH给出电子的能力比苹果酸强，草酰乙酸接受电子的能力比NAD^+强。所以，反应体系中发生如下反应：

$$NADH + H^+ - 2H^+ - 2e \longrightarrow NAD^+$$
$$草酰乙酸 + 2H^+ + 2e \longrightarrow 苹果酸$$

总反应式：

$$草酰乙酸 + NADH + H^+ \rightleftharpoons 苹果酸 + NAD^+$$

反应平衡向苹果酸方向进行。如果调整反应物浓度，可使反应平衡方向改变。譬如，不断减少草酰乙酸,或增加苹果酸浓度,则反应平衡朝向草酰乙酸生成方向。在三羧酸循环途径中有这一步反应。

从理论上来说,任何一个体系中的氧化剂必定能够从任何一个较低氧化还原电位($E_0^{0'}$)的体系中的还原剂那里把电子接受过来。然而,有时候电位差虽然合适,但两个体系之间却不一定发生氧化还原反应,例如 Cyt c 就不从 NADH 那里接受电子,它只能接受 Cyt b·H 的电子。这是生物氧化还原对电子递体与一般化学试剂的不同。可能是酶蛋白决定了这种专一性。

在非标准条件下,氧化还原电位受反应物浓度的影响而发生变化。在 pH7 的非标准条件下,若已知 $E^{0'}$ 和反应物浓度,根据 Nernst 方程 [式(9-1)],可计算非标准条件下的氧化还原电位 E:

$$E = E^{0'} + \frac{RT}{nF} \frac{[A^+]}{[A]} = E^{0'} + \frac{2.303RT}{nF} \log \frac{[A^+]}{[A]} (V) \qquad (9-1)$$

式中　$E^{0'}$——A^+/A 的标准氧化还原电位;
　　　n——转移电子的摩尔数目;
　　　F——法拉第常数,其值为 96.485kJ/(V·mol);
　　　R——气体常数,其值为 8.314J/(mol·K);
　　　T——绝对温度,用 K 表示(K=273℃)。

二、自由能变化($\Delta F^{0'}$)

根据热力学第二定律,把一个反应体系能够提供做功的能量称为自由能,用 G 表示。凡能自发进行的化学反应,总伴随发生自由能的降低,放出能量。释放自由能越多,反应进行得越彻底。在理想条件(恒温、恒压、绝热状态)下,自由能由 G_1^0 的反应体系变至自由能为 G_2^0 的另一能量状态时,所释放的能量,称为自由能变化,用 ΔG^0 表示如式(9-2)所示:

$$\Delta G^0 = G_2^0 - G_1^0 \qquad (9-2)$$

ΔG^0 是该反应体系变化过程中能提供做功的最大能量。

生物氧化是在细胞中近似恒温、恒压的理想条件下进行的,所发生的能量变化可视为自由能变化,用 $\Delta G^{0'}$ 表示。ΔG^0 为正值,是需能反应;$\Delta G^{0'}$ 为负值为放能反应,代表生物氧化反应产生的可被生物体利用的最大能量。因此,自由能变化 $\Delta G^{0'}$ 是对生命活动有直接效益的能量问题。自由能变化与电位变化是一个氧化还原反应中必然产生的两个相关的问题。当电子从一个低电位($E_{低}^{0'}$)的氧化还原对流向高电位($E_{高}^{0'}$)的氧化还原对时,电位变化用 $\Delta E^{0'}$ 表示,如式(9-3)所示:

$$\Delta E^{0'} = E_{高}^{0'} - E_{低}^{0'} \qquad (9-3)$$

两个氧化还原对的标准氧化还原电位差越大,电子的自由能降低越多。在数值上,自由能变化($\Delta G^{0'}$)近似地等于电位差($\Delta E^{0'}$)与电量(nF)的乘积,如式(9-4)所示:

$$\Delta G^{0'} = -nF \cdot \Delta E^{0'} \qquad (9-4)$$

式中　n——转移电子的物质的量,mol;
　　　F——法拉第常数,其值为 96.485kJ/(V·mol);

$\Delta G^{0'}$ 有正负号之分,负号代表放能反应,负值越大,反应自发进行得越彻底。若 $\Delta G^{0'}$ 为正值,是需能反应,不能自发进行。自由能变化 $\Delta G^{0'}$ 是直接关系生物能量效益的问题。

如果已知反应体系的标准氧化还原电位，不仅可以预知反应平衡的方向（如前所述），而且还可计算出自由能变化。例如，电子从 $NAD^+/NADH+H^+$（$E^{0\prime} = -0.32V$）转移到 $\frac{1}{2}O_2/H_2O$（$E^{0\prime} = +0.82V$）时，其标准自由能变化为：

$$\Delta G^{0\prime} = -nF\Delta G^{0\prime} = -2 \times 96.485 \times [0.82 - (-0.32)]$$
$$= -219.986 \text{（kJ/mol）}$$

三、高能键及高能化合物

高能键是里普曼于1941年提出的一个概念。在生物化学中，有些化合物的个别化学键自由能很高，因此其结构不稳定，性质很活泼，自发水解或基团转移的反应趋势很强。当其发生水解或基团转移反应时，释放或转移的自由能很多，远非其他普通化学键所具有的。这种含自由能很高的化学键称为高能键。用符号"~"表示。应重复强调一下，高能键的"高能"二字不是指键能特别高，是指自由能高。细胞中重要的高能键有高能磷酸键"—O~P"和高能硫脂键"$-\overset{O}{\overset{\|}{C}}\sim S-$"等。

分子结构中含高能键的化合物称为高能化合物。同理，高能化合物并非含化学能特别高，正确理解是含自由能很高的化合物。生物体中，重要的高能键和高能化合物见表 9-2。

表 9-2　　高能键及重要的高能化合物

高能键的种类		键的结构	代表性化合物	标准自由能变化 $\Delta G^{0\prime}$	
				kJ/mol	k_{cal}/mol
高能磷酸键	烯醇式磷酸键	$CH_3-\overset{\|}{C}=O\sim\text{\textcircled{P}}$	磷酸烯醇式丙酮酸	-61.9	-14.8
	脂酰基磷酸键	$K-\overset{O}{\overset{\|}{C}}-O\sim\text{\textcircled{P}}$	氨甲酰基磷酸	-51.5	-12.3
			1,3-二磷酸甘油酸	-49.3	11.8
			乙酰基磷酸	-42.3	-10.1
	胍基磷酸键	$-NH-\overset{O}{\overset{\|}{C}}-NH\sim\text{\textcircled{P}}$	磷酸肌酸①	-43.1	-10.3
			磷酸精氨酸②	32.2	-7.7
	焦磷酸键	核苷—P—O~\text{\textcircled{P}}	ADP、UDP、GDP 等	-30.5	-7.3
		核苷—P—O~\text{\textcircled{P}}—O~\text{\textcircled{P}}	ATP、UTP、GTP 等	-30.5	-7.3
高能硫酯键	脂酰基辅酶 A	$R-\overset{O}{\overset{\|}{C}}\sim SCoA$	乙酰基 CoA	-31.8	-7.6
			琥珀酰 CoA	-32.2	-7.7
			脂肪酰 CoA		

①结构式为：$O^-\text{—}\overset{O^-}{\overset{\|}{P}}\sim\overset{CH_2}{\overset{\|}{N}}-CH_2-COOH$　主要为高等动物肌肉、神经细胞中的贮能物质，细菌中未发现。

②结构式为：$O^-\text{—}\overset{O^-}{\overset{\|}{P}}\sim NH-\overset{}{\overset{\|}{C}}-NH-(CH_2)_3-\overset{}{\overset{\|}{CH}}-COOH$　为无脊椎动物的贮能物质。

表中所列各种高能化合物的生理功能有所不同。①高能硫酯键化合物多为脂肪酸代谢中间产物，是脂酰基的活化状态，在脂肪的分解代谢和合成代谢中特别重要。②高能磷酸化合物中的 ATP，GTP，UTP，CTP 等，能够作为生物能量的直接供体，参与生物合成、主动运输、肌肉收缩等需能反应。③磷酸烯醇式丙酮酸、1，3-二磷酸甘油酸、磷酸肌酸等高能磷酸化合物，自由能变化（$\Delta G^{0\prime}$）比 ATP 高，被称为超高能化合物。它们的高能磷酸键一般不被水解，主要作为细胞中的贮能物质。当细胞中 ATP 浓度低时，通过基团转移反应，将高能磷酸基团转移至 ADP，合成 ATP，如：

$$\begin{array}{c}\text{COO}\sim\text{P}\\\text{HC—OH}\\\text{CH}_2\text{O}\text{P}\end{array} + \text{ADP} \xrightarrow{\text{激酶、Mg}^{2+}} \begin{array}{c}\text{COOH}\\\text{HC—OH}\\\text{CH}_2\text{O}\text{P}\end{array} + \text{ATP}$$

1，3-二磷酸甘油酸　　　　　　　　3-磷酸甘油酸

ATP 是细胞中最重要的高能化合物，其重要性表现在以下几方面。

（1）是产能反应和需能反应之间最主要的能量介质　细胞中，常发生氧化放能反应和生物合成等需能反应互相联系，互相制约。但是多数情况下，产能反应和需能反应之间不是直接偶联的。彼此间的能量供求关系主要通过 ATP 作为能量传递介质，实现相互联系。放能反应通过氧化磷酸化反应合成 ATP，贮存能量；需能反应，则通过 ATP 的水解供应能量。ATP 末端磷酸基团水解时，标准自由能变化（$\Delta G^{0\prime}$）为 -30.5kJ/mol。

$$\text{ATP} + \text{H}_2\text{O} \longrightarrow \text{ADP} + \text{Pi}$$
$$\Delta G^{0\prime} = -30.5\text{kJ/mol}$$

ADP 也有一个高能键。当其水解时，标准自由能变化也是 -30.5kJ/mol：

$$\text{ADP} + \text{H}_2\text{O} \longrightarrow \text{AMP} + \text{Pi}$$
$$\Delta G^{0\prime} = -30.5\text{kJ/mol}$$

AMP 的磷酸基水解时，标准自由能变化只有 14.2kJ/mol。所以，AMP 不是高能化合物。

细胞中的很多需能反应主要靠 ATP 高能磷酸键水解释放的自由能推动，例如，丙酮酸的羧化反应：

$$\begin{array}{c}\text{COOH}\\\text{C}=\text{O}\\\text{CH}_3\end{array} + \text{CO}_2 + \text{H}_2\text{O} \xrightleftharpoons[\text{ATP} \quad \text{丙酮酸羧化酶生物素、Mg}^{2+} \quad \text{ADP} + \text{Pi}]{} \begin{array}{c}\text{COOH}\\\text{C}=\text{O}\\\text{CH}_2\\\text{COOH}\end{array}$$

（2）作为磷酸基团供体参与磷酸化反应　生物化学反应中，无论是分解代谢还是合成代谢，常常需要先将反应底物分子活化。其中，磷酸化是一种普遍活化方式。ATP 具有很活泼的磷酸基团，可作为磷酸基的供体参与细胞中的磷酸化反应，此类反应由激酶催化，例如：

$$\text{葡萄糖} + \text{ATP} \xrightarrow[\text{Mg}^{2+}]{\text{己糖激酶}} \text{葡萄糖-6-磷酸} + \text{ADP}$$

反应生成的磷酸化葡萄糖分子具有较高的自由能，易进一步参加反应。

（3）ATP 参加高能磷酸基团转移反应　如前所述，细胞中的超高能磷酸化合物与 ATP 之间可发生高能磷酸基团的转移反应。当细胞中 ATP 浓度高出一般水平时，可通过酶促反应将高能磷酸基团转移到贮能化合物分子上贮存；当细胞中 ATP 浓度低时，又通过可逆反应转移到 ADP 分子上再合成 ATP，例如：

$$NH_2-\overset{\overset{CH_3}{|}}{\underset{\underset{NH_2^+}{|}}{C}}-N-CH_2-\overset{\overset{O}{\|}}{C}-O^- + ATP \xrightleftharpoons[]{肌酸激酶} O^-\overset{\overset{O}{\|}}{\underset{\underset{O^-}{|}}{P}}\sim NH-\overset{\overset{CH_3}{|}}{\underset{\underset{NH^+}{|}}{C}}-N-CH_2-\overset{\overset{O}{\|}}{C}-O^- + ADP$$

　　　　　　　肌酸　　　　　　　　　　　　　　　　　　　磷酸肌酸

细胞中磷酸化合物的磷酸基团转移趋势如图 9-2 所示。

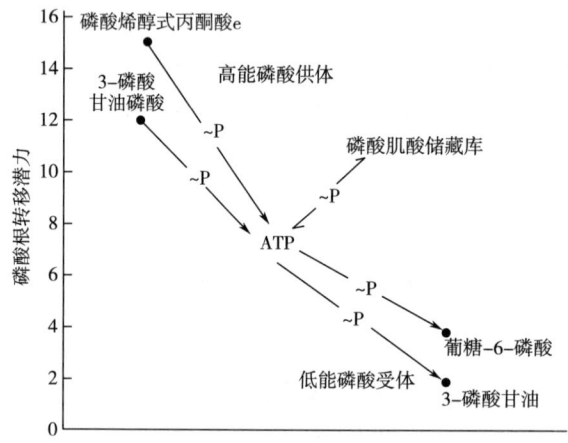

图 9-2　细胞中的高能磷酸基团转移趋势

第三节　生物氧化酶类

细胞中催化氧化还原反应的酶类都属于 "E.C.1，氧化还原酶类"，这是六大类酶中，目前已知为数最多的一类酶，几乎都是结合蛋白。根据酶促反应的供氢体或受氢体，在国际酶学委员会的酶表中，将 "E.C.1" 分为 20 个亚类。在研究能量代谢时，习惯上常根据酶的催化作用方式和作用特点把生物氧化酶类分为：脱氢酶类和氧化酶类，其中脱氢酶类又可分为不需氧脱氢酶和需氧脱氢酶两类，氧化酶类又包括氧化酶和过氧化氢酶等。

一、脱 氢 酶 类

根据催化反应过程中是否将脱下的氢直接交给 O_2，可以将脱氢酶分为不需氧脱氢酶和需氧脱氢酶。

1. 不需氧脱氢酶（anaerobic dehydrogenase）类

凡直接作用于底物分子使之脱氢氧化，又不以氧作为直接受氢体的酶，称为不需氧脱氢酶。这类酶是能量代谢中催化底物分子氧化的主要酶类。其作用特点是只能激活底物分子，夺取其电子对（2e）和质子对（2H$^+$）使之氧化，酶分子的辅酶接受电子对被还原。可是，还原型的辅酶分子不能激活分子氧，不能以 O_2 为其电子受体。不需氧脱氢酶在有氧或无氧条件下都能催化代谢底物分子氧化。有氧条件下，还原型辅酶的电子由氧化型的递体接受并最终传递给分子氧；无氧条件下，可由氧化型的代谢中间产物分子作为受体。只要有足够的氧化型受体使还原型辅酶随时氧化，不需氧脱氢酶的催化作用就可以持续进行。反应过程为：

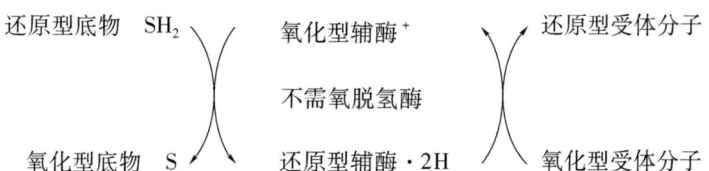

不需氧脱氢酶成员很多，底物专一性很强，但辅酶（或辅基）主要有 NAD$^+$，NADP$^+$，FMN，FAD 四种。据此，可将不需氧脱氢酶分为两类。

（1）以 NAD$^+$ 或 NADP$^+$ 为辅酶的不需氧脱氢酶类　目前已知有 200 多种，大都以 NAD$^+$ 为辅酶，以 NADP$^+$ 为辅酶者相对少些，有的酶 NAD$^+$，NADP$^+$ 都可用。如 L-谷氨酸脱氢酶的同工酶中，催化 L-谷氨酸氧化分解者用 NAD$^+$ 作辅酶；催化逆反应 α-酮戊二酸还原氨基化合成谷氨酸者，用 NADPH 作辅酶；肝脏细胞和细菌中的 L-谷氨酸脱氢酶，NAD$^+$，NADP$^+$ 都可用。

辅酶 NAD$^+$ 和 NADP$^+$ 的生化功能有所不同，一般而言，以 NAD$^+$ 为辅酶，从底物分子脱下的氢原子对（2H）主要是通过呼吸链发生氧化磷酸化反应合成 ATP。以 NADP$^+$ 为辅酶脱下的氢原子对（2H）则主要为生物合成提供还原力。像脂肪酸生物合成、氨基酸、核苷酸等生物合成中需要大量的 NADPH+H$^+$，主要靠葡萄糖分解代谢的 HMP 途径供应。

在糖、脂的分解代谢中，脱氢酶类催化仲醇基团（ $\diagdown$CHOH ）的脱氢反应和氨基酸 α-碳原子的氨甲基基团如（ $\diagdown$CHNH$_2$ ）上的脱氢反应都是由 NAD$^+$ 或 NADP$^+$ 作为辅酶。例如，

$$\begin{array}{c} COOH \\ | \\ HCOH \\ | \\ CH_2 \\ | \\ COOH \end{array} + NAD^+ \xrightarrow{\text{苹果酸脱氢酶}} \begin{array}{c} COOH \\ | \\ C=O \\ | \\ CH_2 \\ | \\ COOH \end{array} + NADH + H^+$$

$$\begin{array}{c} COOH \\ | \\ HCNH_2 \\ | \\ (CH_2)_2 \\ | \\ COOH \end{array} + NAD^+\ H_2O \xrightarrow{\text{L-谷氨酸脱氢酶}} \begin{array}{c} COOH \\ | \\ C=O \\ | \\ (CH_2)_2 \\ | \\ COOH \end{array} + NADH + H^+ + NH_3$$

辅酶 NAD$^+$（或 NADP$^+$）与酶蛋白是非共价结合。它们的还原型（NADH 或 NADPH）与酶蛋白的亲和力更低。因此，在反应过程中被还原后，即自行与反应基质中

的氧化型辅酶交换。此现象可用 3-磷酸甘油醛脱氢酶的催化反应为例：

$$\text{E—SH} \xrightarrow{\text{NAD}^{+(I)}} \text{E}\begin{matrix}\text{NAD}^+\\\text{SH}\end{matrix} \xrightarrow{\text{RCHO}} \text{E}\begin{matrix}\text{NAD}^+\\\text{H}\\\text{S—C—R}\\\text{OH}\end{matrix} \longrightarrow \text{E}\begin{matrix}\text{NADH+H}^+\\\text{S~C—R}\\\text{O}\end{matrix}$$

$$\xrightarrow{\text{NAD}^{+(II)}}_{\text{NADH}} \text{E}\begin{matrix}\text{NAD}^+\\\text{S~C—R}\\\text{O}\end{matrix} \xrightarrow{\text{Pi}} \text{E}\begin{matrix}\text{NAD}^+\\\text{SH}\end{matrix} + \begin{matrix}\text{C—O~P}\\\text{COOH}\\\text{CH}_2\text{OP}\end{matrix}$$

式中 E—SH 代表酶蛋白，R—CHO 代表 3-磷酸甘油醛，（Ⅰ）（Ⅱ）（Ⅲ）分别代表 NAD$^+$ 的不同分子。生成的还原型辅酶（NADH）游离于细胞的反应基质中。

（2）以 FMN 或 FAD 为辅基的不需氧脱氢酶　这类酶分子中，FMN 或 FAD 与酶蛋白结合牢固，故称为辅基。因为 FMN 及 FAD 是核黄素的衍生物，所以这类酶的纯化制品呈黄色，故又称为黄酶或黄素蛋白，专一性催化烃链中相邻亚甲基"—CH$_2$—CH$_2$—"基团的脱氢，底物分子中产生双键。例如，

$$\begin{matrix}\text{CH}_2\text{—COOH}\\\text{CH}_2\text{—COOH}\end{matrix} + \text{E-FAD} \rightleftharpoons \begin{matrix}\text{HC—COOH}\\\text{HOOC—CH}\end{matrix} + \text{E-FADH}_2$$

　　琥珀酸　　琥珀酸脱氢酶　　　　延胡索酸　　琥珀酸脱氢酶
　　　　　　　（氧化型）　　　　　　　　　　　　（还原型）

还原型黄素蛋白上的氢原子对（2H）需经 FAD 呼吸链氧化。

这类酶成员不多，但很重要。常见的有 β-磷酸甘油脱氢酶、琥珀酸脱氢酶、酯酰 CoA 脱氢酶、二氢硫辛酸脱氢酶等都是以 FAD 为辅基的黄酶。此外，还有 NADH 脱氢酶，辅基是 FMN，该酶位于线粒体内膜上，专事汇集线粒体基质中还原型辅酶Ⅰ（NADH + H$^+$）的氢原子对进入呼吸链氧化。琥珀酸脱氢酶和磷酸甘油脱氢酶也位于线粒体内膜上。它们的还原型辅基是以辅酶 Q 为受氢体（图 9-5）。

2. 需氧脱氢酶类

这类酶的分子也是以 FMN 或 FAD 为辅基的黄素蛋白，它也催化底物分子脱氢氧化。但与不需氧脱氢酶类不同，这类酶需要用分子氧作为直接受氢体，反应生成过氧化氢（H$_2$O$_2$）。因此，需氧脱氢酶类是既能催化底物脱氢，又直接激活分子氧的黄素蛋白，兼具不需氧脱氢酶和氧化酶类两者的作用特点，故而有时将其归入脱氢酶类，有时又称其为氧化酶。反应过程如下：

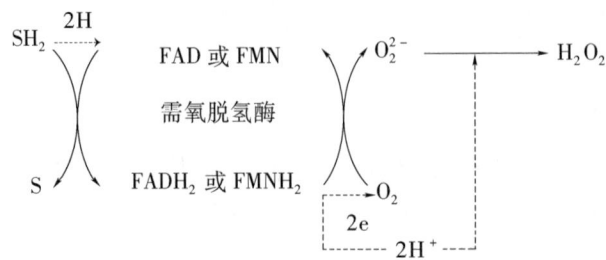

反应生成的过氧化氢（H_2O_2）对机体有毒害，需要有过氧化氢酶催化将其分解：

$$2H_2O_2 \xrightarrow{\text{过氧化氢酶}} 2H_2O + O_2$$

在无氧条件下，需氧脱氢酶也可用人工染料，如甲烯蓝等作为受氢体，反应发生的颜色变化可用于酶活性测定：

$$E\text{—}FADH_2 + \text{甲烯蓝} \longrightarrow E\text{—}FAD + \text{甲烯白}$$
$$\text{（蓝色）} \qquad\qquad \text{（无色）}$$

几种常见的需氧脱氢酶如表 9-3 所示。

表 9-3　　　　　　　　　　常见的几种需氧脱氢酶

酶名称	辅酶或辅基	反应
D-氨基酸氧化酶	FAD	D-氨基酸 + H_2O + O_2 → α-酮酸 + NH_3 + H_2O_2
L-氨基酸氧化酶	FMN	L-氨基酸 + H_2O + O_2 → α-酮酸 + NH_3 + H_2O_2
甘氨酸氧化酶	FAD	甘氨酸 + H_2O + O_2 → 乙醛 + NH_3 + H_2O_2
醛氧化酶	FAD. Fe. Mo	醛 + H_2O + O_2 → 酸 + H_2O_2
黄嘌呤氧化酶	FAD. Fe. Mo	次黄嘌呤→黄嘌呤→尿酸
乙醇酸氧化酶	FMN	乙醇酸→乙醛酸
葡萄糖氧化酶	FAD	D-葡萄糖 + H_2O + O_2 → D-葡萄糖酸 + H_2O_2
胺氧化酶	FAD	胺 $\xrightarrow[H_2O]{O_2}$ 醛 + NH_3 + H_2O_2

需氧脱氢酶催化的反应，在物质代谢中都有其特定的作用和生理意义。但在能量代谢中都不重要。值得指出的是，其中有些酶在实践方面很有用，已经被开发利用的如 D-氨基酸氧化酶和 L-氨基酸氧化酶，分别用于 D-氨基酸和 L-氨基酸的定量分析；葡萄糖氧化酶被用于葡萄糖浓度的分析测定，以及罐头、蛋品等食品的防氧化变质等。

二、氧 化 酶 类

氧化酶类是含铜或铁的金属蛋白，不能从底物上脱氢，只能夺取底物上的电子对（2e），用于激活分子氧（O_2），从而促进氧与底物的化合。氧化酶只能以分子氧为受体，无氧条件下不能起催化作用，反应历程如下：

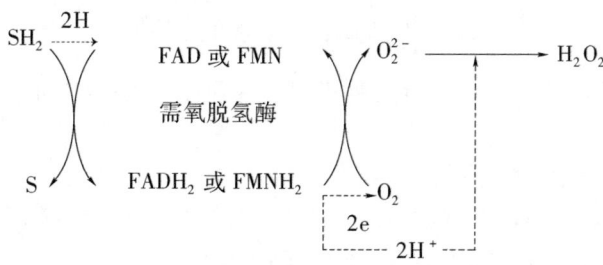

重要的氧化酶有细胞色素氧化酶、酚氧化酶等。

1. 细胞色素氧化酶

它是广泛分布于动物、植物、微生物细胞中的一类血红素蛋白，是呼吸链的最后一个酶，因而又称为末端氧化酶。研究证明，细胞色素氧化酶是细胞色素 a（Cyt a）和细胞色素 a_3（Cyt a_3）组成的蛋白复合物，用 Cyt aa_3 表示。复合物含有两分子血红素 A，每个血红素分子中的铁原子都可发生二价与三价的可逆变化，从而将细胞色素传递来的电子转移给最终受体分子氧（O_2）。

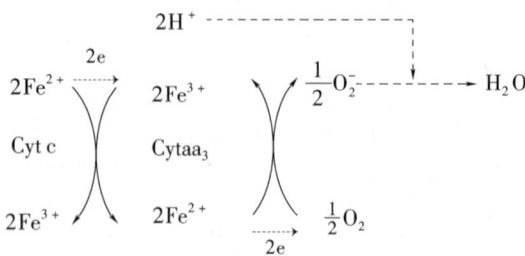

氰化物（CN^-）、硫化物（H_2S 等）、叠氮化合物（—N=N—）及一氧化碳（CO）等，对 Cyt aa_3 有不可逆抑制作用，能阻断电子由 Cyt aa_3 向氧的传递。故而这些化合物为呼吸抑制剂。

2. 酚氧化酶

较重要酚氧化酶有多酚氧化酶、酪氨酸氧化酶、儿茶酚氧化酶等。这些酶在能量代谢中都没有意义，但与生产实践关系密切。其中，多酚氧化酶广泛分布于高等植物及真菌中，是以二价铜离子为辅基的金属蛋白。所催化的反应示例如下：

$$\text{对苯二酚} + \frac{1}{2}O_2 \xrightarrow{\text{多酚氧化酶}} \text{对苯醌} + H_2O$$

在有氧条件下，多酚氧化酶催化酚类化合物氧化，生成有色的醌类化合物，导致果蔬食品和饮料发生生物褐变，使产品质量降低。所以，在果蔬食品加工中都尽量避免酚氧化酶起作用。

第四节 生物氧化体系

一、生物氧化体系的类型

代谢物在生物体内的氧化反应有两种类型：一种不需要传递体，另一种需要电子传递体。

1. 不需传递体的生物氧化体系

代谢物经氧化酶（含有金属离子 Cu^{2+} 或 Fe^{2+}）或需氧脱氢酶催化进行的脱氢反应属于这种类型。其反应过程见需氧脱氢酶和氧化酶类反应式。

2. 需传递体的生物氧化体系

是生物体内的主要氧化体系，由不需氧脱氢酶和多个电子传递体组成。代谢物经这种氧化体系进行氧化的过程可以分为两个阶段：

第一阶段是在一些分解代谢的途径中，代谢中间物发生氧化，将电子传递给某种辅酶（NAD^+，FAD 或 $NADP^+$）。这一阶段，代谢物中的一些碳原子被氧化生成 CO_2，同时，参与氧化作用的辅酶被还原。

第二阶段是还原后的辅酶（$NADH+H^+$，$FADH_2$ 或 $NADPH+H^+$）被重新氧化。还原型辅酶的重新氧化有几种不同的方式。$NADPH+H^+$ 可被直接用于生物合成，为生物合成提供还原力。另外几种还原型辅酶则不能直接用于生物合成，它们的重新氧化，在需氧生物中（或兼性厌氧生物在有氧条件下）是通过一系列的电子传递体将电子传递给最终电子受体氧而完成的，氧接受电子后生成水，此过程也叫有氧呼吸。在厌氧生物中（或兼性厌氧生物及需氧生物的短暂缺氧条件下）是通过将电子传递给代谢中间物来完成的。代谢中间物接受电子后生成的物质叫发酵产物。代谢中间物通过发酵过程并没有被真正氧化，所发生的仅仅是分子内的氧化还原反应。在有些厌氧和兼性厌氧微生物中，还原型辅酶不是将电子传递给某种含氧的无机盐（如硝酸盐、亚硝酸盐和硫酸盐等）。此过程也叫无氧呼吸。

需传递体的生物氧化体系要比不需传递体的生物氧化体系复杂得多。这种复杂性不仅表现在它需要多种氧化还原酶的参加，还表现在这种氧化体系不是孤立的，细胞要利用这种体系来合成 ATP。

二、电子传递体

不需氧脱氢酶从底物脱下的氢原子对（$2H^+ +2e$），经过一系列氧化还原反应逐步氧化，最后与氧结合成水。该反应过程中的一系列反应介质，实际上起着传递电子的作用，被称为电子传递体。电子传递体都镶嵌在线粒体内膜中，主要有 NADH 脱氢酶（辅基为 FMN）、铁硫蛋白、辅酶 Q（CoQ）及多种细胞色素（Cyt b，Cty c_1，Cyt c，Cyt aa_3 等），除 CoQ 是醌类化合物之外，其余都是结合蛋白，它们的辅基都有得失电子的可逆反应性能，蛋白质部分起识别电子供体和受体的作用。从反应机制看，NADH 脱氢酶和 CoQ 既传递电子对，也传递质子对，被称为递氢体。铁硫蛋白和细胞色素类递体只传递电子，将质子游离。这类递体为狭义的"电子传递体"。

此外，不需氧脱氢酶的辅酶（或辅基）NAD^+、$NADP^+$、FMN 及 FAD 在生物氧化中亦起着递氢体的作用，可视为呼吸链的起始成员。它们所携带的氢原子对分别由线粒体内膜上的递体汇入呼吸链。

关于 NAD^+、$NADP^+$、FMN 和 FAD 的结构和反应机制，在维生素与辅酶一章中已有介绍。下面仅就 CoQ，铁硫蛋白和细胞色素类递体作些讨论。

1. 辅酶 Q（CoQ）

辅酶 Q，又称泛醌，是对苯二醌的衍生物。氧化型的 CoQ 可接受氢原子对还原为氢醌。它是各种还原型黄素蛋白的氢原子对进入呼吸链的汇集中心，其分子结构及氧化还原反应机制如下：

不同来源的 CoQ 基本结构相同，只是侧链的异戊二烯单位数目不同，$n=6\sim10$。动物细胞线粒体中 CoQ 侧链是 10 个异戊二烯单位，用 CoQ10 表示，细菌是 CoQ6。

CoQ 是呼吸链中唯一不与蛋白质结合的递体，靠其很长的多聚异戊二烯侧链的亲脂性嵌入线粒体内膜的碳氢相中，并能自由移动，在黄素蛋白和细胞色素之间起电子传递作用。

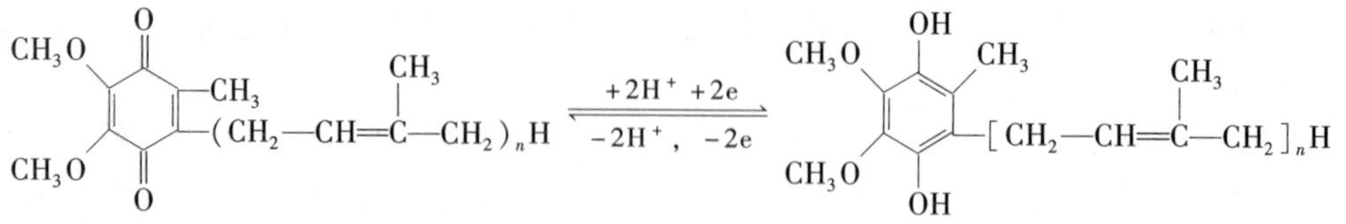

$$\text{全氧化型醌} \xrightleftharpoons[-2H^+, -2e]{+2H^+, +2e} \text{还原型氢醌}$$

2. 铁硫蛋白

铁硫蛋白,又称铁硫中心,是含相等数量铁原子和硫原子的结合蛋白。其中含 Fe_2—S_2 和 Fe_4—S_4 者最为普遍,如图 9-3 所示。

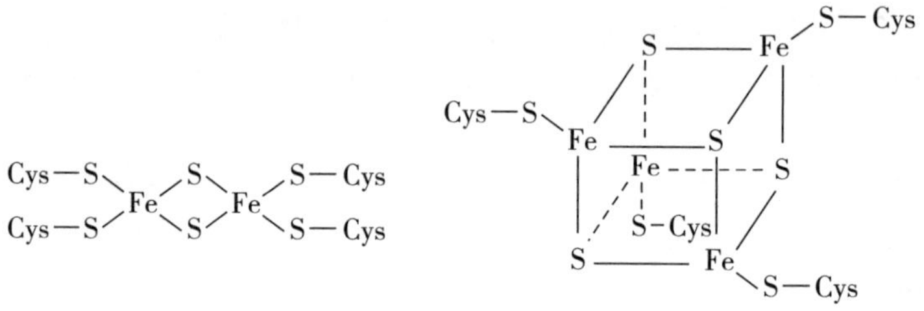

图 9-3 铁硫蛋白

不同生物的铁硫蛋白,标准氧化还原电位差别很大。例如光合细菌铁硫蛋白 $E^{0'}$ = $-0.49V$,牛心线粒体中的 $E^{0'}$ = $+0.22V$。铁硫蛋白在呼吸链中与其他递体形成蛋白质复合体。已经证明,NAD 呼吸链中至少有 7 种不同的铁硫蛋白,4 个位于 NADH 复合体中,2 个位于 Cyt b 复合体中,一个与 Cyt c1 结合。铁硫蛋白的铁原子易发生电子得失可逆反应,故能充当电子受体和供体,在呼吸链中参与电子传递,但其确切的功能机制尚不清楚。

3. 细胞色素类递体

早在 20 世纪 80 年代就发现细胞中有高铁血红素存在,但未能阐明其生理功能。1925 年 Keilin 研究了它们在生物氧化中传递电子的功能,并正式命名为细胞色素。如今,各种来源的细胞色素已发现 30 余种,重要的有 Cyt b_T,Cyt b_k,Cyt c,Cyt c_1,Cyt aa_3 等。

细胞色素是以铁卟啉为辅基的结合蛋白,在好气细胞中普遍存在,其分离制品显红色。

不同细胞色素的铁卟啉侧链结构、蛋白质分子结构,以及蛋白质与卟啉环的连接方式都不相同。同一种细胞色素,生物来源不同,其蛋白质结构也不一样。研究最深入的是细胞色素 c。它的辅基铁卟啉的结构及其与蛋白质的连接方式如图 9-4 所示。

各种细胞色素的标准氧化还原电位($E^{0'}$)不同(表 9-1)。在线粒体内膜中,它们是按标准氧化还原电位 $E^{0'}$,由低到高顺次排列的。电子只能从低电位递体流向高电位递体。

各种细胞色素都是通过其卟啉环中的铁离子得失电子的可逆变化来完成其传递电子的作用。氧化型铁离子(Fe^{3+})从低电位递体上夺取电子成还原型(Fe^{2+});再被高电位的递体夺走,又呈氧化型(Fe^{3+}),周而复始的顺序传递,直至激活分子氧(O_2)。反应过程详见呼吸链部分。

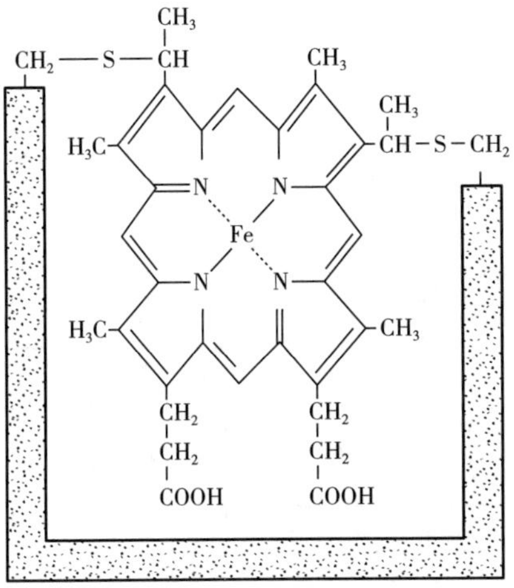

图9-4 细胞色素c的辅基与酶蛋白的连接

第五节 呼吸链及氧化磷酸化

一、呼吸链的概念及类型

糖、脂、氨基酸等有机物氧化降解可生成大量的还原型辅酶。可是，这并不等于细胞中可以积累大量还原型辅酶。恰恰相反，因为细胞中的辅酶（辅基）分子数量有限，其还原型必须随时氧化才能巡回参加反应，保证分解代谢持续进行。同时，底物上脱下的氢原子对，也需进一步燃烧才能有效地产生能量。细胞中通过什么机制完成这些任务的呢？靠呼吸链和氧化磷酸化。

呼吸链又称电子传递链，是由位于线粒体内膜中的一系列电子传递体按标准氧化还原电位，由低到高顺序排列组成的一种能量转换体系，其功能是接受还原型辅酶上的氢原子对（$2H^+ + 2e$），使辅酶分子氧化，并将电子对顺序传递，直至激活分子氧，使氧负离子（O^{2-}）与质子对（$2H^+$）结合生成水。一般看来，电子传递链中各个成员间的相互作用有着惊人的专一性，它们按严格的顺序相互传递电子。电子对在传递过程中逐步氧化放能，所释放的能量驱动ADP和无机磷发生磷酸化反应，生成ATP。因此，呼吸链即是氢原子对氧化磷酸化生成ATP的产能体系，也是辅酶分子再生体系。

呼吸链的组成，在不同物种之间有差异。哺乳动物线粒体中的呼吸链是研究比较清楚的例证，其成员组成如图9-5所示。

图9-5中所示的呼吸链，可分为以下两种类型。

1. NAD呼吸链

以NAD^+为辅酶的各种不需氧脱氢酶催化产生的还原型辅酶（$NADH + H^+$）都要经线粒体内膜上的NADH脱氢酶（FMN黄素蛋白）汇入呼吸链。先传给CoQ，生成还原型$CoQH_2$。$CoQH_2$之后，质子对（$2H^+$）与电子对（$2e$）分离。质子对游离，电子则由细胞色素依次传递，直至激活分子氧。被激活的氧负离子（O^{2-}）与游离的质子对结合生成水（H_2O）。

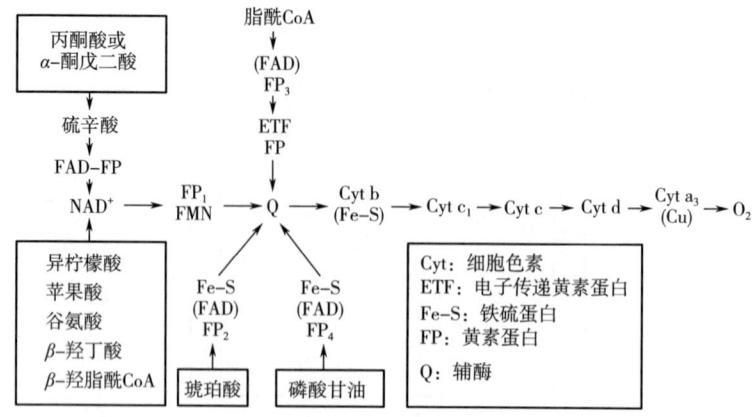

图 9-5 哺乳动物线粒体呼吸链的组成

因为该传递体系是从汇集还原型辅酶（NADH + H⁺）的氢原子对开始的，故称其为 NAD 呼吸链。这是目前已知传递过程最长的一条呼吸链，其传递反应历程如图 9-6 所示。

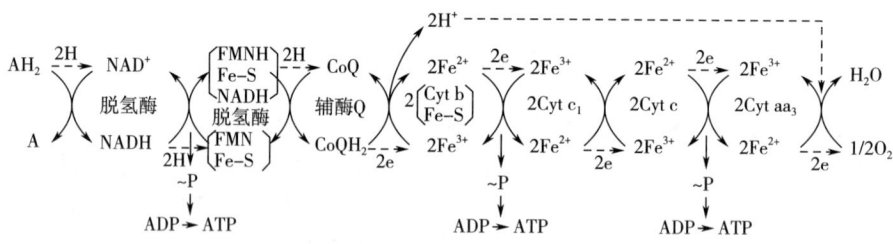

图 9-6 NAD 呼吸链的电子传递历程

2. FAD 呼吸链

由图 9-6 中可见，琥珀酸脱氢酶（FP_2）、磷酸甘油脱氢酶（FP_3）、脂酰 CoA 脱氢酶（FP_4）等不需氧脱氢酶的氢原子对都要经过 CoQ 汇入呼吸链。但反应历程不尽相同，FP_2，FP_3 皆为膜上蛋白，可直接与自由移动的 CoQ 反应。FP_4 不在膜上，需要由膜上的电子传递黄素蛋白（ETF - FAD）将氢原子对传给 CoQ。以下的传递机制与 NAD 呼吸链相同。

因为上述电子传递体系是由汇集黄素不需氧脱氢酶的氢原子对开始的，故称为 FAD 呼吸链。FAD 呼吸链比 NAD 呼吸链的传递历程短，产能也少。

真核生物细胞都具有与动物细胞类似的电子传递体系，细菌则不同，因为原核细胞没有线粒体，其电子传递体是在细胞膜的特化部位上。细菌呼吸链的组成变化很大，不同类群之间或在同一种细菌之间的不同条件下生长，呼吸链组成都可能不同。种间差别常常表现为一种电子递体被另一种电子递体代替，例如 CoQ 被甲萘醌类代替。细胞色素氧化酶 aa_3 为细胞色素氧化酶 o，d 或 a_1 代替等。几种细菌电子传递链示如图 9-7 所示。

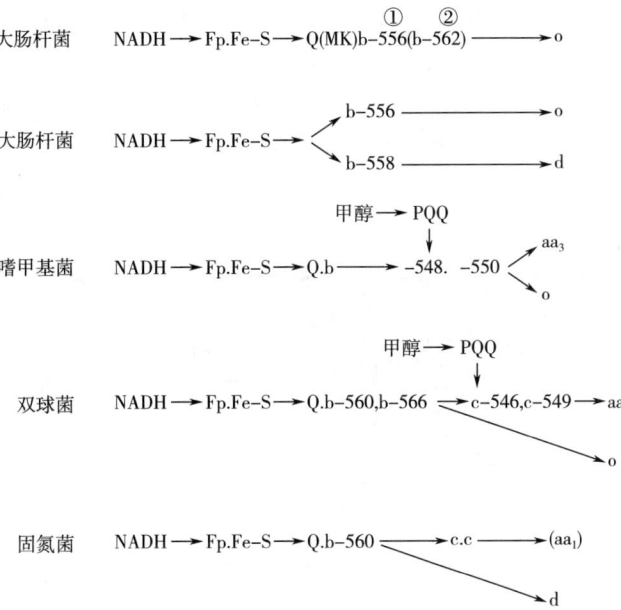

图 9-7 几种化能异养菌的呼吸链
①数字代表特征性吸收波长　②（　）表示其浓度或活性较低
细胞色素氧化酶到分子氧的传递,省略了。

二、呼吸链的成员

图 9-8 中电子传递链中的各个成员除 CoQ 是醌类化合物之外,其余都是结合蛋白质。

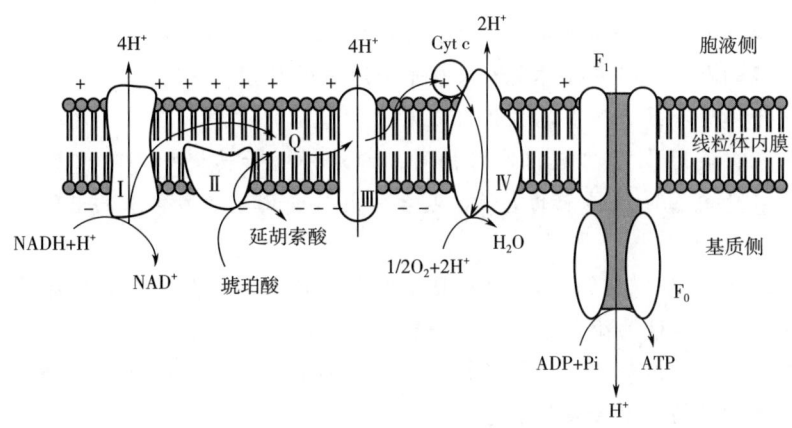

图 9-8 电子呼吸链主要组分示意图

1. 复合体 I（NADH-Q 还原酶）

又称"NADH 脱氢酶",由 40 多个不同的多肽链构成,包含有一个有 FMN 辅基的黄素蛋白,还至少有 6 个铁硫中心或称铁硫簇,用 [Fe—S] 表示。高分辨率的电子显微术表明复合体 I 呈 L 形,其中一个臂位于线粒体内膜上,另一个臂伸向线粒体基质,如

图9-9所示。复合体Ⅰ由线粒体基质接受还原型NADH中2个氢原子的2电子,并将电子传递给FMN形成$FMNH_2$,$FMNH_2$再经一系列铁硫中心,将电子传递到泛醌(Q)。泛醌将电子通过疏水蛋白中Fe-S再传递到内膜的泛醌。每次传递电子过程同时可偶联将4个质子(H^+)从内膜基质测泵到内膜胞质侧,即膜间隙。

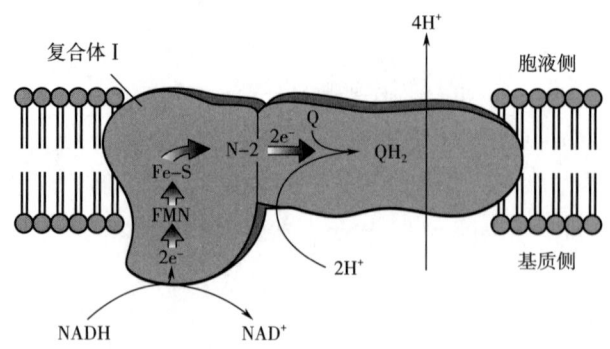

图9-9 L形NADH-Q还原酶(复合体Ⅰ)示意图

安密妥、鱼藤酮、杀粉蝶菌素都抑制电子从复合体Ⅰ的铁硫中心到泛醌Q的传递,从而抑制氧化磷酸化作用的进行。

2. 复合体Ⅱ(琥珀酸-Q氧化还原酶)

又称"琥珀酸脱氢酶",是电子传递链的第二个入口。它很特别,因为它是唯一一个既属于三羧酸循环、又属于电子传递链的酶。复合体Ⅱ包含四个蛋白质亚基,一个附着的黄素腺嘌呤二核苷酸(FAD)辅因子,铁硫簇,和一个不参与将电子转移到辅酶Q、但被认为在降低氧化物活性上起重要作用的血红素基团。复合体Ⅱ的功能是将电子从琥珀酸传递到FAD,再通过铁硫中心和细胞色素b560传递给泛醌,将泛醌还原。因此复合体Ⅰ不运输质子穿过膜,不会影响质子梯度。该反应释放的自由能不足以驱动ATP的合成。但它起到使较高电势的电子绕过复合体Ⅰ进入电子传递链的作用。

从上述复合体Ⅰ和复合体Ⅱ的作用可以看出,它们的作用和名称顺序并不相符,之间并没有前后关系,实际上它们起的作用相同,都是将电子传递给Q,只是电子的来源不同。复合体Ⅰ接受由NADH传来的电子,复合体Ⅱ接受由琥珀酸传来的电子。

3. 辅酶Q(CoQ)

又称泛醌,属于醌类,简称Q。结构见上节电子传递体。在呼吸链中既是双电子传递体,又是氢传递体。CoQ为小分子,可在线粒体内膜脂双层中自由扩散,是一个非常活跃的流动电子载体,也是线粒体电子传递链中唯一的非蛋白组分。CoQ从复合体Ⅰ或复合体Ⅱ接受电子,然后传递给复合体Ⅲ。

4. 复合体Ⅲ(Q-细胞色素c氧化还原酶)

又称"细胞色素c还原酶"或"细胞色素bc_1复合体"。是线粒体内膜上的一种跨膜蛋白复合体,在哺乳动物中,这种酶是一个二聚体,每个单体包含11个亚基,1个[2Fe-2S]铁硫簇和3个细胞色素:1个细胞色素c_1和2个细胞色素b(b_{562}和b_{566})。细胞色素是一种传输电子的蛋白,包含至少一个血红素基团。当电子通过蛋白传递时,复合体Ⅲ中血红素基团内的铁原子在Fe^{2+}和Fe^{3+}之间切换。

复合体Ⅲ从2分子QH_2同时接受两对电子：一对电子经过$Cyt\ b_{566}$和$Cyt\ b_{562}$，传递给氧化型的CoQ，形成一个Q循环；另一对电子经过Fe-S和$Cyt\ c_1$传递给Cyt c（图9-10），整个过程表示为：$CoQH_2 \to (Cyt\ b)\ Fe-S \to Cyt\ c_1 \to Cyt\ c$。复合体Ⅲ是一个"质子泵"，每传递一对电子，向线粒体膜间隙"泵"出4个质子。复合体Ⅲ以Q循环形式传递电子，使得每对电子从复合体Ⅲ传递到Cyt c时能有4个质子得到跨膜运输。

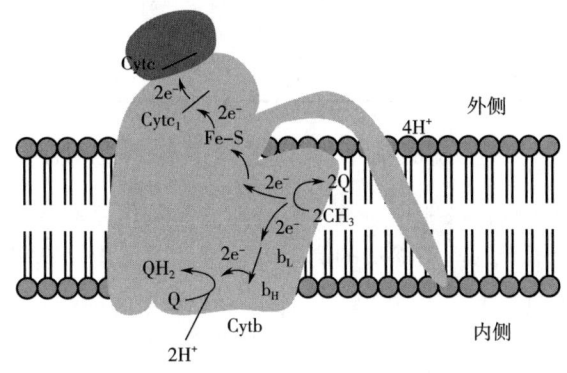

图9-10　Q-细胞色素c氧化还原酶（复合体Ⅲ）示意图

抗霉素A是从灰色链霉菌中分离得到的一种抗生素，抑制复合体Ⅲ的活性，阻断电子从CoQ到$Cyt\ c_1$的传递。

5. 细胞色素c

Cyt c是线粒体内膜上的一个外在蛋白，相对分子质量为13000，为单一的多肽链。Cyt c与线粒体内膜结合比较弱，是唯一能溶于水的细胞色素，也是唯一处于线粒体膜间隙的细胞色素。它的作用是接受由复合体Ⅲ传来的电子沿着线粒体内膜外表面移动，将电子传递给复合体Ⅳ。

6. 复合体Ⅳ（细胞色素c氧化酶）

又称细胞色素氧化酶，是线粒体呼吸链中最后一个酶复合体，成为末端氧化酶。它的功能是将电子从Cyt c传递到O_2，是嵌在线粒体内膜的跨膜蛋白。是含有13个亚基的蛋白质复合体，其中含有3个铜离子：2个Cu_A，1个Cu_B（A和B是用来区别铜离子的位置）和2个细胞色素（Cyt a和$Cyt\ a_3$），如图9-11所示。

1个O_2的还原需要4个电子，这4个电子来自于4个还原型的Cyt c，O_2在接受4个电子的同时，从线粒体的基质中吸收4个质子形成2分子水。

氰化物、叠氮化物、CO，H_2S等抑制复合体Ⅳ的活性，阻断电子由细胞色素aa_3到O_2的传递。

线粒体内膜四种蛋白质复合体比较见表9-4。

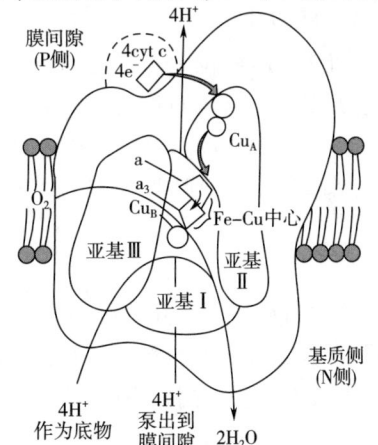

图9-11　细胞色素c氧化酶（复合体Ⅳ）示意图

表 9-4 线粒体电子传递链的蛋白质组分

酶复合体	辅酶或辅基	电子流动方向	传递 2e 泵出的质子数目
Ⅰ NADH-Q 还原酶（NADH 脱氢酶）	FMN, Fe-S	NADH→FMN→Fe-S→CoQ	4
Ⅱ 琥珀酸-Q 氧化还原酶（琥珀酸脱氢酶）	FAD, Fe-S	琥珀酸→FAD→Fe-S→CoQ	0
Ⅲ Q-细胞色素 c 氧化还原酶（细胞色素 bc1 复合体）	血红素, Fe-S	$CoQH_2$→（Cyt b）Fe-S→$Cyt\ c_1$→Cyt c	4
Ⅳ 细胞色素 c 氧化酶（末端氧化酶）	血红素 Cu_A, Cu_B	2Cyt c→$2Cyt\ aa_3$→O_2	2

三、底物水平磷酸化和氧化磷酸化

在生物氧化过程中，氧化放能反应常常有吸能的磷酸化反应偶联发生。偶联反应将氧化释放的一部分自由能用于无机磷参加的高能磷酸键生成反应。这种氧化放能反应与磷酸化吸能反应的偶联可在两种水平上发生，分别称为底物水平磷酸化和氧化磷酸化。

1. 底物水平磷酸化

重要的例证见于糖酵解途径中。例如，3-磷酸甘油醛脱氢氧化生成 ATP 的反应：

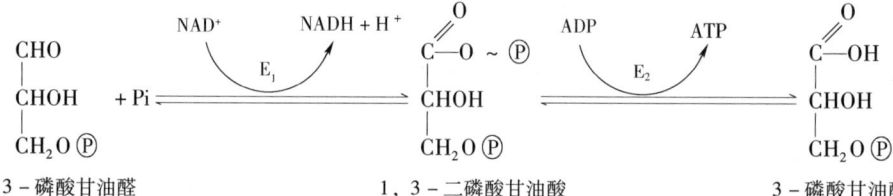

从式中可知，反应底物被脱氢氧化时，分子内能重新分布，集中较高的自由能，利用无机磷合成了高能磷酸键。然后，又将高能磷酸基团（~Ⓟ）转移给 ADP 合成 ATP。这种底物分子氧化反应与磷酸化反应偶联生成 ATP 的反应称为底物水平磷酸化。在葡萄糖酵解途径、ED 途径、以及细菌的异型乳酸发酵等途径中普遍有这种反应。

底物水平磷酸化在有氧和无氧条件下都能进行，其特殊意义在于它是无氧条件下兼性生物细胞或厌氧微生物从有机物获得生物能量的唯一方式。

2. 氧化磷酸化

如底物水平磷酸化中讨论过的不需氧脱氢酶从底物分子脱下的氢原子对，在有氧条件下通过电子传递链氧化的过程中，逐步释放自由能，驱动磷酸化偶联反应，利用 ADP 和无机磷（Pi）合成 ATP。这种在电子传递（氧化）过程中发生的偶联反应，称为氧化磷酸化。氧化磷酸化是有氧呼吸合成 ATP 的主要方式，是生命活动所需能量的主要来源。

四、氧化磷酸化的偶联部位

电子对在呼吸链递体间的每一次传递都是氧化放能反应，但是并非都能发生偶联反应。已知 ATP 末端磷酸基团水解，自由能变化（$\Delta G^{0'}$）等于 -30.5kJ/mol。如果由 ADP 和 Pi 合成 ATP，则需要有更大的自由能才能推动合成反应的发生。根据 $\Delta G^{0'}$ 与 $\Delta E^{0'}$ 的关系式：

$$\Delta G^{0'} = -nF\Delta E^{0'}$$

可知，只有 $\Delta E^{0'} > 0.2V$ 的氧化还原反应，才能驱动一个磷酸化反应与之偶联。

电子对经 NAD 呼吸链传递时，电位变化、自由能变化及偶联部位如图 9-12 所示。

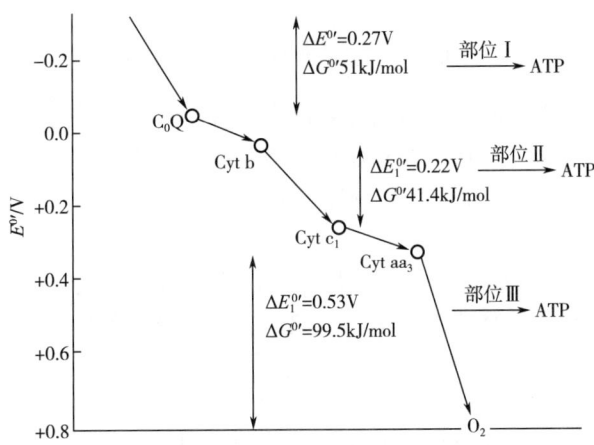

图 9-12 电子对经呼吸链传递到分子氧时的自由能变化及偶联部位

三个 $\Delta G^{0\prime}$ 大的部位都能驱动偶联反应，合成 ATP。因为电子传递过程中既消耗 Pi，又消耗 O_2，当一个氢原子对经呼吸链传递到 O_2 所消耗的 Pi 原子数与 O 原子数之比值称为磷/氧比值，用"P/O"表示。P/O 比等于偶联反应次数，即 ATP 生成个数。测定 P/O 比可以了解电子传递机制及偶联反应次数。

使用专一性呼吸抑制剂可中断电子传递。解偶联剂可阻止偶联反应，使 ATP 不能合成。二者都可以帮助了解偶联发生的部位。例如，抗霉素 A 专一性阻止电子从 CoQ 到 Cyt c 的传递，在抗霉素 A 存在下，加入人工电子受体高铁氰化物（Fe^{3+}）测得 P/O = 1，证明 NADH 到 CoQ 是第一个偶联部位，生成一分子 ATP。类似的方法证明从 CoQ 到 Cyt c 是第二个偶联部位；Cyt $aa_3 \rightarrow O_2$ 是第三个偶联部位。

图中可见，NAD 呼吸链有三个部位 $\Delta G^{0\prime}$ 较大，部位 I 在 NADH 和 CoQ 之间，部位 II 在 Cyt b 和 Cyt c 之间，部位 III 在 Cyt aa_3 到分子氧之间。三个部位所产生的自由能足够驱动磷酸化偶联反应，合成 ATP。因此，生物化学文献中传统的计算方法是经 NAD 呼吸链时 P/O = 3，经 FAD 呼吸链时 P/O = 2。

最近一些实验测定结果显示：NADH 被氧化的 P/O 为 2.5，而对于 FAD 呼吸链只能生成 1.5 分子 ATP。一对电子从 NADH 传递到 O_2 的过程中共有 10 个 H^+ 从线粒体基质中泵出。其中，在复合体 I 的位置泵出 4 个，复合体 III 的位置泵出 4 个，复合体 IV 的位置泵出 2 个。每合成一分子 ATP 需要有 3 个 H^+ 从线粒体外通过 ATP 合酶返回到基质，同时 ADP，Pi 进入线粒体基质和 ATP 从线粒体基质中移出相当于一个 H^+ 进入基质。即每合成一分子 ATP 共需要 3 + 1 = 4 个 H^+ 返回线粒体基质。所以，一个 NADH 的氧化可产生 10/4 = 2.5 个 ATP。一对电子从 $FADH_2$ 传递到 O_2 共有 6 个 H^+ 从线粒体基质泵出，所以，$FADH_2$ 经呼吸链氧化可产生 6/4 = 1.5 个 ATP。

所以，1mol 电子对经 NAD 呼吸链传递可合成 2.5mol ATP。

2.5mol 高能磷酸键贮能：$30.5 \times 2.5 = -76.25$ kJ

1mol 电子对经 NAD 链氧化：$\Delta G^{0\prime} = -220.3$ kJ

$$能量利用率 = \frac{76.25}{220.3} \times 100\% = 34.6\%$$

其余能量以热能形式散发到环境之中。

五、氧化磷酸化偶联机制

研究证明,呼吸链水平的氧化磷酸化要求线粒体内膜结构完整无损,如果破裂或有缺口,则偶联反应不能发生。为什么偶联反应需要完整无损的线粒体内膜?电子氧化释放的能量又是如何促成 ADP 与 Pi 反应生成 ATP 的呢?目前有以下几种说法。

1. 化学偶联假说

E. Slater 提出了"化学偶联假说",认为在电子传递中,电子氧化反应先促成一种高能中间产物贮存氧化反应所释放的化学能,然后通过高能中间物裂解释放的能量驱动合成 ATP。类似于底物水平磷酸化。但是,经长期探讨,始终未能获得足够的实验根据。

2. 构象偶联假说

该假说基于线粒体超微结构的形态变化,在 1964 年由美国化学家 P. Boyer 最先提出,认为电子传递使线粒体内膜的蛋白质分子构象发生了变化,推动了 ATP 的生成。这一假说与化学偶联假说类似,只不过电子传递所释放的自由能不是贮存在高能中间化合物上,而是在蛋白质的立体构象中。由于构象的直接测定非常困难,这个假说一直缺乏实验证据。

3. 化学渗透学说

1961 年 P. Mitchell 创立了"化学渗透学说",其机制如图 9-13 所示。

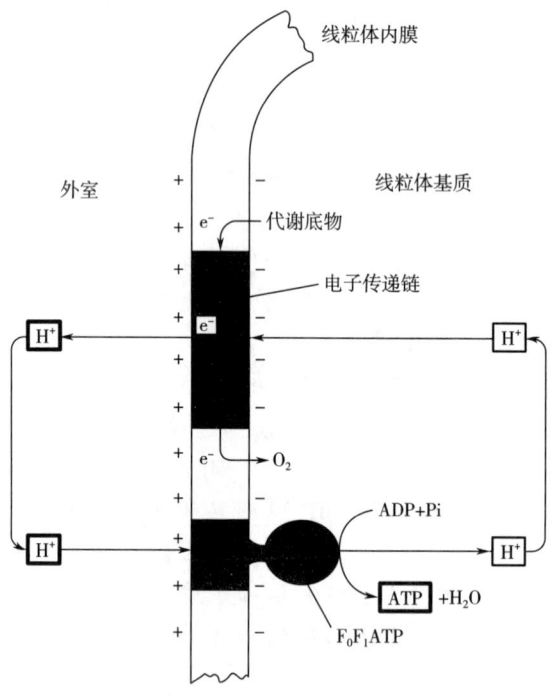

图 9-13 化学渗透学说原理示意图

"化学渗透学说"认为:线粒体内膜相当于质子泵,利用电子传递过程中产生的能量将质子($2H^+$)从内膜内侧(内室)泵到外侧(外室)。结果造成膜内外的 pH 梯度,外室 pH 低，内室 pH 高，形成跨膜电位。外室的高浓度 H^+ 有跨膜进入内室的趋势。在线粒体内膜上的特异的质子通道与膜上基粒（ATP 合成酶复合体）相联。当质子在浓度梯度推动下，从质子通道返回内室时，释放自由能，推动 ATP 的合成。

"化学渗透学说"已得到一些实验结果的支持。

（1）氧化磷酸化作用只有在完整的线粒体中才能进行；

（2）线粒体内膜对 H^+，OH^-，K^+，Cl^- 等离子是不通透性；

（3）电子传递链能将 H^+ 排到线粒体内膜外侧，而 ATP 的形成又伴随着 H^+ 向膜内的转移运动；

（4）破坏跨膜 H^+ 梯度必然抑制氧化磷酸化的进行等（图 9-13）。

该学说从能量转化方面解决了氧化磷酸化的基本问题，目前已得到公认，P. Mitchell 因此荣获 1978 年的诺贝尔化学奖。但是，"化学渗透学说"也还存在一些解释不了的问题，如未能解释 H^+ 被泵到膜外的机制和 ATP 合成的机制。

六、氧化磷酸化的解偶联

电子传递链与氧化磷酸化的偶联关系可被解偶联剂解除。2,4-二硝基苯酚（2,4-dinitrophenol，DNP）是一种典型的解偶联剂，它属于酸性芳香族化合物，通过在生物膜中自由运动，从而消除跨线粒体内膜的质子梯度。此时，虽然 ATP 无法合成，但电子传递照常进行。在体内如果发生不可控制的解偶联作用，代谢"燃料"会大量消耗。所以，DNP 可用作杀虫剂和木材防腐剂，但作为减肥剂使用危害极大，早在 1938 年国际上就已下发禁令。

七、线粒体穿梭系统（细胞质中 NADH 的氧化）

线粒体因内膜屏障作用不允许 NADH 进入线粒体，而电子传递链复合体 I 与 NADH 发生互作的部位在线粒体基质一侧，因此，糖酵解（在细胞质中进行，详见第十章）产生的 NADH 必须通过穿梭系统才能使其还原力进入呼吸链（图 9-14）。

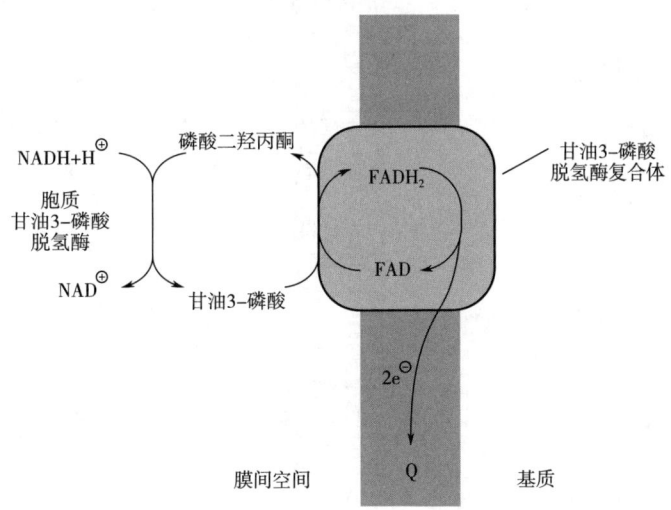

图 9-14 甘油磷酸穿梭机制

原核生物的电子传递链存在于原生质膜上，因此无须穿梭过程。

1. 磷酸二羟丙酮-磷酸甘油穿梭

这种穿梭系统主要存在于动物体的骨骼肌和脑组织细胞中。它是借助于 α-磷酸甘油与磷酸二羟丙酮之间的氧化还原转移还原当量，使线粒体外来自 NADH 的还原当量进入线粒体的呼吸链氧化。

甘油磷酸穿梭途径涉及两个酶：一个是依赖于 NAD^+ 的胞液中的甘油-3-磷酸脱氢酶，另一个是嵌在线粒体内膜的甘油-3-磷酸脱氢酶复合物，该复合物含有一个 FAD 辅基和一个位于线粒体内膜外表面的底物结合部位。在胞液甘油-3-磷酸脱氢酶催化下，首先 NADH 使磷酸二羟丙酮还原生成甘油-3-磷酸，然后甘油-3-磷酸被嵌膜的甘油-3-磷酸脱氢酶复合物（glycerol-3-phosphate dehydrogenase complex）转换回磷酸二羟丙酮。在转换过程中两个电子被转移到嵌膜酶的 FAD 辅基上生成 $FADH_2$。$FADH_2$ 将两个电子转给可移动的电子载体 Q，然后再转给 Q-细胞色素 c 氧化还原酶，进入电子传递链，彻底氧化产生 ATP。

从总体来看，甘油磷酸穿梭途径使细胞质中的 1 分子 NADH 转化为 1 分子 $FADH_2$。

2. 苹果酸-天冬氨酸穿梭（malate-aspartate shuttle）

在肝脏、肾脏和心脏细胞中发现的苹果酸-天冬氨酸穿梭系统比磷酸甘油穿梭系统在能量的利用上更加有效。

线粒体内膜上存在苹果酸-α-酮戊二酸载体和谷氨酸-天冬氨酸载体，前者允许苹果酸、α-酮戊二酸穿过，后者允许谷氨酸、天冬氨酸穿过。借助这两个载体以及细胞质、线粒体中的苹果酸脱氢酶、天冬氨酸转氨酶，NADH 的还原力可以从细胞质转移到线粒体中，即所谓"苹果酸-天冬氨酸"穿梭，如图 9-15 所示。

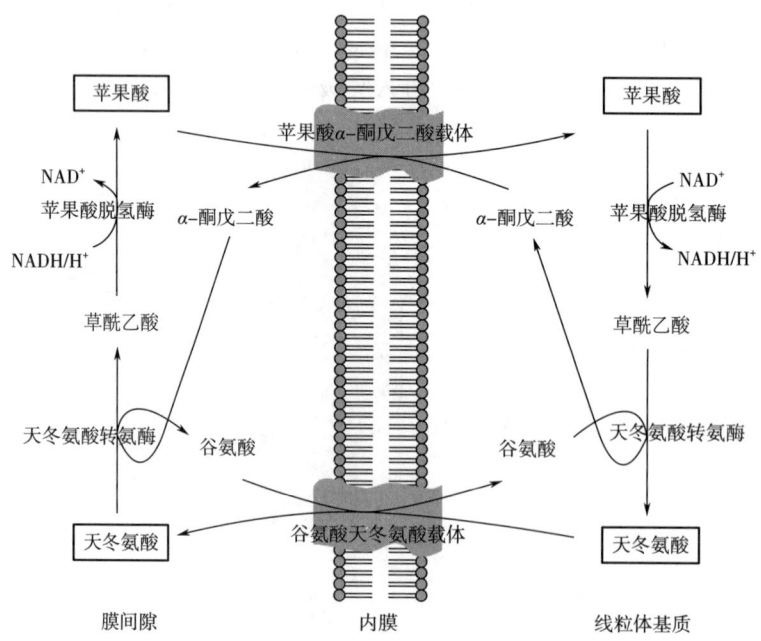

图 9-15 苹果酸-天冬氨酸穿梭

具体为在细胞质中,由苹果酸脱氢酶的同工酶所催化 NADH 用来将草酰乙酸还原成苹果酸,在载体协助下进入线粒体;在线粒体基质内,苹果酸被线粒体的苹果酸脱氢酶的同工酶再氧化成草酰乙酸,同时生成 NADH;NADH 直接进入线粒体电子传递链。上述反应产生的草酰乙酸不能穿过线粒体内膜,回到细胞质,在谷氨酸 - 天冬氨酸转氨酶作用下转化为天冬氨酸,谷氨酸脱氨形成 α - 酮戊二酸;天冬氨酸和 α - 酮戊二酸借助相应的载体回到细胞质;在通过细胞质谷氨酸 - 天冬氨酸转氨酶作用,生成草酰乙酸和 α - 酮戊二酸。至此完成一个循环。苹果酸 - 天冬氨酸穿梭过程极易逆转,只有当细胞质 NADH/NAD$^+$ 比值高于线粒体内时才能进行;另外,细胞质中的 1 分子 NADH 经过穿梭,在线粒体内仍然生成 1 分子 NADH。

第六节 生物氧化中 CO_2 的生成

与体外燃烧不同,生物氧化中产生的二氧化碳不是分子氧直接与碳原子反应产生的。而是有机酸经酶促脱羧反应生成的。底物分子脱羧反应有 α - 脱羧和 β - 脱羧,根据是否伴有氧化反应又分为单纯脱羧和氧化脱羧。

一、单纯 α - 脱羧

单纯脱羧是脱掉 α - C 原子上的羧基,又不伴有氧化反应的脱羧反应。例如氨基酸脱羧酶催化的反应。

$$R\text{—}\underset{\underset{NH_2}{|}}{CH}\text{—}COOH \xrightarrow{L-氨基酸脱羧酶} R\text{—}CH_2NH_2 + CO_2$$

L - 氨基酸   胺

二、α - 氧化脱羧

此类反应伴有脱氢氧化反应。例如丙酮酸的脱氢脱羧反应(详见第十章):

$$\underset{\underset{CH_3}{|}}{\underset{|}{C}=O}\text{—}COOH + NAD^+ + CoASH \xrightarrow{丙酮酸脱氢酶复合体} CH_3\overset{O}{C}\sim SCoA + CO_2 + NAD \cdot 2H$$

三、单纯 β - 脱羧

例如,糖的异生反应过程中,磷酸烯醇式丙酮酸羧化激酶催化的草酰乙酸脱羧反应:

$$\underset{\underset{H_2C\text{—}COOH}{|}}{O=C\text{—}COOH} \xrightarrow[GTP \quad GDP \quad CO_2]{磷酸烯醇式丙酮酸羧化激酶} \underset{\underset{CH_2}{\parallel}}{\underset{|}{C\text{—}O\sim ⓟ}}^{COOH}$$

四、氧化性 β-脱羧

例如，异柠檬酸脱氢酶催化异柠檬酸脱氢脱羧的反应：

$$\underset{\substack{\text{HOCHCOOH}\\ \text{HC—COOH}\\ \text{CH}_2\text{COOH}}}{} \xrightleftharpoons[]{\text{NAD}^+ \quad \text{NADH}+\text{H}^+} \underset{\substack{\text{O=C—COOH}\\ \text{CHCOOH}\\ \text{CH}_2\text{COOH}}}{} \xrightleftharpoons[]{\text{CO}_2} \underset{\substack{\text{COOH}\\ \text{C=O}\\ \text{CH}_2\\ \text{CH}_2\\ \text{COOH}}}{}$$

知识小贴士

氧化磷酸化的研究历程

对氧化磷酸化的研究起源于阿瑟·哈登 1906 年的报告。报告阐述了磷酸盐在细胞发酵中的重要作用，但最初只知道糖磷酸盐与此相关。在 20 世纪 40 年代初，糖的氧化和 ATP 的生成之间的联系被赫尔曼·卡尔卡确立；在 1941 年，弗里茨·阿尔伯特·李普曼确认 ATP 在能量传递中起核心作用；1949 年，莫里斯·弗里德金与阿尔伯特·伦宁格证明：辅酶 NADH 与代谢途径如三羧酸循环及 ATP 的合成有关。

又过了二十年，ATP 的生成机制依然是个谜，同时科学家也在寻找那个难以捉摸的连接氧化与磷酸化反应的"高能中间体"。这个难题在彼得·米切尔 1961 年发表的《化学渗透理论》中得到了解决。起初，这个看法极具争议，但随着时间流逝，它逐渐为人们所接受，米切尔也于 1978 年获得诺贝尔物理学奖。

随后的研究集中于提纯和描述所涉及的酶，其中戴维·格林和埃夫拉伊姆·莱克分别对电子传递链上复合体和 ATP 合酶的研究做出了重大贡献。解决 ATP 合酶机制的关键步骤由保罗·博耶 1973 年构想的"结合变构"机制所解释，随后 1982 年他提出了旋转催化的激进想法。约翰·沃克完成了氧化磷酸化酶的结构研究。沃克和博耶于 1997 年获得诺贝尔化学奖。

20 世纪最"反直觉"的伟大生物学发现"化学渗透学说"

在 1961 年米切尔（Peter Mitchell）抛出他的重磅炸弹——"化学渗透学说"时根本没有什么实验基础，但却是建立在米切尔对已知科学事实和实验结果深入分析的基础上。"化学渗透学说"解释了有氧呼吸研究中众多的不解之谜。①膜的问题。在以往的研究中，生物膜仅被当作结构上的东西，化学渗透学说解释了为什么 ATP 的制造场所无一例外都有生物膜。因为化学渗透的全部动力就来自于这个"水坝"制造的浓度隔离。②氧化场所和 ATPase 物理隔绝的问题。因为化学渗透的能量传递过程就像你在一处用抽水机蓄水，而在另一处用泄洪道发电，整个水库（整个线粒体内、外膜之间）环绕着所有的设备。③ATP 异常的高比例问题。只要线粒体内膜外积聚着足够浓度的质子库，ATPase 就能持续把 ADP 转变成 ATP，保持 ATP 在细胞内的高浓度。④葡萄糖氧化量和 ATP 制造量配不平的问题。制造 ATP 的数量根本不是受实时的氧化量控制，而是受细胞能量需要控制，由其他来自外部的化学信号调节。⑤众多解偶联物质的共性问题。它们都是脂溶性的弱酸，弱酸的特点是两性化：在酸性较大的环境中表现为"碱"，跟氢离子（也就是质子）结合；在中性或碱性环境中恢复酸的本性，释放氢离子。脂溶性使得它们能够自由穿越脂质生物膜，在线粒体外表的酸性水库中拽住质子，穿越回来回到内部又释放质子。而且它们受到内外酸碱度差和电位差的往复压力，会不停地做这种来回运动。这些解偶联物质就像偷渡船，把细胞色素工厂辛辛苦苦泵出去的质子又都给运了回来，只要它们达到一定浓度，外部的"水库"就被放得失去了足够势能，ATP 制造当然就停滞了。

20 世纪 60 年代末，米切尔和他的助手 Moyle 首先实验证实了他自己的预言：线粒体内外膜之间间隔仅仅是 5 纳米，但有明确的酸性浓度梯度和 150 毫伏的电位差。米切尔曾经的对手 Racker 跟着做了一个精巧的实验，他把细胞色素氧蛋白综合体从线粒体中提取出来，放进人造的脂质膜泡中，测得膜外仍然能积蓄起质子浓度，结果完全符合"化学渗透学说"的前半段。瑞典的植物学家雅根多夫和他的美国同事设计了一个实验：把叶绿体膜分离出来，排除其他一切细胞环境和叶绿体内部结构，在简单的人造环境溶液中加以测试，首先用 pH = 8 的弱碱性平衡内外酸碱度，然后加入酸液把外部 pH 调整到 4，这相当于把米切尔的假说还原到最简结构。结果是，叶绿体膜内马上产生了大量 ATP。美国女生物学家 Lynn Margulis 在 1971 年发表的轰动论文证明了所有生物的线粒体前身是远古的细菌，与真核生物细胞之间是共生关系，这个成果的基础就是线粒体有氧呼吸和细菌的基本能量代谢完全使用相同的质子泵 – 生物膜驱动模式。

米切尔本人独得了 1978 年的诺贝尔化学奖。

ATPase 的原子级别精细结构

1997 年的诺贝尔化学奖得主是英国化学家沃克（John E. Walker），他的主要成就是利用新发展的衍射晶体学技术测定了 ATPase 的原子级别精细结构。而这个成果，实际上是给 20 年前米切尔理论的登基进行了迟来的加冕。沃克昭示的 ATPase 精细结构，简直是一部鬼斧神工的蛋白质机器。

ATPase 是一个蛋白质复合酶，微小到在一般电子显微镜下也只是隐约可见，像蘑菇一样星星点点地点缀在线粒体内膜上。它由很多个微小的、运动的蛋白质部件构成，各部件大体上呈同心圆环状排列。结构上，ATPase 分成两个部分，一个是蛋白质排列拼合成的孔道，这个孔道直接从膜内穿透到膜外；孔道的内端是另一个部件：一个轴样的旋转头，这个旋转头像钟表里的齿轮一样，有三个固定刻度。每个刻度之间角度相差 120°。外部的高浓度质子"水库"产生的势能促使质子从孔道内滑落，大致每三个质子的滑落的能量会让旋转头转过 120°即一个刻度，10 个质子穿过完成一个循环。这个蛋白质旋转头每次转动一个刻度，它的分子张力都让跟它接触的 ATP，ADP 分子化学键生成或者打破，第一个刻度处结合 ADP 分子，第二个刻度处俘获一个磷酸基团（Pi）并把它附着到 ADP 上变成 ATP，在生成这个化学键的同时锁定了能量（来自质子的滑落），第三个刻度处打破结合键释放 ATP 分子。

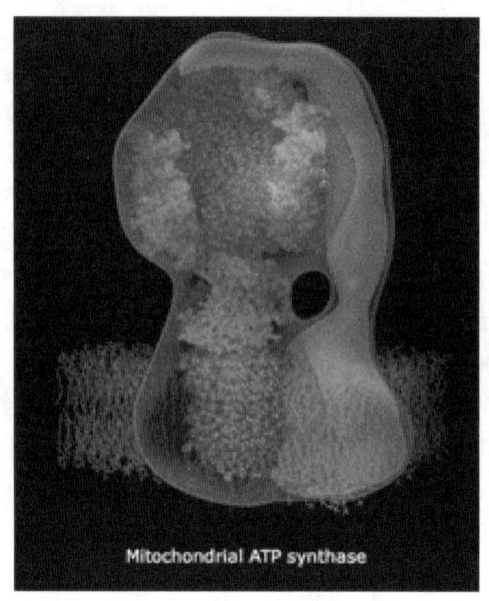

ATPase 精细结构图（下部模糊部分是线粒体内膜，H+从下方涌入）
图片出处：http://www.mrc-mbu.cam.ac.uk/research/atp-synthase

上部转子部分在每120°处蛋白结构形状和张力改变，ADP和Pi被"吸入"，ATP被释放。每个360°循环制造3个ATP。人体内ATPase的旋转约150次/s，每天一个人的全身ATP更新量要超过自己的体重（当然这些分子都是循环使用的）。

这是一个自然界最微小的轮轴系统，一部细微精巧、藐视所有人类技术的纳米机器，是一条复杂而高效率的分子生产线。而且这个机器随时可以反向工作，即消耗内环境已有的ATP，把它们分解成ADP和Pi，利用释放的能量把质子泵向膜外。最初发现ATPase时，实际上发现的是它的后一种工作状态，也因此得名。最初的发现者惊奇的是这个微小的酶工厂好像无所不在，所有真核生物的线粒体和叶绿体内膜、所有细菌的内膜上都有基本相同的ATPase。当时的发现者说"ATPase的普遍，看起来就像生命的基本粒子"。此发现远远早于"化学渗透学说"，但他根本没有意识到他说得有多么正确和深刻。

习　题

1. 何谓生物氧化？它与体外燃烧有何不同？
2. 将下列物质按容易给出电子的顺序加以排列：
①Cyt c – Fe^{2+}　②NADH　③$CoQH_2$　④乳酸⑤H_2。
3. 不需氧脱氢酶、需氧脱氢酶、氧化酶的分子结构各有何特点？功能有何不同？
4. 试述 NADH 脱氢酶、CoQ 及 Cyt aa_3 在呼吸链中的特殊作用？
5. 说 NAD 呼吸链有三个偶联部位，有何依据？
6. 解释下列名词：限速酶、不需氧脱氢酶、$\Delta E^{0\prime}$，$\Delta G^{0\prime}$ 高能键、呼吸链、氧化磷酸化

参 考 文 献

1. 朱圣庚，等．生物化学（第4版）[M]．北京：高等教育出版社，2017.
2. ［德］卡尔森（著），张增明（译）．生物化学精华[M]．上海：上海科学出版社，1989.
3. ［美］A·怀特．生物化学原理[M]．北京：科学出版社，1978.
4. 金凤燮．生物化学[M]．北京：中国轻工业出版社，2009.
5. 刘国琴，等．生物化学（第3版）[M]．北京：中国农业大学出版社，2019.
6. 王永敏，等．生物化学[M]．北京：中国轻工业出版社，2017.
7. Lehninger, A. L.（著），任邦哲（译）．生物化学[M]．北京：科学出版社，1981.
8. Jeremy M. Berg, et al. Biochemistry (7th Edition) [M]．New York：W. H. Freeman, 2011.
9. 常桂英，等．生物化学（第2版）[M]．北京：化学工业出版社，2018.

第十章 糖 代 谢

学习指导

糖类是异养生物的主要碳源和能源。糖的分解代谢过程即为被细胞利用的过程。糖的分解代谢涉及多种发酵产品的生成机制。研究糖的代谢变化规律及生物学意义的同时，还要研究与发酵生产的关系，本章学习要求：(1) 熟练掌握淀粉水解酶的种类和作用特点，了解纤维素及果胶质降解酶的种类及其作用特点；(2) 熟练掌握葡萄糖分解代谢主要途径的生物化学过程和生理意义；(3) 掌握 TCA 循环的过程及其在能量代谢中的作用；(4) 通过典型例子，了解糖质原料发酵、产品生成的生物化学机制和实现大量积累的生物化学原理。

第一节 多糖的酶促降解

糖代谢包括糖的分解代谢和合成代谢。本章主要讨论糖的分解代谢。

多糖分子不能进入细胞，动物或微生物在利用多糖作为碳源和能源时，需要分泌降解酶类，将多糖分子在胞外降解（即所谓消化）成单糖或双糖，才能被细胞吸收，然后进入中间代谢。不同生物分泌的多糖降解酶类不同，因此，利用多糖的能力也就不同。本节首先讨论淀粉、纤维素及果胶质的降解酶类。

一、淀粉水解酶类

凡是能够催化淀粉（或糖原）分子及其分子片段中的 α - 葡萄糖苷键水解的酶，统称淀粉酶。动物、植物及绝大多数微生物都能分泌淀粉酶，但不同生物所分泌的淀粉酶的种类不同。淀粉酶的种类，根据其作用特点可分为四种主要类型：α - 淀粉酶、β - 淀粉酶、γ - 淀粉酶和异淀粉酶。除此之外，比较重要的还有芽孢杆菌产生的环糊精生成酶（E. C. 2.4.1.19），能将淀粉水解并环化成环状糊精；斯氏假单胞菌（*Pseudomonas stutzeri*）产生一种寡糖淀粉酶，能水解支链或直链淀粉生成麦芽四糖；产气杆菌中发现一种寡糖淀粉酶，水解淀粉分子生成麦芽六糖等。

几种主要淀粉水解酶的作用专一性如图 10-1 所示。

1. α - 淀粉酶

α - 淀粉酶又称淀粉 -1, 4 - 糊精酶、液化酶，系统名称 α -1, 4 - 葡聚糖水解酶，编号 E. C. 3.2.1.1。广泛分布于动物、植物、微生物中。目前工业酶制剂主要靠芽孢杆菌发酵生产，国内常用菌种是枯草芽孢杆菌 BF7658，其发酵单位可达 300~400U/mL。

α - 淀粉酶是一种内切酶，从淀粉分子内部随机切割 α -1,4 - 糖苷键（图 10-1）。底物分子越大，水解速率越高。随底物分子减小，水解速度减慢。该酶作用于黏稠的淀粉糊

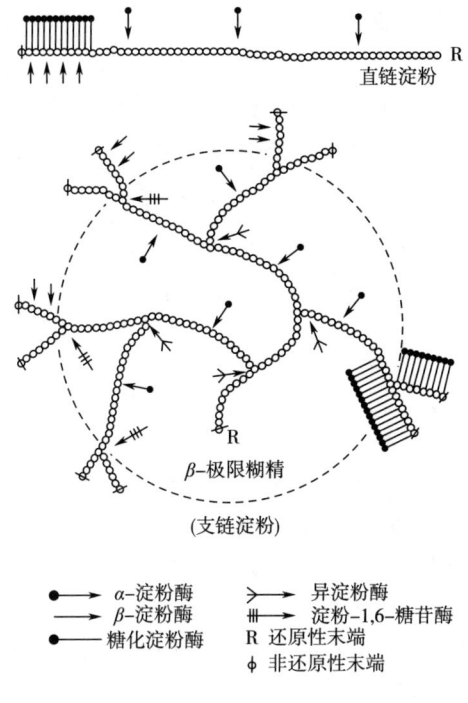

图 10-1 淀粉酶的专一性

时，能使黏度迅速下降，成稀溶液状态，工业上称这种作用为"液化"，α-淀粉酶也因而得名"液化酶"。α-淀粉酶不能水解淀粉中的 α-1,6-糖苷键及其非还原性一侧相邻的 α-1,4-糖苷键，所以其水解产物中有含 α-1,6-糖苷键的各种分支糊精，例如枯草杆菌 α-淀粉酶产生的 α-极限糊精有 6^2-麦芽三糖基麦芽三糖、6^2-麦芽糖基麦芽三糖、6^3-麦芽糖基麦芽四糖、6^2-麦芽糖基麦芽四糖等，其结构如图 10-2 所示。

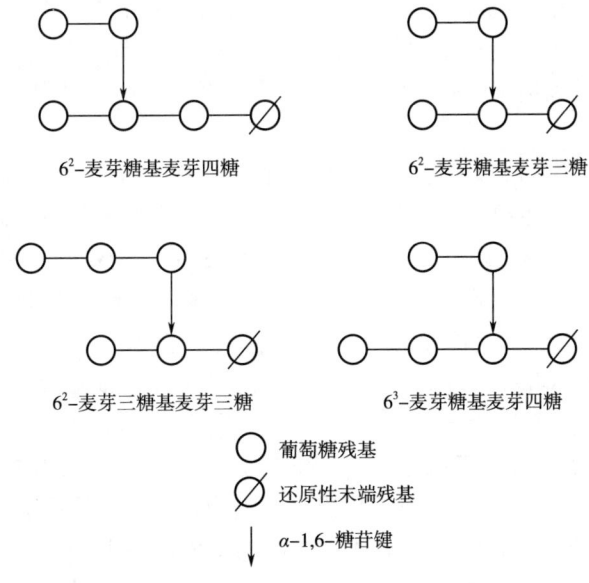

图 10-2 枯草杆菌 α-淀粉酶产生的 α-极限糊精

α-淀粉酶作用于淀粉时，随着黏度的下降，碘反应由蓝→紫→红→无色，反应液的还原力缓慢增加。达到消色点时的水解率，称为消色点水解率。消色点之后，水解速度减慢，延长时间直至还原力不再增加时称为水解极限。这时的水解率为极限水解率。

酶的来源不同，消色点水解率和极限水解率不同。据此可将枯草杆菌α-淀粉酶分为液化型（BLA）和糖化型（BSA）两类。二者的水解性能见表10-1。

表10-1　　　　　　　　　　　不同类型枯草杆菌α-淀粉酶的性能

酶类型	消色点水解率[①]/%	对可溶性淀粉极限水解率/%	主要产物
BLA	13	30	聚合度为G_7，G_8的寡糖
BSA	25	70以上	G_1，G_2，G_3

注：①测定DE值代表水解率。

α-淀粉酶是钙金属蛋白，每分子有一个钙离子（Ca^{2+}）。哺乳动物的α-淀粉酶需Cl^-激活，植物和微生物的不需要。α-淀粉酶热稳定性比较好，例如枯草杆菌α-淀粉酶在65℃稳定；嗜热芽孢杆菌α-淀粉酶经85℃处理20min存活率仍为70%；凝结芽孢杆菌α-淀粉酶在有Ca^{2+}存在下，90℃酶活半衰期达90min。高温α-淀粉酶（嗜热芽孢杆菌产）在110℃高温仍能液化淀粉。Ca^{2+}，Na^+，Cl^-和底物淀粉都能提高该酶的热稳定性。当NaCl与$CaCl_2$同时存在时，效果更显著。

植物α-淀粉酶一般不耐酸，pH5.5~8稳定，pH4以下易失活。不同微生物所产α-淀粉酶的酸碱稳定范围差别很大。

α-淀粉酶的用途很广。酶的性质不同，使用针对性有所不同。例如：米曲霉α-淀粉酶比较耐酸，可用作消化药物；霉菌α-淀粉酶耐热性差，适合于面包制造，以改良面团性质；芽孢杆菌的α-淀粉酶耐热性好，最适合于淀粉原料的工业液化处理、纺织品退浆处理等。

α-淀粉酶可以看作是淀粉酶法水解的先导酶，大分子淀粉经其作用断裂，产生很多非还原性末端，为β-淀粉酶或葡萄糖淀粉酶提供了更多的作用点。因此，凡采用酶法工艺进行淀粉的工业水解转化者都要用α-淀粉酶开路。

当进行工业水解淀粉时，α-淀粉酶用量一般为30~60U/g淀粉。

2. β-淀粉酶

β-淀粉酶又称淀粉-1,4-麦芽糖苷酶，系统名称为α-1,4-葡聚糖麦芽糖苷酶，编号 E.C.3.2.1.2。此酶主要分布于植物和微生物中，其酶制剂的来源长期依赖于麦芽、甘薯和大豆。20世纪60年代以来开发了微生物生产菌种，主要有芽孢杆菌属的蜡状芽孢杆菌、巨大芽孢杆菌、凝结芽孢杆菌和多黏芽孢杆菌等。中国科学院微生物研究所的多黏芽孢杆菌 As.1.546 已用于工业发酵生产，酶活达3000U/mL。

β-淀粉酶是一种外切酶，其作用方式是从淀粉分子的非还原性末端依次切割α-1,4-麦芽糖苷键，生成麦芽糖。该酶不能水解，也不能越过α-1,6-糖苷键。当其作用于支链淀粉时，遇到分支点即停止作用。剩下的大分子质量分支糊精称为β-极限糊精（图10-1）。β-淀粉酶作用于淀粉时表现出水解液中还原糖直线增加，但不能像α-淀粉酶那样使黏度迅速降低。碘显色反应变化不明显。水解至极限时，水解率达60%以上，碘显色反应液仍呈紫红色。植物β-淀粉酶耐酸、不耐热，与α-淀粉酶明显不同；细菌β-

淀粉酶的热稳定性和酸碱稳定性因菌种不同而差别很大。β-淀粉酶催化水解产生的游离半缩醛羟基发生一个沃尔登转位（Walden—inversion）作用，将α-型转变为β-型，生成β-麦芽糖。酶名"β-淀粉酶"即由此而来。

β-淀粉酶主要用于淀粉糖生产，如饴糖、高麦芽糖浆等。单用β-淀粉酶时麦芽糖产率最高为70%。β-淀粉酶与异淀粉酶配合水解淀粉时麦芽糖产率可达95%。在啤酒酿造传统工艺中用大麦芽的β-淀粉酶将淀粉糖化，新近发展起来的微生物β-淀粉酶制剂为啤酒工业提供了新的酶源。

3. 葡萄糖淀粉酶

葡萄糖淀粉酶又称淀粉$\alpha-\frac{1,4}{1,6}$-葡萄糖苷酶、γ-淀粉酶、糖化酶，系统名称α-1,4-葡聚糖葡萄糖水解酶，编号 E.C.3.2.1.3。普遍分布于各类生物中，但酒精酵母不分泌这种酶，也不分泌β-淀粉酶。大量的工业用糖化酶主要利用霉菌发酵生产，我国主要生产菌种是黑曲霉 As.5.4309（uv-11）及其变异株。

糖化酶是一种外切酶，其作用方式是从淀粉分子非还原性末端，依次切割α-1,4-葡萄糖苷键。与β-淀粉酶类似，水解产生的游离半缩醛羟基发生转位作用，释放β-葡萄糖。该酶专一性不太严格，也可缓慢水解α-1,6-和α-1,3-糖苷键。当作用于支链淀粉，水解到分支点时也能切割α-1,6-糖苷键。

理论上该酶可使支链淀粉完全水解。实际上，随着底物分子质量降低，水解速度逐渐减慢。其水解速度还受底物分子下一个键的影响。对单独存在的α-1,6-糖苷键，即异麦芽糖无作用。对6^2-葡萄糖基麦芽糖（潘糖）的α-1,6-糖苷键则能起作用。天然淀粉分子中的磷酸酯键对糖化酶有阻碍作用。

不同微生物菌株产生的糖化酶对淀粉的极限水解率不同，大多数根霉糖化酶和少数黑曲霉菌株对淀粉的极限水解率可达到100%，多数黑曲霉只能达到80%。

霉菌产糖化酶的酸碱稳定范围一般为pH4~5，温度稳定范围一般在50~60℃。

糖化酶的主要用途是作为淀粉糖化剂，是淀粉工业转化的主要水解酶，与α-淀粉酶一起广泛用于淀粉糖生产和发酵生产领域。在酒精、白酒发酵生产中代替酒曲，可提高糖化率，从而提高出酒率。用于啤酒加工中，可生产低糖干啤酒等。

4. 异淀粉酶

异淀粉酶又称淀粉-1,6-葡萄糖苷酶，系统名称为葡聚糖-6-葡聚糖水解酶，编号 E.C.3.2.1.33。动物、植物、微生物都产生异淀粉酶。但来源不同，名称不统一，有脱支酶、Q酶、R酶、普鲁蓝酶、茁霉多糖酶等不同名称。彼此性质虽有所差别，但作用专一性都是水解支链淀粉或糖原的α-1,6-糖苷键，生成长短不一的直链淀粉（糊精）。现在将这类酶统一称为异淀粉酶，其工业用酶制剂主要由酵母、细菌、放线菌微生物发酵生产。国内生产菌种主要是产气杆菌10016，500L罐发酵单位可达830U/mL。异淀粉酶也是一种内切酶，从支链淀粉（或糖原）分子内部水解分支点的α-1,6-糖苷键（图10-1）。

异淀粉酶单独使用可水解支链淀粉生产直链淀粉。与其他淀粉酶配合应用范围很广，如在酒精生产中使用可降低残糖、提高出酒率；在啤酒生产中与β-淀粉酶协作进行外加酶法糖化，所得麦汁在浓度、还原糖含量、寡糖种类及外观发酵度等方面都符合质量要求。

从以上讨论不难理解,无论体内还是体外,要使淀粉很快水解(消化),需要有几种淀粉酶协同作用。因此,凡是能利用天然淀粉作营养源的生物都能分泌种类配套的淀粉酶系。

各种淀粉酶的作用特点见表 10-2。

表 10-2　　　　　　　　　淀粉酶的主要类别及对淀粉的水解作用

编号	俗名	系统名称	作用特点		分布
			作用方式和专一性	产物及表观现象	
E.C.3.2.1.1	α-淀粉酶、液化酶	α-1,4-葡聚糖葡聚糖水解酶	内切酶。从淀粉分子内部随机切割 α-1,4-糖苷键,不切 α-1,6-糖苷键	α-糊精及麦芽寡糖、二糖和葡萄糖。使淀粉糊黏度很快下降,还原糖增加慢	很广。唾液,胰液、麦芽、霉菌、细菌等
E.C.3.2.1.3	葡萄糖淀粉酶(糖化酶)	α-1,4-葡聚糖葡聚糖水解酶	外切酶。从非还原性末端依次切割葡萄糖单位。遇 α-1,4-糖苷键或 α-1,6-糖苷键都能水解	葡萄糖。还原糖增加快,黏度降低慢	动物组织、霉菌、细菌
E.C.3.2.1.2	β-淀粉酶	α-1,4-葡聚糖麦芽糖水解酶	外切酶。从非还原性末端依次切割麦芽糖单位。遇 α-1,6-糖苷键便停止作用,不能切割,也不能越过	麦芽糖和 β-极限糊精。还原糖增加快,黏度降低不明显。碘显色反应变紫红色	甘薯、大豆、大麦、麦芽、细菌等
E.C.3.2.1.33	异淀粉酶、茁霉多糖酶、普鲁兰酶	葡聚糖-6-葡聚糖水解酶	内切酶,水解支链淀粉或糖原中的 α-1,6-糖苷键	生成直链淀粉。碘显色反应蓝色加深	肝脏、植物、酵母、细菌

二、纤维素的生物降解及纤维素酶

纤维素资源尽管已被广泛应用,但资源利用率仍很低。据测算,全球光合作用产物,每年达 4500 亿 t,被人们利用的仅占 11% 左右,89% 的生物量成为废弃物,其中主要是纤维素。这不仅是巨大的浪费,而且成为污染环境的公害。在人类食品资源紧缺的情况下,这一巨大的碳水化合物资源却不能利用,主要是因为缺乏经济上合理,又符合食品卫生要求的纤维素水解方法。为此,人们对纤维素水解酶类寄托很大的期望。

能够分解纤维素作为营养源的微生物称为纤维素微生物。细菌、放线菌、真菌中都有分解纤维素的菌群,它们是纤维素酶的潜在资源。目前,纤维素酶生产菌种主要选自真菌。

人类和高等动、植物都不能合成纤维素酶类,因而自身都不能消化纤维素。反刍动物之所以能以纤维素作为营养,是因为其瘤胃中生存有大量能利用纤维素的微生物。

纤维素酶的组分很多。20 世纪 50 年代以来,根据 Reese 等提出的关于纤维素酶作用

方式的 C_1-C_x 假说，将纤维素酶分为 C_1 酶、C_x 酶和 β-葡萄糖苷酶三类。它们对天然纤维素的降解作用过程被描述为：

$$结晶纤维素 \xrightarrow{C_1酶} 无定形纤维素 \xrightarrow{C_2酶} 纤维二糖 \xrightarrow{\beta-葡萄糖苷酶} D-葡萄糖$$

表 10-3 所示的实验结果表明，单一组分的纤维素酶不能有效的降解天然纤维素，各组分协同作用才能将纤维素充分降解。

表 10-3　　　　　　　　　康氏木霉纤维素酶不同组分的相对酶活力

酶组分	相对酶活力/棉花增溶/%	注
康氏木霉培养液	100	酶组分齐全
C_1	<1	
$C_{x(1)}$	<1	
$C_{x(2)}$	<1	
β-葡萄糖苷酶（1）	0	
β-葡萄糖苷酶（2）	0	
$C_1 + C_{x(1)} + C_{x(2)}$	24	
$C_1 + \beta$-葡萄糖苷酶$_{(1+2)}$	5	
$C_1 + C_{x(1+2)} + \beta$-葡萄糖苷酶$_{(1+2)}$	103	酶组分齐全

有人认为：C_x 酶是 β-1,4-葡聚糖酶，有外切型和内切型两种。前者从长链分子的非还原性末端依次切割 β-1,4-糖苷键，产生 D-葡萄糖。内切型则从分子内部随机切割 β-1,4-键，产物为纤维糊精、纤维三糖、纤维二糖。

对 C_1 酶的作用争论较多，有人认为 C_1 酶作用于天然纤维的氢键，是催化纤维素降解的先导酶；有人则认为 C_1 酶是一种 β-1,4-葡聚糖纤维二糖水解酶，催化纤维素水解生成纤维二糖。β-葡萄糖苷酶又称纤维二糖酶，将纤维二糖或三糖水解为葡萄糖。

目前，国际市场上已经有纤维素酶的工业酶制剂商品，可用于果蔬加工、洗涤剂、饲料添加剂等方面。但是，从经济上考虑，仍不能用于大规模处理植物纤维废料回收葡萄糖。国内纤维素酶的研究工作颇受重视，在菌种选育、基础研究和应用研究方面都有很好的成绩。利用纤维素酶提高出酒率；利用纤维废弃物培养纤维素微生物生产单细胞蛋白和微生物多糖等方面已经进入生产实验或生产应用阶段。

三、果胶质降解酶类

果胶质与饮料等食品加工及酒类等发酵生产关系密切。一方面，利用果胶的胶凝性能可以加工果冻、果糕及老年人低热量保健食品等；另一方面，果胶质多糖又容易造成果汁、果酒浑浊，影响产品质量。果胶甲氧基水解所产生的甲醇是各种酒类产品的有害成分，饮料酒的相关标准规定甲醇不得超过 0.04~0.12g/100mL。对于果胶质的这些不利方面需要采取适当措施防范，其中在酒精或白酒生产中，原料经高温蒸煮，可将果胶的甲氧基水解生成甲醇随底气排放掉一部分。许多果蔬加工项目则需要利用果胶质降解酶类将果胶分解掉，果胶酶也因而成了当今开发生产的五大工业酶制剂之一。目前国内外果胶酶工业酶制剂主要靠真菌（霉菌）发酵生产，产品一般是未经分离纯化的多组分酶制剂。

能够催化果胶酸（多聚半乳糖醛酸）或果胶（多聚甲氧基半乳糖醛酸）分子降解的酶类统称为果胶酶类。根据降解作用机制可分为裂解酶和水解酶两类，又可根据底物专一性和作用方式分为不同类别，其名称和特点见表10-4。

表10-4　果胶质降解酶的类别和特点

类别	酶名称	符号	底物	专一性和作用方式	产物	表观现象
水解酶类	果胶甲酯酶	PE	果胶	果胶分子中的甲酯键	甲醇、果胶酸	水解液pH降低
	外切果胶酸水解酶	exo-PG	果胶酸	从非还原性末端依次水解α-1,4-糖苷键	D-半乳糖醛酸	还原糖增加快
	内切果胶酸水解酶	endo-PG	果胶酸	随机水解分子内部的α-1,4-糖苷键	聚半乳糖醛酸碎片	黏度很快降低
	果胶水解酶	PMG	果胶	目前只有个别报道，未列入酶表EC		
裂解酶类	果胶酸外裂酶	exo-PGL	果胶酸	以反式消除方式，从非还原性末端依次断裂α-1,4-糖苷键	C4、C5位键的半乳糖醛酸	OD_{280nm}上升，还原糖上升快
	果胶酸内裂酶	endo-PGL	果胶酸	以反式消除方式从分子内部随机断裂α-1,4-糖苷键	聚半乳糖醛酸碎片	黏度下降快，OD_{280nm}上升
	果胶外裂酶	exo-PMGL	果胶	与exo-PGL同		
	果胶内裂酶	endo-PMGL	果胶	与end-PGL同		

几种果胶酶的作用部位如图10-3所示。

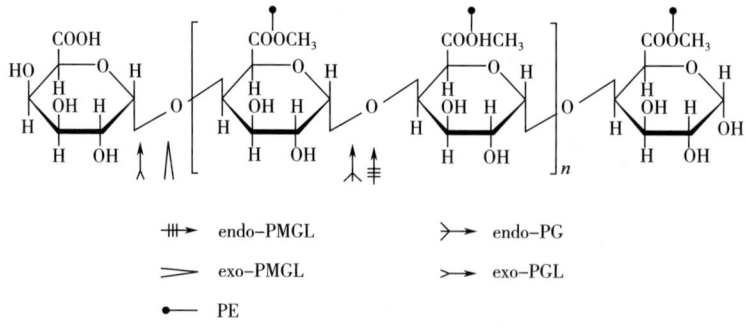

⇸ endo-PMGL　　↣ endo-PG
⇾ exo-PMGL　　↠ exo-PGL
● PE

图10-3　几种果胶酶的作用部位

果胶酶类普遍存在于植物和微生物中，人和动物不能合成果胶酶，故不能消化果胶质。微生物果胶酶制剂已被普遍用于果汁、果酒澄清，提高果汁、菜汁出率等。

第二节 葡萄糖的酵解（EMP途径）

高等动物、植物和绝大多数微生物都能利用葡萄糖作为能源和碳源。因此，葡萄糖的分解代谢、能量转化和物质转化规律具有普遍的生物学意义。从发酵工程角度考虑，葡萄糖的无氧和有氧代谢途径及调节机制，还涉及诸如酒精、甘油、乳酸、有机酸、氨基酸等多种发酵产品的生成机制和实现产品大量积累的机制，因此其实践意义也很突出。

各种生物对葡萄糖的降解代谢途径有所不同，研究比较多的主要途径有以下四种途径：①酵解途径（EMP）；②己糖单磷酸（HMP）途径，又称磷酸戊糖循环；③恩特纳－杜多罗夫途径（ED）；④磷酸解酮糖途径（PK）。前两种途径分布广泛，后两种途径只在某些细菌中发现。本节内容首先讨论酵解途径及发酵。

一、酵解与发酵的含义

当初，酵解与发酵都是关于葡萄糖无氧分解代谢的概念。两者含义相近，但应用范畴不同。酵解原指高等动物体为对葡萄糖进行无氧降解，经EMP途径生成丙酮酸并伴随产生ATP的代谢过程；发酵是指微生物在无氧条件下经EMP途径降解葡萄糖产生ATP并积累发酵产品的过程。如今，这两个概念的含义都发生了很大变化。

1. 酵解

现代生物化学中关于酵解的含义理解为：葡萄糖经1,6－二磷酸果糖和3－磷酸甘油酸降解，生成丙酮酸并产ATP的代谢过程。酵解是动物、植物、微生物细胞中普遍存在的葡萄糖降解途径，有氧或无氧条件下都能进行。酵解途径又叫二磷酸己糖途径（HDP）、EMP途径或EM途径。

各种细胞在有氧条件和无氧条件下，经EMP途径降解葡萄糖生成丙酮酸的反应历程是一样的，所不同者在于丙酮酸的去路不同，还原型辅酶（$NADH+H^+$）的电子受体不同（氧化途径不同）。因此，有氧酵解与无氧酵解生成的ATP数量也就差别很大。

2. 发酵

现代生物化学中的"发酵"仍主要指微生物的无氧代谢过程，但涵义扩展了。无氧条件下，微生物将葡萄糖或其他有机物发酵分解生成ATP及NADH，又以不完全分解产物作为电子受体，还原生成发酵产物的无氧代谢过程称为发酵。以代谢途径的中间产物作为电子供体，又以途径本身的不完全分解产物作为电子受体，是发酵的根本化学特征。它不需要与途径之外的物质发生电子转移。根据产物不同，常见的发酵有酒精发酵、同型乳酸发酵、甘油发酵、丁酸型发酵及异型乳酸发酵等。

发酵工业领域关于发酵的含义与上述发酵的概念又很不相同，它是泛指通过微生物及其他生物材料的工业培养，达到积累发酵产品的种种生产过程，包括厌氧发酵和好氧发酵。因此，本教材中关于利用淀粉原料发酵生产柠檬酸、谷氨酸等好氧代谢过程，也习惯的称为柠檬酸发酵、谷氨酸发酵等。

二、酵解途径的反应历程

糖酵解途径从葡萄糖到丙酮酸共有十步反应组成，分别由十种酶催化。这些酶全部在细胞液中，组成了可溶性的多酶体系。酵解反应历程如图10-4所示。

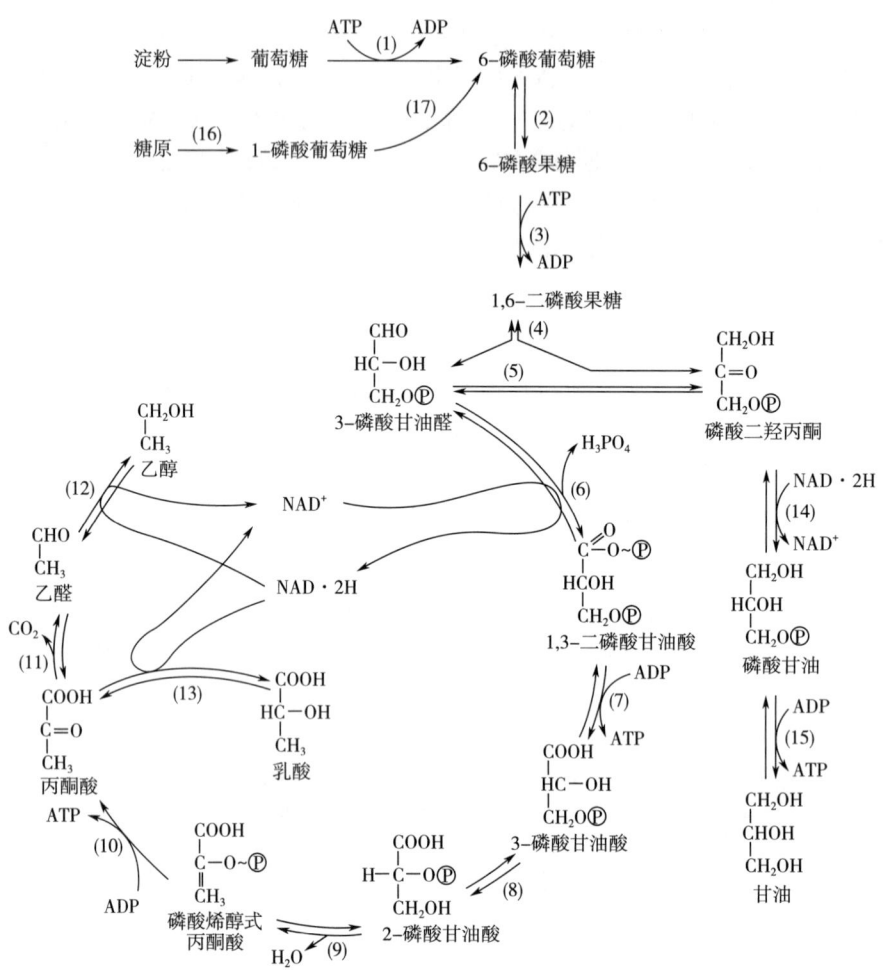

图10-4 糖酵解途径

(1) 己糖激酶 (2) 磷酸葡萄糖异构酶 (3) 磷酸果糖激酶 (4) 醛缩酶 (5) 磷酸丙糖异构酶
(6) 3-磷酸甘油醛脱氢酶 (7) 磷酸甘油酸激酶 (8) 磷酸甘油酸磷酸变位酶 (9) 烯醇化酶
(10) 丙酮酸激酶 (11) 丙酮酸脱羧酶 (12) 醇脱氢酶 (13) 乳酸脱氢酶 (14) α-磷酸甘油脱氢酶
(15) 甘油磷酸化酶 (16) 糖原磷酸化酶 (17) 磷酸葡萄糖变位酶

十步反应所组成的酵解途径，根据底物分子的变化情况可划分为三个变化阶段：

第一阶段：葡萄糖分子活化阶段。包括图中反应1，2，3三步反应，是需能过程，共消耗2分子ATP，将葡萄糖分子转化成高度活化的1,6-二磷酸果糖（F-1,6-DP）形式。

反应1：葡萄糖磷酸化

由己糖激酶催化，ATP 提供能量和磷酸基，反应生成 6 - 磷酸葡萄糖（G - 6 - P）。这是一步不可逆反应。磷酯酶（葡萄糖 - 6 - 磷酸酯酶）可催化 G - 6 - P 水解成葡萄糖和磷酸。葡萄糖的磷酸化反应至少有三方面的意义：①将葡萄糖分子磷酸化成了易参加代谢反应的活化形式。②磷酸化的葡萄糖分子带有很强的极性基团，不能透过细胞膜，故而有防止胞内葡萄糖分子外渗的作用。③葡萄糖磷酸化反应，以及后续反应中加到糖分子上的磷酸基团，在酵解过程中都要转化成 ATP 分子的末端高能磷酸基团。因此磷酸化反应为底物水平磷酸化贮备了磷酸基。

$$\text{葡萄糖} + ATP \xrightleftharpoons[\text{（葡萄糖-6-磷酸酯酶）}]{\text{己糖激酶,} Mg^{2+}} G\text{-}6\text{-}P + ADP$$

$$\Delta G^{0\prime} = -17.1 \text{kJ/mol}$$

磷酸基转移反应是物质代谢中常见的基本反应，凡催化 ATP 分子的磷酸基团向代谢物质分子转移的酶叫做激酶，己糖激酶便是一例。该酶分布很广，动物、植物及微生物细胞中都有，它对葡萄糖的亲和力较大，但专一性不强，也可催化果糖、甘露糖、半乳糖等己糖磷酸化。己糖激酶是别构酶，是酵解途径的第一个限速酶。该酶需要二价金属离子 Mg^{2+} 或 Mn^{2+} 作为辅助因子。G - 6 - P 和 ATP 是其变构抑制剂。在动物组织中，葡萄糖磷酸化，除了己糖激酶催化之外，还有专一性很强的葡萄糖激酶催化，葡萄糖激酶是诱导酶，胰岛素能促进其合成。

反应2：磷酸己糖异构反应

由磷酸葡萄糖异构酶催化，G - 6 - P 转变成 6 - 磷酸果糖（F - 6 - P）。此反应可逆。

$$G\text{-}6\text{-}P \xrightleftharpoons{\text{磷酸己糖异构酶,} Mg^{2+}} F\text{-}6\text{-}P$$

$$\Delta G^{\prime} = +1.67 \text{kJ/mol}$$

经此反应，己醛糖变成了己酮糖，第1碳原子变成了伯醇基团，羰基移到第2位碳原子上，为进一步参加磷酸化反应和后续裂解反应做好了准备。

反应3：F - 6 - P 磷酸化反应

反应需 ATP 供应能量和磷酸基，由磷酸果糖激酶（PFK）催化，Mg^{2+} 或 Mn^{2+} 作辅助因子。将 F - 6 - P 磷酸化生成了热力学上更加活泼的 1，6 - 二磷酸果糖（F - 1，6 - DP）。

$$F\text{-}6\text{-}P + ATP \xrightleftharpoons{\text{磷酸果糖激酶,} Mg^{2+}} F\text{-}1,6\text{-}DP + ADP$$

$$\Delta G^{\prime} = -14.2 \text{kJ/mol}$$

PFK 是酵解途径中最重要的限速酶。它受多种调节因素的变构调节，ATP 是其变构抑制剂，柠檬酸、脂肪酸可增强其抑制作用；ADP，AMP，无机磷是其变构激活剂，F－1，6－DP是正反馈调节因子。PFK 催化的反应不可逆。F－1，6－DP 可由果糖二磷酸酶催化水解，生成 F－6－P 和磷酸。

第二阶段：己糖降解阶段。经 4，5 两步反应，一分子己糖生成二分子 3－磷酸甘油醛。

反应 4：裂解反应

1，6－二磷酸果糖醛缩酶（简称醛缩酶）催化 F－1，6－DP 裂解，在 C_3 与 C_4 间发生键断裂，生成 3－磷酸甘油醛和磷酸二羟丙酮。反应可逆，平衡趋向 F－1，6－DP 的生成。

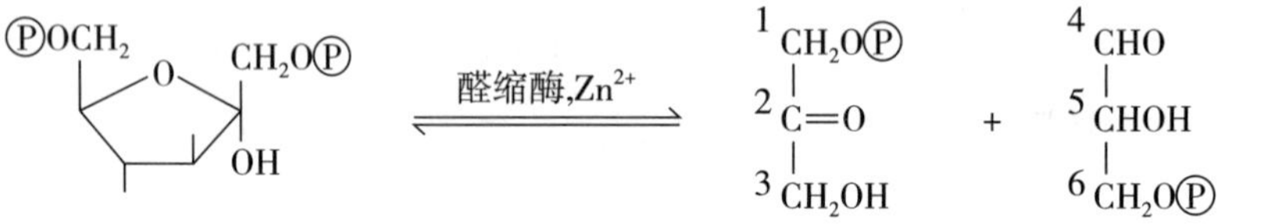

F–1,6–DP　　磷酸二羟丙酮　　3–磷酸甘油醛

$$\Delta G^{0'} = +24\text{kJ/mol}$$

式中，丙糖 C 原子编号是原己糖分子的编号，其 C_3，C_4 变成了丙糖的 C_1；C_2，C_5 变成了丙糖的 C_2；C_1，C_6 变成了丙糖的 C_3。不同生物中的醛缩酶结构和反应机制不同。动物组织中的醛缩酶是四聚体蛋白，反应过程中酶活中心的 Lys ε－氨基与底物羰基间形成稀夫碱过渡态中间产物。酵母和细菌中发现的醛缩酶是二聚体蛋白，需要二价阳离子（Zn^{2+}）激活，反应中不生成稀夫碱结构的过渡产物。

反应 5：磷酸丙糖异构反应

反应 4 生成的 3－磷酸甘油醛和磷酸二羟丙酮由磷酸丙糖异构酶催化互相转变。

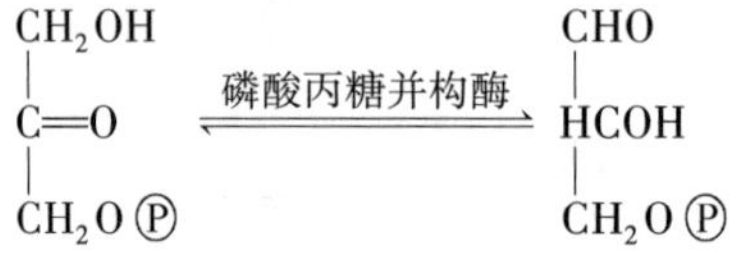

磷酸二羧丙酮　　3－磷酸甘油醛

$$\Delta G^{0'} = +7.65\text{kJ/mol}$$

反应平衡朝向生成磷酸二羟丙酮。平衡后，磷酸二羟丙酮占 96%。但由于 3－磷酸甘油醛能不停地向前反应，被消耗掉，故能推动异构化反应不断地向 3－磷酸甘油醛方向进行。磷酸缩水甘油（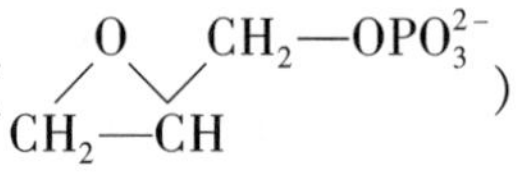）对磷酸丙糖异构酶有强烈的抑制作用。

第三阶段：氧化产能阶段。3－磷酸甘油醛经五步反应生成丙酮酸，同时发生二次底物水平磷酸化反应，各生成一分子 ATP。

反应 6：3－磷酸甘油醛氧化并磷酸化

由 3－磷酸甘油醛脱氢酶催化 3－磷酸甘油醛脱氢氧化并磷酸化，生成高能化合物 1，3－二磷酸甘油酸。该反应需要 NAD^+ 和无机磷酸参加。

$$\begin{array}{c}\text{CHO}\\|\\\text{HCOH}\\|\\\text{CH}_2\text{O}\,\textcircled{P}\end{array} + \text{H}_3\text{PO}_4 \xrightleftharpoons[\text{3-磷酸甘油醛脱氢酶}]{\text{NAD}^+ \quad\quad \text{NADH}+\text{H}^+} \begin{array}{c}\text{O}\\\|\\\text{C}-\text{O}\sim\text{P}\\|\\\text{HC}-\text{OH}\\|\\\text{CH}_2\text{O}\,\textcircled{P}\end{array}$$

3-磷酸甘油醛   1,3-二磷酸甘油酸

$$\Delta G^{0\prime} = +6.27\text{kJ/mol}$$

这是酵解途径中的一个氧化产能步骤。是氧化放能反应与磷酸化吸能反应的偶联反应。3-磷酸甘油醛脱氢氧化所释放的能量（$\Delta G^{0\prime} = -43.05\text{kJ/mol}$），推动羧基发生磷酸化（$\Delta G^{0\prime} = +49.32\text{kJ/mol}$），形成一个高能磷酸键。反应总 $\Delta G^{0\prime} = +6.27\text{kJ/mol}$，可见反应物浓度对正向反应起着重要的推动作用。

3-磷酸甘油醛脱氢酶是由四个相同的亚基构成，具有负协同性的变构酶（详见第十四章）。位于酶活中心的半胱氨酸巯基（—SH）是酶活中心必需基团。烷化剂（如碘乙酸）和重金属可对该酶产生不可逆抑制作用。此外，酶分子的每个亚基可结合一个辅酶分子 NAD^+。催化反应机制如图 10-5 所示。

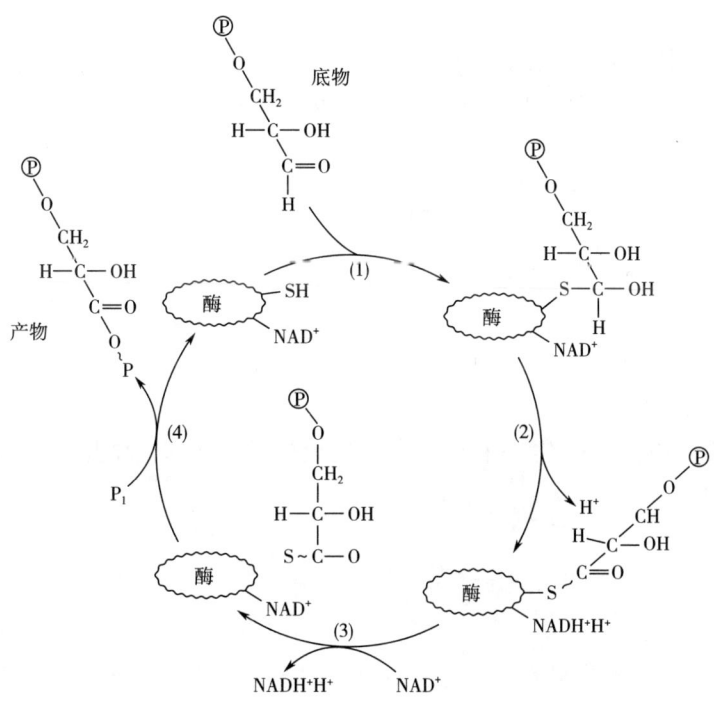

图 10-5 3-磷酸甘油醛脱氢酶的作用机制

(1) 由酶活中心的 cys—SH 攻击底物分子的羰基 C，形成相应的硫代半缩醛过渡态复合物。(2) 将底物分子上的氢负离子（$\text{H}^+ +2e$）转移到辅酶 NAD^+ 上，同时释放一个质子（H^+），底物分子被氧化，生成高能硫酯键。(3) 还原型辅酶 $\text{NADH}+\text{H}^+$ 脱落，游离的氧化型辅酶 NAD^+ 再结合到酶分子上。(4) 无机磷（Pi）攻击硫酯键，形成高能磷酸化合物 1,3-二磷酸甘油酸，并从酶分子上游离下来。

反应7：高能磷酸基团转移反应

由磷酸甘油酸激酶催化，将1,3-二磷酸甘油酸分子中的高能磷酸基团转移到ADP分子上，生成ATP和3-磷酸甘油酸：

$$\underset{1,3-二磷酸甘油酸}{\begin{matrix}\text{C}-\text{O}\sim\text{P}\\\|\\\text{O}\\\text{HC}-\text{OH}\\\text{CH}_2\text{O}\,\text{P}\end{matrix}} + \text{ADP} \xrightleftharpoons{\text{磷酸甘油酸激酶, Mg}^{2+}} \underset{3-磷酸甘油酸}{\begin{matrix}\text{COOH}\\\text{HC}-\text{OH}\\\text{CH}_2\text{O}\,\text{P}\end{matrix}} + \text{ATP}$$

$$\Delta G^{0\prime} = -18.83\,\text{kJ/mol}$$

按葡萄糖计，1分子葡萄糖生成2分子3-磷酸甘油酸，至此，可得2分子ATP，正好补偿了第一阶段的消耗。

反应6与反应7构成了一个能量偶联过程，总反应如下：

$$3-磷酸甘油醛 + \text{Pi} + \text{ADP} + \text{NAD}^+ \rightleftharpoons 3-磷酸甘油酸 + \text{ATP} + \text{NADH} + \text{H}^+$$

这是一个底物水平上的磷酸化反应。与氧化磷酸化不同，底物水平的磷酸化是直接与代谢途径中的某个特殊反应偶联；而氧化磷酸化是电子沿呼吸链传递当中所产生的质子推动力造成的。

反应8：磷酸甘油酸磷酸变位反应

3-磷酸甘油酸由磷酸甘油酸变位酶催化转变成2-磷酸甘油酸：

$$\begin{matrix}\text{C}-\text{OH}\\\|\\\text{O}\\\text{HCOH}\\\text{CH}_2\text{O}\,\text{P}\end{matrix} \xrightleftharpoons{\text{磷酸甘油酸变位酶, Mg}^{2+}} \begin{matrix}\text{C}-\text{OH}\\\|\\\text{O}\\\text{HC}-\text{O}-\text{P}\\\text{CH}_2\text{OH}\end{matrix}$$

$$\Delta G^{0\prime} = +4.44\,\text{kJ/mol}$$

反应需要有Mg^{2+}和2,3-二磷酸甘油酸作为辅助因子。

反应9：烯醇化反应

2-磷酸甘油酸由烯醇化酶催化，脱水生成磷酸烯醇式丙酮酸。反应需要Mg^{2+}或Mn^{2+}作辅助因子：

$$\underset{2-磷酸甘油酸}{\begin{matrix}\text{COOH}\\\text{HC}-\text{O}\,\text{P}\\\text{CH}_2\text{OH}\end{matrix}} \xrightleftharpoons{\text{烯醇化酶, Mg}^{2+}\text{或Mn}^{2+}} \underset{2-磷酸烯醇式丙酮酸}{\begin{matrix}\text{COOH}\\\text{C}-\text{O}\sim\text{P}\\\|\\\text{CH}_2\end{matrix}} + \text{H}_2\text{O}$$

$$\Delta G^{0\prime} = +1.84\,\text{kJ/mol}$$

磷酸烯醇式丙酮酸含有一个超高能磷酸键，水解时可释放很高的自由能，$\Delta G^{0\prime} = -61.92\,\text{kJ/mol}$。这是因为在烯醇化酶的作用下，2-磷酸甘油酸分子内的C_2和C_3分别发生氧化和还原，分子内能重新分布，集中很大能量至磷酸键上，使其成为超高能磷酸键。

烯醇化酶在与底物分子结合之前，先与Mg^{2+}结合成复盐而被激活。假若反应基质中有氟化物和磷酸盐同时存在，酶便失去活性。因为氟离子（F^-）与磷酸基形成的氟磷酸离子能与Mg^{2+}形成络合物，使酶活受到抑制。因此，氟化物是烯醇化酶的不可逆抑制剂。

反应 10：丙酮酸和 ATP 生成反应

磷酸烯醇式丙酮酸的高能磷酸基团转移给 ADP 生成 ATP 和丙酮酸。这是酵解途径中的第二个底物水平磷酸化反应，1 分子葡萄糖经此反应又生成 2 分子 ATP。该反应由丙酮酸激酶催化，需要 K^+，Mg^{2+} 或 Mn^{2+} 参加。其逆反应很弱，故可视为不可逆反应：

$$\begin{array}{c}COOH\\|\\CO\sim\textcircled{P}\\\|\\CH_2\end{array} + ADP \xrightarrow{\text{丙酮酸激酶, } Mg^{2+}, K^+} \begin{array}{c}COOH\\|\\C\!-\!OH\\\|\\CH_2\end{array} + ATP$$

2-磷酸烯醇式丙酮酸　　　　　　　　　烯醇式丙酮酸

$$\Delta G^{0'} = -31.8 \text{kJ/mol}$$

在 pH7.0 时烯醇式丙酮酸分子不需要酶催化就可迅速重排形成丙酮酸。

$$\begin{array}{c}COOH\\|\\COH\\\|\\CH_2\end{array} \longrightarrow \begin{array}{c}COOH\\|\\C\!=\!O\\|\\CH_3\end{array}$$

烯醇式丙酮酸　　丙酮酸

丙酮酸激酶是四聚体变构蛋白，是酵解途径中的第三个调节酶，长链脂肪酸、乙酰 CoA，ATP，丙氨酸是其变构抑制剂，1,6-二磷酸果糖是其激活剂。

以上是酵解途径的全部反应。从葡萄糖经酵解生成丙酮酸的总反应式为：

$$\begin{array}{c}CHO\\|\\(CHOH)_4\\|\\CH_2OH\end{array} + 2Pi + 2ADP + 2NAD^+ \longrightarrow 2\begin{array}{c}COOH\\|\\C\!=\!O\\|\\CH_3\end{array} + 2ATP + 2NADH + H^+ + 2H_2O$$

酵解生成的丙酮酸和还原型辅酶都不是代谢的终产物，它们的去路因不同生物和不同条件而异。细胞中的辅酶分子数量有限，必须循环使用。$NADH + H^+$ 须随时恢复其氧化态 NAD^+，才能周而复始地参加反应。在有氧条件下，$NADH + H^+$ 由呼吸链氧化，以氧为最终受氢体；在无氧条件下，以丙酮酸或丙酮酸降解产物为受氢体。丙酮酸在有氧条件下进入线粒体继续氧化分解，直至完全燃烧，最大程度地释放化学能。在无氧条件下，则转化成其他还原态的产物。

酵解途径各步反应的要点总结于表 10-5 中。

表 10-5　　　　　　　　　　糖酵解反应步骤小结

反应步骤	反应类型	酶	辅助因子	激活剂	抑制剂	$\Delta G^{0'}$/(kJ/mol)	调节作用
1	转磷酸基	己糖激酶	Mg^{2+}	ATP, Pi	G-6-PADP	-17.1	第一个调节步骤
2	同分异构反应	磷酸葡萄糖异构酶		+1.67	+1.67		
3	转磷酸基	磷酸果糖激酶	Mg^{2+}	Pi, AMP, ADP, K^+, 2,6-二磷酸果糖	ATP, 柠檬酸、2,3-二磷酸甘油酸	-14.21	主要限速步骤

续表

反应步骤	反应类型	酶	辅助因子	激活剂	抑制剂	$\Delta G^{0\prime}$/(kJ/mol)	调节作用
4	醇-醛裂解反应	醛缩酶		Fe^{2+}，Co^{2+}	半胱氨酸	+24	
5	同分异构反应	磷酸丙糖异构酶			Pi，缩水甘油	+7.65	
6	底物水平磷酸化	3-磷酸甘油醛脱氢酶	Mg^{2+}		碘乙酸	+6.27	
7	转磷酸基	磷酸甘油激酶				-18.83	
8	磷酸移位	磷酸甘油酸磷酸变位酶				+4.44	
9	脱水反应	烯醇化酶	Mg^{2+}，Mn^{2+}		F^-	+1.84	
10	转磷酸基	丙酮酸激酶	K^+，Mg^{2+}		Ca^{2+}，ATP，Ala，乙酰CoA，脂肪酸	-31.8	调节步骤

三、酵解的生理意义

(1) 酵解途径是单糖分解代谢的一条最重要的基本途径。不仅葡萄糖，其他己糖（例如果糖、半乳糖、甘露糖等）及戊糖，也都能通过特定的方式进入酵解途径。该途径在各类生物中的分布最为广泛，而且，有氧或无氧条件下都能运转。

(2) 细胞在缺氧条件下，通过无氧酵解可以获得有限的能量维持生命活动。每酵解1分子葡萄糖可得到2分子ATP。但是，无氧酵解时糖的"燃烧"很不充分，仅有6%～8%的能量释放出来，92%以上的能量以不完全分解产物的形式排泄了。可见，无氧酵解作为生物对不良环境的一种适应能力是很有意义的，但是，能量转化率和利用率都很低。

(3) 有氧条件下，酵解是单糖完全氧化分解成CO_2和水的必要准备阶段。单糖分子经酵解途径初步降解之后可转入TCA循环完全燃烧。有氧酵解的能量转化率与无氧酵解不同，反应6所生成的2分子NADH+H^+进入呼吸链，经氧化磷酸化作用可生成5分子ATP，加上底物水平磷酸化净得的2分子ATP，共7.5分子ATP。

常见的己糖，例如D-果糖、D-半乳糖、D-甘露糖，经激酶催化生成磷酸糖脂后，可在相应部位进入酵解途径，如图10-6所示。

四、无氧条件下丙酮酸的去路

兼性微生物或厌氧微生物及高等动植物的兼性细胞，在无氧条件下糖酵解生成的丙酮酸，进一步转化则成发酵产物。不同生物的酶系不同，得到的发酵产物也不一样。常见的如：酵母的酒精发酵、甘油发酵，乳酸菌的乳酸发酵，丁酸菌的丙酮-丁醇发酵等。这类发酵产品的生成机制都是以无氧糖酵解途径为基础的，故统称为EMP途径类型的发酵。

1. 酵母酒精发酵

酵母细胞能产生酵解途径的全部酶系，还能产生丙酮酸脱羧酶和乙醇脱氢酶。丙酮酸

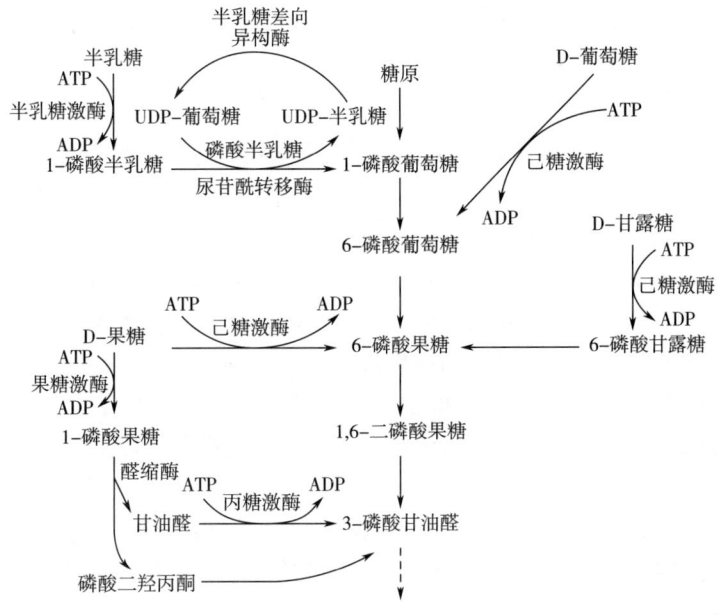

图 10-6 几种己糖进入酵解途径的方式

脱羧酶以焦磷酸硫胺素（TPP）作为辅酶，催化丙酮酸脱羧，生成乙醛［反应（11）］。乙醇脱氢酶则以酵解途径第 6 步反应生成的 $NADH + H^+$ 为辅酶，催化乙醛还原生成乙醇［（反应 12）］。两步反应，简示如下：

$$\underset{\text{丙酮酸}}{\underset{|}{\overset{|}{\underset{CH_3}{\overset{COOH}{C=O}}}}} \xrightarrow[\text{(11)}]{\text{丙酮酸脱羧酶} \atop TPP} \xrightarrow{CO_2} \underset{\text{乙醛}}{\underset{|}{\overset{CHO}{CH_3}}} \xrightarrow[\text{(12)}]{NADH+H^+ \quad \text{醇脱氢酶} \quad NAD^+} \underset{\text{乙醇}}{CH_3CH_2OH}$$

葡萄糖酒精发酵的总反应式为：

$$\underset{}{\overset{CHO}{\underset{CH_2OH}{|(CH_2OH)_4|}}} + 2Pi + 2ADP \longrightarrow 2 \underset{}{\overset{CH_2OH}{\underset{}{|CH_3|}}} + 2CO_2 + 2ATP + 2H_2O$$

$$\Delta G^{0'} = -234.3 kJ/mol$$

酒精发酵是酵母在无氧条件下分解葡萄糖取得生物能量的代谢方式，释放的化学能总共为 234.3kJ/mol，净生成 2molATP，能量利用率为 28.6%。

其余的能量以热能形式散发到发酵醪中，致使发酵醪温度升高，必要时需要采取降温措施。

2. 乳酸菌的同型乳酸发酵

乳酸发酵据产物的不同，可分为同型乳酸发酵和异型乳酸发酵两种类型。同型乳酸发酵的特点是发酵 1mol 葡萄糖产生 1.8mol 以上的乳酸，另有很少量的乙醇、乙酸和 CO_2 等。同型发酵的乳酸菌类群主要有双球菌（*Diplococcus*）、链球菌（*Streplococcus*）、片球菌（*Pediococcus*）、乳杆菌（*Lactobacillus*）和微小细菌（*Microbacterium*）等，这些兼性微生物，能产生活性很强的乳酸脱氢酶（LDH）。在无氧条件下，可利用酵解反应（6）生成的还原型辅酶 NADH + H$^+$，将丙酮酸还原生成乳酸：

$$\begin{array}{c}\text{COOH}\\|\\\text{C}=\text{O}\\|\\\text{CH}_3\end{array} + \text{NADH} + \text{H}^+ \xrightleftharpoons{\text{LDH}} \begin{array}{c}\text{COOH}\\|\\\text{HCOH}\\|\\\text{CH}_3\end{array} + \text{NAD}^+$$

丙酮酸　　　　　　　　　　　乳酸

与酵母的酒精发酵类似，乳酸发酵对微生物本身的生理学意义在于将还原型辅酶及时转化成氧化型 NAD$^+$，维持无氧酵解持续进行。哺乳动物和人体也有乳酸脱氢酶，特别是骨骼肌细胞，缺氧条件下，能酵解葡萄糖生成乳酸，乳酸可经糖异生作用再合成葡萄糖。

葡萄糖经乳酸发酵共释放化学能 196.5 kJ/mol，生成 2 mol ATP，能量利用率为 34.0%。

L-型乳酸是重要的食品酸味剂和化工原料。国内采用淀粉质原料（玉米面或瓜干面）发酵生产。

关于异型乳酸发酵，不属于 EMP 途径发酵，这种代谢类型的微生物糖代谢路线各有不同，产物组成也各有差别。在本章后续章节中讨论其概念和代谢路线。

3. 甘油发酵

正常酒精发酵，总要产生少量甘油，这是因为酒精发酵之初，细胞内没有足够的乙醛作为受氢体，致使 NADH + H$^+$ 浓度升高，被 α-磷酸甘油脱氢酶用于磷酸二羟丙酮的还原反应，生成 α-磷酸甘油。NADH + H$^+$ 被氧化成 NAD$^+$。α-磷酸甘油则在磷酯酶作用下水解，生成甘油。反应如下：

$$\begin{array}{c}\text{CH}_2\text{OH}\\|\\\text{C}=\text{O}\\|\\\text{CH}_2\text{O}\textcircled{P}\end{array} + \text{NADH} + \text{H}^+ \xrightarrow{\alpha\text{-磷酸甘油脱氢酶}} \begin{array}{c}\text{CH}_2\text{OH}\\|\\\text{HCOH}\\|\\\text{CH}_2\text{O}\textcircled{P}\end{array} + \text{NAD}^+$$

磷酸二羟丙酮　　　　　　　　　　　α-磷酸甘油

$$\begin{array}{c}\text{CH}_2\text{OH}\\|\\\text{HCOH}\\|\\\text{CH}_2\text{O}\textcircled{P}\end{array} + \text{H}_2\text{O} \xrightarrow{\alpha\text{-磷酸甘油磷酸酯酶}} \begin{array}{c}\text{CH}_2\text{OH}\\|\\\text{HCOH}\\|\\\text{CH}_2\text{OH}\end{array} + \text{H}_3\text{PO}_4$$

α-磷酸甘油　　　　　　　　　　　甘油

α-磷酸甘油脱氢酶催化的还原反应，对酒精发酵的启动是有帮助的。一旦细胞中有了足够的乙醛作为受氢体，由于醇脱氢酶对 NADH + H$^+$ 的 K_m 比 α-磷酸甘油脱氢酶的 K_m 小很多，NADH + H$^+$ 优先用于乙醛还原生成乙醇，代谢途径的流向就不再朝甘油去了。

如果人工控制发酵条件，将受氢体乙醛拿掉，则势必造成发酵液中积累甘油。这就是酵母甘油发酵的基本道理。甘油发酵的方法有两种。

（1）亚硫酸盐法　在酵母酒精发酵时加入亚硫酸氢钠，能与乙醛起加成反应，生成难溶的结晶状加成物：

$$\begin{array}{c}\text{CHO}\\|\\\text{CH}_3\end{array} + \text{NaHSO}_4 \longrightarrow \begin{array}{c}\text{OH}\\|\\\text{C}-\text{OSO}_2\text{Na}\\||\\\text{CH}_3\text{H}\end{array}$$

乙醛　　亚硫酸氢钠　　乙醛亚硫酸氢钠加成物

这样就使乙醛不能再作为受氢体，而迫使 NADH + H$^+$ 用于磷酸二羟丙酮还原，生成甘油。用葡萄糖进行甘油发酵的总反应式为：

$$\begin{array}{c}\text{CHO}\\|\\(\text{CHOH})_4\\|\\\text{CH}_2\text{OH}\end{array} + \text{Na}_2\text{HSO}_3 \xrightarrow{\text{EMP}} \begin{array}{c}\text{CH}_2\text{OH}\\|\\\text{CHOH}\\|\\\text{CH}_2\text{OH}\end{array} + \begin{array}{c}\text{OH}\\|\\\text{C}-\text{OSO}_2\text{Na}\\|\\\text{CH}_3\ \text{H}\end{array} + \text{CO}_2$$

　　葡萄糖　　　亚硫酸氢钠　　　　甘油　　　乙醛加成物

式中可以看出：①1 分子葡萄糖理论上只可生成 1 分子甘油。②甘油发酵时，菌体得不到 ATP 收益。因为磷酸二羟丙酮不再进入酵解第三阶段，无 ATP 生成，只有 1 分子 3-磷酸甘油醛到丙酮酸生成的 2 分子 ATP，正好补偿葡萄糖磷酸化阶段所消耗的 2 个 ATP。可见，用加成反应方法进行甘油发酵时，必须控制亚硫酸盐的量，适当保留一部分酒精发酵，使酵母获得一些能量，维持生长和发酵。也可利用足够数量的回收酵母进行非生长性发酵。

（2）碱法甘油　发酵若将酵母酒精发酵的发酵醪 pH 调至碱性，并保持 pH7.6 以上，则 2 分子乙醛之间发生歧化反应，1 分子被还原生成乙醇，1 分子被氧化生成乙酸：

$$2\text{CH}_3\text{CHO} \xrightarrow{\text{NaOH}} \text{CH}_3\text{CH}_2\text{OH} + \text{CH}_3\text{COONa}$$

乙醛失去了作为受氢体的作用，NADH + H$^+$ 只好用于还原磷酸二羟丙酮，并生成甘油。自葡萄糖开始，总反应式为：

$$\begin{array}{c}\text{CHO}\\|\\(\text{CHOH})_4\\|\\\text{CH}_2\text{OH}\end{array} + \text{NaOH} \longrightarrow \begin{array}{c}\text{CH}_2\text{OH}\\|\\\text{CHOH}\\|\\\text{CH}_2\text{OH}\end{array} + \text{CH}_3\text{CH}_2\text{OH} + \text{CH}_3\text{COONa}$$

　　葡萄糖　　　　　　　　甘油　　　　乙醇　　　乙酸钠

总反应式表明，碱法甘油发酵也不能为细胞提供 ATP。只能用大量酵母在非生长情况下进行甘油发酵。

4. 梭状芽孢杆菌的丁酸型发酵

进行丁酸发酵的微生物是梭状芽孢杆菌，此类发酵系严格厌气发酵。这些细菌都能分泌淀粉酶，可直接用淀粉质原料发酵。不同梭状芽孢杆菌产生的主要产物不同，但都有丁酸生成。根据发酵生成的主要产物可将梭状芽孢杆菌分为几种类型：①丁酸梭菌，主要产丁酸；②丙酮、丁醇梭菌，主要产丙酮和丁醇；③丁醇梭菌，主要产丁醇和异丁醇。其中，丙酮、丁醇发酵已经工业化。

三类丁酸型发酵共同的代谢变化历程是葡萄糖经无氧酵解生成丙酮酸。然后在丙酮酸脱氢酶的作用下脱氢、脱羧生成乙酰 CoA，反应需要有 CoASH，TPP 参加：

$$\text{葡萄糖} \xrightarrow{\text{EMP}} \begin{array}{c}\text{COOH}\\|\\\text{C}=\text{O}\\|\\\text{CH}_3\end{array} \xrightarrow[\text{COASH} \cdot \text{TPP}]{\text{丙酮酸脱羧酶}} \xrightarrow{\text{CO}_2} \text{CH}_3\overset{\text{O}}{\overset{\|}{\text{C}}}-\text{SCoA}$$

　　　　　　　　　丙酮酸　　　　　　　　　　　　乙酰 CoA

以后的代谢变化则各有千秋。有些细节尚不清楚。现将一些主要产物的生成路线简单归纳,如图 10-7 所示。

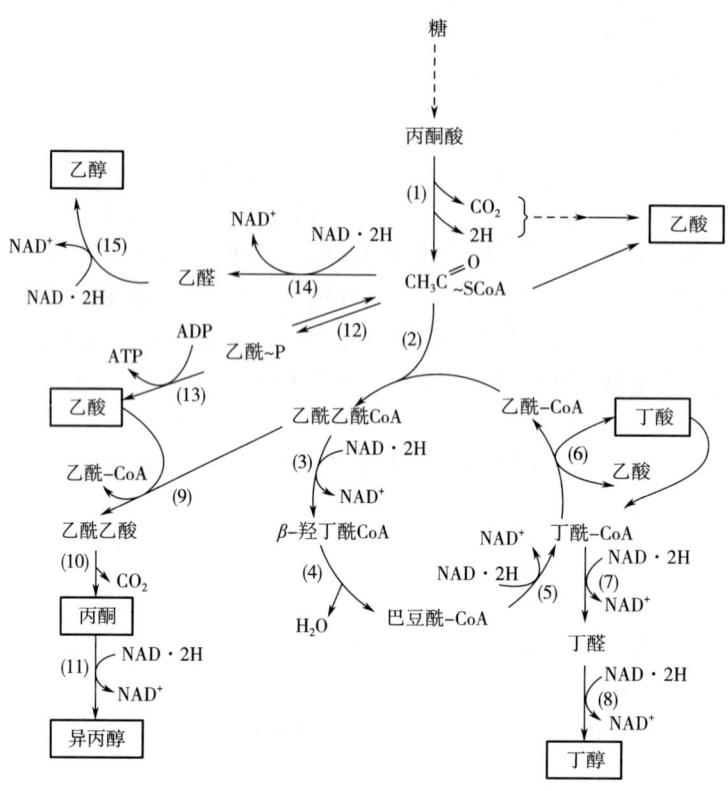

图 10-7 丁酸型发酵简图

(1) 丙酮酸脱氢酶　(2) 乙酰 CoA 酰基转移酶　(3) β-羟丁酰 CoA 脱氢酶　(4) 脱水酶　(5) 脱氢酶　(6) 脂酰 CoA 转酰基酶　(7) 丁醛脱氢酶　(8) 丁醇脱氢酶　(9) 乙酰乙酰 CoA 转移酶　(10) 乙酰乙酸脱羧酶　(11) 异丙醇脱氢酶　(12) 磷酸乙酰基转移酶　(13) 乙酸激酶　(14) 醛脱氢酶　(15) 乙醇脱氢酶

由乙酰 CoA 到几种主要产物的生成机制,根据图示分别说明如下。

(1) 丁酸发酵　丁酸梭菌发酵葡萄糖产生丁酸,同时有乙酸和 CO_2 生成。

由乙酰 CoA 形成丁酸的生化过程是:先由乙酰 CoA 酰基转移酶催化 2 分子乙酰 CoA 缩合,生成乙酰乙酰 CoA (2),后者再由 β-羟丁酰 CoA 脱氢酶催化,还原为 β-羟丁酰辅酶 A [反应 (3), β-羟丁酰 CoA 经脱水 (4), 还原 (5)],生成丁酰 CoA, 丁酰 CoA 经脂酰 CoA 转酰基酶催化,生成丁酸 (6)。

乙酰 CoA 到乙酸的过程是:磷酸乙酰转移酶催化乙酰 CoA 发生磷酸解,生成乙酰磷酸 [反应 (12)],后者再由乙酸激酶催化生成乙酸并产生 ATP [反应 (13)]。

(2) 丙酮、丁醇发酵　丙酮、丁醇梭状芽孢杆菌将糖发酵生成了丁酸的同时,也能产生丙酮、丁醇、乙醇、异丙醇等。当 pH 低于 4.0 时,代谢方向主要产丙酮和丁醇,并将已积累的丁酸也转化为丁醇。目前,丙酮、丁醇发酵生产,淀粉原料转化率达 30% 左右 (其中丙酮占 30%, 正丁醇占 60%, 乙醇、异丙醇等占 5%~10%)。

产物丙酮的生成过程是：先在乙酰CoA乙酰转移酶作用下，将2分子乙酰CoA缩合成乙酰乙酰CoA［反应（2）］。后者经酰基CoA转酰基酶作用脱去CoA生成乙酰乙酸［反应（9）］。再经乙酰乙酸脱羧酶作用脱去CO_2生成丙酮［反应（10）］。

丁醇的生成过程是：乙酰乙酰CoA经还原、脱水、还原，生成丁酰CoA［反应（3）、（4）、（5）］。丁酰CoA由丁醛脱氢酶催化还原生成丁醛［反应（7）］。再经丁醇脱氢酶催化生成丁醇（反应8）。

（3）丁醇、异丙醇发酵　丁醇、异丙醇发酵是由丁醇梭菌进行的糖代谢过程。产物有丁醇、异丙醇、丁酸、乙酸、二氧化碳、氢气等。丁醇生成过程如上所述，异丙醇是由丙酮酸还原而成［反应（11）］。

从以上几种产物的代谢路线可知：①所有丁酸型发酵，从丙酮酸到各种产物生成，除乙酸之外，都不产生ATP。维持菌体生命的能量主要来自酵解阶段。②所有发酵产品生成途径中需要的还原力$NADH+H^+$，都来自酵解和丙酮酸脱氢脱羧反应。因为，梭状芽孢杆菌是严格厌氧的，只能用代谢中的产物作受氢体，将$NADH+H^+$随时氧化，才能维持酵解和发酵的进行。

第三节　葡萄糖的有氧分解代谢

一、有氧氧化途径（EMP－TCA途径）

糖的有氧氧化通常专指葡萄糖经酵解→丙酮酸→TCA途径，完全燃烧，生成CO_2，H_2O和大量ATP的代谢途径。这是各种好氧及兼性生物中普遍具有的一条重要代谢途径。该途径由有氧酵解（EMP）、丙酮酸氧化脱羧、TCA循环、呼吸链水平的氧化磷酸化等代谢途径组成，称为EMP－TCA途径。糖的其他氧化分解途径，例如磷酸戊糖途径等则称为"旁路"或"支路"。

因为在第二节中刚刚讨论了糖酵解，关于呼吸链氧化磷酸化已在第八章中讨论过，所以，这里着重讨论丙酮酸的氧化脱羧反应和TCA循环，然后对葡萄糖有氧分解的全过程进行总结，并举例讨论利用葡萄糖有氧分解代谢路线发酵生产有机酸的生化原理。

二、丙酮酸氧化脱羧

1. 丙酮酸脱氢酶复合体

糖酵解生成的丙酮酸可穿过线粒体膜进入线粒体内室。在丙酮酸脱氢酶系的催化下，脱氢脱羧，生成$CH_3\overset{O}{C}\sim SCoA$。总反应式为：

$$\underset{\substack{|\\CH_3}}{\overset{\substack{COOH\\|}}{C}}{=}O + CoASH + NAD^+ \xrightarrow[\text{丙酮酸脱氢酶复合体}]{TPP,\ L\overset{S}{\underset{S}{|}}\ Mg^{2+}} CH_3\overset{O}{C}\sim SCoA + NADH + H^+$$

$$\Delta G^{0'} = 33.4 \text{kJ/mol}$$

丙酮酸脱氢酶系是一个研究比较清楚的多酶复合体。由三种酶、六种辅助因子组成。

三种酶为 E_1 - 丙酮酸脱羧酶（也叫丙酮酸脱氢酶）、E_2 - 二氢硫辛酸乙酰基转移酶、E_3 - 二氢硫辛酰胺脱氢酶。六种辅助因子包括：焦磷酸硫胺素（TPP）、硫辛酸、CoASH，FAD，NAD^+，Mg^{2+}。这一多酶复合体位于线粒体内膜上，原核细胞则在胞液中。

在复合体内每种酶都有多个亚基组成。E_2 处于"核心"部位，有 24 个亚基。各亚基活性中心的 Lys - ε - 氨基与一个硫辛酸连接成硫辛酰胺。"核心"酶 E_2 又与 E_1 的 24 条肽链和 E_3 的 12 条肽链相联。E_1 结合有 TPP，E_3 结合有 FAD 和 NAD^+。在催化反应中，丙酮酸氧化脱羧的所有中间产物都紧密地结合在多酶复合体上。因为 E_1，E_3 都与 E_2 相联，所以，过渡态中间产物可通过酰基转移酶 E_2 上的硫辛酰胺"长臂"从一个酶的活性中心，摆动到另一个酶活中心位置上。作用模式如图 10-8 所示。

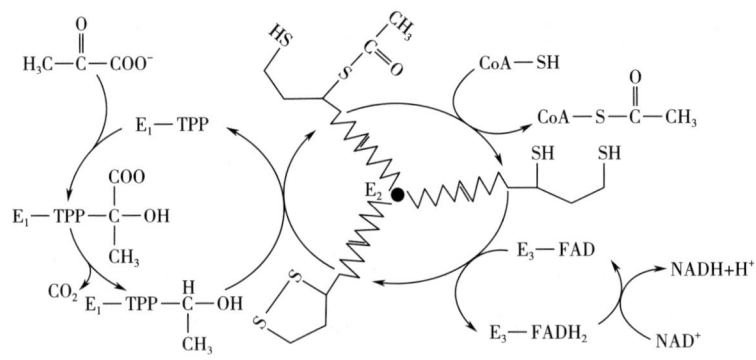

图 10-8　丙酮酸脱氢酶复合体催化作用模式
E_1—丙酮酸脱羧酶　E_2—二氢硫辛酸乙酰转移酶　E_3—二氢硫辛酸脱氢酶

2. 反应历程

丙酮酸脱氢脱羧的复杂反应历程可分为五个步骤。

（1）丙酮酸脱羧　由 E_1 催化丙酮酸脱羧，生成 α - 羟乙基焦磷酸衍生物。该反应不可逆，与酒精发酵中的丙酮酸非氧化性脱羧反应机制相似。丙酮酸先与 TPP 噻唑环的 C_2 结合，形成不稳定的中间产物，然后脱羧生成羟乙基—TPP（活性乙醛）。

丙酮酸　　　　TPP　　　　　　　过渡态中间产物　　　　　　羟乙基 - TPP

式中 R 为嘧啶环，R' 为—$CH_2CH_2·PP_1$。

（2）羟乙基氧化并转移　由 E_2 催化羟乙基脱氢氧化成乙酰基并将乙酰基转移到硫辛酰胺（E_2）的巯基上，巯基被还原。

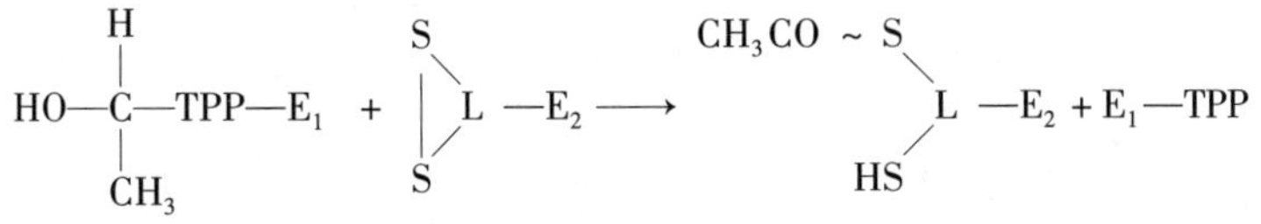

$$\underset{\text{羟乙基—TPP}}{\text{HO—}\underset{\underset{CH_3}{|}}{\overset{\overset{H}{|}}{C}}\text{—TPP—}E_1} + \underset{\text{氧化型硫辛酰胺}(E_2)}{\overset{S}{\underset{S}{|}}{L}\text{—}E_2} \longrightarrow \underset{\text{乙酰硫辛酰胺}}{\overset{CH_3CO\sim S}{\underset{HS}{|}}{L}\text{—}E_2 + E_1\text{—TPP}}$$

(3) 转酰基 仍由 E_2 催化将乙酰基从硫辛酰胺转移至 CoASH，生成乙酰 CoA 和二氢硫辛酰胺。

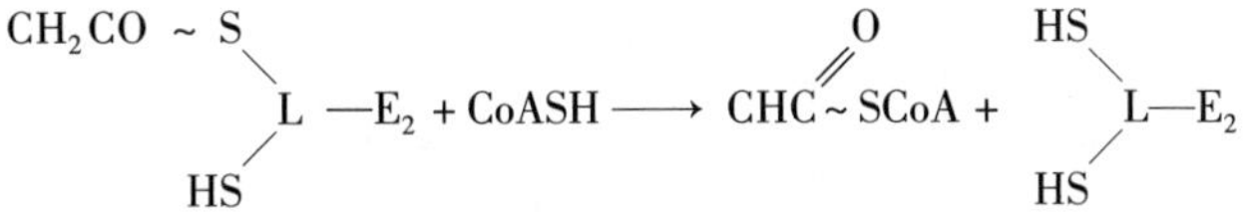

$$\underset{\text{乙酰硫辛酰胺}}{\overset{CH_2CO\sim S}{\underset{HS}{|}}{L}\text{—}E_2 + CoASH} \longrightarrow \underset{\text{乙酰辅酶 A}}{CH_3\overset{O}{\overset{\|}{C}}\sim SCoA} + \underset{\text{二氢硫辛酰胺}}{\overset{HS}{\underset{HS}{|}}{L}\text{—}E_2}$$

(4) 二氢硫辛酰胺脱氢氧化 脱氢酶 E_3 以 FAD 为辅基催化二氢硫辛酰胺脱氢氧化：

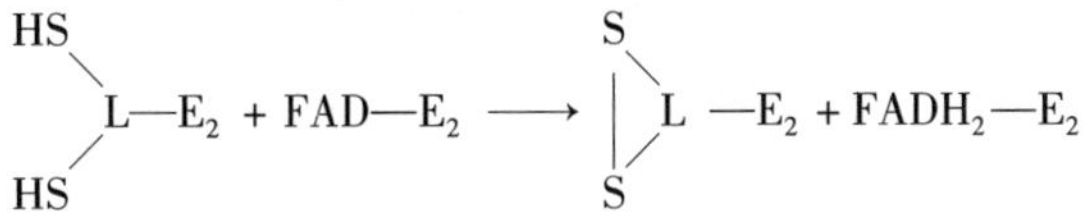

$$\underset{\text{二氯硫辛酰胺}}{\overset{HS}{\underset{HS}{|}}{L}\text{—}E_2} + \underset{\text{氧化型}E_3}{FAD\text{—}E_2} \longrightarrow \underset{\text{氧化型硫辛酰胺}}{\overset{S}{\underset{S}{|}}{L}\text{—}E_2} + \underset{\text{还原型}E_3}{FADH_2\text{—}E_2}$$

(5) $FADH_2$ 脱氢 仍由 E_3 催化，用 NAD^+ 将 $FADH_2$ 氧化。还原态 $NADH + H^+$ 游离于线粒体基质中将电子对送入呼吸链氧化。

$$FADH_2\text{—}E_3 + NAD^+ \rightarrow FAD\text{—}E_3 + NADH + H^+$$

NAD^+ 的 $E^{0'}$ 比 FAD 的 $E^{0'}$ 低，怎么使 $FADH_2$ 氧化的呢？反应机制可能如图 10-9 所示。

3. 丙酮酸脱氢酶系的调控

丙酮酸氧化脱羧生成乙酰 CoA 的反应，是处于代谢途径分支点上的关键步骤，对控制糖的有氧分解代谢有重要作用。细胞中有两种不同的调控机制对丙酮酸脱氢酶系进行严密的调节控制。

(1) 共价修饰调节 丙酮酸脱羧酶（E_1）分子特定部位的 Ser 可被专一性激酶催化发生磷酸化，又可被专一性磷酸酶水解去磷酸化。其磷酸化型无催化活性，去磷酸化型有活性。当细胞中 ATP 或 $CH_3\overset{O}{\overset{\|}{C}}\sim SCoA$ 浓度大时，驱使激酶将 E_1 磷酸化，酶活停止。当细胞中 ATP 不足时，E_1 上的磷酸基团又被专一性的磷酸酶催化水解，活性恢复。细胞内 [ATP]／[ADP]，[$CH_3\overset{O}{\overset{\|}{C}}\sim SCoA$]／[CoASH] 或 [NADH]／[$NAD^+$] 的比值增高时，$E_1$ 的磷酸化作用增加；丙酮酸浓度高时，可抑制 E_1 的磷酸化作用；Ca^{2+} 浓度增加时，能促进 E_1 的去磷酸化作用。

(2) 变构调节 丙酮酸氧化脱羧的反应产物 $CH_3\overset{O}{\overset{\|}{C}}\sim SCoA$ 和 NADH、ATP 都对该酶系有反馈抑制作用。这些产物在细胞中的浓度高时，对丙酮酸脱氢酶系发生变构抑制，停止丙酮酸氧化分解。乙酰 CoA 可抑制 E_2 的活性，NADH 能抑制 E_3 的活性，ATP 可抑制活化态 E_1 的活性。CoASH，NAD^+ 浓度高时，可解除酶的抑制。

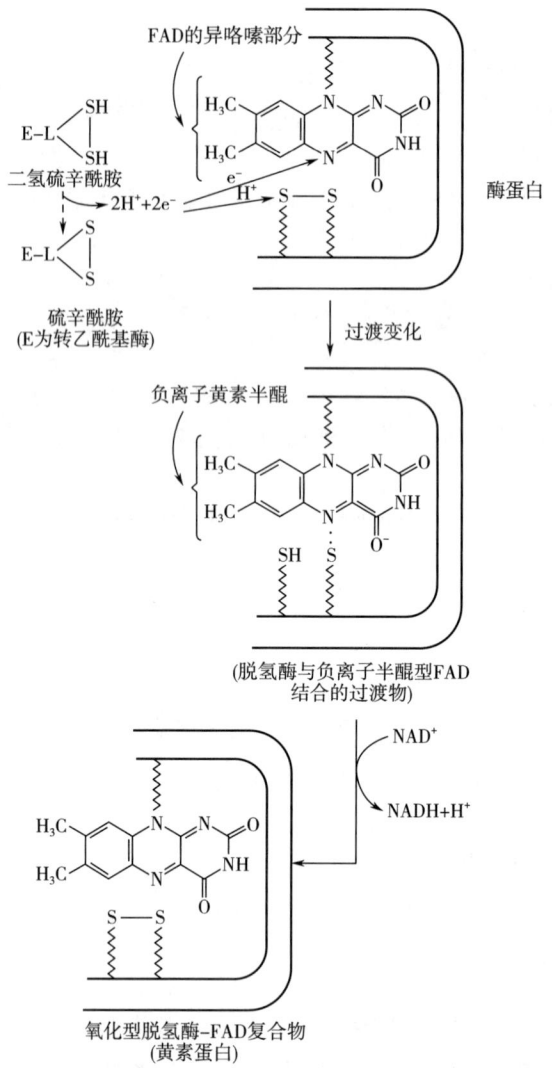

图 10-9　$FADH_2$ 被 NAD^+ 氧化的机制

三、三羧酸循环（TCA 循环）

三羧酸循环又称柠檬酸循环，简称为 TCA 循环。这是物质代谢和能量代谢中都很重要的一条途径。

20 世纪 30 年代，N. A. Krebs 用鸽子飞翔肌的内糜悬液系统地研究了多种二羧酸和几种三羧酸在氧化性代谢中的相互关系。在大量实验的基础上，经过推理分析，于 1937 年提出了一条环状代谢途径，称为柠檬酸循环，并认为这是糖在肌肉里氧化分解的主要途径。后人为纪念 Krebs 的功绩，又将该途径称为 Krebs 循环。

研究证明，在能量代谢中，TCA 循环是糖、脂肪、氨基酸等有机物的不完全降解产物最后氧化分解的公共途径。因此，TCA 循环是生物氧化机制的重要组成部分。

（一）TCA 循环的反应历程

TCA 循环从草酰乙酸与乙酰辅酶 A 缩合生成柠檬酸开始，经过 8 种酶催化的 10 步反应完成一圈反应。中间发生二次脱羧，四次脱氢，共消耗三分子水（H_2O），净分解一个乙酸（$CH_2\text{—}\overset{\overset{O}{\|}}{C}\text{—}OH$）分子。草酰乙酸又回复到原来状态，不过，其组成元素被更新了。反应历程如图 10-10 所示：

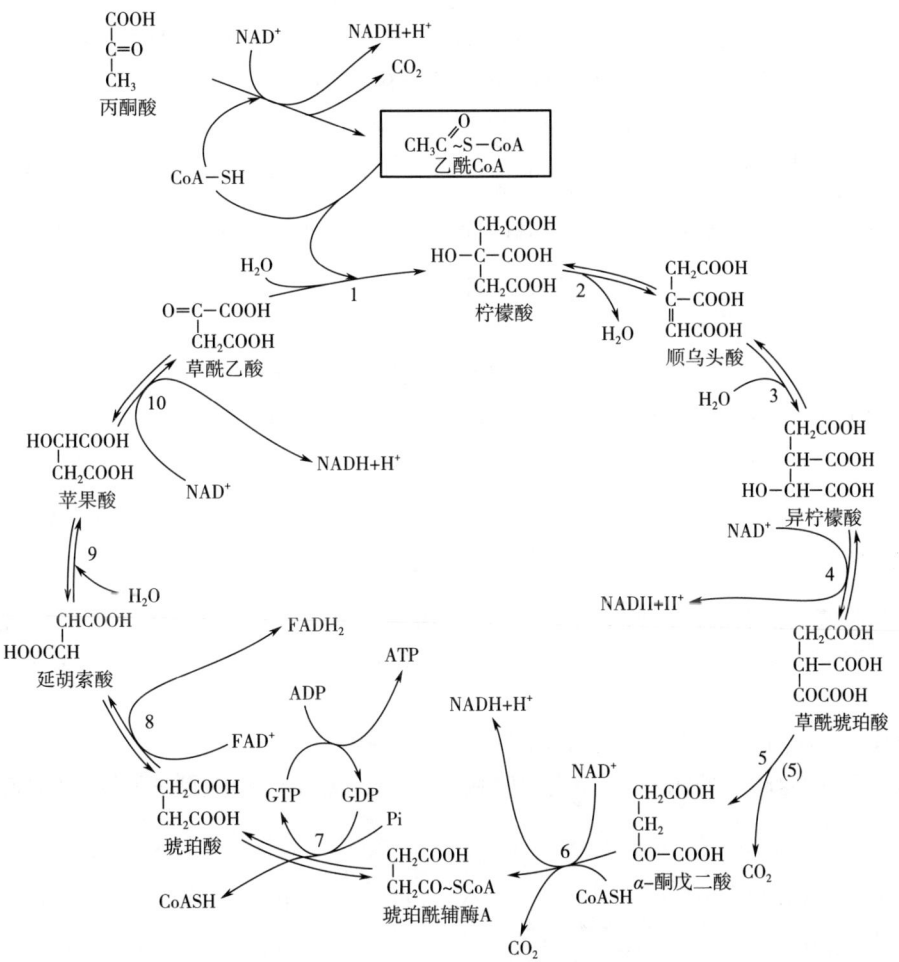

图 10-10 柠檬酸循环的反应历程

1—柠檬酸合酶　2，3—顺乌头酸酶　4，5—异柠檬酸脱氢酶　6—α-酮戊二酸脱氢酶
7—琥珀酸硫激酶　8—琥珀酸脱氢酶　9—延胡索酸酶　10—苹果酸脱氢酶

现将图 10-10 中各步反应扼要说明如下。

反应 1：乙酰 CoA 与草酰乙酸合成柠檬酸这是三羧酸循环的起始步骤，由柠檬酸合酶（又称缩合酶）催化。

$$CH_3-\overset{O}{C}\sim SCoA + \begin{matrix}O=C-COOH\\CH_2COOK\end{matrix} + H_2O \xrightarrow{\text{柠檬酸合酶}} \begin{matrix}CH_2COOH\\HO-C-COOH\\CH_2COOH\end{matrix} + CoASH$$

乙酰 CoA　　　　草酰乙酸　　　　　$\Delta G^{0'} = (-32.2\text{kJ/mol})$ 柠檬酸

柠檬酸合酶是 TCA 循环的特征性酶，又是该途径的第一个限速酶，其逆反应很弱，常常视为不可逆步骤。细胞中各种能源物质分解产生的 $CH_3\overset{O}{C}\sim SCoA$ 都可参加这一反应。由高能硫酯键水解释放的大量能量推动合成柠檬酸。启动反应所需要的草酰乙酸至少有三种不同的生成机制，详见本章 TCA 循环中间产物的回补。

反应 2, 3：柠檬酸异构化经顺乌头酸到异柠檬酸

两步反应都是由顺乌头酸酶催化的。柠檬酸分子是手性分子，其酶促脱水和加水反应是有方向性的。反应结果，将不能脱氢的柠檬酸分子改造成了具有仲醇基团（ CHOH ）的异柠檬酸分子，为后续脱氢反应做好了准备。

柠檬酸 ⇌ 顺乌头酸 ⇌ 异柠檬酸

$$\Delta G^{0'} = +6.27\text{kJ/mol}$$

顺乌头酸酶需要二价铁离子（Fe^{2+}），若用络合剂除去反应液中的铁离子，则酶活性被抑制，造成柠檬酸积累。这一原理，在柠檬酸的发酵生产中可以应用（见"柠檬酸发酵"）。

反应 4, 5：异柠檬酸氧化脱羧生成 α-酮戊二酸

这是 TCA 循环中的第一次氧化和脱羧反应，是由异柠檬酸脱氢酶催化的连续反应过程：

异柠檬酸 → 草酰琥珀酸 → α-酮戊二酸

$$\Delta G^{0'} = -7.1\text{kJ/mol}$$

异柠檬酸脱氢酶是变构酶，是 TCA 循环的第二个限速反应步骤。该酶有二种同工酶，其一用 $NADP^+$ 作辅酶，在线粒体基质和细胞液中都有，它从底物脱下的氢主要用于生物合成。其二，以 NAD^+ 为辅酶，主要分布于线粒体基质中，从底物脱下的氢经呼吸链氧化、产能。原核生物的异柠檬酸脱氢酶可用 NAD^+ 作辅酶，也可用 $NADP^+$。

反应生成的 α-酮戊二酸是碳、氮代谢的公共中间产物，可用于合成 L-谷氨酸。L-

谷氨酸氧化脱氨生成的 α-酮戊二酸也可进入 TCA 循环。

反应 6：α-酮戊二酸氧化脱羧成琥珀酰 CoA

是由 α-酮戊二酸脱氢酶复合体催化的一步复杂反应。

$$\begin{matrix} ^{\circ}COOH \\ | \\ ^{\circ}CH_2 \\ | \\ CH_2 \\ | \\ C=O \\ | \\ COOH \end{matrix} + CoASH + NAD^+ \longrightarrow \begin{matrix} ^{\circ}COOH \\ \\ ^{\circ}CH_2 \quad O \\ | \quad \parallel \\ CH_2-C\sim SCoA \end{matrix} + NADH + H^+ CO_2$$

α-酮戊二酸　　　　　　　琥珀酰 CoA

$\Delta G^{0\prime} = -33.24 kJ/mol$

催化这一反应的多酶复合体，与丙酮酸脱氢酶复合体非常相似（参见丙酮酸脱氢脱羧），由三种酶蛋白、六种辅助因子组成。每个复合体的组成包括 12 个 α-酮戊二酸脱羧酶分子，24 个转琥珀酰基酶和 12 个二氢硫辛酰脱氢酶。各转琥珀酰基酶分子上都结合一个二硫辛酰基作辅酶。此外，还需要 CoASH，NAD^+，FAD^+，TPP 及 Mg^{2+}。α-酮戊二酸脱氢脱羧反应，是 TCA 循环的第三个限速步骤。

反应生成的琥珀酰 CoA 含高能硫酯键，性质活泼，可与甘氨酸合成卟啉环，进而合成血红素、叶绿素、细胞色素等生物分子。

经前 6 步反应，已有与乙酰基等量的碳原子以 CO_2 形式放出了。后面的反应步骤是四碳二羧酸分子的氧化过程。

反应 7：琥珀酰 CoA 转化成琥珀酸并产生 GTP

由琥珀酰 CoA 合成酶催化琥珀酰 CoA 发生高能硫酯键的水解，同时，有 GDP 的磷酸化反应相偶联，生成 GTP。这是 TCA 循环中唯一的一步底物水平上生成高能磷酸键的反应。实际上，这是前一步反应，酮戊二酸氧化脱羧生成的高能键的能量转移反应。反应生成琥珀酸、辅酶 A 和 GTP。GTP 可用于蛋白质合成的供能，也可由二磷酸核苷酸激酶催化，将末端磷酸基团（$\sim\text{P}$）转移给 ADP，生成 ATP。

$$\begin{matrix} ^{\circ}COOH \\ | \\ ^*CH_2 \\ | \\ CH_2 \\ | \\ C\sim SCoA \end{matrix} \xrightleftharpoons[CoASH]{GDP+Pi \quad GTP} \begin{matrix} ^*CH_2COOH \\ | \\ CH_2COOH \end{matrix}$$

琥珀酰 CoA　　　　　　　琥珀酸

$GTP + ADP \rightleftharpoons GDP + ATP$

$\Delta G^{0\prime} = -2.9 kJ/mol$

因为琥珀酸分子是对称的，标记和非标记的两个乙酸基中反应 8、9、10 中具有同等的概率，所以，下面各步反应中，分子式不写标记了。最后生成的草酰乙酸中，有半数分子在草酰基上带标记，有半数分子在乙酸基上带标记。

反应 8：琥珀酸脱氢生成延胡索酸

由琥珀酸脱氢酶催化：

$$\text{琥珀酸 } \begin{array}{c} CH_2COOH \\ | \\ CH_2COOH \end{array} + FAD \rightleftharpoons \begin{array}{c} HC{-}COOH \\ \| \\ HOOC{-}CH \end{array} + FADH_2 \text{ 延胡索酸}$$

$$\Delta G^{0'} \approx 0 \text{（变化很小）}$$

琥珀酸脱氢酶是以 FAD 为辅基的不需氧脱氢酶，是位于线粒体内膜上的膜蛋白。还原型的辅基（$FADH_2$）能被膜上自由移动的 CoQ 氧化，将电子对汇入呼吸链。丙二酸（$CH_2\begin{array}{c}COOH\\COOH\end{array}$）与琥珀酸结构类似，对琥珀酸脱氢酶有很强的竞争性抑制作用。

产物反丁烯二酸，又叫延胡索酸或富马酸，也可由根霉或假丝酵母发酵生产，是多种化工合成的原料，也可用作食品酸味剂。

反应9：延胡索酸水化生成苹果酸

由延胡索酸酶（又称胡延索酸水合酶）催化。

$$\text{延胡索酸 } \begin{array}{c} HCCOOH \\ \| \\ HOOCCH \end{array} + H_2O \rightleftharpoons \begin{array}{c} HOCHCOOH \\ | \\ HOCHCOOH \end{array} \text{ 苹果酸}$$

$$\Delta G^{0'} \approx 0$$

经此反应，延胡索酸加水生成 L-苹果酸，本来难以进行酶促脱氢氧化反应的延胡索酸分子又被改造成了具有仲醇基团（$\diagdown CHOH \diagup$）的分子。

反应10：苹果酸脱氢生成草酰乙酸

由苹果酸脱氢酶催化，是需能反应。这是 TCA 循环的最后一步，经此反应又回到了起始分子草酰乙酸。

$$\text{苹果酸 } \begin{array}{c} HO{-}CH{-}COOH \\ | \\ CH_2COOH \end{array} + NAD^+ \rightleftharpoons \begin{array}{c} O{=}C{-}COOH \\ | \\ CH_2COOH \end{array} + NADH + H^+ \text{ 草酰乙酸}$$

$$\Delta G^{0'} = +29.7 \text{kJ/mol}$$

热力学上，这步反应不利于草酰乙酸生成，反应平衡向苹果酸一侧。由于柠檬酸合酶的作用，草酰乙酸浓度很低（低于 10^{-6} mol/L），而苹果酸却不断产生，从而推动反应顺利向草酰乙酸方向进行。

经过上述10步复杂的反应历程，相当于把一个不易分解的乙酰基（$CH_3\overset{O}{\overset{\|}{C}}\sim$）基团完全分解了。反应5，6的 α-酮酸脱羧反应生成2个 CO_2；反应4，6，10 由不需氧脱氢酶催化产生3个还原型辅酸 $NADH + H^+$；反应8生成一个还原型辅基 $FADH_2$；反应7在底物水平上合成一分子GTP。总反应式为：

$$CH_3\overset{O}{\overset{\|}{C}}\sim SCoA + 2H_2O + 3NAD^+ + FAD + ADP + Pi \rightleftharpoons 2CO_2 + 3(NADH+H^+) + FADH_2 + ATP + CoASH$$

生成的 NADH + H$^+$ 和 FADH$_2$ 携带的氢原子对经呼吸链氧化。

（二）TCA 循环的生理意义

1. 细胞内各种能源物质完全氧化分解的公共终端途径

第八章中已经提及糖、脂和大多数氨基酸的碳链经过各自的降解路线都可以生成 CH$_3$C(=O)~SCoA 进入 TCA 循环（图 10-10）。因此，TCA 循环是各种营养物质完全氧化分解的公共终端途径。

但须注意，CH$_3$C(=O)~SCoA 的乙酰基是能够被 TCA 循环完全分解的唯一底物。任何中间产物分子的加入，只起到为循环途径上增加一个成员的作用。就像在运动场的跑道上增加一个运动员一样。单独的 TCA 循环不能把任何中间产物完全降解。例如，L-谷氨酸的碳链（α-酮戊二酸）进入 TCA 循环，经过脱羧变成四碳二羧酸后就再也不能降解了。

如果要将其完全降解，则需要有辅助反应将草酰乙酸连续脱羧降解生成 CH$_3$C(=O)~SCoA。CH$_3$C(=O)~基再重返 TCA 循环才能完全降解。例如动物骨骼肌中有磷酸烯醇式丙酮酸羧化激酶（PEP-CK）、丙酮酸激酶（PK）和丙酮酸脱氢酶复合物（PDH）可以催化草酰乙酸到乙酰 CoA：

$$\text{HOOC-C(=O)-CH}_2\text{-COOH} \xrightarrow[\text{PEP-CK}]{\text{GTP GDP CO}_2} \text{COOH-C(-O~P)=CH}_2 \xrightarrow[\text{PK}]{\text{ADP ATP}}$$

$$\text{COOH-C(=O)-CH}_3 \longrightarrow \text{CH}_3\text{C(=O)~SCoA + CO}_2$$

这几种酶在微生物中也存在。

2. 为细胞提供能量

计算下来，仅就 TCA 循环反应过程本身来说，释放的自由能很少，每摩尔 CH$_3$C(=O)~基经 TCA 循环分解仅释放 72.3kJ 的能量。每次循环仅有一次底物水平磷酸化，生成一个 ATP。然而，循环途径中，从底物上脱下的氢原子对（2H）经呼吸链氧化可释放大量自由能并合成 ATP。按每个 NADH + H$^+$ 的氢原子对生成 2.5 个 ATP，FADH$_2$ 的氢原子对生成 1.5 个 ATP 计算，则 1 个 CH$_3$C(=O)~基通过 TCA 循环和呼吸链一共可生成 ATP 数目为：

反应 4、6、10	共 3 个 NADH + H$^+$	2.5 × 3 = 7.5 个 ATP
反应 8	1 个 FADH$_2$	1.5 × 1 = 1.5 个 ATP
反应 7	底物水平	1 个 ATP
合计		10 个 ATP

按 1mol $CH_3\overset{O}{\overset{\|}{C}}\sim$ 基计，完全燃烧共生成 10mol ATP，以每摩尔高能磷酸键（～P）水解释放 30.5kJ 计，10mol ATP 的末端磷酸键共贮存自由能 305kJ，1mol 乙酰基经 TCA 循环和呼吸链完全燃烧所释放的热量共约 900kJ，能量利用率约为 33.9%。其余能量则以热能形式散发。针对散发的这部分能量，在发酵生产中，从工艺设备到工艺管理需要有一系列复杂的热交换技术措施，借以维持发酵的正常温度。

3. TCA 循环是物质转化的枢纽

TCA 循环不仅是各种有机物完全分解的公共终端途径。而且，通过 TCA 循环可以实现糖、脂、蛋白质之间的互相转化，也可为其他许多生物合成提供前体物质。所以，TCA 循环又是细胞内物质转化的枢纽，是联系分解代谢和合成代谢的多向性途径。这方面的内容将在后续各章中进行讨论。

（三）TCA 循环的调节控制

TCA 循环的反应速率受细胞调节机制的调节。由此所提供的生物能量（ATP）及中间产物，以能够满足细胞需要为原则。直接驱动调节作用的因素是细胞中代谢物质（底物和产物）的浓度。主要受细胞中 [ATP]/[ADP$^+$] 和 [NADH]/[NAD$^+$] 的浓度比例以及有关反应物和产物浓度的调控。调节位点是途径中的限速酶。限速酶是代谢途径中酶的活性最低，而且可以调节的酶。限速酶催化的反应是决定代谢途径快慢的限速反应步骤。通过测定途径中各种酶的最大活性，或者测定正反应、逆反应速率等方法可以确定。上面已经提到 TCA 循环中有三个限速酶作为调控位点。

第一个调控位点是柠檬酸合成酶。细胞中 ADP，AMP，Pi，NAD$^+$，及 $CH_3\overset{O}{\overset{\|}{C}}\sim$ SCoA 浓度高时，对其起变构激活作用，促进反应。ATP，NADH，琥珀酰 CoA，脂酰 CoA 和柠檬酸是其变构抑制剂，浓度高时则抑制酶活，降低反应速度。

第二个调控位点是异柠檬酸脱氢酶。ADP，NAD$^+$ 是其变构激活剂，ATP，NADH 是其变构抑制剂。

第三个调控位点是 α-酮戊二酸脱氢酶复合体。复合体中的二氢硫辛酸脱氢酶是变构调节酶，主要受高浓度的 ATP，GTP，琥珀酰 CoA，NADH 及 Ca^{2+} 的变构抑制。

研究证明，柠檬酸合成酶和 α-酮戊二酸脱氢酶复合体是 TCA 循环中的主要调节部位。前者对 TCA 循环的前半段的调控起主要作用；后者对 TCA 循环后半段途径的调控起主要作用。

（四）葡萄糖有氧氧化分解的生理意义

葡萄糖经 EMP-TCA 途径氧化分解代谢的生理意义主要为生物供能和为多种生物合成提供前体物质。

1. 为细胞提供能量

在生物体内和体外一样，1mol 葡萄糖完全燃烧释放 2867.48kJ 热量。在细胞中经 EMP-TCA 燃烧时，一部分热量转化为细胞可用能量（ATP），每摩尔葡萄糖可生成 32mol ATP。相当于葡萄糖无氧酵解的 16 倍，能量利用率达 34%。其余能量（约 66%）以热能形式散失，有维持体温和微生物环境温度的作用。

EMP - TCA 途径各阶段产能情况汇总见表 10 - 6。

表 10 - 6 葡萄糖经 EMP - TCA 氧化分解和 ATP 的生成（按 1mol 葡萄糖计算）

代谢途径	底物分子变化	产能步骤和方式	ATP 数
有氧酵解（EMP）共 10 步反应，由 10 个酶组成的可溶性酶系催化	1mol 葡萄糖分解为 2mol 丙酮酸	反应1：消耗 ATP	-1
		反应3：消耗 ATP	-1
		反应7：底物水平磷酸化	$+1 \times 2 = +2$
		反应8：底物水平磷酸化	$+1 \times 2 = +2$
		反应6：生成 NADH，经 NAD 或 FAD 呼吸链氧化磷酸化	$+2.5 \times 2 = +5$ 或 $1.5 \times 2 = +3$
丙酮酸脱氢脱羧 5 步反应由丙酮酸脱氢酶复合体催化		反应5：生成 NADH 经 NAD 呼吸链氧化磷酸化	$+2.5 \times 2 = +5$
TCA 循环 10 步反应，8 种酶组成的可溶性酶系催化		反应4, 6, 10：生成 NADH 经 NAD 呼吸链氧化磷酸化	$+2.5 \times 3 \times 2 = 15$ $+1.5 \times 2 = +3$
		反应8：生成 $FADH_2$ 经 FAD 链氧化磷酸化	$+1 \times 2 = +2$
		反应6：底物水平磷酸化	
合 计			+32 或 +30

从表 10 - 6 可见，各产能步骤总共产生的 34mol ATP 中，有 28mol 是呼吸链水平上的氧化磷酸化反应生成的。底物水平磷酸化作用仅生成 6mol。显然，呼吸链水平的氧化磷酸化是细胞供能的主要方式。如果将氧化磷酸化产生的 ATP 分别计入产生 NADH + H^+ 和 $FADH_2$ 的各个阶段中，则 1mol 葡萄糖经 EMP 阶段共净生成 7（或 5）mol ATP；丙酮酸脱氢脱羧阶段生成 5mol ATP；TCA 循环阶段生成 20mol ATP。比较可见，TCA 循环为细胞供能最多。

当进行微生物深层培养好气发酵时，与酒精发酵同理，需要有降温设施。否则在生长旺盛期大量散热，会使发酵醪温度猛升，导致发酵失败。

2. 为生物合成提供碳链

EMP - TCA 循环的中间产物可以被挪用参与生物合成。例如丙酮酸、α - 酮戊二酸、草酰乙酸、反丁烯二酸可分别用于合成 L - 丙氨酸、L - 谷氨酸和 L - 天冬氨酸（见氨基酸生物合成）；琥珀酰 CoA 可与甘氨酸合成卟啉环；卟啉环是血红素、叶绿素、细胞色素等重要活性物质的前体；乙酰 CoA 可用于脂肪酸的生物合成；草酰乙酸脱羧生成磷酸烯醇式丙酮酸，非糖物质借此可以逆 EMP 途径合成葡萄糖等。

糖类是自然界中最丰富的营养源，其代谢中间产物能够用于多种生物合成，这是一种合理的流向。

TCA 循环的任何一个中间产物在 TCA 循环本身的运转过程中都不会减少。如果挪作它用，抽走一分子中间产物就等于在 TCA 循环途径上减少了一个运动。因为多种生物合成都要挪用 TCA 的中间产物，所以，必须有回补机制及时为 TCA 补充中间产物，才能保证 TCA 循环酶系正常运转。

（五）TCA 循环中间产物回补途径

能为三羧酸循环补充中间产物的代谢途径称为回补途径。主要有丙酮酸羧化支路和乙醛酸循环支路。

1. 丙酮酸羧化支路

"支路"是对TCA循环主体路线而言，顾名思义就是TCA循环的一条附属线路，能为TCA供应草酰乙酸或苹果酸。已经证明有好几种酶催化这一反应。其中，最具普遍意义的有丙酮酸羧化酶和苹果酸酶。

丙酮酸羧化酶最先在细菌中发现，后来证明动物、植物、微生物中普遍存在。该酶是寡聚酶，有4个亚基，各需一分子生物素和一个二价金属离子（Mg^{2+}）作辅基，乙酰CoA是其变构激活剂，反应需要ATP供能。

$$\begin{matrix}COOH\\|\\C=O\\|\\CH_3\end{matrix} + CO_2 + ATP + H_2O \xrightleftharpoons{\text{丙酮酸羧化酶、生物素、}Mg^{2+}} \begin{matrix}O=C-COOH\\|\\CH_2-COOH\end{matrix} + ADP + Pi$$

丙酮酸　　　　　　　　　　　　　　　　　　　　　草酰乙酸

苹果酸酶是真核细胞中的一种酶，它催化丙酮酸还原羧化成苹果酸，反应不需要ATP，但需要$NADH+H^+$。

$$\begin{matrix}COOH\\|\\C=O\\|\\CH_3\end{matrix} + CO_2 + NADPH + H^+ \xrightleftharpoons{\text{苹果酸酶}} \begin{matrix}HO-CH-COOH\\|\\CH_2COOH\end{matrix} + NADP^+$$

丙酮酸　　　　　　　　　　　　　　　　　苹果酸

植物和细菌中还有磷酸烯醇式丙酮酸羧化激酶，可催化磷酸烯醇式丙酮酸羧化生成草酰乙酸。

$$\begin{matrix}COOH\\|\\C-O\sim\text{\textcircled{P}}\\||\\CH_2\end{matrix} + CO_2 + GDP \xrightleftharpoons{Mg^{2+}} \begin{matrix}O=C-COOH\\|\\CH_2-COOH\end{matrix} + GTP$$

磷酸烯醇式丙酮酸　　　　　　　　　　　　草酰乙酸

2. 乙醛酸循环支路

在植物和有些微生物体内具有异柠檬酸裂解酶和苹果酸合酶，前者催化异柠檬酸裂解生成琥珀酸和乙醛酸；后者催化乙醛酸与乙酰CoA合成苹果酸：

$$\begin{matrix}HOCHCOOH\\|\\CHCOOH\\|\\CH_2COOH\end{matrix} \xrightarrow{\text{异柠檬酸裂解酶}} \begin{matrix}CH_2COOH\\|\\CH_2COOH\end{matrix} + \begin{matrix}COOH\\|\\CHO\end{matrix}$$

异柠檬酸　　　　　　　　　　琥珀酸　　　乙醛酸

$$\begin{matrix}COOH\\|\\CHO\end{matrix} + CH_3\overset{O}{\overset{||}{C}}\sim SCoA \xrightarrow[H_2O]{\text{苹果酸合酶}} \begin{matrix}HOCH-COOH\\|\\CH_2COOH\end{matrix}$$

苹果酸

这两个反应与柠檬酸循环的四步反应（10，1，2，3）构成一个循环路线称为乙醛酸循环（图10-11）。该循环反应一圈的净效果是利用两分子乙酰CoA合成了一个琥珀酸分子，为TCA补充一个成员。总反应式为：

$$2CH_3\overset{O}{C}\sim SCoA + NAD^+ + 2H_2O \longrightarrow \begin{matrix} CH_2-COOH \\ | \\ CH_2-COOH \end{matrix} + 2CoASH + NADH + H^+$$
琥珀酸

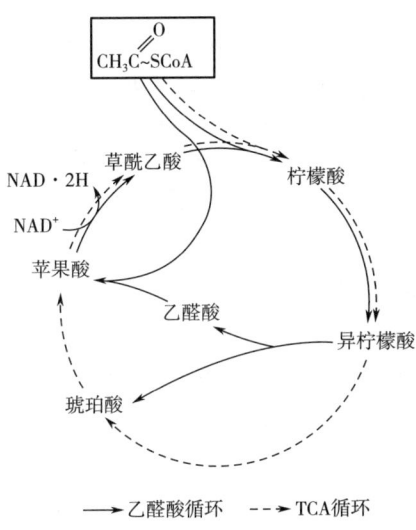

图 10-11　乙醛酸循环

乙醛酸循环对植物和有些微生物特别重要。第一，借此附属路线可以利用脂肪酸或乙酸作为唯一能源获得生物能量。第二，可以利用脂肪酸或乙酸作为唯一碳源合成糖类化合物和氨基酸、蛋白质，维持正常生长。没有乙醛酸循环，则脂肪酸分解生成乙酰CoA，进入TCA则完全分解，不能合成糖类。动物组织无乙醛酸循环，故不能将脂肪酸转变成糖类。

3. 其他途径

除上述回补途径之外，某些能生成TCA中间产物的代谢反应都可为TCA循环回补新的成员。例如L-Asp，L-Glu以及它们的酰胺，脱氨后的碳架草酰乙酸（或反丁烯二酸）和酮戊二酸皆可进入TCA循环。

四、发酵生产柠檬酸的生化机制

1. 自然发酵与代谢调节发酵

前述EMP发酵生产的多种产品，都是微生物固有代谢能力自然积累的产物。就是说，在无氧条件下，有关的兼性微生物具有适应环境条件利用无氧酵解途径取得能量，维持生长的代谢特性。但是，因为环境条件不好，燃料利用率并不高，大部分不可避免地都成了燃烧不完全的终端产物，如酒精、乳酸等。像这类利用微生物在特定条件下的固有代谢规律，自然积累某种产品的发酵，称为自然发酵。许多自然发酵产品都是微生物自身不能再利用的代谢产物，容易积累。所以，在人们对代谢途径完全没有认识的情况下已能进行生产了。

柠檬酸发酵是在发酵技术和原理上都与自然发酵不同的一种新型发酵。尽管早在1923

年已能通过培养微生物生产，但产率很低。直到对微生物糖代谢途径及其调节机制都十分清楚之后，才能有针对性的采取措施，改变微生物固有的代谢平衡，大幅度地提高柠檬酸的产率，这种在代谢途径调节控制理论指导下建立的发酵技术称为代谢调控发酵。

2. 积累代谢途径中间产物的基本条件

细胞的正常代谢途径都遵循细胞经济学原理并受调控系统的精确调控，中间产物一般不会超常积累。因此，若想在发酵生产上利用已知的微生物的代谢途径积累某种中间产物作为发酵产品，或将其进一步代谢转化成其他发酵产品，仅仅选育出有关代谢途径旺盛的菌种是不够的。在这样的前提下，还必须解决好两个基本问题：第一，设法阻断代谢途径，使所要求的中间产物不能进一步反应，实现积累。常用的方法主要有酶活抑制的方法或菌种诱变造成营养缺陷型。第二，代谢途径被阻断部位之后的产物，必须有适当的补充机制，满足代谢活动的最低需求，维持细胞生长，才能维持发酵持续进行。

3. 利用 EMP – TCA 途径积累柠檬酸的措施

柠檬酸是 TCA 循环的中间产物，正常运转的 TCA 循环不会大量积累。要想利用微生物的 EMP – TCA 途径积累柠檬酸，技术关键之一是阻断顺乌头酸酶催化的反应。方法之一是针对顺乌头酸酶的酶学性质使用抑制剂。该酶是个含铁的非血红素蛋白，有铁硫中心（Fe_4S_4）作为辅基，催化底物脱水、加水反应。因此，在菌体生长繁殖到足够菌数的时候，适量加入亚铁氰化钾（黄血盐），使与铁硫中心的 Fe^{2+} 生成络合物，则顺乌头酶失活或活力大大降低，从而实现柠檬酸积累。方法之二是通过诱变造成生产菌种顺乌头酸酶缺损或活力很低，同样可以积累柠檬酸。

草酰乙酸是合成柠檬酸的前体之一，顺乌头酸酶的催化反应被阻断之后，草酰乙酸就不能由 TCA 循环本身产生了。即便 $CH_3\overset{O}{\overset{\|}{C}}\sim SCoA$ 能源源不断地生成，也无法合成柠檬酸。因此，解决草酰乙酸的来源是积累柠檬酸的关键之二。向培养基中加入草酰乙酸当然可以，但经济上不允许。实用的办法是选育回补途径旺盛的菌种。目前柠檬酸发酵生产菌种都是黑曲霉，具有很强的丙酮酸羧化支路，可以利用丙酮酸固定 CO_2，生成草酰乙酸。

综上所述，利用黑曲霉 EMP – TCA 途径发酵生产柠檬酸的代谢途径和技术要点，如图 10 – 12 所示。

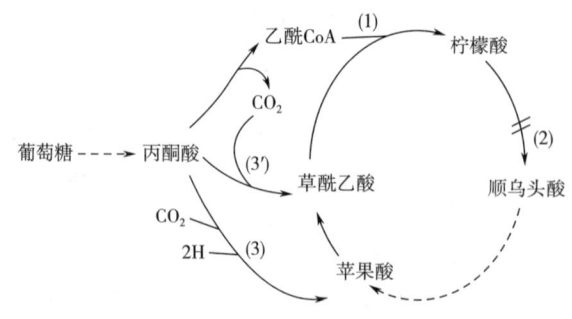

图 10 – 12　柠檬酸发酵的生化机制
（1）柠檬酸合成酶　（2）顺乌头酸酶　（3）苹果酸酶　（3'）丙酮酸羧化酶

第四节 单磷酸己糖支路（HMP途径）

上述 EMP-TCA 循环是各种生物体普遍存在的一条葡萄糖氧化分解途径，是主要的产能途径。可是，研究发现，当用碘乙酸或氟化钠抑制酵解途径时，呼吸作用仍能消耗葡萄糖。这说明细胞中还存在另外的葡萄糖降解途径。用 ^{14}C 分别标记葡萄糖的 C_1 和 C_6，制得 C_1 标记葡萄糖（$^*C_1$—G）和 C_6 标记葡萄糖（$^*C_6$—G）。如果 EMP-TCA 循环是唯一的分解途径，则降解 $^*C_1$—G 和 $^*C_6$—G 生成 $^*CO_2$ 的速度应该相同（葡萄糖分子经 EMP-TCA 降解时，生成 CO_2 的先后顺序是：C_3，和 C_4；C_2 和 C_5；C_1 和 C_6）。然而，实验结果却是 $^*C_1$—G 比 $^*C_6$—G 更容易生成标记的 $^*CO_2$。还发现 6-磷酸葡萄糖降解生成 CO_2 的同时也产生 5-磷酸核酮糖。1953 年，Racker 等终于阐明了糖代谢的磷酸己糖支路。它与 EMP 途径不同，是从只带一个磷酸基的 6-磷酸葡萄糖分子开始降解的，所以，称作单磷酸己糖支路（HMP），又称磷酸戊糖途径或磷酸戊糖通路等。已经证明，这是动物、植物、微生物细胞中普遍存在的另一条重要的葡萄糖分解途径，其酶系在细胞液中。

一、HMP 途径的生化过程

HMP 途径的生化过程可分为两个阶段：第一阶段是氧化降解阶段，G-6-P 经脱氢脱羧生成 5-磷酸核酮糖、CO_2 和还原型辅酶Ⅱ（NADPH+H^+）；第二阶段是磷酸戊糖分子重排阶段，由六分子戊糖重新组合成五分子己糖。HMP 途径的基本生化过程如图 10-13 所示。

对图中所示反应历程扼要说明如下。

第一阶段：6-磷酸葡萄糖（G-6-P）氧化降解阶段，由图中前三步反应组成。

反应（1）：6-磷酸葡萄糖脱氢酶以 $NADP^+$ 为辅酶催化 G-6-P 脱氢生成 6-磷酸葡萄糖酸内酯和还原型辅酶 NADPH+H^+。该反应不可逆，是 HMP 途径的限速反应。酶活主要受 [$NADP^+$]/[NADPH] 比例的调节。$NADP^+$ 起激活作用。产物 NADPH 起反馈抑制作用。

反应（2）：6-磷酸葡萄糖酸内酯水解酶催化内酯水解，生成 6-磷酸葡萄糖酸。因为磷酸葡萄糖酸内酯很不稳定，也可自发水解。内酯酶能加快反应进程。

反应（3）：6-磷酸葡萄糖酸脱氢酶以 $NADP^+$ 作辅酶催化 6-磷酸葡萄糖酸脱氢脱羧，生成 5-磷酸核酮糖（Ru-5-P）、CO_2 和 NADPH+H^+。

第二阶段：磷酸戊糖分子重排阶段，主要是由异构反应、转酮反应和转醛反应组成的。5-磷酸核酮糖先经异构化反应分别生成 5-磷酸核糖和 5-磷酸木酮糖，然后再经转酮反应和转醛反应生成 F-6-P 和 3-磷酸甘油醛。

1. 磷酸戊糖异构化反应

反应（4）：由磷酸戊糖异构酶催化 5-磷酸核酮糖发生同分异构反应，生成 5-磷酸核糖。

反应（5）：由磷酸戊糖差向异构酶催化 5-磷酸核酮糖发生差向异构，生成 5-磷酸木酮糖。

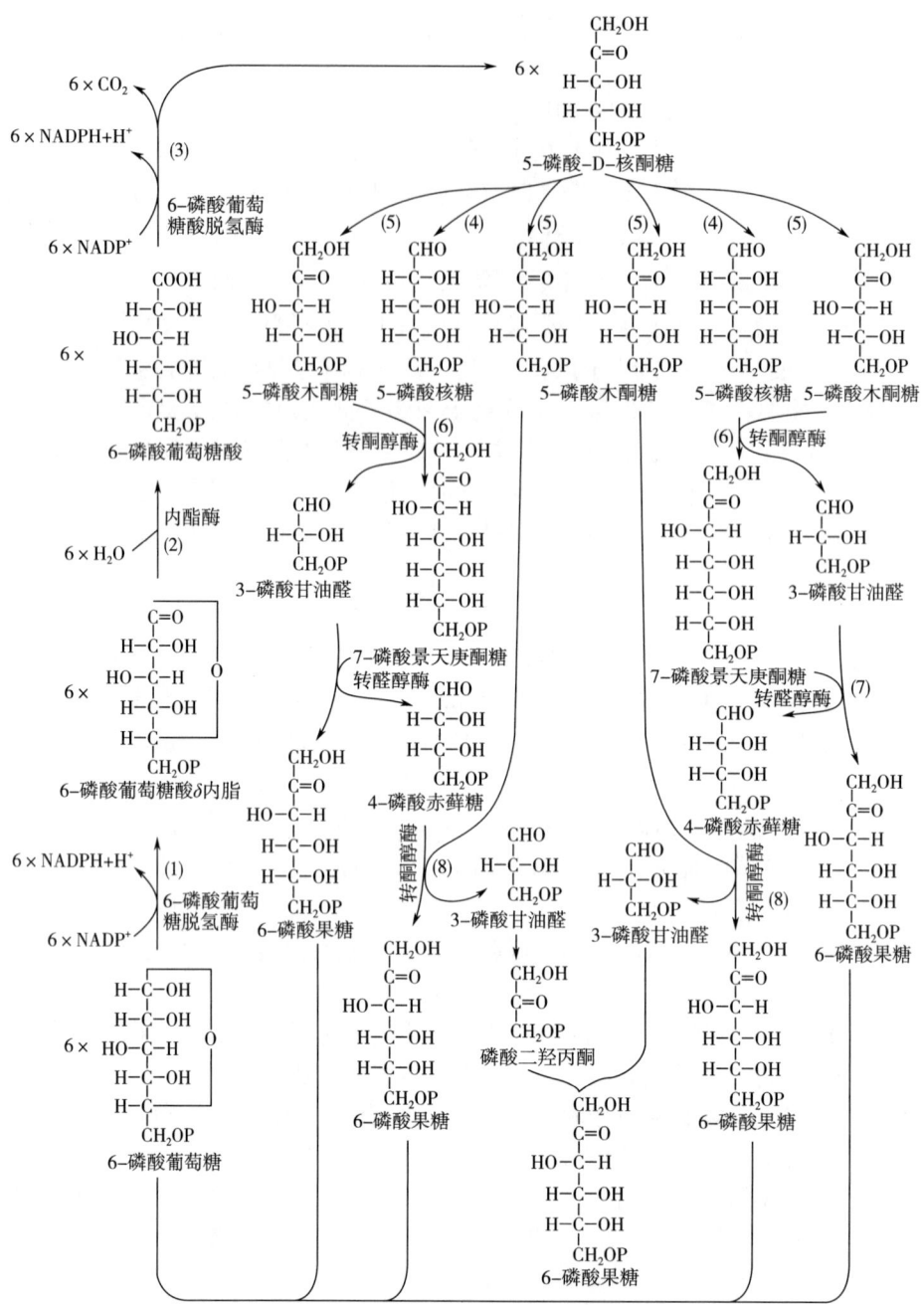

图 10-13 HMP 途径催化多步反应的酶

(1) 6-磷酸葡萄糖脱氢酶　(2) 6-磷酸葡萄糖酸内酯水解酶（内酯酶）　(3) 6-磷酸葡萄糖酸脱氢酶
(4) 磷酸戊糖异构酶　(5) 磷酸戊糖差向异构酶　(6)、(8) 转酮酶（转羟乙醛基酶）
(7) 转醛酶（转二羟丙酮基酶）

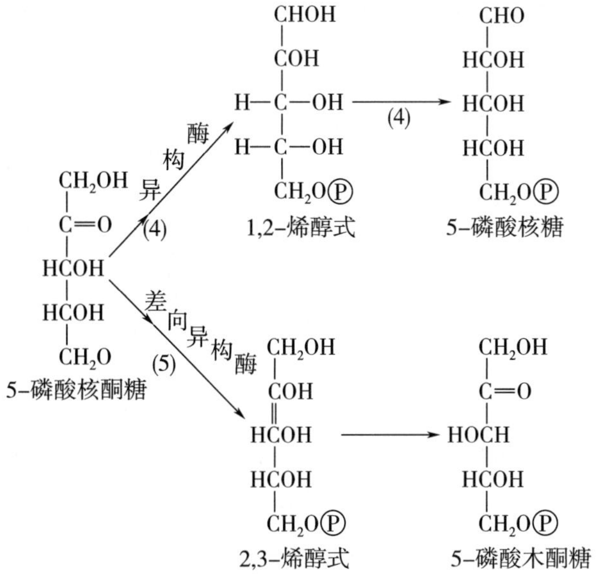

[图示：5-磷酸核酮糖经(4)异构酶转化为1,2-烯醇式中间产物，再生成5-磷酸核糖；经(5)差向异构酶转化为2,3-烯醇式中间产物，再生成5-磷酸木酮糖]

上述三种磷酸戊糖的互相转化反应与酵解途径中磷酸己糖异构酶及磷酸丙糖异构酶催化的醛糖与酮糖间的转化反应形式类似。反应机制可能通过烯醇式中间产物，即：5-磷酸核酮糖经1,2-烯醇式中间产物到5-磷酸核糖；经2,3-烯醇式中间产物到5-磷酸木酮糖。

2. 转酮反应与转醛反应

反应（6）：由转酮酶催化，将5-磷酸木酮糖上的二碳单位（羟乙醛基）转移到醛糖的第一碳原子上，生成7-磷酸景天庚酮糖和3-磷酸甘油醛。反应需要TPP作辅酶。

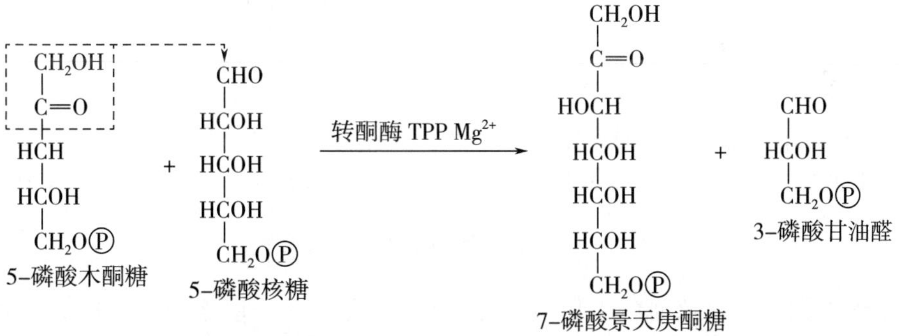

[反应式：5-磷酸木酮糖 + 5-磷酸核糖 —转酮酶 TPP Mg^{2+}→ 7-磷酸景天庚酮糖 + 3-磷酸甘油醛]

反应（7）：由转醛酶催化，将7-磷酸景天庚酮糖的二羟丙酮基转移到3-磷酸甘油醛的醛基上，生成6-磷酸果糖和4-磷酸赤藓糖。

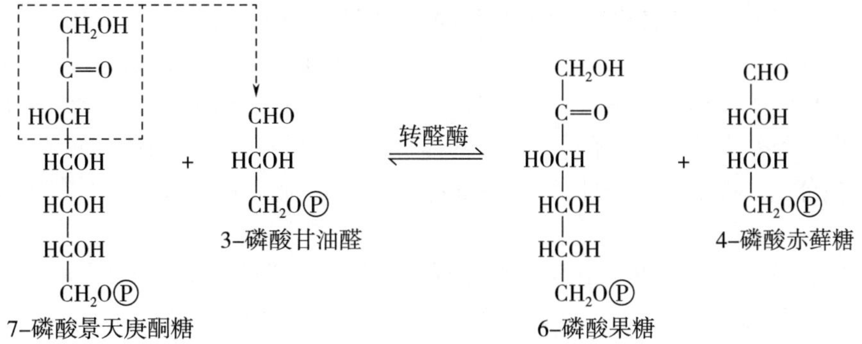

[反应式：7-磷酸景天庚酮糖 + 3-磷酸甘油醛 ⇌转醛酶 6-磷酸果糖 + 4-磷酸赤藓糖]

反应（8）：生成的 4-磷酸赤藓糖又和另一分子 5-磷酸木酮糖发生转酮反应，生成 F-6-P 和 3-磷酸甘油醛。

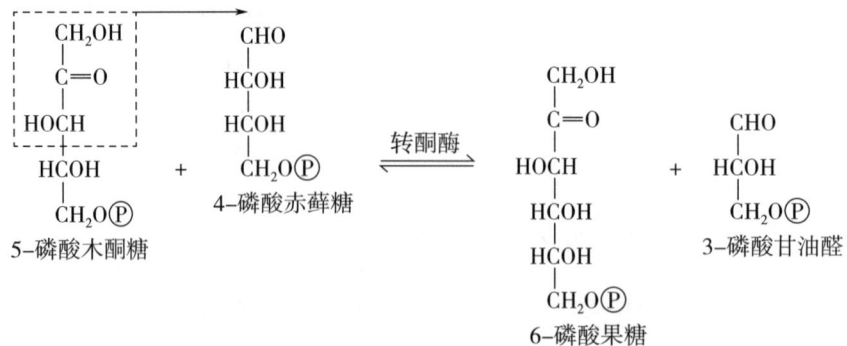

假如有 3 分子 5-磷酸核酮糖参加分子重排，反应过程和产物可用简图示意如下：

$$3 \times 5\text{-磷酸核酮糖} \begin{array}{c} \xrightarrow{(5)} X_u\text{-5-P} \\ \xrightarrow{(4)} R\text{-5-P} \xrightarrow{(6)} C_3 \xrightarrow{(7)} \boxed{C_6} \\ \xrightarrow{(5)} X_u\text{-5-P} \end{array} \xrightarrow{(8)} \boxed{C_3}$$

如果 6 分子 6-磷酸葡萄糖同时经 HMP 途径降解，则总反应式为：

$$6 \times G\text{-}6\text{-}P + 12 NADP^+ \xrightarrow{HMP} 4 \times F\text{-}6\text{-}P + 12(NADPH + H^+) + 6CO_2 + 2 \times 3\text{-磷酸甘油醛}$$

所生成的 2 分子 3-磷酸甘油醛可逆 EMP 途径再合成 1 分子 F-6-P。5 分子 F-6-P 经磷酸己糖异构酶催化又得到 5 分子 G-6-P。后者再进入 HMP 途径。因此，6 分子 G-6-P 经磷酸己糖支路降解的结果，相当于净消耗 1 分子葡萄糖，产生 12 分子 NADPH+H$^+$ 和 6 分子 CO_2。总反应式为：

$$6 \times G\text{-}6\text{-}P + 12 NADP^+ \xrightarrow{HMP} 5 \times G\text{-}6\text{-}P + 12(NADPH + H^+) + 6CO_2$$

6 分子 CO_2 并非出自一个葡萄糖分子，而是分别产生于六个 G-6-P 分子的第一位 C 原子。这正是本节开始所说 *C_1 标记葡萄糖比 *C_6 标记者易生成标记 *CO_2 的原因所在。

二、HMP 途径的生理意义

葡萄糖经 HMP 途径降解的生物学意义，主要不是作为产能途径，而是为生物合成提供素材。具体贡献如下。

（1）产生大量的 NADPH+H$^+$ 作为生物合成所需的还原力。例如脂肪酸、氨基酸、核苷酸、固醇类物质等生物合成途径中都需要大量 NADPH+H$^+$，主要是靠 HMP 途径供应。

（2）HMP 途径中生成 C_3，C_4，C_5，C_6，C_7 等各种长短不等的碳链，这些中间产物都可作为生物合成的前体。其中，5-磷酸核糖是核苷酸、组氨酸、色氨酸等分子的前体；C_3、C_4 可作为芳香族氨基酸的前体。这些前体直接关系到核酸和蛋白质大分子的合成。

（3）核苷酸还是构成多种核苷酸类辅酶的成分。辅酶则直接关系着细胞中的各种代谢。

（4）在特殊情况下，HMP 也可为细胞提供能量。NADPH+H$^+$ 的电子转交给 NAD$^+$，经呼吸链氧化产能，按氧化 1 分子葡萄糖计算，可产生 30 分子 ATP，扣除开始消耗的约 1

分子，净得 29 分子 ATP。与 EMP – TCA 途径相当。

（5）HMP 途径是戊糖代谢的主要途径。戊糖，如 D – 核糖、L – 阿拉伯糖、D – 木糖等在自然界分布较广，能被某些微生物利用，其代谢方式，一般都是以磷酸戊糖形式进入 HMP 途径，并进一步与 EMP，TCA 循环等途径联结。

鉴于 HMP 途径在多种生物合成方面都有重要的作用，所以，微生物如果具有 HMP 途径，则自身生物合成能力强，对营养要求就低。如果不具有 HMP 代谢途径，则多种辅酶和活性物质不能自行合成，对营养要求就高。

第五节　磷酸解酮酶（PK）途径

一、磷酸解酮酶途径的生物化学过程

葡萄糖分解代谢的磷酸解酮酶途径，主要存在于某些细菌和少数真菌中，如肠膜状明串珠菌、番茄乳杆菌、短乳杆菌、甘露醇乳杆菌、双歧杆菌及根霉等。该代谢途径由一部分 HMP、一部分 EMP 及磷酸解酮酶等酶类组成。其中，磷酸解酮酶是该途径的特征性酶，故得名磷酸解酮酶途径，简称 PK 途径。己糖和戊糖都可经该途径进行代谢。其生物化学过程如图 10 – 14 所示。

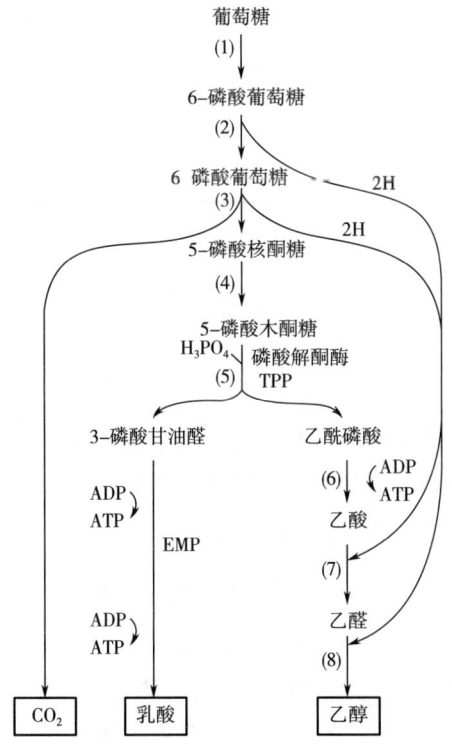

图 10 – 14　磷酸解酮酶途径
(1) ~ (4) 反应的酶系与 HMP 途径相同；
3 – 磷酸甘油醛——→乳酸由 EMP 途径的酶催化。
(5) 磷酸解酮酶　(6) 乙酸激酶　(7) 醛脱氢酶　(8) 乙醇脱氢酶

PK 途径的主要反应分述如下。

第一阶段：反应（1）→（4）。葡萄糖先走 HMP 途径降解，经过脱氢（NADH + H$^+$ 或 NADPH + H$^+$）、脱羧，直到生成 5-磷酸木酮糖。

第二阶段：反应（5）。磷酸解酮酶催化 5-磷酸木酮糖发生磷酸解，生成 3-磷酸甘油醛和乙酰磷酸。这是该途径的特征性反应。

$$\begin{array}{c}CH_2OH\\|\\C=O\\|\\HO-CH\\|\\HC-OH\\|\\CH_2O\textcircled{P}\end{array} + H_3PO_4 \xrightarrow{\text{磷酸解酮酶, TPP}} \begin{array}{c}CHO\\|\\HC-OH\\|\\CH_2O\textcircled{P}\end{array} + CH_3\overset{O}{C}-O\sim\textcircled{P}$$

第三阶段：产能阶段。

（1）3-磷酸甘油醛经 EMP 途径生成乳酸，并产生 2 分子 ATP。

$$\begin{array}{c}CHO\\|\\HCOH\\|\\CH_2O\textcircled{P}\end{array} \xrightarrow[\text{EMP}]{Pi\ 2ADP\ \ 2ATP} \begin{array}{c}COOH\\|\\HCOH\\|\\CH_3\end{array}$$

（2）乙酰磷酸经反应（6）、（7）、（8）还原成乙醇，所需还原力依靠 HMP 阶段的脱氢反应。乙酰磷酸的高能磷酸基团转给 ADP，又生成 1 分子 ATP：

$$CH_3\overset{O}{C}-O\sim\textcircled{P} \xrightarrow[\text{乙酸激酶}]{ADP+Pi\ \ ATP} CH_3COOH \xrightarrow[\text{醛脱氢酶}]{NADP\cdot 2H\ \ NADP^+} CH_3CHO$$
乙酰磷酸　　　　　　　　　　　　乙酸　　　　　　　　　　乙醛

$$\xrightarrow[\text{乙醇脱氢酶}]{NADP\cdot 2H\ \ NADP^+} CH_3CH_2OH$$
乙醇

1 分子葡萄糖经 PK 途径的两个产能反应，共生成 3 分子 ATP，补偿开始消耗的 1 个，净得 2 个 ATP。与无氧 EMP 的效果相当。总反应式为：

$$C_6H_{12}O_6 + 2ADP + 2Pi \longrightarrow CH_3CHOHCOOH + CH_3CH_2OH + CO_2 + 2ATP$$

二、异型乳酸发酵

依 PK 途径进行糖代谢的微生物，葡萄糖发酵的产物，除乳酸之外，还有比例较高的乙醇和 CO_2，与同型乳酸发酵不同，这种类型的发酵谓之异型乳酸发酵。

微生物的代谢途径一般都不是单一的，因此，不论同型发酵还是异型发酵，实际代谢产物都不像代谢途径中那样单纯，所以，两类乳酸发酵的产物并没有不可逾越的界限。

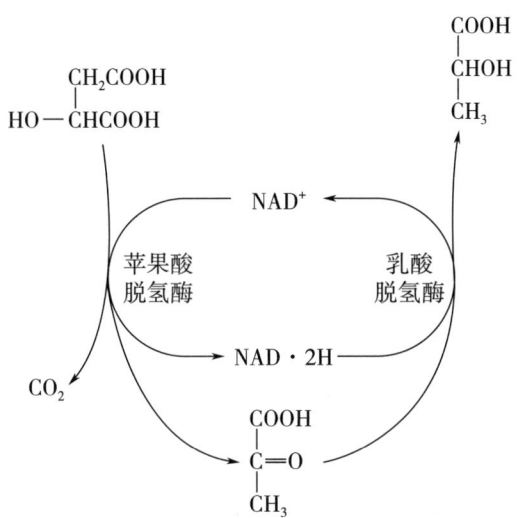

在微生物分类学研究中，通常把发酵 1mol 葡萄糖产生的乳酸少于 1.8mol，同时还产生较多的乙醇、CO_2 或乙酸、甘油、甘露醇等产物的乳酸菌称为异型乳酸发酵菌。

如前所述，同型乳酸发酵的微生物已经用来发酵生产乳酸。异型乳酸发酵的微生物，例如双歧杆菌，已经用于发酵生产活菌饮料，并越来越受到重视。

顺便提一下，许多乳酸菌能够代谢苹果酸生成乳酸，这对酒类生产关系极为密切。生成乳酸则降低酒度，而且，引起酸度过高。然而，对其生物化学机制说法不一，很可能不同微生物所经过的代谢路线不一样。有人认为在无氧条件下，苹果酸首先由苹果酸脱氢酶催化脱氢脱羧，生成丙酮酸，再由乳酸脱氢酶催化还原生成乳酸。

有人提出第二种机制，认为苹果酸先由苹果酸脱氢酶催化脱氢生成草酰乙酸，再由草酰乙酸脱羧酶催化脱羧生成丙酮酸，然后还原成乳酸。还有人提出第三种机制，认为苹果酸直接脱羧生成乳酸，不经过草酰乙酸和丙酮酸，也不发生脱氢反应或还原反应。

第六节　脱氧酮糖酸途径（ED 途径）

脱氧酮糖酸途径是 1952 年 Entner 和 Doudoroff 在研究嗜糖假单孢菌（*Pseudomonas saccha-rophila*）的代谢时发现的一条糖代谢途径。后来发现另一些细菌中也存在。有些专性厌氧菌的单糖分解代谢只有 ED 途径。

该途径是由部分 HMP 途径、部分 EMP 和两个特有的酶组成的。在无氧条件下，可将葡萄糖降解，生成 2 分子丙酮酸、1 分子 ATP，并将 2 个辅酶分子还原。丙酮酸的生成机理与 EMP 不同，因为标记实验证明，一个丙酮酸的羧基 C 原子是来自葡萄糖分子的 C_1。

ED 途径的生物化学过程如图 10-15 中反应（1）→（6）所示。

一、ED 途径的生物化学过程

ED 途径的生物化学反应过程，可分为三个阶段，现分述如下。

第一阶段：葡萄糖氧化分解生成 6-磷酸葡萄糖酸和 1 分子还原型辅酶Ⅱ（$NADPH + H^+$），反应机制与 HMP 途径的头三步反应相同，详见本章第四节。

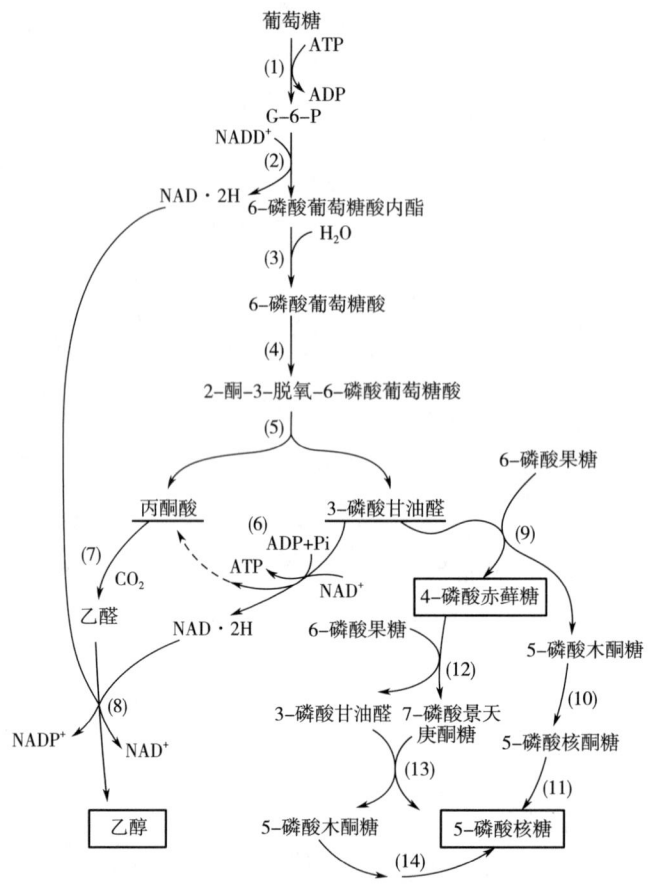

图 10-15 ED 途径和细菌酒精发酵

1. 图中反应（1）→（6）代表 ED 途径的生物化学过程。其中（1）→（3）与 HMP 头三步反应相同；（4）6-磷酸葡萄糖酸脱水酶（EC.4.2.1.12）；（5）2-酮-3-脱氢-6-磷酸葡萄糖酸醛缩酶；（6）代表 3-磷酸甘油醛到丙酮酸的反应过程，与 EMP 途径中的反应相同 2. 反应（7）、（8）代表菌酒精发酵时丙酮酸到乙醇的反应，前者为丙酮酸脱羧酶；后者为醇脱氢酶 3. 反应（9）→（14）代表单纯 ED 途径的厌氧菌逆 HMP 途径的部分反应，生成 5-磷酸核糖的过程

第二阶段：6-磷酸葡萄糖酸到三碳糖，包括两步反应：

（1）由 6-磷酸葡萄糖酸脱水酶催化生成 2-酮-3-脱氧-6-磷酸葡萄糖酸，这是 ED 途径的特征性酶。反应不可逆，需 Fe^{2+}，GSH 作辅助因子。

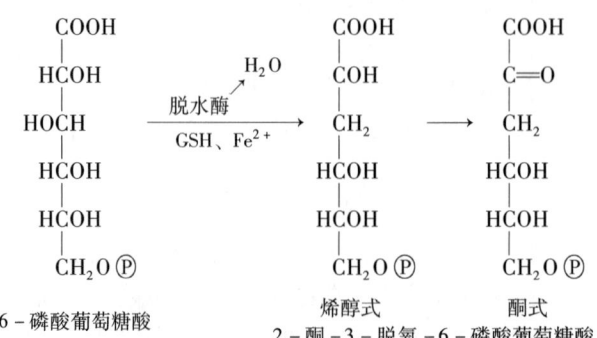

与 EMP 途径不同，这一反应中生成的丙酮酸未经过产能反应过程。

（2）由脱氧酮糖酸醛缩酶催化酮糖酸裂解，生成丙酮酸和 3 - 磷酸甘油醛，反应可逆：

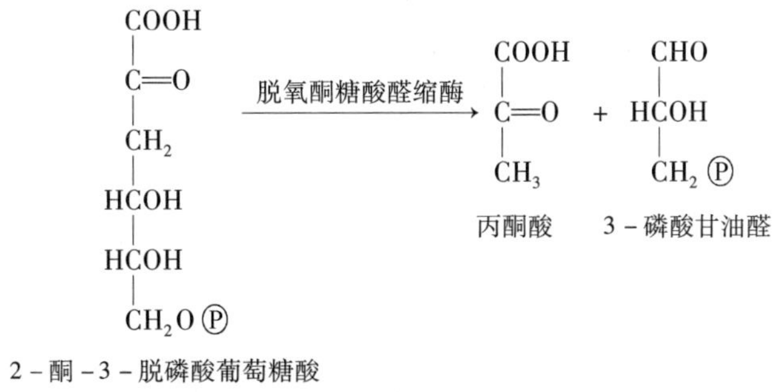

$$\begin{array}{c}COOH\\|\\C=O\\|\\CH_2\\|\\HCOH\\|\\HCOH\\|\\CH_2O\ \text{\textcircled{P}}\end{array} \xrightarrow{\text{脱氧酮糖酸醛缩酶}} \begin{array}{c}COOH\\|\\C=O\\|\\CH_3\end{array} + \begin{array}{c}CHO\\|\\HCOH\\|\\CH_2\ \text{\textcircled{P}}\end{array}$$

2 - 酮 - 3 - 脱磷酸葡萄糖酸　　　　　　丙酮酸　　3 - 磷酸甘油醛

第三阶段：氧化产能阶段。前面生成的 3 - 磷酸甘油醛可以经 EMP 途径生成丙酮酸，这是 ED 途径的唯一的产能过程。一分子葡萄糖可生成 2 分子 ATP 和 1 分子 $NADH + H^+$。扣除第一阶段的消耗，净得 1 分子 ATP。

总反应方程式为：

$$C_6H_{12}O_6 + NADP^+ + NAD^+ + ADP + Pi \xrightarrow{ED\text{途径}} 2CH_3\overset{O}{\overset{\|}{C}}COOH + NAD \cdot 2H + NADP \cdot 2H + ATP$$

有些专性厌氧菌只具有 ED 途径进行单糖的分解代谢，也能维持生长。因为这些微生物能够利用 ED 途径生成的一部分 3 - 磷酸甘油醛可逆 HMP 途径与 6 - 磷酸果糖反应，转化成 5 - 磷酸核糖、4 - 磷酸赤藓糖及其他中间产物，如图 10 - 15 中反应（9）→（14）所示，从而为生物合成核苷酸、氨基酸提供前体物质，进而合成核酸、蛋白质等生物大分子和多种重要辅酶分子。

二、细菌酒精发酵

发现少数兼性厌氧菌如运动假单胞杆菌（*Zymomonas Mobilis*）和嗜糖假单胞杆菌（*Ps. Saccharophila*）等利用葡萄糖经 ED 途径发酵生产酒精。在 ED 途径中生成的 2 分子丙酮酸脱羧生成乙醛，乙醛还原生成乙醇，如图 10 - 15 中反应（7）、（8）所示。所需还原力可由 3 - 磷酸甘油醛脱氢生成的 $NADH + H^+$ 和 G - 6 - P 脱氢反应生成的 $NADPH + H^+$ 提供。总反应式为：

$$C_6H_{12}O_6 + ADP + Pi \longrightarrow 2CH_3CH_2OH + 2CO_2 + ATP$$

自古以来，酒精发酵生产主要是靠酵母，细菌酒精发酵是 20 世纪 70 年代出现的新事物。细菌酒精发酵的优点是：代谢速度快，发酵周期短，比酵母的酒精产率高。缺点是发酵工艺技术条件要求很高。目前尚处于研究实验阶段。

第七节　葡萄糖分解代谢途径的相互联系

一、各种途径在不同生物中的分布

已经讨论过的葡萄糖分解代谢途径有 EMP、HMP、PK、ED 等。这些途径的共同特点是：①在无氧或有氧条件下都能运作。②在无氧条件下只能对葡萄糖进行不完全降解，生成小分子化合物，如丙酮酸等。不同微生物生成的产物不一样。因此，在特定条件下，利用有关微生物发酵葡萄糖可为人类提供不同的产品。已经开发的产品如图10-16所示。

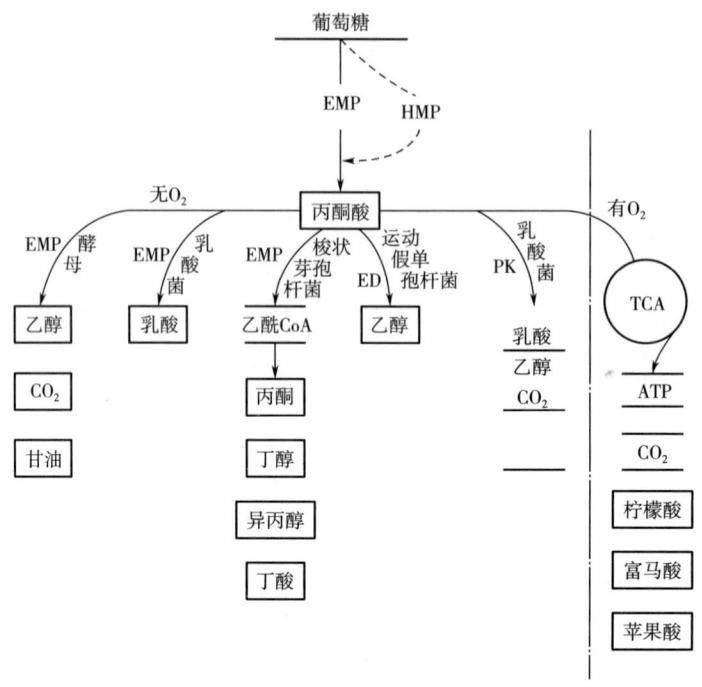

图10-16 单糖分解代谢的某些产物
(方框表示已开发的工业发酵产品)

在有氧条件下，这些途径的不完全分解产物可经TCA循环和呼吸链完全燃烧。

各降解途径分解葡萄糖的生理意义主要都是为细胞提供能量和生物合成所需要的素材。但是，各个途径的生理功能却有所侧重。例如EMP主要用于产能，有些中间产物也可作为生物合成的前体。HMP则主要为合成供应前体物质，除个别情况外，一般不作为产能途径。因此，一般生物细胞中都不止一种糖降解途径。某些生物细胞中的糖代谢途径比例如表10-7所示。

表10-7　　　　　　　　　不同微生物中代谢途径的比例

微生物	EMP/%	HMP/%	ED/%
啤酒酵母	88	12	—
产脱假丝酵母	61~81	19~34	—
灰色链霉菌	97	3	—
产黄霉菌	77	23	—
大肠杆菌	72	28	—
藤黄八叠球菌	70	30	—

续表

微生物	EMP/%	HMP/%	ED/%
枯草杆菌	74	26	—
铜绿假单胞菌	—	29	71
氧化醋单胞菌	—	100	—
运动发酵单胞菌	—	—	100
嗜糖假单胞菌	—	—	100

细胞中所具有的代谢途径的类型决定着细胞对糖的代谢方式，对环境的适应能力和对营养源的要求。从表10-7中可见，多数细胞中都具有EMP，HMP及TCA循环。这是一种比较理想的组合方式，功能比较齐全。有些代谢途径少的微生物，许多生物合成前体物质不能自行产生，因此，对营养条件要求高。

二、各代谢途径间的相互联系

细胞中，各种代谢途径既各自独立，又互相联系。不同途径彼此有些共同使用的酶和公共中间产物，是实现互相联系的交叉点。各途径又有自己专用的关键酶调节控制该途径的速率，保持代谢途径的独立性。通过各途径的调控和彼此的联系，可实现代谢底物的合理流向。现将单糖降解途径之间的互相联系及各途径的关键酶示于图10-17中。

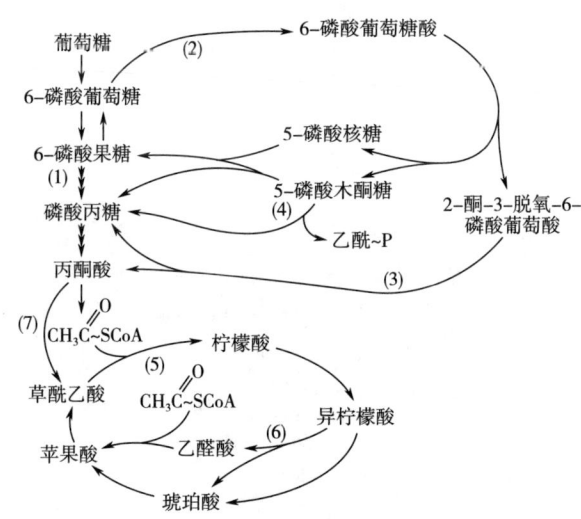

图10-17 单糖降解途径间的联系

图中编号代表特征性酶 (1) EMP 磷酸果糖激酶 (2) HMP 6-磷酸葡萄糖酸脱氢酶 (3) ED 6-磷酸葡萄糖酸脱水酶 (4) PK 5-磷酸木酮糖磷酸解酮酶 (5) TCA 柠檬酸合酶 (6) 乙醛酸循环 异柠檬酸裂解酶，苹果酸合成酶 (7) 羧化支路 丙酮酸羧化酶，苹果酸酶

第八节 糖异生作用

糖异生作用（glyconeogenesis）是指以非糖物质（包括丙酮酸、乳酸、柠檬酸循环中间体、大部分氨基酸的碳骨架及甘油）作为前体合成葡萄糖的作用。由非糖物质转变为葡萄糖的途径是由丙酮酸开始的，经一系列反应通过草酰乙酸形成葡萄糖。糖异生作用的主要部位是肝脏，肾脏在正常情况下中糖异生能力只有肝的1/10。糖异生保证了机体的血糖水平处于正常水平。

一、糖异生作用的途径

1. 糖异生作用和糖酵解作用的关系

当肝或肾以丙酮酸为原料进行糖异生时，糖异生中的其中七步反应是糖酵解中的逆反应，它们有相同的酶催化（图10-18）。但是糖酵解中有三步反应是不可逆反应。在糖异生时必须绕过这三步反应，代价是更多的能量消耗。一般在典型的细胞内环境下，由葡萄糖形成丙酮酸的 $\triangle G$ 为 $-83.68kJ/mol$。其中有三步反应是不可逆的，即①由己糖激酶催化的葡萄糖和ATP形成葡萄糖-6-磷酸和ADP，②由磷酸果糖激酶催化的果糖-6-磷酸和ATP形成果糖-1,6-二磷酸和ADP，③由丙酮酸激酶催化的磷酸烯醇式丙酮酸和ADP形成丙酮酸和ATP的反应。糖异生作用要利用糖酵解过程中的可逆反应步骤必须对上述3个不可逆过程采取迂回措施绕道而行。

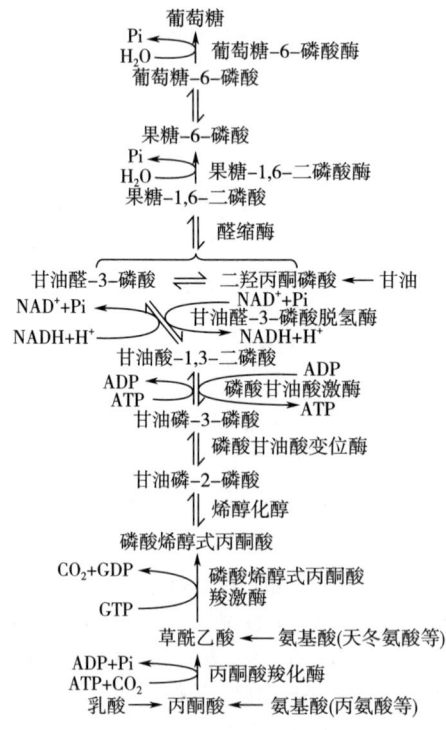

图10-18 葡萄糖异生途径总览图

图中单箭头表示与糖酵解不同的反应途径，其他反应都属糖酵解过程的逆反应

2. 糖异生对糖酵解的不可逆过程采取的迂回措施

（1）丙酮酸通过草酰乙酸形成磷酸烯醇式丙酮酸　该措施分两步进行：

①丙酮酸在丙酮酸羧化酶（pyruvate carboxylase）催化下，消耗 1 个 ATP 分子的高能磷酸键形成草酰乙酸。丙酮酸羧化酶含有一个以共价键结合的生物素（biotin）作为辅基，生物素起 CO_2 载体的作用。生物素的末端羧基与酶分子的一个赖氨酸残基的 ε - 氨基以酰胺键相连，使生物素和赖氨酸形成丙酮酸羧化酶的一个长摆臂：

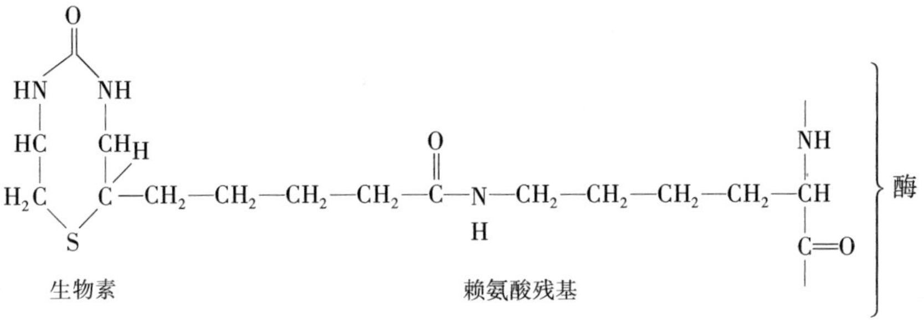

丙酮酸的羧化分两步进行。

a. 丙酮酸羧化酶在 ATP 参与下与 CO_2 结合使其成为活化的形式，ATP 的水解推动此反应的进行。

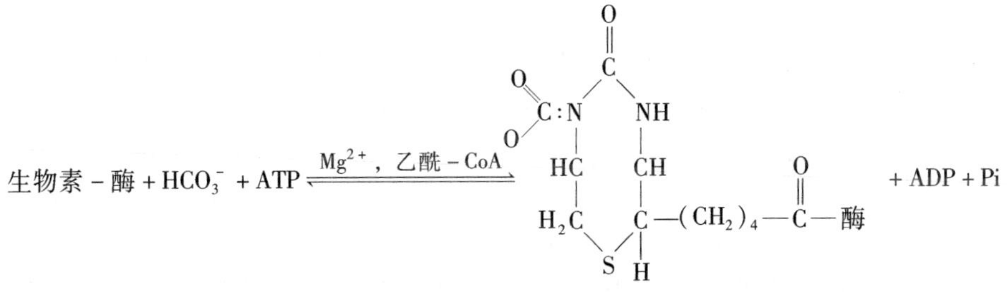

$$\text{生物素-酶} + HCO_3^- + ATP \xrightleftharpoons{Mg^{2+},\ 乙酰-CoA} N\text{-}1\ 羧化生物素-酶 + ADP + Pi$$

（N - 1 carboxybiotinyl - enzyme）

上式表明：CO_2 以羧基形式结合到酶辅基生物素环的 N_1 原子上，形成活化羧基。此活化羧基水解的 $\Delta G^{0\prime} = -19.7$ kJ/mol。因此，它的转移不需提供能量。

b. 活化的羧基从羧化生物素转移到烯醇式丙酮酸上形成草酰乙酸。

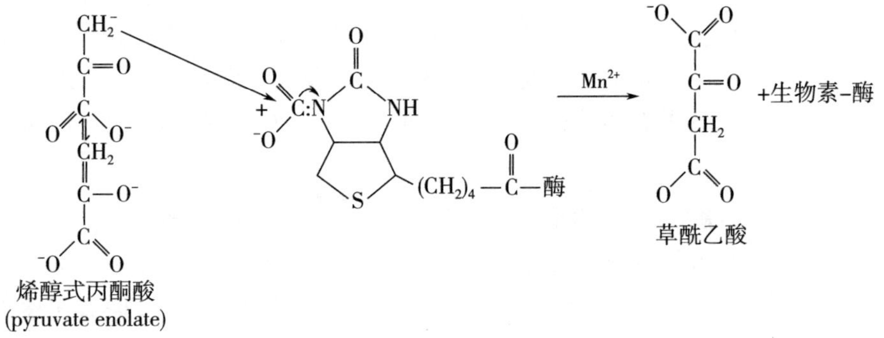

烯醇式丙酮酸
(pyruvate enolate)

草酰乙酸

丙酮酸羧化酶是存在于线粒体基质的酶，由 4 个亚基组成四聚体。每个亚基都与 Mg^{2+} 相结合。每个亚基的相对分子质量为 120000。乙酰 – CoA 是该酶强有力的别构激活剂（allosteric activator）。如果该酶不与乙酰 – CoA 结合，则生物素不能羧化。

上述的总反应可用下式表示：

$$丙酮酸 + CO_2 + ATP + H_2O \longrightarrow 草酰乙酸 + ADP + Pi + 2H^+$$

② 草酰乙酸在磷酸烯醇式丙酮酸羧激酶（phosphoenolpyruvate carboxykinase，PEPCK）催化下，形成磷酸烯醇式丙酮酸。该反应需消耗一个 GTP 分子，反应如下：

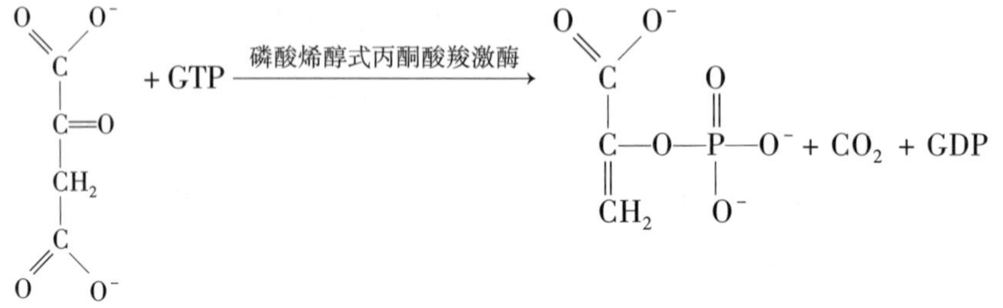

草酰乙酸（oxaloacetate） + GTP $\xrightarrow{磷酸烯醇式丙酮酸羧激酶}$ 磷酸烯醇式丙酮酸（phosphoenolpyruvate） + CO_2 + GDP

磷酸烯醇式丙酮酸羧激酶由一条单一肽链构成，其相对分子质量为 740000。该酶在不同生物亚细胞内的位置不同。例如：在大白鼠和小白鼠的肝细胞，全部存在于细胞溶胶中；在鸟和兔的肝细胞，全部存在于线粒体中；在豚鼠和人类，则比较均匀地分布在线粒体和细胞溶胶中。

应提醒注意的是，在前述反应中的丙酮酸羧化酶是一种线粒体酶，而糖异生作用中导致形成葡萄糖 – 6 – 磷酸的其他酶都是细胞溶胶酶。由丙酮酸羧化形成的草酰乙酸，必须穿过线粒体膜才能作为磷酸烯醇式丙酮酸羧激酶的底物被催化形成磷酸烯醇式丙酮酸。因为细胞不存在直接使草酰乙酸跨膜的运送蛋白，一般情况下，草酰乙酸通过形成苹果酸的途径跨过线粒体膜。草酰乙酸在线粒体内由与 $NADH + H^+$ 相联的苹果酸脱氢酶催化，还原为苹果酸，跨过线粒体膜后，又由细胞溶胶中的与 NAD^+ 相联的苹果酸脱氢酶使其再氧化形成草酰乙酸。

总结上述由丙酮酸转变为磷酸烯醇式丙酮酸的反应可表示如下：

$$丙酮酸 + ATP + GTP + H_2O \longrightarrow 磷酸烯醇式丙酮酸 + ADP + GDP + Pi + 2H^-$$

（2）果糖 – 1，6 – 二磷酸在果糖 – 1，6 – 二磷酸酶（fructose – 1，6 – bisphosphatase）催化下，其 C_1 位的磷酸酯键水解形成果糖 – 6 – 磷酸。这一反应是放能反应，容易进行。

$$果糖 – 1，6 – 二磷酸 + H_2 \xrightarrow{果糖 – 1，6 – 二磷酸酶} 果糖 – 6 – 磷酸 + Pi$$

上述反应的特殊意义在于，它避开了糖酵解过程不可能进行的直接逆反应，即形成一个 ATP 分子和果糖 – 6 – 磷酸的吸能反应，将其改变为释放无机磷酸的放能反应。

（3）葡萄糖 – 6 – 磷酸在葡萄糖 – 6 – 磷酸酶（glucose6 – phosphatase）催化下水解为葡萄糖。

$$葡萄糖 – 6 – 磷酸 + H_2O \xrightarrow{葡萄糖 – 6 – 磷酸酶} 葡萄糖 + Pi$$

葡萄糖 – 6 – 磷酸酶是结合在光面内质网膜的一种酶。它的活性需有一种与 Ca^{2+} 结合的稳定蛋白（Ca^{2+} – bindingstabilizing protein）协同作用。葡萄糖 – 6 – 磷酸在转变为葡萄糖之前必须先转移到内质网内才能接受葡萄糖-6-磷酸酶的水解作用；形成的葡萄糖和无机磷酸，通过不同的转运途径又回到细胞溶胶中。

肝、肠和肾细胞内由葡萄糖-6-磷酸形成的葡萄糖进入血液，对维持血液中葡萄糖（血糖）浓度的平衡起着重要作用。脑和肌肉中不存在葡萄糖-6-磷酸酶，因此脑和肌肉细胞不能利用葡萄糖-6-磷酸形成葡萄糖。在肝脏中，糖异生作用的主要物质是骨骼肌活动的产物乳酸和丙氨酸。当肌肉紧张活动时形成的乳酸随血流进入肝脏加工。这有利于减轻肌肉的繁重负担。

二、糖异生作用的生理意义

（1）保证在饥饿情况下，血糖浓度的相对恒定　血糖的正常浓度为 3.89~11mmol/L，即使禁食数周，血糖浓度仍可保持在 3.40mmol/L 左右，这对保证某些主要依赖葡萄糖供能的组织的功能具有重要意义，停食一夜（8~10h）处于安静状态的正常人每日体内葡萄糖利用量如下：脑约消耗 125g，肌肉（休息状态）约消耗 50g，血细胞等约消耗 50g，仅这几种组织每日消耗糖量达 225g。人体内贮存可供利用的糖约 150g，贮糖量最多的肌糖原仅供本身氧化供能，若只用肝糖原的贮存量来维持血糖浓度最多不超过 12h，由此可见糖异生的重要性。

（2）糖异生作用与乳酸作用关系密切　在激烈运动时，肌肉糖酵解生成大量乳酸，后者经血液运到肝脏可再合成肝糖原和葡萄糖，因而使不能直接产生葡萄糖的肌糖原间接变成血糖，并且有利于回收乳酸分子中的能量，更新肌糖原，防止乳酸酸中毒的发生。

（3）协助氨基酸代谢　实验证实进食蛋白质后，肝中糖原含量增加；禁食晚期、糖尿病或皮质醇过多时，由于组织蛋白质分解，血浆氨基酸增多，糖的异生作用增强，因而氨基酸成糖可能是氨基酸代谢的主要途径。

（4）促进肾小管泌氨的作用　长期禁食后肾脏的糖异生可以明显增加，发生这一变化的原因可能是饥饿造成的代谢性酸中毒，体液 pH 降低可以促进肾小管中磷酸烯醇式丙酮酸羧激酶的合成，使成糖作用增加，当肾脏中 α-酮戊二酸经草酰乙酸而加速成糖后，可因 α-酮戊二酸的减少而促进谷氨酰胺脱氨成谷氨酸以及谷氨酸的脱氨，肾小管细胞将 NH_3 分泌入管腔中，与原尿中 H^+ 结合，降低原尿 H^+ 的浓度，有利于排氢保钠作用的进行，对于防止酸中毒有重要作用。

知识小贴士

酒精发酵

酒精发酵（Alcoholic fermentation）是在无氧条件下，微生物（如酵母）分解葡萄糖等有机物产生酒精、二氧化碳等不彻底氧化产物，同时释放出少量能量的过程。在高等植物中，存在酒精发酵和乳酸发酵，并习惯称之为无氧呼吸。

酒精的发酵过程中，酵母进行的是厌氧发酵，期间发生了复杂的生物化学反应。从发酵工艺来讲，既有发酵醪中的淀粉、糊精被糖化酶水解生成糖类物质的反应，又有发酵醪中的蛋白质在蛋白酶的作用下水解生成小分子的蛋白胨、肽和各种氨基酸的反应。这些水解产物，一部分被酵母细胞吸收合成菌体，另一部分则发酵生成了酒精和二氧化碳，还要产生副产物杂醇油、甘油等。把酒精发酵归于酵母作用的是巴斯德（L. Pasteus，1857 — 1858）。此后，E. Buchner（1897）用酵母压榨液实现了无细胞发酵，并对其酶系——酒化酶进行了分析。至1940年前后，糖的磷酸酯化、反应途径以及与反应相关的许多酶、辅助因子等几乎都已明确。

酒精发酵在酒精工业、酿酒工业和食品工业中都有大量应用。葡萄酒、果酒、啤酒等都是利用酒精发酵制成的产品。在蔬菜腌制过程中也存在着酒精发酵，不过酒精产量较低，仅为0.5%~0.7%，这对蔬菜腌制过程中的主要发酵过程——乳酸发酵影响不大，反而还起到了增香作用。

乳酸发酵

乳酸发酵（lactic acid fermentation，fermentation of lactic acid）指糖经无氧酵解而生成乳酸的发酵过程，与酒精发酵同为生物体内两种主要发酵形式。

在动物组织中，除特殊的内脏外几乎所有的组织都具有进行这种发酵的性质。真核微生物中具有代表性的乳酸发酵是米根霉（*Rhizopus oryzae*）等霉菌类，细菌中则是乳酸杆菌。

乳酸发酵是严格的厌氧发酵，可以用于干酪、酸乳、食用泡菜及青贮饲料等生产中。实际上，酿造生产中大都不同程度的存在乳酸发酵过程，对增进酿造产品的风味有一定帮助。酿酒中适当的乳酸发酵可以防止杂菌污染，促进酒精发酵的顺利进行。

在乳酸杆菌发酵过程中仅通过糖酵解途径由糖类生成丙酮酸，再经乳酸脱氢酶作用形成乳酸的，称为同型乳酸发酵（homolactic fermentation）。能进行同型乳酸发酵的有嗜酸乳杆菌（*L. acidophilus*）、德氏乳杆菌（*Lnc. delbriikii*）等乳酸杆菌。同型乳酸发酵经 EMP 途径。

葡萄糖经同型乳酸发酵的总反应式为：

$$C_6H_{12}O_6 + 2ADP + 2Pi \longrightarrow 2CH_3CH(OH)COOH + 2ATP$$

1 分子葡萄糖生成 2 分子乳酸，理论转化率为 100%

异型乳酸发酵（heterolactic fermentation）除生成乳酸外还生成 CO_2 和乙醇或乙酸。其生物合成途径也有两种：6-磷酸葡萄糖酸途径和双歧（bifidus）途径，前者的代表菌株有肠膜明串珠菌（*Leuconostoc mesenteroides*）及葡聚糖明串珠菌（*L. dextranicum*），后者代表菌株为双歧杆菌（*Bi fidobacterium bifidum*）。异型乳酸发酵经 HMP 途径。通过 6-磷酸葡萄糖酸异型乳酸发酵途径，1 分子葡萄糖最终可转化为 1 分子乳酸和 1 分子乙醇，乳酸对糖的理论转化率为 50%。

习 题

1. 微生物怎样消化淀粉？各种淀粉水解酶的作用特点如何？
2. 何谓"酵解"？"酵解"与"发酵"有何异同？"酵解"的生理意义何在？

3. 以 EMP 途径为基础的发酵有哪些？为什么不同的微生物发酵葡萄糖产生的发酵产物不一样？用什么方法可以使酵母发酵葡萄糖积累甘油？

4. 写出葡萄糖经 EMP – TCA 循环途径氧化分解的总反应式，并计算燃烧 1mol 葡萄糖净生成 ATP 的数量。

5. 何谓乙醛酸循环？生理意义如何？

6. 何谓丙酮酸羧化支路？生理意义如何？

7. 用淀粉质原料发酵生产柠檬酸的生化过程如何？简述实现柠檬酸大量积累的生物化学机制？

8. 何谓单磷酸己糖支路？生理意义何在？

9. EMP，HMP，PK，ED 途径的关键酶是什么？这些途径间彼此有什么联系？

10. 如欲使琥珀酸经 TCA 循环完全燃烧，其基本生物化学历程如何？消耗 1mol 琥珀酸净生成多少 ATP？

11. 用同位素 ^{14}C 标记丙酮酸分子（$CH_3\,^*COCOOH$），经 Krebs 循环一次后，$^*C$ 原子出现在什么化合物上？

12. 试比较细菌酒精发酵与酵母酒精发酵的异同。

13. 将下列物质按容易接受电子的顺序加以排列：
①α – 酮戊二酸 + CO_2 ②草酰乙酸 ③O_2 ④$NADP^+$

14. 当有相应酶存在时，在标准状况下，下列哪些反应将按箭头所指示方向进行？
①苹果酸 + NAD^+→草酰乙酸 + NADH + H^+
②丙酮酸 + NADH + H^+→乳酸 + NAD^+
③丙酮酸 + β 羟丁酸→乳酸 + 乙酰乙酸
④苹果酸 + 丙酮酸→草酰乙酸 + 乳酸
⑤乙醛 + 延胡索酸→乙酸 + 琥珀酸

15. 当 1mol 电子对从下列一种物质转移到另一种物质时，$\Delta G^{0\prime}$ = ?
①由琥珀酸→Cyt b
②由苹果酸→NAD^+
③由 NADH →O_2

16. α – 酮戊二酸经 TCA 和呼吸链能否完全燃烧？为什么？

17. 什么是糖异生？请简述糖异生途径与糖酵解途径的关系。

参 考 文 献

1. 朱圣庚，等．生物化学（第 4 版）[M]．北京：高等教育出版社，2017．
2. [德] 卡尔森（著），张增明（译）．生物化学精华 [M]．上海：上海科学出版社，1989．
3. [澳] H·W·多伊尔（著），郭杰炎（译）．细菌的新陈代谢 [M]．北京：科学出版社，1983．
4. 常桂英，等．生物化学（第 2 版）[M]．北京：化学工业出版社，2018．
5. 刘国琴，等．生物化学（第 3 版）[M]．北京：中国农业大学出版社，2019．
6. David L. Nelson, et al. Principles of Biochemistry (7th Edition) [M]．New York：

W. H. Freeman,2017.

7. Jeremy M. Berg, et al. Biochemistry (7th Edition) [M]. New York: W. H. Freeman, 2011.

8. 王永敏,等. 生物化学 [M]. 北京:中国轻工业出版社,2017.

第十一章 脂类代谢

> **学习指导**

在生物体内，糖、脂、蛋白质可以互相转化。脂代谢与某些发酵产品的质量和产量也具有密切关系。本章学习要求：(1) 掌握甘油三酯分解和脂肪酸 β - 氧化降解途径的生物化学过程及生理意义；(2) 掌握甘油三酯生物合成的生物化学过程，生物素在脂肪酸合成过程中的作用及其影响发酵产品产量的机制；(3) 了解低级脂肪酸脂的生成及其与酒类产品质量的关系；(4) 了解甘油磷脂生物合成的过程及生理意义。

第一节 甘油三酯的分解代谢

一、脂肪酶和甘油三酯（脂肪）的酶促水解

当生物体动用体内的贮脂或者高等动物从食物中摄取脂肪时，大都需要将其进行酶促水解生成甘油和脂肪酸，才能被细胞吸收利用。催化脂肪水解的酶称为脂肪酶。根据对底物的专一性，脂肪酶有三脂酰甘油脂肪酶、二脂酰甘油脂肪酶和单脂酰甘油脂肪酶，它们分别对甘油三酯依次进行水解，最终生成一分子甘油和三分子脂肪酸。

在脂肪组织中，三脂酰甘油脂肪酶是脂肪分解代谢的限速酶，它受激素调节。肾上腺素、胰高血糖素、甲状腺素和肾上腺皮质激素等对三脂酰甘油脂肪酶起正调作用；胰岛素、前列腺素 E_1 对其有负调作用。

食物中的油脂由胰脂肪酶催化水解，胰脂肪酶可被胆汁酸盐激活。

脂肪水解生成的甘油和脂肪酸在细胞中分别经过不同的代谢途径进一步代谢。

二、甘油的代谢

在甘油激酶作用下，甘油被 ATP 磷酸化成 α-磷酸甘油，再脱氢成磷酸二羟丙酮，可进入 EMP 进一步分解，也可逆 EMP 合成葡萄糖。

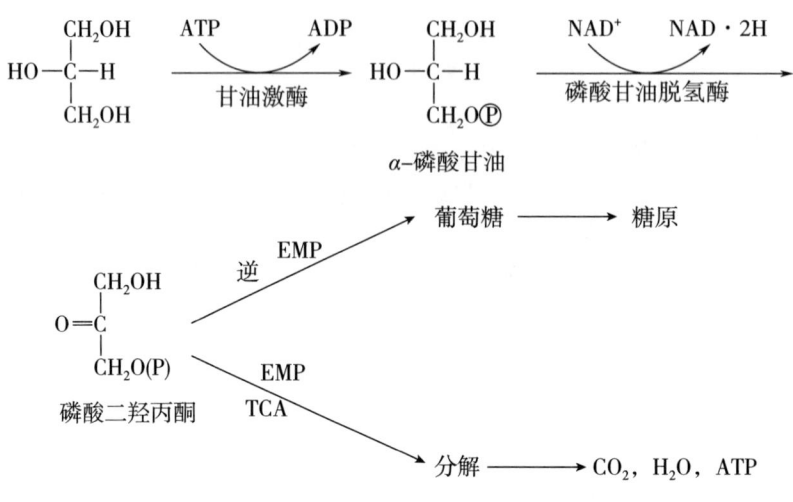

三、脂肪酸的氧化分解

1. 饱和脂肪酸的 β-氧化降解

早在 1904，年 Knoop 就利用苯环标记脂肪酸进行代谢实验，根据代谢产物分析结果发现脂肪酸以二碳单位递降的规律，据此提出了"脂肪酸 β-氧化学说"。后经脂肪酸代谢酶类分离纯化研究及同位素标记追踪等技术的应用，证实了"β-氧化学说"的正确性，并进一步阐明了其反应机制。β-氧化是脂肪酸分解的一条主要代谢途径，分布普遍。该途径的酶系在线粒体基质中。每次 β-氧化降解由脱氢、加水、脱氢和硫解四步反应组成。在细胞质中，脂肪酸需要先经酶促活化成为脂酰 CoA，然后转运至线粒体基质，进入 β-氧化降解途径。

（1）脂肪酸的活化　在细胞质中，脂肪酸由脂酰 CoA 合成酶催化，由 ATP 供能，与 CoASH 反应生成代谢活泼的脂酰 CoA，该反应不可逆。

$$R-CH_2CH_2CH_2\overset{O}{\underset{\|}{C}}-OH + ATP + HSCoA \xrightarrow{\text{脂酰 CoA 合成酶, } Mg^{2+}} R-CH_2CH_2CH_2\overset{O}{\underset{\|}{C}}\sim SCoA + AMP + PPi$$

脂酰 CoA

生成的焦磷酸（PPi）迅速水解成磷酸，因而此反应过程实际消耗了两个高能磷酸键。生成的脂酰 CoA 进入线粒体进一步氧化。

脂酰 CoA 合成酶多存在于内质网和线粒体的外膜上，已知的有几种，按其催化的最适底物脂肪酸链长度而命名。①乙酰 CoA 合成酶。催化合成乙酰 CoA 的速度最快，也催化丙酸或丙烯酸与 CoASH 的反应。该酶广泛分布于各种生物体中，需 Mg^{2+}，Ni^{2+} 或 K^+ 作辅助因子。②辛酰 CoA 合成酶。能催化合成 $C_4 \sim C_{12}$ 脂酰 CoA，在动、植物中都存在，需 Mg^{2+}。③十二脂酰 CoA 合成酶。能催化合成 $C_{10} \sim C_{18}$ 脂酰 CoA，存在于动物肝脏、酵母和其他微生物中。

（2）脂酰 CoA 的穿膜运送　在细胞质中合成的脂酰 CoA 不能自由穿过线粒体内膜进入线粒体。肉毒碱可作为载体将脂酰基转运至线粒体内。机制如图 11-1 所示。

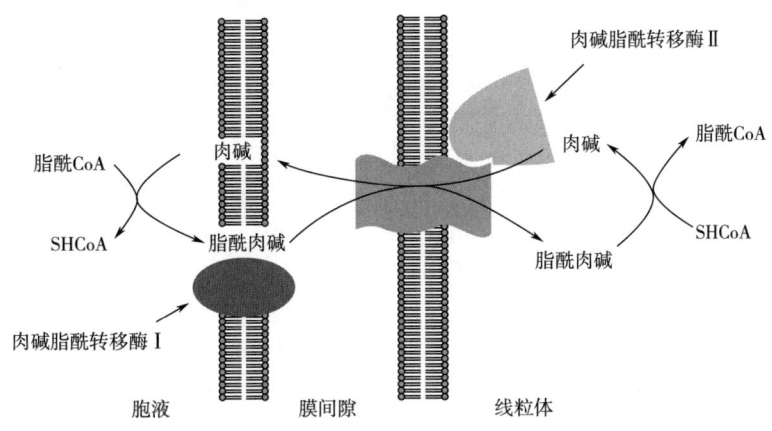

图 11-1　脂酰 CoA 的穿膜运送机制

肉碱是一个由赖氨酸衍生而成的两性化合物，系统名称 L-β-羟基-γ-三甲铵基丁酸，结构式为：

$$H_3C-\underset{\underset{CH_3}{|}}{\overset{\overset{CH_3}{|}}{N}}-CH_2-\overset{\overset{H}{|}}{\underset{\underset{OH}{|}}{C}}-CH_2-\overset{O}{\overset{\|}{C}}-OH$$

脂酰 CoA 先在线粒体内膜外侧由肉毒碱脂酰转移酶 I 催化，肉毒碱的 β-OH 与脂肪酸成脂键结合，形成脂酰-肉毒碱；后者可穿过线粒体内膜进入内室基质中；再由肉毒碱脂酰转移酶 II 催化，将脂酰基转移给基质中的 CoASH，重新生成脂酰~SCoA；肉毒碱在转位酶帮助下又回到线粒体内膜外侧。

（3）脂酰 CoA 的 β-氧化降解　在线粒体内室基质中，脂酰 CoA 发生 β-氧化降解。一次 β-氧化过程，由 4 种酶分别接连催化四步反应组成：

①脂酰 CoA 的 α,β-脱氢作用：此反应由脂酰 CoA 脱氢酶催化，生成 Δ^2 反式烯脂酰 CoA。

$$R-CH_2-CH_2-CH_2-\overset{O}{\overset{\|}{C}}-SCoA \xrightarrow[]{FAD \quad FADH_2} R-CH_2-\overset{H}{\underset{\underset{H}{|}}{C}}=\overset{H}{C}-\overset{O}{\overset{\|}{C}}-SCoA$$

脂酰CoA　　　　　　　　　　　　　Δ^2-反式烯脂酰CoA

线粒体基质中至少有三种脂酰 CoA 脱氢酶，即丁酰 CoA 脱氢酶、辛酰 CoA 脱氢酶和十六酰 CoA 脱氢酶。它们分别催化 $C_4 \sim C_6$，$C_6 \sim C_{14}$ 和 $C_6 \sim C_{18}$ 脂酰 CoA 的脱氢反应。这些脂酰 CoA 脱氢酶都是 FAD 黄素蛋白。生成的 $FADH_2$ 上氢原子对（2H）不能直接进入呼吸链氧化，需先传递给位于线粒体内膜上的电子传递黄素蛋白（ETF），然后才能经 CoQ，Cytb……依次传递（见呼吸链部分）。

② Δ^2-反-烯脂酰 CoA 水合反应：Δ^2-反-烯脂酰 CoA 由烯脂酰水合酶催化加水，生成 L(+)-β-羟脂酰 CoA。

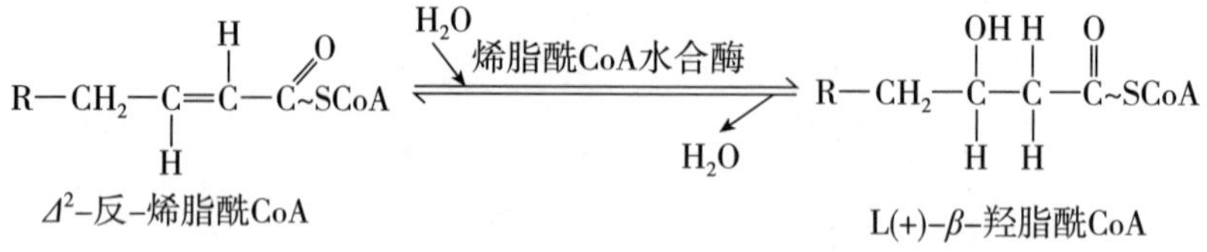

$$R-CH_2-\underset{H}{\overset{H}{C}}=\underset{H}{C}-\overset{O}{\overset{\|}{C}}-SCoA \underset{H_2O}{\overset{H_2O \; 烯脂酰CoA水合酶}{\rightleftharpoons}} R-CH_2-\underset{H}{\overset{OH}{C}}-\underset{H}{\overset{H}{C}}-\overset{O}{\overset{\|}{C}}-SCoA$$

Δ^2-反-烯脂酰CoA　　　　　　　　　　　　　L(+)-β-羟脂酰CoA

该酶只能催化 Δ^2 不饱和脂酰 CoA 水化，但无立体异构专一性，也能催化 Δ^2-顺-烯脂酰 CoA 起水合反应。

③ β-羟脂酰 CoA 脱氢反应：L(+)-β-羟脂酰 CoA 由 β-羟脂酰 CoA 脱氢酶催化脱氢生成 β-酮脂酰 CoA。

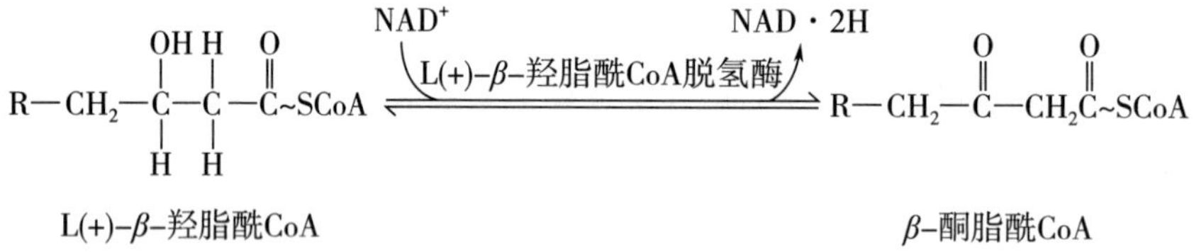

$$R-CH_2-\underset{H}{\overset{OH}{C}}-\underset{H}{\overset{H}{C}}-\overset{O}{\overset{\|}{C}}-SCoA \xrightarrow[L(+)-\beta-羟脂酰CoA脱氢酶]{NAD^+ \quad\quad NAD \cdot 2H} R-CH_2-\overset{O}{\overset{\|}{C}}-CH_2-\overset{O}{\overset{\|}{C}}-SCoA$$

L(+)-β-羟脂酰CoA　　　　　　　　　　　　　　β-酮脂酰CoA

该酶需 NAD^+ 作辅酶，其底物专一性很强，不能催化 D-型底物反应，但可作用于碳链长短不同的 L-型底物。

④ β-酮脂酰 CoA 的硫解作用：β-酮脂酰 CoA 由硫解酶催化，与 CoASH 发生硫醇解反应，生成乙酰 CoA 和比原来少了两个碳原子的脂酰 CoA。

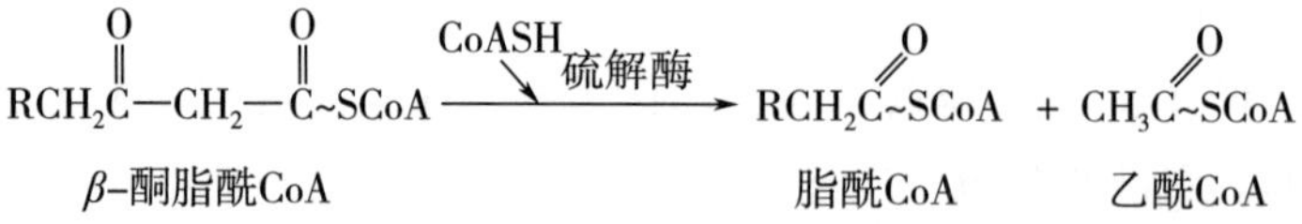

$$RCH_2\overset{O}{\overset{\|}{C}}-CH_2-\overset{O}{\overset{\|}{C}}-SCoA \xrightarrow{CoASH \; 硫解酶} RCH_2\overset{O}{\overset{\|}{C}}-SCoA + CH_3\overset{O}{\overset{\|}{C}}-SCoA$$

β-酮脂酰CoA　　　　　　　　　脂酰CoA　　乙酰CoA

经过上述脱氢（$FADH_2$）、水合、脱氢（$NADH+H^+$）和硫解四步反应，完成了一次 β-氧化降解，生成一个 $CH_3\overset{O}{\overset{\|}{C}}\sim SCoA$，1 个 $FADH_2$ 和 1 个 $NADH+H^+$。一个软脂酸分子经 7 次 β-氧化，可完全降解生成 8 个 $CH_3\overset{O}{\overset{\|}{C}}\sim SCoA$，7 个 $FADH_2$ 和 7 个 $NADH+H^+$。反应过程如图 11-2 所示。

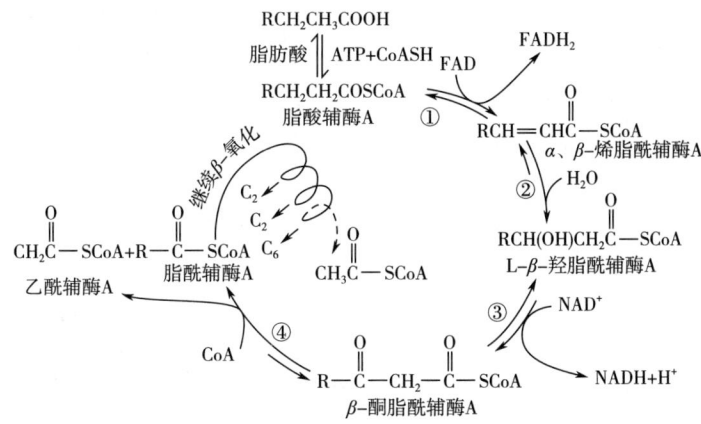

图 11-2 脂肪酸的 β-氧化降解
①脂酰 CoA 脱氢酶 ②烯脂酰 CoA 水合酶 ③L-β 羟脂酰 CoA 脱氢酶 ④硫解酶

软脂酸 β-氧化降解的总反应式为：

$$CH_3(CH_2)_{14}COOH + 8CoASH + 7FAD + 7NAD^+ + ATP \longrightarrow$$

$$8CH_3CO\sim SCoA + 7FADH_2 + 7NAD \cdot 2H + AMP + PPi$$

（4）脂肪酸经 β-氧化完全燃烧的能量转化 β-氧化产生的 $CH_3CO\sim SCoA$ 经 TCA 循环和呼吸链完全燃烧可产生 10 个 ATP，$FADH_2$ 和 $NADH + H^+$ 经呼吸链氧化磷酸化分别生成 1.5 个和 2.5 个 ATP。因此，一次 β-氧化可产生 14 个 ATP。

一个软脂酸分子经 β-氧化完全燃烧生成 ATP 的数量为：$14 \times 7 + 10 = 108$ 个 ATP（或者 $10 \times 8 + 4 \times 7 = 108$ 个 ATP），补偿脂肪酸活化消耗的 ATP（相当于消耗 2 个高能磷酸键），净生成 $108 - 2 = 106$ 个 ATP，即 1mol 软脂酸经 β-氧化完全燃烧净生成 106molATP。1mol 软脂酸完全燃烧成 CO_2 和 H_2O 的 $\Delta G^{0'}$ 为 9781.2kJ，而生成 ATP 的能量仅占其 33.1%，其余能量以热能形式散发。

软脂酸经 β-氧化、TCA 循环和呼吸链完全燃烧成 CO_2 和 H_2O，生成 ATP 的总反应式为：

$$CH_3(CH_2)_{14}COOH + 106ADP + 107Pi + 23O_2 \longrightarrow 16CO_2 + 146H_2O + 106ATP$$

2. 不饱和脂肪酸的 β-氧化降解

不饱和脂肪酸的 β-氧化降解过程与饱和脂肪酸的 β-氧化降解过程基本相似，只是因为不饱和脂肪酸分子中存在着顺式结构的双键，所以，在 β-氧化过程中需要由另外的酶参加，脱氢步骤也相应地减少。单烯不饱和脂肪酸以油酸为例，经过三次 β-氧化降解后，剩下 Δ^3-顺-烯脂酰 CoA：

Δ^9-油脂酰CoA 经 3CASH、3CH$_3$C(O)~SCoA 反应生成 Δ^3-顺-烯脂酰CoA。

因为烯脂酰水合酶只催化 Δ^2-烯脂酰 CoA 发生水合反应，下一步的 β-羟脂酰 CoA 脱氢酶只催化 L-β-羟脂酰 CoA 脱氢，所以，Δ^3-顺-烯脂酰 CoA 须由 Δ^3-顺、Δ^2-反-烯脂酰 CoA 异构酶催化，将双键位移并改造成 Δ^2-反式结构才能成为 β-氧化的正常底物，继续进行 β-氧化降解反应：

Δ^3-顺-烯脂酰CoA $\xrightarrow{\text{异构酶}}$ Δ^2-反-烯脂酰CoA

多不饱和脂肪酸的 β-氧化降解，除需要顺反异构酶之外，还需要一个差向异构酶参加，将 D(-)-β-羟脂酰 CoA 改造成 L(+)-β-羟脂酰 CoA。

3. 脂肪酸的其他氧化降解方式

研究证明，动、植物组织中除 β-氧化降解途径之外，还有 α-氧化降解、ω-氧化降解等途径。

（1）脂肪酸的 α-氧化降解 该代谢途径由 Stumpfp. K. (1956) 首先发现于植物种子和叶子对植烷酸的分解代谢，后来发现动物脑和肝细胞中也存在。α-氧化降解的机制至今还不十分清楚，推测其可能的反应过程是首先将脂肪酸的 α-碳原子氧化成羟基，再氧化成酮基，然后脱羧，生成 CO_2，$NADH+H^+$ 和少一个碳原子的脂肪酸。

$$RCH_2COOH \xrightarrow[Fe^{2+},\text{抗坏血酸}]{O_2,NAD\cdot 2H, \text{加单氧酶}} R-CH(OH)-COOH \xrightarrow[\text{脱氢酶}]{NAD^+\quad NAD\cdot 2H} R-C(=O)-COOH$$

脂肪酸 → L-α-羟脂肪酸 → α-酮酸

$$\xrightarrow[ATP,NAD^+,\text{抗坏血酸}]{\text{脱羧酶}} RCOOH+CO_2 \text{（少一个碳原子）}$$

α-氧化降解对支链脂肪酸、奇数 C 原子脂肪酸或过长链脂肪酸（如 C_{22}，C_{24}）的降解有重要作用。

(2) 脂肪酸的 ω - 氧化降解 早在 1932 年 Verkade 等就用动物实验证明了脂肪酸的 ω - 氧化降解途径。因其在脂肪酸分解代谢中并不占重要地位，未受到重视。新近从土壤中分离出许多需氧细菌及某些海面浮游微生物具有 ω - 氧化途径，能将烃类和脂肪酸迅速降解成水溶性产物，有的海面浮游细菌对脂肪酸分解速率达 $0.5g/(d \cdot m^2)$。这些微生物对清除海洋中的石油污染具有重大意义，因此，ω - 氧化的研究日益受到重视。

ω - 氧化主要是对一些中长链及长链脂肪酸或烃类的降解方式。该途径首先将脂肪酸的末端甲基氧化成羧基，故而得名 ω - 氧化。生成的 α, ω - 二羧酸可从分子两端同时进行 β - 氧化降解。

对一种亲油假单胞杆菌属 (Psudomonas oleovorans) 细菌的研究发现：其 ω - 氧化途径的酶系包括一个 $NADH + H^+$ 还原酶 (FP)，一个 ω - 羟化酶和一个小的称为红铁氧还蛋白 (Rubredoxin，NHI) 的红色非血红素铁硫蛋白。它们催化的 ω - 氧化反应过程如图 11 - 3 所示。

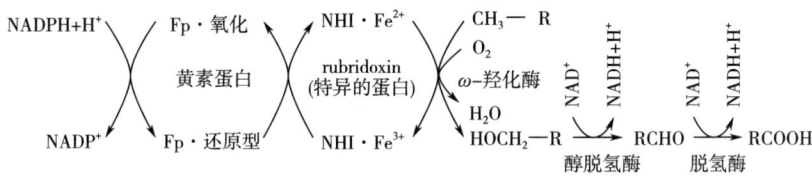

图 11 - 3 细菌的 ω - 氧化作用系统
FP 为黄素蛋白 NHI 为非血红素铁硫蛋白

知识小贴士

L - 肉碱

L - 肉碱是一种特殊的氨基酸，脂肪代谢过程中一种关键物质，能促进脂肪酸进入线粒体进行氧化分解。有利于促进脂肪代谢平衡。婴儿奶粉中添加 L - 肉碱可以预防婴儿虚胖。

按化学异构体的旋光性来分，肉碱有两种旋光异构体，左旋肉碱 (即 L - 肉碱) 和右旋肉碱 (即 D - 肉碱)。一般左旋的有生理活性，右旋的没有。肉碱的作用原理是在机体内运送长链脂肪穿过细胞膜入线粒体氧化分解以供给机体能量的载体，从而分解代谢脂肪。这就是肉碱能够减肥降脂的原理。

第二节 脂肪酸和甘油三酯的生物合成

生物体所需要的脂肪酸有两种来源：一靠外源，动物和微生物可直接利用油脂分解产生的脂肪酸作为生物合成所需要的原料。二靠自身合成，动物、植物、微生物都可利用糖、氨基酸碳链分解产生的乙酰 CoA，合成自身所需要的脂肪酸。

甘油三酯（脂肪）是生物体的营养贮存物质，当细胞中营养丰富，能量供应过剩时，细胞中分解代谢产生的 $CH_3\overset{O}{\overset{\|}{C}}\sim SCoA$（主要是单糖分解产生的）可转换代谢方向，大量用于合成脂肪酸，进而合成脂肪，贮存备用。

脂肪酸合成主要在细胞液中进行，称为脂肪酸非线粒体合成途径。该途径的终产物是软脂酸，故又称为软脂酸合成途径。由软脂酸可进一步转化为其他长链脂肪酸和单不饱和脂肪酸。对软脂酸合成酶系的组成、结构和合成作用过程已经研究的十分深入，下面分别进行讨论。

一、软脂酸合成酶系

软脂酸合成途径是由七个酶组成的多酶反应体系。

不同生物的软脂酸合成酶系的结构有所不同。在大肠杆菌和植物中，软脂酸合成酶系是一个多酶复合体，如图 11-4 所示。

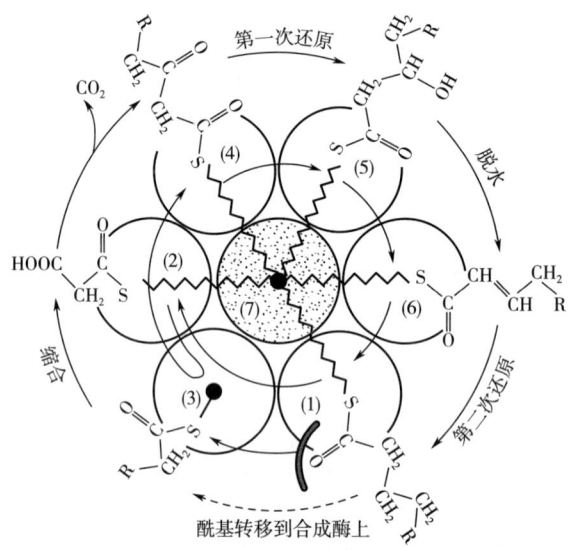

图 11-4　大肠杆菌软脂酸合成酶系（多酶复合体）的组成及其催化反应
(1) ACP 酰基转移酶　(2) 丙二酸单酰 CoA – ACP 转酰基酶　(3) β – 酮脂酰 – ACP 合酶
(4) β – 酮脂酰 – ACP 还原酶　(5) β – 羟脂酰 – ACP 脱水酶
(6) 烯脂酰 – ACP 还原酶　(7) 酰基载体蛋白（ACP）　∽∽∽SH 代表 4′—P—PaSH

图中可见，多酶复合体的核心成员是酰基载体蛋白（ACP），其余六个酶分子按顺序排列于 ACP 的周围。ACP 结合一个 4′-磷酸泛酰巯基乙胺（4′-P-PaSH）作为辅基，4′-P-PaSH 有一个柔性长链，其游离末端的巯基—SH，能与脂酰基成硫脂键结合。4′-P-PaSH 犹如长长的臂手，可以发生摆动，将脂酰基从复合体的一个部位转移到另一个部位，以便各个酶进行催化反应。

酵母、鸟类和哺乳类动物的肝脏及乳腺中的软脂酸合成酶系的结构与大肠杆菌的不同，它不是多酶复合体结构，而是由 α 和 β 两种亚基组成的一个多功能酶，α 亚基与 β 亚基都有多个结构域，分别具有不同的酶活性。例如，酵母的软脂酸合成酶具有 $\alpha_6\beta_6$ 结构，α 亚基的不同结构域分别具有 ACP、β-酮脂酰合酶和 β-酮脂酰-ACP 还原酶活性；β 亚基有 ACP 转酰基酶、丙二酸单酰 CoA-ACP 转酰基酶、β-羟脂酰-ACP 脱水酶和烯脂酰-ACP 还原酶等结构域，如图 11-5 所示。

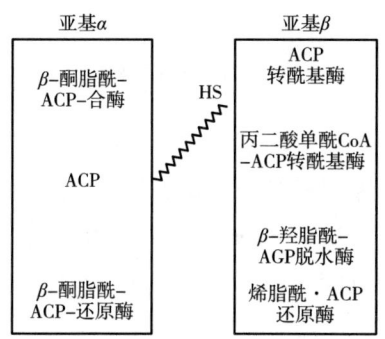

图 11-5　酶母软脂酸合成酶系（多功能酶）的结构域排列方式

二、合成原料的准备

1. 乙酰 CoA 的穿膜运送

软脂酸合成途径是在细胞液中，可是对于真核细胞来说，大量的乙酰 CoA 是在线粒体中产生的，乙酰 CoA 不能自由穿过线粒体膜，因此，需要有相应的运送机制将乙酰 CoA 转运到细胞液中。转运机制如图 11-6 所示。

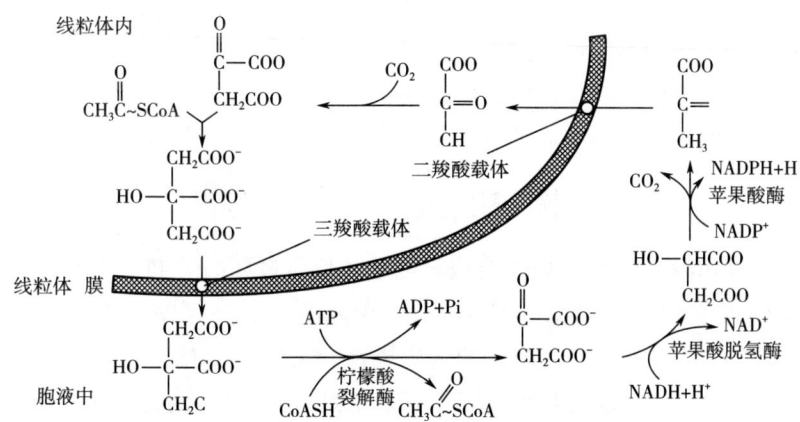

图 11-6　乙酰 CoA 的穿膜运送机制

在线粒体中，乙酰 CoA 与草酰乙酸合成的柠檬酸，借助三羧酸载体透过线粒体膜，再由线粒体外的
柠檬酸裂解酶催化裂解放出乙酰 CoA，草酰乙酸则转化成丙酮酸穿膜进入线粒体，
再羧化成草酰乙酸，重新参加乙酰 CoA 转运循环

2. 乙酰 CoA 的羧化

脂肪酸合成多酶复合体，催化合成软脂酸需要以乙酰 CoA 或其他短链脂酰 CoA 作引

物，在引物羧基上每次加长一个 C_2 单位，引物则成为所合成脂肪酸的甲基端。

C_2 的直接供体不是乙酰 CoA，而是丙二酸单酰 CoA，所以乙酰 CoA 作为原料参加脂肪酸合成之前必须先羧化成丙二酸单酰 CoA。羧化反应由乙酰 CoA 羧化酶催化，ATP 供能，碳酸氢盐（HCO_3^-）提供羧基，生物素作为酶的辅基，反应如下：

$$CH_3\overset{O}{C}\sim SCoA + HCO_3^- \xrightarrow[\text{生物素}]{\text{乙酰CoA羧化酶} \quad ATP \quad ADP+Pi} HOOCCH_2\overset{O}{C}\sim SCoA$$
$$\text{丙二酸单酰CoA}$$

大肠杆菌的乙酰 CoA 羧化酶的结构已经研究的比较清楚，它是一个由三个酶组成的多酶复合体：①生物素载体蛋白（Bitin carrier protein，BCP），它是两个亚基组成的寡聚酶，每个亚基都通过其分子中的赖氨酸 - ε - NH_2 共价结合一个生物素作为辅基；②生物素羧化酶（Biotin carboxylase，BC），也是两个亚基组成的寡聚酶；③转羧酶（Transcarboxylase，TC），负责催化 $CH_3\overset{O}{C}\sim SCoA$ 甲基端羧化。羧化反应分以下两步进行：

① $BCP + HCO_3^- + ATP \xrightarrow{BC} BCP—COO^- + ADP + Pi$

② $BCP—COO^- + CH_3\overset{O}{C}\sim SCoA \xrightarrow{TC} BCP + HOOCCH_2\overset{O}{C}\sim SCoA$
$$\text{丙二酸单酰 ACP}$$

丙二酸单酰 CoA 除用于合成软脂酸外，在代谢上没有其他用途，所以通过调控羧化酶活性可以调节脂肪酸合成，而且不会干扰其他代谢途径。

因为生物素作为羧化酶的辅基参加脂肪酸的生物合成，所以，生物素在细胞中的浓度会影响脂肪酸合成，进而影响甘油磷脂的生物合成，乃至生物膜的组建。因此，新型发酵生产可以通过控制培养基中生物素的含量改善膜透性，提高发酵产品产量。

三、软脂酸生物合成的反应过程

多酶复合体利用丙二酸单酰 CoA 合成软脂酸的反应过程如图 11-7 所示。

该合成途径的基本反应有四步：①合成 β - 酮脂酰 - ACP；②β - 酮脂酰 - ACP 还原成 β - 羟脂酰 - ACP；③β - 羟脂酰 - ACP 脱水生成 β - 烯脂酰 - ACP；④β - 烯脂酰 - ACP 还原成饱和脂酰 - ACP。经过以上四步反应，完成在引物的羧基端加长一个二碳的过程。全部反应都是在酰基载体蛋白上进行的，分述如下。

1. β - 酮脂酰 - ACP 合成反应

该反应由 β - 酮脂酰 - ACP 合酶（E_3）催化，反应过程复杂，除合酶之外，还需要酰基载体蛋白（ACP）、ACP 转酰基酶（E_1）和丙二酸单酰 CoA - ACP 转酰基酶（E_2）参加。由酰基载体蛋白将引物乙酰 CoA（或其他脂酰基 CoA）的脂酰基和丙二酸单酰基转运到 β - 酮脂酰 - ACP 合酶上。这一过程通过下列反应完成：

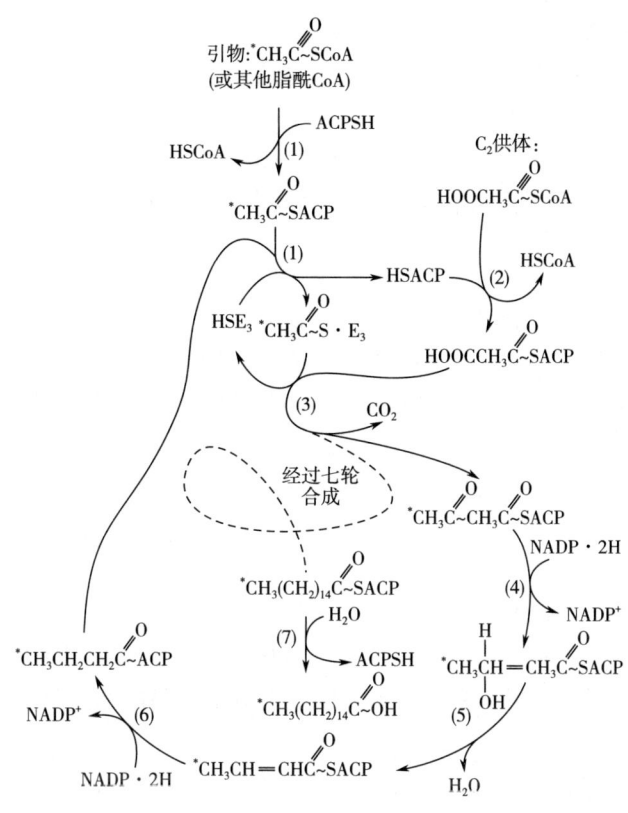

图 11-7 软脂酸生物合成的反应过程

(1) ACP 酰基转移酶　(2) 丙二酸单酰 CoA-ACP 酰基转移酶　(3) β-酮脂酰-ACP 合酶
(4) β-酮脂酰-ACP 还原酶　(5) β-羟脂酰-ACP 脱水酶　(6) 烯脂酰-ACP 还原酶　(7) 硫酯酶

(1) $CH_3CO\sim SCoA + ACP\cdot SH \xrightarrow[CoASH]{ACP转酰基酶(E_1)} CH_3CO\sim SACP$
　　　引物：乙酰CoA　　　　　　　　　　　　　　　　　乙酰ACP

(2) $CH_3CO\sim SACP + HS\cdot E_3 \xrightarrow{\beta-酮脂酰-ACP合酶} CH_3CO\sim S\cdot E_3 + ACPSH$
　　　乙酰ACP　　　　　　　　　　　　　　　　　　　　中间复合物

(3) $HOOCCH_2CO\sim SCoA + ACP\cdot SH \xrightarrow[CoASH]{丙二酸单酰CoA-ACP转酰基酶(E_2)} HOOCCH_2CO\sim SACP$
　　　丙二酸单酰CoA　　　　　　　　　　　　　　　　　　　　　　　　丙二酸单酰ACP

(4) $CH_3CO\sim S\cdot E_3 + HOOCCH_2CO\sim SACP \xrightarrow{-CO_2} CH_3CO\sim CH_2-CO\sim SACP$
　　E_3中间复合物　丙二酸单酰ACP　　　　　　　　β-酮脂酰-ACP

2. β-酮脂酰-ACP 还原反应

酰基载体蛋白将β-酮脂酰摆动到β-酮脂酰-ACP 还原酶上，由 NADP·2H 供氢催化还原生成β-羟脂酰-ACP。

$$CH_3\overset{O}{\underset{\|}{C}}-CH_2-\overset{O}{\underset{\|}{C}}\sim SACP \xrightarrow[E_4]{NADP \cdot 2H \quad NADP^+} CH_3\overset{OH}{\underset{|}{C}}H-CH_2-\overset{O}{\underset{\|}{C}}\sim SACP$$

β-羟脂酰-ACP

3. β-羟脂酰-ACP 脱水反应

ACP 的柔性臂携带β-羟脂酰基再摆动到β-羟脂酰-ACP 脱水酶（E_5）上，E_5 催化 β-OH 和 α-H 脱水，生成 α,β-烯脂酰-ACP。该烯脂酰基是反式结构。

$$CH_3\overset{OH}{\underset{|}{C}}H-CH_2-\overset{O}{\underset{\|}{C}}\sim SACP \xrightarrow{E_5} CH_3\overset{H}{\underset{}{C}}=\overset{}{\underset{H}{C}}-\overset{O}{\underset{\|}{C}}\sim SACP$$

β-烯脂酰-ACP

4. β-烯脂酰-ACP 还原反应

该反应由 β-烯脂酰-ACP 还原酶（E_6）催化。ACP 的辅基携带烯脂酰基摆动到该酶分子上，由 $NADPH + H^+$ 供氢，发生还原反应，生成饱和脂酰基-ACP。

$$CH_3\overset{H}{\underset{}{C}}=\overset{}{\underset{H}{C}}-\overset{O}{\underset{\|}{C}}\sim SACP \xrightarrow[E_6]{NADP \cdot 2H \quad NADP^+} CH_3CH_2CH_2\overset{O}{\underset{\|}{C}}\sim SACP$$

脂酰-ACP

经过以上四步反应，在饱和脂酰基的羧基端加长了一个 C_2 单位。ACP 携带加长的饱和脂酰基摆动到 E_3 上，交给 E_3 的—SH，然后再到 E_2 上接受一个丙二酰基，回到 E_3 进行第二次合成，再经 E_4、E_5、E_6 完成第二次加长。照此重复，经七次循环即可合成十六碳饱和脂肪酰-ACP。最后，由硫酯酶催化释放出软脂酸，或者从 ACP 上转移给 CoASH，然后再生成脂酰 CoA，直接参加磷脂酸的生物合成。

由 $CH_3\overset{O}{\underset{\|}{C}}\sim SCoA$ 合成软脂酸的总反应式为：

$$8CH_3\overset{O}{\underset{\|}{C}}\sim SCoA + 14NADPH + 14H^+ + 7ATP + H_2O \longrightarrow 软脂酸 + 8CoASH + 14NADP^+ + 7ADP + 7Pi$$

四、脂肪酸碳链在线粒体内加长

多酶复合体合成的脂肪酸链最长只能到软脂酸。C_{16} 以上的脂肪酸，靠线粒体或微粒体中的酶催化软脂酸延伸而成。例如，线粒体中有一种酶复合物催化软脂酸加长，它与软脂酸合成酶有几点不同。

（1）是以 $CH_3\overset{O}{\underset{\|}{C}}\sim SCoA$ 为单体，而不是用丙二酸单酰-ACP。

(2) β-酮脂酰-CoA 还原反应是以 NADH+H⁺ 提供还原力，而不是用 NADPH+H⁺。

(3) 反应过程中的各种酰基都以 CoASH 为载体，而不是 ACPSH。

该反应体系类似 β-氧化的逆反应，但又不完全相同。β-氧化的脂酰-CoA 脱氢酶以 FAD 为辅基，而加长反应是用 NADPH+H⁺ 作为烯脂酰-CoA 还原酶的辅酶。这一反应体系既可催化饱和脂肪酸的加长，也可催化不饱和脂肪酸加长，反应如下：

(1) $CH_3C(O)\sim SCoA + RCH_2C(O)\sim SCoA \xrightarrow[CoASH]{硫解酶} RCH_2C(O)-CH_2-C(O)-SCoA$

(2) $RCH_2C(O)-CH_2-C(O)\sim SCoA \xrightarrow[β\text{-羟脂酰CoA脱氢酶}]{NAD\cdot 2H \quad NAD^+} RCH_2CH(OH)CH_2C(O)\sim SCoA$

(3) $RCH_2CH(OH)-CH_2C(O)\sim SCoA \xrightarrow[β\text{-羟脂酰CoA水合酶}]{H_2O} RCH_2C(H)=C(H)-C(O)\sim SCoA$

(4) $RCH_2C(H)=C(H)-C(O)\sim SCoA \xrightarrow[\text{烯脂酰CoA还原酶}]{NADP\cdot 2H \quad NADP^+} RCH_2CH_2CH_2C(O)\sim SCoA$

五、不饱和脂肪酸的生成

1. 单烯不饱和脂肪酸的生成

Δ^9-单烯不饱和脂肪酸是通过脱饱和酶复合物催化饱和脂肪酸脱饱和作用而成的。例如，植物和微生物的脱饱和酶复合物能催化一个氧化反应过程使脂肪酸脱饱和。硬脂酰 CoA 经酶促脱饱和生成油酰 CoA；软脂酰 CoA 经脱饱和生成棕榈油酰 CoA。反应机制如下式所示：

$$NADP\cdot 2H \xrightarrow{2e} 黄素蛋白 \xrightarrow{2e} 铁硫蛋白 \xrightarrow{2e} \begin{array}{c} 酶\cdot O_2 \\ O_2+2H \end{array} \begin{array}{c} 饱和脂酰CoA \\ 酶 \end{array} \begin{array}{c} 不饱和脂酰CoA \\ 2H_2O \end{array}$$

许多细菌还有一种不需氧途径，即通过一个中等长度的 β-羟脂酰-ACP 的脱水作用形成双键后，不发生还原反应，在保留双键的基础上继续进行碳链加长，形成单烯不饱和脂肪酸，例如：

$$CH_3(CH_2)_5CH_2CH(OH)CH_2-C(O)\sim SACP \quad (β\text{-羟癸脂酰-ACP})$$

$$\downarrow \text{脱水酶}, \quad H_2O$$

$$CH_3(CH_2)_5-\overset{\gamma}{C}H=\overset{\beta}{C}H-CH_2-C(O)\sim SACP \quad (\Delta^3\text{-癸烯脂酰-ACP})$$

$$\downarrow \text{连续三次加长反应}$$

$$CH_3(CH_2)_5-CH=CH-(CH_2)_9COOH \quad (棕榈油酸)$$

2. 多烯不饱和脂肪酸的形成和互相转变

多烯不饱和脂肪酸是通过脱饱和作用和碳链加长形成的。植物利用亚油酸和亚麻酸演变生成多烯酸的关系如图11-8所示。

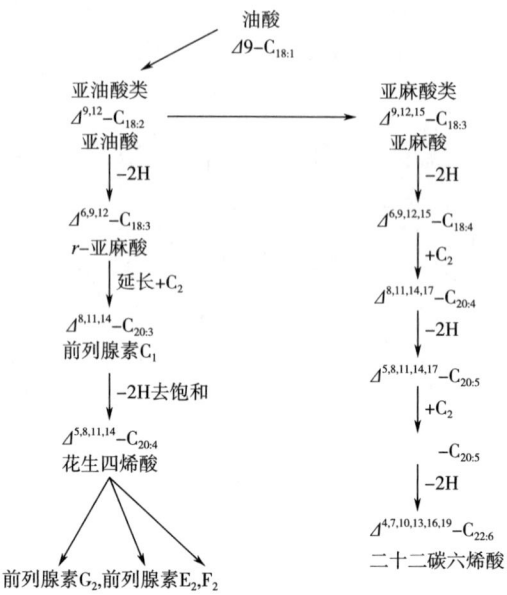

图 11-8 多烯不饱和脂肪酸的形成

图中脂肪酸的变化是以酰基 CoASH 形式进行的。符合 Δ 和旁边的数字代表双链位置，下脚注的第一个数字表示碳链长，第二个数字表示双键数目

六、甘油三酯的合成

细胞中甘油三酯的生物合成是用脂酰 CoA 和 L-α-磷酸甘油作为前体物质。

1. L-α-磷酸甘油的来源

糖酵解的中间产物磷酸二羟丙酮经 α-磷酸甘油脱氢酶催化还原，则生成 L-α-磷酸甘油。这是脂肪组织中 L-α 磷酸甘油的主要来源。其他来源的甘油经激酶催化也可生成 α-磷酸甘油。

(1) 磷酸二羟丙酮 $\xrightarrow[\alpha\text{-磷酸甘油脱氢酶}]{NAD \cdot 2H \quad NAD^+}$ L-α-磷酸甘油

(2) 甘油 $\xrightarrow[\text{激酶}]{ATP \quad ADP}$

2. 脂酰CoA的合成

植物和微生物经多酶复合体催化合成的脂肪酸是以脂酰CoA形式释放到细胞液中的,可直接用于脂肪的合成。其他来源的脂肪酸需要由脂酰CoA合成酶催化合成脂酰CoA。

$$R-COOH + CoASH + ATP \xrightarrow{\text{脂酰CoA合成酶}} RC\sim SCoA + AMP + PPi$$

3. 脂肪合成

脂肪合成反应分几步进行。

（1）L-脂酰基-甘油-3-磷酸的合成　脂酰CoA与α-L-甘油-3-磷酸由S_n①甘油-3-磷酸转酰酶催化反应,生成L-脂酰-甘油-3-磷酸,又名溶血磷脂酸。

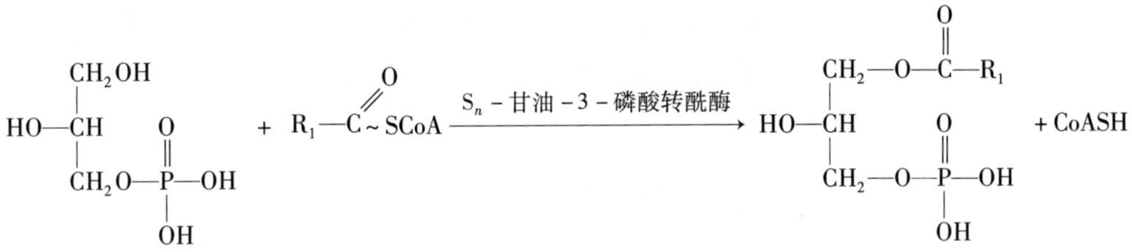

$$\text{甘油-3-磷酸} + R_1-C\sim SCoA \xrightarrow{S_n-\text{甘油-3-磷酸转酰酶}} \text{溶血磷脂酸} + CoASH$$

（2）磷脂酸的形成　由溶血磷脂酸转酰酶催化,再与第二个脂酰CoA反应,生成磷脂酸。

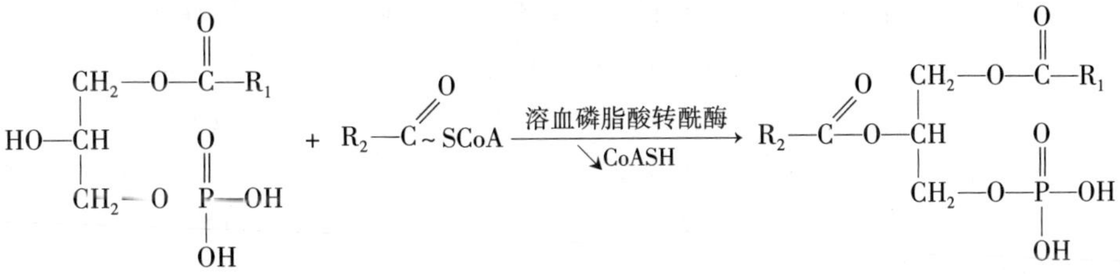

$$\text{溶血磷脂酸} + R_2-C\sim SCoA \xrightarrow[CoASH]{\text{溶血磷脂酸转酰酶}} \text{磷脂酸}$$

（3）磷脂酸水解

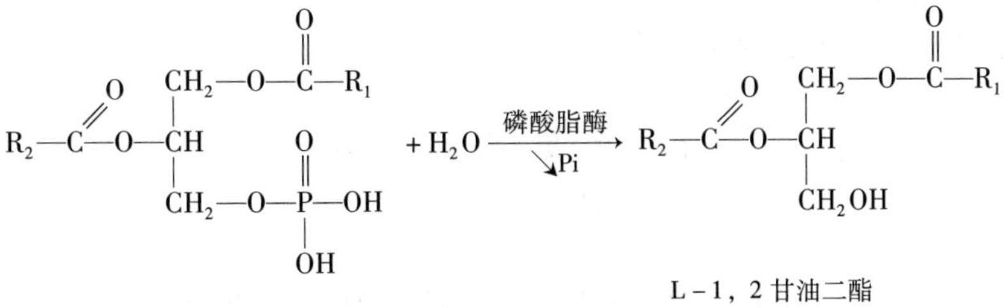

$$\text{磷脂酸} + H_2O \xrightarrow[Pi]{\text{磷酸脂酶}} \text{L-1,2甘油二酯}$$

（4）甘油三酯的形成

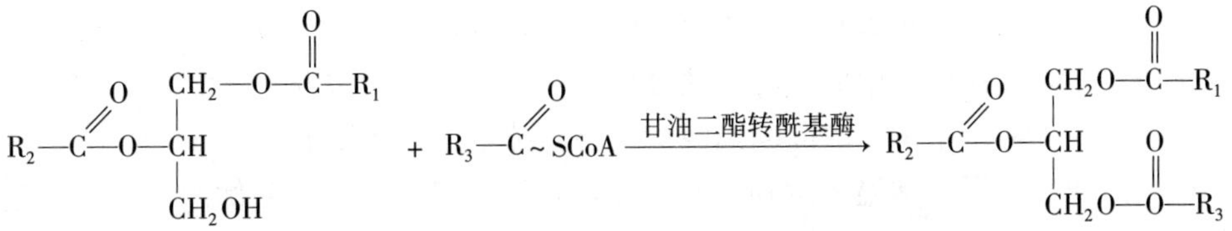

$$\text{L-1,2甘油二酯} + R_3-C\sim SCoA \xrightarrow{\text{甘油二酯转酰基酶}} \text{甘油三酯}$$

---

① 酶名前缀"Sn"代表立体特异性,根据立体编号系统（Sn系统）而来,此处甘油的C2对L-构型有决定意义。

知识小贴士

脂质代谢异常

脂质代谢异常是先天性或获得性因素造成的血液及其他组织器官中脂质及其代谢产物质和量的异常。脂质的代谢包括脂类在小肠内消化、吸收,由淋巴系统进入血循环(通过脂蛋白转运),经肝脏转化,储存于脂肪组织,需要时被组织利用。脂质在体内的主要功用是氧化供能,脂肪组织是机体的能量仓库。磷脂是所有细胞膜的重要结构成分,胆固醇是胆酸和类固醇激素(肾上腺皮质激素和性腺激素)的前体。脂类代谢受遗传、神经体液、激素、酶以及肝脏等组织器官的调节。当这些因素有异常时,可造成脂代谢紊乱和有关器官的病理生理变化。具体病症有高脂蛋白血症、脂质贮积病、肥胖症、脂肪肝、酮症、新生儿硬肿症、蛋白减少症等。

七、酒类中低级脂肪酸酯的生成

低级脂肪酸酯是酒类和各种发酵食品中香气、香味的重要组成成分。饮料酒,特别是白酒中,虽然酯的绝对含量并不高(名优酒中也不过 0.2~0.6g/100mL),但是所含酯的种类和数量却对白酒的不同风格,即所谓"香型"的形成起着决定性作用。已知白酒中普遍存在乙酸乙酯、己酸乙酯和乳酸乙酯三种主要的酯。可是,它们对不同香型的形成所起的作用并不一样。例如:浓香型(泸香型)白酒是以乙酸乙酯和适量的丁酸乙酯为主体香成分;清香型(汾香型)白酒是以乙酸乙酯和乳酸乙酯为主体香成分;酱香型(茅香型)白酒的香味成分极为复杂,已定性的有 70 多种,其主体香成分尚待进一步研究探讨。普通白酒体态淡薄,含酯量很低。

关于酒中酯的生成,一般认为有化学的和生物化学的两种机制,简述如下。

1. 酯的化学生成

常温下,有机酸与醇长时期接触,可缓慢地进行酯化反应,生成酯。

$$R-\underset{\substack{\| \\ O}}{C}-OH + HO-R' \xrightleftharpoons{\text{酯化}} R-\underset{\substack{\| \\ O}}{C}-O-R' + H_2O$$

$$\text{酸} \qquad \text{醇} \qquad \text{酯}$$

例如:

$$CH_3-\underset{\substack{\| \\ O}}{C}-OH + HO-CH_2CH_3 \xrightleftharpoons{\text{酯化}} CH_3-\underset{\substack{\| \\ O}}{C}-O-CH_2CH_3 + H_2O$$

$$\text{乙酸} \qquad \text{乙醇} \qquad \text{乙酸乙酯}$$

酯化反应是一种可逆反应,将等当量的乙酸和乙醇混合,达到反应平衡时约有 2/3 的酸和醇生成酯。若反应体系中酸或醇的浓度增加,反应平衡向成酯方向移动,使生成酯的量增加。表 11-1 所示是不同浓度的乙醇对乙酸乙酯生成量的影响。

酯化反应速度很慢,常温下达到平衡要经过几年时间,因此,名优酒常常要经过相当长久的贮存时期,才能使酒体组成物质变的更协调、风格更典型。

表 11-1　　　　　　　　　　　　醇浓度对酯化反应平衡点的影响

乙醇浓度/ （mol/L）	乙酸浓度/ （mol/L）	平衡后的乙酸乙酯浓度/ （mol/L）
1.0	1.0	0.665
1.5	1.0	0.779
2.0	1.0	0.828
4.0	1.0	0.882
12.0	1.0	0.932
50.0	1.0	1.00

2. 酯的生物合成

研究证明，酒类在发酵过程中产生的酯类主要是由酵母细胞中的酯酶催化合成的。不同酵母的产酯能力不同，我国传统曲酒生产中，发现有多种产酯酵母（生香酵母），主要有汉逊酵母属、球拟酵母属及毕赤酵母属的酵母，它们的存在对酒风格的形成起着良好的作用。尤其是异常汉逊酵母的产酯能力很强，它以产乙酸乙酯为主，在发酵生产中已广泛用于提高白酒质量。

环境条件对酵母的产酯能力也有一定影响。培养基中增加氮源、泛酸盐或 β-丙氨酸、硫辛酸、Mg^{2+} 等能促进乙酸乙酯的生成；增加生物素、Ca^{2+} 及砷酸盐则抑制酯的生成。

在规定的培养基中增加某些脂肪酸进行酒精发酵，结果发现酿酒酵母和卡氏酵母能够利用外源脂肪酸合成相应的酯。在液态白酒发酵醪中添加己酸菌液借其提高己酸浓度，发现己酸乙酯比对照酒中的含量增加数倍。因此，目前我国已普遍采用人工窖泥，富集培养己酸菌（一种梭状芽孢杆菌），以提高浓香型白酒中的己酸乙酯含量。

据报道，酵母的酯酶存在于细胞液或细胞膜的两侧。从酿酒酵母中分离纯化出的酯酶是由二个亚基组成的二聚体，两个亚基大小不等，其相对分子质量分别为 6.7 万和 13 万。酯酶合成乙酸乙酯的最适 pH 为 4.4～4.6，镁离子（Mg^{2+}）能提高酯酶催化合成反应的活性。酯酶的稳定性较差，在提取过程中过度搅拌或产生泡沫均可导致其失活。

酯酶催化酯酰 CoA 与醇成酯的反应如下：

$$R-\overset{O}{\underset{\|}{C}}\sim SCoA + HO-R' \xrightarrow{酯酶} R-\overset{O}{\underset{\|}{C}}-O-R' + CoASH$$

细胞中酯酰 CoA 的来源有：

（1）丙酮酸脱羧反应生成 $CH_3\overset{O}{\underset{\|}{C}}\sim SCoA$。

（2）脂酰 CoA 合成酶催化脂肪酸与 CoASH 合成脂酰 CoA。

已经证明脂酰 CoA 合成酶有好几种，其中乙酰 CoA 合成酶（E.C.6.2.1.1）广泛存在于各种生物中，催化乙酸与 CoASH 合成乙酰 CoA，也能催化丙酸或丙烯酸形成相应的酰基 CoA，反应需要由 ATP 供能。

$$CH_3\overset{O}{\underset{\|}{C}}-OH + ATP + CoASH \longrightarrow CH_3\overset{O}{\underset{\|}{C}}\sim SCoA + AMP + PPi$$

有一种催化丁酸与 CoASH 合成丁酰 CoA 的脂酰 CoA 合成酶，ATP 分解供能生成 ADP 和 Pi。

在酵母、细菌及动物肝脏中还有一种脂酰 CoA 合成酶（E.C.6.2.1.3），它催化 $C_6 \sim C_{20}$ 脂酰 CoA 的合成，也需 ATP 供能。

（3）细胞中许多代谢途径都可生成脂酰 CoA，如氨基酸碳链的代谢、脂肪酸分解代谢、糖的分解代谢等途径都产生一些脂酰 CoA，可用作酯的合成。

酒类中，乙酸乙酯是相对含量最高的酯，合成乙酸乙酯所需要的乙酰 CoA 主要来自丙酮酸脱羧。

$$\underset{\text{丙酮酸}}{\begin{matrix}COOH\\|\\C=O\\|\\CH_3\end{matrix}} + CoASH \xrightarrow[\text{丙酮酸脱羧酶}]{NAD^+ \quad NAD\cdot 2H} \underset{\text{乙酰CoA}}{CH_3\overset{O}{\underset{\|}{C}}\sim SCoA} + CO_2$$

如上所述，关于酒类发酵过程中酯的生物合成机制目前认识还很浮浅，直接实验资料不够充分，而且不同作者的实验结果常互有抵触。例如：有的实验结果证明添加到培养基中的乙酸并不影响乙酸乙酯的生物合成；还有的实验证明酵母利用外源低级脂肪酸合成酯的能力，从丁酸到壬酸，随相对分子质量的增加而降低。目前，对白酒中酯的生成规律尚且认识不足，要使酒类酿造达到自由王国境界更有待不懈的努力。

第三节 甘油磷脂的生物合成

以脑磷脂（磷脂酰胆胺）和卵磷脂（磷脂酰胆碱）为例，细胞中从无到有的合成，需要的前体物质有甘油二酯、胆胺、甲基供体（FH_4-CH_3 和 S - 腺苷蛋氨酸）、ATP 和 CTP 等。主要合成反应如下。

1. 甘油二酯的生物合成

甘油磷脂生物合成需要的甘油二酯与脂肪合成过程中的甘油二酯生成机制相同，参见上一节脂肪合成。

2. 胆胺的生成

胆胺是由丝氨酸脱羧而成的。丝氨酸可由丝氨酸转羟甲基酶催化甘氨酸甲基化生成，由亚甲基四氢叶酸提供甲基。

$$\underset{}{\begin{matrix}CH_2-COOH\\|\\NH_2\end{matrix}} \xrightarrow[H_2O、FH_4]{\text{丝氨酸转羟甲基酶}} \underset{}{\begin{matrix}CH_2CHCOOH\\|\quad|\\OH\ NH_2\end{matrix}} \xrightarrow[\searrow CO_2]{\text{丝氨酸脱羧酶}} \underset{\text{胆胺}}{HO-CH_2-CH_2\overset{+}{N}H_3}$$

3. 胞二磷胆胺的生成

先由胆胺激酶催化、ATP 供能和磷酸基将胆胺磷酸化。

$$HO-CH_2CH_2\overset{+}{N}H_3 + ATP \xrightarrow{\text{胆胺激酶, } Mg^{2+}} HO-\underset{\underset{OH}{|}}{\overset{\overset{O}{\|}}{P}}-O-CH_2CH_2\overset{+}{N}H_3$$

磷酰胆胺

再与胞三磷反应,生成胞二磷胆胺。

$$HO-\underset{\underset{OH}{|}}{\overset{\overset{O}{\|}}{P}}-O-CH_2CH_2\overset{+}{N}H_3 \xrightarrow[\text{磷酸胆胺胞嘧啶核苷转移酶}]{CTP \quad\quad PPi} CMP-O-\underset{\underset{OH}{|}}{\overset{\overset{O}{\|}}{P}}-O-CH_2CH_2\overset{+}{N}H_3$$

CDP-胆胺

4. 脑磷脂合成

甘油二酯 + CDP—O—CH$_2$CH$_2$—$\overset{+}{N}$H$_3$
(胞二磷胆胺)

$\xrightarrow[\searrow CMP]{\text{磷酰胆胺转移酶}}$

$$R_2-\overset{\overset{O}{\|}}{C}-O-\underset{\underset{CH_2-O-\underset{\underset{OH}{|}}{\overset{\overset{O}{\|}}{P}}-O-CH_2CH_2\overset{+}{N}H_3}{|}}{\overset{\overset{CH_2-O-\overset{\overset{O}{\|}}{C}-R_1}{|}}{CH}}$$

5. 卵磷脂的合成

由 S-腺苷蛋氨酸提供甲基,使脑磷脂的胆胺氮连续甲基化,生成卵磷脂。

$$R_2-\overset{\overset{O}{\|}}{C}-O-\underset{\underset{CH_2-O-\underset{\underset{OH}{|}}{\overset{\overset{O}{\|}}{P}}-O-CH_2CH_2\overset{+}{N}H_3}{|}}{\overset{\overset{CH_2-O-\overset{\overset{O}{\|}}{C}-R_1}{|}}{CH}} + 3S\text{-腺苷蛋氨酸} \xrightarrow{\text{磷脂酰乙醇胺转甲基酶}}$$

$$R_2-\overset{\overset{O}{\|}}{C}-O-\underset{\underset{CH_2-O-\underset{\underset{OH}{|}}{\overset{\overset{O}{\|}}{P}}-O-CH_2CH_2-\overset{+}{N}(CH_3)_3}{|}}{\overset{\overset{CH_2-O-\overset{\overset{O}{\|}}{C}-R_1}{|}}{CH}}$$

卵磷脂(磷脂酰胆碱)

卵磷脂是组建原生质膜最重要的基本物质,不同生物合成卵磷脂的途径有所不同。除上述从无到有的合成途径之外,还可利用细胞中现成的磷酸胆碱和甘油二酯进行半合成。

习 题

1. 饱和与不饱和天然脂肪酸的分子结构各有什么特点？
2. 何谓"β-氧化学说"？Knoop 如何通过实验证明存在 β-氧化方式？
3. β-氧化降解过程如何？
4. 试计算一分子硬脂酸在细胞内完全燃烧成 CO_2 和 H_2O，生成 ATP 的分子数？
5. 不饱和脂肪酸经 β-氧化分解与饱和脂肪酸有何不同？
6. 软脂酸生物合成酶系的组成和结构特点如何？
7. $CH_3\overset{O}{\overset{\|}{C}}\sim SCoA$ 在参加脂肪酸合成之前需发生哪些转化反应？
8. 发酵产品中低级脂肪酸酯是如何生成的？与发酵产品质量有何关系？
9. 卵磷脂从无到有的生物合成过程如何？
10. 说明生物素为什么会影响生物膜的通透性？

参 考 文 献

1. 朱圣庚，等. 生物化学（第 4 版）[M]. 北京：高等教育出版社，2017.
2. 常桂英，等. 生物化学（第 2 版）[M]. 北京：化学工业出版社，2018.
3. [德] 卡尔森（著），张增明（译）. 生物化学精华 [M]. 上海：上海科学出版社，1989.
4. [澳] H·W·多伊尔（著），郭杰炎（译）. 细菌的新陈代谢 [M]. 北京：科学出版社，1983.
5. 陈思妘，等. 酵母的生物化学 [M]. 济南：山东科学出版社，1990.

第十二章 蛋白质的降解与氨基酸代谢

学习指导

生物体中氨基酸的主要生理功能是作为合成蛋白质及其他含氮化合物的原料。细胞内都有一定水平的游离氨基酸，并且总是处于不断消耗和不断补充的动态平衡之中。氨基酸分解代谢和合成代谢都与发酵生产实践有密切关系。本章要求：（1）了解蛋白酶的类别及某些性能；（2）掌握氨基酸分解代谢的公共途径和有关主要酶类的反应机制；（3）掌握个别氨基酸分解代谢与发酵生产实践关系密切的一些内容；（4）掌握氨基酸生物合成的公共途径及其与糖、脂代谢的联系；（5）了解必需氨基酸的合成途径，掌握合成所需前体及关键代谢步骤；（6）掌握谷氨酸生产菌的生理特点及代谢积累谷氨酸的生物化学机制。

第一节 氮源与氨基酸库

一、氮　　源

氮素是蛋白质、核酸等含氮化合物的组成成分，是生物必不可少的营养元素。自然界生物种类繁多，可利用的氮素形式也不同。少数固氮菌能利用空气中的氮气（N_2）作为氮源，大多数微生物可利用铵盐和硝酸盐作氮源，也可利用蛋白质、氨基酸等含氮有机物作氮源。有些微生物在只含无机氮源的培养基中不能生长，因为它们缺少从无机氮化合物合成某些有机氮化合物（如某些种类的氨基酸、维生素等）的能力。植物可以利用无机氮化合物如铵盐、硝酸盐等作氮源，人和动物不能利用无机氮化合物，必须以氨基酸、蛋白质等作氮源。

小分子含氮化合物可被生物直接吸收，大分子的蛋白质、多肽等不易为细胞吸收。生物可以通过自身分泌到胞外的蛋白质水解酶类将其水解成小肽及氨基酸后再吸收利用。

二、氨　基　酸　库

因为氨基酸是蛋白质、核酸等生物分子合成的素材，细胞内总是有相当数量的游离氨基酸存在。这些游离氨基酸一部分是从外界吸收的，一部分由细胞自身合成，也有的是由体内蛋白质更新释放出来的，细胞内所有这些游离存在的氨基酸称为氨基酸库。"库"内的氨基酸不断被利用，又不断被补充，有进有出，始终处于动态变化。图12-1所示为氨基酸代谢的概况。

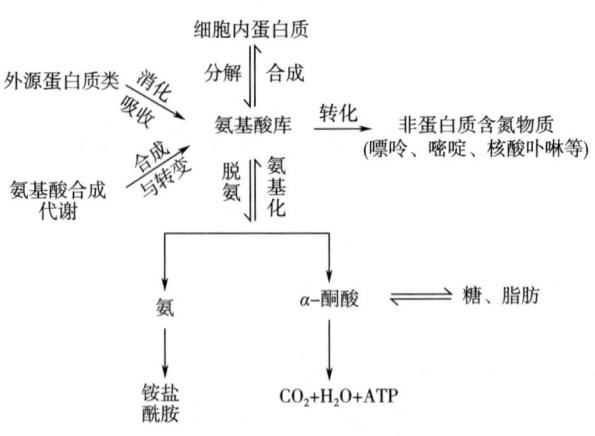

图 12-1 氨基酸代谢概况

实验表明，生物体内结合状态的氨基酸就各种微生物而论，它的种类和数量一般没有多大的变化。可是，即使是同一菌种，其细胞内的游离氨基酸也会因培养条件、菌龄的不同而有相当大的差别。某些微生物细胞内氨基酸库中个别氨基酸的定量结果见表 12-1。

表 12-1　　某些微生物细胞内的游离氨基酸含量

微生物	100mg 干细胞内游离氨基酸含量/μmol		微生物	100mg 干细胞内游离氨基酸含量/μmol	
阿拉伯糖乳杆菌	谷氨酸	68	金黄葡萄球菌（*S. aureus*）	谷氨酸	47
（*L. arabinosus*）	丙氨酸	30	大肠杆菌（*E. coli*）	脯氨酸	24
	苏氨酸	18		缬氨酸	60
	甘氨酸	14	大肠杆菌（*E. coli*）	缬氨酸	1.2
	脯氨酸	14	大肠杆菌（*E. coli*）	脯氨酸	3.4
粪链球菌 R	缬氨酸	9	大肠杆菌（*E. coli*）	色氨酸	2.5
（*E. faecalis R*）	谷氨酸	43	荷兰上面酵母（*Dutch Top Yeast*）	谷氨酸	61
	丙氨酸	22	啤酒酵母（*S. cerevisiae*）	精氨酸	29
	苏氨酸	30		谷氨酸	45
	甘氨酸	23		赖氨酸	22
	赖氨酸	42	产朊假丝酵母（*C. utilis*）[①]	苏氨酸	44
	精氨酸	16			
粪链球菌	谷氨酸	22	粗糙链孢霉（*N. crassa*）	脯氨酸	2.1

注：①原文 *C. utilis* 也可能是食用隐球酵母。

表12-1所列数据是把细胞外的氨基酸浓度做了一些调整，在进行细胞内摄入实验时所达到的最大值。可以看出，无论在哪一种微生物细胞内，谷氨酸都是细胞内存在最多的氨基酸。可见谷氨酸在氨基酸代谢过程中是非常重要的。

一般动物细胞中，蛋白质合成旺盛时，细胞内氨基酸浓度变高，并不断维持这个浓度以推进由氨基酸向蛋白质合成方向转化。与此相反，在微生物中，当增殖旺盛时，细胞内氨基酸量减少；合成一停止，氨基酸量就增大。例如，谷氨酸生产菌在对数增殖期的细胞中，游离谷氨酸约是最大氨基酸含量的一半，这显示蛋白质合成正在活跃地进行。增殖一停止，蛋白质合成就减慢，细胞内谷氨酸含量则大增。

第二节 蛋白酶类及蛋白质的酶促水解

蛋白酶是催化蛋白质类化合物中肽键水解的一类酶的总称，广泛存在于动物内脏、植物茎叶、果实及微生物中。生物利用外源蛋白质类物质作为营养，需向胞外分泌蛋白酶，将蛋白质水解成氨基酸才能吸收利用。生物种类不同，分泌蛋白酶的种类和性质也不同，因此能利用外源蛋白质类物质的能力也不同。微生物中，真菌分解蛋白质的能力普遍比较强，能分解利用天然蛋白质；细菌中芽孢杆菌属、梭状芽孢杆菌属、假单胞菌属、变形杆菌属和链球菌属等分解蛋白质能力较强；许多放线菌也有分解蛋白质的能力。有些细菌只能分解蛋白质的降解产物肽，不能利用天然蛋白质。利用不同生物所产蛋白酶的种类和性质上的差异，已经开发出多种蛋白酶产品，分别在洗涤剂、食品发酵、医药卫生、皮革、丝绸纺织等方面得到了广泛使用。

蛋白酶的种类很多，有几种不同的分类方法。本节首先讨论蛋白酶的分类，然后讨论蛋白酶对蛋白质的水解。

一、蛋白酶的分类

实践中常用的蛋白酶分类方法有如下几种。

(1) 按其来源，可将蛋白酶分为动物蛋白酶（如胰蛋白酶、胃蛋白酶等）、植物蛋白酶（如木瓜蛋白酶、菠萝蛋白酶等）和微生物蛋白酶（如霉菌蛋白酶，细菌蛋白酶等）三类。

(2) 按蛋白酶催化作用的位点，可将蛋白酶分为内肽酶、外肽酶和二肽酶。

①内肽酶。是水解蛋白质肽链内部肽键产生各种短肽的酶。各种内肽酶对不同氨基酸残基所形成的肽键有不同的水解能力。霉菌、细菌、放线菌能分泌很多种内肽酶，其中一些酶分子的结构、专一性等已搞清楚。内肽酶水解肽键示意如下：

动物消化腺分泌的蛋白酶具有不同的专一性，它们分别作用于多肽链不同部位的肽键，如图 12-2 所示。

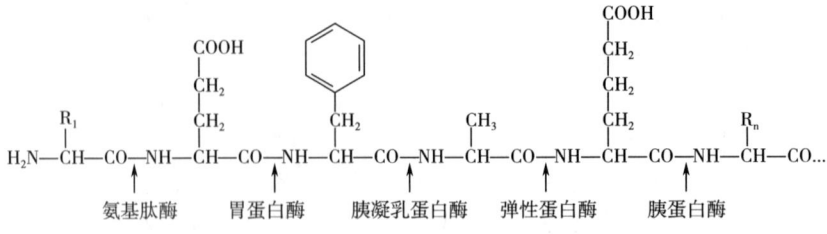

图 12-2　动物蛋白酶作用专一性

胰蛋白酶：主要作用于肽链中碱性氨基酸的羧基端肽键，但对氨基端没有要求。

胃蛋白酶：专一性较低，可作用于多种氨基酸，特别是作用于酸性氨基酸及芳香族氨基酸的羧基端肽键。

胰凝乳蛋白酶：作用于芳香族氨基酸及一些具有大的非极性侧链的氨基酸的羧基端肽键。

弹性蛋白酶：作用于脂肪族氨基酸的羧基端肽键。

微生物蛋白酶还可根据其作用的最适 pH 分为碱性蛋白酶、中性蛋白酶和酸性蛋白酶。它们的最适 pH 分别为 pH9~11，pH7~8 和 pH2~5。

碱性蛋白酶：许多细菌、霉菌、放线菌能产碱性蛋白酶。目前我国酶制剂生产用菌种主要是地衣芽孢杆菌 2709 和短小芽孢杆菌 289，209 等。

该类酶的相对分子质量在 2 万~3.4 万，等电点为 pH8~9。许多碱性蛋白酶的氨基酸顺序已经测定，它们的活性中心都有丝氨酸参加组成，故又称丝氨酸蛋白酶。这类酶遇到作用于丝氨酸的试剂如二异丙基氟磷酸（DFP）便会失活，这是此类酶的一个重要特性，它对金属螯合物 EDTA 等有较强抵抗力。钙离子对酶结构有稳定作用。该类酶耐热性较差，反应最适温度 40~50℃，60℃保温 30min 便失活。

不同微生物产生的碱性蛋白酶专一性有所不同，有的与动物胰蛋白酶类似，对碱性氨基酸（精氨酸、赖氨酸）的羧基所成的肽键敏感；有的类似于糜蛋白酶，要求水解位点羧基侧有芳香族或疏水氨基酸（如酪氨酸、苯丙氨酸、丙氨酸等），枯草杆菌碱性蛋白酶属于此类。此外碱性蛋白酶还具有酯酶的活力。

中性蛋白酶：这是一类最常见的蛋白酶，普遍分布于动、植物及微生物中。不少微生物所产的中性蛋白酶已经纯化，并进行了详尽研究。酶制剂生产菌主要是枯草杆菌 BF1.398，S114，S172，放线菌 166，栖土曲霉 3.942。

大部分微生物中性蛋白酶为金属酶，分子由一条多肽链构成，每个分子中含有一个与酶活性中心有关的锌原子，相对分子质量为 3 万~4 万，该类酶是微生物蛋白酶中最不稳定的一类。溶液 pH，温度及重金属离子的存在都对它的活性有很大影响。该类酶在 pH6~8 范围内稳定，pH 低于 5.5 或高于 10 时将迅速失活。它的作用最适温度为 45~50℃，60℃处理 15min 失活 90% 以上。钙离子的存在可明显提高它的热稳定性，重金属离子 Cu^{2+}，Hg^{2+}，Pb^{2+} 的存在及 EDTA 都对其活性有较大抑制作用。

酸性蛋白酶：胃蛋白酶类都是酸性蛋白酶。工业酶制剂中的酸性蛋白酶主要是由真菌产生，生产菌主要有黑曲霉 3.350，宇佐美曲霉变异株 537，肉桂色曲霉 NO.81 和酱油生产用的米曲霉3042等。微生物酸性蛋白酶的性质与动物的胃蛋白酶和凝乳酶相近，酶的等电点偏低（pH3~5），相对分子质量为3万~3.5万，不耐热，一般50℃以上颇不稳定。黑曲霉3.350的酸性蛋白酶在pH2.5，60℃处理20min可完全失活。2×10^{-3}mol/L的Cu^{2+}，Mn^{2+}，Al^{3+}对该类酶有不同程度的激活作用。重金属离子Ag^+，Hg^{2+}有较大抑制作用，质量分数为0.1%的十二烷基磺酸钠及209洗涤剂等可使酶失活。由于人胃液在酸性范围，因此酸性蛋白酶特别适合于作助消化的药物。

②外肽酶。又称端肽酶。它只能从肽链的一端水解肽键，每次水解放出一个氨基酸。从肽链N-末端依次水解者称氨肽酶；从肽链C-末端水解者称为羧肽酶。氨肽酶、羧肽酶水解肽键除分别要求有游离α-氨基、α-羧基外，还对形成肽键的氨基酸残基有一定要求。如动物小肠中有两种羧肽酶（羧肽酶A，B），羧肽酶A主要水解由各种中性氨基酸为羧基末端构成的肽键；羧肽酶B主要水解由赖氨酸、精氨酸等碱性氨基酸为羧基末端构成的肽键。氨肽酶、羧肽酶作用位点表示如下：

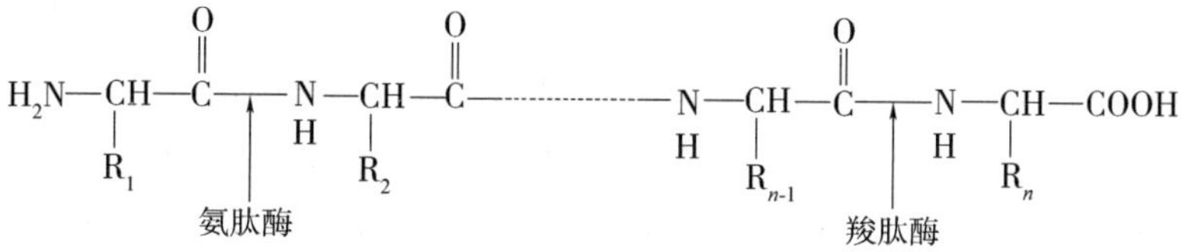

③二肽酶。专门水解二肽中的肽键，将二肽水解生成单个氨基酸的酶。许多微生物分泌的蛋白酶不仅含有内肽酶也有外肽酶和二肽酶。有些微生物只分泌外肽酶、二肽酶，不分泌内肽酶，如乳酸杆菌、大肠杆菌等不能水解天然蛋白质，但可利用蛋白质部分水解产物肽等。

二、蛋白质的酶促水解

凡是能利用外源蛋白质的微生物，总是先在胞外将蛋白质消化分解。蛋白质的消化过程是各种胞外蛋白酶协同催化水解的过程。大分子蛋白质受内肽酶、外肽酶及二肽酶的协同催化，逐渐降解生成多肽→寡肽→二肽→氨基酸。

内源蛋白质的降解主要有两种体系，一种是溶酶体的蛋白质降解体系，另一种是ATP依赖型的蛋白质降解体系。

微生物蛋白酶对蛋白质的水解作用与生产实践关系极为密切，例如酱油、豆豉，腐乳等的制作都利用了微生物蛋白酶对蛋白质的水解作用。来源于动物、植物和微生物的蛋白酶制剂在食品发酵、制革工业和医药卫生等方面都有广泛应用，如表12-2所示。

表12-2　　蛋白酶的用途

	用途	说明	酶源
食品工业	酱油酿造	大豆预处理，或酿制时添加，提高蛋白质利用率	霉菌、细菌
	干酪制造	凝固酪素，缩短成熟时间	凝乳酶、霉菌
	面包、糕点、通心粉制造	缩短揉面时间，增强面团伸延性，改善面包质量	霉菌、放线菌

续表

	用途	说明	酶源
食品工业	肉类加工	水解结缔组织嫩化肉类，软化肠衣提高质量，肉汁、鱼露，可溶性鱼肉蛋白制造	细菌、霉菌、放线菌、木瓜酶
	酿酒	啤酒、葡萄酒、黄酒、清酒，防止混浊及酿造时补充酶活力	木瓜、霉菌、细菌
	合成酒增香	精制大豆粉水解后制合成酒香味液	链霉菌
	蛋白水解物制造，脱腥	制造蛋白胨、混合氨基酸，调味液以及糖果生产用蛋白发泡剂。大豆，鱼油脱腥	细菌、霉菌、放线菌
日用化学品制造		制加酶洗涤剂、加酶牙粉、牙膏，提高洗涤效果	细菌
皮革毛皮工业		皮脱毛软化、毛皮软化	细菌、霉菌、胰脏
明胶制造		酶法制明胶	霉菌、细菌、放线菌
胶原纤维制造		制再生革、蛋白纤维	细菌、霉菌
制药工业	制蛋白水解物	制蛋白胨、水解蛋白注射液、要素膳食、牛肉膏、酵母膏	霉菌、放线菌
	脏器药物制造	肝脏、脑等蛋白质水解制品（肝宁、胎盘水解物、冠心舒）	胰酶、微生物
	硫酸软骨素、血活素等	动物软骨制取硫酸软骨素、牛血制血活素等	细菌、放线菌、胰酶
废感光片处理		回收片基、银粒	细菌、霉菌
医疗药品	消化剂	与其他酶制成合剂治疗消化不良、食欲不振、便秘腹泻、胃热呕吐等肠胃病	细菌、霉菌，放线菌
	消炎剂	消炎、消肿（水肿、血肿）、化痰止咳等	细菌、霉菌、放线菌，胰酶
	去除坏死组织	促进创口愈合、提搞药物治疗效果，消除疤痕	细菌、霉菌、放线菌，胰酶
	驱除蛔虫		木瓜、无花果、细菌
	其他	治疗血栓、高血压、动脉硬化、喀痰困难、胃癌诊断、治疗蛇咬中毒等。发酵工业原料处理	细菌、放线菌、动物
饲料加工		利用酸性蛋白酶为添加剂、促进家畜成长、鱼苗养育	霉菌

第三节 氨基酸分解代谢的公共途径

不同氨基酸的分解代谢途径有共性，也有个性。一方面因为所有 $\alpha-L-$ 氨基酸分子都有共同的结构特征，所以它们具有相同的分解代谢途径；另一方面，各种氨基酸的 R 基团都不一样，所以各种氨基酸又有自己的特殊代谢途径。这里只讨论氨基酸分解代谢的公共途径。

氨基酸分解代谢的公共途径有脱氨基作用、脱羧基作用和脱氨脱羧作用等。它们分别为脱氨酶类、转氨酶类和脱羧酶类等所催化。

氨基酸在脱氨、脱羧后生成的有机酸、胺、NH_3，CO_2 等产物可被进一步分解利用或排出体外。

一、氨基酸的脱氨基作用

氨基酸经酶促脱去氨基的过程称为脱氨基作用。氨基酸的脱氨基作用常因不同氨基酸、不同微生物和不同条件而有不同的方式和产物。氨基酸脱氨基作用又可分为氧化脱氨基作用、非氧化脱氨基作用、转氨基作用和联合脱氨基作用。

1. 氧化脱氨基作用

氨基酸在酶的催化下，在氧化脱氢的同时释放出游离的氨，生成相应的 α-酮酸，这一过程称氧化脱氨基作用，其反应分两步进行。

脱氢：
$$R-\underset{NH_2}{CH}-COOH + FAD(NAD) \longrightarrow R-\underset{NH}{C}-COOH + FADH_2(NADH+H^+)$$

水解：
$$R-\underset{NH}{C}-COOH + H_2O \longrightarrow R-\underset{O}{C}-COOH + NH_3$$

催化氨基酸氧化脱氨的酶有两类：一类是氨基酸氧化酶；另一类是氨基酸脱氢酶。

① 氨基酸氧化酶。为黄素蛋白，是需氧脱氢酶类，以 FMN 或 FAD 为辅基。催化脱下的氢直接与分子氧结合，生成过氧化氢。反应式如下：

$$\underset{R}{\underset{|}{H_2NCH}}-COOH \xrightarrow[FAD \quad FADH_2]{\text{氨基酸氧化酶}} \underset{R}{\underset{|}{C=O}}-COOH + NH_3$$
$$H_2O_2 \quad O_2$$

当有过氧化氢酶存在时，过氧化氢被分解为水和分子氧；当无过氧化氢酶时，过氧化氢能将 α-酮酸氧化为比原来少一个碳原子的脂肪酸。反应式如下：

$$2H_2O_2 \xrightarrow{\text{过氧化氢酶}} 2H_2O + O_2$$

或

$$R-\underset{O}{\underset{\|}{C}}-COOH + H_2O_2 \longrightarrow R-COOH + CO_2 + H_2O$$

氨基酸氧化酶又有 L-氨基酸氧化酶和 D-氨基酸氧化酶之分。L-氨基酸氧化酶催化 L-氨基酸氧化脱氨。该酶能催化十几种 L-氨基酸的氧化脱氨基作用，但对甘氨酸、β-羟氨酸（如 L-丝氨酸、L-苏氨酸）、二羧基氨基酸（如谷氨酸、天冬氨酸）及二氨基氨基酸（如赖氨酸、精氨酸、鸟氨酸）都无催化作用，这些氨基酸可能有特殊专一性强的氨基酸氧化酶催化氧化脱氨。如从粗糙链孢霉得到的 L-氨基酸氧化酶能催化赖氨酸和鸟氨酸脱氨，从普通变形杆菌得到的 L-氨基酸氧化酶可催化精氨酸脱氨。

D-氨基酸氧化酶能以不同速度催化各种 D-氨基酸氧化脱氨，此酶在动、植物及微生物中都存在。该酶所催化的脱氨过程与 L-氨基酸氧化酶相同。

② 氨基酸脱氢酶。是不需氧脱氢酶类，以 NAD^+ 或 $NADP^+$ 为递氢体，脱下的氢不能以 O_2 为直接受体，而是经电子传递链交给氧产生 H_2O 和 ATP。

氨基酸脱氢酶虽种类很多，但最重要的是 L-谷氨酸脱氢酶，该酶分布很广，在动、植物和微生物中都存在。催化的反应为：

$$\begin{array}{c}\text{COOH}\\|\\\text{CHNH}_2\\|\\(\text{CH}_2)_2\\|\\\text{COOH}\end{array} \xrightarrow[\text{NAD}^+\text{或}\;\text{NADP}^+]{\text{L-谷氨酸脱氢酶}} \xrightarrow{\text{NADH}^++\text{N}^+\text{或 NADPH}+\text{H}^+} \begin{array}{c}\text{COOH}\\|\\\text{C}=\text{NH}\\|\\(\text{CH}_2)_2\\|\\\text{COOH}\end{array} \xrightarrow[\text{H}_2\text{O}]{\text{L-谷氨酸脱氢酶}} \begin{array}{c}\text{COOH}\\|\\\text{C}=\text{O}\\|\\(\text{CH}_2)_2\\|\\\text{COOH}\end{array} +\text{NH}_3$$

真核细胞的谷氨酸脱氢酶大多存在于线粒体基质中，以 NAD^+ 为辅酶。脱氨产生的 $NADH+H^+$ 可直接进入电子传递链被迅速氧化。产生的 α-酮戊二酸则进入 TCA 循环，被氧化分解，所以反应很容易向右即谷氨酸氧化脱氨的方向推进。谷氨酸脱氢酶酶分布广泛、活力强，其意义不仅在于使 L-谷氨酸氧化脱氨，它在大多数氨基酸的分解代谢和合成代谢中都具有重要作用（见联合脱氨部分）。线粒体之外的细胞浆中也分布有 L-谷氨酸脱氢酶，负责催化上述反应式中逆向进行的反应，即有 NH_3 和 α-酮戊二酸存在下经还原氨基化生成谷氨酸，所用辅酶为 $NADPH+H^+$，此反应将在氨基酸生物合成一节中介绍。

L-谷氨酸脱氢酶是一种变构酶，ATP，GTP，NADH 等可起变构抑制作用；ADP，GDP 及某些氨基酸可起变构激活作用。

2. 非氧化性脱氨

许多微生物能够进行非氧化脱氨基作用，主要作用方式有以下几种。

（1）还原脱氨基反应 在无氧条件下，一些含有氢化酶的专性厌氧菌（如梭状芽孢杆菌）和一些兼性微生物能利用还原脱氨基反应使氨基酸加氢脱氨，生成饱和脂肪酸和氨。例如，大肠杆菌能够进行甘氨酸还原脱氨、生成乙酸：

$$\begin{array}{c}\text{CH}_2-\text{COOH}\\|\\\text{NH}_2\end{array} +\text{NADH}+\text{H}^+ \xrightarrow{\text{氢化酶}} \text{CH}_3-\text{COOH}+\text{NAD}^++\text{NH}_3$$

（2）直接脱氨基反应 氨基酸直接脱氨生成不饱和脂肪酸，如天冬氨酸直接脱氨生成延胡索酸和氨：

$$\text{HOOC}-\text{CH}_2-\underset{\underset{\text{NH}_2}{|}}{\text{CH}}-\text{COOH} \xrightarrow{\text{天冬氨酸酶}} \text{HOOC}-\text{CH}=\text{CH}-\text{COOH}+\text{NH}_3$$

在细菌和酵母中都存在这种脱氨基反应，反应是可逆的，其逆反应也是同化氨的途径之一。

（3）脱水脱氨基作用 含羟基的氨基酸（如丝氨酸和苏氨酸）在脱水酶作用下，在脱水过程中脱氨。其反应为：

$$\begin{array}{c}\text{COOH}\\|\\\text{CHNH}_2\\|\\\text{CHOH}\\|\\\text{R}\end{array} \xrightarrow[-\text{H}_2\text{O}]{\text{脱水酶}} \begin{array}{c}\text{COOH}\\|\\\text{CNH}_2\\\|\\\text{CH}\\|\\\text{R}\end{array} \xrightarrow{\text{分子重排}} \begin{array}{c}\text{COOH}\\|\\\text{C}=\text{NH}\\|\\\text{CH}_2\\|\\\text{R}\end{array} \xrightarrow[\text{H}_2\text{O}]{\text{自发水解}} \begin{array}{c}\text{COOH}\\|\\\text{C}=\text{O}\\|\\\text{CH}_2\\|\\\text{R}\end{array} +\text{NH}_3$$

5-磷酸吡哆醛是此酶的辅助因子。大肠杆菌及酵母均有此脱氨方式。

（4）脱巯基脱氨基反应 半胱氨酸含有—SH，在氨基酸脱巯基酶催化下，脱去 H_2S，其过程与脱水、脱氨相似。

大肠杆菌、枯草杆菌及酵母均有此反应。

(5) 氧化还原偶联脱氨基反应　这种反应必须有一对氨基酸参加，而且只能在特定的氨基酸对之间发生反应，一个氨基酸进行氧化性脱氨，脱下的氢去还原另一个氨基酸使其发生还原脱氨。这是二者偶联进行的氧化还原脱氨作用。这种脱氨方式多在梭菌中发生，酵母中也有此反应，其通式可写成：

$$\underset{R_1}{\underset{|}{CHNH_2}}\text{—COOH} + \underset{R_2}{\underset{|}{CHNH_2}}\text{—COOH} + H_2O \longrightarrow \underset{R_1}{\underset{\|}{C=O}}\text{—COOH} + \underset{R_2}{\underset{|}{CH_2}}\text{—COOH} + 2NH_3$$

(6) 脱酰胺基作用　广泛存在于微生物和动、植物体的谷氨酰胺和天冬酰胺，可在谷氨酰胺酶和天冬酰胺酶的作用下分别脱去酰胺的氨基，生成谷氨酸和天冬氨酸。

$$HOOC-\underset{NH_2}{\underset{|}{CH}}-(CH_2)_2-\overset{O}{\overset{\|}{C}}-NH_2 + H_2O \xrightarrow{\text{谷氨酰胺酶}} HOOC-\underset{NH_2}{\underset{|}{CH}}-(CH_2)_2-COOH + NH_3$$

谷氨酰胺　　　　　　　　　　　　　　　　　　谷氨酸

$$HOOC-\underset{NH_2}{\underset{|}{CH}}-CH_2-\overset{O}{\overset{\|}{C}}-NH_2 + H_2O \xrightarrow{\text{天冬酰胺酶}} HOOC-\underset{NH_2}{\underset{|}{CH}}-CH_2-COOH + NH_3$$

天冬酰胺　　　　　　　　　　　　　　　　　　天冬氨酸

谷氨酰胺和天冬酰胺除参加蛋白质合成之外，还是微生物体内贮存氨的一种形式。当细胞需要氨来合成氨基酸或核苷酸时，可由相应酶催化酰胺分解来提供。

L-天冬酰胺酶是一种重要的抗癌药物，它对白血病、急性淋巴肿瘤有较好疗效，已在临床上得到应用。

3. 转氨基作用

转氨基作用又称氨基移换作用，是 α-氨基酸和酮酸之间的氨基转移作用。α-氨基酸的 α-氨基在转氨酶的催化下转移到 α-酮酸的酮基位置，结果原来的氨基酸生成相应的 α-酮酸，原来的 α-酮酸则形成相应的 α-氨基酸。如：L-丙氨酸与 α-酮戊二酸在 L-丙氨酸转氨酶（又叫谷丙转氨酶，GPT）的作用下进行转氨反应，生成丙酮酸和谷氨酸。

$$CH_3-\underset{NH_2}{\underset{|}{CH}}-COOH + HOOC-(CH_2)_2-\overset{O}{\overset{\|}{C}}-COOH \xrightarrow{\text{L-丙氨酸转氨酶}}$$

L-丙氨酸　　　　　　　　　　　α-酮戊二酸

$$CH_3-\overset{O}{\overset{\|}{C}}-COOH + HOOC-(CH_2)_2-\underset{NH_2}{\underset{|}{CH}}-COOH$$

丙酮酸　　　　　　　　　　　L-谷氨酸

L-天冬氨酸与 α-酮戊二酸在 L-天冬氨酸转氨酶（又称谷草转氨酶，GOT）的作用下进行转氨反应则生成草酰乙酸和 L-谷氨酸。

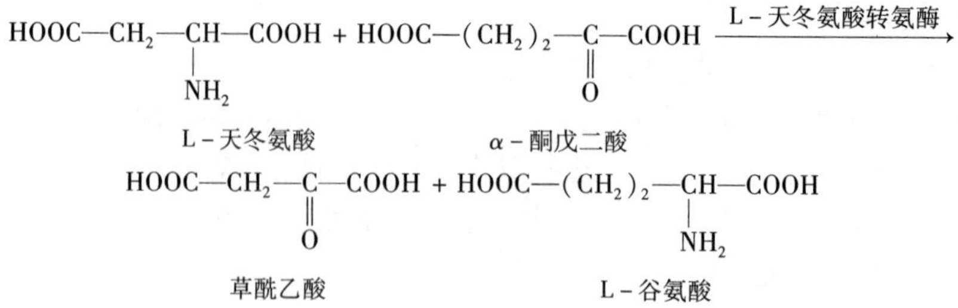

$$\text{HOOC—CH}_2\text{—CH(NH}_2\text{)—COOH} + \text{HOOC—(CH}_2\text{)}_2\text{—C(=O)—COOH} \xrightarrow{\text{L-天冬氨酸转氨酶}}$$

L-天冬氨酸 　　　　　　　　　α-酮戊二酸

$$\text{HOOC—CH}_2\text{—C(=O)—COOH} + \text{HOOC—(CH}_2\text{)}_2\text{—CH(NH}_2\text{)—COOH}$$

草酰乙酸 　　　　　　　　　L-谷氨酸

现已发现有 50 多种催化氨基酸转氨反应的酶，在动、植物及微生物中广泛分布。大多数转氨酶需要以 α-酮戊二酸作为氨基受体或者要求以谷氨酸作为氨基供体。因此，它们对其催化反应中两个底物中的一个，即 α-酮戊二酸或谷氨酸是专一的，而对另一底物则无严格的专一性。虽然某种转氨酶对某种氨基酸表现出较高的催化活力，但对其他氨基酸也有一定作用，此类酶的名称就是根据其催化活力最大的氨基酸种类来命名的。如：L-丙氨酸转氨酶以催化 L-丙氨酸、α-酮戊二酸转氨反应活力最高，但也能催化其他 L-氨基酸与 α-酮戊二酸之间的转氨作用。

用 N^{15} 标记的氨基酸做实验，结果表明：除 L-苏氨酸、L-赖氨酸外，其他氨基酸都可参加转氨作用。通过转氨作用，一些过剩的氨基酸可以脱去氨基，所以转氨作用也是氨基酸脱氨基的一种方式。

转氨酶的辅基是磷酸吡哆醛。转氨作用的机制是在转氨酶的作用下，磷酸吡哆醛接受 α-氨基酸的氨基生成磷酸吡哆胺，然后再将氨基转给另一底物 α-酮酸。过程大致如下：

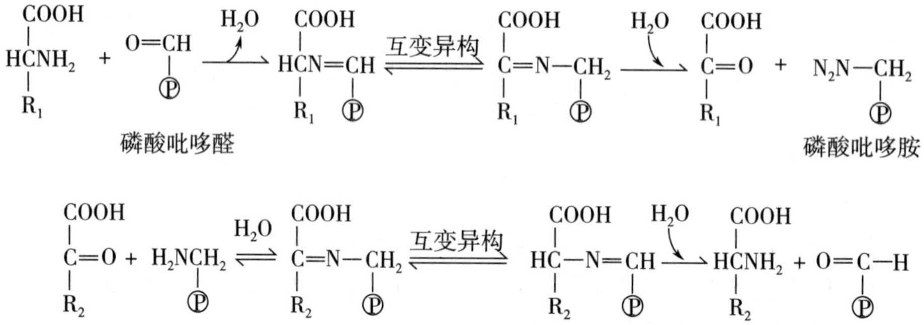

[反应式：磷酸吡哆醛 + α-氨基酸 → 经互变异构、加水 → α-酮酸 + 磷酸吡哆胺]

[反应式：磷酸吡哆胺 + α-酮酸 → 经互变异构、加水 → α-氨基酸 + 磷酸吡哆醛]

式中

$$\text{O=C—H}\ (\text{P})\quad \text{为　磷酸吡哆醛}$$

$$\text{H}_2\text{N—C—H}_2\ (\text{P})\quad \text{为　磷酸吡哆胺}$$

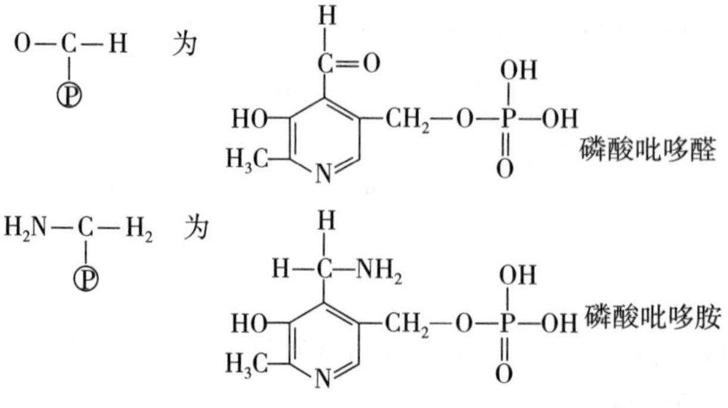

在此过程中磷酸吡哆醛是氨基传递体。另外，磷酸吡哆醛除参与转氨作用外，还以辅酶（或辅基）形式参与多种类型的反应，包括：氨基酸的脱羧作用、β-羟氨基酸脱水作用、α-D-氨基酸消旋作用和半胱氨酸的脱硫基作用等。

转氨酶催化的反应是可逆的，平衡常数为 1.0 左右。转氨作用不仅参与氨基酸分解代谢，而且也参与氨基酸合成代谢。由糖代谢产生的丙酮酸、草酰乙酸及 α-酮戊二酸可分别被转变为丙氨酸、天冬氨酸及谷氨酸；同时，丙氨酸、天冬氨酸及谷氨酸也可反转回去参加三羧酸循环，从而沟通了糖代谢与蛋白质代谢。

4. 联合脱氨基作用

氨基酸的转氨作用虽然在生物体内普遍存在，但是单靠转氨作用并不能最终脱掉氨基。单靠氧化脱氨基作用也不能满足机体脱氨基的需要，因为只有谷氨酸脱氢酶活力最高，其余的 L-氨基酸氧化酶活力都低。机体借助联合脱氨基作用即可迅速地使各种不同的氨基酸脱掉氨基。联合脱氨基作用是由转氨酶与 L-谷氨酸脱氢酶联合作用脱去氨基的方式。在体内，一般氨基酸氧化酶活力弱，而转氨酶、L-谷氨酸脱氢酶活力强，因此体内大部分氨基酸可通过联合脱氨的方式脱掉氨基。在联合脱氨中，氨基酸的氨基先借转氨作用转给 α-酮戊二酸，生成相应的 α-酮酸和谷氨酸，谷氨酸再在谷氨酸脱氢酶的作用下，脱去氨基，又重新生成 α-酮戊二酸。

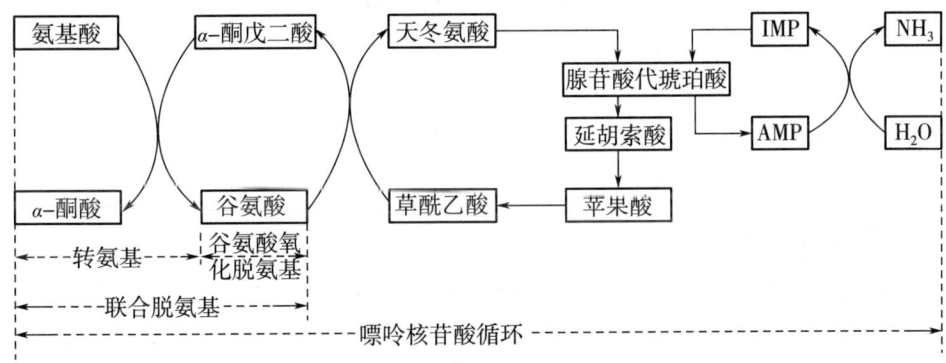

联合脱氨作用是微生物体内使氨基酸脱去氨基的重要方式。它的逆反应是氨基酸生物合成的重要反应。

由于骨骼肌、心肌中的谷氨酸脱氢酶含量较少，活性低，因此这些组织中是以另一种联合脱氨作用进行脱氨，即腺嘌呤核苷酸循环的联合脱氨作用。嘌呤核苷酸循环过程，氨基酸首先通过连续的转氨基作用将氨基转移给草酰乙酸，生成天冬氨酸；天冬氨酸与次黄嘌呤核苷酸生成腺苷酸代琥珀酸，经裂解生成 AMP，AMP 在腺苷酸脱氨酶催化下脱去氨基。

嘌呤核苷酸循环是骨骼肌、心肌、肝脏以及脑的主要脱氨方式。

二、氨基酸的脱羧基作用

氨基酸脱羧作用是氨基酸分解代谢的另一共同途径。氨基酸在脱羧酶的催化下脱去羧基，生成伯胺和 CO_2，反应通式如下：

$$R-\underset{\underset{NH_2}{|}}{CH}-COO \xrightarrow{\text{氨基酸脱羧酶}} R-CH_2NH_2 + CO_2$$

除组氨酸脱羧酶不需要辅酶外，其他氨基酸脱羧酶的辅酶为磷酸吡哆醛，其作用机制为：

$$\underset{\text{氨基酸}}{\underset{\underset{R_1}{|}}{\overset{\overset{COOH}{|}}{CHNH_2}}} + \underset{\text{磷酸吡哆醛}}{\underset{\textcircled{P}}{O=\overset{|}{C}-H}} \xrightarrow{-H_2O} \underset{\underset{R_1}{|}}{\overset{\overset{COOH}{|}}{CHN}}=\underset{\textcircled{P}}{CH} \xrightarrow{-CO_2} \underset{\underset{R_1}{|}}{CH_2N}=\underset{\textcircled{P}}{CH} \xrightarrow{+H_2O} \underset{\text{胺}}{R_1-CH_2NH_2} + \underset{\text{磷酸吡哆醛}}{\underset{\textcircled{P}}{O=\overset{|}{C}-H}}$$

氨基酸脱羧酶普遍存在于动、植物和微生物中，但氨基酸脱羧作用并不是氨基酸代谢的主要方式。有些氨基酸脱羧后产生的胺低浓度下对人体有一定的生理作用，例如：谷氨酸脱羧产生的 γ-氨基丁酸是重要的神经介质；组氨酸脱羧产生的组胺有降低血压的作用，又是胃液分泌刺激剂；酪氨酸脱羧产生的酪胺有升高血压的作用等。但胺类为碱性物质，体内积累量过多则会对人体造成毒害。体内有胺氧化酶，可使胺氧化脱氨，对机体起保护作用。一些食物腐败变质，其中的蛋白质经细菌脱羧酶作用产生有臭味的尸胺、腐胺等，对人体有毒性。

$$\underset{\text{赖氨酸}}{H_2N-CH_2-(CH_2)_3-\underset{\underset{NH_2}{|}}{CH}-COOH} \xrightarrow{\text{赖氨酸脱羧酶}} \underset{\text{尸胺}}{H_2N-CH_2-(CH_2)_3-\underset{\underset{NH_2}{|}}{CH_2}} + CO_2$$

$$\underset{\text{鸟氨酸}}{H_2N-CH_2-(CH_2)_2-\underset{\underset{NH_2}{|}}{CH}-COOH} \xrightarrow{\text{鸟氨酸脱羧酶}} \underset{\text{腐胺}}{H_2N-CH_2-(CH_2)_2-CH_2NH_2} + CO_2$$

氨基酸脱羧酶的专一性很强。每种脱羧酶只作用于特定的氨基酸，这一性质被用来测定发酵液中某种氨基酸的含量，只要所使用的脱羧酶纯度很高，则不会受到同时存在的其他氨基酸的干扰。例如，在谷氨酸生产中测定发酵液中谷氨酸的含量，就是用的这一方法。取一定量的谷氨酸发酵液，加入适量的谷氨酸脱羧酶，在适宜的条件下反应，用微量气体检压仪（瓦氏呼吸计）测量出反应所释放的 CO_2 量，根据放出 CO_2 的量可以计算出谷氨酸的含量。

三、氨基酸的脱氨、脱羧作用

在某些细菌和酵母中氨基酸可以脱氨同时脱羧的方式进行分解代谢，结果生成少一个碳原子的伯醇、NH_3 和 CO_2。如异亮氨酸、亮氨酸和缬氨酸等可分别生成活性戊醇、异戊醇和异丁醇等，这些高级醇的混合物称为杂醇油。其反应如下：

$$\underset{\text{异亮氨酸}}{CH_3-CH_2-\underset{\underset{CH_3}{|}}{CH}-\underset{\underset{NH_3}{|}}{CH}-COOH} + H_2O \longrightarrow \underset{\text{活性戊醇}}{\underset{\underset{CH_2}{|}}{\overset{\overset{CH_3-CH_2}{|}}{CH}}-CH_2OH} + NH_3 + CO_2$$

$$\underset{\text{亮氨酸}}{\underset{CH_3}{\overset{CH_3}{\diagdown}}CH-CH_2-\underset{NH_2}{\overset{}{CH}}-COOH} + H_2O \longrightarrow \underset{\text{异戊醇}}{\underset{CH_3}{\overset{CH_3}{\diagdown}}CH-CH_2-CH_2OH} + NH_3 + CO_2$$

$$\underset{\text{缬氨酸}}{\underset{CH_3}{\overset{CH_3}{\diagdown}}CH-\underset{NH_2}{\overset{}{CH}}-COOH} + H_2O \longrightarrow \underset{\text{异丁醇}}{\underset{CH_3}{\overset{CH_3}{\diagdown}}CH-CH_2OH} + NH_3 + CO_2$$

酿造酒中都含有微量的高级醇，它们一方面来自于上述的氨基酸脱氨脱羧作用，另一方面也来自于氨基酸的生物合成途径。以糖类为碳源合成氨基酸的最后阶段，形成了 α -酮酸，由此脱羧、还原可形成相应的高级醇，其代谢过程如下式所示：

糖代谢中间产物

$$\begin{array}{c} \downarrow \\ R-\overset{\parallel}{\underset{O}{C}}-COOH \\ \downarrow \\ R-\underset{NH_2}{\overset{}{CH}}-COOH \end{array} \xrightarrow{\nearrow CO_2} R-CHO \xrightarrow{\text{还原}} R-CH_2OH$$

高级醇的生成量与所用酵母种、发酵液中氨基酸含量及发酵条件有关。发酵液中氨基酸含量高，高级醇生成量多；氨基酸含量低，高级醇含量也低，但氨基酸含量过低也会产生较多的高级醇。发酵条件如通风量增加、温度升高会导致产生较多的高级醇，而加压发酵等会使高级醇的生成量减少。

酒类中的高级醇既是芳香成分，也是呈味成分。大多数高级醇的气味类似于乙醇而又不同于乙醇，持续时间长、有后劲。白酒中的高级醇主要为异戊醇、异丁醇、正丁醇和正丙醇等，其中异戊醇稍有涩味。如高级醇含量过少，常会使白酒失去传统风味，过多则导致辛辣苦涩，给酒的品质带来不良影响。所以，在生产中，酒中高级醇的含量往往是受着严格控制的。啤酒中高级醇主要为异戊醇，其次为活性戊醇、异丁醇和正丙醇等。

四、氨基酸脱氨、脱羧产物的进一步代谢

（一）α -酮酸的代谢

氨基酸脱氨以后生成的 α -酮酸可有三条代谢途径。

1. 再合成氨基酸

α -酮酸可经过还原氨基化作用或转氨作用生成新的氨基酸（见氨基酸的生物合成部分）。

2. 转变为糖和脂

某些氨基酸脱氨以后生成的 α -酮酸，直接就是糖代谢的中间产物丙酮酸或 TCA 循环中的某物质。有些氨基酸脱氨生成的 α -酮酸需经一些复杂变化后转变为上述糖代谢的中间产物。丙酮酸及 TCA 循环中的中间产物等可经糖原异生作用转变为糖。碳骨架能转变

为糖的氨基酸称为生糖氨基酸,天然氨基酸中除亮氨酸外都是生糖氨基酸。亮氨酸脱氨生成的 α-酮酸经复杂变化后转变为糖代谢中间产物乙酰 CoA,乙酰 CoA 在动物体内不能转变为糖,只能转变为脂肪酸,称其为生酮氨基酸①。但在微生物和植物中,因存在乙醛酸循环途径,乙酰 CoA 也能转为琥珀酸等 C_4 二羧酸,因此也能通过糖原异生作用转变为糖。

所有氨基酸的碳骨架在生物体内都能转变为乙酰 CoA,可进一步合成脂肪酸。氨基酸在向糖转变过程中生成的磷酸二羟丙酮,可被还原生成甘油。甘油与脂肪酸可进一步合成脂肪(见糖、脂、蛋白质代谢相互联系部分)。

3. 氧化生成 CO_2 和 H_2O

生物体内 20 种氨基酸脱氨后生成的 α-酮酸,可经不同的酶系催化进行氧化分解。虽然氨基酸的氧化分解途径各异,但它们都集中形成了五种产物进入三羧酸循环,最后被氧化生成 CO_2 和 H_2O,产生的 ATP 供给机体的各种需能过程。至于每种氨基酸碳骨架氧化分解的过程,有的很复杂,常由多种酶催化、经多步反应完成,称之为个别氨基酸分解代谢途径,这里不再多叙。图 12-3 表明 20 种氨基酸进入 TCA 循环的路径。

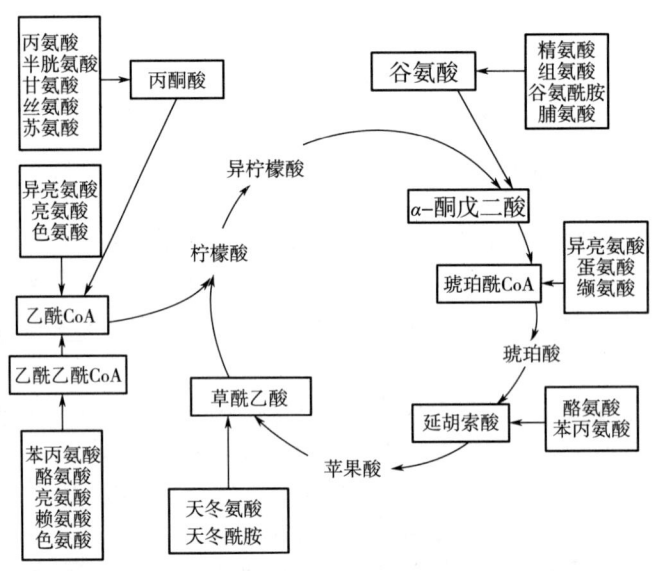

图 12-3 氨基酸碳链进入三羧酸循环的路径

在植物和酵母中,一部分 α-酮酸还可以先脱羧变成醛,经氧化变成脂肪酸,最后分解成 CO_2 和 H_2O。

(二) 氨的代谢

氨是有毒的,在体内不能大量积存。游离氨形成后立即进行代谢,其方式主要有以下几种。

1. 形成酰胺贮存

氨基酸脱氨基作用产生的氨可以转变成没有毒性的酰胺贮存于生物体中。生成的最重

---

① 生酮氨基酸:指碳架能转变为酮体的氨基酸。酮体包括乙酰乙酸、β-羟丁酸及丙酮,体内酮体主要由脂肪酸 β-氧化产物乙酰 CoA 经缩合等反应生成。

要酰胺是天冬酰胺和谷氨酰胺。反应为：

$$\begin{matrix} \text{COOH} \\ | \\ \text{CHNH}_2 \\ | \\ \text{CH}_2 \\ | \\ \text{COOH} \end{matrix} + \text{NH}_3 + \text{ATP} \xrightarrow{\text{天冬酰胺合成酶}} \begin{matrix} \text{COOH} \\ | \\ \text{CHNH}_2 \\ | \\ \text{CH}_2 \\ | \\ \text{CONH}_2 \end{matrix} + \text{ADP} + \text{Pi}$$

L-天冬氨酸   L-天冬酰胺

$$\begin{matrix} \text{COOH} \\ | \\ \text{CHNH}_2 \\ | \\ (\text{CH}_2)_2 \\ | \\ \text{COOH} \end{matrix} + \text{NH}_3 + \text{ATP} \xrightarrow{\text{谷氨酰胺合成酶}} \begin{matrix} \text{COOH} \\ | \\ \text{CHNH}_2 \\ | \\ (\text{CH}_2)_2 \\ | \\ \text{CONH}_2 \end{matrix} + \text{ADP} + \text{Pi}$$

L-谷氨酸   L-谷氨酰胺

贮存于酰胺基上的氨基可用于合成新的氨基酸或其他含氮化合物，如嘌呤、嘧啶、核苷酸等，谷氨酰胺和天冬酰胺也可直接参与蛋白质合成。

2. 合成新氨基酸

见氨基酸的合成。

3. 合成氨甲酰磷酸

NH_3，CO_2 及 ATP 可在氨甲酰磷酸合成酶的催化下反应生成氨甲酰磷酸，氨甲酰磷酸合成酶需要 N-乙酰谷氨酸作辅助因子，其反应如下：

$$NH_3 + CO_2 + H_2O + 2ATP \xrightarrow[N-\text{乙酰谷氨酸、Mg}^{2+}]{\text{氨甲酰磷酸合成酶}} H_2N-\overset{\overset{\displaystyle O}{\|}}{C}-O\sim\text{\textcircled{P}} + 2ADP + Pi$$

氨甲酰磷酸是合成嘧啶、精氨酸和尿素的重要前体物质。由于氨甲酰磷酸分子中具有高能键，因此它是微生物能量代谢的重要高能化合物之一。氨甲酰磷酸的合成是由无机氮合成有机含氮物的重要反应，是同化氮的重要途径，对植物和微生物来说是保留氮的重要方式。

4. 合成尿素

尿素是生物体蛋白质代谢的一种产物。在高等动物体中，形成尿素后即排出体外。尿素的形成是高等动物的一种重要解毒方式。植物和微生物也能形成尿素，但其作用是贮存氮，以供给合成之需要。当体内需要氨时，尿素可经尿素酶的作用，分解成 NH_3 和 CO_2，尿素合成机制见鸟氨酸循环（图 12-7）。

（三）CO_2 的去路

氨基酸脱羧形成的 CO_2 大部分直接排到细胞外，小部分可通过丙酮酸羧化支路被固定，生成草酰乙酸或苹果酸。这些有机酸的生成对于三羧酸循环及通过三羧酸循环产生发酵产物（如柠檬酸、谷氨酸、延胡索酸、苹果酸等）有促进作用。

（四）胺的代谢

氨基酸脱羧生成的胺可在胺氧化酶的催化下生成醛。醛在醛脱氢酶的催化下加水、脱氢生成有机酸，有机酸再经 β-氧化作用生成乙酰 CoA。乙酰 CoA 进入三羧酸循环，最后被氧化成 CO_2 和 H_2O。

$$R-CH_2NH_2 + O_2 + H_2O \xrightarrow{\text{胺氧化酶}} R-CHO + NH_3 + H_2O_2$$

$$2H_2O_2 \xrightarrow{\text{过氧化氢酶}} 2H_2O + O_2$$

$$R-CHO \xrightarrow[\substack{\uparrow \qquad \uparrow \qquad \uparrow \\ H_2O \quad NAO^+ \quad NADH+H^+}]{\text{醛脱氢酶}} RCOOH \xrightarrow[\text{TAC环}]{\beta\text{-氧化}} CO_2 + H_2O$$

五、氨基酸分解代谢途径小结

综上所述,将氨基酸的分解途径用图12-4表示。

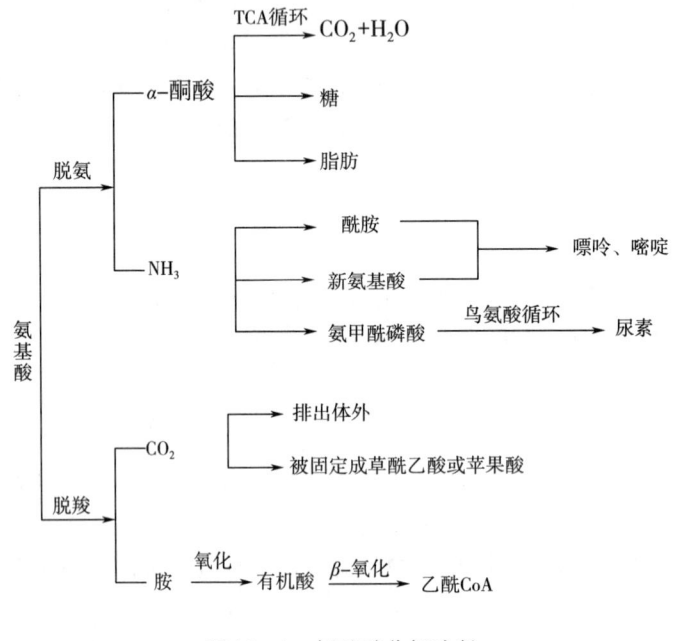

图 12-4　氨基酸分解途径

知识小贴士

γ-氨基丁酸及其发酵法生产

γ-氨基丁酸（γ-aminobutyric acid，GABA）化学名称是 4-氨基丁酸,别名氨酪酸、哌啶酸,分子式 $C_4H_9NO_2$,相对分子质量：103.1。广泛分布于动、植物体内,豆属、参属等的种子、根茎和组织液中都含有 GABA,几乎只存在于动物的神经组织中,其中脑组织中的含量大约为 0.1~0.6mg/g 组织,免疫学研究表明：其浓度最高的区域为大脑中黑质。大量研究表明,GABA 具有降低血压、调节脑血管、促进乙酰胆碱合成、使脑细胞活动旺盛、促进脑组织新陈代谢和恢复脑细胞功能；调节心律失常、治疗癫痫,改善脂质代谢、防止动脉硬化、防止皮肤老化、调节激素分泌等功能；减轻慢性疾病如关节炎疼痛；因具有类似于谷氨酸的甜味，能够增强食品风味，并在胃酸分泌的中枢调节中起重要作用。

在早期的研究中，发酵法生产 GABA 多以大肠杆菌为生产菌，发酵培养基为麸皮水解液、玉米浆、蛋白胨、氯化钠等，以豆油为消沫剂（用量约为 0.1%），发酵单位约为 100U/mL 发酵液。在提炼过程中，利用大肠杆菌脱羧酶的作用将 L-谷氨酸转化为 γ-氨基丁酸，在水溶液中能解离成阳离子的特性，采用强酸性苯乙烯系阳离子交换树脂进行离子交换，氨水洗脱，提取，再经树脂纯化、浓缩、结晶、干燥后即得 GABA 制品。但是，若要进行食品开发，使用大肠杆菌无疑存在安全性方面的种种问题。最新的研究报道和专利文献，乳酸菌、酵母、曲霉菌等一些安全性高的微生物在 GABA 类食品的制备中已有应用，这就使得生物合成的 GABA 制品能用作高档功能性保健食品的配料。

第四节 氨基酸的合成代谢

氨基酸不仅是合成蛋白质的原料，而且是发酵生产的产品，所以氨基酸的合成代谢比氨基酸的分解代谢更具有生产实践意义。

合成蛋白质的氨基酸有 20 种，其中有的氨基酸可以在人和动物体内全新合成，或者可由别种氨基酸转变而来，不需要依靠食物供给，在营养学上称"非必需氨基酸"。而另一部分氨基酸，因人和动物自身不能合成，也不能由别的氨基酸转变而来，需要每日从食物蛋白质供给才能维持正常生长发育，在营养学上称作"必需氨基酸"。人体必需的氨基酸有八种，即：缬氨酸、异亮氨酸、亮氨酸、苯丙氨酸、蛋氨酸、色氨酸、苏氨酸和赖氨酸。植物能合成自身所需要的全部氨基酸，不同微生物合成氨基酸的能力差别很大，合成方式也不尽相同。

生物合成氨基酸所需 NH_3 的来源见本章第一节。所需 α-酮酸主要来自中心代谢途径：糖酵解、三羧酸循环和单磷酸己糖途径。蛋白质合成所需 20 种氨基酸的碳骨架是从中心途径中少数几种中间产物转变而来的。在所有生物中，L-谷氨酸、L-谷酰胺、L-脯氨酸和 L-精氨酸是从 α-酮戊二酸衍生而来。在真菌和眼虫藻中 α-酮戊二酸也提供了赖氨酸 6 个碳原子中的 4 个；草酰乙酸是 L-天冬氨酸、L-天冬酰胺、L-苏氨酸、L-蛋氨酸、L-异亮氨酸及 L-赖氨酸（除真菌外所有细菌及植物）合成的起始物；丙酮酸为 L-丙氨酸、L-缬氨酸、L-亮氨酸提供碳架，还为 L-异亮氨酸及 L-赖氨酸提供碳原子；L-丝氨酸、L-半胱氨酸及甘氨酸是从 3-磷酸甘油酸衍生而来；L-苯丙氨酸，L-酪氨酸及 L-色氨酸三种芳香族氨基酸合成起始物是来自单磷酸己糖途径的 4-磷酸赤藓糖及酵解途径的磷酸烯醇式丙酮酸；L-色氨酸除需上述两种物质外，还需磷酸核糖焦磷酸（PRPP）及丝氨酸；组氨酸合成需 PRPP，还需从 ATP 分子中取得 C 和 N 原子。

下面我们分别介绍氨基酸合成的公共途径，一般氨基酸的生物合成以及人体必需氨基酸在植物和微生物中的合成，并且在其后的一节讨论谷氨酸发酵的生化机制。

一、氨基酸合成的公共途径

氨基酸合成的公共途径主要是氨基化作用和转氨作用。

1. 氨基化作用

（1）还原氨基化作用　还原氨基化作用是由 L-氨基酸脱氢酶催化的 α-酮酸与氨生成氨基酸的过程，它是氨基酸分解代谢中 L-氨基酸脱氢酶催化氧化脱氨基的逆反应。在氨基酸脱氢酶中最重要的是谷氨酸脱氢酶。反应分两步进行，第一步脱水缩合，第二步还原。

$$\begin{array}{c} COOH \\ | \\ C=O \\ | \\ (CH_2)_2 \\ | \\ COOH \end{array} + NH_3 \xrightarrow{L-谷氨酸脱氢酶} \begin{array}{c} COOH \\ | \\ C=NH \\ | \\ (CH_2)_2 \\ | \\ COOH \end{array} + H_2O$$

α-酮戊二酸

$$\begin{array}{c} COOH \\ | \\ C=NH \\ | \\ (CH_2)_2 \\ | \\ COOH \end{array} + NADPH + H^+ \xrightarrow{L-谷氨酸脱氢酶} \begin{array}{c} COOH \\ | \\ CHNH_2 \\ | \\ (CH_2)_2 \\ | \\ COOH \end{array} + NADP^+$$

L-谷氨酸

前已述及，L-谷氨酸脱氢酶普遍存在于动植物及微生物中，它有两种辅酶：存在于真核细胞线粒体中的 L-谷氨酸脱氢酶，以 NAD^+ 为辅酶，主要用于分解代谢，催化谷氨酸氧化脱氨反应；存在于细胞浆液中的 L-谷氨酸脱氢酶，以 $NADP^+$ 为辅酶，主要用于合成代谢，催化 α-酮戊二酸还原氨基化生成谷氨酸，此酶可被高浓度的谷氨酸所抑制。无论利用哪种辅酶，L-谷氨酸脱氢酶催化的反应都是可逆的。

反应生成的谷氨酸可通过转氨作用，将氨基转给其他 α-酮酸，合成其他氨基酸。因此，L-谷氨酸脱氢酶催化的还原氨基化反应在所有氨基酸合成中都有重要意义（除 Thr 和 Lys 之外）。该反应是生物同化氨、固定氨的重要反应。

（2）直接氨基化作用　有些有机酸，如延胡索酸，在 L-天冬氨酸酶的催化下，可以直接进行氨基化反应，生成天冬氨酸。

$$\begin{array}{c} COOH \\ | \\ CH \\ || \\ HC \\ | \\ COOH \end{array} + NH_3 \xrightarrow{L-天冬氨酸酶} \begin{array}{c} COOH \\ | \\ CHNH_2 \\ | \\ CH_2 \\ | \\ COOH \end{array}$$

延胡索酸　　　　　　　　　　　　L-天冬氨酸

L-天冬氨酸酶存在于某些植物和细菌中，它能催化将氨结合到有机酸上，所以也是自然界固定氨的方法之一。

（3）酰胺化作用　动、植物及微生物中普遍存在谷氨酰胺合成酶和天冬酰胺合成酶，利用 ATP 提供的能量，催化合成谷氨酰胺和天冬酰胺，反应如下：

$$\begin{array}{c} COOH \\ | \\ CHNH_2 \\ | \\ (CH_2)_2 \\ | \\ COOH \end{array} + NH_3 + ATP \xrightarrow{谷氨酰胺合成酶} \begin{array}{c} COOH \\ | \\ CHNH_2 \\ | \\ (CH_2)_2 \\ | \\ CONH_2 \end{array} + ADP + Pi$$

L-谷氨酸　　　　　　　　　　　　　　　L-谷氨酰胺

大多数生物中天冬酰胺的合成是由谷氨酰胺提供氨基，在细菌中是直接利用NH_3，起催化作用的酶都是天冬酰胺合成酶。

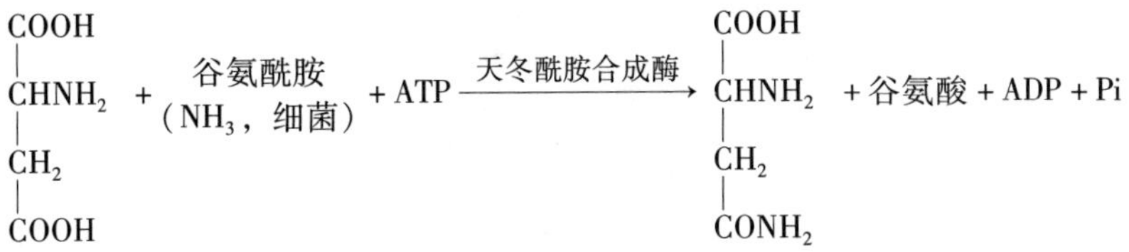

$$\begin{array}{c} COOH \\ | \\ CHNH_2 \\ | \\ CH_2 \\ | \\ COOH \end{array} + \begin{array}{c}谷氨酰胺 \\ (NH_3，细菌) \end{array} + ATP \xrightarrow{\text{天冬酰胺合成酶}} \begin{array}{c} COOH \\ | \\ CHNH_2 \\ | \\ CH_2 \\ | \\ CONH_2 \end{array} + 谷氨酸 + ADP + Pi$$

L-天冬氨酸　　　　　　　　　　　　　　　　　　　　L-天冬酰胺

谷酰胺和天冬酰胺可直接参与蛋白质合成，也可为其他氨基酸以及核苷酸等的合成提供氨基。

实际上，前述的由 L-谷氨酸脱氢酶催化的 α-酮戊二酸和 NH_3 经还原氨基化生成谷氨酸的反应，在自然界中只有少数生物（如一些细菌）当环境中的 NH_4^+ 浓度很高时才能以这种方式进行。生物界最普遍的合成谷氨酸途径是：由谷氨酸合成酶催化 α-酮戊二酸接受谷氨酰胺酰胺基的氨生成谷氨酸。

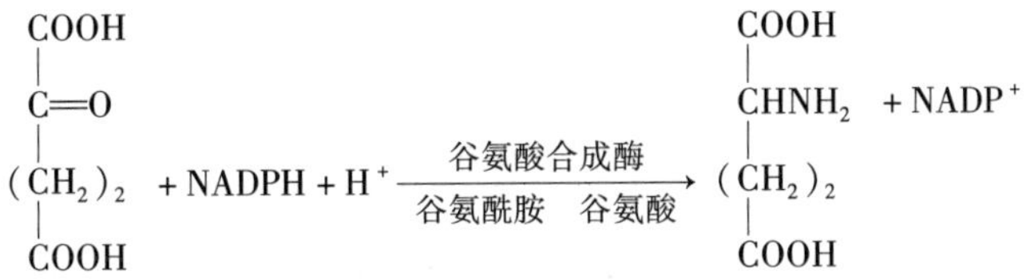

$$\begin{array}{c} COOH \\ | \\ C=O \\ | \\ (CH_2)_2 \\ | \\ COOH \end{array} + NADPH + H^+ \xrightarrow[\text{谷氨酰胺　谷氨酸}]{\text{谷氨酸合成酶}} \begin{array}{c} COOH \\ | \\ CHNH_2 \\ | \\ (CH_2)_2 \\ | \\ COOH \end{array} + NADP^+$$

所以，酰胺化作用在生物界氨的固定中占有重要地位。

2. 转氨作用

转氨作用不仅是氨基酸分解的重要途径，也是氨基酸合成的重要途径。转氨作用是在转氨酶的催化下，将一种氨基酸上的氨基转移给 α-酮酸，生成新的氨基酸。反应为：

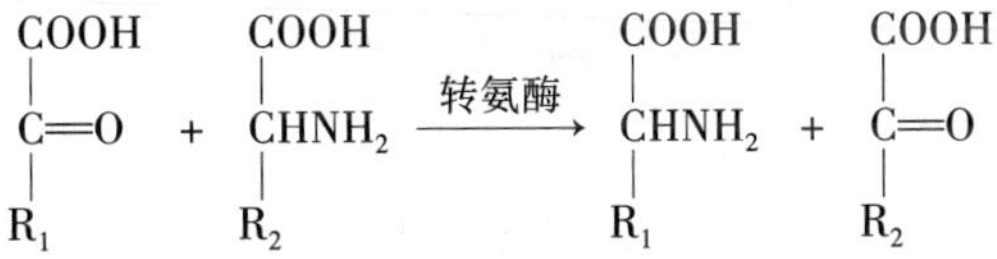

$$\begin{array}{c} COOH \\ | \\ C=O \\ | \\ R_1 \end{array} + \begin{array}{c} COOH \\ | \\ CHNH_2 \\ | \\ R_2 \end{array} \xrightarrow{\text{转氨酶}} \begin{array}{c} COOH \\ | \\ CHNH_2 \\ | \\ R_1 \end{array} + \begin{array}{c} COOH \\ | \\ C=O \\ | \\ R_2 \end{array}$$

实验证明，只有苏氨酸和赖氨酸不参加转氨。生物体中的转氨酶对谷氨酸和 α-酮戊二酸有很高专一性，容易接受谷氨酸的氨基转给其他酮酸，生成其他各种氨基酸。当转氨基作用与谷氨酸合成反应联合进行时，则可生成生物体内除苏氨酸和赖氨酸之外的各种氨基酸。

转氨作用是一个重要的生化反应，它是沟通蛋白质和糖代谢的桥梁。

二、一般氨基酸的生物合成

1. 脯氨酸、鸟氨酸和精氨酸的合成

同位素实验表明，谷氨酸、谷酰胺、脯氨酸和精氨酸之间有密切的代谢关系，它们的碳骨架都来自 α-酮戊二酸。因此，这几种氨基酸被称为谷氨酸族氨基酸。

（1）脯氨酸的合成　L-脯氨酸合成步骤如图 12-5 所示。由 α-酮戊二酸先形成谷氨酸，谷氨酸的 γ-羧基还原形成谷氨酸 γ-半醛，然后自发环化形成 Δ'-二氢吡咯 5-羧酸，再还原生成脯氨酸。脯氨酸氧化可转变成羟脯氨酸。

（2）鸟氨酸和精氨酸的合成　生物可以由 L-谷氨酸合成 L-鸟氨酸，由 L-鸟氨酸合成 L-瓜氨酸，再合成 L-精氨酸。其合成反应如图 12-6 所示。

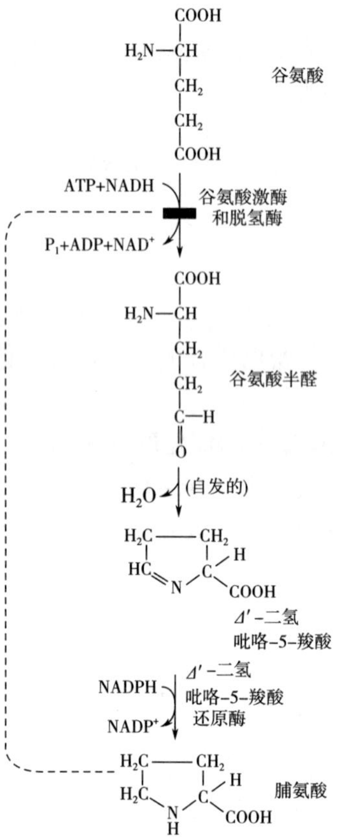

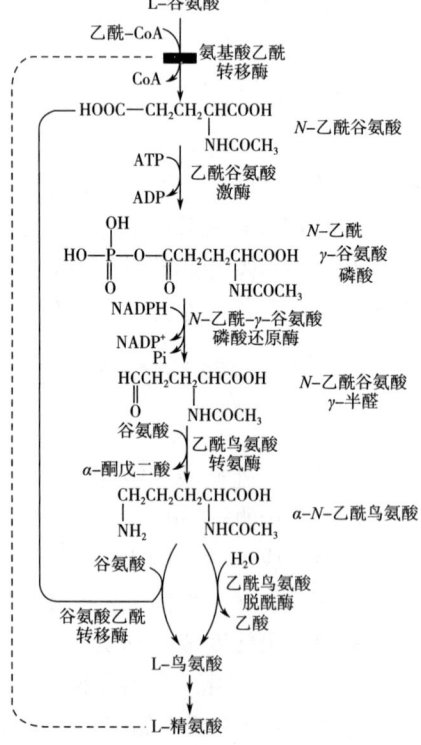

图 12-5 自谷氨酸合成脯氨酸的途径

图 12-6 由谷氨酸合成鸟氨酸、瓜氨酸和精氨酸的途径

精氨酸可以分解生成鸟氨酸和尿素（或 NH_3 和 CO_2），这样就在鸟氨酸、瓜氨酸和精氨酸之间形成一个循环，称为鸟氨酸循环。如图 12-7 所示。

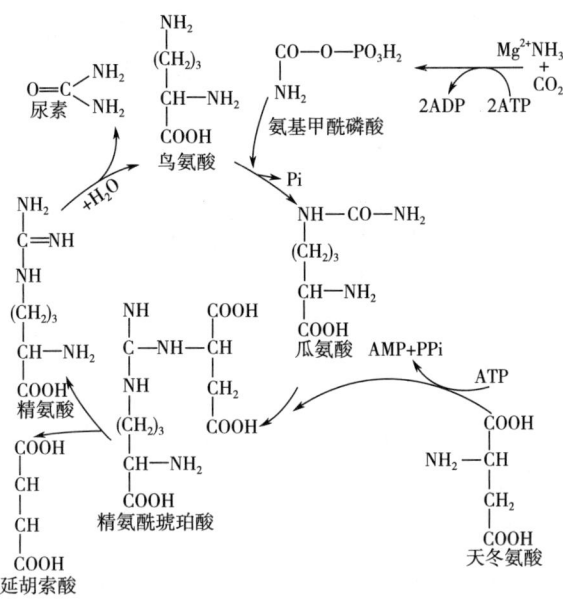

图 12-7　鸟氨酸循环

这个循环在动、植物和微生物中都已被发现。

2. 丝氨酸、甘氨酸和半胱氨酸的生物合成

L-丝氨酸、甘氨酸和 L-半胱氨酸的碳骨架都来自糖酵解途径的 3-磷酸甘油酸，它们的合成途径如图 12-8 所示。

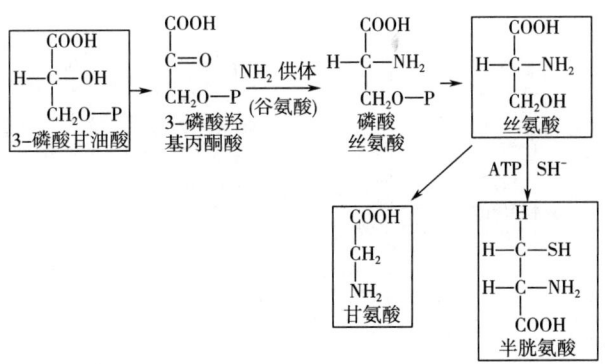

图 12-8　丝氨酸、甘氨酸和半胱氨酸的生物合成

3-磷酸甘油酸在磷酸甘油酸脱氢酶和 NAD^+ 的作用下氧化为 3-磷酸羟基丙酮酸，再经转氨作用生成 3-磷酸丝氨酸，最后在磷酸丝氨酸酶的作用下，水解脱去磷酸生成丝氨酸。

丝氨酸经转羟甲基酶作用，可转化为甘氨酸。转羟甲基酶将丝氨酸的 β-碳原子转移

到四氢叶酸上，结果形成 N^5，N^{10} - 亚甲基四氢叶酸，N^5，N^{10} - 亚甲基四氢叶酸是许多生物合成反应的一碳单位供体。甘氨酸在嘌呤、卟啉及其他代谢物的合成中起着重要作用。另外，由丝氨酸形成甘氨酸的逆反应也可以使甘氨酸转变为丝氨酸。

丝氨酸经丝氨酸转乙酰酶催化，将乙酰 CoA 的乙酰基转移到丝氨酸的—OH 上，生成 O - 乙酰丝氨酸，该产物在 O - 乙酰丝氨酸硫氢化酶催化下，再与硫化氢或其他巯基供体反应成半胱氨酸。

3. 组氨酸的生物合成

L - 组氨酸的生物合成途径如图 12 - 9 所示。这是一条非常独特的合成路线，与其他氨基酸的合成之间没有联系。起始物是磷酸核糖焦磷酸（PRPP），还要从 ATP 和谷酰胺上获得 N 原子和 C 原子。

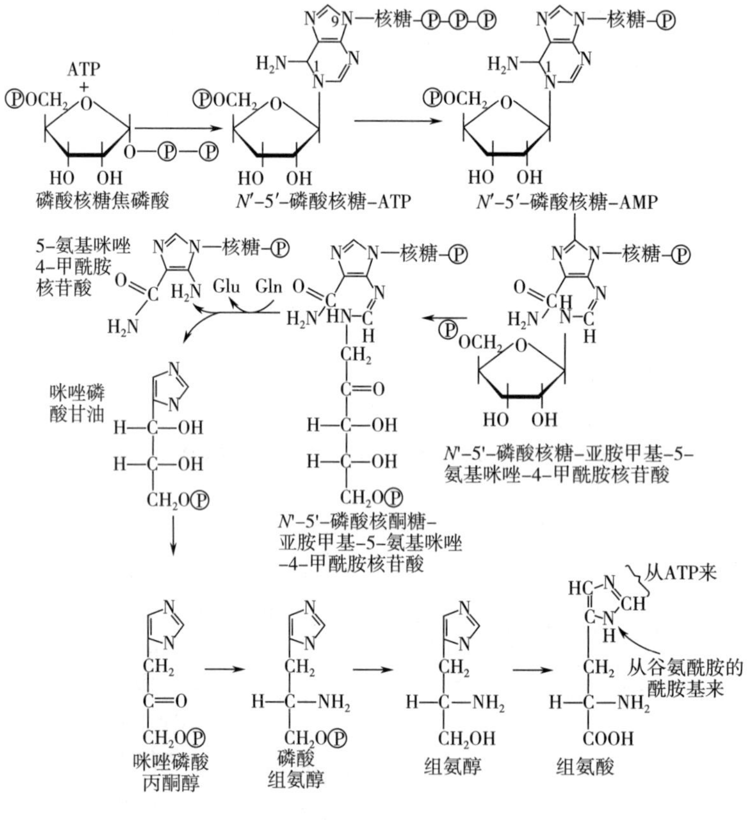

图 12 - 9 组氨酸的生物合成

组氨酸的合成途径由 10 步反应组成。经 9 种酶催化（最后两步反应由同一种酶催化）完成的。合成过程由 ATP 的嘌呤环化和 PRPP 核糖基 C_1 缩合开始。PRPP 为组氨酸生成提供 5 个碳原子，ATP 的腺嘌呤为组氨酸咪唑环的生成提供各一个 N 和 C 原子，咪唑环的另一个 N 原子来自谷氨酰胺的酰胺基。

催化组氨酸合成的酶系与其结构基因的遗传图谱已经搞清楚，9 种酶对应的 9 个结构基因转录的调控方式也已明了，是研究比较清楚的阻遏型操纵子的一个典型。

4. 丙氨酸的生物合成

L-丙氨酸的合成可由丙酮酸通过转氨作用从谷氨酸获得氨基而生成，动、植物和微生物体内都含有较丰富的丙氨酸转氨酶催化此反应：

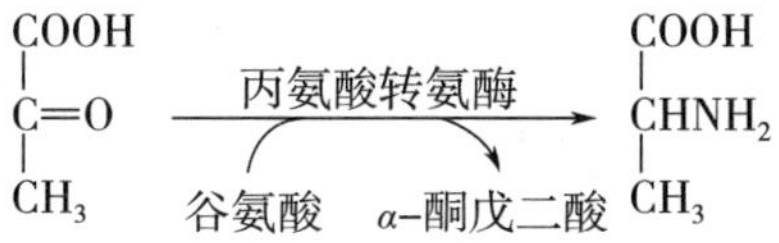

$$\begin{matrix} COOH \\ | \\ C=O \\ | \\ CH_3 \end{matrix} \xrightarrow[\text{谷氨酸}\quad\alpha\text{-酮戊二酸}]{\text{丙氨酸转氨酶}} \begin{matrix} COOH \\ | \\ CHNH_2 \\ | \\ CH_3 \end{matrix}$$

另外，在某些细菌中还有 L-丙氨酸脱氢酶，可催化丙酮酸还原氨基化生成丙氨酸，反应如下：

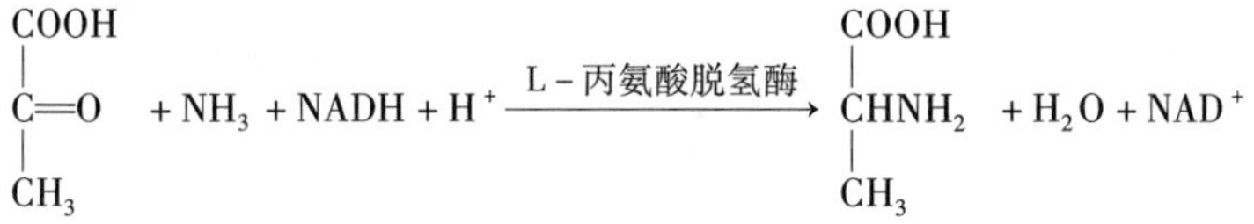

$$\begin{matrix} COOH \\ | \\ C=O \\ | \\ CH_3 \end{matrix} + NH_3 + NADH + H^+ \xrightarrow{\text{L-丙氨酸脱氢酶}} \begin{matrix} COOH \\ | \\ CHNH_2 \\ | \\ CH_3 \end{matrix} + H_2O + NAD^+$$

三、人体必需氨基酸的生物合成

人体自身不能合成的所谓必需氨基酸，追溯来源是由植物和微生物合成的。这些氨基酸的合成代谢路线在不同生物中也有所不同。这里不去一一比较，仅举代表性的合成路线，简述如下。

1. 苏氨酸、赖氨酸和蛋氨酸的生物合成

在植物和细菌中，L-苏氨酸、L-异亮氨酸、L-蛋氨酸及L-赖氨酸都是由L-天冬氨酸衍生出来的，故将这些氨基酸称为天冬氨酸族氨基酸。反应过程是个多分支代谢途径。天冬氨酸首先被激活成 β-天冬氨酰磷酸，后者经还原脱磷酸基生成天冬氨酸-β-半醛。天冬氨酸激酶和天冬氨酸半醛脱氢酶分别催化这两步反应，如图12-10所示。

天冬氨酸-β-半醛位于这条途径的第一个分支点上。天冬氨酸半醛还原生成高丝氨酸，高丝氨酸又是一个分支点。由高丝氨酸开始，一个分支生成苏氨酸，苏氨酸可进一步转变为异亮氨酸（图12-14）。另一个分支，高丝氨酸经胱硫醚合成酶催化与半胱氨酸缩合，生成胱硫醚，再经胱硫醚裂解酶分解，形成高半胱氨酸，并释放出丙酮酸和氨。高半胱氨酸由转甲基酶催化，N^5-甲基四氢叶酸提供甲基，生成蛋氨酸。

第一个分支点上的天冬氨酸-β-半醛，它与丙酮酸经过缩合脱水，生成环状中间产物——二氢吡啶二羧酸，然后又形成L，L-2，6-二氨基庚二酸，再转变为内消旋形式，经脱羧生成L-赖氨酸。由于二氢吡啶二羧酸是在芽孢杆菌形成芽孢时生成的，且二氨基庚二酸和赖氨酸又存在于一些细菌的肽聚糖结构中，所以该途径显得特别重要。此途径在大肠杆菌、枯草杆菌、粪链球菌、金黄色葡萄球菌及蓝细菌中已得到证实。

真菌合成赖氨酸的途径如图12-11所示。真菌利用 α-酮戊二酸和乙酸，经一系列反应合成 α-酮己二酸，再经氨基化成为 α-氨基己二酸，最后转变为赖氨酸。真菌合成苏氨酸、蛋氨酸、异亮氨酸的代谢路线与植物和细菌类似。

2. 芳香族氨基酸的生物合成

芳香族氨基酸包括L-苯丙氨酸、L-酪氨酸和L-色氨酸。这三种氨基酸合成途径有七步反应是共同的，它们都是由4-磷酸赤藓糖和磷酸烯醇式丙酮酸（PEP）缩合形成3-

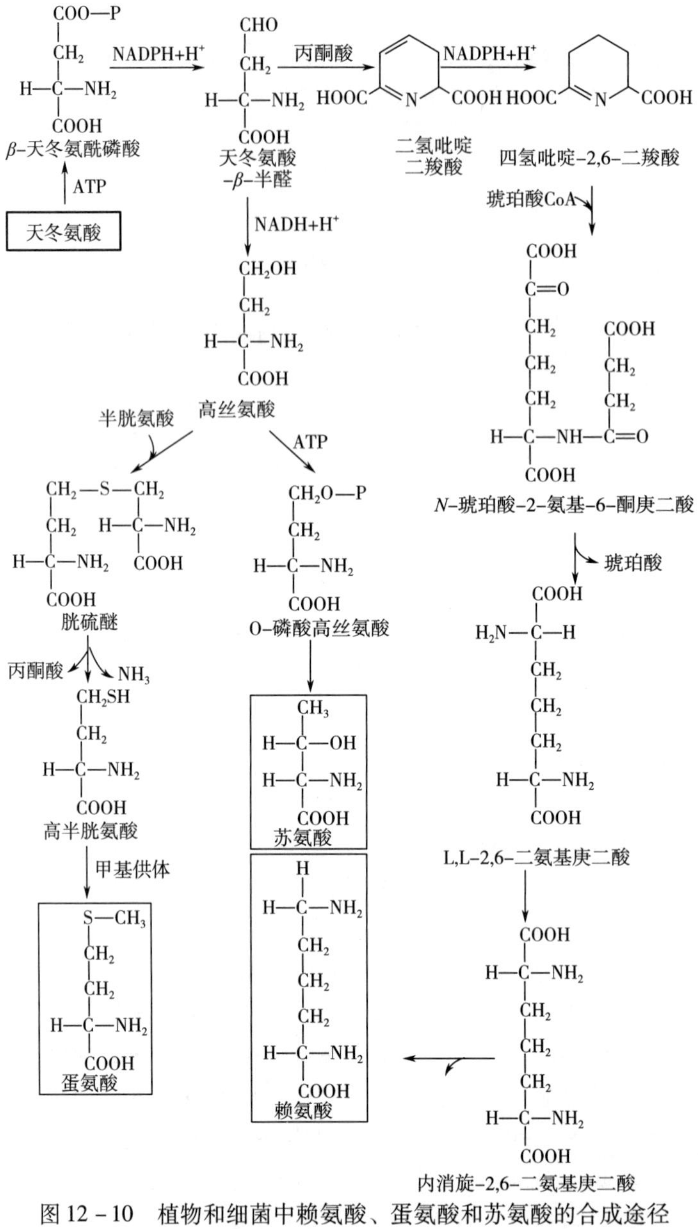

图 12-10 植物和细菌中赖氨酸、蛋氨酸和苏氨酸的合成途径

脱氧-D-阿拉伯庚酮糖酸-7-磷酸（DAHP）开始，然后这种七碳中间产物转化为莽草酸，莽草酸经磷酸化及与磷酸烯醇式丙酮酸缩合等步骤转变为分支酸。

分支酸位于共同途径的分支点上，其代谢分成两条途径。

第一条途径是首先形成醌类化合物预苯酸。预苯酸又可以经两条途径芳香化：其一是脱水，接着又脱羧形成苯丙酮酸，它是苯丙氨酸的前体。其二是脱氢，同时脱羧，形成对羟基苯丙酮酸，它是酪氨酸的前体。酪氨酸除经此途径合成外，还可由苯丙氨酸经苯丙氨酸羟化酶作用转化而来。

分支酸的第二条途径是先形成邻氨基苯甲酸，并由此形成色氨酸。

上述的芳香族氨基酸生物合成过程如图 12-12 所示。

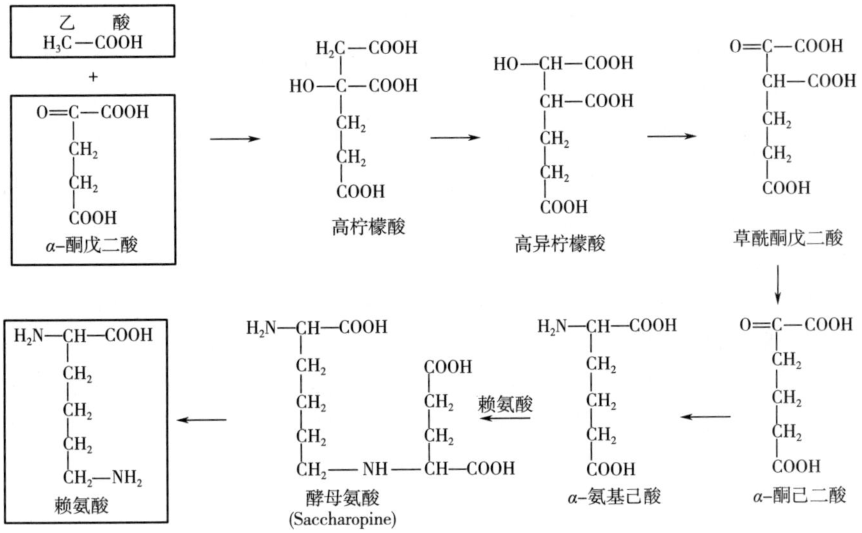

图 12-11　霉菌和酵母合成赖氨酸的途径

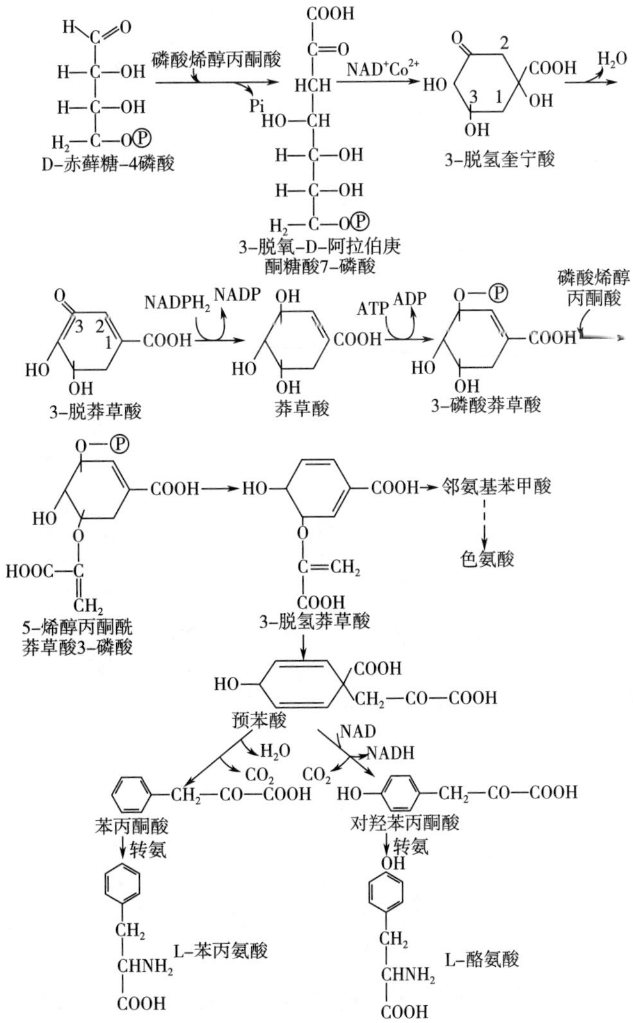

图 12-12　芳香族氨基酸的生物合成

对所有已经研究过的植物、细菌和真菌来说,该图所示的合成途径都是适用的。然而在代谢控制方式上,它们却有明显的差异。

3. 缬氨酸、异亮氨酸和亮氨酸的生物合成

L-缬氨酸、L-异亮氨酸和L-亮氨酸这三种氨基酸合成途径是类似的,有四步反应是由一些相同的酶催化的,而且它们都是先生成相应的α-酮酸,再经过转氨反应,使酮酸转变为相应的氨基酸。

缬氨酸和亮氨酸合成的初始物是丙酮酸及丙酮酸脱羧产生的活性乙醛,首先由二者缩合,产生α-乙酰乳酸,再经异构、还原、脱水等步骤生成α-酮异戊酸,后者经转氨生成缬氨酸。亮氨酸的最后生成还要在α-酮异戊酸的基础上继续与乙酰CoA缩合,再经异构、脱氢、脱羧等反应生成α-酮异己酸,经转氨生成亮氨酸,如图12-13和图12-14所示。

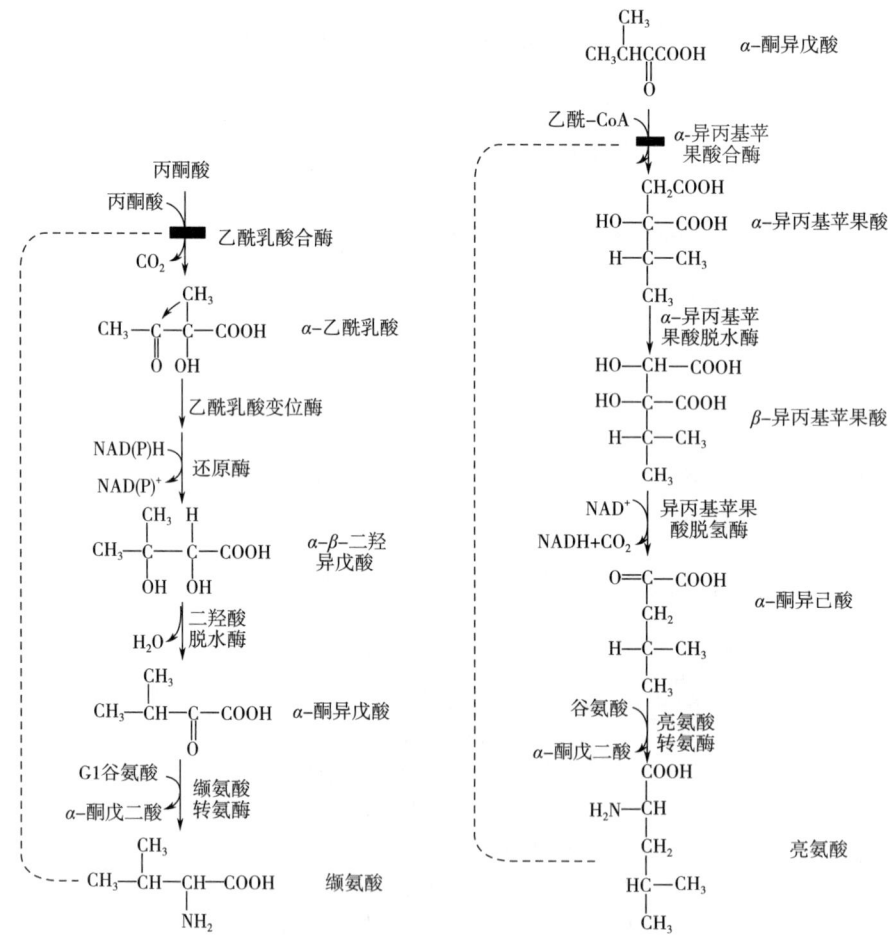

图12-13 缬氨酸的生物合成途径　　图12-14 亮氨酸的生物合成

异亮氨酸合成的初始物是由苏氨酸经脱水脱氨反应生成的α-酮丁酸,先与丙酮酸脱羧产生的活性乙醛缩合生成α-乙酰-α-羟基丁酸,再经与缬氨酸合成相同的反应,生

成 α-酮-β-甲基戊酸，再转变成异亮氨酸。如图 12-15 所示。

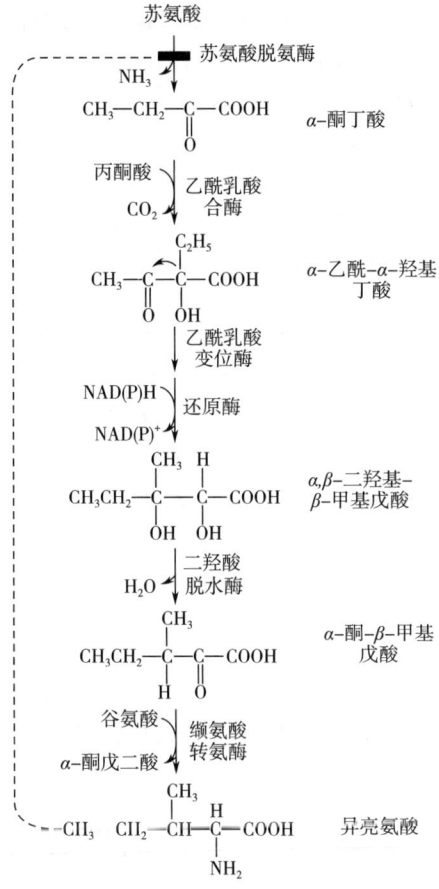

图 12-15 异亮氨酸的生物合成途径

  细菌中，缬氨酸、异亮氨酸和亮氨酸的生物合成的第一步反应受终产物的反馈抑制。
  在酒类发酵中，酵母利用丙酮酸与活性乙醛合成 α-乙酰乳酸从而进一步合成缬氨酸的途径中，生成的 α-乙酰乳酸分泌到菌体细胞外时，由于接触氧，可被非酶氧化脱羧生成双乙酰。双乙酰是酒类的风味物质，微量的双乙酰可赋予产品特殊的风味。白酒中双乙酰含量较高，可达 20mg/L；啤酒为低度酒，双乙酰浓度如果超过 0.15mg/L 就会明显对啤酒的风味有不良影响，造成"双乙酰味"（似馊饭味）。因此，把啤酒中双乙酰含量降低至此阈值，被普遍认为是啤酒成熟过程的主要目标。
  双乙酰可由酵母细胞产生的还原酶催化转变为 3-羟基丁酮及 2,3-丁二醇而加以除去，因为这些物质的口味阈值高，对啤酒风味的影响要比双乙酰小得多。
  为使啤酒的双乙酰含量符合要求，酿造中一般控制麦芽汁中的氨基氮含量在 200mg/L 以上，这样有足够的氨基酸供给酵母生长所用，就不必再由糖合成缬氨酸，相应地也就抑制了 α-乙酰乳酸与双乙酰的生成。发酵液中积累的 α-乙酰乳酸可采用以下措施加以去除：主发酵结束前适当提高发酵温度，以加快 α-乙酰乳酸的非酶氧化脱羧及双乙酰的酶促还原作用，并在后发酵期保持适量的酵母数量，继续利用酵母产生的还原酶将双乙酰还原等。

有实验表明，在发酵过程中添加一定量的细菌α-乙酰乳酸脱羧酶（酵母中无此酶），可将α-乙酰乳酸直接转化为3-羟基丁酮，从而降低α-乙酰乳酸、双乙酰的含量。该方法可以大大地加快啤酒的成熟。

酒类发酵中双乙酰的产生与去除的关系见图12-16。

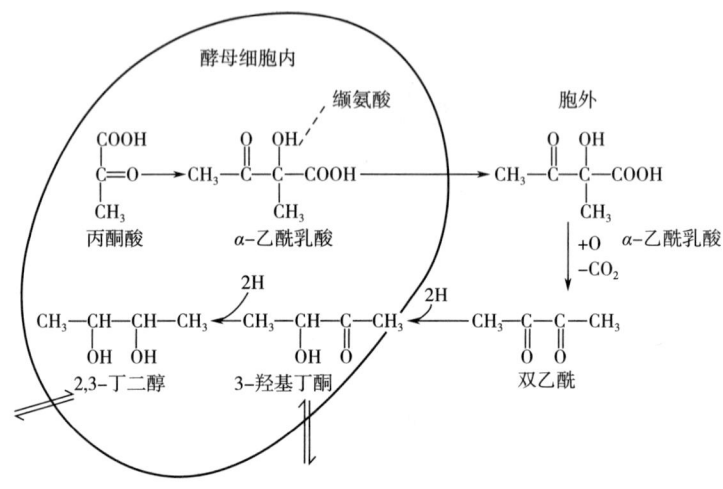

图 12-16 酒类中的双乙酰生成路线

第五节　发酵生产谷氨酸的生物化学机制

发酵法生产谷氨酸是在1957年实现工业化的。发酵法生产谷氨酸的成功是氨基酸生产的重大革新，也是现代发酵工业的重大创举。它的理论大大推动了其他氨基酸发酵研究和生产的发展。

一、谷氨酸的生物合成途径

谷氨酸发酵的生化机制现已基本清楚。利用糖质原料和无机氮源发酵生产谷氨酸，谷氨酸的合成途径包括EMP，HMP，TCA循环、乙醛酸循环及丙酮酸羧化支路等。以乙酸为碳源时，乙醛酸循环尤为重要。

以葡萄糖为碳源发酵生产谷氨酸的生化过程是：首先是葡萄糖经EMP和HMP途径转变为丙酮酸。实验证明，谷氨酸生产菌在生物素供应充足的情况下经HMP分解葡萄糖占总量的38%，当控制生物素亚适量，HMP所占比例为26%。生成的丙酮酸一部分氧化生成乙酰CoA，一部分固定CO_2生成草酰乙酸或苹果酸。草酰乙酸与乙酰CoA都进入TCA循环，在柠檬酸合成酶催化下生成柠檬酸，进而转化为α-酮戊二酸。α-酮戊二酸可以经过谷氨酸脱氢酶催化的还原氨基化反应，或者由转氨酶催化的转氨作用及谷氨酸合成酶催化的由谷氨酰胺提供氨基的反应，合成谷氨酸（见氨基酸合成的公共途径部分）。在这三种谷氨酸合成反应中，谷氨酸脱氢酶催化的还原氨基化作用占主导地位。

由葡萄糖生物合成谷氨酸的代谢途径如图 12-17 所示。

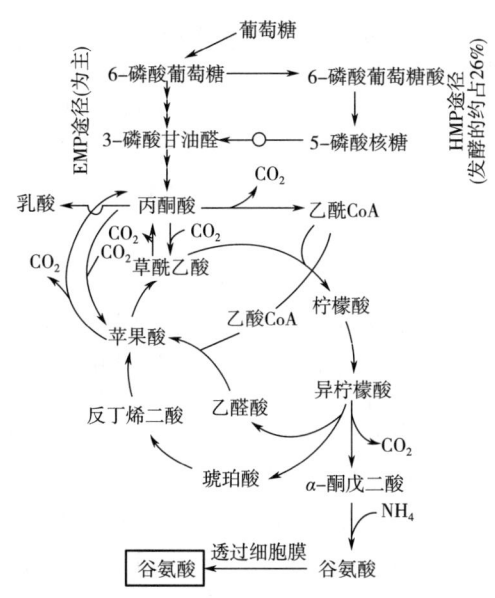

图 12-17　谷氨酸棒杆菌的谷氨酸合成途径

二、谷氨酸生产菌应具有的生物化学特点

谷氨酸生产菌能生长在 10% 以上葡萄糖的培养基中，在有无机氮供应的条件下，能超常积累高浓度谷氨酸，这是细菌的异常生理现象。任何维持正常代谢平衡的生物，细胞内各种氨基酸的合成速度是受着严格的调节控制的，其中很重要的调控方式是受终产物浓度的反馈抑制和阻遏，因此不会大量积累某种氨基酸。利用微生物进行谷氨酸发酵，实现谷氨酸的超常积累，是通过选育菌种并控制发酵条件，解除细胞固有的代谢调节机制，破坏了其正常的代谢平衡而获得成功的。

现有谷氨酸生产菌主要是棒状杆菌属、短杆菌属、小杆菌属及节杆菌属中的细菌。目前国内各味精厂使用的生产菌株主要是：北京棒杆菌（As.1299）、钝齿棒杆菌（As.1.542）、Hu7251、B_9、天津短杆菌（T_6-13）和 FM8207 等。总的概括起来，谷氨酸生产菌应具有如下生理生化特性。

①α-酮戊二酸氧化能力弱：α-酮戊二酸脱氢酶丧失或活力极弱。这样 α-酮戊二酸不能正常地转变为琥珀酸而造成积累，在有过量 NH_4^+ 存在下，迫使 α-酮戊二酸大量用于合成谷氨酸。

②谷氨酸脱氢酶活力强，且其活力不被高浓度的谷氨酸所抑制。这样可使生成的 α-酮戊二酸迅速向谷氨酸转化，以解除 α-酮戊二酸积累对途径中异柠檬酸脱氢酶可能造成的反馈抑制作用。

③丙酮酸羧化支路旺盛：通过高活性丙酮酸羧化酶作用使丙酮酸与 CO_2 结合，提供谷氨酸合成中大量需要的 C_4 二羧酸。C_4 二羧酸也可由乙醛酸循环生成。

菌体生长期后，进入谷氨酸生成期，为了大量生成积累谷氨酸，最好封闭乙醛酸循环，使 C_4 二羧酸全部由丙酮酸羧化而来，这样理论上 1mol 葡萄糖可转变为 1mol 谷氨酸，理论收率为 81.7%。

$$C_6H_{12}O_6 + NH_3 + 1.5O_2 \longrightarrow C_5H_9O_4N + CO_2 + 3H_2O$$

若 C_4 二羧酸全部通过乙醛酸循环而来，理论收率为 54.4%。

$$3C_6H_{12}O_6 \longrightarrow 6 \text{ 丙酮酸} \longrightarrow 6 \text{ 乙酸} + 6CO_2$$
$$6 \text{ 乙酸} + 2NH_3 + 3O_2 \longrightarrow 2C_5H_9O_4N + 6H_2O + 2CO_2$$

生产上因条件控制的差别，加之形成菌体及微量副产物等，消耗了一部分糖，实际收率处于二者之间。

当以乙酸为碳源发酵生产谷氨酸时，C_4 二羧酸全部由乙醛酸环而来。

④有充足的 $NADPH + H^+$ 供给 α - 酮戊二酸还原氨基化作用。沿柠檬酸到谷氨酸合成途径中，有两种酶以 $NADP^+$ 为辅酶，即异柠檬酸脱氢酶和谷氨酸脱氢酶。异柠檬酸脱氢酶催化异柠檬酸脱氢产生的 $NADPH + H^+$ 为谷氨酸脱氢酶提供了还原氨基化作用需要的还原力；α - 酮戊二酸的还原氨基化作用又使 $NADP^+$ 得到再生，进而推动异柠檬酸的脱氢反应。二者偶联，促使谷氨酸不断生成。

⑤生物素缺陷型（或甘油或油酸缺陷型）：谷氨酸生产菌大多为生物素缺陷型，即其自身不能合成生物素，需要由培养基提供。生物素是脂肪酸合成途径中乙酰 CoA 羧化酶的辅酶，生物素不足会引起脂肪酸合成受阻，进而影响磷脂的合成。当细胞中磷脂减少到正常量一半时，就会引起细胞变形，谷氨酸向膜外漏出，积累于发酵液中。同时生物素又是丙酮酸羧化酶的辅酶，该酶催化的丙酮酸羧化生成 C_4 二羧酸反应在谷氨酸合成中同样占有重要地位。控制发酵液中生物素亚适量（甘油或油酸缺陷型则控制发酵液中甘油或油酸亚适量），一方面确保谷氨酸的旺盛合成及菌体的正常活性；另一方面造成菌体磷脂合成不足，细胞膜有良好通透性，使谷氨酸易于分泌泄漏于胞外，从而消除因细胞内谷氨酸浓度积累过高对谷氨酸脱氢酶活力的抑制。

三、环境条件对谷氨酸发酵的影响

发酵液中生物素、铵离子、溶解氧及磷酸盐等的浓度及发酵液的 pH、氧化还原电位等因素，对谷氨酸发酵影响很大。当发酵条件与环境因素发生改变时，必然会影响代谢中有关酶的合成及活性，从而导致改变反应方向，使谷氨酸积累减少，而其他副产物积累增加。如：溶氧适中时积累谷氨酸，不足时会积累乳酸，过量时则积累 α - 酮戊二酸；NH_4^+ 浓度适中时积累谷氨酸，过量时积累谷氨酰胺，不足时积累 α - 酮戊二酸；pH 中性偏碱时积累谷氨酸，pH 5~5.8，NH_4^+ 过量时积累谷氨酰胺和 N - 乙酰谷氨酰胺；生物素亚适量时积累谷氨酸，过量时积累乳酸或琥珀酸；磷酸盐适中时产谷氨酸，过量时积累缬氨酸等。

关于各种因素对谷氨酸发酵的影响及发酵条件的管理，在《氨基酸发酵工艺学》一书中有详细讨论，此处不再赘述。

第六节 糖、脂肪、蛋白质代谢的相互联系

生物机体内，各种物质代谢是相互联系、相互影响和相互转化的。当某一种物质代谢

失调时会立即影响其他物质的代谢。现将生物体内糖、脂类、蛋白质的相互转化分述如下。

一、糖与蛋白质的相互转化

作为生物机体重要碳源和能源的糖类，是各种氨基酸碳骨架的主要来源，如前所述，生物体内构成蛋白质的 20 种氨基酸的碳架都可由糖代谢中间产物转化而来。有的氨基酸如丙氨酸、谷氨酸、天冬氨酸等可由糖代谢中间产物丙酮酸、α-酮戊二酸、草酰乙酸经还原氨基化作用或转氨作用等直接合成；有的氨基酸则需从糖代谢某一中间产物出发，经连续多步的酶促反应才能合成。这些氨基酸可进一步合成蛋白质。

另一方面，蛋白质水解产生氨基酸，有的氨基酸如丙氨酸、谷氨酸、谷酰胺、天冬氨酸和天冬酰胺等经脱氨后可直接转变为糖代谢中间产物丙酮酸、α-酮戊二酸和草酰乙酸等；有的氨基酸脱氨产生的 α-酮酸需经多步复杂的反应后转变为丙酮酸、α-酮戊二酸、琥珀酸等，这些有机酸可经丙酮酸羧化支路，生成磷酸烯醇式丙酮酸，再沿酵解逆行生成糖。

二、糖与脂类的相互转化

糖与脂类也是可以相互转化的。由糖转变为脂类较易进行。糖经过降解生成磷酸二羟丙酮及乙酰 CoA，然后分别形成甘油和脂肪酸，再合成脂肪。许多微生物在含糖的培养基中生长，需要以糖为原料合成各种脂类物质，某些酵母合成的脂肪占菌体干重的质量分数为 40%。反过来，脂肪分解生成的甘油，可经磷酸化生成磷酸甘油，再转变为磷酸二羟丙酮，沿酵解过程逆行即可生成糖。脂肪酸经 β-氧化作用生成的乙酰 CoA，在植物和微生物中，乙酰 CoA 可经乙醛酸循环生成琥珀酸，再转变为草酰乙酸，经丙酮酸羧化支路生成磷酸烯醇式丙酮酸，沿酵解过程逆行即可生成糖。在动物体内因为没有乙醛酸循环，乙酰 CoA 不能净合成糖。理论上，体内糖脂可以互变；实际上，正常生理条件下，糖代谢中间产物合成脂类是代谢的主要流向。

三、蛋白质与脂类的相互转化

氨基酸脱氨后生成的 α-酮酸经一定的反应可转变为乙酰 CoA，进而合成脂肪酸。前述氨基酸脱氨生成的 α-酮酸转变为糖的途径中产生的磷酸丙糖，可被还原生成磷酸甘油，甘油和脂肪酸可进一步合成脂肪。

脂类分子中的甘油可经 EMP 途径先转变为丙酮酸，再转变为草酰乙酸、α-酮戊二酸，它们接受氨基生成丙氨酸、天冬氨酸和谷氨酸等。脂肪酸通过 β-氧化作用生成乙酰 CoA，乙酰 CoA 与草酰乙酸缩合进入 TCA 循环，生成 α-酮戊二酸，从而跟谷氨酸相联系，这些氨基酸可参加蛋白质的合成。

总之，糖、脂、蛋白质和核酸等物质，在代谢过程中都是彼此影响、互相转化和相互制约的。三羧酸循环不仅是各种物质共同的代谢途径，而且也是它们之间相互联系的枢纽。而丙酮酸、乙酰 CoA、α-酮戊二酸和草酰乙酸等代谢物则是各种物质转化的重要中间产物。现将蛋白质，氨基酸、糖、脂肪之间的代谢关系总结如图 12-18 所示。

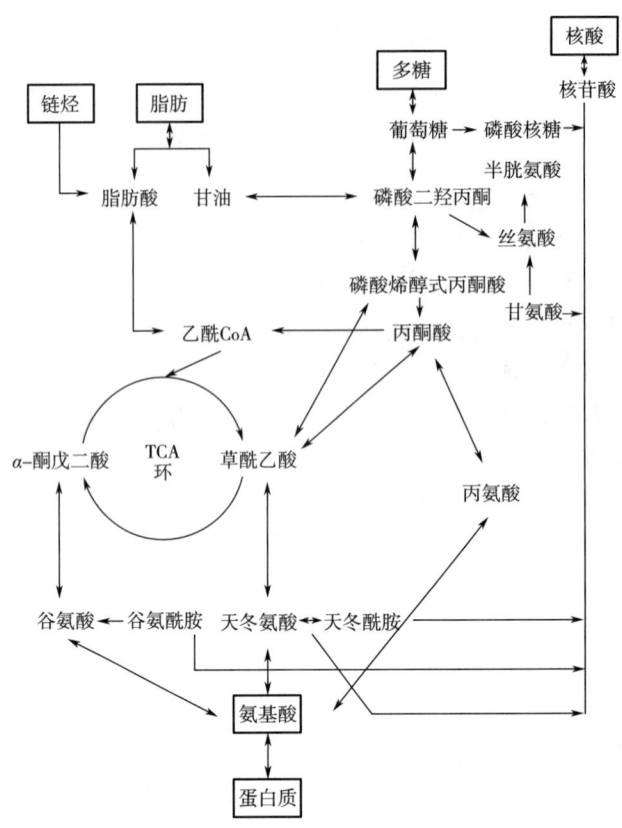

图 12-18 蛋白质、糖、脂肪的代谢关系图

习 题

1. 何谓氨基酸库?
2. 蛋白酶按作用方式分哪几类? 按最适 pH 又分哪几类?
3. 氨基酸有哪几种脱氨形式? 举例说明。
4. 参与氧化脱氨作用的酶有哪些类别? 其区别是什么?
5. 何谓转氨基作用? 氨基酸转氨机制如何?
6. 氨基酸分解代谢产物 α-酮酸,NH_3 和 CO_2 的去向如何?
7. 氨基酸生物合成的公共途径有哪几种方式?
8. 图示谷氨酸棒杆菌的谷氨酸生物合成途径。
9. 谷氨酸生产菌应具有哪些生物化学特点?

参 考 文 献

1. 朱圣庚,等. 生物化学(第4版)[M]. 北京:高等教育出版社,2017.
2. Lubert stryer(著),唐有祺(译). 生物化学(第3版)[M]. 北京:北京大学出版社,1988.
3. Lehninger, A. L.(著),任邦哲(译). 生物化学[M]. 北京:科学出版社,1981.

4. 常桂英，等. 生物化学（第2版）[M]. 北京：化学工业出版社，2018.

5. 宋超生. 微生物与发酵基础教程[M]. 天津：天津大学出版社，2007.

6. ［日］植村定治郎（著），天津市工业微生物翻译组（译）. 发酵与微生物[M]. 北京：科学出版社，1979.

7. 金国琴，等. 生物化学（第3版）[M]. 上海：上海科学技术出版社，2017.

第十三章 核酸降解及核苷酸代谢

学习指导

本章简要地叙述了生物体内核酸、核苷酸、核苷、碱基的降解及核苷酸的合成过程。本章学习要求：(1) 了解核酸分解代谢和核苷酸合成过程的概况；(2) 掌握几种重要核酸酶的作用特点；(3) 掌握嘌呤环、嘧啶环各元素的来源；(4) 掌握次黄嘌呤核苷酸、乳清苷酸向其他核苷酸及脱氧核苷酸转化的机制。

第一节 核酸的酶促降解

一、核酸的降解

生物体内的核酸代谢是生命活动的重要组成部分。动物和异养微生物可以分泌消化酶，将体外核酸水解成核苷酸，或再进一步水解成碱基、戊糖和磷酸。核苷酸及其水解产物均能被细胞吸收利用。

所有生物的细胞内均含有与核酸代谢有关的酶，可降解核酸成核苷酸、核苷、碱基、戊糖和磷酸，也可以以氨基酸等小分子物质为原料合成各种核苷酸，进而合成核酸大分子或利用核酸降解产物来合成新的核酸分子以完成核酸的更新，并满足细胞生命活动对核苷酸的其他需要。

核酸降解的第一步就是在酶的作用下水解核酸大分子中核苷酸之间连接的 3,5-磷酸二酯键，生成寡聚核苷酸及单核苷酸。催化这一反应的酶种类很多，可根据作用的化学键、底物种类、作用方式及碱基专一性等情况进行分类。

首先，按是作用于多核苷酸链中的磷酸二酯键还是作用于多核苷酸链两端的磷酸基而分为磷酸二酯酶和磷酸单酯酶。在磷酸二酯酶类中又根据底物是水解 RNA、水解 DNA、还是 RNA 和 DNA 都能水解，而分为 RNA 酶、DNA 酶及核酸酶。在磷酸二酯酶中，又可分为从核酸分子内部切断多核苷酸链的核酸内切酶、及从多核苷酸链末端逐个切下核苷酸的核酸外切酶。在核酸内切酶中还分为从多核苷酸链任意位点切割的非特异性核酸内切酶和从特定位点切割的特异性核酸内切酶。

二、核酸水解酶

下面介绍几种工业生产和科研中常用的重要核酸酶类。

1. 磷酸二酯酶

(1) 核酸内切酶

①核糖核酸酶（RNase）：这一类酶作用于 RNA 内部的磷酸二酯键，产物是含有 5′-OH 末端和 3′-磷酸基末端的寡核苷酸片段或游离的 3′-核苷酸。主要有 RNaseA，它来源于胰脏，是特异性 RNase，作用于 RNA 中的 C 和 U 位点，切断—CPN—或—UPN—之间的 5′-磷酸酯键，产生—CP 或 CP，—UP 或 UP，对热稳定。其他特异性的 RNase 还有：来源于米曲霉的 RNaseT$_1$，作用于 RNA 的 G 位点；RNaseT$_2$ 作用于 RNA 的 A 位点等。它们水解寡核苷酸中磷酸二酯键的位置及生成的产物如图 13-1 所示。

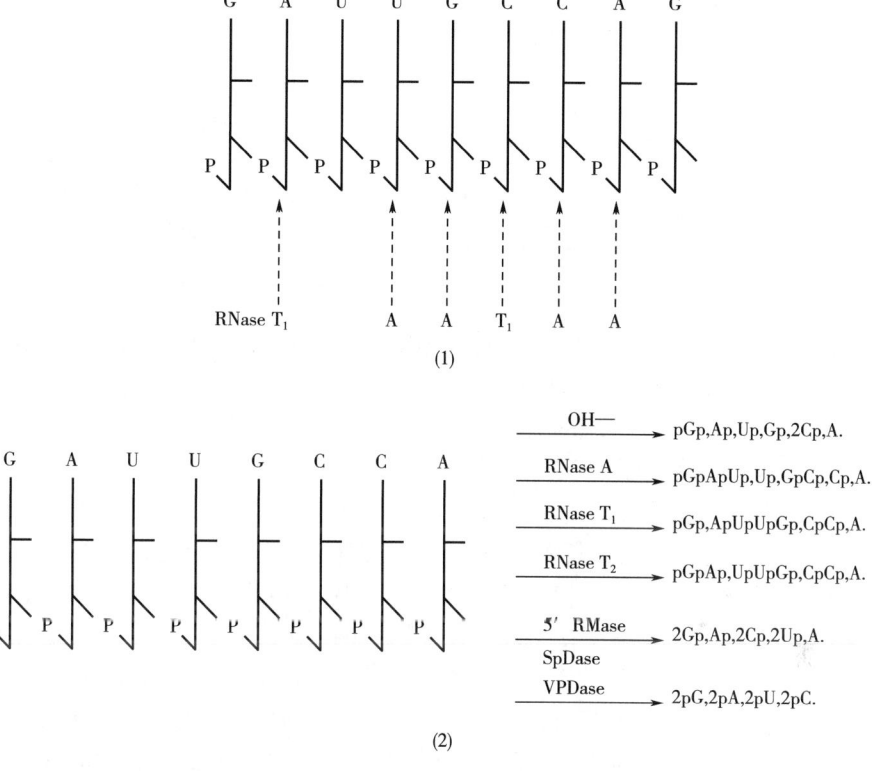

图 13-1　几种核酸酶降解作用示意图
（1）作用的磷酸酯键　（2）降解反应产物

②脱氧核糖核酸酶（DNase）：此类酶中最主要的有 DNaseⅠ和限制性 DNA 内切酶。DNaseⅠ来源于牛胰脏，水解双链或单链 DNA，产物为 5′-P 末端和 3′-OH 末端的寡核苷酸片段（双链或单链）的混合物。

③DNA 限制性内切酶：限制性 DNA 内切酶是属于有高度特异性的 DNA 内切酶，它能专一识别并切割 DNA 上特定碱基序列，产物仍为双链 DNA 片段，其 5′-端为磷酸基，3′-端为羟基。细菌利用此酶水解入侵的 DNA，限制了外源 DNA，对自己起到保护作用，故而得名。细菌自身的 DNA，因有甲基化酶在限制酶切割顺序上进行了甲基化修饰而不被降解。限制酶的识别和切割位点通常是 4~6bp 组成的回文结构①。从大肠杆菌 R 菌株中

---

①　回文结构是指 180°旋转对称的结构。即 DNA 一条链上的核苷酸顺序旋转 180°后，与其互补链上对应的一段的核苷酸顺序相重复。

分离的第一种限制酶（缩写符号 EcoRI）和几种其他不同来源的限制酶识别和切割顺序如下：

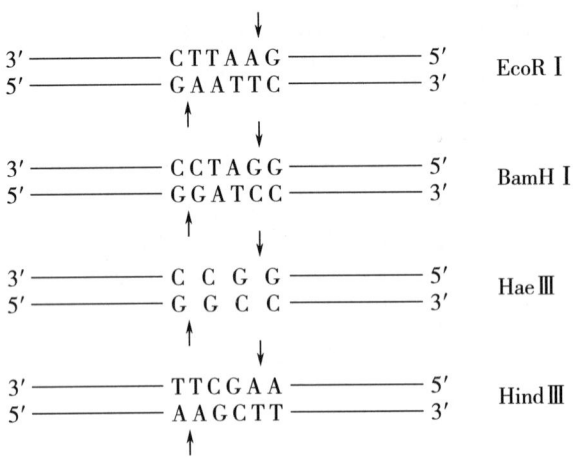

箭头所指为酶切位点。现已发现的限制酶有 600 多种，由于它们的作用位点有高度专一性，其中许多种已成为基因工程中重要的工具酶。

（2）核酸外切酶　当前发现的核酸外切酶主要有蛇毒磷酸二酯酶（VPDase）、牛脾磷酸二酯酶（SPDase）及桔青霉磷酸二酯酶。

蛇毒磷酸二酯酶：来源于毒蛇的毒液、枯草杆菌等生物材料，它从 RNA 或 DNA 单链的 3′-OH 末端开始，逐个地切断 3′-磷酸酯键，产生 5′-单核苷酸。

牛脾磷酸二酯酶：来源于牛脾脏及小球菌，它从 RNA 的 5′-OH 末端开始逐个切断 5′-磷酸酯键，产生 3′-单核苷酸。此酶也能水解单链 DNA。

从桔青霉提取的磷酸二酯酶能从多核苷酸链 3′-OH 端开始，逐个切下 5′-核苷酸，与蛇毒磷酸二酯酶一样。工业上用它来水解酵母 RNA 生产 5′-核苷酸，此酶没有碱基专一性，最适 pH4.5~6.0，最适温度 70℃，Zn^{2+} 有激活作用。该酶也能水解 DNA。

2. 磷酸单酯酶（PMase）

这类酶专门切断核苷酸链末端的磷酸基，产物中有无机磷酸。可分为特异性磷酸单酯酶和非特异性磷酸单酯酶。从大肠杆菌及哺乳动物肠黏膜提取的碱性磷酸单酯酶属于非特异性 PMase，可水解核苷酸链 5′-末端磷酸基，也能水解 3′-末端磷酸基。从大肠杆菌及动物组织中提取的另一种磷酸单酯酶只水解 5′-末端磷酸基，从某些植物及微生物来源的 3′-核苷酸酶只水解 3′-末端的磷酸基，它们属于特异性 PMase。

第二节　核苷酸的分解代谢

核酸降解产生的核苷酸可进一步被核苷酸酶降解，产生核苷和磷酸。核苷和磷酸可在核苷磷酸化酶的作用下生成碱基和 1-磷酸戊糖，核苷也可在核苷酶的作下生成碱基和戊糖，反应过程如下：

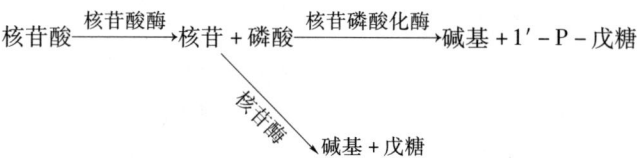

生成的戊糖及磷酸戊糖可参加戊糖代谢，磷酸可被循环使用，碱基若不被重新利用，可被体内的酶系进一步分解。

一、嘌呤的分解代谢

生物种类不同，分解嘌呤能力不同，因而代谢产物各不相同，人和灵长类、鸟类动物及某些排尿酸动物（如某些爬虫类和昆虫等），嘌呤降解的终产物是尿酸；非灵长类哺乳动物和腹足类动物以尿囊素为嘌呤降解的终产物；某些硬骨鱼类能将尿囊素分解为尿囊酸；两栖类动物则能将尿囊酸进一步分解成尿素和乙醛酸；海产瓣鳃类、甲壳类动物可将嘌呤分解为 NH_3 和 CO_2。

嘌呤的分解过程是：腺嘌呤、鸟嘌呤首先在相应的脱氨酶作用下水解脱去氨基，分别生成次黄嘌呤和黄嘌呤。嘌呤的脱氨反应在核苷酸、核苷及碱基水平上都可进行，反应过程简示如下：

$$\text{腺嘌呤核苷} \xrightarrow[\text{H}_2\text{O} \quad \text{NH}_3]{\text{腺嘌呤核苷脱氨酶}} \text{次黄嘌呤核苷} \xrightarrow[\text{Pi} \quad \text{1-P-戊糖}]{\text{核苷磷酸化酶}} \text{次黄嘌呤}$$

$$\text{鸟嘌呤} \xrightarrow[\text{H}_2\text{O} \quad \text{NH}_3]{\text{鸟嘌呤脱氨酶}} \text{黄嘌呤}$$

次黄嘌呤和黄嘌呤在黄嘌呤氧化酶催化下转变为尿酸。尿酸可继续分解并最终产生 NH_3 和 CO_2。反应过程如图 13-2 所示。

植物和微生物体内嘌呤代谢的途径大致与动物相同。植物体内广泛分布着尿囊素酶、尿囊酸酶、尿酶等。微生物一般能分解嘌呤类物质生成 NH_3，CO_2，以及一些有机酸，如甲酸、乙酸等。

人体内嘌呤核苷酸分解代谢的终产物为尿酸，尿酸经肾脏排泄。正常人血浆中尿酸含量为 $0.12 \sim 0.36 \text{mmol/L}$，其中男性为 0.27mmol/L，女性为 0.21mmol/L。痛风症患者由于体内嘌呤核苷酸分解代谢异常，可致血中尿酸水平升高，以尿酸或尿酸钠形式积累，二者水溶性均较差，当血浆尿酸含量大于 0.48mmol/L 时将析出尿酸钠结晶，形成的晶体沉积于关节、软组织、软骨及肾脏等处，导致关节肿胀、疼痛或关节炎，肾小管中沉积过量的尿酸会导致尿路结石及肾疾病。痛风症多见于成年男性。

缺乏次黄嘌呤-鸟嘌呤磷酸核糖转移酶（HGPRT）的病人，补救途径合成嘌呤核苷酸无法进行，使嘌呤的利用减少，同时 PRPP 的增加又促进嘌呤碱的全程合成途径，导致大量尿酸积累，引起肾结石和痛风。痛风的治疗可以采用别嘌呤醇，它是次黄嘌呤的异构体，可以抑制黄嘌呤氧化酶的活性，从而逐步减少尿和血中的尿酸含量。

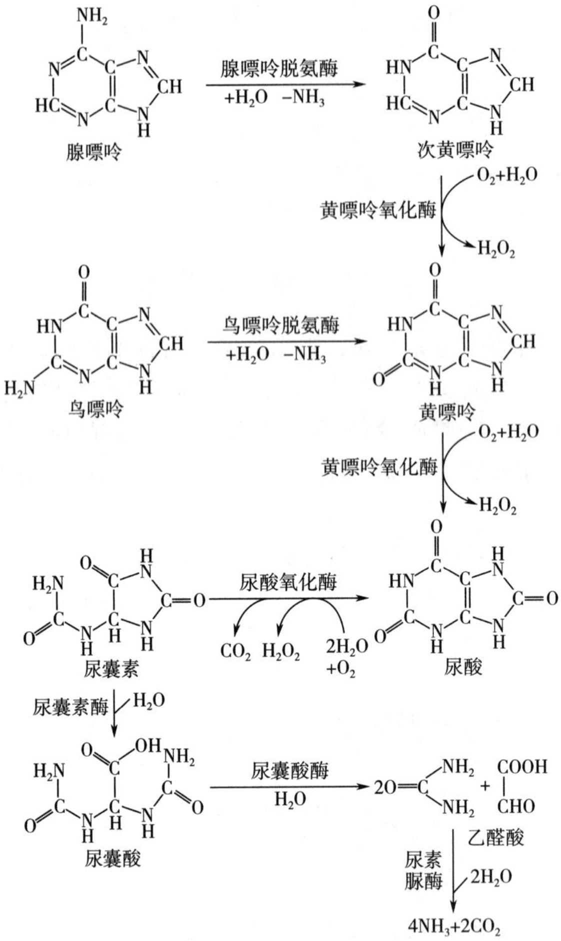

图 13-2 嘌呤碱的分解代谢

二、嘧啶的分解代谢

生物体内嘧啶的分解过程如图 13-3 所示。胞嘧啶首先脱氨转变为尿嘧啶，尿嘧啶经还原、开环水解，最后生成氨、二氧化碳和 β-丙氨酸。β-丙氨酸经转氨作用脱去氨基后可参加有机酸代谢。胸嘧啶经还原、开环水解生成 NH_3、CO_2 和 β-氨基异丁酸，后者脱去氨基也可以参加有机酸代谢。

与嘌呤碱的分解产物尿酸不同，嘧啶碱的降解终产物均为开环化合物并易溶于水，故嘧啶代谢异常的疾病较少。

第三节 核苷酸的合成代谢

除少数微生物外，生物都能利用二氧化碳、甲酸盐、谷氨酰胺、甘氨酸、天冬氨酸等简单前体物质合成各种嘌呤核苷酸和嘧啶核苷酸，并把这种利用简单前体物质合成核苷酸的过程称全合成途径或从头合成途径。生物也可以利用现有的嘌呤、嘧啶或核苷合成核苷

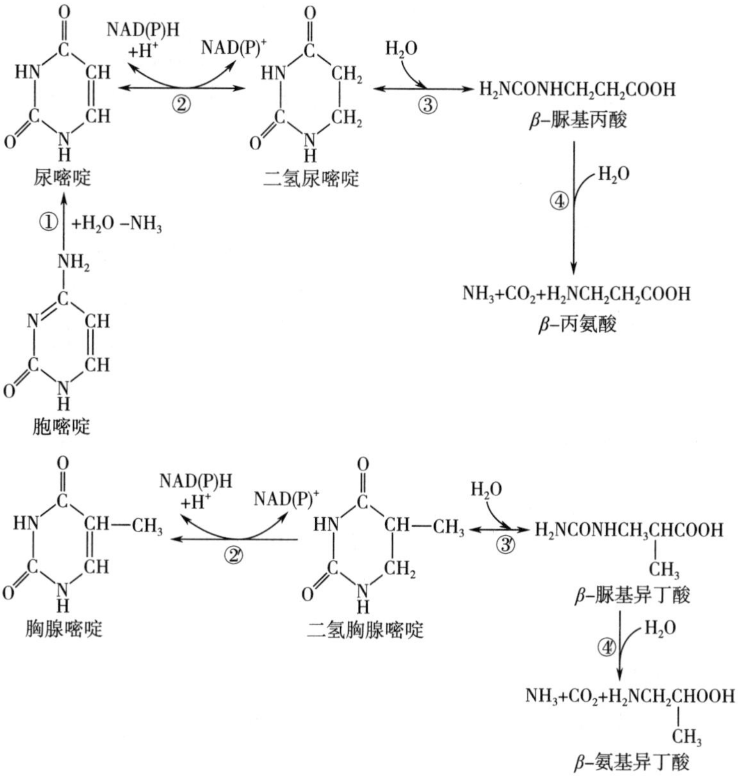

图 13-3 嘧啶碱的分解代谢
①胞嘧啶脱氨酶 ②②′二氢尿嘧啶脱氢酶 ③③′二氢嘧啶酶 ④④′脲基丙酸酶

酸,并称这种过程为半合成途径或补救合成途径。

一、嘌呤核苷酸的合成

1. 全合成途径

同位素示踪实验证明,嘌呤环中的各原子有不同的来源,它的前体物质是 CO_2、甲酸、谷氨酰胺、天冬氨酸和甘氨酸,如图 13-4 所示。

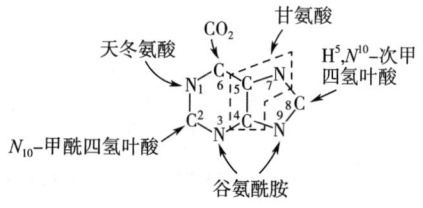

图 13-4 嘌呤环各元素来源

(1) α-D-5′-磷酸核糖的活化 合成开始,首先在酶的作用下并由 ATP 提供高能焦磷酸基将磷酸核糖活化为 5′-磷酸核糖-1′-焦磷酸(PRPP)。5′-磷酸核糖主要来自糖代谢的 HMP 途径。PRPP 具有 α-构型,反应为:

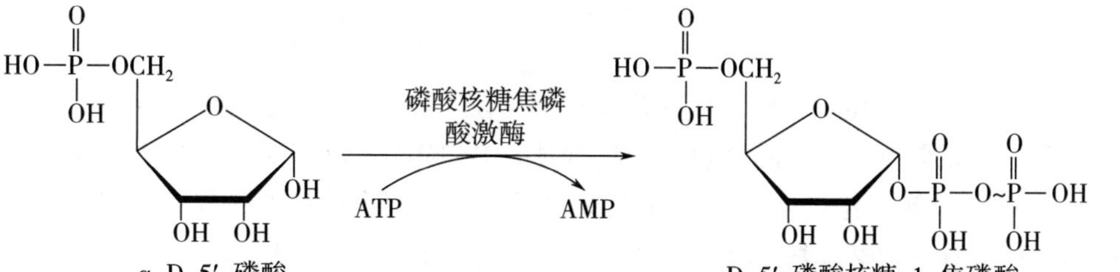

α-D-5′-磷酸 →(磷酸核糖焦磷酸激酶, ATP→AMP)→ α-D-5′-磷酸核糖-1-焦磷酸 (PRPP)

(2) 次黄嘌呤核苷酸（IMP）的合成　由 PRPP 到次黄嘌呤核苷酸的合成共经过 10 步反应，由 10 种酶催化，这一过程中关键步骤是从 PRPP 和谷氨酰胺形成 5′-磷酸核糖胺。在这步反应里，核糖从 α-构型转变为 β-构型。IMP 合成的详细过程如图 13-5 所示。

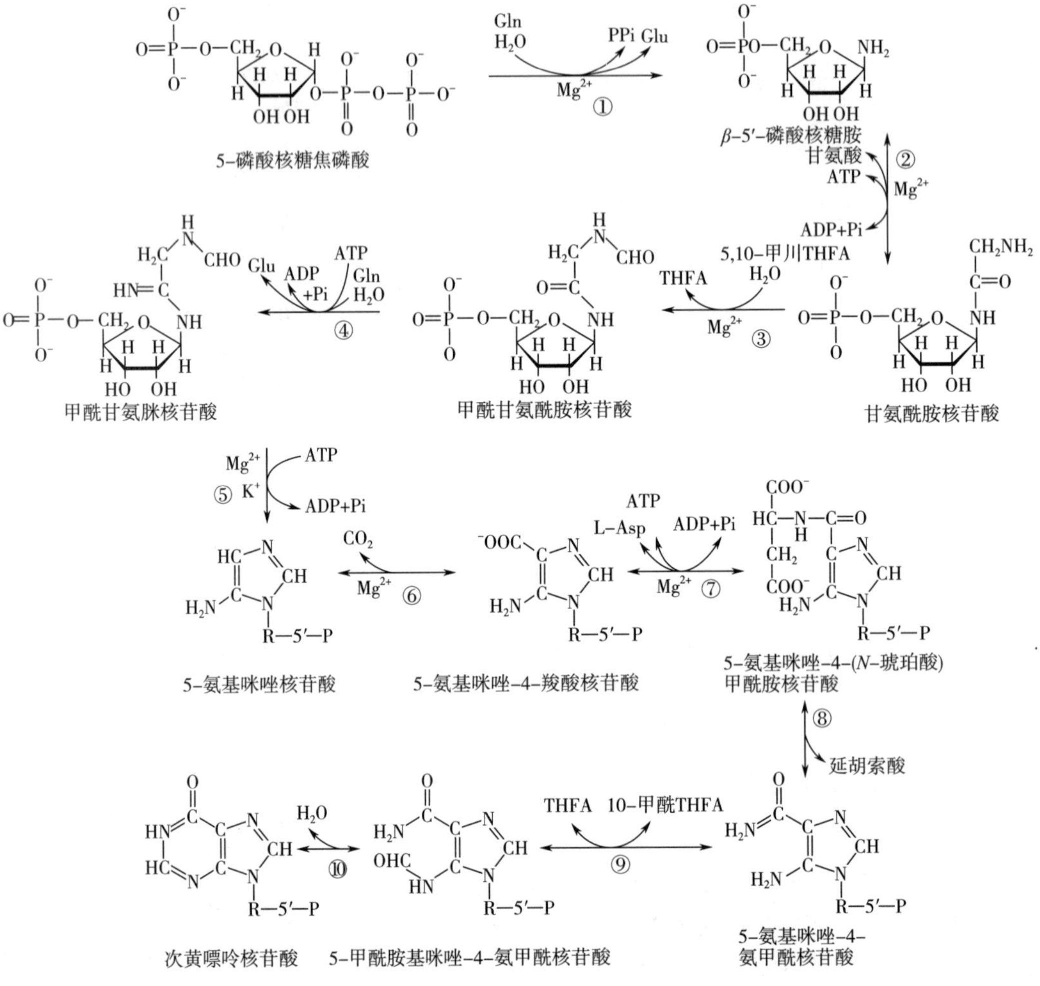

图 13-5　次黄嘌呤核苷酸合成途径
①磷酸核糖焦磷酸—酰胺基转移酶　②甘氨酰胺核苷酸合成酶　③甘氨酰胺核苷酸转甲酰基酶
④甲酰甘氨脒核苷酸合成酶　⑤氨基咪唑核苷酸合成酶　⑥氨基咪唑核苷酸羧化酶
⑦氨基咪唑琥珀酸基氨甲酰核苷酸合成酶　⑧腺苷酸琥珀酸裂解酶
⑨氨基咪唑氨甲酰核苷酸转甲酰基酶　⑩IMP 环水解酶

(3) 由次黄嘌呤核苷酸转变成腺苷酸和鸟苷酸　由 IMP 生成 AMP 有两步反应，所需氨基由天冬氨酸提供，所需能量由 GTP 提供。由 IMP 生成 GMP 中间经黄嘌呤核苷酸（XMP），XMP 再氨基化生成 GMP。此氨基化反应，细菌直接以 NH_3 作为氨基供体，动物细胞则以谷氨酰胺的酰胺基作为氨基供体，反应过程如图 13-6 所示。

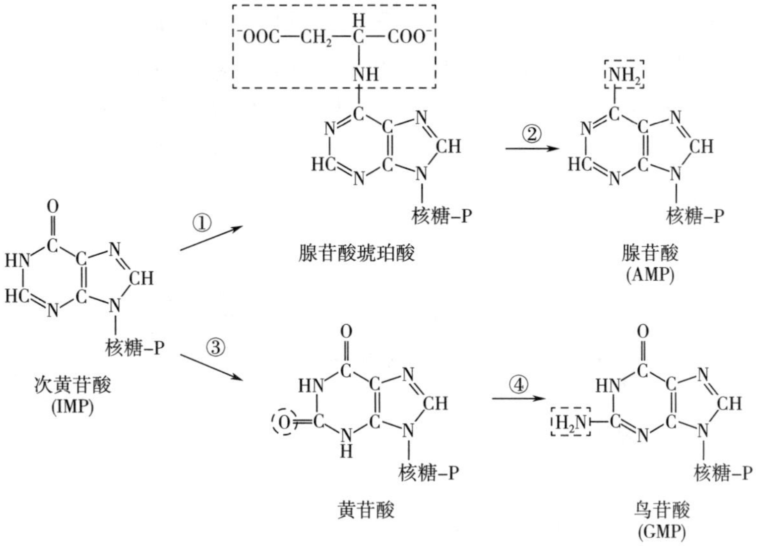

图 13 - 6　由 IMP 转变为 AMP 和 GMP
①腺苷酸琥珀酸合成酶　②腺苷酸琥珀酸裂解酶　③次黄嘌呤核苷酸脱氢酶
④鸟嘌呤核苷酸合成酶

从以上讨论可以看出嘌呤核苷酸生物合成过程很复杂，其特点为：①合成过程是在 5′-磷酸核糖基础上进行的。②组成嘌呤环的各元素是逐个垒加到核糖的 C_1 上去的，先合成咪唑环，再合成骈嘧啶环。随着嘌呤环的生成，5′-核苷酸应运而生。第一个被合成的核苷酸是 IMP。③AMP、GMP 是由 IMP 转化生成的。

2. 利用现有的嘌呤和核苷合成核苷酸

生物体内除可利用上述全合成途径合成嘌呤核苷酸外，还可利用现有的嘌呤和核苷合成嘌呤核苷酸，反应如下：

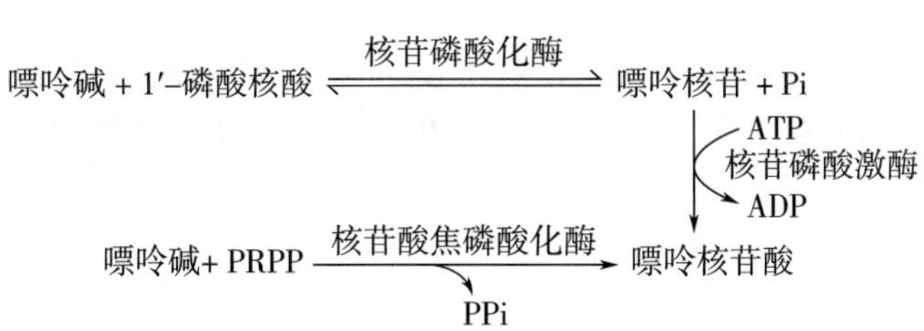

$$\text{嘌呤碱} + 1'\text{-磷酸核糖} \xrightleftharpoons{\text{核苷磷酸化酶}} \text{嘌呤核苷} + Pi$$

$$\downarrow \text{ATP, 核苷磷酸激酶, ADP}$$

$$\text{嘌呤碱} + PRPP \xrightarrow{\text{核苷酸焦磷酸化酶}} \text{嘌呤核苷酸}$$
$$PPi$$

实验证明，在生物体中核苷酸焦磷酸化酶广泛存在，此酶催化的反应在利用现有嘌呤合成嘌呤核苷酸中更为重要。

3. 嘌呤核苷酸生物合成的调节

核苷酸的生物合成是一个耗能过程，从 5′-磷酸核糖到生成 IMP 至少消耗 6 个高能键（由 ATP 提供），还要消耗甘氨酸等前体物质。所以，细胞内核苷酸合成速度是被灵敏地调节控制的，以保障核苷酸浓度维持在需要的范围内。

嘌呤核苷酸的全合成过程有几个部位受到产物的反馈控制，催化这些步骤的酶都是变构酶。第一个控制点是由 5′-磷酸核糖转变为 PRPP 的反应，催化该反应的酶受 AMP，GMP 及 IMP 的反馈抑制。PRPP 接受谷氨酰胺的氨基转变为 5′-磷酸核糖胺，是此途径的第二个控制点，此步反应的酶可被 AMP，GMP 反馈抑制，并且二者在抑制该酶活性中有互相增效的作用。IMP 是 AMP，GMP 合成途径的分支点，每条分支的第一步反应是途径的又一控制点，分别接受 AMP 和 GMP 的反馈抑制，如图 13-7 所示。

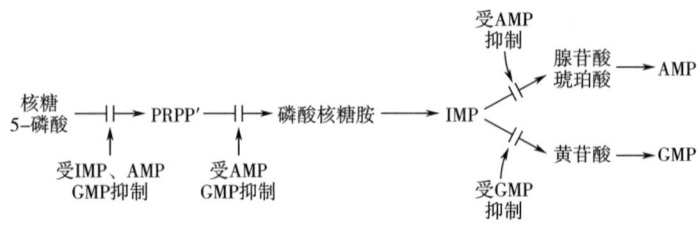

图 13-7 嘌呤核苷酸生物合成的调节

二、嘧啶核苷酸的合成

同位素示踪实验证明，嘧啶环是以天冬氨酸、谷酰胺、二氧化碳为前体物质合成的，如图 13-8 所示。

嘧啶核苷酸的合成也有两条途径，全合成途径（从头合成途径）和利用现有嘧啶碱及核苷合成的半合成途径（补救合成途径）。

1. 全合成过程

与嘌呤核苷酸全合成中从 PRPP 开始不同，这里是先合成一个嘧啶环乳清酸，再与 PRPP 结合生成乳清苷酸，再生成尿苷酸。其他嘧啶核苷酸则由 UMP 转变而来。

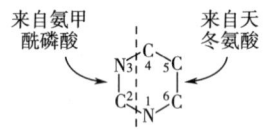

图 13-8 嘧啶环各元素来源

（1）UMP 的合成　UMP 合成的第一步反应是在氨甲酰磷酸合成酶催化下，由 ATP 提供高能磷酸基，将 NH_3 和 CO_2 合成氨甲酰磷酸，这里氨基由谷氨酰胺的酰胺基提供。

$$HCO_3^- \xrightarrow[\text{谷氨酰胺　谷氨酸　2ATP　2ADP+Pi}]{\text{氨甲酰磷酸合成酶}} H_2N-\overset{\overset{O}{\|}}{C}-\overset{\overset{O}{\|}}{C}\sim\overset{}{\underset{OH}{P}}-OH$$

然后，再经氨甲酰磷酸与天冬氨酸缩合等 5 步反应，最后生成 UMP，详细过程如图 13-9 所示。

（2）CMP 的生成　CMP 是由 UMP 转变而来的。转变过程为：首先在激酶催化下由 ATP 提供高能磷酸基将 UMP 连续磷酸化转变为 UTP，UTP 的尿嘧啶环再经酶促氨基化，生成 CTP。此氨基化反应所需氨基在细菌中直接由 NH_3 提供，动物组织中则需由谷氨酰胺

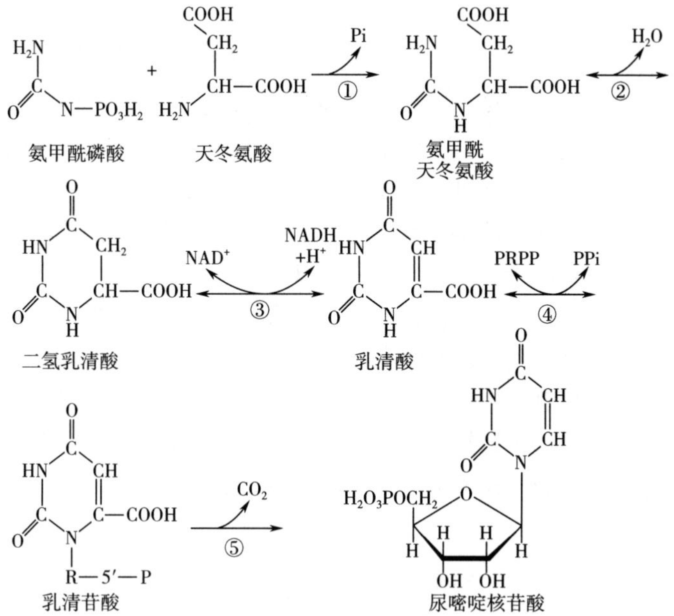

图 13-9 尿嘧啶核苷酸的合成途径
①天冬氨酸转氨甲酰酶 ②二氢乳清酸酶 ③二氢乳清酸脱氢酶 ④乳清苷酸焦磷酸化酶
⑤乳清苷酸脱羧酶

的酰氨基提供。

$$UMP \xrightarrow[ATP \quad ADP]{\text{尿嘧啶核苷酸激酶}} UDP \xrightarrow[ATP \quad ADP]{\text{尿甘二磷酸激酶}} UTP \xrightarrow[ATP \quad ADP+Pi]{\overset{NH_3}{\text{(细菌)CTP合成酶}}} CTP \rightarrow CDP \rightarrow CMP$$

2. 由现有的嘧啶或嘧啶核苷合成嘧啶核苷酸

生物可利用外源的及核苷酸代谢生成的嘧啶碱和嘧啶核苷在嘧啶核苷激酶等的作用下,生成嘧啶核苷酸。以尿嘧啶为例,其合成反应如下:

$$\text{尿嘧啶} + PRPP \xrightleftharpoons{\text{UMP磷酸核糖转移酶}} \text{尿苷酸} + PPi$$

$$\text{尿嘧啶} + \text{1-磷酸核糖} \xrightleftharpoons{\text{尿苷磷酸化酶}} \text{尿苷} + Pi$$

$$\text{尿苷} \xrightarrow[ATP \quad ADP]{\text{尿苷激酶}} \text{尿苷酸}$$

3. 嘧啶核苷酸生物合成的调节

大肠杆菌嘧啶核苷酸的合成可在三个位点受到终产物的反馈控制,催化这三步反应的酶都是变构酶。将天冬氨酸与氨甲酰磷酸转变为 N-氨甲酰天冬氨酸的反应是此途径的关键步骤,催化此反应的天冬氨酸转氨甲酰酶接受终产物 CTP 的反馈抑制。另两个调节位点分别是由氨甲酰磷酸合成酶催化的反应,接受 UMP 的反馈抑制;CTP 合成酶催化的反应,

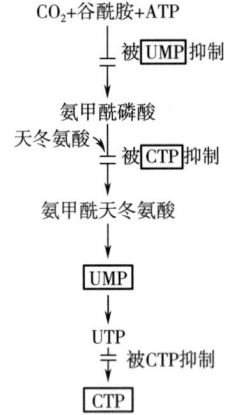

图 13-10 嘧啶核苷酸生物合成的调节

接受 CTP 的反馈抑制，如图 13-10 所示。

三、脱氧核苷酸的合成

同位素示踪实验证明，脱氧核苷酸的合成不是以脱氧核糖为起始物，而是先合成相应的核苷酸后再通过还原作用使其中的核糖脱氧转变为脱氧核苷酸。催化此还原反应的酶体系包括核糖核苷酸还原酶、硫氧还蛋白、硫氧还蛋白还原酶及 FAD，$NADP^+$ 等辅因子。反应过程如图 13-11 所示。

硫氧还蛋白分子中含有两个紧密靠近的巯基（来自半胱氨酸残基），可以氧化型（S—S）和还原型（—SHHS—）两种形式存在。硫氧还蛋白还原酶可接受 $NADPH + H^+$ 提供的氢原子，使氧化型硫氧还蛋白转变成还原型，后者作为氢的直接供体，在核糖核苷酸还原酶的作用下将核苷二磷酸还原，生成 2′-脱氧核苷二磷酸。

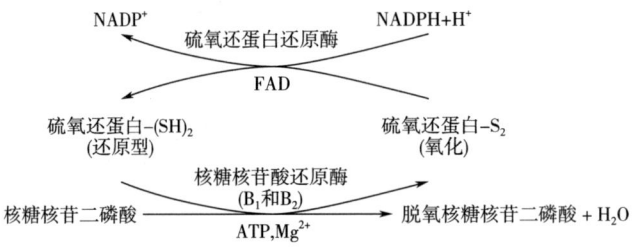

图 13-11 脱氧核糖核苷酸的形成

大肠杆菌和高等动、植物的核苷酸还原反应都很相似。

此还原酶体系可使四种 5′-核苷二磷酸（即不包括 5′-TDP）还原，生成 2′-脱氧-5′-核苷二磷酸。在少数细菌（乳杆菌属、根瘤菌属）中，核苷酸的还原还可在核苷三磷酸水平上进行。

至于脱氧胸腺嘧啶核苷酸，可由脱氧尿嘧啶核苷酸经甲基化作用而生成。

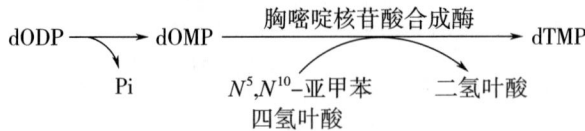

生物也能利用现有的碱基和脱氧核糖及脱氧核苷生成脱氧核苷酸。

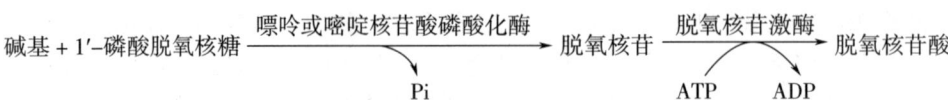

四、核苷（或脱氧核苷）二磷酸、三磷酸的生成

生物体内有专一性较强的各种核苷一磷酸激酶，催化各种核苷一磷酸接受 ATP 的高能磷酸基，转变为核苷二磷酸，如：

$$UMP + ATP \xrightarrow{UMP\ 激酶} UDP + ADP$$

$$AMP + ATP \xrightarrow{AMP\ 激酶} ADP + ADP$$

这些反应的平衡常数接近于 1。核苷二磷酸激酶催化核苷二磷酸和核苷三磷酸相互转变，此酶专一性很低，它可以催化下面的反应，式中的 X 和 Y 可以是几种核糖核苷或脱氧核糖核苷中的任一种。

$$XDP + YTP \xrightleftharpoons{核苷二磷酸激酶} XTP + YDP$$

知识小贴士

核酸类保健品的争议

核酸是人的遗传物质 DNA 和 RNA 的构成成分，目前核酸保健品是否有效仍然在争论中。

尽管核酸在我们人体各个方面都起着极其重要的作用，近 2000 种遗传性疾病都与 DNA 结构有关，但每个人的遗传信息都是独特的，必须忠实的复制表达。如果让外来的核酸参与进去，人体的遗传信息就会混乱，人就会生病乃至死亡。

但是，核酸是人类一切食物中都大量含有的一种营养物质，平时的食物就可以提供给大量的核酸。大分子物质进入人体后须经水解成为小分子方可被人体吸收，外源核酸不可能直接被人体细胞利用吸收。它的吸收必然不如直接补充小分子物质，所以可见这种"保健品"的投产是未经充分讨论的。那么食物中核酸是如何消化与吸收的呢？第一步，核蛋白（核酸与蛋白结合生成）在胃中受胃酸的作用，或在小肠中受蛋白酶的作用，分解为核酸和蛋白质。第二步，RNA 和 DNA 分别被胰脱氧核糖核酸酶和核糖核酸酶水解为寡核苷酸（低级多核苷酸）和部分单核苷酸。第三步，二脂酶将寡核苷酸分解为单核苷酸，核苷酸酶则进一步将单核苷酸分解为核苷和磷酸。第四步，核苷部分被吸收，另一些被酶分解成更简单的有机物，被吸收或排出。

核酸是大分子物质，"保健品"中的核酸浓度必然大大高于我们日常食物中的核酸浓度，它进入人体后发生一系列复杂的生物化学反应，可能刺激人体产生抗体，与胃壁的肥大细胞结合。核苷酸不会因不被摄入而在人体内减少，因此一般人不会出现核酸不足的问题，而且，摄入核酸过多还可能引发如过敏等健康问题。

不知学过相关生物化学知识的你对核酸类保健品持何态度？

习　题

1. 降解核酸的酶有哪几类？举例说明它们的作用特点。

2. 何谓限制性 DNA 内切酶？其作用特点是什么？
3. 生物体合成嘌呤环的前体物质是什么？嘌呤核苷酸全合成的特点是什么？
4. 简述从 IMP 合成 AMP 和 GMP 的生化过程？
5. 生物合成嘧啶环的前体物质是什么？简述从乳清苷酸合成 UMP，CMP 的生化过程。
6. 简述从四种核苷酸合成四种脱氧核苷酸的生化过程。
7. 简述糖、脂肪、氨基酸及核苷酸代谢的相互关系？
8. 有一段 DNA 顺序为：$A_P G_P C_P T_P G_P C_P A_P A_P T_P C$，分别用 RNaseA，RNaseT$_1$，VPDase，SPDase 及 5′PMase 降解，写出作用的化学键及生成的产物。

参 考 文 献

1. 朱圣庚，等. 生物化学（第 4 版）[M]. 北京：高等教育出版社，2017.
2. Lubert stryer（著），唐有祺（译）. 生物化学（第 3 版）[M]. 北京：北京大学出版社，1988.
3. Lehninger, A. L.（著），任邦哲（译）. 生物化学 [M]. 北京：科学出版社，1981.
4. 刘庆昌. 遗传学（第 3 版）[M]. 北京：科学出版社，2019.
5. 戴灼华，等. 遗传学（第 3 版）[M]. 北京：高等教育出版社，2016.
6. T. Maniatis. Molecular Cloning [M]. Cold Spring Harborlaboratory，1982.

第十四章 核酸与蛋白质的生物合成及基因工程

学习指导

性状遗传是生物赖以传宗接代、保持物种稳定的基本生命现象。DNA 是遗传信息的载体，蛋白质是表现遗传性状的物质基础，核糖核酸则是遗传信息传递的中间递体。遗传信息的传递过程也就是 DNA，RNA 和蛋白质生物合成的过程。本章学习要求：(1) 掌握 DNA 半保留复制的有关酶类和基本复制过程；了解反转录酶的作用特点及意义。(2) 掌握 RNA 聚合酶的结构特点、功能及 RNA 转录合成的过程；了解 RNA 复制酶的作用特点及意义。(3) 掌握各种 RNA 在蛋白质生物合成过程中的作用及蛋白质合成过程。(4) 了解中心法则、基因、基因突变与损伤修复、遗传密码、反密码子及 DNA 重组等基本概念。(5) 了解基因工程的技术要点和有关的基本概念。

核酸分子中的核苷酸排列顺序代表了某种生物的遗传信息，它对于这种生物来说具有世代遗传的意义。当细胞分裂时，通过 DNA 的复制，可以合成出与亲代 DNA 分子核苷酸顺序相同的子代 DNA 分子，并传递到子代细胞中。生物在生长发育过程中，DNA 分子上的特定部位表达，转录出与 DNA 碱基顺序相同的 RNA 分子。RNA 作为蛋白质合成的直接模板，通过翻译过程，RNA 中的遗传信息又转变为蛋白质分子中特定的氨基酸顺序。特定的蛋白质具有特定的生物学功能，使生物表现出特定的性状。

由此可见，由于亲、子两代细胞中有相同的 DNA，所以转录出相同的 RNA，翻译生成相同的蛋白质，表现出来的生物学功能与性状也相同。

1958 年，Crick 总结了 DNA，RNA，蛋白质、生物性状这四者的关系，提出了著名的中心法则，明确了遗传信息的传递方向是 DNA→RNA→蛋白质→性状。当时，遗传信息如何从 DNA 传递给 RNA，又如何再传递给蛋白质，并不很清楚。中心法则的提出对核酸、蛋白质合成的机制及从分子水平上阐明遗传现象本质的研究起了极大的推动作用。美国学者 H. M. Temin 和 D. Baltimore 在致癌的 RNA 肿瘤病毒（RSV）中发现逆转录酶，它能以 RNA 为模板合成 DNA。不仅如此，在对从 RNA 噬菌体和某些 RNA 动物病毒的复制研究中，还发现了一种新酶——RNA 复制酶，表明宿主细胞内不仅存在着 DNA 复制，也存在着 RNA 复制。这些发现都进一步完善了中心法则的内容。如图 14-1 所示。本章将分别叙述遗传信息表达的各个重要环节：复制、转录、翻译的机制，基因突变和修复以及 DNA 人工重组技术等问题。

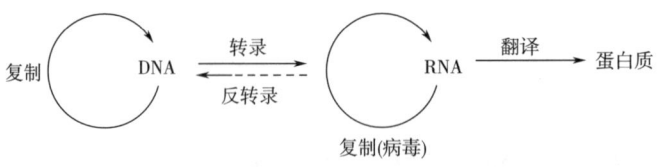

图 14-1 中心法则模式

第一节 DNA 的生物合成

细胞内 DNA 的合成方式有两种：一种是有普遍意义的，在大多数生物中存在的 DNA 分子的半保留复制合成；另一种是只在反转录病毒中出现的以 RNA 为模板的反转录合成。

一、DNA 的半保留复制合成

1. DNA 半保留复制合成的证明

1953 年，Watson 和 Crick 在提出 DNA 双螺旋结构模型时曾推测，DNA 的复制过程首先是两条链碱基对之间的氢键破裂，双螺旋解开，然后以每条链为模板分别合成新的互补链。于是，原先的一个亲代 DNA 分子变为核苷酸排列顺序完全相同的两个子代 DNA 分子。每个子代 DNA 分子的一条链来自亲代 DNA，另一条则是新合成的，这样的复制合成方式称为半保留复制。

1958 年，Meselson—Stahl 利用氮的同位素 ^{15}N 标记实验首先证实了这个推测。他们让大肠杆菌在以 $^{15}NH_4Cl$ 为唯一氮源的培养基中生长 12 代，从而使其 DNA 分子中的 N 全部为 ^{15}N（即 $^{15}N-^{15}N-DNA$），再将 ^{15}N 标记的大肠杆菌转入普通 $^{14}NH_4Cl$ 的培养基中继续培养 1，2，3 代，分别将其 DNA 在氯化铯密度梯度介质中离心，达到平衡时，由于 $^{15}N-DNA$ 与 $^{14}N-DNA$ 的密度不同，分别处于不同密度的氯化铯层次中。由于 $^{15}N-^{15}N-DNA$ 密度大，所形成区带的位置更接近离心管底部。按半保留复制推测，在 $^{14}NH_4Cl$ 中培养一代后，其 DNA 应为 $^{15}N-^{14}N-DNA$，为一条区带，位置应在 $^{15}N-^{15}N-DNA$ 上方，在 $^{14}NH_4Cl$ 中培养两代后，其 DNA 应为两种：$^{15}N-^{14}N-DNA$ 和 $^{14}N-^{14}N-DNA$，形成两条区带，一条与子一代位置相同，一条在其上方。第三代后仍为上述两种分子，不过其 $^{14}N-^{14}N-DNA$ 更多。实验结果如图 14-2 所示，与推测的结果完全相同。由此 DNA 的半保留复制得到了很好的证明。

2. 参与 DNA 复制的酶类

DNA 复制过程十分复杂，仅就大肠杆菌 DNA 复制而言就需要近 30 种酶和蛋白因子协同作用，下面仅介绍其中主要的酶和蛋白因子。

（1）DNA 聚合酶 1956 年，Kornberg 等人从大肠杆菌提取液中首先发现了 DNA 聚合酶，称 DNA 聚合酶Ⅰ，也叫 Kornberg 酶。

1969 年和 1970 年，Delucia 和 Cairns 又从大肠杆菌中分离得到两种 DNA 聚合酶，称 DNA 聚合酶Ⅱ和 DNA 聚合酶Ⅲ。

三种 DNA 聚合酶都是多功能酶，它们催化的反应有许多共同点，但也有差别，其共同特点是：①要求单链 DNA 作模板，模板方向 $3'→5'$；②以四种脱氧核苷三磷酸（dNTP）

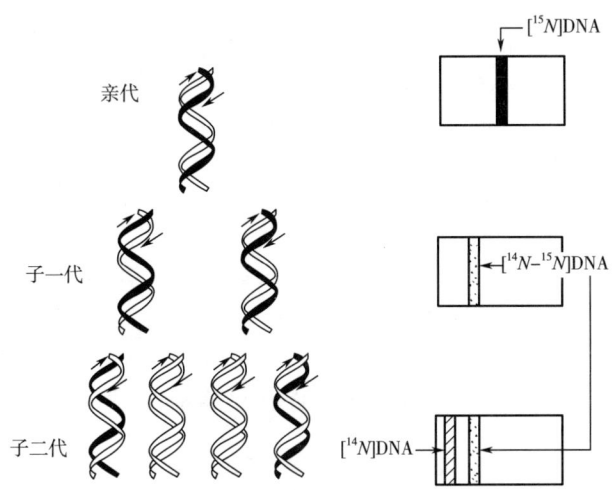

图 14-2 DNA 半保留复制的实验证明
氯化铯密度梯度离心,亲代只有 ^{15}N-DNA 一条区带;
子一代有 ^{14}N-^{15}N-DNA 一条区带;子二代有 ^{14}N-DNA 和 ^{14}N-^{15}N-DNA 两条区带

为底物;③反应起始依赖于有游离 3′-OH 的小段 RNA 或 DNA 作引物;④新链延伸方向 5′→3′;⑤具有 3′→5′外切核酸酶活力,在聚合反应中若出现错配碱基,可在下一个核苷酸加接之前先将错配碱基切除,然后继续聚合,起到自我校正作用;⑥反应均需 Mg^{2+} 激活。

关于原核生物的几种 DNA 聚合酶的差别见表 14-1。

表 14-1　　　　　　　　　　大肠杆菌三种 DNA 聚合酶性质比较

	DNA 聚合酶 I	DNA 聚合酶 II	DNA 聚合酶 III
相对分子质量	109000	120000	400000
每个细胞分子数	400	100	10~20
5′→3′外切核酸酶活力	+	-	+
3′→5′外切核酸酶活力	+	+	+
聚合速度:37℃每个酶分子,每分钟聚合的核苷酸数	1000	50	50000
在细胞中主要担任的功能	DNA 复制中引物切除,空缺补齐。DNA 损伤的修复	DNA 损伤的修复	DNA 复制中的聚合作用

DNA 聚合酶催化的 DNA 链的延伸反应如图 14-3 所示。

现已知真核生物的 DNA 聚合酶有四种,分别称为 DNA 聚合酶 α、β、γ 和 δ。认为 DNA 聚合酶 α 是参与真核细胞染色体 DNA 复制的主要酶。几种真核 DNA 聚合酶性质见表 14-2。

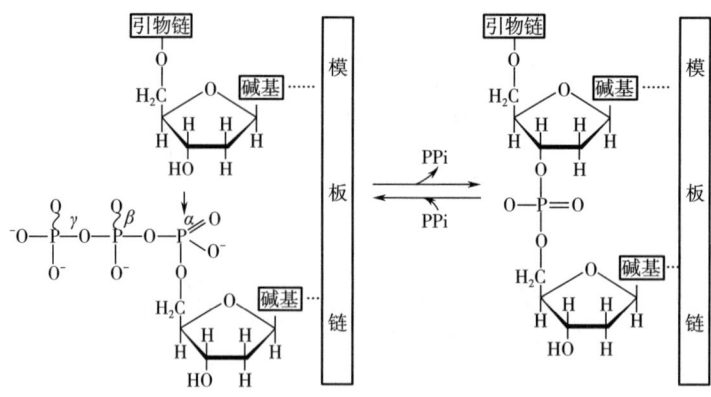

图 14-3　DNA 聚合酶催化链的延伸反应

表 14-2　　　　　　　　　　　真核生物 DNA 聚合酶的性质

	DNA 聚合酶 α	DNA 聚合酶 β	DNA 聚合酶 γ	DNA 聚合酶 δ
细胞内的分布	细胞核	细胞核	细胞核和线粒体	细胞质
酶活力占总活力的百分数	80%~90%	10%~15%	2%~15%	10%~25%
核酶外切酶活力	无	无	无	无

真核生物 DNA 聚合酶与细菌 DNA 聚合酶催化 DNA 聚合反应的基本性质相同，但它们一般不具有核酸外切酶活力，估计可能有另外的酶在 DNA 聚合反应中起校对作用。

(2) DNA 连接酶　DNA 聚合酶只能催化 DNA 链的延伸，不能使两条 DNA 链端部相互以磷酸酯键连接起来，也不能使单链 DNA 环闭合，所以，当发现环状 DNA 分子后，人们就推测一定还有一种连接酶。1967 年，几个实验室的研究人员同时发现了 DNA 连接酶，该酶可使双链 DNA 中一条链上断开的相邻核苷酸间（断口的一端是 3′—OH 基，另一端是 5′-磷酸基）形成 3′,5′-磷酸二酯键，但不能使游离的两条链直接连接起来。连接反应需要能量，在动物和噬菌体由 ATP 提供，细菌由 NAD^+ 提供。ATP 或 NAD^+ 先与 DNA 连接酶反应，形成一个共价结合的 AMP-酶复合物，然后，复合物上的 AMP 再转移到 DNA 链的裂缝处，使断口的 5′-末端磷酸基活化，断口闭合，AMP 又被释放出来，反应过程如图 14-4 所示。

此外，参与 DNA 复制过程的酶还有拓扑异构酶（转轴酶、旋转酶）、解链酶、引发酶、单链结合蛋白等，将分别在叙述复制过程中谈到它们的作用。

3. 复制的起点和方式

(1) 复制从定点起始　DNA 复制是一个受到严格控制的过程，复制是从 DNA 上定点起始的。大肠杆菌染色体 DNA，复制起始区为含回文序列 GATC 多达 11 次的一段约 245bp 的特殊序列，复制起始时，此顺序可形成复杂的十字结构，成为复制酶容易识别和结合的信号。原核生物染色体 DNA，质粒 DNA 等较小，一般只有一个复制起点。

真核染色体 DNA 的复制起点虽没有顺序特异性，但也不是随意起始的，是从复制酶与染色质中 DNA 最易接触的部位，即核小体间的连接性部位起始的。这样的位点在真核染色体 DNA 上有许多个，真核染色体 DNA 长，复制是从多个位点同时开始的。如哺乳动物染色体 DNA 复制起点可多达 5000 多个。

(2) 复制大多双向、对称　进行 DNA 复制时，从复制点开始，两条链解开，已解开的两条链与未解开的双链间形成一个叉子样的结构，称为复制叉，DNA 复制就在复制叉中进行。若从起点开始形成两个复制叉，新链同时向相反两个方向延伸，称为双向复制。若从起点开始只形成一个复制叉，新链向一个方向延伸，则称单向复制。对称复制指两条链同时进行复制，若一条链先复制，待一条链复制完成另一条才开始复制，则称不对称复制。如图 14-5 所示。

实验证明，噬菌体 DNA、原核染色体、质粒 DNA，以及真核染色体、细胞器 DNA 的复制都是定点起始，大多数是双向、对称进行的。也有例外的情况，如大肠杆菌素质粒 ColE1 的复制是定点、单向进行的；线粒体 DNA 复制是以定点、不对称方式进行的。

4. 复制过程

(1) 模板 DNA 的解链和解旋　由于 DNA 复制是半保留方式，各种 DNA 聚合酶都要求单链 DNA 为模板，所以复制时 DNA 双螺旋必须解链和解旋。解链和解旋是伴随着复制同时进行的，即边解链、解旋，边复制。

复制开始时，解链酶与复制起始区的 DNA 结合，利用该酶水解 ATP 提供的能量，打开碱基对之间的氢键，进行解链。解链后，形成复制叉，在复制叉中 DNA 聚合酶以每条单链为模板合成新链。随着 DNA 解链的不断进行，新链合成不断延伸。由于 DNA 分子是双螺旋结构，所以解链的结果必然会使复制叉前面未解链区螺旋进一步扭紧，产生正超螺旋张力，致使解链到一定程度就难以继续前进。

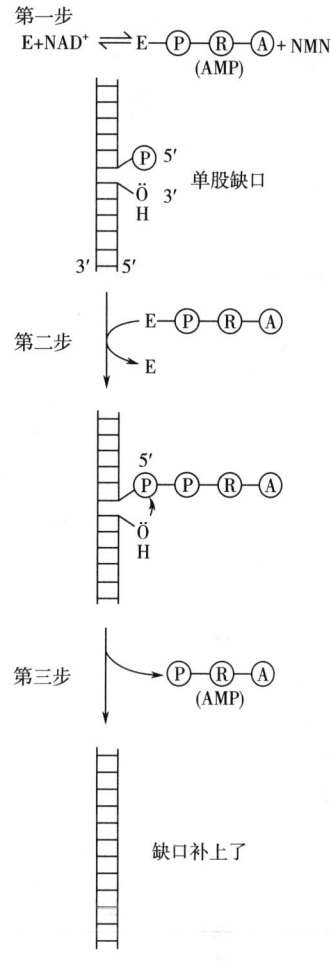

图 14-4　DNA 链接酶连接反应机制

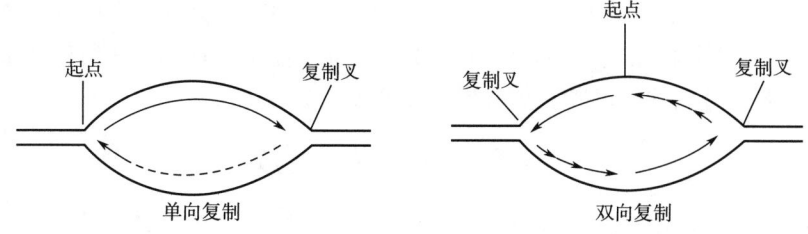

图 14-5　单向与双向复制示意图

近年来发现了两种参与解旋的酶，一种称转轴酶（拓扑异构酶Ⅰ，Swivelase），它能迅速地切断双链中的一条，断链的末端会自动地绕螺旋轴转动，释放因解链造成的正超螺旋张力。超螺旋解除后，该酶可把断口封闭。另一种称旋转酶（拓扑异构酶Ⅱ，Gyrase），它能利用其水解 ATP 提供的能量将特定部位 DNA 双链同时切断，并向 DNA 分子引进负超螺旋，以抵消解链产生的正超螺旋张力，之后再将断口封闭，从而使解链继续进行。

（2）半不连续复制　已知 DNA 分子两条链的方向是相反的，一条链是 $3'→5'$，另一条是 $5'→3'$。DNA 聚合酶要求模板的方向都是 $3'→5'$，这如何解释实验观察到的在同一个复制叉中两条新链的合成是同步进行的现象呢？

1968 年，冈崎等人通过实验证明，以复制叉向前移动的方向为标准，$3'→5'$ 走向的一条模板链，在其上 DNA 新链能以 $5'→3'$ 连续合成，称先导链；另一条 $5'→3'$ 走向的模板链，在其上新链也是 $5'→3'$ 方向合成，但是与复制叉移动的方向正好相反。所以，随着复制叉的移动，合成出许多不连续的片段，称冈崎片段，最后连成一条完整的 DNA 链，该链称滞后链。原核生物中冈崎片段的长度为 1000～2000 个核苷酸；真核生物中的约 200 个核苷酸，相当于一个核小体 DNA 的长度。

（3）引物合成　目前已知的 DNA 聚合酶都只能从引物的 $3'—OH$ 末端延伸 DNA 链，而不能从头合成。引物是由特定的 RNA 聚合酶，称引发酶合成的 RNA 片段，长度约几个到十几个核苷酸。每个复制起始点，每个冈崎片段的合成都需要引物，所以在 DNA 复制中需要许多个引物。引发酶与引发前体（至少由 6 种特殊的蛋白质所组成）结合成引发体，可以沿 DNA 模板滑动，并不断地在特定位点引发合成新的 RNA 引物。

（4）合成终止　DNA 聚合酶 I 以其 $5'→3'$ 外切酶活力将 RNA 引物切除，引物切除后留下的空缺也由 DNA 聚合酶 I 以四种 dNTP 为原料，从下一个冈崎片段的 $3'-OH$ 端开始，按模板要求延伸 DNA 链，将缺口补齐，再由 DNA 连接酶将相邻冈崎片段之间的裂缝连接起来，成为一条完整的新链。复制过程如图 14-6 所示。

综上可见，DNA 复制的全过程可总结为八个步骤：①首先是解链酶结合于复制起始区，局部解开 DNA 双螺旋。然后单链结合蛋白结合到已解开的单链上，以避免已解开的单链重新互相配对，同时保护它不受核酸酶的水解。②引发体结合于被打开的 DNA 单链上，合成出小段 RNA 引物。③转轴酶、旋转酶在复制叉前面特定位点解旋，以释放复制叉前进过程中产生的张力。④DNA 聚合酶Ⅲ进入复制起点，它识别引物 $3'-OH$ 末端，并结合在 DNA 模板上，以四种脱氧核苷三磷酸为底物，按碱基互补原则，催化与模板互补的脱氧核苷酸的 $5'-$磷酸基以磷酸酯键连接到引物的 $3'-OH$ 上，同时释放焦磷酸，使链延伸。⑤聚合反应继续到新链与前一个冈崎片段的 RNA 引物 $5'-$端相遇时，DNA 聚合酶Ⅲ脱离。⑥DNA 聚合酶 I，以其 $5'→3'$ 外切酶活力切除 RNA 引物，产生的空缺也由 DNA 聚合酶 I 的 $5'→3'$ 聚合酶活力补齐。⑦冈崎片段之间的裂缝由 DNA 连接酶连接起来，成为连续的新链。⑧新合成的子链和它的亲代模板链缠绕成双螺旋。

二、DNA 的反转录合成

1964 年，Temin 根据致癌 RNA 病毒的复制必须经过 DNA 中间体过程的实验证据，提出了遗传信息也可以从 RNA 反向传递给 DNA 的反转录假设。1970 年他亲自分离到催化这种反转录过程的酶，称反转录酶。此工作进一步丰富和发展了中心法则，1971 年，Crick 修改后的中心法则如图 14-1 所示。

1. 反转录酶的性质

致癌 RNA 病毒的反转录酶有 α，β 两个亚基，它们均由病毒 RNA 所编码。反转录酶

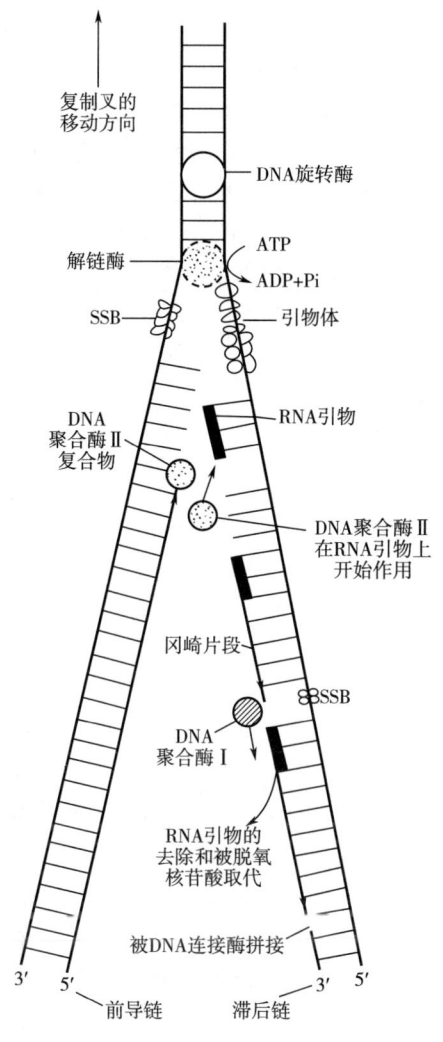

图 14-6 复制过程示意图

催化的聚合反应要求有 RNA 模板、引物、四种脱氧核苷三磷酸、Mg^{2+}，模板方向 $3'→5'$，新链合成方向 $5'→3'$。现已知，反转录酶是一种多功能酶，除了催化反转录合成 DNA（反转录酶活）外，还可以以新合成的 DNA 链为模板合成互补的 DNA 链，形成双链 DNA（DNA 复制酶活），还具有 $5→3'$、$3'→5'$ 两种外切酶活力，可沿 $5'→3'$ 或 $3'→5'$ 切除 RNA-DNA 杂交分子中的 RNA。

反转录酶的模板专一性不高，不仅可利用其病毒 RNA 为模板合成 DNA，而且还能使带有适当引物的任何种类的 RNA 都能作模板合成 DNA。因此，反转录酶在分子遗传学实验中被广泛应用，成为获得目标基因的重要工具酶。

2. 反转录过程

所有已知的致癌 RNA 病毒本身都含有反转录酶，因此，又称这类病毒为反转录病毒。该类病毒侵染宿主细胞后，其携带的反转录酶对病毒 RNA（正链）进行反转录，合成双链 DNA，此过程为：①以正链 RNA 为模板，tRNA 为引物，反转录合成负链 DNA。②由反转录酶的外切酶活力切除 DNA-RNA 杂交分子中的正链 RNA。③以负链 DNA 为模板，合成正链 DNA，形成的双链 DNA 称前病毒。

双链 DNA 形成后即环化，并进入细胞核。依靠前病毒两端的两段特异重复顺序，在整合酶的作用下，前病毒 DNA 可以整合到宿主染色体 DNA 上。以后的过程分两个方面进行：或者随宿主染色体 DNA 复制，使病毒 DNA 也一起传递到子代宿主细胞中；或者是在适当的条件下随染色体 DNA 一起转录，并翻译出病毒蛋白，使细胞转化为癌细胞。病毒蛋白包装病毒 $RNA^{(+)}$，成为成熟的子代 RNA 病毒粒子，通过芽生的方式从宿主细胞中释放出，反转录病毒的生活周期如图 14-7 所示。

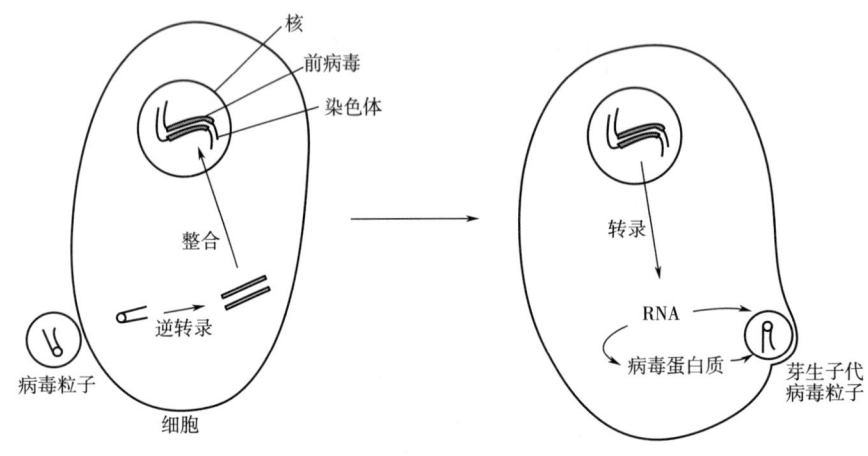

图 14-7　反转录病毒的生活周期

第二节　RNA 的生物合成

1960 年至 1961 年，从微生物和动、植物细胞中相继分离到多种依赖于 DNA 的 RNA 聚合酶，通称为 RNA 聚合酶或转录酶。它们催化以 DNA 为模板的 RNA 聚合反应，合成出与模板碱基顺序互补的 RNA 链，这一过程称转录，是生物界 RNA 合成的主要方式。

某些 RNA 病毒，其 RNA 既是蛋白质合成的直接模板，又是遗传物质，当它感染宿主细胞后，以其 RNA 为模板指导合成 RNA 新链，这种合成方式称 RNA 的复制合成。本节着重讨论 RNA 的转录合成，也对 RNA 的复制合成进行简单的介绍。

一、DNA 指导的 RNA 合成

DNA 指导的 RNA 合成，即转录，是从模板 DNA 上定点起始、定点终止的，每次只转录 DNA 分子上的一段顺序，一个或几个基因的长度。实验证明，对一种蛋白质而言，DNA 两条链中仅有一条链可用于转录，或者某些区域以这条链转录，另一些区域以另一条链转录，对应的链只复制，无转录功能。转录生成的 RNA 链一般还需要进一步加工，才能成为有生物活性的（成熟的）RNA。

1. RNA 聚合酶

原核细胞大肠杆菌中只分离到一种 RNA 聚合酶，它催化细胞中三种 RNA 的合成。真核细胞中分离得到多种 RNA 聚合酶：RNA 聚合酶Ⅰ，RNA 聚合酶Ⅱ，RNA 聚合酶Ⅲ，它们分别催化 rRNA，mRNA、5SrRNA 和 tRNA 的合成。线粒体和叶绿体中的 RNA 聚合酶各自催化线粒体和叶绿体中的 RNA 转录合成。无论原核还是真核 RNA 聚合酶，结构虽有不同，但有相似的催化特性，转录过程也基本相同。

大肠杆菌 RNA 聚合酶，相对分子质量 40 万 ~ 50 万，含有 2α，β，β'，σ 五个亚基。没有 σ 亚基的酶，称为核心酶。σ 亚基的功能是帮助核心酶识别转录起始位点，核心酶的功能是催化聚合反应。没有 σ 亚基的核心酶只能使正在合成的 RNA 链延长，但不具有起始合成 RNA 的能力。RNA 聚合酶以 DNA 双链中的一条链为模板，结合到转录起始位点后，可自行解链和解旋。随着转录的前进，前面产生新的解链区，后面转录完的模板又恢复原来的双螺旋，从总体来看，转录过程并不存在解旋困难。

RNA 聚合酶催化的聚合反应有几个特点：①要求模板方向是 $3'→5'$。②不需要引物，可从头起始合成。③新链延伸方向是 $5'→3'$。④底物是四种核苷三磷酸（NTP）。⑤反应需要 Mg^{2+} 或 Mn^{2+} 参与。

除了 RNA 聚合酶外，还有其他蛋白因子参与转录过程。下面以原核生物为例，简单介绍转录过程。

2. 转录过程

转录过程可分为起始、延伸、终止三个阶段。

（1）转录起始　RNA 的转录是从 DNA 模板上特定部位开始的。从转录起点开始，到上游约 35 ~ 40bp 的一段富 AT 区，称为启动子（promotor）。启动子包括 σ 亚基的识别部位、RNA 聚合酶紧密结合部位和转录起点三个部分。紧密结合部位是位于转录起点之前 10 位的一段 TATAATG 保守区，称为 TATA 盒。

转录起始过程是这样的：RNA 聚合酶的因子识别启动子特殊碱基顺序，导致 RNA 聚合酶全酶与启动子特定部位紧密结合，并局部打开 DNA 双螺旋，第一个核苷三磷酸底物插入转录起点部位，与模板配对结合，转录从此开始。

（2）延伸　模板上转录起始点第一位碱基一般是嘧啶，RNA 新链 $5'$-端第一个掺入的核苷酸则多为嘌呤核苷三磷酸，当与模板碱基互补的第二个核苷三磷酸的 $5'$-磷酸基与第一个核苷酸的 $3'$-羟基形成 $3',5'$-磷酸二酯键，并释放出焦磷酸则开始了 RNA 链的延伸。随着 RNA 聚合酶沿模板 $3'→5'$方向移动，DNA 双链不断解开，与模板碱基互补的核苷三磷酸不断掺入，新生的 RNA 链就不断延伸。当新生 RNA 链延长到 10 ~ 20 核苷酸后，σ 亚基从全酶上脱落，核心酶继续催化链的延伸。

新生 RNA 链与模板 DNA 链形成的 RNA-DNA 杂交双链不稳定，核心酶移动过后留下的两条单链 DNA 有更强的复性能力，从而取代了杂交链中的新生 RNA 链，双链 DNA 模板恢复原来的双螺旋。RNA 新生链便游离出来，如图 14-8 所示。

（3）转录终止　转录在特定位点终止，DNA 模板上含有终止信号，称终止子。现已证明，所有原核生物的终止子在终止位点之前均有一个旋转对称序列，之后有一富含 AT 对序列跟随。由于终止子结构不同，终止有两种不同的机制：一种是不需终止蛋白 ρ 因子帮助的终止，一种是需要 ρ 因子帮助的终止。

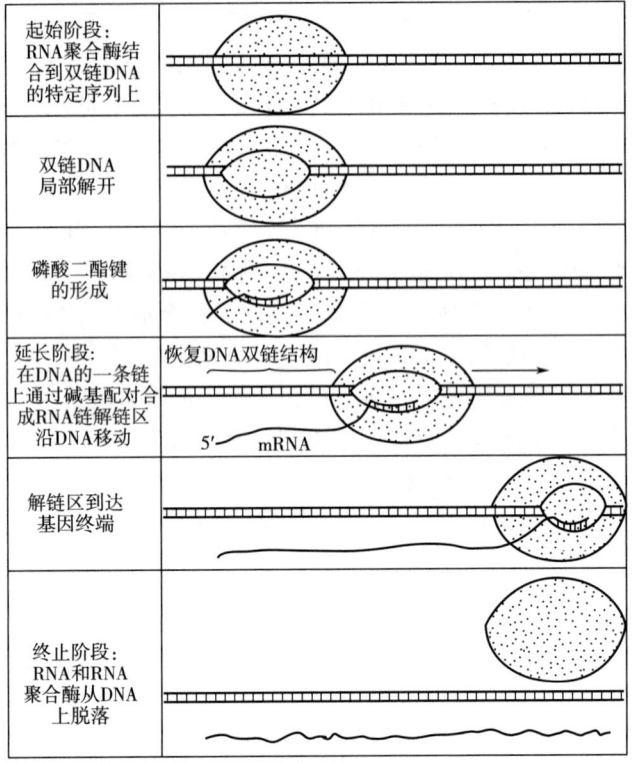

图 14-8 转录过程示意图

不需 ρ 因子帮助的终止，负链 DNA 终止子的旋转对称结构中富含 G，C，之后有寡聚 A 顺序。由旋转对称结构转录生成的 RNA 链有自身互补性，能形成发夹和突环结构。发夹结构的 RNA 链被迫从模板上翻出，促使 RNA 聚合酶构象变化。模板的寡聚 A 顺序转录产生的寡聚 U，可能提供一种信号，使 RNA 聚合酶脱离模板，并释放 RNA 链，一条 RNA 链的转录即告终止。

需 ρ 因子帮助的终止，其终止子的旋转对称结构中不富含 G，C，之后无寡聚 A 顺序。RNA 聚合酶转录到达终止部位时，对应于终止子的旋转对称序列转录产生的 RNA 链形成发夹和突环结构，使转录暂停，但 RNA 聚合酶不能自动脱离模板。ρ 因子与暂停的 RNA 聚合酶结合，引起酶构象改变，致使其脱离模板，释放 RNA 链，完成转录，ρ 因子的作用需 ATP 供能。图 14-9 是不需 ρ 因子帮助的转录终止示意图。

3. 转录后加工

由 RNA 聚合酶转录生成的 RNA 分子称为前体 RNA，前体 RNA 一般需经过加工才能变为有生物活性的 RNA（成熟 RNA）。原核生物与真核生物 RNA 加工有许多共同之处，但真核生物 RNA 加工更加复杂，见表 14-3。

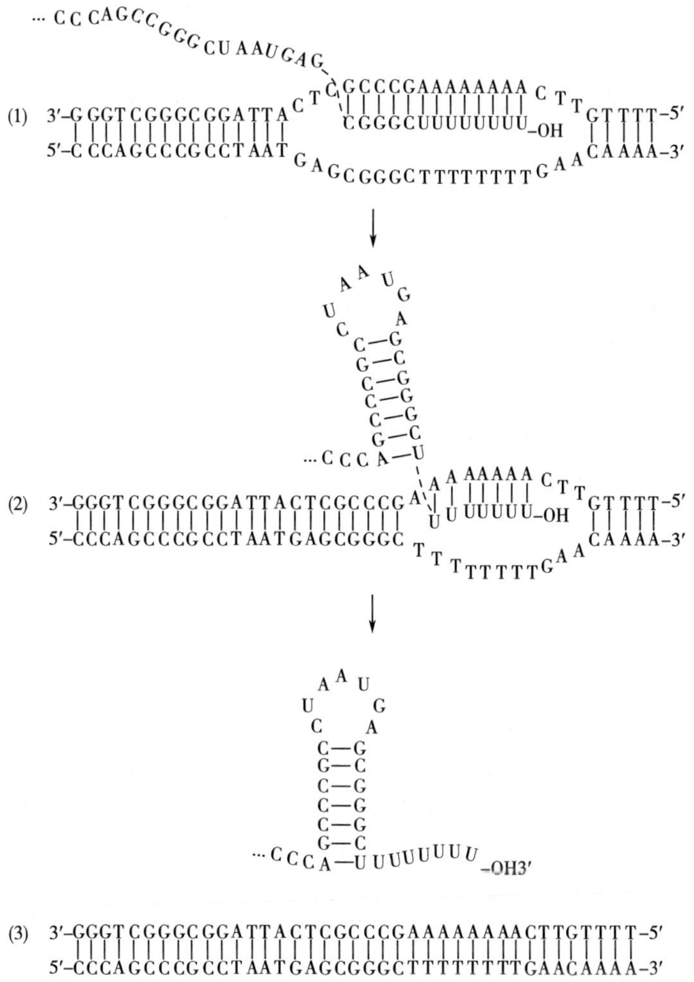

图 14-9　RNA 转录终止示意图

（1）终止序列结构　　（2）终止序列转录生成的 RNA 链形成发夹结构　　（3）RNA 链释放

表 14-3　　　　　　　　　　原核与真核生物 RNA 转录后加工的主要内容

	原核生物	真核生物
mRNA	一般不需要加工	①5′-端加帽子结构 ②3′-端加 polyA 尾 ③经剪接除去内含子 ④特定部位核苷酸的修饰
tRNA	①由多顺反子前体剪切成单一 tRNA 前体 ②切除 5′-端和 3′-端多余的核苷酸顺序 ③3′端加 CCA—OH 结构 ④特定部位核苷酸的修饰	①切除 5′-端和 3′-端多余的核苷酸顺序 ②经剪接除去内含子 ③3′-端加 CCA—OH 结构 ④特定部位核苷酸的修饰

续表

	原核生物	真核生物
rRNA	①由多顺反子前体剪切成单一顺反子前体 ②切除5'端和3'端多余的核苷酸顺序 ③特定部位核苷酸的修饰	①切除5'-端和3'-端多余的核苷酸顺序 ②经剪接除去内含子 ③特定部位核苷酸的修饰

下面以真核细胞 mRNA 的成熟过程为例简述 RNA 转录合成后加工的一些主要变化。

真核 mRNA 由 RNA 聚合酶 Ⅱ 催化在核质中合成了其前体（称核不均一 RNA，HnRNA）后，需经多种加工，切除大部分顺序，才能变为成熟 mRNA。成熟 mRNA 只有其前体长度的 1/10～1/5。加工过程可以概括为八个字"剪接、修饰、加尾、戴帽"。

(1) 戴帽 在 hnRNA 的 5'末端加上特殊的帽子结构（详见第四章），mRNA 的帽子可以使 mRNA 不易被核酸酶降解，起到了保护和延长寿命的作用。此外，在蛋白质合成起始阶段，帽子还有被起始因子识别的功能。

(2) 3'末端加上多聚腺苷酸尾 成熟 mRNA 的 3'末端都有长约 20～200 个核苷酸的多聚腺苷酸（poly A）尾，这是由 poly A 加成酶在 hnRNA 链的 3'末端附近的特殊位点，AAUAAA（称为加尾信号），结合并切除 3'末端多余顺序后，利用 ATP 为底物，通过聚合反应逐个加上去的。加尾反应在核内完成，加尾后的 mRNA 可穿过核膜进入细胞质。此外，poly A 尾还有延长 mRNA 寿命的作用。

(3) 剪接 原核细胞中编码蛋白质的结构基因内部是连续的，即基因内部没有不编码序列，但真核细胞的蛋白质基因内部却是不连续的，其中有编码意义（在成熟 mRNA 中将被保留下来）序列叫外显子（exon），没有编码意义（在成熟 mRNA 中不再出现）的序列叫内含子（intron）。例如血红蛋白 β 链的基因内部，有两个内含子，它们将 β 链基因分隔成三个外显子。经过剪接，除去内含子顺序，把外显子部分按顺序连接起来，使 mRNA 转变为由连续的外显子组成的序列。

关于剪接机制，研究发现，在外显子和内含子的 3'末端边界总是 AG 序列，5'末端边界总是 GT 序列，这个 AG/GT 保守顺序称为剪接信号，剪接就发生在这里。又发现细胞核内还存在另一类小分子 RNA（snRNA），约 90～220 核苷酸长度。它们通常与蛋白质结合成小的核糖核蛋白颗粒（snRNP）。剪接开始时，snRNP 识别 hnRNA 中的剪接信号，snRNP 中的 RNA 可以与保守的剪接信号顺序形成局部配对区，然后，snRNP 起剪接酶作用，把剪接点上的两个磷酸酯键切断，相应于内含子部位的插入顺序脱离出 hnRNA，而相应于外显子部位的两段顺序末端重新连接起来，从而使 mRNA 转变成由连续的外显子组成的序列，剪接过程如图 14-10 所示。

(4) 特定部位核苷酸的修饰 除四种主要核苷酸外，RNA 分子中还常含有其他碱基或核苷，称为稀有组分，其中主要有次黄嘌呤、5'-甲基胞嘧啶、二氢尿嘧啶、假尿嘧啶核苷及 6-甲基腺嘌呤（m^6A）等。这些稀有组分是在 RNA 转录合成后，由特定核苷酸修饰酶对特定部位的正常核苷酸进行专一修饰产生的。

对 mRNA 的核苷酸修饰主要发生在 AAC 和 GAC 两个特定顺序上的 A 部位，甲基化成为 m^6A。

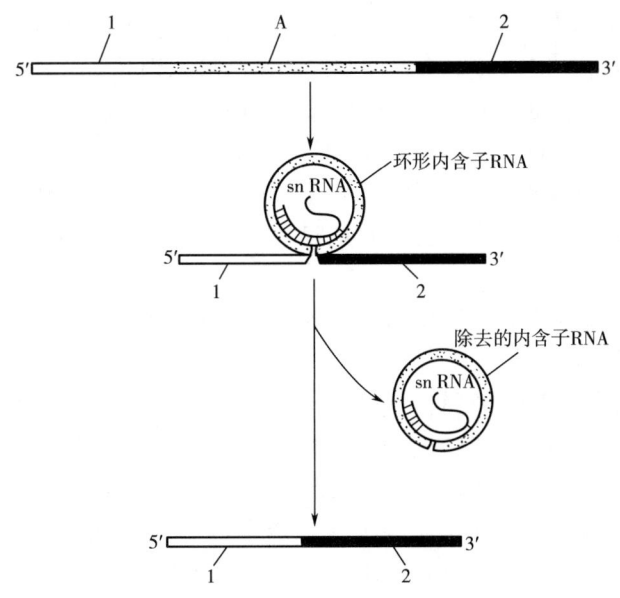

图 14-10　HnRNA 的剪接（小核 RNA 的功能）
1，2—外显子序列　A—内含子序列

4. RNA 的催化功能

1981 年，美国 Cech 研究组首先证明四膜虫 rRNA 前体能自动切除其自身 413 个核苷酸的内含子顺序，这是 RNA 成熟的一种自我剪接过程。以后又发现酵母、真菌线粒体中某些 mRNA 前体也发生自我剪接，噬菌体 T_4 RNA 也可以在没有蛋白质参与下发生自我断裂。细菌 RNase P 中的 RNA 能单独催化切除 tRNA5′-末端多余顺序，1，4-α 葡聚糖分支酶中的 RNA，只有 31 个核苷酸，也单独具有分支酶活力。

RNA 自我剪接及在其他反应中所起的催化作用是近年来的一个重大发现，它在理论界的贡献有两个。

（1）说明 RNA 也具有催化功能，这就意味着经典生物催化剂概念的扩大，所以有的学者将其定名为 Ribozyme（核酶）。

（2）对原始生命的起源问题提出了进一步的解释：似乎应该是先有 RNA，后有核糖核蛋白体复合物，进一步发展产生出原始的生命形态——类病毒和病毒。

二、RNA 的复制合成

某些 RNA 病毒，其遗传物质是 RNA，所以其 RNA 的合成是通过 RNA 复制的方式来完成的。噬菌体 Qβ 的 RNA 复制可说明这个过程和特点。

噬菌体 Qβ 中 RNA 占 30%，其余为蛋白质，其 RNA 是 4500 个核苷酸组成的一条单链分子，具有 mRNA 功能（正链），可以编码成熟蛋白、外壳蛋白和复制酶的 β 亚基，其 RNA 复制是依靠 RNA 复制酶来完成的。

QβRNA 复制酶有四个亚基，噬菌体 Qβ 本身只编码 β 亚基，其余三个 α，γ，δ 亚基则来自寄主。现已清楚，α 亚基是核糖体 S_1 蛋白，γ 和 δ 亚基是蛋白合成系统中的延伸因子 T_u 和

T_s。所以,当 QβRNA 感染进入细菌后,首先合成复制酶 β 亚基,然后与宿主细胞内的三种亚基结合成有活性的完整 RNA 复制酶,装配好的复制酶识别并结合到正链 RNA 的 3′末端,以正链 RNA 为模板合成出负链 RNA,合成一直进行到另一末端,负链 RNA 便从模板上释放。RNA 复制酶又结合到新合成的负链 RNA 的 3′末端,以负链 RNA 为模板合成出正链 RNA,正链可作模板指导合成病毒蛋白,病毒蛋白和正链 RNA 再包装成新的 Qβ 噬菌体。

RNA 复制酶对模板有高度专一性,它们只识别病毒自身的 RNA,对宿主细胞和其他病毒 RNA 均无反应。

总括起来,由于病毒粒子所含 RNA(正链或负链等)情况不同,RNA 病毒的 RNA 合成可分为下列几种不同类型。

(1) 病毒含有正链 RNA 和复制酶,如上述的 Qβ 噬菌体。

(2) 病毒含负链 RNA 和复制酶,如狂犬病毒,它们进入寄主细胞后,借助病毒带入的复制酶合成正链 RNA,再以正链 RNA 为模板合成病毒蛋白和复制负链 RNA。

(3) 病毒含双链 RNA 和复制酶,如呼肠孤病毒,进入细胞后,利用其复制酶合成正链 RNA,以正链 RNA 为模板合成病毒蛋白及合成负链 RNA,再形成双链 RNA。

(4) 反转录病毒它们的 RNA 合成需经前病毒阶段(详见 DNA 的反转录合成)。

第三节 蛋白质的生物合成

蛋白质的生物合成过程十分复杂,几乎涉及细胞内各种 RNA 和几百种蛋白质。本节将以大肠杆菌为例介绍蛋白质生物合成的有关问题。

一、遗 传 密 码

1. 遗传密码及其破译

mRNA 是指导蛋白质合成的直接模板,mRNA 上的碱基排列顺序是如何转变成蛋白质中氨基酸的排列顺序的?用数学方法推算,如果 RNA 分子中每两个相邻的碱基决定一个氨基酸在肽链中的位置,那么四种碱基只能组成 16 组二联体,不能满足 20 种氨基酸编码的需要。如果每三个相邻碱基为一个氨基酸编码,四种碱基可组合成 64 组三联体,可以满足 20 种氨基酸编码需要且有剩余,所以,这种编码方式可能性最大。应用生物化学和遗传学实验证实了是三个碱基编码一个氨基酸,称之为三联体密码或密码子,并已通过大量实验破译了 64 组密码子的含义。

第一个三联体密码是 1961 年美国科学家 Nirenberg 等破译成功的。他们用大肠杆菌无细胞蛋白质合成体系(其中含有核糖体、tRNA、酶、蛋白因子等),向体系中加入 20 种放射性标记的氨基酸和人工合成的 polyU 模板,经保温后,发现新合成的是多聚苯丙氨酸。这一实验结果表明,苯丙氨酸的密码子是 UUU。接着他们又用同样的方法破译了 CCC 是脯氨酸密码子,AAA 是赖氨酸密码子。

之后,Nirenberg 及其他学者用重复顺序的多核苷酸为模板,以及用核糖体结合技术进行破译密码的工作,终于在不到四年的时间内完全弄清了 64 组密码子的含义,并编制了遗传密码字典,见表 14-4。

表 14-4　　　　　　　　　　　　　　遗传密码字典

密码子第一位 (5'末端碱基)	密码子　第二位				密码子第三位 (3'末端碱基)
	U	C	A	G	
U	苯丙 亮	丝	酪 终止	半胱 终止 色	U C A G
C	亮	脯	组 谷氨酰胺	精	U C A G
A	异亮 甲硫	苏	天冬酰胺 赖	丝 精	U C A G
G	缬	丙	天冬 谷	甘	U C A G

核糖体结合技术：在使用无细胞蛋白质合成体系进行肽链合成中，发现模板 RNA 可用只含一个密码子的三核苷酸，此三核苷酸可与核糖体结合，并可与带有氨基酸的 tRNA 结合。即，如果加入的三核苷酸是 UUU，就有苯丙氨酰 - tRNA—UUU—核糖体的复合物形成；加入的三核苷酸是 AAA，则出现赖氨酰 - tRNA—AAA—核糖体复合物。因为加入的三核苷酸已知，分离并分析此复合物中的氨基酸，就可知该种氨基酸的密码子了。

2. 遗传密码的特点

(1) 遗传密码不重叠、无标点　　假设 mRNA 上的核苷酸顺序为 ABCDEFGHI，密码不重叠的意思是在阅读密码时应读为 ABC、DEF、GHI 等，每三个碱基编码一个氨基酸，碱基的使用不发生重复，同时两个相邻密码子之间无空位，好比文章无标点。要正确阅读密码，需从一个正确的起点开始，一个碱基不漏地读下去，直至碰到终止信号为止。中间若插入或删去一个或两个碱基就会使这以后的读码发生错误，称为移码。由移码引起的突变称移码突变。

(2) 密码的通用性　　将家兔网织红细胞中的 mRNA 加入到大肠杆菌无细胞蛋白质合成体系中，结果合成出正常的家兔血红蛋白，这说明家兔 mRNA 上的遗传密码可以被大肠杆菌的 tRNA 正确阅读，也就是家兔的密码含义与大肠杆菌的密码含义是相同的。以后的大量实验证明，遗传密码在各类生物中是通用的。但近年来发现这个结论并不完全适用于真核生物的线粒体遗传体系，这种例外情况可能代表了一种较原始的密码系统，见表14-5。

(3) 密码子的简并性　　从密码字典可以看出，大多数的氨基酸都有两种以上的不同密码子，称为同义密码。一种氨基酸有多种同义密码的现象称为密码简并性。密码简并性对保持生物物种的遗传稳定性有重要意义。当外界因素引起某个密码子突变为另一种同义密码时，翻译的结果仍然是结构相同的同一种蛋白质，生物性状也就没有变化。

表 14-5　　　　　　　　　　　某些生物线粒体遗传密码的例外情况

通用密码	正常编码	人、牛线粒体中编码	酵母线粒体中编码
UGA	终止	色氨酸	色氨酸
AUA	异亮氨酸	蛋氨酸	异亮氨酸
CUA	亮氨酸	亮氨酸	苏氨酸
AGA	精氨酸	终止	
AGG	精氨酸	终止	

(4) 起始密码子和终止密码子　64 组密码子中有两种特殊的密码子：一种是密码子 AUG，它既是蛋氨酸的密码子，又是肽链合成起始密码子。另一种是终止密码子 UAG、UAA、UGA，这三组密码子不编码任何氨基酸，指示肽链合成的终止位点。

翻译时从 mRNA 上位于 5′-端的起始密码开始向 3′-端的终止密码解读，相应合成的多肽链是从 N-端向 C-端延伸。

(5) 密码子的摆动性　tRNA 上的反密码子与 mRNA 上的密码子碱基反向互补配对识别时，已经证明，密码子的第一、二位碱基与反密码子的配对是标准的 A-U，G-C 配对，而密码子的第三位碱基与反密码子的配对不那么严格，称摆动配对。如反密码子第一位碱基（与密码子第三位碱基配对）是 G，它除了可与 C 配对外还可与 U 配对，若反密码子第一位出现 I（次黄嘌呤核苷酸）它可与 U、C、A 配对。Crick 将密码子第三位碱基的这种特性称为密码子的摆动性。摆动性大大提高了 tRNA 阅读 mRNA 密码子的能力，如酵母精氨酸 tRNA 的反密码子为 $^{5'}ICG^{3'}$，可阅读 $^{5'}CGU^{3'}$，$^{5'}CGC^{3'}$，$^{5'}CGA^{3'}$ 几组密码子。

```
反密码子    ³′—G   C   I⁵′        ³′—G   C   I⁵′        ³′—G   C   I⁵′
              ⋮   ⋮   ⋮            ⋮   ⋮   ⋮            ⋮   ⋮   ⋮
密码子      ⁵′—C   G   U³′        ⁵′—C   G   C³′        ⁵′—C   G   A³′
```

反密码子与密码子的摆动配对关系见表 14-6。

表 14-6　　　　　　　　　　　反密码子与密码子的摆动配对

反密码子（第一位碱基）5′-端	密码子（第三位碱基）3′-端	反密码子（第一位碱基）5′-端	密码子（第三位碱基）3′-端
A	U	I	U, C, A
C	G	U	G, A
G	C, U		

二、核 糖 体

核糖体是细胞内合成蛋白质的场所，在蛋白质合成的复杂过程中，它起到了把 tRNA、mRNA 及多种酶和蛋白因子的作用协调起来的分子机床作用。目前已对核糖体的种类、组成和结构有了较为清楚的了解，见表 14-7。

表 14 – 7　　　　　　　　　　核糖体的种类、结构和组分

来源	核糖体	亚基	RNA (S)	蛋白质种类
真核细胞	80S	小　40S 大　60S	18 28，5.8，5	30~32 36~50
原核细胞	70S	小　30S 大　50S	16 23，5	21 34
线粒体	64~70S	小　32~40S 大　43~58S	11~16 14~23	34~50
叶绿体	68~70S	小　28~30S 大　33~55S	16 23，5，4.5	

核糖体由多种 rRNA 和多种蛋白质组成，以大肠杆菌为例，每个细胞约有 2000 个核糖体，每个核糖体相对分子质量 270 万，沉降系数为 70S，其中蛋白质占 1/3（55 种），rRNA 占 2/3（3 种）。大肠杆菌核糖体蛋白质和 rRNA 的相对分子质量，全序列都已测定清楚。核糖体蛋白质多为碱性蛋白，生理 pH 条件下带正电荷，所以，能与生理条件下带负电荷的 rRNA 相互结合，装配成稳定的核糖体。

核糖体都由大、小两个亚基组成。应用荧光标记技术和免疫电镜法等先进定位法，已对核糖体中各组分进行了定位，并提出了核糖体结构模型，如图 14 – 11 所示。

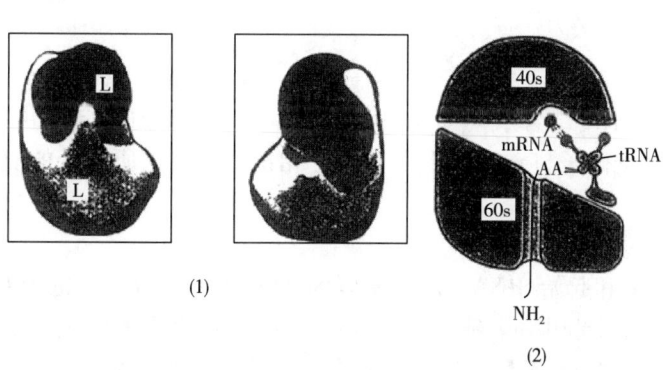

图 14 – 11　核糖体的结构模型
（1）不同角度观察的核糖体形态　（2）核糖体与 mRNA 及 tRNA 的结合位
S—小亚基　L—大亚基

三、蛋白质的合成过程

蛋白质合成可分为合成前的准备、多肽链合成过程及合成后的加工等几个阶段。

1. 蛋白质合成前的准备

氨基酸的活化与氨基酰 - tRNA 的形成：氨基酸在掺入蛋白质之前，首先要在氨基酰 - tRNA 合成酶的催化下进行活化，活化所需能量由 ATP 提供。细胞内有几十种 tRNA，每一种 tRNA 只专一携带一种氨基酸，一种氨基酸可分别被几种 tRNA 专一携带。把氨基

酸和专一携带它的 tRNA 结合成氨基酰 - tRNA，是由氨基酰 - tRNA 合成酶催化完成的。细胞内氨基酰 - tRNA 合成酶也有几十种，酶分子上有氨基酸和 tRNA 两种底物的专一结合位点，每种氨基酰 - tRNA 合成酶能将特定的氨基酸与特定的 tRNA 通过高能酯键结合起来。酯化反应分两步进行，首先在该酶催化下，由 ATP 供能将专一氨基酸活化，生成氨基酰 ~ AMP，氨基酰 ~ AMP 的结构式可表示为：

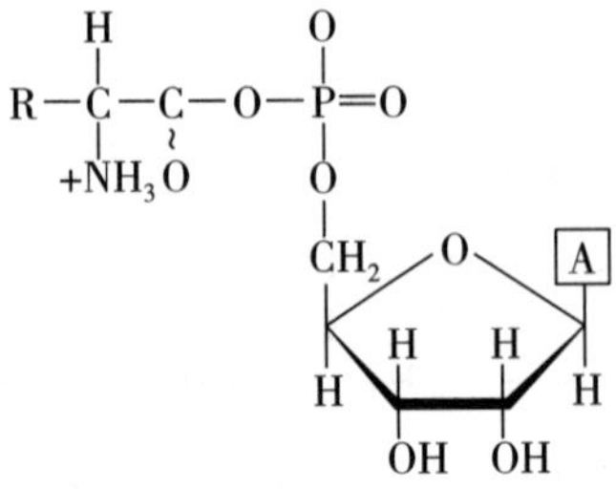

反应生成的氨基酰 ~ AMP 中间产物不从酶分子上脱离，而是以非共价键结合于酶的活性中心。

第二步是酶将活化的氨基酸转移到专一的 tRNA 分子上，形成氨基酰 ~ tRNA。其中氨基酰是以高能酯键的形式与 tRNA 3′-末端腺嘌呤核苷酸的 2′或 3′羟基相连，如图 14 – 12 所示。

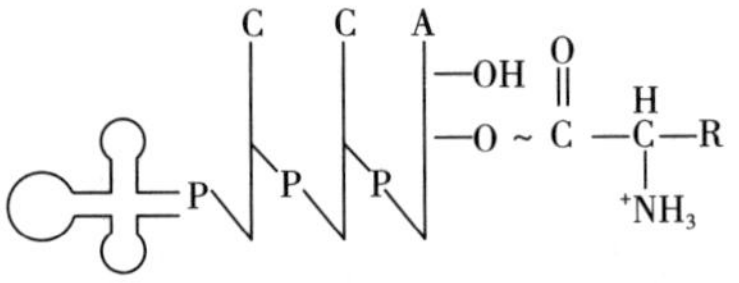

图 14 – 12　氨基酰 ~ tRNA 的结构

两步反应的总反应式为：

$$AA + tRNA + ATP \xrightleftharpoons{\text{氨基酰 - tRNA 合成酶}} AA \sim tRNA + AMP + PPi$$

氨基酸一旦与 tRNA 结合成氨基酰 ~ tRNA 后，进一步的去向就由 tRNA 来决定了。tRNA 凭借自身的反密码子与 mRNA 上的密码子相识别，而把所携带的氨基酸定位在肽链的一定位置上。

2. 肽链的合成过程

（1）起始氨基酸和起始 tRNA　起始密码为 AUG（少数情况下也为 GUG），原核生物肽链合成起始氨基酸都是甲酰甲硫氨酸（fMet）。fMet 是由甲酰四氢叶酸提供甲酰基，甲酰化酶催化甲硫氨酸的 α - 氨基甲酰化产生的。携带 fMet 的 tRNA（以 $tRNA_f$ 表示）与甲硫氨酸 $tRNA^{met}$ 在碱基组成上有区别。图 14 – 13 为甲酰甲硫氨酰 ~ tRNA 结构示意图。

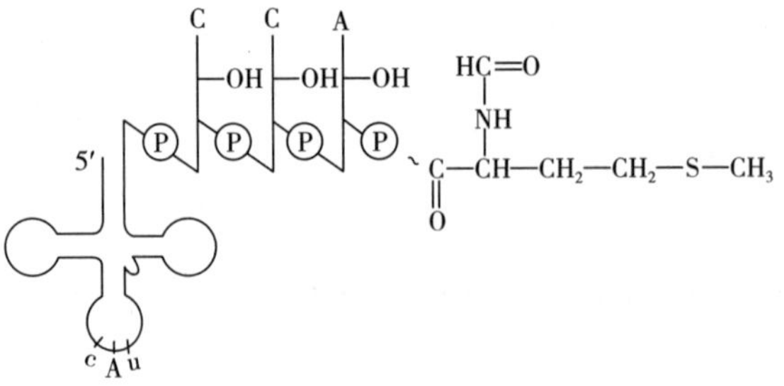

图 14 – 13　N - 甲酰甲硫氨酰 ~ tRNA 的结构

起始复合物的形成：如图 14-14 所示，首先形成 30S 起始复合物，再形成 70S 起始复合物。30S 起始复合物的形成中有核糖体 30S 小亚基、mRNA，N-甲酰甲硫氨酰~tRNA$_f$，起始因子 IF$_1$，IF$_2$，IF$_3$ 及能源物质 GTP 参加。IF$_3$ 参与使 mRNA 与 30S 小亚基结合的过程，促进起始 tRNA 结合到 mRNA-30S 亚基复合物上。形成过程为：首先 mRNA 与核糖体 30S 小亚基结合，先形成 mRNA-30S 复合物。mRNA5′-端起始密码前方约 10 个核苷酸处有一段富含嘌呤的序列（称 SD 序列），它是 mRNA 与核糖体的结合部位，因为这段 SD 序列与核糖体上 16SrRNA3′-端，一段富含嘧啶的序列互补，二者互补结合，可保证肽链合成起始时，mRNA 上的起始密码子 AUG 定位于小亚基的恰当位置上。

接着 fMet~tRNA$_f$ 通过其反密码子与起始密码 AUG 识别并结合，30S-mRNA-fMet~tRNA 起始复合物就形成了。

30S 起始复合物再与 50S 大亚基结合，就形成了有翻译功能的 70S 起始复合物，在此过程中 GTP 被水解供能。

在 70S 起始复合物上有两个 tRNA 结合部位：一个是氨基酰~tRNA 结合位，称 A 位；另一个是肽酰~tRNA 结合位，称 P 位。N-甲酰甲硫氨酰~tRNA 处于 P 位，空着的 A 位准备接受另一个氨基酰~tRNA。

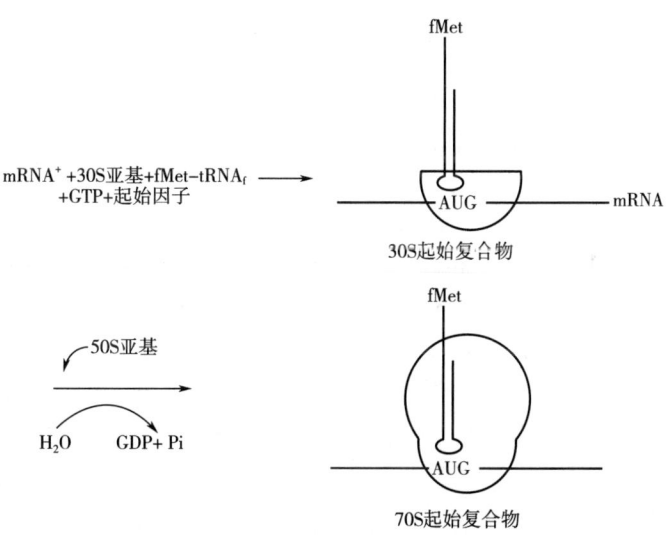

图 14-14 肽链合成的起始

（2）肽链的延伸　此阶段包括氨基酰~tRNA 的进入、肽键的形成和核糖体移位三个步骤。

①进入。一个新进入的氨基酰~tRNA 结合到 70S 核糖体的 A 位，简称进入。新进入的氨基酰~tRNA 的反密码子必须与处于 A 位点 mRNA 上的密码子反向互补。这步反应需 GTP 供能，并有两个延伸因子 Tu 和 Ts 参与。肽链延伸过程如图 14-15 所示。

②转肽。处于 A 位的氨基酰~tRNA 上的 α-氨基与 P 位甲酰蛋氨酰~tRNA 上的 α-羧基间反应生成肽键，如图 14-16 所示。这是由 50S 亚基上的转肽酶催化完成的，转肽所需能量由 AA~tRNA 本身的高能酯键水解提供。转肽后，A 位上的 tRNA 携带的是一个

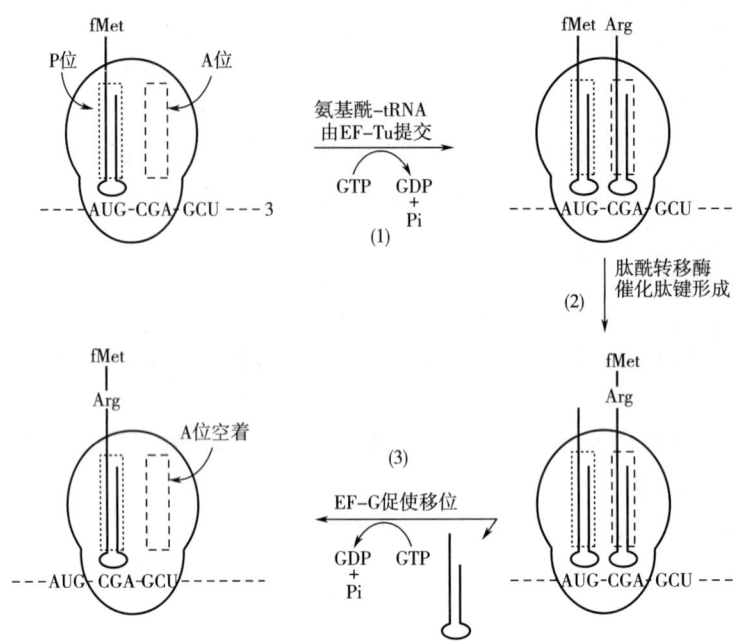

图 14-15 肽链的延伸过程
(1) 进入　(2) 转肽　(3) 移位

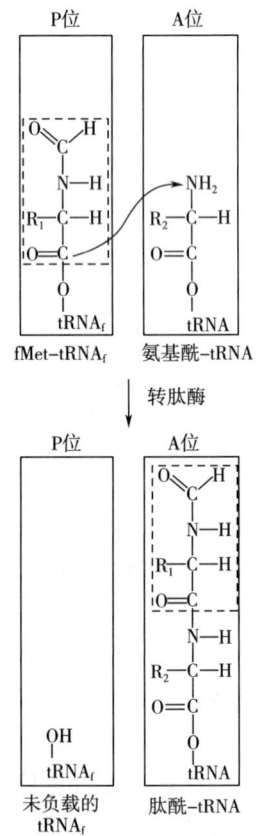

图 14-16 肽键的生成

二肽酰基，P 位上的 tRNA 成为空载，空载的 tRNA 接着从核糖体上脱离。

③移位。肽键形成后，核糖体沿 mRNA $5'→3'$ 方向移动一个密码子的距离。结果，原来在 A 位上的二肽酰~tRNA 移到 P 位，A 位重又空出，准备接受下一个氨基酰~tRNA 的进入。移位有延伸因子 G（也称移位酶）参与，并需由 GTP 供能。

以上三个步骤即进入、转肽、移位重复进行，每重复一次，肽链上就增加一个氨基酸，直到 mRNA 上的终止密码出现在核糖体的 A 位时为止。

（3）肽链合成的终止　肽链的合成过程同时也是核糖体沿 mRNA $5'→3'$ 方向移动，并翻译 mRNA 上密码子的过程。当核糖体移动到终止密码时，没有相应于终止密码的氨基酰~tRNA 可以进入 A 位，肽链合成便停止。三种终止因子 RF_1，RF_2，RF_3 参与终止步骤。识别终止密码 UAG，UAA；RF_2 识别 UAA、UGA，RF_3 促进 RF_1，RF_2 的识别。RF_1、RF_2 结合到核糖体后，使转肽酶构象转变，表现水解酶活力，催化肽酰基与 tRNA 间的酯键水解，合成的肽链便从核糖体上释放。空载 tRNA 接着从核糖体脱落，核糖体便解离成 50S 和 30S 两个亚基，离开 mRNA，一条多肽链的合成便告结束。

真核生物的蛋白质合成机制与原核生物大致相同，但细节上有差别。例如，真核生物中起始氨基酸是蛋氨酸而不是甲酰蛋氨酸；起始 tRNA 结构也不同于原核的 tRNA；核糖体为 80S。表 14-8 比较了真核与原核细胞内参与蛋白质合成的蛋白因子的差别。

表 14-8　　　　　　　　　　原核和真核细胞蛋白质合成因子的差别

合成过程	原核细胞所需因子	真核细胞所需因子
起始	fMet-tRNA$_f$，IF$_1$，IF$_2$，IF$_3$，GTP	Met-tRNA$_m$，eIF$_1$，eIF$_2$，eIF$_3$，eIF$_4$，eIF$_5$，CBP$_8$①，ATP，GTP
延伸	EF-Tu，EF-Ts GTP，EF-G	EF$_{1\alpha}$，EF1$_{\beta\gamma}$，EF$_2$ GTP
终止	RF$_1$，RF$_2$，RF$_3$ 因子	eRF，GTP

注：①CBP$_s$ 为帽子结合蛋白

(4) **多核糖体结构**　实验发现细胞内一条 mRNA 可以结合有多个核糖体，呈念珠状，称为多核糖体结构，如图 14-17 所示。这是由于在蛋白质合成中核糖体总是首先结合于 mRNA 5′-端，从起始密码 AUG 开始，沿 5′→3′方向翻译密码子，合成多肽链，当移动一段距离后，第二个核糖体又可以和已空出的 mRNA5′-端结合，沿 5′→3′方向进行翻译。如此一条 mRNA 上可同时结合多个核糖体，它们独立发挥作用，各自合成一条完整的多肽链。多核糖体结构大大提高了 mRNA 的翻译效率。

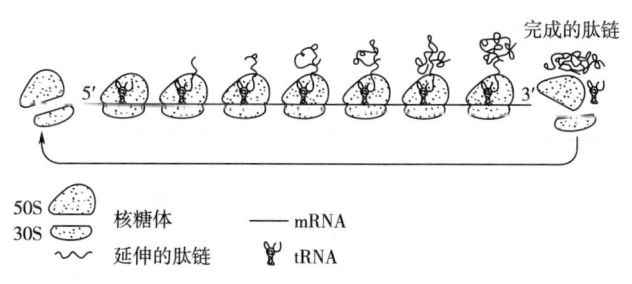

图 14-17　多核糖体结构示意图

3. **肽链合成后的加工**

肽链合成后多数还要经过加工处理才能转变为有生物活性的蛋白质分子，这个过程称作后修饰作用。总起来有以下几种情况。

(1) *N*-端甲酰基及多余氨基酸的切除　按蛋白质合成机理来说，细胞中的蛋白质 N-端的第一个氨基酸总是甲酰蛋氨酸（原核）或蛋氨酸（真核），但事实上成熟的蛋白质第一位氨基酸绝大多数不是这两种氨基酸。这是由于脱甲酰基酶除去了 N-端的甲酰基，氨肽酶切除了 N-端的一个或几个多余氨基酸。此过程常在延伸中的肽链约有 40 个氨基酸长度时就开始了。

(2) 蛋白质内部某些氨基酸的修饰　氨基酸被修饰的方式是多样的。例如胶原蛋白中的一些脯氨酸、赖氨酸被羟化，成为羟脯氨酸和羟赖氨酸；组蛋白中某些氨基酸被乙酰化；细胞色素 c 中有些氨基酸被甲基化；糖蛋白中有些氨基酸被糖基化。被修饰的部位通常是丝氨酸或苏氨酸侧链上的羟基；天冬氨酸、谷氨酸侧链上的羧基；天冬酰胺侧链上的酰胺基；精氨酸、赖氨酸侧链上的氨基；以及半胱氨酸侧链上的巯基等。这些修饰作用都是在专一的修饰酶催化下完成的。

（3）切除非必需肽段　有些酶、激素等需经此种加工。如一些消化酶：胃蛋白酶、胰蛋白酶等，初合成的产物是无活性的酶原，需在一定条件下水解去除一段肽才能转变为有活性的酶，详见第六章图6-2。又如胰岛素，初级翻译产物为前胰岛素原，经过两次切除：首先切除N端的信号肽顺序变为胰岛素原，再切除中间部位的多余顺序C肽，才转变成有生物活性的胰岛素分子，详见第三章图3-9。

（4）二硫键的形成　蛋白质分子中常含有多个二硫键，这是特定部位的两个半胱氨酸侧链上的巯基在专一氧化酶作用下形成的。

四、蛋白质合成后的到位

蛋白质在核糖体上合成后，要被送往细胞的各个部位去执行它们的生理功能，这一过程称蛋白质的到位。

原核细胞中没有细胞核和内质网等众多细胞器，新合成的蛋白质可有三个去路：或留在胞浆中，或用于组装质膜，或分泌到胞外。

真核细胞的结构要复杂得多，新合成的蛋白质则有更多的去路。除了原核细胞的那些部位外，还分别到细胞核、线粒体、叶绿体、内质网和溶酶体等细胞器中。现已清楚，进入线粒体、叶绿体、细胞核等细胞器及留在胞浆中的蛋白质是在胞浆中游离的核糖体上合成的。进入溶酶体、分泌到胞外的蛋白质及组建内质网、高尔基体、质膜的蛋白质是由与内质网结合的核糖体合成的。

蛋白质合成后到位的信息是由蛋白质自身特定氨基酸顺序决定的，即每种新合成的蛋白质都带有决定着自身最终去向的信号。如与内质网结合的核糖体原来也是游离在胞浆中的，由于合成出的多肽链N端含有特殊的氨基酸顺序，此顺序（称信号肽）可被信号肽识别颗粒（由一个含300个核苷酸残基的RNA分子和6种蛋白质组成）识别，并将此肽链连同合成它的核糖体一起带到内质网膜上。之后，合成的多肽链进入内质网腔，信号肽被切除。在内质网及继之进入的高尔基体中，这些多肽链被特定的酶专一识别，进行各种特异的修饰。经专一修饰产生的信息使这些蛋白质被送往不同的部位。例如，实验已证明，在肽链特定位点，接上甘露糖-6-磷酸，是这些蛋白质最终被送往溶酶体的标志。

进入线粒体、叶绿体及细胞核的蛋白质的到位也是由其N端特殊的氨基酸顺序决定的。

第四节　基因突变和DNA损伤的修复

一、基　因　突　变

在基因内部某些位点的碱基发生改变或缺失使碱基排列顺序发生变化称基因突变。引起基因突变的理化因素主要有紫外线、电离辐射及化学诱变剂等；生物因素有噬菌体或病毒感染、转位因子的作用，以及DNA复制错误等。突变的类型可分为碱基置换、碱基插入或缺失等。

1. 引起基因突变的物理因素

（1）紫外线　紫外线（尤其是波长为 200~300nm 光波）的照射可导致 DNA 分子中相邻两个胸嘧啶的第5、6位碳碳双键打开，形成共价二聚体，如图 14-18 所示。由于嘧啶二聚体的存在，阻碍了 DNA 聚合酶的正常复制，引起碱基错配，造成基因突变。

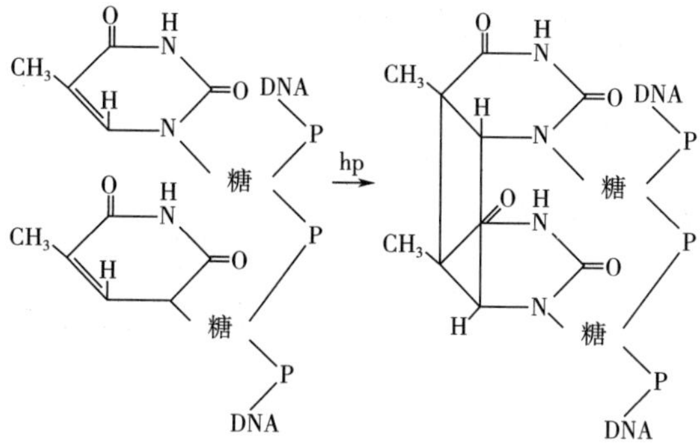

图 14-18　紫外线引起的嘧啶二聚体

（2）电离辐射　电离辐射指受到 X、α、β 或 γ 射线的照射。DNA 吸收射线粒子后，分子发生电离，接着出现结构上的变化。辐射损伤程度决定于吸收射线的剂量（单位质量吸收的射线）和剂量率（单位时间内的剂量）、射线的性质，以及生物体的敏感性。低剂量辐射能引起突变，高剂量辐射可使 DNA 大分子直接断裂致细胞死亡。另一方面，DNA 周围介质受到辐射产生的自由基、过氧化物等，也可与 DNA 碱基或其他基团作用，导致结构改变，发生突变。

2. 引起基因突变的化学因素

引起基因突变的化学因素指那些能与 DNA 分子发生化学反应并诱发突变的物质，称之为诱变剂。诱变剂主要有亚硝酸、羟胺、碱基类似物、烷化剂及某些染料等。它们引起基因突变的机制各不相同，下面加以简要分析。

（1）亚硝酸　亚硝酸作用于核酸的碱基可引起氧化脱氨，使碱基上原来是氨基的位置转变为酮基，即可使 A 转变为 I，C 变为 U，G 变为 X。随着 DNA 复制，原来的 AT 对可变成 GC 对；原来的 GC 对可变成 AT 对，如图 14-19 所示。

（2）碱基类似物　主要有尿嘧啶的类似物 5-溴尿嘧啶（5-BU）和腺嘌呤的类似物 2-氨基嘌呤（2-AP）。因为它们在结构上与正常碱基类似，所以在复制时可代替正常碱基而掺入到 DNA 中去。

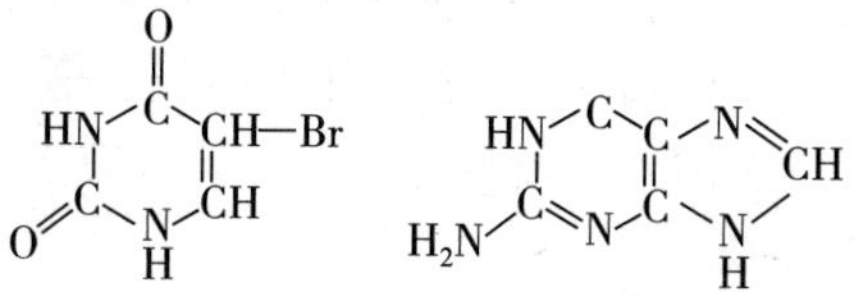

5'-溴尿嘧啶(5BU)　2-氨基嘌呤(2-AP)

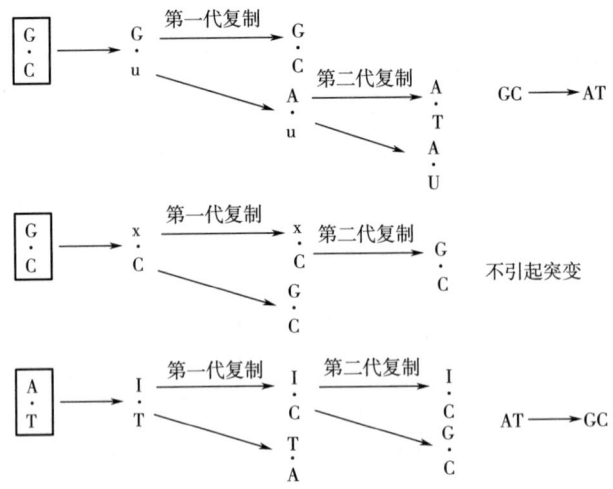

图 14-19 亚硝酸引起的碱基突变

当第二代复制时 5-BU 除与 A 配对外还可与 G 配对；2-AP 除与 T 配对外还可与 C 配对，因而经过几代 DNA 复制，原来的 AT 对可变为 GC 对，或 GC 对变为 AT 对，如图 14-20 所示。

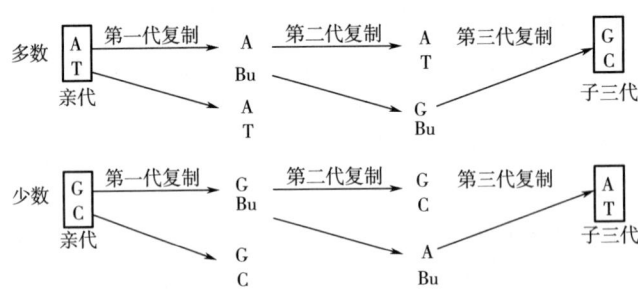

图 14-20 5-溴尿嘧啶引起的突变

(3) 烷化剂　主要有硫酸二甲酯 $[SO_2(OCH_3)_2]$ 和硫酸二乙酯 $[SO_2(OC_2H)_2]$ 等。烷化剂可使 DNA 的脱氧核糖及碱基烷基化，引起突变。如嘌呤的 N_7 被烷基化后易导致嘌呤与脱氧核糖之间的糖苷键断裂，嘌呤脱落。嘧啶 C_2 酮基氧原子被烷基化后，易引起嘧啶脱落。碱基一旦脱落，会造成复制时新进入的碱基无配对依据，发生碱基错配，甚至额外插入或丢失碱基，引起突变。

(4) 某些抗生素、色素和染料　一些带有稠环结构的抗生素、色素和染料，如放线菌素 D，吖啶橙和溴乙锭等，其分子的杂环平面可嵌入到 DNA 分子的两个碱基对之间，使 DNA 分子扭曲变形，并可产生局部解链区而使分子增长。嵌入的杂环可起到附加碱基的作用，复制时子链容易在此位点插入额外碱基，引起插入突变或称移码突变。

3. 生物因素引起的基因突变

能够引起基因突变的生物因素有噬菌体或病毒感染、转位因子的作用以及 DNA 复制错误等。

噬菌体或病毒感染：一些温和噬菌体感染宿主细胞时，可将其 DNA 整合到宿主细胞染色体 DNA 上，当它从宿主染色体 DNA 上脱离时，切割的位点不同于整合位点，往往会带走宿主染色体 DNA 上的邻近基因，造成宿主染色体基因的丢失。同时，当这些噬菌体再去感染其他宿主时，会将原宿主基因一起带到新的宿主细胞，使后者的基因额外增加。

转位因子的作用：大肠杆菌和许多其他生物 DNA 中都含有可转移位置的 DNA 片段，长度可达几百到几千个碱基对，称之为转位因子（原核生物中称为转座子）。转位因子在转位过程中以某种复杂的方式复制，产生新的转位因子。结果一套复制物仍保留在原来的位置，另一套复制物可出现在染色体 DNA 的其他区域。转位因子也可以在染色体之间、染色体与质粒或噬菌体 DNA 之间转移。当该顺序转位到某一基因内部时，则造成该基因突变。

此外，有缺陷的 DNA 聚合酶会导致复制中较高的碱基错配率，引起突变。正常的 DNA 聚合酶也会因复制时的高速度出现个别碱基错配现象，错误频率为 $10^{-12} \sim 10^{-9}$，这是基因自发突变的原因之一。

二、DNA 损伤的修复

一方面 DNA 受到自然因素或诱变因素作用，结构会出现不同程度的损伤或产生突变；另一方面生物体中存在有特殊的修复系统，可以对某些损伤进行适当的修复。这两方面的统一，构成了生物遗传、变异和选择进化的基本特征。

修复分为两大类：一类是把错误的碱基去除，换成正确碱基，使损伤部位恢复正常，称之为校正修复；另一类修复差错率高，称为倾错性修复。

1. 校正修复

校正修复主要有光修复、切除修复和重组修复三种方式。

（1）光修复　这是一种对紫外线引起的嘧啶二聚体高度专一的修复机制。从低等单细胞生物一直到鸟类，体内普遍存在有一种光复活酶（在高等哺乳动物中未发现），该酶能被可见光激活，专一识别并作用于紫外线引起的嘧啶二聚体，将二聚体分解为单体状态，使 DNA 结构恢复正常。当细菌被紫外线损伤后，暴露于可见光下，大部分损伤的细胞可以得到恢复，原因就在于此，这种现象称光复活现象。

（2）切除修复　切除修复是在多种酶参与下将 DNA 分子中受损伤的部分切除，并以完整的那一条链为模板，合成出切除的部分，从而使 DNA 恢复正常结构的过程。这是生物界普遍存在的一种修复机制，它对多种损伤均能起修复作用。参与 DNA 切除修复的酶主要有：特异的修复内切酶、核酸外切酶、DNA 聚合酶及连接酶等。修复过程如图 14-21 所示。

（3）重组修复　含嘧啶二聚体及其他损伤的 DNA 也可以先复制，后修复。但复制进行到损伤部位时，无法通过碱基配对合成子代 DNA 链，它就越过损伤部位，在下一个冈崎片段的起始位置上重新合成引物和 DNA 链，结果子链在损伤相对应处留下缺口。这种遗传信息有缺损的子代 DNA 链与母链之间，在重组酶的作用下进行同源 DNA 片段的重组交换。结果子链上的缺口被母链上相应部位的片段所填补。母链上出现的新缺口可通过 DNA 聚合酶、连接酶修补起来。这种修复方式称为重组修复。在此过程中损伤仍保留在母链上，但合成的子代 DNA 是正常的。当进行下一轮复制时，有损伤的母链仍可通过重

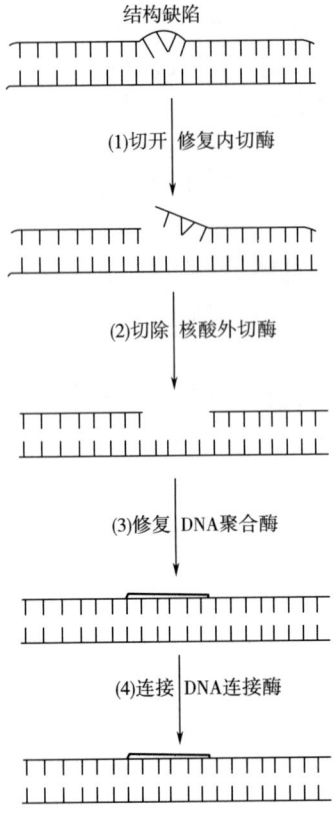

图 14-21 切除修复示意图
（1）特异修复内切酶在损伤部位附近将损伤的单链切开 （2）核酸外切酶将损伤片段切除
（3）DNA 聚合酶进行修复合成 （4）NDA 连接酶将裂缝连接

组修复的方式指导合成出正常子代 DNA 链，直到损伤部位被修复。经过若干代以后，即使损伤始终未从亲代链中除去，但在后代细胞群中所占比例越来越小，故实际上消除了损伤的影响。重组修复过程如图 14-22 所示。

2. SOS 修复（倾错性修复）

实验发现：用紫外线照射的 λ 噬菌体去感染先经低剂量紫外线照射过的大肠杆菌，结果 λ 噬菌体存活率高，变异率也高；相反，若感染的是未经照射的大肠杆菌，则 λ 噬菌体存活率和变异率都低。这意味着紫外线照射的大肠杆菌细胞内出现了一种新的修复机制，称之为 SOS 修复。SOS 修复是细胞 DNA 受到损伤致使复制受阻的紧急情况下，为求得生存出现的应急效应。

紫外线照射后，如果 DNA 两条链上产生的两个嘧啶二聚体处在相邻位置时，这种损伤不能被切除或重组修复所修复。单链 DNA 上出现了嘧啶二聚体及一些化学诱变剂与碱基作用产生的异常碱基，也不能被前述的修复机制所修复。正常的 DNA 聚合酶复制到模板损伤处被迫停止。在 DNA 复制受到抑制的紧急情况下，细胞内通过复杂的调控机制，诱导产生一种缺乏校对功能的 DNA 聚合酶，它可促使四种 dNTP 中任何一种与模板损伤部

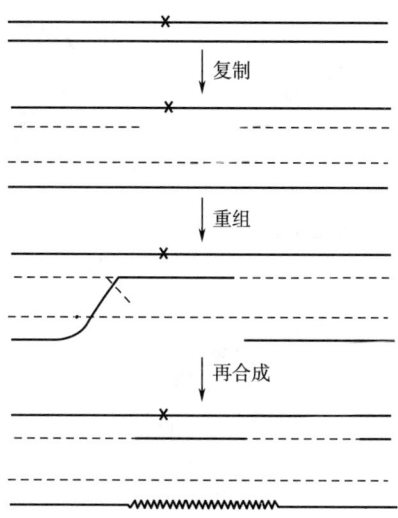

图 14-22 重组修复示意图

图中 × 表示 DNA 链受损伤的部位；虚线表示通过复制新合成的子代 DNA 链；
锯齿线表示重组后母链上缺口处再合成的 DNA 链

位的碱基配对，掺入到新生的子链上。这样受损伤的母链虽可进行复制，但却增加了复制错误机率，其结果是提高了生物的存活率，却增加了变异率。

SOS 修复广泛存在于原核与真核生物中，它是生物在不利环境中求得生存的一种基本功能。

第五节 基因工程

在体外将不同的 DNA 片段（目标基因与载体）连接起来，形成重组体，再把它导入特定受体细胞，随着受体细胞的繁殖，重组体 DNA 得到扩增，目的基因得以表达，从而使受体细胞获得新的遗传特性的技术称基因工程。它是 20 世纪 70 年代发展起来的一项生物学高新技术。利用这一技术可以生产一些在正常细胞代谢中产量很低的蛋白质，如肽类激素、酶类等；定向改造生物基因组结构以创造新物种；用于分子遗传病的基因治疗等。所以，基因工程对医学、工农业生产以致人类社会经济发展都有着重大意义。基因工程的主要步骤如图 14-23 所示。

一、目标基因的获得

目标基因是指需要导入宿主细胞的外源基因。主要有三条获取途径：从生物基因组中分离、cDNA 法制备及化学法合成。

1. 从生物基因组中分离

从基因组分离是指从供体细胞 DNA 大分子中分离目标基因。基因文库的建立，此法首先是将供体细胞 DNA 用限制酶断裂成许多适当大小的片段，让这些 DNA 片段与载体

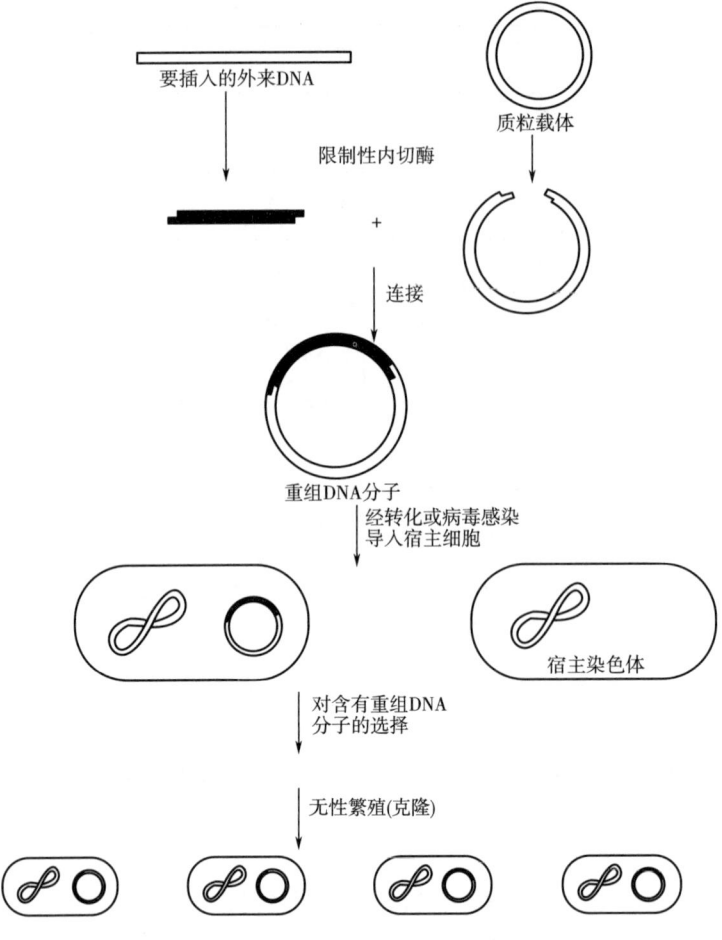

图 14-23 基因工程的主要步骤示意图

DNA 重组连接，再转化到特定的宿主细胞中，筛选出含有重组体 DNA 的受体细胞，克隆①。然后，可用分子杂交②等方法，从中选出含有目标基因重组体的克隆株③，并提取其重组体 DNA，经特定限制酶切割，便可分离得到目标基因。

2. cDNA 法（又称反转录法）

此法先要提取编码目标蛋白质的 mRNA，以 mRNA 为模板合成出与其碱基互补的 DNA（complementary DNA，cDNA）。合成过程是：首先以 mRNA 为模板，四种 dNTP 为底物，通过反转录酶的催化合成出第一条 cDNA 链。然后，利用碱处理，也可用反转录酶的外切酶活力，将与 cDNA 链结合的 mRNA 水解去除。最后仍利用反转录酶合成出双链目标基因片段，如图 14-24 所示。

---

① 克隆：指无性繁殖，这里让含有重组体 DNA 的细胞克隆，是为了使重组 DNA 得到扩增。
② 分子杂交：用带有放射性标记的与目标基因有互补顺序的小段 DNA 或 RNA（称分子探针）与重组 DNA 一起保温，退火后，含目标基因的重组体与分子探针可互补结合，通过放射自显影检测，呈阳性者含有目标基因。
③ 克隆株：指由一个祖先细胞繁衍而来的一群后代细胞，它们具有相同的基因组结构。

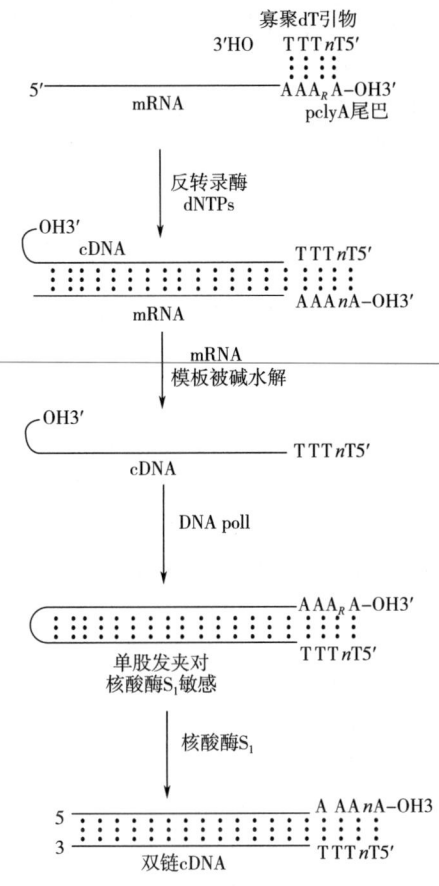

图 14-24 cDNA 法制备目标基因

3. 化学合成法

现已研制出了 DNA 自动合成仪，可以较方便地合成单链 DNA 小片段，给化学合成目标基因带来了方便。

人工合成目标基因，首先要知道该基因的核苷酸顺序。核苷酸顺序被确定后，将整基因设计划分出若干个互补的单链 DNA 小片段，用 DNA 合成仪合成出这些小片段后，互补片段经退火配对，再由 DNA 连接酶连接成为更大的片段及完整基因。

二、载体的选择

外源目标基因不易直接进入宿主细胞，即使进入后也难以进行复制和表达，大多数情况下会被宿主的限制酶系统降解掉。所以，必须寻找合适的载体，通过重组技术，将外源目标基因重组到载体 DNA 上，构成重组体，再利用载体的生物学特性导入宿主，并完成复制和表达。因此，作为载体应该具备一定的条件：它们是相对分子质量较小的环形 DNA；有独立复制和表达的功能；有某些限制酶的单一切点，以便在此位点上插入目标基因；对特定宿主有专一的转化能力及有被筛选的基因标记等。

符合这些基本条件的载体主要有质粒 DNA、噬菌体 DNA 和病毒 DNA 三大类。

天然的载体需经改造才能成为基因工程可利用的理想载体。所谓改造，是把载体 DNA

上的某些不必需片段去除，某些多余的限制酶切点通过点突变方法消去，某些位点应增加特定的功能片段等。经过改造后的载体目前已发展成了许多系列，它们适用于不同的宿主细胞和同的基因工程目的。例如，以大肠杆菌为宿主时，可用载体 pBR 质粒系列、λ 转导噬菌体（λgt）系列；以动物细胞为宿主时，载体有 SV40。病毒系列；植物细胞为宿主时，载体有 Tl 质粒系列等。

三、目标基因和载体 DNA 的体外连接

目标基因和载体 DNA 的体外连接方法主要有黏性末端法、人工接头法和均聚核苷酸加尾法。

1. 黏性末端法

限制酶识别并交错切开 DNA 上的回文顺序后，得到两个有相同单链末端顺序的双链 DNA 片段，这两个单链末端彼此可重新互补配对，故称为黏性末端。不同的 DNA 片段若能被同一种限制酶切割，产生的黏性末端一定是互补的，可以相互配对黏接，再通过 DNA 连接酶将裂缝以 3′，5′-磷酸二酯键连接起来，就得到了重组的 DNA 分子。如图 14-25 所示。

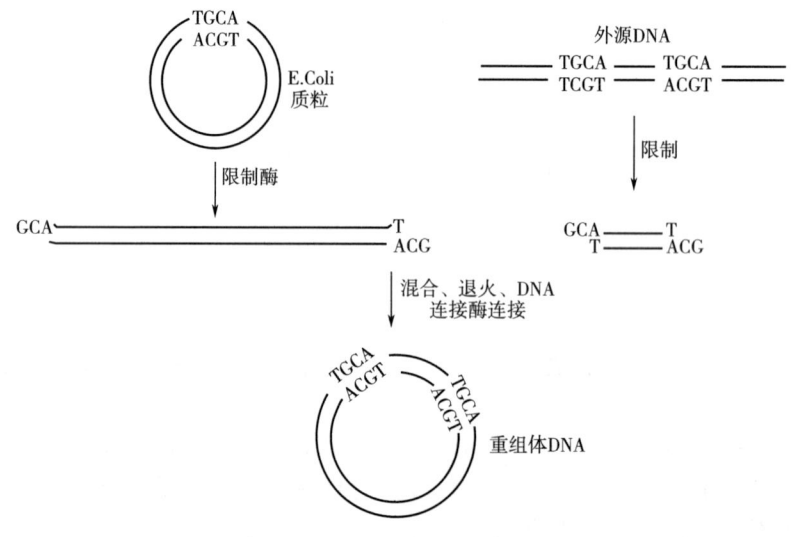

图 14-25 黏性末端连接法

2. 人工接头法

人工合成出含有某种限制酶切割位点顺序的双链 DNA 小片段（此类小片段称为人工接头），用 T_4DNA 连接酶①将其连接到目标基因及载体 DNA 两端的平末端上，再用专一切割该人工接头的限制酶在此接头上切出黏性末端，便可通过黏性末端法连接。此法可使任意两个 DNA 片段通过人工接头而连接起来。

---

① T_4DNA 连接酶：从噬菌体 T_4 感染过的大肠杆菌中分离得到。催化两个 DNA 片段之间的连接反应，它既能催化黏性末端间的连接，也可催化平头末端间的连接。

3. 均聚核苷酸接尾法

通过末端核苷酸转移酶在目标基因双链 DNA 的两个端分别聚合上一段多聚脱氧腺苷酸（或多聚脱氧鸟苷酸），在载体 DNA 的两个 3′-端分别聚合上一段多聚脱氧胸苷酸（或多聚脱氧胞苷酸），然后将接尾的两种 DNA 一起保温退火，则可形成均聚物尾巴间的互补配对，再由 DNA 聚合酶Ⅰ补齐缺口，连接酶封闭裂缝。

四、将重组体 DNA 导入受体细胞

1. 转化

转化指外源 DNA 直接进入受体细胞，并使受体细胞获得新的遗传特性的过程。转化过程中，受体细胞需先经氯化钙处理以提高细胞膜的通透性，使外源 DNA 分子容易进入细胞。

2. 转导

以噬菌体 DNA 为载体，与目标基因组成重组噬菌体 DNA，经体外包装成为噬菌体。然后去感染宿主细胞，包装在其中的重组 DNA 便被注入到宿主细胞内。这种以噬菌体为媒介向受体菌引入外源 DNA 的方式称转导。转导能达到高效转移重组 DNA 的目的。

在动物基因工程中还可用显微注射仪微量注射动物细胞；在植物基因工程中可用基因枪打孔技术或在开花期从花粉管通道直接滴加外源 DNA 进入子房。

五、转化子的筛选和鉴定

重组 DNA 分子进入宿主细胞后能被保留下来，并且独立复制扩增，这样的受体细胞称为转化子。一般转化的频率是很低的，因此，需要认真地筛选和鉴定。目前已建立了多种可靠性较高的转化子检测法，如原位杂交法、免疫检测法等；现就最常用的原位杂交法作一简单的介绍。

原位杂交法：将经转化或转导处理的细胞接种在琼脂平板上，复以硝酸纤维素滤膜，保温培养待菌落生长后，取下滤膜。用碱处理使滤膜上的细菌裂解，菌体 DNA 变性释放到纤维素膜上，将膜在 80℃烘干，使 DNA 牢固地吸附在滤膜上。用预先制备好的带放射性标记的探针（与目标 DNA 有互补碱基顺序的小段 DNA 或 RNA）与滤膜上的变性 DNA 进行原位杂交，洗去未杂交的探针。将滤膜用放射自显影法检测，含有与探针互补碱基顺序的重组 DNA 可与探针互补结合，其所在菌落呈放射阳性。再通过与原培养基平板上的菌落位置对照，即可挑出与其对应的菌落，此即为含有目标基因重组体的克隆株。原位杂交法筛选 DNA 重组体的步骤如图 14-26 所示。

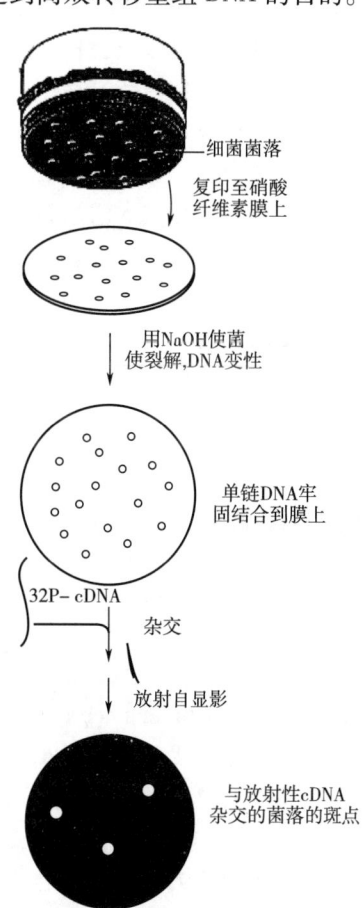

图 14-26　原位杂交法筛选 DNA 重组体图解

六、外源基因的正确表达

根据已掌握的基因工程知识,要使外源基因在宿主细胞中克隆和高效表达产物,必须具备几个条件:①高效转录的条件:应该把外源基因插在转录效率高的强启动子下游。②正确翻译的条件:为使插入基因表达正常的翻译产物,应将外源基因插入到翻译起始密码子 ATG 之前,SD 序列之后的适当位置。③插入基因的方向应与转录和翻译的方向一致。④还需考虑产物一旦被表达要使它免于被受体细胞蛋白酶降解,并能分泌到细胞外。

最后,为了证明目标基因确已表达,还需有特定产品的检测方法。如应用电泳技术与标准蛋白进行比较;用标记抗体作探针检测产品的免疫化学法等。

七、基因工程的应用

1977 年第一次成功地用基因工程技术使大肠杆菌表达了人生长激素释放抑制因子(14 肽),迄今为止利用基因工程菌生产的多肽和蛋白质类物质已有几十种。其中激素类制品有胰岛素、胸腺素、内啡呔、脑啡肽、干扰素、抑胃素、松弛素等;人血浆蛋白类制品有抗凝血酶Ⅲ、人血清白蛋白、抗血友病因子;酶类有尿激酶、α-淀粉酶、胰蛋白酶等;疫苗类有乙型肝炎疫苗、猪牛腹泻疫苗、牛痘疫苗、疟疾疫苗等。

利用基因工程技术培养成功了生产赖氨酸、色氨酸、苏氨酸等氨基酸的高产菌株及生产抗菌素的高产菌株。

利用动物基因工程技术已培育成功的转基因动物最早有超级小白鼠,目前超级猪、超级兔、高产乳量的乳牛、抗冻鱼等也都培育成功。

植物基因工程技术已培育出的转基因植物有抗病毒烟草、抗虫棉花、抗虫水稻等。

在医学临床,结合使用 DNA 限制酶切图谱、核酸探针及基因结构分析等技术,用于分子病诊断、细菌和病毒检测及癌症诊断等。

基因工程新技术的出现,的确对人类生活和社会发展带来了巨大的影响。

基因工程的利与弊

基因工程(genetic engineering)又称基因拼接技术和 DNA 重组技术,是以分子遗传学为理论基础,以分子生物学和微生物学的现代方法为手段,将不同来源的基因按预先设计的蓝图,在体外构建杂种 DNA 分子,然后导入活细胞,使这个新构建的基因能在受体细胞内复制、转录、翻译表达,以改变生物原有的遗传特性、获得新品种、生产新产品。

人们可以利用基因技术生产转基因食品,进行环境保护以及医疗、基因工程药物、农作物新品种培育,分子进化工程的研究。例如,科学家可以把某种肉猪体内控制肉生长的基因植入鸡体内,从而让鸡也获得快速增肥的能力。转基因技术为作物改良提供了新手段,同时也带来了潜在的风险,但是因为基因技术本身能够进行精确的分析和评估,从而可以有效地规避风险,另外科学规范的管理可为转基因技术的利用提供安全保障。可以针对一些破坏生态平衡的动植物，研制出专门的基因药物，既能高效的杀死害虫，又不会对其他生物造成影响，还能节省成本。基因武器可只对具有某种基因的人（例如某一种族）有杀伤力，而对其他种族的人毫无影响，这种武器的使用无疑会使遭受基因武器袭击的种族面临灭顶之灾。

科学是一把双刃剑，基因工程也不例外。我们要发挥基因工程中能造福人类的部分，抑制它的害处。

习　题

1. 何谓中心法则？它的论点和意义如何？
2. 若使 ^{15}N 标记的大肠杆菌在 ^{14}N 培养基中繁殖三代，然后提取 DNA，以密度梯度超离心进行分离，测定 $^{14}N-DNA$ 分子与 $^{14}N-^{15}N$ 杂合分子的比例应为多少？
3. 何谓 DNA 半不连续复制？何为冈崎片段？试述冈崎片段合成过程。
4. 何谓启动子？何谓终止子？它们有什么功能？
5. 比较原核与真核 RNA 加工过程的异同？
6. 遗传密码有哪些特点？第一个密码子是怎样破译的？
7. 已知 DNA 单链的顺序为：
5′ TCGTCGACG ATG ACT ATCGGC3′
①试写出复制合成的另一条链的顺序？
②转录生成的 mRNA 的顺序？
③指导合成的肽链中氨基酸顺序？
8. 氨酰 -tRNA 合成酶、转肽酶、移位酶的功能是什么？
9. tRNA 的生物功能是什么？
10. rRNA 的生物功能是什么？何谓多核糖体结构？
11. 分析在复制、转录和翻译过程中哪些措施保证着遗传信息传递的准确无误？
12. 哪些因素能引起 DNA 损伤和突变？损伤修复方式有哪些？
13. 试述基因工程的主要步骤？
14. 解释下列名词：克隆、转化、转导、黏性末端、诱变剂、菌落原位杂交。

参 考 文 献

1. 陈三凤，等. 现代微生物遗传学（第2版）[M]. 北京：化学工业出版社，2011.
2. 朱圣庚，等. 生物化学（第4版）[M]. 北京：高等教育出版社，2017.
3. Watson, J., et al. Molecular Biology of The Gene (4th Edition) [M]. California: The Benjamin/cunmings Publishing Company Inc. 1987.
4. 刘庆昌. 遗传学（第3版）[M]. 北京：科学出版社，2019.
5. Lubert stryer（著），唐有祺（译）. 生物化学（第3版）[M]. 北京：北京大学出版社，1988.
6. 戴灼华，等. 遗传学（第3版）[M]. 北京：高等教育出版社，2016.

第十五章 微生物的代谢调节

学习指导

细胞水平上的代谢调节称为细胞调节。本章主要讨论细胞调节的基本原理。细胞调节有三类基本调节机制：酶活调节、酶量调节和膜的分隔调控作用。20世纪70年代以来，细胞调节理论的进展已对微生物育种和发酵生产产生了巨大影响。本章学习要求：（1）掌握膜结构在代谢调节方面所起的作用及其与发酵生产的关系。（2）掌握酶活调节机制，特别是酶的变构调节机制。（3）掌握原核生物酶量调节的机制，包括操纵子的概念、基因的类型和功能，诱导型和阻遏型操纵子的异同，酶合成的诱导机制和阻遏机制，分解代谢产物阻遏及衰减作用机制。（4）了解能荷的概念，巴斯德效应及其产生机制。（5）了解代谢调节理论指导微生物育种和指导发酵生产的实践意义。（6）掌握有关的一些术语和基本概念。（7）了解次级代谢产物的种类及其来源和作用。

第一节 概　　述

一、细胞内各种代谢之间的联系及代谢调节的含义

前面各章（第八章~第十四章）中讨论了细胞中各种物质的代谢变化规律。细胞内的各种代谢活动，依其生理意义的不同可概括为三类代谢体系：①碳源分解体系：包括糖类、脂类及氨基酸碳架等物质的分解代谢。目的在于获得生物能量，并产生诸如5-磷酸核糖、α-酮戊二酸、丙酮酸、乙酰辅酶A等对细胞本身有重要作用的代谢中间产物。②素材性生物合成体系：包括1-磷酸葡萄糖、氨基酸、核苷酸等低分子素材性物质的生物合成，以及辅酶等小分子生理活性物质的合成。③生物大分子合成体系：包括蛋白质、核酸、多糖、类脂复合物等生物大分子的合成。生物大分子的结构都有种属特异性。核酸及蛋白质的结构是由DNA（或RNA）模板决定的；多糖及类脂复合物的结构特异性则是由酶决定的，酶也是蛋白质。所以，归根结底，生物大分子的结构特异性都是由遗传信息决定的。

三类代谢体系的各种代谢途径错综复杂，它们之间互相联系，互相制约，相辅相成，协调统一。一般说来，碳素分解体系为素材性生物合成和生物大分子合成提供原材料和能量；素材性合成体系为生物大分子合成提供单体分子；生物大分子的合成体系则为前二类体系提供酶、膜、核酸等功能性物质和结构性物质。

与所有的生命现象一样，三类代谢体系中的各种代谢活动都是有节度的，不同的代谢途径有强有弱，有快有慢。如素材性生物合成体系中，在正常生理状况下，既不会因为某条途径过慢造成某种产物不足影响结构性生物合成的进行，也不会因为某一条途径过强、

过快造成素材性物质的积累浪费，犹如一个自动化大工厂一样，各个工序的进度和产量都是很协调地保持平衡。

微生物细胞是在自然环境中分布广泛，来源很多，它必须有很强的适应能力，随着环境条件的变化随时调节有关的代谢活动发生相应的变化。就某一条代谢途径来说，有时需要加强加快，有时又需要减弱减慢，甚至停止。许多实例都可以很好地说明微生物的代谢活动与环境条件关系之密切：例如黑曲霉的糖代谢，在 pH3.0 左右时主要产生柠檬酸；pH6.0 左右时，主要积累葡萄糖酸；在碱性环境条件（pH10.0 左右）时，则生产草酸。很明显，这是由于环境条件 pH 的变化，导致了黑曲霉糖代谢产物的变化。对微生物来说，这种变化是一种适应能力的表现，是细胞为适应 pH 条件而调节自身的代谢方向维持代谢平衡的结果，尽管这种调节机制尚不清楚，但是细胞的分解代谢调节系统很容易接受并适应环境条件的影响，这是显而易见的。再如：酵母、乳酸菌等兼性厌氧细胞对葡萄糖的分解代谢，在有氧和无氧条件下所经历的代谢路线、代谢产物（见第十章）、菌体生长繁殖情况都有很大不同，那也是细胞的一种适应能力，是为适应有氧或无氧条件而调节葡萄糖代谢方式、获得能量和中间产物维持生长的能力，同时产生和积累不同的中间产物和终产物为发酵生产提供了方便。

营养条件的变化对微生物的代谢，无论是分解代谢还是合成代谢，关系都很密切。微生物本身也具有为适应营养条件变化而调节代谢活动的能力。

总之，一个小小的细胞能够把错综复杂的代谢反应，根据环境条件及生理条件的变化随机应变，维持代谢平衡，完全是靠本身的代谢调控系统的调节。细胞作为生命活动的基本单位，其代谢途径之复杂、与外界环境关系之密切，要求它具有复杂的、精确有效的代谢调控系统以维持代谢平衡。这种代谢调控系统的复杂性和有效性是任何现代化工厂的调控系统所不能比拟的。

所谓代谢调节就是生物体根据环境条件的变化和生理活动的需要，自身对代谢反应速度进行调节和对代谢途径方向加以控制的机能。代谢方向的控制和代谢速度的调节主要是通过调节细胞中酶分子的活性和酶的数量实现的（详见本章第三节、第四节）。代谢调节控制是维持细胞正常生长的保证，一旦代谢调节失常，则导致新陈代谢紊乱，造成病态或死亡。

二、细胞调节体系的组成要素及主要调节机制

代谢调节能力是生物进化的结果。进化程度越高的生物，其代谢调节系统也越精细、越复杂。微生物作为原始的单细胞生物只有细胞水平上的调节，高等动物和人类除细胞水平的调节之外，还具有更高级的激素调节（又称体液调节）和神经调节（又称整体调节）。因专业关系，这些高级调节作用这里不予讨论。

研究微生物的细胞调节至少有这样几方面的意义：首先，细胞是生命活动的基本单位，一切中间代谢都是在细胞中进行的，细胞本身所具有的精确有效的代谢调节系统不仅是微生物，也是高等生物各种水平代谢调节的基础。微生物细胞调节的理论同样有助于高等生物代谢调节的研究。第二，研究微生物的细胞调节，揭示细胞所以能维持代谢平衡的调节机制，可以运用这种规律人为地改变微生物的代谢平衡，控制其代谢方向及代谢能力，借以生产人们所需要的代谢产物。20 世纪 50 年代以来，人们从事这方面的探索，至今已经取得了辉煌

的成果,给微生物工业带来了巨大的变化,本章第五节将讨论这方面的内容。

1. 细胞调节体系的组成要素

细胞水平的代谢调节又称酶水平的调节,简称细胞调节。中间代谢的一切反应几乎都是酶促反应,酶是中间代谢这个舞台上的主要角色,所以,细胞调节主要是对酶的调节。在中间代谢的各个环节上,凡能直接或间接对酶促作用有影响的因素都对代谢有调节作用,其中特别是代谢物(底物或产物)浓度。在一定意义上,酶是细胞调节的核心;代谢物浓度是细胞调节的驱动因素;细胞本身的膜结构(包括真核细胞各种细胞器)起着代谢定位和控制反应条件的保证作用。这几种要素共同构成了细胞调节的三种调节机制。

2. 细胞调节的三种调节机制

(1) 以膜结构和膜功能为基础的细胞结构效应,对代谢的分隔定位。

(2) 以代谢途径和酶分子结构为基础的酶活性调节,包括底物对酶的激活和终产物对酶的反馈抑制。

代谢底物和终产物都能作用于代谢途径的限速酶,调节其活性。一般而言,代谢底物作用于酶分子是使本来无活性或低活性状态的酶分子发生结构改变,成为有活性或高活性状态的酶分子,这种作用为酶分子的变构激活,是正调。当终产物在细胞内积累,浓度达到一定水平时,会反作用于代谢途径的限速酶,使酶分子结构改变,活性降低,从而减慢代谢速度,这称为酶的反馈抑制,是负调。变构激活和反馈抑制作用是通过调节酶活来调控代谢途径的速度和方向的两种基本调节方式。其调节机制详见本章第三节。

(3) 以酶的合成系统为基础的酶量调节,包括底物对酶合成系统的诱导作用和产物对酶合成系统的阻遏作用。底物和产物对酶的生物合成和酶活性的调节关系如图 15 - 1 所示。

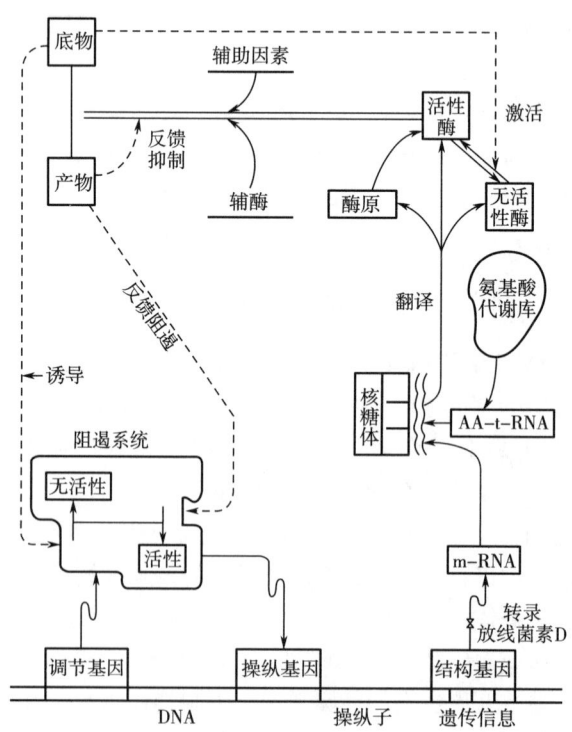

图 15 - 1 代谢底物和终产物对酶活和酶合成的调控关系

代谢底物和终产物也都能作用于酶的合成系统，调节酶的合成，改变细胞中的酶量。

根据对原核生物的研究发现，酶（蛋白质）合成系统与环境中代谢物质的关系，可分为两种类型：一种类型是，酶的合成系统常处于关闭状态，不转录、不翻译，只有在代谢底物或其结构类似物存在时，才诱导酶合成系统，启动起来，转录并翻译酶蛋白。这称为酶（或蛋白质）的诱导合成，是正调，这种依赖于诱导物才能合成的酶，称为诱导酶。

另一种类型的酶合成系统不受环境中代谢底物的影响，在正常条件下，能以正常恒定的速度合成酶，无论代谢底物存在与否，细胞中总能维持一定数量的酶。例如 EMP，TCA 途径的酶系；细胞内核苷酸、氨基酸等素材物质合成代谢途径的酶系就是如此。这类酶称为组成酶或固有酶。组成酶的合成主要受代谢途径终产物的调控。当终产物浓度在细胞内积累到一定水平时，除反馈抑制限速酶，迅速关闭已有的代谢途径之外，还能反馈作用于该酶系的蛋白质合成体系，关闭合成系统，停止酶分子的合成，这称为反馈阻遏，简称阻遏，是负调。

关于诱导和阻遏的发生机制，本章第四节中讨论。

简而言之，底物在细胞调节中的作用主要是正调，激活限速酶或诱导酶的合成；终产物的作用主要是负调，反馈抑制或阻遏。底物的正调作用是分解代谢途径及其酶合成系统普遍存在的调节控制方式。终产物的负调作用，也就是两个反馈体系，是合成代谢途径及其酶系合成调控的主要方式。

无论底物的正调还是产物的负调，在理论上和生产实践上都有重要意义。

第二节　细胞结构对代谢途径的分隔控制

在第七章中已知，细胞质膜的选择性透过性质可调节细胞内代谢物质（底物和产物）的浓度，维持正常反应的条件。不仅如此，真核细胞（如酵母）内的各种细胞器，都是为膜所包围的特异结构，不同代谢途径的酶系分别分布在不同的膜结构中。相应的底物和产物浓度也都由膜的选择性透过机能加以调节（详见第七章）。这就使得细胞中所进行的错综复杂的代谢活动犹如一个大工厂设有各个车间一样，各自独立，互相有关又互不干扰。如糖酵解和脂肪酸的合成在细胞质中进行；蛋白质的合成在粗糙内质网膜上进行；核酸的合成在细胞核中；TCA 循环、脂肪酸的 β - 氧化，以及氧化磷酸化反应则在线粒体中进行（图 15 - 2）。

细胞的膜结构使酶的分布有一定的空间位置，使酶催化的反应有相对固定的场所，使代谢物质的浓度维持一定的水平。这一方面增加了代谢反应在细胞内的秩序，同时又保证了反应所需的条件。细胞的膜结构对代谢活动所起的这种组织作用和调节效能称为结构效应，还有人称之为细胞膜结构的隔离效应或部位效应。在研究微生物工作中，细胞膜透性对代谢的调节作用的研究及其人为控制，具有非常重要的实践意义，在本章第五节再作进一步讨论。

原核细胞虽没有细胞器的分化，但不同酶系在胞内也有相对集中的区域分布。

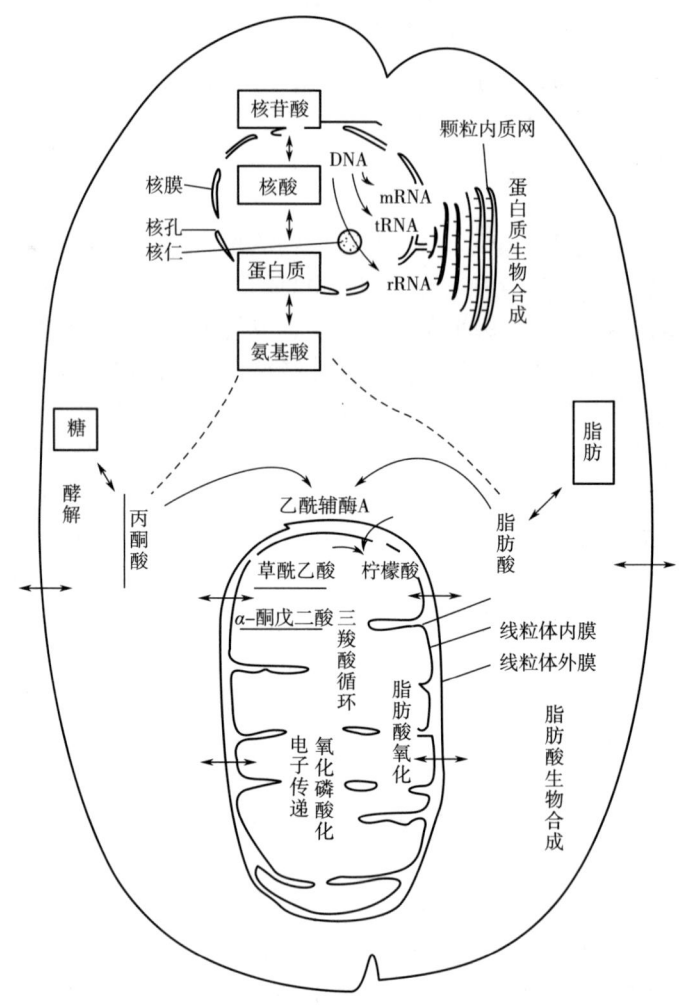

图 15-2 真核细胞结构和物质代谢的联系示意图

第三节 酶活性调节机制

一、调 节 酶

细胞中各种长短不同的代谢途径都是由一系列酶催化的连续反应所组成的代谢反应链。酶的功能首先是负责催化代谢途径中特定的反应。就此而言，每种酶都是代谢途径不可缺少的，否则就会使代谢途径中断。酶的第二种功能是作为调节代谢速度和方向的调控元件，这种功能不是所有酶都具有的，只有个别限速反应步骤的酶具有这种功能。根据在代谢方面的这种功能差别，可以把酶分为静态酶和调节酶。

静态酶是只具有第一种功能的酶类，它们所催化的反应一般是可逆的，反应速度快，能迅速达到反应平衡点。在代谢途径中，一旦有其底物，很快就转化为产物，因而，这类酶对代谢途径的速度无调控作用。

调节酶类是酶的分子结构（或构象）和活性可以受有关调节因子的影响而变化的酶类。这类酶的催化速度比途径中的静态酶慢，因而对代谢途径的反应速度和流向具有调节控制的作用。这种酶又被称为限速酶或关键酶。它们所催化的反应步骤被称为限速反应或关键反应。

限速反应一般是在一条代谢途径的起始步骤，或者分支途径的发散步骤，或者异质性代谢（如氨基酸、糖、脂的互相转化）的转换点上。如下所示是一条分支代谢途径。

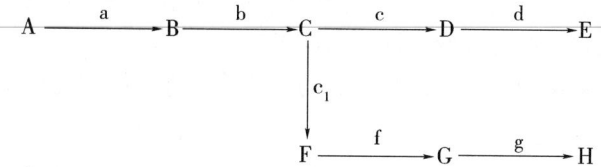

该途径可以视为三条线形代谢途径：①A→→C。②C→→E。③C→→→H。酶 a 是途径①的限速酶，也是途径②和③的公共限速酶。酶 c 和 c_1 则分别为支路②和③的限速酶。限速酶都属于调节酶类。

二、调节酶的种类和酶活性调节机制

调节酶的种类很多，根据它们的活性调节机制及其调控代谢的功能特点，可分为共价修饰酶、变构酶、同工酶及多功能酶等。关于同工酶及多功能酶的酶活调节机制或者与变构酶相似，或者与共价修饰酶一样。它们在代谢调节中的作用将在本章第五节中涉及。这里只重点讨论变构酶及共价修饰酶的概念及调节机制。

各种调节酶的分子都有无活性（或低活性）和有活性（或高活性）等结构形式。不同的结构形式，受细胞内调节因子的作用，可以发生互变，催化活性随之改变。

调节因子又叫效应物，细胞中直接对酶分子发生作用的调节因子有代谢底物、产物、底物或产物的结构类似物，以及与限速反应有关的其他小分子化合物或无机离子。

调节酶类的活性调节方式多种多样，而且，一种酶常常有不止一种调节机制。但是，所有调节酶类最基本的酶活调节机制不外乎是变构调节、共价修饰调节和解聚、聚合作用调节。这三类调节机制并不属于哪一类酶独有，只不过各类调节酶都以一种调节机制为主就是了。例如：变构酶类普遍以变构调节为主，有的也伴随发生解聚、聚合作用；共价修饰酶以共价修饰调节为主，同时也具有变构调节，或者兼有解聚、聚合调节性质等。然而，变构调节是各种调节酶类普遍具有的调节机制，无论共价修饰酶、同工酶、多功能酶，都不例外。下面，就三种基本调节机制分别举例讨论。

三、变构酶及酶活性变构调节机制

1. 变构酶的结构、性质特点

20 世纪 50 年代起就有人陆续发现微生物的生物合成途径存在反馈调节现象。1963 年 Monod 及 Jacob 根据这些反馈现象，以及自己对别构动力学详细研究的结果，提出了"变构蛋白"学说，用酶蛋白的变构理论解释终产物对生物合成体系的控制现象。目前，变构酶的研究已成为酶学领域及代谢调节的重要课题。因为这是一个涉及面很宽的新兴研究领域，文献资料中常常遇到一些概念和术语不统一的现象，一些意思相近而又有不同的术语给研究和学习造成了一定的困难。

变构酶（Allosteric enzyme）又称别构酶，别位酶或调节酶等（其定义见第六章第四节），是代谢调节中最重要的一类酶。这类酶依其结构和动力学性质方面的特点，能在一些调节因子影响下，通过构象的变化引起酶活的变化，从而调节代谢途径的速度和方向。

变构调节作用对调节因子浓度有一定的要求。当调节因子达到一定浓度时，才能与酶分子的调节中心发生非共价结合，引起酶分子的变构作用和协同效应，酶分子的构象和催化活性发生相应的变化，或者被变构抑制，或者被变构激活。

下面仅从酶分子结构和动力学性质方面的某些特点进行简要的讨论，以利于正确理解变构酶的概念及变构调节机制。

（1）酶分子结构特点　多亚基、多配基结合位点。

变构酶分子一般都是由二个以上的亚基组成的寡聚蛋白。"四级结构"是其变构性质和酶活调节的结构基础，正如由四个亚基组成的血红蛋白具有变构效应一样。而与血红蛋白亚基相似的肌红蛋白分子则不具有变构效应。

这里不妨把能够与酶分子表面相结合的物质，如反应底物、激活剂、抑制剂、反应产物等效应物分子统称为酶的配基。与普通米氏酶不同，变构酶分子乃至其单个亚基大都有多个配基结合点。除了具有与底物结合并起催化作用的酶活中心之外，还具有多个可与调节因子发生非共价结合的位点。当其与调节因子结合时，便引起酶分子构象和活性的变化。这些位点称为调节中心，或变构中心，如图15-3所示。别位酶的原意就是指这类酶分子的酶活中心之外，还有另外的配基结合位点。

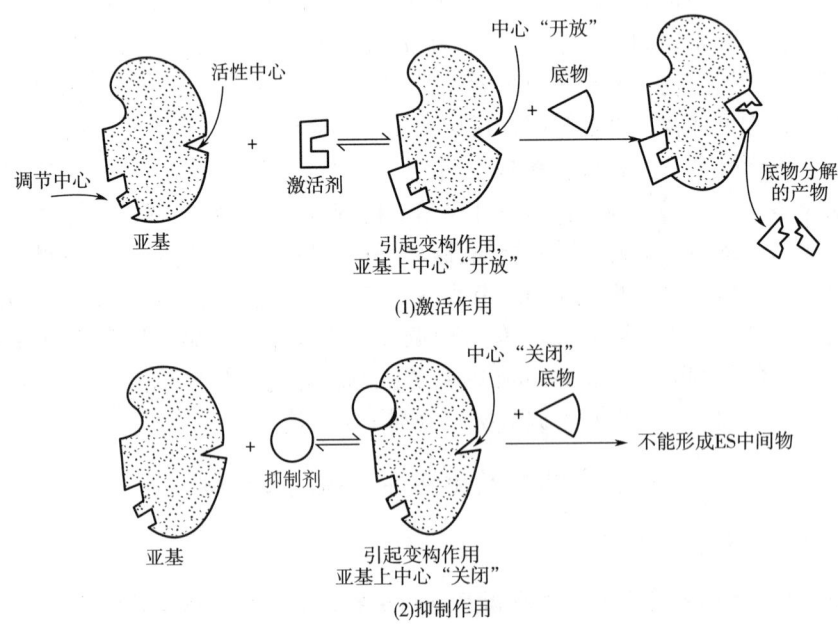

图15-3　变构调节因子与变构酶亚基的作用

不同变构酶的亚基组成情况不同：有的变构酶是由结构和功能都相同的亚基组成的，每个亚基都有活性中心和调节中心。有的变构酶是由结构不同功能也不同的两种亚基组成的。一种亚基只有调节中心，没有活性中心，专与变构剂结合，起调节作用，这称为调节亚基；另一种亚基只具有活性中心，没有调节中心，专与底物结合，起催化作用，这称为催化亚基。例如：胞嘧啶核苷酸生物合成途径的限速酶——天冬氨酸转氨甲酰基酶（ATCase），就是一个由二种不同的亚基组成的变构酶，如图15-8所示。

变构酶的分子结构特点是变构调节的结构基础。

（2）变构作用及协同效应　当变构剂（底物、产物或其他效应物）与调节中心结合后，就诱导酶的分子发生构象变化，产生一种新的稳定构象，明显改变了酶活中心对底物的亲和力和催化能力，这即变构酶的变构作用（或称别构效应）。变构作用在各亚基间有协同效应，即酶的一个亚基与配基结合所发生变构作用会影响整个酶分子的其他亚基发生相应的变化，改变对后继配基分子的亲和力。这种现象称为协同效应。变构作用和协同效应是产生变构调节作用的基本机制。

依变构因子的不同，协同效应可分为同种效应和异种效应。有的变构酶，底物分子是其变构剂。这种酶分子表面具有多个可与底物结合的位点，当一个调节中心与底物分子结合后，就影响酶活中心和其他调节中心对底物的亲和力。这种由于一个配基分子与酶结合对于同种配基的后继分子与酶的亲和力所产生的影响称为同种效应。异种效应是一种配基分子与酶结合对于另外一些不同种类的配基分子与酶的亲和力所产生的影响。如：苏氨酸脱水酶，底物是苏氨酸，而L-异亮氨酸是其变构抑制剂，L-异亮氨酸对苏氨酸脱水酶的变构抑制作用即为异种效应。多数变构酶兼有同种效应和异种效应。它们既受底物或底物类似物的调节，又受底物以外的其他物质的调节。

协同效应有正、负之分（注意：这个正、负的含意与正调、负调不同）。若一个亚基与配基结合，影响其他亚基发生同向变化者，是为正协同效应。即一个亚基与变构激活剂结合，构象改变，活力增加，其他亚基的协同变化也都是活力增加，若一个亚基与变构抑制剂结合，构象改变，活力降低，则促使其他亚基都发生活力降低的变化。负协同效应则与之相反，即一个亚基与配基结合，发生构象和活性的改变，会影响其他亚基发生相反方向的变化。正协同效应的例子很普遍，负协同的例子则少见，一个典型的负协同效应例子是NAD^+对3-磷酸甘油醛脱氢酶的变构调节作用。

（3）S型$v \rightarrow [S]$关系曲线　米氏酶的初速度与底物浓度的关系曲线（$v \rightarrow [S]$关系曲线）一般都是双曲线。变构酶则不同，其$v \rightarrow [S]$关系曲线一般都是S型曲线。如图15-4

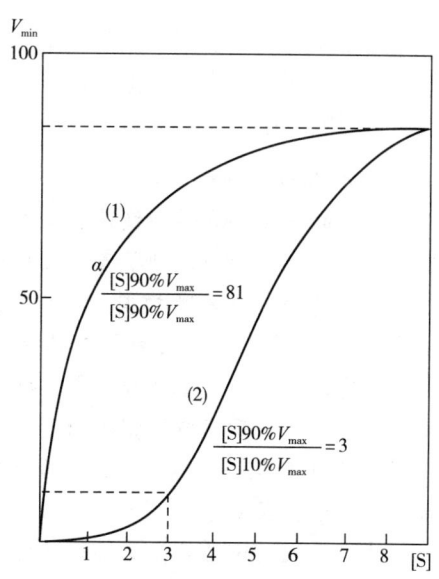

图15-4　变构酶与米氏酶$v \longrightarrow [S]$关系曲线的比较
(1) 米氏酶　(2) 变构酶

所示。

S 型动力学曲线是变构酶的重要特征之一，这是其协同调节性质的反映。它为配基浓度变化能有效调节酶分子的活性提供了动力学依据。

比较图中两种 $v \rightarrow [S]$ 曲线可以发现，要使米氏酶的反应初速度 v 由 V_{max} 的 10% 提高到 90%，底物浓度需由 $0.11K_m$ 增加到 $9K_m$（也可由米氏公式算出），相当于原来的 81 倍；而对变构酶来说，要将反应初速度提高 9 倍（由 10% V_{max} 提高到 90% V_{max}），底物浓度只需从 3 个单位提高到 9 个单位，仅增加了 2 倍。图中可见，具有 S 型 $v \rightarrow [S]$ 关系曲线的酶，反应速度 v 对底物浓度的变化有一个很窄的敏感范围。底物浓度 [S] 在敏感范围内变化，酶活性就非常灵敏地发生变化。[S] 在敏感范围之外的高浓度和低浓度区域变化时，对酶活性无多大影响。S 型曲线的中间部分越陡，表明酶对 [S] 的敏感范围越窄，敏感性越高。变构激活剂和变构抑制剂对酶活的调节作用就是改变 S 型曲线中间部分的陡度，如图 15-5 所示。

因为变构酶与米氏酶的动力学性质不同，所以米氏公式不适用于变构酶。使变构酶的初速度 v 达到最大速度一半时的底物浓度可用 $R_{0.5}$（或 $[S]_{0.5}$）表示。文献中也常借用 K_m 描述变构酶与底物的亲和力，这时的 K_m 仍是 $\frac{1}{2}V_{max}$ 时的底物浓度，但是与米氏酶的 K_m 不一样了，与反应速度 v 的关系不是米氏公式的关系。

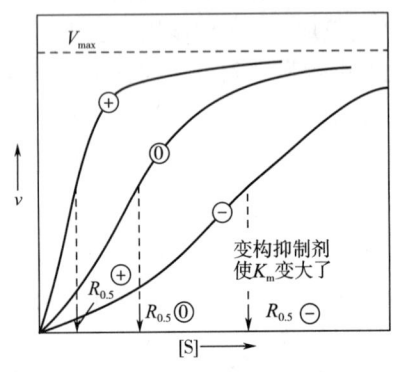

图 15-5 变构激活剂（+）和变构抑制剂（-）对 $v \rightarrow [S]$ 曲线的影响
⊕变构激活剂 ⊖变构抑制 ⊙对照

如图 15-4 所示，具有正协同效应的变构酶在受变构激活剂调节时，酶的 $R_{0.5}$ 减小，酶对底物浓度变化更敏感了；在受变构抑制剂调节时，$R_{0.5}$ 增大，酶对底物浓度的敏感性降低了。至于四级结构的变化为什么会引起催化活性的改变，这种深层的内在机制，目前还在探讨研究之中。

2. 变构调节机制模型

变构酶的 S 型动力学曲线是变构酶内在调节机制的表观现象，为了解释这种现象，已经提出了多种假说，并设计了各种变构模型。其中，最重要的有 Monod 等提出的齐变模型和 Koshland 等提出的序变模型。两种模型都是以酶分子的多亚基结构特点为基础；都假设亚基有 "R" 型和 "T" 型两种构象状态，"R" 型是活性态，有利于与配基结合，"T" 型是抑制态，难以与配基结合。R 型与 T 型在调节因子作用下可以发生互变，但是两种模型结合配基的方式及变构过程不同，现将两种模型简要介绍如下：

（1）齐变模型 又称对称模型或同构模型，简称 MWC 模型。这种模型认为变构酶的全部亚基或者全呈 R 型，或者全呈 T 型。R 型与 T 型间的转变对于分子中所有亚基都是同时同步发生的。R 型的亚基排列是对称的，T 型的亚基排列仍然是对称的。酶分子的 R 态与 T 态间的转变没有中间状态，如图 15-6 所示。当底物（变构激活剂）与一个亚基结合后，所有亚基都变成 R 型，与底物的亲和力增加，酶活性提高了。当底物浓度提高到一定水平时，绝大多数酶分子都变成 R 型，则 $v \rightarrow [S]$ 关系曲线上出现了 v 对 [S] 的敏感区域。相反，当变构抑制剂与酶结合后，分子变成T型，酶活性降低。

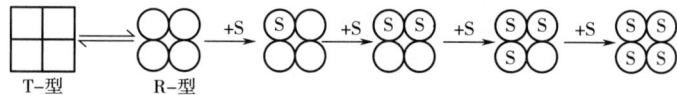

图15-6 齐变模型的变构过程

（2）序变模型 又称渐变模型，简称KNF模型，认为酶分子的活化型（R型）与抑制型（T型）构象之间的转变，各亚基不是同步发生的，是顺序渐变的。因此，酶分子的R型和T型之间有许多中间构象状态，如图15-7所示。当反应体系中底物（或其他变构激活剂）浓度达到一定水平时，与T态酶分子中的一个亚基结合，引起构象和活性变化，成为R型，剩下的亚基就迅速有顺序地与底物结合并变成R型，动力学上表现出S型 $v \to$ [S] 曲线。变构抑制剂与R型酶分子的结合和变构作用也是顺序进行的。

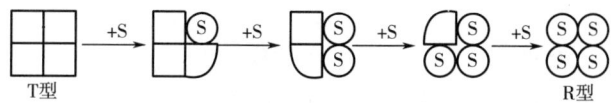

图15-7 序变模型的变构过程

变构酶的调节过程是复杂的，内在机制还知之甚少，尽管提出了多种构型模型来解释变构行为，但从实验数据来看，现有模型都不能解释所有变构酶的行为，很可能某种模型仅适合于解释某种变构行为，如齐变模型只能解释同种效应；序变模型则既可解释同种效应又可解释异种效应。

不管构象变化及调节机制如何，可以肯定的是别构酶所表现的S型动力学性质，在细胞调节中具有十分重要的意义，即底物（或调节因子）在很狭窄的浓度范围内能灵敏地调控酶的活力。

3. 变构酶调节原理举例

（1）大肠杆菌天冬氨酸转氨甲酰基酶（ATCase）是具有正协同效应的一种酶，它由12个亚基组成，包括6个催化亚基和6个调节亚基。其催化亚基又以三个一组，形成二个三聚体的催化活性单位；调节亚基则二个一组，形成三个二聚体的调节功能单位，如图15-8所示。

该酶是嘧啶核苷酸合成途径中最初反应步骤的酶，它催化氨甲酰基磷酸向天冬氨酸转移氨甲酰基的反应：

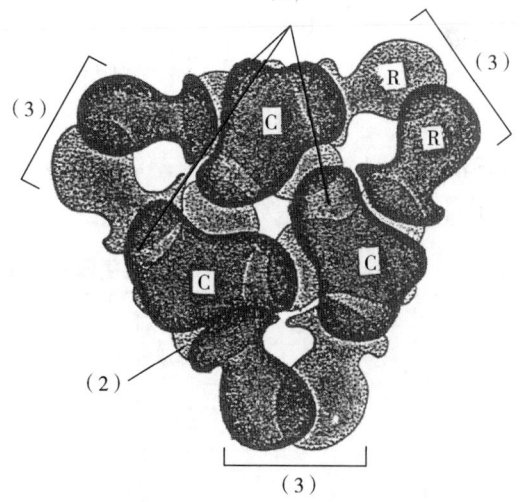

图15-8 天冬氨酸转氨甲酰基酶模型
(1) 三个催化亚基（C）组成一个催化单位
(2) 另一组催化单位在背面 (3) 二个调节亚基（R）组成一个调节功能单位，并分别与两个催化单位中的一个亚基连接

$$H_2N-\overset{O}{\underset{}{C}}\sim \text{\textcircled{P}} + \begin{matrix}COOH\\ CH_2\\ H_2N-C-H\\ COOH\end{matrix} \xrightarrow[P_i]{\text{ATC ase}} \begin{matrix}& & COOH\\ NH_2 & & CH_2\\ O=C & & CH\\ & \diagdown N\diagup & \\ & H & COOH\end{matrix} \rightarrow\rightarrow\rightarrow CTP$$

氨甲酰磷酸　　　天冬氨酸　　　　　氨甲酰基天冬氨酸

终产物胞苷三磷酸 CTP 是其负调因子（反馈抑制剂），ATP，ASP 等是其正调因子（变构激活剂）。CTP 和 ATP 对酶活的影响很大，使 $v\rightarrow[S]$ 关系曲线所发生的变化与前面图 15-5 类似。

当胞内 CTP 的积累浓度高时，发生反馈抑制作用，先是一个调节亚基与 CTP 结合，构象改变，与其紧密相连的调节亚基和二个催化亚基也发生构象的变化。由于该酶具有正协同效应的特点，一个亚基的变化便迅速导致其他亚基都发生同样的变化，整个酶分子处于抑制状态，活性变得很低，对底物的 $R_{0.5}$ 变大，即使底物浓度相当高，也不再用作 CTP 的合成。

当细胞内 CTP 浓度降低时，ATP，ASP 等作为正调因子与调节亚基结合。同样，由于正协同效应使整个酶分子的构象发生变化，分子构象处于活化状态。被激活的酶分子对底物的 $R_{0.5}$ 变小，因而，即使细胞中底物（ASP）浓度相当低，也能优先用于 CTP 的合成，以供应细胞对 CTP 的需要。

可见，正协同效应的变构酶，通过正调和负调能够使底物得到合理的分配利用。这种微妙的调节非常符合细胞经济学的要求。

(2) 3-磷酸甘油醛脱氢酶是具有负协同效应的一种酶，它催化下列反应：

$$\begin{matrix}CHO\\ CHOH\\ CH_2OPO_3^-\end{matrix} + NAD^+ + H_2PO_4^- \xrightleftharpoons{\text{酶}} NADH + H^+ + \begin{matrix}COOPO_3^-\\ H-COOH\\ CH_2OPO_3^-\end{matrix}$$

该酶是由四个结构相同的亚基组成的变构酶。各亚基都可与 NAD^+ 结合，但结合常数各不相同，如表 15-1 所示。

表 15-1　　3-磷酸甘油醛脱氢酶各亚基与 NAD^+ 结合的解离常数

解离常数	材料与方法	虾肌	兔肌	
		平衡透析测定	超离心测定	平衡透析测定
K_1		$<5\times 10^{-9}$	$<5\times 10^{-8}$	$<10^{-10}$
K_2		$<5\times 10^{-9}$	$<5\times 10^{-8}$	$<10^{-9}$
K_3		6×10^{-7}	6×10^{-6}	3×10^{-7}
K_4		13×10^{-6}	35×10^{-6}	26×10^{-6}

由表 15-1 可见，K_1 与 K_2 相近，K_3 与 K_4 相近，K_1，K_2 比 K_3，K_4 小二个数量级。这说明在 NAD^+ 浓度很低的情况下第一、二两个亚基也能与 3-磷酸甘油醛脱氢酶结合。有实验表明，酶的四个亚基的结构都是一样的，所以第一、二两个亚基是随机的。但是，一旦

实现与 NAD^+ 结合之后，由于负协同效应的影响，使得第三、四两个亚基对 NAD^+ 变的不敏感，亲和力更小，需要待 NAD^+ 浓度高出二个数量级之后，才有可能发生结合。

负协同效应的变构酶 $v \rightarrow [S]$ 关系曲线，表面看来与米氏酶相似（如图 15-9 所示）。但这是一个假象，这仅是半分子活化状态的关系曲线，表现为在 NAD^+ 浓度较低的范围内变化酶活也迅速上升。但底物 NAD^+ 到

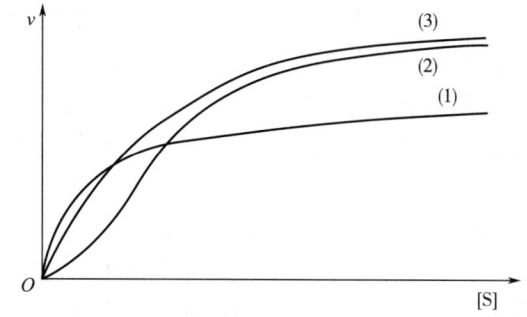

图 15-9 负协同效应变构酶的 $v \longrightarrow [S]$ 关系曲线
(1) 负协同　(2) 正协同　(3) 米氏酶

一定浓度后，速度上升很慢，在很大范围内变化不明显。这是因 K_1，K_2 的两个亚基已经被底物饱和，而 K_3，K_4 的两个亚基却还不能与底物结合。只有当 NAD^+ 浓度达到 K_3，K_4 的要求，反应速度才会再提高，并向最大速度逼近。

3-磷酸甘油醛脱氢酶的负协同效应所表现的半分子活化，其意义在于保证 NAD^+ 首先供应酵解途径的需要。因为 NAD^+ 是多种代谢途径中都需要的辅助因子，而酵解途径又特别重要，在氧供应不足的情况下，NAD^+ 浓度小，其他需要 NAD^+ 的代谢反应都减慢了，3-磷酸甘油醛脱氢酶却与很低浓度的 NAD^+ 保持着很好的亲和力，从而保证了酵解途径的进行。当 NAD^+ 浓度高时，由于负协同效应的调节作用，酶的四个亚基仍保持着半分子活化状态，所以酵解途径并不过分的加快。显然，负协同效应性质，使酶对一定范围的配基浓度变化很不敏感。

正协同效应和负协同效应对代谢的调节都是非常重要的。正协同效应可以把几条代谢途径共同需要的底物进行合理的分配。负协同效应则使共同的底物首先保证供应重点。

4. 变构酶的鉴别

S 型的 $v \rightarrow [S]$ 关系曲线是多数变构酶的表观特征，但具有 S 型关系曲线的酶并不一定都是变构酶。因为一些没有别构效应的酶由于一些复杂的作用原理，也会出现 S 型曲线，因此，S 型 $v \rightarrow [S]$ 关系曲线只能提供可能属于变构酶，但不能作为最后断定依据。

Koshland 等建议用不同饱和度时的配基的浓度比值 R_S 鉴定三类酶如式（15-1）所示：

$$R_S = \frac{\text{酶与配基结合达到 90\% 饱和度时的配基浓度}}{\text{酶与配基结合达到 10\% 饱和度时的配基浓度}} \tag{15-1}$$

米氏酶的 $R_S = 81$

具有正协同效应的酶 $R_S < 81$

具有负协同效应的酶 $R_S > 81$

脱敏作用是鉴别变构酶的一个方便可行的方法。在证明酶制剂是均一的之后，用加热、化学试剂或其他方法处理，使寡聚蛋白解离成单亚基，若酶的活力仍能保持，但失去了协同作用的性质，称为酶的脱敏现象，具有脱敏现象的酶则是变构酶。

四、共价修饰酶及酶活性共价修饰调节机制

1. 共价修饰酶的概念及特点

共价修饰酶又称共价调节酶。这类酶分子也有无活性（或低活性）和有活性（或高

活性）两种基本结构形式。因为酶的两种结构形式是通过其他酶（修饰酶）的催化作用，在其酶蛋白的某些氨基酸残基上引入或去除共价结合的某种化学基团，从而发生分子共价结构和构象的变化，实现活性形式和非活性形式的互相转变，借以调控代谢的方向和速度，故而得名共价修饰酶。这种酶活调节方式则称为共价修饰调节。

共价修饰调节是体内重要的调节方式之一。这种酶类具有生理意义广泛、反应灵敏、节约能量、调节机制多样等特点。它除了共价修饰这种基本机制之外，还兼有变构调节性质，解聚、聚合调节性质。在高等生物体内它们常常接受激素乃至神经系统的指令，通过级联反应，产生放大效应使酶活调节非常迅速、灵敏。

目前已知，共价修饰酶的化学修饰反应类型有：①磷酸化/去磷酸化。②乙酰化/去乙酰化。③腺苷酸化/去腺苷酸化。④尿苷酸化/去尿苷酸化。⑤甲基化/去甲基化。⑥S—S/SH 等。

2. 共价修饰酶举例

这里仅举磷酸修饰调节酶的例子来说明共价调节的基本原理。

酶的磷酸共价修饰可逆反应如下：

$$\text{酶蛋白} \underset{(2)}{\overset{(1)}{\rightleftharpoons}} \text{酶蛋白-(P)}_n$$

（反应(1) 中 nNTP → nNDP；反应(2) 中 nPi ← nH$_2$O）

反应（1）由蛋白激酶催化，由核苷三磷酸（NTP，通常是用 ATP）作为磷酸基的供体将酶蛋白磷酸化。反应（2）由特异的磷酯酶催化脱去磷酸。被磷酸修饰的许多酶类中，有的因磷酸化而成活化型，去磷酸化者为其非活化型。有的则相反，磷酸化者是非活化型，去磷酸化者是其活化型。一些常见磷酸修饰酶见表 15 – 2。

表 15 – 2　　常见的磷酸修饰调节酶举例

磷酸化使酶活增加者	磷酸化使酶活降低者
糖原磷酸化酶	糖原合成酶
磷酸化酶激酶	丙酮酸激酶
6 - 磷酸果糖激酶	丙酮酸脱氢酶
1,6 - 二磷酸果糖磷酸酶	乙酰 CoA 羧化酶
三酰甘油酯酶	甘油磷酸基转移酶
依赖于 DNA 的 RNA 聚合酶	谷氨酸脱氢酶（酵母）
依赖于 cGMP 的蛋白激酶	

糖原磷酸化酶常被作为磷酸修饰酶类的典型例子，该酶催化组织中储存的多聚葡萄糖分解，产生 1 - 磷酸葡萄糖。

$$(\text{葡萄糖})_n + \text{Pi} \underset{\text{糖原合成酶}}{\overset{\text{糖原磷酸化酶}}{\rightleftharpoons}} (\text{葡萄糖})_{n-1} + 1 - \text{磷酸葡萄糖}$$

糖原　　　　　　　　　支链非还原性末端
　　　　　　　　　　　少了 1 个葡糖残基

该酶的分子结构有两种形式：糖原磷酸化酶 a 是活性较高的结构形式；糖原磷酸化酶 b 是活性较低的结构形式。糖原磷酸化酶 a 是一个由两个亚基组成的寡聚蛋白，其中每个亚基上有一个磷酸基结合在酶蛋白的丝氨酸羟基上。这些磷酸基是酶催化活性所必需的。如果磷酸基被磷酸酯酶催化水解掉,则酶分子变成 b 型,如图 15-10 所示。从糖原磷酸化酶的调节过程可以看到,共价修饰调节具有放大调节信号的作用。因为一分子磷酸化酶激酶可在一定时间内催化几千个无活性的磷酸化酶 b 分子变为有活性的 a 分子,从而使糖原在几千个活性酶分子 a 的催化下,分解生成 1-磷酸葡萄糖,可见磷酸化酶激酶与糖原磷酸化酶起到了两步级联放大的作用。实际上,组织中的糖原急剧分解反应是由一个从肾上腺激素分子化学信号开始的更长的级联放大体系催化的。这两个酶仅仅是级联放大体系的最后一部分。

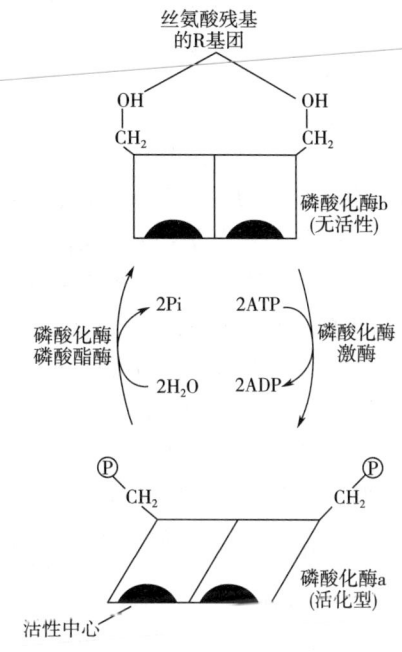

图 15-10 糖原磷酸化酶 a,b 型的互变过程

再如,磷酸果糖激酶是糖酵解途径中最重要的限速酶,它是一个相对分子质量为 38 万的四聚体,其磷酸化形式为活化型,去磷酸化形式为非活化型。活化型的磷酸果糖激酶还具有变构调节性质,ATP 是其变构抑制剂,柠檬酸、长链脂肪酸能加强抑制效应。ADP,AMP,Pi 的作用与 ATP 相反,是该酶的变构激活剂,可增加酶的活性。近年来还发现 2,6-二磷酸果糖能大大降低磷酸果糖激酶的 $R_{0.5}$,是其非常有效的变构激活剂。

这种调节关系与糖酵解途径在细胞中的生理意义是完全一致的。当 ATP 浓度高时,能量过剩,及时降低糖酵解;当细胞中 AMP,ADP 浓度高时,说明能量不足,磷酸果糖激酶被激活,加强糖酵解。

五、解聚、聚合作用调节机制

许多调节酶在发生变构调节或共价修饰调节的过程中,常常伴有寡聚酶分子的解聚或聚合作用,同时表现出酶活性的变化。这种由调节因子引起酶蛋白之间的解聚或聚合作用而调节酶活性的现象,早期都作为变构调节或共价修饰调节的内容。近来,越来越多的文献把这种现象单独作为一种酶活调节机制进行研究，认为这是酶活调节的一种有效方式。其中，动物体内的谷氨酸脱氢酶和乙酰 CoA 羧化酶是研究得比较清楚的两个例子。分别介绍如下。

谷氨酸脱氢酶（牛肝）相对分子质量约为 32 万，由六个完全相同的亚基组成。其中，每三个亚基组成一个三面体，六个亚基组成一个双层三面体分子。它的活性形式有两种。X 型和 Y 型。当 ADP，亮氨酸与酶结合时，促进聚合，酶分子由 Y 型变成 X 型，谷氨酸脱氢酶活性被抑制，同时表现出丙氨酸脱氢酶活性。当其进一步聚合成多层三面体纤维状分子时，则没有酶活性。当 GTP（或 GDP）和 NADPH 与酶结合时，阻止酶的聚合，酶分子被激活，处于解聚状态，变成 Y 型，具有谷氨酸脱氢酶活性。

$$Y 型 \underset{GDP, GTP, NADPH}{\overset{ADP \cdot 亮氨酸}{\rightleftharpoons}} X 型 \rightleftharpoons 多聚体线形分子$$

解聚体　　　　　　聚合体
谷氨酸脱氢酶活性　　丙氨酸脱氢酶活性　　无活性

乙酰 CoA 羧化酶是脂肪酸合成途径中的第一个酶，是限速酶。该酶具有多种功能：①能作为生物素的载体蛋白，与生物素结合。②作为生物素羧化酶，催化生物素羧化。③具有转羧基酶活，催化生物素上的羧基转移至乙酰 CoA 分子的乙酰基上。该酶在没有柠檬酸或异柠檬酸存在时，以原体形式存在，由四个亚基组成，相对分子质量 40.9 万，没有活性。当有柠檬酸或异柠檬酸时，便与酶蛋白结合，并促使酶分子进一步聚合成约有 20 个单体的细丝状多聚物，其相对分子质量达 400 万～800 万，这种多聚体是酶分子的活性结构形式。长链脂酰 CoA 是柠檬酸（或异柠檬酸）的拮抗物，可抑制酶活性。$ATP-Mg^{2+}$ 则使多聚体解聚为原体而失活。所以，该酶有两种酶活抑制机制，即阻止聚合、促进解聚。

$$四种不同亚基 \rightleftharpoons 原体 \underset{①ATP-Mg^{2+}；②长链脂酰 CoA}{\overset{柠檬酸、异柠檬酸}{\rightleftharpoons}} 多聚体$$

$\begin{pmatrix}无活性\\相对分子\\质量 10 万\end{pmatrix}$ $\begin{pmatrix}无活性\\相对分子\\质量 40.9 万\end{pmatrix}$ $\begin{pmatrix}有活性\\相对分子\\质量（400～800）万\end{pmatrix}$

第四节　酶量调节机制

微生物为适应环境和生理条件变化，通过改变细胞中酶的浓度来调节代谢能力，是又一种有效的代谢调控机制。酶量调节比酶活调节生效慢，但调节效果更好。

酶量调节主要是通过调节酶蛋白的合成过程实现的。蛋白质生物合成体系的各个环节，转录、翻译、翻译后的加工等，都有可能影响酶的生物合成速度。相比之下，转录是更为重要的调控环节。转录的产物 mRNA 是合成酶蛋白的模板，mRNA 多，则酶的生产能力大。细胞可以根据需要加快合成 mRNA，以增加酶量；也可随时停止合成 mRNA，以减少酶的合成。诱导和阻遏是底物和产物分别对转录产生的正调和负调作用，这是基因水平上的两种基本调节机制。

关于诱导和阻遏的概念在前面（详见本章第一节）已经讨论过了，下面着重讨论诱导和阻遏作用的产生机制，即原核细胞的操纵子学说。同时也举例讨论几种其他调控转录的机制。

一、操纵子的概念和类型

早在 1900 年就发现了酶的诱导生成现象。首先见于乳糖能诱导酵母产生乳糖分解所需要的酶类。酶合成的阻遏作用则在 1953 年由 Monod 首先发现，他发现色氨酸阻止了大肠杆菌色氨酸合成酶类的产生。

一个发人深省的现象是，无论诱导还是阻遏，常常是对一组有关的酶同时发生效应。例如，在乳糖培养基上诱导酵母或大肠杆菌产生 β-半乳糖苷酶，同时会有透性酶和转乙酰基酶产生。L-异亮氨酸对其合成途径的阻遏作用，不仅阻遏其限速酶 L-苏氨酸脱氨酶的合成，而且还同时阻遏该途径中所有其他几种酶的合成。大肠杆菌色氨酸合成途径、精氨酸合成途径、伤寒沙门杆菌的组氨酸合成途径等都有类似的阻遏现象。

那么，微生物细胞究竟怎样调节酶的合成系统使一组有关的酶这样协调地进行（或停止）合成呢？

1961 年 Monod 和 Jacob 根据当时已有的研究成果：第一，已经证实基因有两种类型。即负责编码蛋白质分子的结构基因和对结构基因转录起调节作用的调节基因。第二，基因的表达是协同的，如上所述，相关的酶的合成速度是协调一致的。据此，他们提出了"操纵子学说"。50 多年来，经过遗传学和生物化学的分析、充实，证实"操纵子学说"是正确的。特别是 20 世纪 70 年代以来，遗传学家对细菌（如大肠杆菌）基因分析结果证明，一条代谢途径中的几个酶的结构基因，在基因图上常常是排列在一起的，而且一组结构基因常常是转录为一个共用的 mRNA。

所谓操纵子就是原核细胞基因表达系统的一种功能单位。由启动基因（P）、操纵基因（O）和若干个功能相关的结构基因组成。在基因图上，它们顺序连接在一起，基因 P 是 RNA 多聚酶的附着部位，基因 O 是调控 RNA 多聚酶启动（或停止）转录的调控位点。若干个结构基因依次连接在 O 基因之后，可共同转录成一个多顺反子的 mRNA；分别负责编码有关酶蛋白的氨基酸顺序。

操纵子的操纵基因不能被转录和翻译，故没有基因产物。它的操纵功能是被动的，受一个在基因图上远离操纵子的调节基因 i 的调控。

调节基因能编码一种蛋白质叫阻遏蛋白（或叫阻遏物）。阻遏蛋白专一性很强，只能与特定操纵子的操纵基因结合。在基因图上，启动基因 P 在操纵基因的前面。当阻遏蛋白与操纵基因结合之后，就挡住了 RNA 多聚酶的去路，转录不能启动。一旦将阻遏蛋白除去之后，RNA 多聚酶则顺利通过操纵基因区域，沿 DNA 滑行，将结构基因转录为 mRNA。

阻遏蛋白是变构蛋白，其分子表面至少有二个配基结合部位，一个与操纵基因结合，一个与效应物（诱导物或辅阻遏物）结合。但是，在不同类型的操纵子中阻遏蛋白的性质有所不同，由此决定了操纵子有诱导型和阻遏型（又称组成型）两种基本类型，两类操纵子的组成、调控模式和它们阻遏蛋白的性质如图 15-11 所示。

诱导型操纵子是分解代谢途径的操纵子，因为其阻遏蛋白合成之后就有活性，直接与操纵基因结合，所以，在没有代谢底物的情况下，这种操纵子处于被阻遏状态，分解代谢途径的操纵子一般是这种类型。而阻遏型操纵子的阻遏蛋白需与辅阻遏物（终产物）结合之后，才变成活化状态并与操纵基因结合，阻止结构基因的转录，在没有辅阻遏物的情况

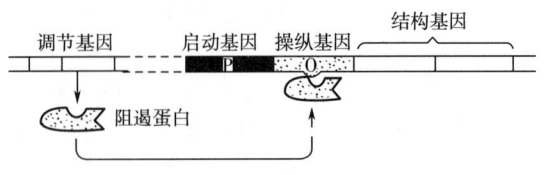

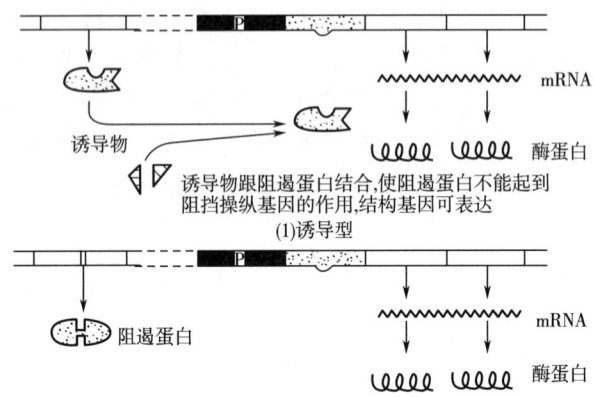

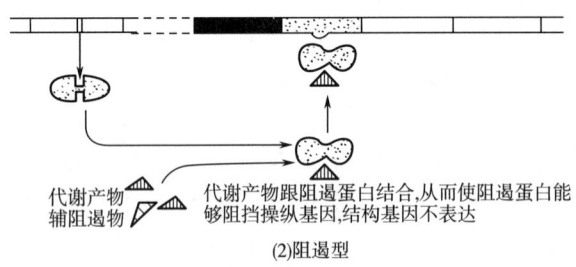

图 15-11 诱导型与阻遏型操纵子基本结构型

（1）诱导型操纵子，其阻遏蛋白合成之后就呈活性状态，可与操纵基因结合。诱导物使阻遏蛋白变构脱落，结构基因得到表达　（2）阻遏型操纵子，其阻遏蛋白合成之后呈无活性状态，不能与操纵基因结合。辅阻遏物可使其变构活化，操纵子被阻遏

下，这种操纵子是一直进行工作的，素材性生物合成途径的操纵子都属这种类型。

无论诱导型还是阻遏型操纵子，一般而言，阻遏蛋白的作用都是调控转录起始，当其与操纵基因结合后，都是起负调作用，使转录不能启动。也有的阻遏蛋白可形成多种构象状态，对操纵子既有负调作用，也有正调作用（图 15-15）。对两类操纵子转录的调控，除了上述阻遏蛋白的负调机制之外，分解代谢操纵子还普遍存在一种环磷酸腺苷受体蛋白复合物的正调机制；合成代谢的操纵子还普遍存在一种衰减子调控机制。许多操纵子除了共性之外，还有其独特的调控特点。下面分别举例说明。

二、诱导型操纵子调控机制举例

1. 乳糖操纵子的诱导机制

大肠杆菌乳糖操纵子负责合成乳糖分解代谢有关的酶类，是最早研究清楚的一个分解

代谢操纵子，由启动基因 P，操纵基因 O 和紧连在一起的 z、y、a 三个结构基因组成，如图 15-12 所示。

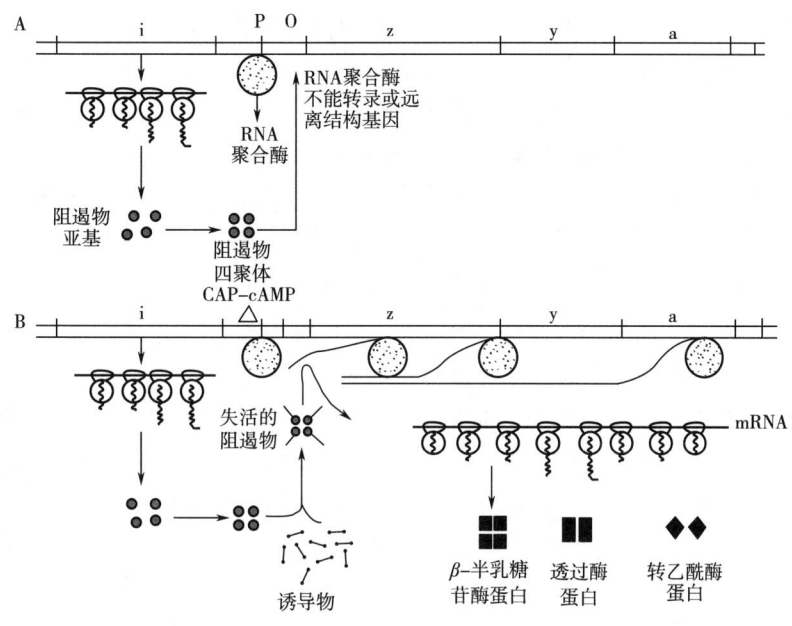

图 15-12 大肠杆菌乳糖操纵子的组成及其阻遏、诱导机制

图中，结构基因 z 编码水解乳糖的 β-半乳糖苷酶；y 编码与乳糖吸收有关的透性酶；a 基因编码转乙酰基酶，催化乙酰辅酶 A 的乙酰基转移到 β-半乳糖苷上，此反应的生理功能尚不清楚。基因 O，P，i 的功能和相互关系同前所述。

乳糖操纵操子的阻遏蛋白是由四个亚基组成的变构蛋白，合成之后就是活性状态，与 O 基因结合。所以，在没有乳糖的条件下该操纵子处于阻遏状态。当底物乳糖作为大肠杆菌的唯一碳源时，乳糖可作为诱导剂与阻遏蛋白结合使之变构，从 O 基因上解离下来，操纵子变为消阻遏状态，RNA 多聚酶开始工作，并且边转录边翻译合成三种酶。这即所谓酶的诱导合成。诱导剂实为阻遏蛋白的变构剂。

据分析测定，野生型大肠杆菌在葡萄糖培养基上生长时，每个细胞中平均仅有一个分子的 β-半乳糖苷酶，这表明葡萄糖培养基上大肠杆菌不合成 β-半乳糖苷酶。同一菌株，在以乳糖为唯一碳源进行培养时，经过 2~3min 之后，每个细胞中 β-半乳糖苷酶就迅速增至 5000 个。同时其他两种酶（透性酶和转乙酰酶）也一并诱导生成。不仅底物，底物的结构类似物有时甚至是更有效的诱导剂，如：异丙基-β-硫代半乳糖苷（符号 IPTG）就是乳糖操纵子的一种有效的诱导剂。

当大肠杆菌受某些理化因素作用而发生变异时，若突变正好发生在调节基因上或操纵基因上，使阻遏蛋白失去与操纵子结合的能力或不能合成，则操纵子不会再发生阻遏，这样一来乳糖水解酶类就不是诱导酶，而是不停地被大量合成的组成型酶了。这种突变称为组成型突变。如果调节基因突变使阻遏蛋白丧失与诱导物的结合能力，与 O 基因的结合位点却完好无损，那么，阻遏蛋白就始终结合在 O 基因上，操纵子始终处于阻遏状态，不能转录，没有酶的合成。

2. 降解物阻遏和 CRP 正调机制

在研究微生物的二次生长现象产生机制时发现，环腺一磷（cAMP）能与一种受体蛋白，环磷酸腺苷受体蛋白（CRP，又称降解物基因活化蛋白，CAP）结合成复合物，对分解代谢途径的基因表达有促进作用。进一步研究证明了分解代谢操纵子的转录普遍存在着这种 cAMP-CRP 复合物的正调机制。葡萄糖分解代谢产物能解除这种正调机制，对酶合成产生阻遏作用，这种阻遏称为分解代谢产物阻遏或降解物阻遏。

在发酵生产上，常常遇到降解物阻遏所产生的不利影响，需要有针对性的采取技术措施加以防止。所以，cAMP-CRP 复合物对转录的正调机制及降解物阻遏作用的产生机制，不仅是重要的理论问题，而且与发酵生产实践关系非常密切。

（1）二次生长现象和葡萄糖效应　1942 年 Gale 和 Monod 等在研究大肠杆菌对各种不同的混合碳源的利用时发现，与在单一碳源上的生长不同，在葡萄糖和山梨醇混合碳源上培养的大肠杆菌有二个生长对数期，二者之间还有一段生长停顿的时间（图 15-13）。二次生长的量与两种碳源的浓度成正比，即第一次生长的量与葡萄糖浓度成正比；第二次生长的量则与山梨醇的浓度成正比，说明第一次生长是利用葡萄糖，第二次生长是利用山梨醇。这种具有二个生长对数期的现象称为二次生长现象，是微生物在混合碳源上生长时普遍存在的现象。葡萄糖是自然界中最丰富而普遍的碳源，微生物具有优先利用葡萄糖的能力，符合进化论的观点。

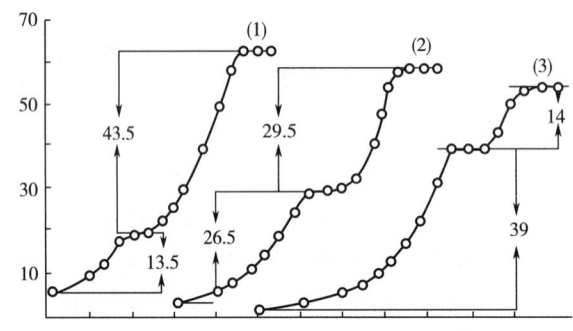

图 15-13　大肠杆菌的二次生长现象
（1）葡萄糖 50mg/mL，山梨醇 150mg/mL　（2）葡萄糖 100mg/mL，山梨醇 100mg/mL
（3）葡萄糖 150mg/mL，山梨醇 50mg/mL

当大肠杆菌在葡萄糖和乳糖混合碳源培养基上培养时，也有二次生长现象，它总是优先利用葡萄糖。即便有乳糖存在，也不能起诱导作用，只有葡萄糖用完之后，经过一个短时间的停止生长阶段，实际是新酶的诱导生成过程，才开始利用乳糖的第二次生长。因为葡萄糖分解代谢的酶类是组成型酶，所以葡萄糖总是优先被利用，未用完之前与其同在的其他碳源则不能被利用，有关操纵子也不能被转录和翻译。因此，二次生长现象又称葡萄糖效应。

葡萄糖对其他操纵子的影响并不是葡萄糖本身的作用，而是葡萄糖降解产物作用的结果。现在把葡萄糖降解产物对其他分解代谢操纵子的这种阻遏作用称为分解代谢产物阻遏，或叫降解物阻遏。已经证明：分解乳糖、半乳糖、阿拉伯糖、麦芽糖等的操纵子，都有可能受到降解物阻遏。

(2) cAMP-CRP 对分解代谢操纵子的正调机制　葡萄糖的代谢产物很多，到目前为止还没有弄清楚是什么产物引起的阻遏。不过，自从证明 cAMP 在代谢上的调节作用之后，发现 β-半乳糖苷酶的合成速度与胞内 cAMP 的含量成正比。在葡萄糖培养基上生长的大肠杆菌，胞内 cAMP 很少，β-半乳糖苷酶也很少。如果加 cAMP 到培养基中，则 β-半乳糖苷酶的合成速度大大增加。若将已经为 IPTG 诱导过的大肠杆菌再用葡萄糖培养基培养，则形成 mRNA 的量又减少到接近未诱导的水平。此时再加入 cAMP，则 mRNA 的量又大大增加，几乎达到不含葡萄糖的 IPTG 诱导的水平。这组实验说明，葡萄糖培养基上所发生的阻遏作用是在转录水平上发生的，cAMP 对乳糖操纵子的转录起促进作用。实验证明，葡萄糖之所以产生阻遏作用，是因为葡萄糖分解代谢的降解产物能抑制腺苷酸环化酶活性，并激活磷酸二酯酶，因而能降低 cAMP 的浓度，这种关系如下：

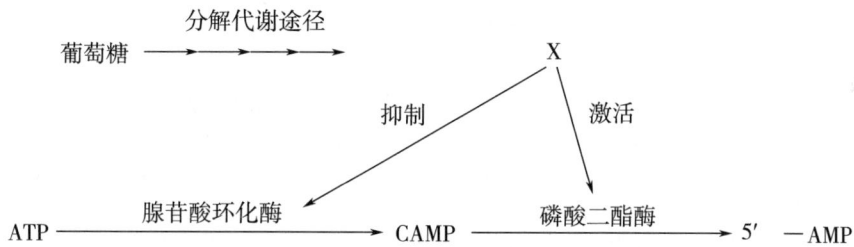

已经证实：cAMP 对转录的促进作用与 cAMP 受体蛋白（CRP）有关。CRP 又叫降解物基因活化蛋白（CAP），已经被纯化，它是由相对分子质量为 22.5 万的两个亚基组成的变构蛋白。它在被 cAMP 变构激活后，影响 RNA 多聚酶与启动基因容易结合。用乳糖操纵子作离体实验证明，RNA 多聚酶和模板 DNA 的结合，以及 mRNA 合成的起始，都必须有 cAMP 和 CRP 同时存在。没有 CRP 时，即使用 IPTG 诱导，也不产生 mRNA。

经过深入研究，终于证明乳糖操纵子的启动基因 P 包含两个结合位点，即 CRP 结合位点和 RNA 多聚酶结合位点。转录开始时，cAMP-CRP 复合物先和 CRP 位点结合，从而促进 RNA 多聚酶和自己的位点结合，提高了转录的效率。CRP 对转录的这种促进作用与阻遏蛋白的调节效果正好相反，是一种正调作用。这样，乳糖操纵子的转录就具有正、负两种调节机制。图 15-14 是 cAMP-CRP 对乳糖操纵子调控作用的模型。

阻遏蛋白调节作用是专一性很强的精确调节，一种阻遏蛋白只专一的与一种操纵子的 O 基因结合，这种调节被称为操纵子的精调系统。cAMP-CRP 调节专一性差，可对原核细胞多种分解代谢的操纵子起推动作用，这种调控系统称为中调系统。此外，还有一种粗调系统，是在氨基酸饥饿时，rRNA 的合成系统受阻，这是由核蛋白体产生的一种小分子调节物质鸟苷四磷酸（PPGPP）对 rRNA 操纵子进行负调的结果。

(3) 降解物阻遏与发酵生产的关系　降解物阻遏作用在次生物质的发酵生产中具有重要作用，例如，许多抗生素的发酵生产中都存在着明显不同的二个阶段：快速生长阶段和抗菌素合成阶段。只有生长阶段结束，合成阶段开始时，抗菌素合成酶类才出现。合成阶段的出现及抗菌素的产生常常与快速利用碳源（如葡萄糖）的消耗密切相关，

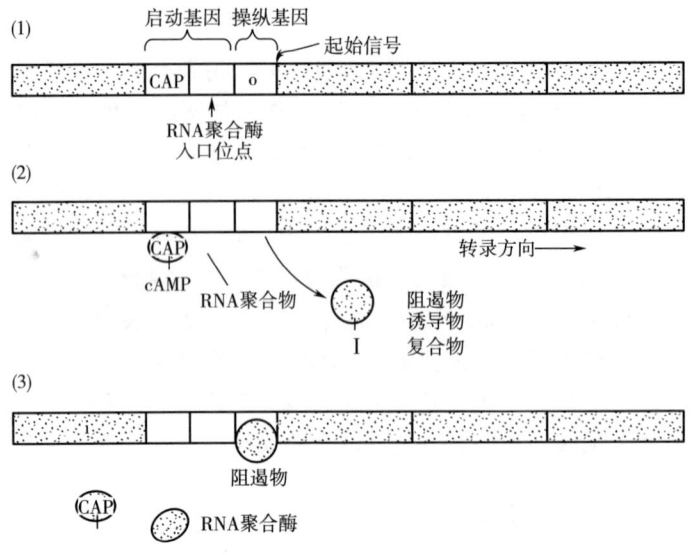

图 15-14 cAMP-CRP 对乳糖操纵子转录的调控

(1) 启动基因上有 cAMP-CRP 结合位点和 RNA 多聚酶结合位点。但单独的 CRP 不能入位，因此 RNA 多聚酶也不能入位；(2) 在有乳糖而无葡萄糖的条件下，cAMP-CRP 入位，从而活化了 RNA 多聚酶的结合位点，酶入位。同时，乳糖分子使阻遏蛋白变构，从 O 上脱落，转录启动；(3) 葡萄糖效应使 cAMP 缺乏，CRP 和 RNA 多聚酶不能进入 P 基因，阻遏蛋白也与 O 基因结合，操纵子被阻遏。

如青霉素发酵，以乳糖和葡萄糖为碳源时，只有葡萄糖消耗完了，乳糖被利用时，才有青霉素产生。

显然，碳源的缓慢利用是合成青霉素的关键。因此，不加乳糖，而将葡萄糖限量流加也可提高抗菌素产量。除青霉素外，利用混合碳源提高发酵产物的例子很多，如放线菌素用葡萄糖和半乳糖、头孢霉素用葡萄糖加蔗糖、核黄素用葡萄糖和麦芽糖等。用混合碳源发酵，菌体生长阶段不积累目的产物的原因，认为是由于葡萄糖分解代谢产物的阻遏作用所引起的。阻遏解除后，合成次生物质的酶大量生成，次生物质才开始积累。

3. 阿拉伯糖操纵子

分解代谢操纵子的转录功能，除了受阻遏蛋白和 cAMP-CRP 复合物这两种普遍的调控机制的调控之外，某些操纵子的调控还具有与众不同的特点。阿拉伯糖操纵子就是一例，它的调节基因产物对转录兼有正、负两种调控机能。

微生物对进入细胞中的阿拉伯糖的利用，先是通过异构酶、激酶和差向异构酶的作用将阿拉伯糖转化为 5-磷酸-D-木酮糖，然后，经磷酸戊糖途径（HMP）进行代谢。阿拉伯糖操纵子就是将阿拉伯糖转化为 5-磷酸-D-木酮糖的这几种酶的合成和调控系统。大肠杆菌阿拉伯糖操纵子的结构如图 15-15 所示。

三、阻遏型操纵子调控机制举例

阻遏型操纵子也有多种调控机制，其中，最重要的有阻遏蛋白对转录起始的阻遏作用和衰减子对转录过程的衰减作用。分别举例说明如下。

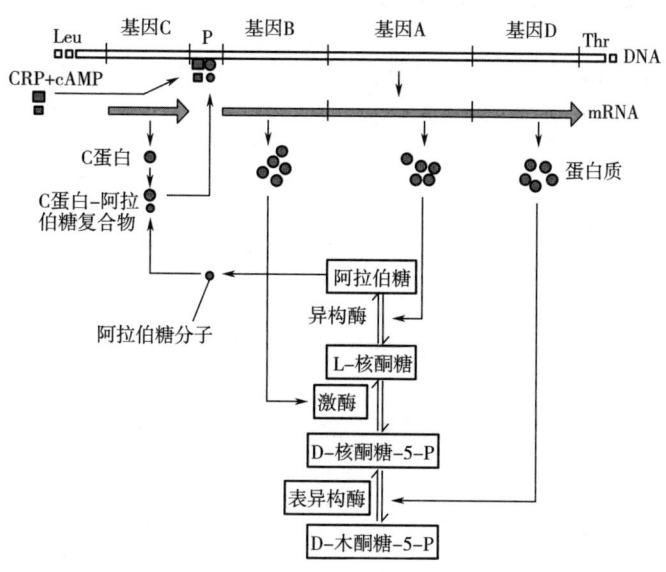

图 15-15　大肠杆菌阿拉伯糖操纵子

图中结构基因 B 编码激酶，A 编码异构酶，D 编码差向异构酶。根据转录产物分析，基因 B，A，D 转录为一个大的 mRNA 分子，转录顺序是 B→A→D。图中 C，O，P 分别代表调节基因、操纵基因和启动基因。调节基因 C 所编码的蛋白质是由大小两个亚基组成的变构蛋白，相对分子质量 3.3 万，它可形成 C_1 和 C_2 两种不同的活性构象。在没有阿拉伯糖时，调节蛋白成 C_1 状态，具有阻遏蛋白的功能，与操纵基因 O 结合，阻遏结构基因 B，A，D 转录。当有阿拉伯糖存在时，阿拉伯糖作为诱导物与调节蛋白结合，使之变构成 C_2。C_2 不能与 O 基因结合，可与启动基因 P 结合，并作用于 RNA 多聚酶，促进转录的启动。可见阿拉伯糖操纵子的调节基因产物兼有负调和正调两种机能。

1. 色氨酸操纵子的阻遏机制

阻遏型操纵子属于合成代谢途径的操纵子。像氨基酸、核苷酸等素材性生物合成是细胞内需要持续进行的代谢活动，因此，有关酶类的合成体系（阻遏型操纵子）经常处于工作状态。从图 15-11 中已知，阻遏型操纵子也具有阻遏蛋白调控机制，它与诱导型操纵子的主要区别在于其阻遏蛋白合成出来是无活性构象状态抑制态，只具有与辅阻遏物结合的位点，未形成与操纵基因结合的位点。在没有足够浓度的终产物作辅阻遏物时，它不能形成与操纵基因结合的构象，所以，阻遏型操纵子经常处于消阻遏状态。只有当合成途径的终产物过剩时，阻遏蛋白与辅阻遏物（终产物）结合，发生变构，形成操纵基因结合位点，才能结合在操纵基因上，使操纵子处于阻遏状态，停止转录。这即所谓酶合成的阻遏作用。大肠杆菌色氨酸操纵子具有这种典型阻遏调控机制。

大肠杆菌色氨酸操纵子的结构如图 15-16 所示。它有五个结构基因 A，B，C，D 和 E，依次连接在一起，分别编码从分支酸到色氨酸五步反应所需要的酶。O 和 P 分别为操纵基因和启动基因。在远离操纵子处有个调节基因 R，它编码一个阻遏蛋白，是由四个亚基组成的寡聚蛋白，相对分子质量为 4.8 万。当细胞中缺色氨酸时，阻遏蛋白无活性，不能与操纵基因 O 结合，操纵子处于工作状态。当细胞中色氨酸积累到一定浓度时，作为辅阻遏物使阻遏蛋白变构成活性构象，并与操纵基因结合，停止转录。

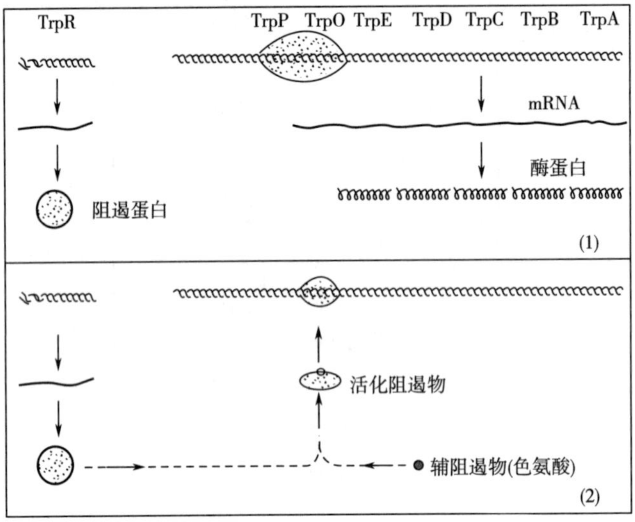

图 15-16 色氨酸操纵子的阻遏机制
(1) 没有色氨酸，阻遏物失活，RNA 多聚酶能起始转录 (2) 加有色氨酸，激活阻遏物，阻遏物与操纵基因结合，阻止转录

2. 色氨酸操纵子的衰减调节机制

（1）衰减子和衰减作用 上述操纵子的阻遏调控机制是靠细胞中过量（高浓度）的 Trp 作为调节因子变构激活阻遏蛋白与操纵基因结合产生的位阻效应，阻止了 RNA 多聚酶的前进，是在转录起始位点上进行的调控，是以代谢终产物积累过量时作为调节因子阻遏酶蛋白合成的基本调节方式之一。那么，当细胞中 Trp 浓度不足以使阻遏蛋白发生变构激活作用的时候，是不是操纵子能够一直快速地进行转录呢？还有没有其他机制调控转录速度更符合细胞经济学的要求呢？

研究发现，合成代谢操纵子的结构远比图 15-16 复杂。已经证明许多阻遏型操纵子的操纵基因与结构基因不是直接相连的。仍以色氨酸操纵子为例，其操纵基因 O 与第一个结构基因 E 之间还有一段由 162 个 bp 组成的 DNA 序列，称之为前导区。野生型大肠杆菌色氨酸操纵子在转录开始之后，大约有 80%~90% 的 RNA 多聚酶在没有达到结构基因之前就在前导区停止了，产生大量长度约为 140 个核苷酸的 mRNA 片段。而前导区发生某些碱基缺失的突变株，转录功能却大大增强，可使色氨酸操纵子结构基因的表达率提高 8~10 倍。这些现象说明，前导区具有终止或减弱转录功能的调控机制。现已阐明，这种机制就是所谓衰减作用（又称弱化作用）机制。它是转录水平上调控基因表达的另一种调控机制。

使转录产生衰减作用的结构基础是衰减子。所谓衰减子（又称弱化子）就是在结构基因之前，位于前导区内，能够使转录终止的 DNA 序列。或者说，衰减子就是前导区中的终止子。

色氨酸的衰减子，根据转录产物分析，大约在相当于 mRNA 前导链 141 位核苷酸的下游。它的结构也具有高 GC 区加高 AT 区的旋转对称序列，其转录产物 RNA 也能形成高

GC 茎环结构加多聚 U（图 15-18）的二级结构。与结构基因 mRNA 终止子（详见第十四章图 14-9）非常相似。

在图 14-9 中已知，结构基因转录终止是靠终止子的作用。转录中的 RNA 多聚酶只能感受正在转录的碱基序列，不能感受尚未转录的序列，这就是说，转录终止信号应位于已转录的序列中。终止子可使 RNA 多聚酶减慢或暂停，但是，如果没其他终止信号帮助，它仍要继续转录。终止子的转录产物所形成的 mRNA 尾部茎环二级结构是一种强有力的终止信号。所有原核生物的终止子 RNA 茎环加多聚 U 结构都可使处于终止子上的 RNA 多聚酶停止 RNA 合成，并从模板 DNA 上脱落。

衰减子对转录的衰减作用与上所述类似，是靠衰减子 mRNA 形成的茎环结构和多聚 U，使停在衰减子上的 RNA 多聚酶脱落，终止转录。由于衰减子使启动后的 RNA 多聚酶在未进入结构基因之前就脱离了 DNA，所以，色氨酸操纵子的转录产物大部分是 140 个核苷酸的 mRNA 链，结构基因的转录和翻译被大大削弱了。这就是转录的衰减作用。

（2）衰减作用产生机制

首先需要说明，衰减作用是在细胞中色氨酸（Trp）积累浓度尚未达到变构激活阻遏蛋白（或者说是在操纵子处于消阻遏状态的时候），由较低浓度水平的 Trp 作为驱动因素引发的一种转录作用调节机制。其复杂机制简述如下：

色氨酸操纵子前导区转录产物（mRNA 前导链）的碱基顺序已经分析清楚。如图 15-17 所示。

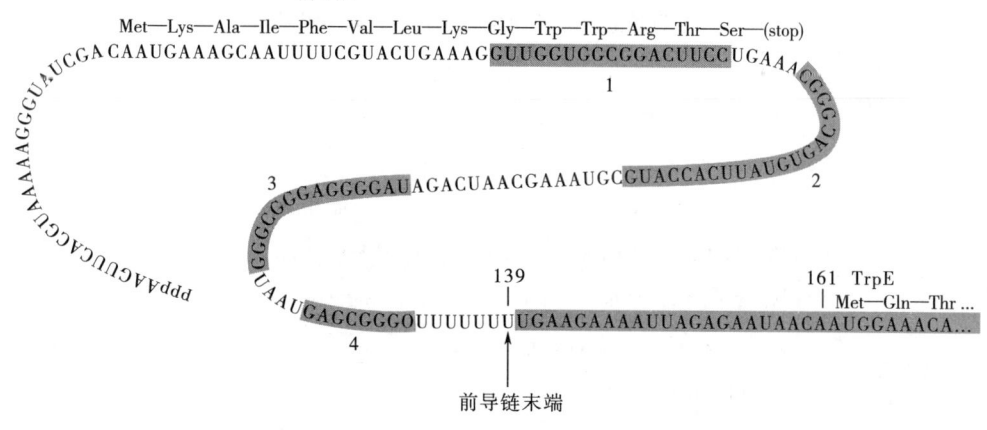

图 15-17 色氨酸操纵子 mRNA 前导链序列

仔细审视图中碱基序列，可以发现两个重要的特点：

第一，在其 52~140 个核苷酸之间，有多处旋转对称序列。它们可分别形成不同的茎环二级结构。在区段 1 与 2 之间有旋转对称序列，可形成 1, 2 茎环结构，区段 2 与 3 之间，3 与 4 之间也有旋转对称序列，可分别形成 2, 3 茎环结构和 3, 4 茎环结构（图 15-18）。因为茎环结构之间分别有共同的核苷酸序列，所以，这几个茎环结构的形成是互相排斥的，如果 1, 2 茎环已经形成，2, 3 段就不可能再形成茎环，依次类推。这种茎环结构的形成能力，对调节转录的终止是至关重要的。其中，3, 4 茎环结构就是决定转录终止的主要因素。哪一个茎环能够形成，哪一个不能形成，与细胞中色氨酸浓度有直接关系。

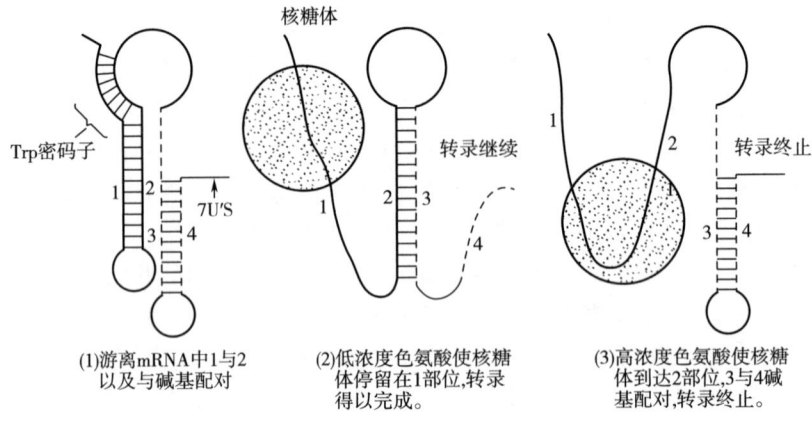

图 15-18　色氨酸操纵子衰减作用调控模型

第二，图 15-17 中还可见到，mRNA 前导链中有一个起始密码子 AUG（碱基顺序 27~29）；有两个紧连在一起的色氨酸密码子 UGGUGG（54~59），这是色氨酸前导链的特点。各种操纵子的 mRNA 前导链中都有其终产物氨基酸的多个密码子连在一起，如表 15-3 所示。另外，有一个终止密码子 UGA（69~71）。这段 mRNA 序列可翻译出一个 14 肽，称为前导肽。

表 15-3　几种氨基酸操纵子前导肽序列中的调节氨基酸

操纵子	前导肽的氨基酸顺序及调节氨基酸（打框）
色氨酸	Met Lys Ala Ile Phe Val Leu Lys Gly │Trp Trp│ Arg Thr Ser
苏氨酸	Met Lys Arg │Ile│ Ser │Thr Thr Ile Thr Thr Ile Thr Ile Thr Thr│ Gly Asn Gly Ala Gly
组氨酸	Met Thr Arg Val Gln Phe Lys │His His His His His His His│ Pro Asp
异亮—缬（GEDA）	Met Thr Ala │Leu Leu│ Arg │Val Ile│ Ser │Leu Val Val Ile│ Ser │Val Val Val Ile Ile Ile│ ……Pro Pro Cys Gly Ala Ala │Leu│ Gly Arg Gly Lys Ala
亮氨酸	Met Ser His Ile Val Arg Phe Thr Gly │Leu Leu Leu Leu│ Asn Ala Phe Ile Val Arg Gly Arg Pro…… Val1 Gly Gly Ile Gln His
苯丙氨酸	Met Lys His Ile Pro │Phe Phe Phe│ Ala │Phe Phe Phe│ Thr │Phe│ Pro
异亮—缬 B	Met Thr Thr Ser Met │Leu│ Asn Ala Lys │Leu Leu│ Pro Thr Ala Pro Ser Ala Ala │Val Val Val│ ……│Val│ Arg │Val Val Val Val Val│ Gly Asn Ala Pro

细胞中色氨酸浓度直接影响前导肽能否翻译。而前导肽能否翻译，又影响衰减子 mRNA 二级结构的形成。可见，细胞中的色氨酸，或者说，合成代谢途径的终产物作为影响衰减子 mRNA 二级结构形成的调节信号是通过翻译过程起作用的。还有一点与阻遏机制不同，产生衰减作用的信号不是游离色氨酸，而是色氨酰~tRNA 复合物。高浓度的 Trp~tRNA 是促使衰减子 mRNA 二级结构形成的调节因子。用图 15-18 分析说明上述复杂

关系。

①游离的 mRNA 前导链可形成 1、2 茎环结构和 3、4 茎环结构。3、4 茎环结构加多聚 U，是迫使转录终止的信号。

②当其他氨基酸具备，色氨酸不存在时，Trp~tRNA 缺乏，进行翻译的核糖体停止在 Trp 密码子 UGGUGG 处，产生位阻，使 1、2 茎环不能形成，2、3 茎环可形成，因而 3、4 茎环结构也不能形成，RNA 多聚酶不受阻，转录正常进行。

③当色氨酸较多时，胞内相当浓度的 Trp~tRNA 能使前导肽翻译顺利时，核糖体到终止密码 UGA 处停止，产生位阻，1、2 茎环或 2、3 茎环都不能形成，3、4 茎环结构形成，迫使转录终止。

由上所述可知，衰减作用的产生主要是受前导肽翻译系统复合物及衰减子 mRNA 茎环结构对 RNA 多聚酶产生的影响，是"翻译"对"转录"的调控。

3. 组氨酸操纵子的自身调节机制

与分解代谢操纵子类似，合成代谢操纵子的转录，除受阻遏机制和衰减作用调控之外，个别操纵子也有与众不同的特点，组氨酸操纵子就是一例。

鼠沙门氏杆菌的组氨酸操纵子很大，能转录一个含 1 万多个核苷酸的多顺反子 mRNA。可翻译 9 种酶，分别催化组氨酸生物合成所需要的十步反应。这 9 个结构基因的排列顺序如图 15-19 所示。

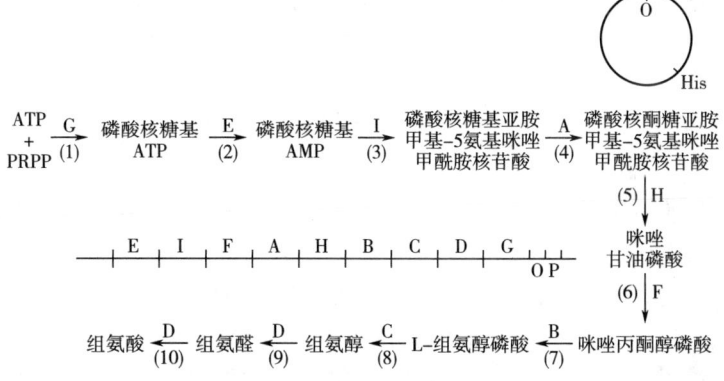

图 15-19 组氨酸生物合成途径和组氨酸操纵子（从左至右转录）
(1) ATP 磷酸核糖基转移酶　(2) 焦磷酸水解酶　(3) 磷酸按糖-AMP 解环酶
(4) 异构酶　(5) 谷氨酰胺、酰胺转移酶　(6) 咪唑甘油磷酸脱水酶
(7) 磷酸组氨醇氨基移换酶　(8) 磷酸组氨醇磷酸酶　(9)、(10) 组氨醇脱氢酶

长期研究证明，组氨酸操纵子没有专门的调节基因调控。该操纵子的第一个结构基因产物，ATP-磷酸核糖转移酶，兼有调节蛋白的功能。当细胞中组氨酰~tRNA 浓度高时，可与该酶分子结合，使之变构，成为有活性的阻遏蛋白，与操纵基因 O 结合，使组氨酸操纵子处于阻遏状态。这种由某个结构基因的产物来调节该操纵子转录活性的调节系统，称为基因表达的自身调节系统。

自身调节不但存在于细菌中，近年来陆续发现在噬菌体、霉菌及哺乳动物中也都有这种调节机制。

四、真核细胞的酶量调节

真核细胞基因表达的调控比原核细胞复杂的多,目前已经成为最令人瞩目的研究领域之一。因为只有揭开了真核基因调控机制的秘密,才能人为地控制真核生物的生长和发育,才能开展真核生物的基因工程研究。

与原核细胞不同,真核细胞的基因一般不组成操纵子。一条代谢途径的结构基因常常分布在多个染色体上。即使几个结构基因连在一起并受同一调节基因产物的调控,但也不形成多顺反子 mRNA。例如:啤酒酵母细胞有 17 个染色体,其组氨酸合成途径的结构基因就分别分布在 6 个染色体上。这些基因表达的调控机制与原核细胞全然不同。

真核基因表达过程,转录和翻译,在空间上不同位,在时间上不同步,各自独立,自成体系。真核基因表达可在转录前、转录过程本身、转录后加工、翻译、翻译后加工等多种水平上进行调控。转录前可通过染色体 DNA 断裂、某些 DNA 序列删除、基因扩增、染色体 DNA 序列重排、DNA 修饰及异质化等方式改变基因组和染色质的结构,影响基因表达。转录活性的控制是真核基因表达的主要调节环节。而转录活性又与基因组 DNA 和染色质的空间结构状态有关。真核 DNA 和染色质是经过超螺旋和反复折叠而高度凝缩了的。只有在比较疏松的区域能进行转录,因此,使染色质疏松、活化,是调节转录的一种方式。某些蛋白因子具有这种作用。激素可诱发某些基因的表达,促进转录。转录后,通过不同拼接方式可得到不同的 mRNA。翻译水平上主要是调控 mRNA 的稳定性和有选择地进行翻译,翻译后可调控多肽的加工成熟等。这些方面的内容这里不作深入讨论。

第五节 分支合成代谢途径的几种反馈调节模式

前面讨论了细胞调节的基本原理,这一节则要讨论细胞怎样利用这些基本原理组成代谢途径的复杂调节系统。

单一线性合成途径的调控比较简单,终产物作为调节因子,或者反馈抑制限速酶,关闭代谢途径;或者作为辅阻遏物阻遏酶的合成。对于分支合成代谢途径,因为有多种终端产物和多个调控位点,调控系统复杂。目前已经总结出多种调控模式,这里仅举几例,从中可以看到每种分支途径的调控系统都是由多种调节机制组成的。靠这些完整的调节系统,可精确有效地调节代谢,维持代谢平衡。如果调控系统出现故障,则代谢紊乱。下面仅举同工酶调节模式、协同反馈抑制模式、积累反馈抑制和顺序反馈抑制等调节模式进行简要讨论。

一、同工酶调节模式

同工酶是能够催化同一个代谢反应,但酶的结构和性质都不相同,对效应因子敏感性也不相同的一组酶。在分支代谢途径中,如果其限速酶是同工酶,则分支末端的产物可分别专一性地对同工酶中的某一个发生反馈作用。图 15-20 中,A→B 步骤由三个同工酶(e_1,e_2,e_3)催化,它们分别受三个终产物 E,G,H 的专一性反馈抑制。当 E 过剩时反馈抑制 e_1,并同时抑制其分支步骤的限速酶 ed,这样一来,C→E 支路被停止,中间产物 C 便不再向本途径供应。同时,A→C 的各步骤因限速步骤 A→B 的减弱而减弱。但 e_1、e_2 仍在工作,G,

H 仍继续进行正常合成。若 G 或 H 过量时，同样用上述方式停止本身的合成而不影响其他终产物的合成。只有当三个终产物同时过量时，整条合成途径才被暂时停止。

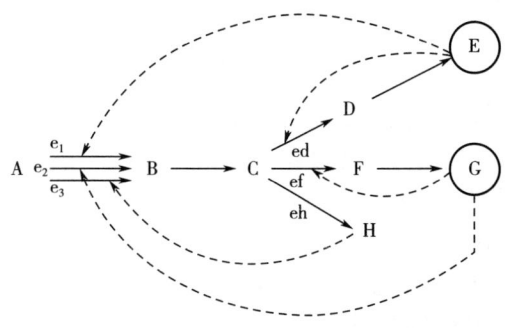

图 15-20　同工酶调节模式图

在分支代谢途径中，同工酶调节是一种有效的调控机制。大肠杆菌的天冬氨酸族氨基酸合成途径、芳香族氨基酸合成途径、产气杆菌的芳香族氨基酸合成途径等都是以同工酶调节为主的调控机制。

大肠杆菌利用天冬氨酸合成赖氨酸、甲硫氨酸、苏氨酸及异亮氨酸的途径是一个高度分支的合成途径。其公共限速步骤的酶天冬氨酸激酶有三个同工酶 AKⅠ，AKⅡ，AKⅢ。分支途径的高丝氨酸脱氢酶也有二个同工酶 HD_I 和 HD_{II}。它们分别受不同末端产物的反馈抑制（图 15-21）；这样一个分支途径实际上相当于三个单线代谢途径。

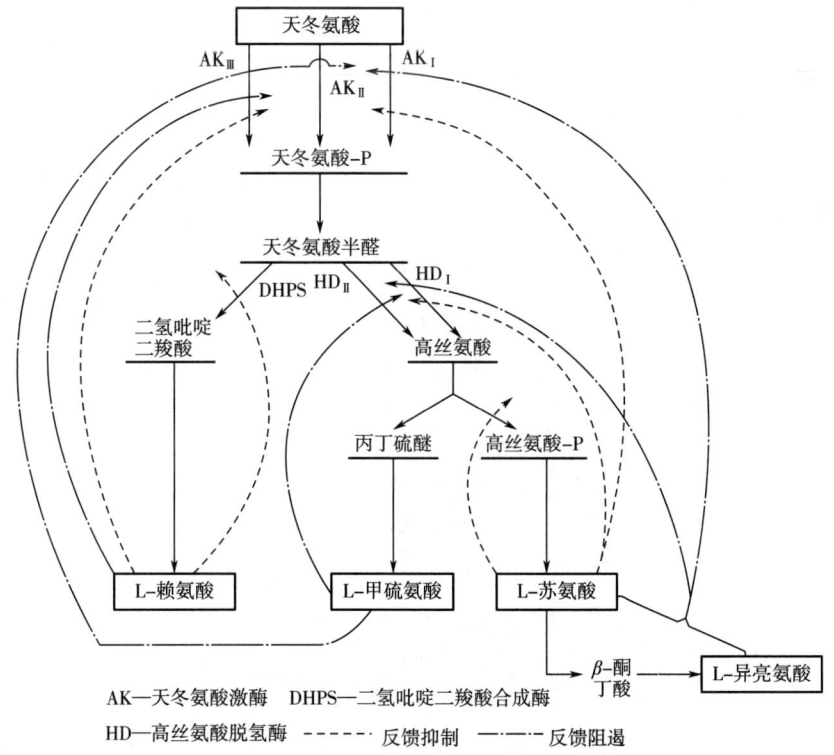

AK—天冬氨酸激酶　DHPS—二氢吡啶二羧酸合成酶
HD—高丝氨酸脱氢酶　-----反馈抑制　——反馈阻遏

图 15-21　大肠杆菌天冬氨酸族氨基酸合成代谢的调节控制

还需指出，已经证明该途径中的 AKⅠ和 HD$_I$ 实际是一个酶，AKⅡ与 HD$_{II}$ 也是一个酶，这即所谓一个酶蛋白具有几种催化功能的多功能酶。由于这两个多功能酶的参与，使该分支途径的调节体系大大简化了。

二、协同反馈抑制

分支途径中，几个最终产物同时过多时，才能合作对限速酶发生反馈抑制作用的调节方式叫做协同反馈抑制，又称多价反馈调节，如图 15-22 所示。这种代谢途径中的任何一个末端产物都不能单独对限速酶发生抑制。

这种调节体系在微生物中也是多见的，如：多黏杆菌的天冬氨酸族氨基酸的合成、荧光假单胞杆菌天冬氨酸族氨基酸的合成，都是必须有赖氨酸、苏氨酸同时过量时才能合作反馈抑制第一步反应的限速酶天冬氨酸激酶。赖氨酸、苏氨酸单独过量时都不起反馈作用。表 15-4 的实验数据可说明这一问题。

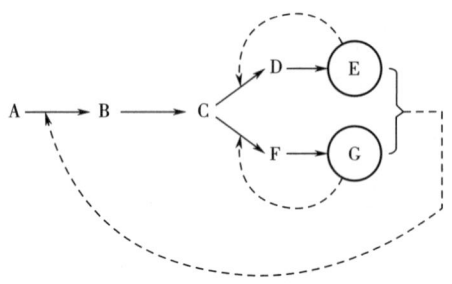

图 15-22 协同反馈调节模式

表 15-4　　终产物对假单胞杆菌天冬氨酸激酶的协同调节作用

加或不加终产物	天冬氨酸激酶的相对活力
不加	100
L-Thr (5mmol)	110
L-Tys (5mmol)	112
L-Thr (5mmol) + L-Tys (5mmol)	4

目前，用作赖氨酸或苏氨酸发酵生产的菌种谷氨酸棒杆菌也是这种调节模式起主要作用，如图 15-23 所示。

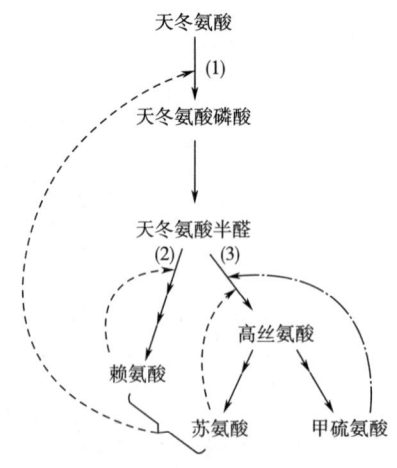

图 15-23　谷氨酸棒杆菌中天冬氨酸族氨基酸的协同反馈体系
(1) Asp 激酶　(2) 二氢吡啶-2,6-二羟酸合成酶　(3) 高丝氨酸脱氢酶

三、顺序反馈抑制

顺序反馈抑制又叫逐步反馈抑制，其模式如图 15-24 所示。这个模式中，公共限速步骤 A→B 的酶是一个变构酶，它受中间产物的反馈抑制，分支点发散步骤 C→D 的酶受其终产物 E 的反馈调节，C→F 受 G 的调节。当 E 过剩时，反馈抑制 C→D 的酶活，中间产物 C 向 G 的流量增加，因而 D 会迅速增加，G 过量后反馈抑制，C→F 的酶活；E，G 同时过量，则中间产物 C 积累，过量的 C 对 A→B 的酶反馈抑制，从而使整个途径都慢下来。

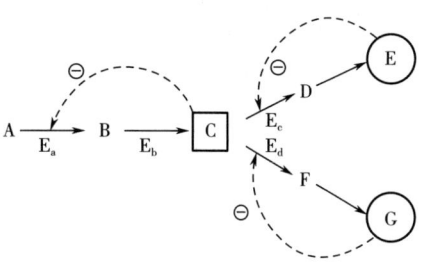

图 15-24 顺序反馈调节模式图

枯草杆菌芳香族氨基酸合成途径的调控是这种模式（图 15-25）。图中可见，色氨酸、苯丙氨酸、酪氨酸分别反馈调节其支路发散步骤的酶。当这三个分支途径都被抑制时，造成中间产物分支酸和预苯酸积累，这二个中间产物又反馈抑制公共步骤的限速酶 7-磷酸-2-酮-3-脱氧庚糖酸合成酶（DAHP 合成酶）。此外，分支酸变位酶和莽草酸激酶都有同工酶。而且前者不被反馈抑制，可被阻遏；莽草酸激酶则被分支酸和预苯酸协同抑制。枯草杆菌的顺序反馈抑制机制经这样加以补充就成为很完善的调节系统了。

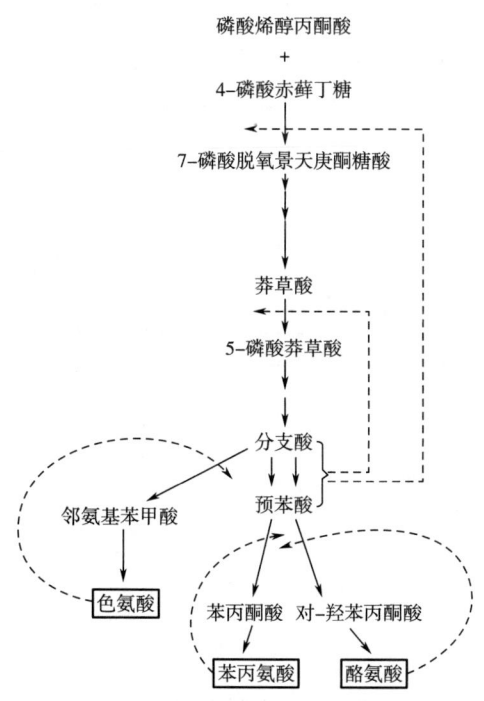

图 15-25 枯草杆菌芳香族氨基酸合成途径的调节机制

四、积累反馈抑制

分支途径的几种最终产物各自都能对公共步骤的限速酶有反馈抑制作用,但其抑制效果只是限速酶活力的一部分。只有当最终产物都过多时,才能达到最大抑制效果。因这种调节是积累性的,所以称为积累反馈抑制,如图 15-26 所示。图中 E 和 G 分别对限速步骤 A→B 的酶有反馈抑制作用。E 抑制其活力的 30%,G 抑制其 40%,E,G 同时过剩时,则酶活力共被抑制 30% + (1-30%) × 40% = 58%。若 G 先过量,E 后过量,则抑制的总活力仍是 58%。

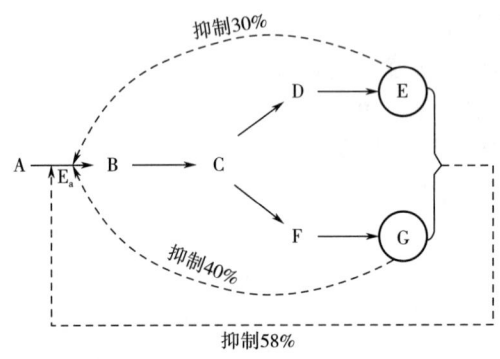

图 15-26 积累反馈抑制模式图

大肠杆菌谷氨酰胺合成酶的反馈调节是积累抑制的例子(图 15-27)。谷氨酰胺处于氮代谢的中心地位,是微生物许多物质合成所需要的前体。如 AMP,CTP,6-磷酸葡

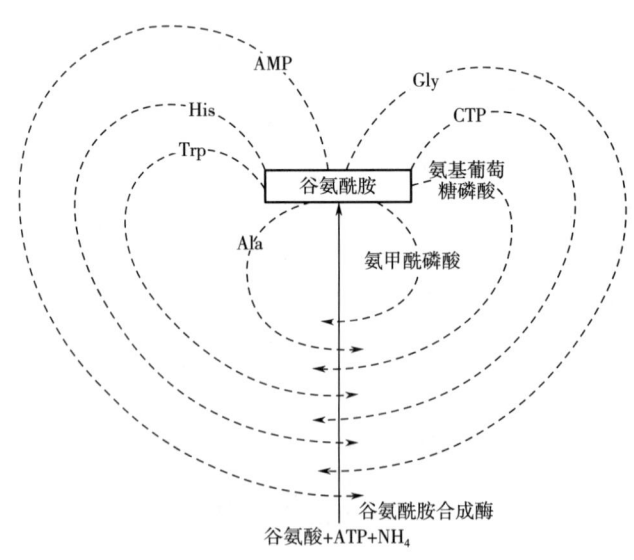

图 15-27 大肠杆菌谷氨酰胺合成酶的积累反馈抑制

萄糖胺、组氨酸和氨甲酰基磷酸，以及多数氨基酸的合成都有谷氨酰胺参与。所以，谷氨酰胺合成酶的活性可视为这些素材性物质生物合成途径的公共的限速酶。这些素材性物质都对谷氨酰胺合成酶活性有部分抑制。它们作为别构因子，在酶分子表面都有特定的结合部位。当谷氨酰胺合成酶同时与这些变构因子结合时，酶活几乎全部被抑制。

五、分支合成途径的阻遏作用

素材性物质的分支合成途径中酶的阻遏体系也是十分复杂的。例如图 15-28 所示是大肠杆菌芳香族氨基酸合成途径中酶的阻遏系统。该途径的公共限速酶 DAHP 合成酶有三个同工酶，分别受三个终产物的反馈抑制和阻遏。分支酸变位酶有两个同工酶，分别受 Phe 和 Tyr 的反馈抑制和阻遏。色氨酸支路的酶系（全部五个酶）则单独为一个操纵子控制。终产物 Trp 过量时，既能反馈抑制邻氨基苯甲酸合成酶，又能在基因水平上阻遏全部五个酶的合成。

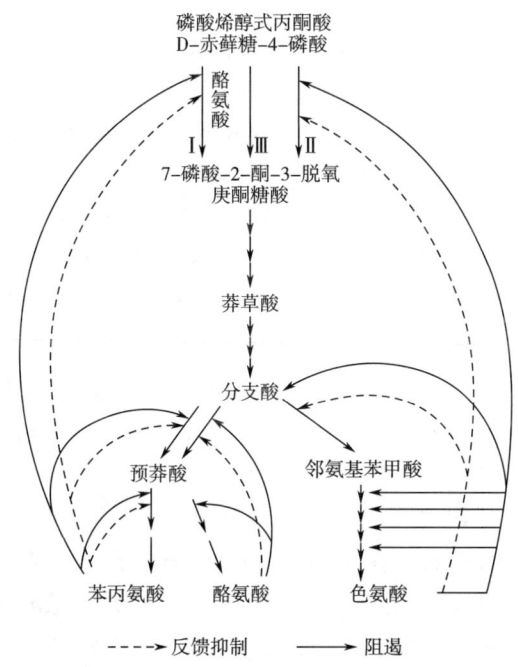

图 15-28 大肠杆菌芳香族氨基酸合成途径中的反馈抑制和阻遏

通过上面的讨论可知：多数分支代谢途径的调控系统不止一种调节机制，往往都要多种调节方式互相配合、互相补充才能共同组成一个精确有效的调节系统。同一条代谢途径在不同微生物中调节方式也不一样。对于从事生产实践和科研的微生物工作者来说，深刻的认识和分析微生物的代谢调控系统是很有意义的。像氨基酸、核苷酸类物质及抗菌素类的发酵生产，目前已经广泛地用代谢调控理论指导设计定向育种的方案和提高发酵产品产量的发酵工艺条件。

第六节 能荷对糖代谢的调节及巴斯德效应的解释

细胞进行生命活动需要能量,这些能量主要来自糖、脂等能量物质的分解代谢。其中,特别是糖的分解代谢,对于异养微生物来说是更具有普遍意义的、最丰富的能量来源。有机物在分解过程中所释放出的化学能被腺苷酸接受、贮存,生命活动需要时,再放出来。细胞内的腺苷酸体系:ATP,ADP,AMP,犹如蓄电池一样,是接受、贮存和供应生物能量的主要体系。细胞中贮存能量的多少用腺苷酸存在形式的比率可以表示。为了确切表达细胞的能量状态,Atkinson 引入了能量负荷(简称能荷)这一概念。其含义为:细胞内总的腺苷酸系统(即 ATP,ADP,AMP 之和)所负载的高能磷酸基数量水平,规定细胞中能荷最高水平为 1。用公式表达如式(15-2)所示:

$$\text{能荷} = \frac{[\text{ATP}] + \frac{1}{2}[\text{ADP}]}{[\text{ATP}] + [\text{ADP}] + [\text{AMP}]} \quad (15-2)$$

若细胞中的腺苷酸全部为 AMP 形式,则没有高能键,这时能荷为零;若全部为 ATP 状态,则高能键最多,这时的能荷为 1;若全部为 ADP 形式时,则能荷为 1/2。

能荷对能量物质的分解代谢和需能代谢,都起着重要的调节作用。因为 ATP 可以视为糖、脂等分解代谢的共同最终产物,所以,它对糖、脂等分解代谢有反馈抑制作用。对糖、脂的合成代谢及所有的需能反应则有促进作用。

EMP 途径是糖代谢的主要途径之一,绝大多数微生物都具有这一途径。从能量代谢角度讲,EMP 是多数微生物在无氧条件下由糖的分解供应细胞能量的主要途径。在有氧条件下,EMP 又是糖的有氧氧化的必经之路,所生成之丙酮酸经 TCA 循环彻底氧化分解,使细胞获得更多的 ATP。ATP 及其转化形式 AMP,ADP,Pi 是 EMP 途径和 TCA 循环的主要调节因子。对糖代谢的其他各种途径也都有调节作用。细胞中 ADP,AMP 及 Pi 的浓度变化与 ATP 的作用正好相反。图 15-29 中表示出了 ATP 浓度增加对糖的合成和分解代谢途径中的一些关键酶的调节作用,其中,磷酸果糖激酶(2)是一个对糖的分解代谢具有普遍意义的限速酶。不仅对 EMP 和 TCA,而且对 HMP,ED 途径等都具有调节作用。图中可见,ATP 浓度增加时,抑制该酶。在 TCA 循环中,柠檬酸合成酶(5)异柠檬酸脱氢酶(6)和 α-酮戊二酸脱氢酶(7)是三个限速步骤,其中异柠檬酸脱氢酶是主要的调节位点。这几种酶都可被 ATP 变构抑制;又可被 AMP,ADP 等变构激活。

α-酮戊二酸脱氢酶(7)与丙酮酸脱氢酶(4)很相似,其调节机制复杂,受共价修饰和变构作用两种调节机制的调节。细胞中能荷高时,由激酶催化,利用 ATP,将脱氢酶的丝氨酸羟基磷酸化,酶成无活性状态。能荷低时,又由磷酸化酶催化水解,除去酶分子上的磷酸基,酶活恢复。高浓度的 ATP,G-6-P 等又是脱氢酶的变构抑制剂,可使酶活受到很强的抑制。

培养基中氧的多少对 EMP 和 TCA 循环有影响。巴斯德在研究酵母的酒精发酵时发现,有氧气供应时,酒精产量大大降低,糖的消耗速度减慢。这显然是由于呼吸作用对酒精发酵产生了抑制作用。这即所谓巴斯德效应。除酒精酵母之外,几乎一切兼性嫌气微生物都具有这种效应,包括谷氨酸棒杆菌的谷氨酸发酵。

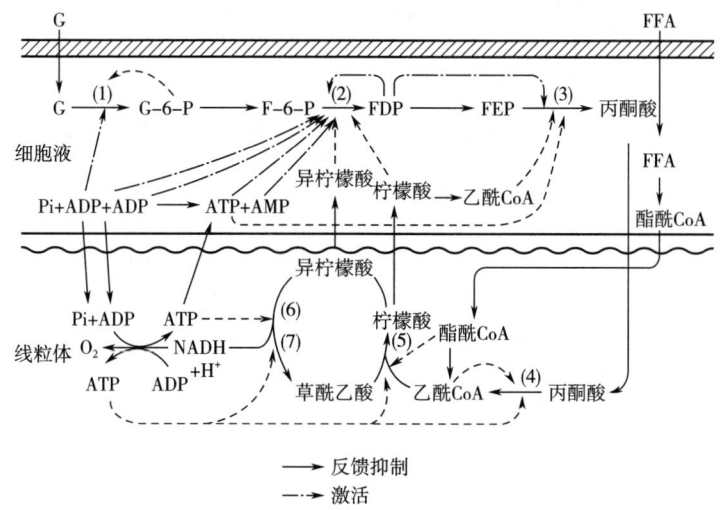

图 15-29 能荷增加对 EMP 途径和 TCA 循环中酶活的调节

对巴斯德效应过去曾有种种不同的解释。然而，只有在代谢调控的概念确立和许多重要调节机制被认识之后，巴斯德效应才得到正确解释。这实际是三羧酸循环和酵解途径之间的一种互相协调。有氧情况下，TCA 循环使糖的不完全分解产物彻底氧化分解，生成的 ATP 数量大，从生物能角度讲，糖的利用效率高了，消耗就少了。从代谢调节来说，ATP 浓度高了就反馈抑制 EMP 和 TCA 的限速酶。从发酵产品来说，酒精产量就低了，因为己糖激酶（1）和磷酸果糖激酶都是 EMP 和 TCA 循环有关的限速酶，ATP 对这些酶的抑制实质是限制了糖的磷酸化反应，也就是限制了其分解代谢的速率。

呼吸是菌体生长所必需的，然而，巴斯德效应会影响发酵产品的产量，因此，生产中需加以权衡，控制适当。

第七节 代谢控制与发酵工业生产

一、代谢调控发酵

微生物工业通常称为发酵工业，所谓发酵工业是泛指在工业规模上借助微生物的代谢活动大量积累特定产物的生产过程。

发酵生产是一个古老的生产行业，然而，在历史悠久的发酵生产中，人们都是运用微生物的固有代谢能力（主要是分解代谢）积累特定的代谢产物，这即所谓自然发酵，自然发酵的产品多是分解代谢产物。尽管在 20 世纪 50 年代前后对微生物的许多代谢路线的研究已经相当清楚了，但人们仍旧无法控制这些代谢变化规律。

20 世纪 50 年代以来，由于微生物代谢调控机制研究的成就，不仅对某些代谢途径的调控系统有了深入的认识，而且在代谢调控理论指导下，能通过某些技术措施改变细胞的调控系统，使正常代谢本来不能积累或很少积累的产物能够大量积累，并作为发酵产品，直接发酵生产获得了成功。这种在代谢调控理论指导下新开拓出来的发酵生产领域，称为代谢调控发酵。这是发酵工业史上的重大进展。代谢调控发酵的产品主要有氨基酸类、核苷酸类等素材性物质以及抗菌素、多糖等次生代谢产物。因为微生物自身都具有完善的代谢调控系统,随时可以调节代谢活动,维持代谢平衡。代谢调控发酵的出发点就是采取措施,利用微生物的代谢规律,改变其调节系统,破坏其代谢平衡。目前,常用的措施大多是为解除反馈抑制和阻遏作用所采取的。

首先,是有针对性地对菌种进行遗传标记,主要有:
(1) 改变细胞膜透性,使产物在胞外积累,避免发生反馈抑制和阻遏。
(2) 选育营养缺陷型,定向积累中间产物,或分支途径中某种终端产物。
(3) 选育抗反馈作用的突变株,提高终产物积累的浓度。

其次,发酵培养条件方面,需要采取必要的管理措施,如混合碳源发酵、流加补料发酵、控制 pH、通气量及使用表面活性剂等。

总之,代谢控制发酵从菌种选育到发酵技术都与自然发酵有着质的区别。下面简要讨论一下利用代谢调控理论指导微生物定向育种的技术原理。

二、以代谢调控理论指导微生物的定向育种

代谢调控指导菌种选育,是从诱发突变的菌群中定向选育出有关代谢调节机制被破坏了的自身不能维持正常代谢平衡的菌株。目前主要选育营养缺陷型(X^-)突变株,抗代谢物类似物突变株(X^r),或回复突变株。

1. 营养缺陷型(以 X^- 表示)的选育

(1) 概念 所谓营养缺陷型(X^-),顾名思义,是一种由于基因突变,造成某种营养物质不能自身合成,须由外界供给才能维持生长的微生物突变型。例如,某种氨基酸的营养缺陷型的形成是由于其野生型菌株的结构基因突变,造成其合成途径中某一酶的缺失,因而这种氨基酸就不能合成了。要使这种突变株生存下来就必须供给它所不能合成的氨基酸。因此,这种氨基酸就成了其生长的限制因子。

营养缺陷型菌株常用其必需营养物质的头三个字母加"-"号表示。如蛋氨酸营养缺陷型以 Met^- 表示,其野生型以 Met^+ 表示。腺嘌呤缺陷型以 Ade^- 表示,其野生型用"Ade^+"表示等。

(2) X^- 选育方法 选育营养缺陷型要经过诱变,淘汰野生型 X^+,检出 X^-。定出 X^- 的具体营养要求需要以下几个步骤,这些步骤要分别利用三种培养基进行。

①基本培养基(以 MM 表示)。只能满足野生型(X^+)生长的要求,诱变和淘汰野生型时用。

②完全培养基(以 CM 表示)。能满足各种替养缺陷型的营养要求,无疑 X^+ 型也能用,它与 MM 对照培养可以检出 X^-。

③补充培养基(以 SM 表示)。在 MM 中补充某种营养物质(育种的目的物质)。若 X^- 株能在上面生长而不能在 MM 上生长,则证明它是该营养物质的缺陷型。

筛选的方法以 Lederberg 首创的影印法比较简便易行,如图 15-30 所示。

在发酵生产上,利用单一线性代谢路线的营养缺陷型菌种,只能积累代谢路线的中间产物。利用分支代谢路线的营养缺陷型可以积累支路的终产物。选育营养缺陷型出发菌株也需要有代谢调控研究基础。需要对出发菌株的代谢路线及调控机制有比较清楚的认识,

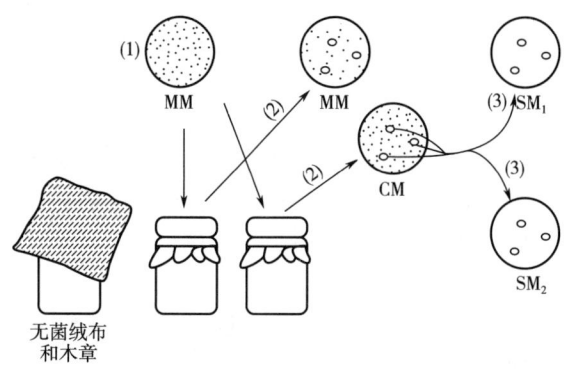

图 15-30 影印法筛选营养缺陷型突变株示意图

(1) 将培养的野生型（X^+）进行诱变处理　(2)，(2)'分别影印至 CM 和 MM 上培养，二者对照，在 MM 上未长出者为 X^-　(3)，(3)'将 X^- 转移至 SM 上培养，能长出者即可定出其营养要求。

这样才能预计遗传标记产生的位置，并有针对性地确定选育方法。如果原始菌种比较多，要进行对比分析，选用那些调控机制比较简单，容易通过诱变解除其调控机制，正向变导机率高的菌株作为出发菌株。例如，大肠杆菌和谷氨酸棒杆菌利用天冬氨酸合成苏氨酸、甲硫氨酸、赖氨酸三种氨基酸的代谢路线基本一样，是高度分支代谢路线，但两个菌种的调控机制不同，欲选育赖氨酸生产菌种，用哪一种菌为出发菌种好呢？

大肠杆菌的天冬氨酸族氨基酸合成途径的公共限速酶（天冬氨酸激酶）有三个同工酶，分别受三个终产物的反馈调节，有反馈抑制，也有阻遏（图 15-21 所示）。如果以它作为出发菌株选育赖氨酸生产菌种，必须在诱变处理中造成多种遗传标记，因此，难度大，正向变异率小。相比之下，谷氨酸棒杆菌的天冬氨酸激酶只有一个变构酶，并且受 (Lys + Thr) 的协同反馈抑制，其调控系统简单，容易解除（图 15-23 所示）。只要造成高丝氨酸缺陷型（Hser$^-$），则可解除末端产物对限速酶的反馈抑制。若在培养基中适当补充高丝氨酸维持菌的生长繁殖，该代谢途径的公共中间产物会全部流向赖氨酸。利用这种高丝氨酸缺陷型作生产菌种，可实现大量积累赖氨酸的目的。可见，用谷氨酸棒杆菌作为出发菌株选育赖氨酸生产菌种比大肠杆菌好。

2. 抗代谢产物结构类似物突变株（以 X^r 表示）的选育

(1) 概念　代谢物结构类似物又称抗代谢物或代谢拮抗物，是分子结构与代谢物类似的一些化合物，如 6-巯基嘌呤，2，6-二氨基嘌呤，6-氯化嘌呤等，是嘌呤的结构类似物；5-氟尿嘧啶是嘧啶的结构类似物；乙基硫氨酸是蛋氨酸的类似物等。这些结构类似物与相应的代谢物一样，对限速酶有抑制和阻遏作用。但都不能作为正常代谢底物被利用。

所谓抗代谢物类似物突变株，即诱发突变中产生的一些对高浓度的代谢产物类似物不敏感的突变株。这些突变株既然能抗高浓度结构类似物的抑制和阻遏。也就能抗高浓度代谢终产物的反馈抑制和阻遏。

这种突变株对高浓度终产物的反馈抑制不敏感是因为编码酶蛋白的结构基因突变，使限速酶蛋白质的性质发生了变化。对阻遏不敏感，则是因为调节基因或操纵基因突变，使阻遏蛋白与操纵基因的亲和力发生了变化。

这种突变株的表示方法是在抗代谢物的缩写符号右上方标注"r"。如抗 D - Arg 的突变株以 D - Arg^r 表示，即 L - 精氨酸抗株；抗乙基硫氨酸 Eth 的突变株以 Eth^r 表示，即甲硫氨酸抗株等。

（2）Xr 突变株选育方法　抗性突变株的筛选方法最常用的是梯度平板法。就是把一定浓度的代谢物类似物加入培养基中，制成浓度梯度平板，将诱变的菌液涂布到平板上，经过培养可出现三种情况，如图 15 - 31 所示。

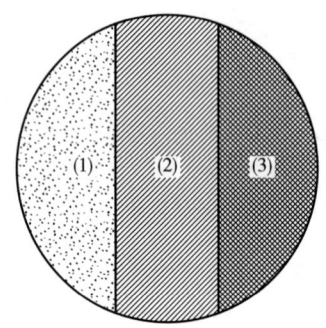

图 15 - 31　浓度梯度平板法筛选抗结构类似物突变株

一侧（1）结构类似物浓度太低，不足以抑制生长；另一侧（3）浓度太高，全部抑制，不能生长；
中间（2）浓度适中。有少数耐结构类似物的突变株长出来了，再经进一步分离纯化，
经济性状鉴定，即可作为生产菌种。

3. 回复突变株

回复突变即营养缺陷型向原养型（野生型）的回复变异。在营养缺陷型菌种的保存期间和连续发酵期间，因为营养不能保证，特别是缺陷的营养得不到保证的情况下，常常会产生回复突变，丧失高产菌种的遗传特点。因此，回复突变是需要竭力避免的。

但是，回复突变常常不是完全恢复原养型的性状，而是部分恢复。因为原养型突变成缺陷型，是由于酶的结构基因突变，致使酶不能合成，或合成的酶蛋白活性中心不能形成，故无活性。当回复突变时，结构基因的结构得到部分回复，产生了一种介于营养缺陷型和野生型之间的新的等位基因——中间等位基因。其特点是：所编码的蛋白质回复了酶活性中心的结构，具有催化活力，但调节中心失效，因此反馈抑制被解除。这种回复突变株的性状实际是抗反馈抑制变异株。所以，利用营养缺陷型，在缺乏生长因子的培养基上培养，通过回复突变，也可得到理想的菌种。文献中回复突变株的表示法与野生型一样，常用"X$^+$"表示。

三、改善细胞膜的通透性

膜的选择透性和屏障作用对于调节代谢，维持细胞的正常生活起着重要作用。与此相反在发酵生产中常常采取措施，破坏膜的正常生理功能使胞内所产生的代谢产物及时分泌到胞外，不在胞内积累过多，以避免发生反馈作用。这样能保证代谢产物不断产生，在胞外积累逐渐增多。因此，改善膜的通透性是许多发酵生产成功的关键之一。在

氨基酸、核苷酸等素材性物质的发酵生产中，改善膜的通透性的技术措施主要有以下几种。

1. 控制发酵条件

例如，在谷氨酸发酵生产中，生物素浓度的影响很大。没有生物素，菌体长不好；生物素过多，谷氨酸不能透出细胞膜，发酵不能成立。只有把生物素浓度控制在亚适量时，细胞才能边合成边透出，在培养基中大量积累谷氨酸。这是因为生物素作为乙酰辅酶A羧化酶的辅酶，直接影响脂肪酸的生物合成。控制生物素亚适量，既能维持磷脂的生物合成，又使其合成受到限制，使生物膜虽能组建起来，但很疏松，有良好的透性。

如果培养基中生物素过多时，加入青霉素、表面活性剂、高级饱和脂肪酸及其衍生物，可以解除其影响。表面活性剂和饱和脂肪酸的作用是拮抗脂肪酸的合成。青霉素是革兰氏阳性菌细胞壁肽多糖合成途径中转肽酶的抑制剂。因此，谷氨酸发酵液中添加青霉素，则细胞壁合成受阻。没有完整细胞壁的保护，细胞膜不能承受巨大的细胞内外压力差，膜易损伤、透性变大，利于谷氨酸漏出胞外。

在核苷酸发酵生产中，Mn^{2+}离子浓度对膜透性的影响类似于谷氨酸发酵中生物素的作用。发酵液中Mn^{2+}浓度是核苷酸发酵成败的关键性技术问题之一。

根据对产氨棒杆菌的实验，发现Mn^{2+}的作用在于：①促进菌体生长。Mn^{2+}过量时菌体生长良好，Mn^{2+}限量则生长受抑制。②Mn^{2+}过量时$R-5-P$，PRPP及PRPP激酶和核苷酸焦磷酸化酶留在菌体内，培养液中积累次黄嘌呤"I"，而不积累IMP；Mn^{2+}限量时，有关这些底物和酶都泄出胞外，并在培养基中重新合成IMP。③Mn^{2+}限量时，菌体内饱和脂肪酸显著减少，这与生物素的作用相似，影响了胞膜的性质，使通透性增加，有利于IMP在胞外的积累。

2. 选育细胞膜的通透性好的突变株

例如，谷氨酸生产菌种除了必须具有利于谷氨酸合成的遗传标记之外，还常常具有油酸缺陷型、甘油缺陷型或生物素缺陷型等遗传标记。这些突变型的共同特点是，合成生物膜所必需的前体物质不能自身合成，需要在培养基中供给这些必需的营养物质（如油酸、甘油或生物素等等），细胞才能正常生长，这对人为控制细胞膜的透性提供了一个方便。只要不是充足的，而是亚适量的供给所缺陷的物质，则膜的合成就受到限制，这可保持膜的良好透性，利于谷氨酸排出，避免发生反馈。代谢调控理论已经对发酵生产产生了巨大的影响，相信将来生物化学的成就会对发酵生产有更大的贡献。

知识小贴士

代谢控制发酵理论的意义

微生物代谢控制育种是指以生物化学和遗传学为基础，研究代谢产物的生物合成途径和代谢调节的机制，选择巧妙的技术路线，通过遗传育种技术获得解除或绕过了微生物正常代谢途径的突变株，从而人为地使用有用产物选择性地大量合成积累。代谢控制发酵的关键，取决于微生物代谢调控机制是否被解除，能否打破微生物正常的代谢调节，人为地控制微生物的代谢。代谢控制育种和发酵过程的代谢控制培养是实现这一目标的两的手段，而代谢控制育种则为主要支柱技术。微生物代谢控制育种是集生物化学、微生物学、遗传学、发酵工程、生理学、分子生物学、化学等学科交叉产生的一门工程技术，该技术的广泛应用，导致了氨基酸、核苷酸以及某些次级代谢产物的高产微生物菌株大批的推向生产，大大促进了发酵工业的发展。

微生物代谢控制育种主要是通过控制酶的作用来实现的，因为任何代谢途径都是一系列酶促反应构成的。微生物细胞的代谢调节主要有两种类型，一类是酶活性调节，调节的是已有酶分子的活性，是在酶化学水平上发生的；另一类是酶合成的调节，调节的是酶分子的合成量，这是在遗传学水平上发生的。利用发酵过程的一些限制因素来促进或控制酶的产生速率及其活性，可以控制发酵过程中不同阶段的反应处于平衡状态，同时也可以使微生物对外界环境的变化做出相应的反应。在细胞内这两种方式单独或协调进行选育，获得突变株，达到改变代谢通路、降低支路代谢终产物的产生或切断支路代谢途径及提高细胞膜的透性，使代谢流向目的产物积累方向进行。代谢控制育种的调节体系主要包括诱导、分解阻遏、分解抑制、反馈阻遏、反馈抑制、细胞膜透性调节等。

四、次级代谢产物

（一）次级代谢与初级代谢

一般将生物从外界吸收的各种营养物质，通过分解代谢和合成代谢，生成维持生命活动的物质和能量的过程，成为初级代谢。次级代谢是相对于初级代谢而提出的一个概念。一般认为，次级代谢是生物在一定的生长时期，以初级代谢产物为前体，合成一些对生物生命活动无明确功能的物质的过程。这一过程的产物，即为次级代谢产物。

次级代谢和初级代谢联系密切。一些初级代谢的中间体是次级代谢的前体，如柠檬酸循环中生成的乙酰辅酶A是聚酮类化合物的前体；氨基酸不仅是蛋白质的基本构块，还可以用于合成多肽类和生物碱类化合物。值得一提的是，初级代谢与次级代谢并没有明确的界定，一些天然产物既可以归类为初级代谢产物，又可以归类为次级代谢产物，如脂肪酸、糖和甾醇。这些化合物在自然界中分布广泛，但也有一些仅在少数种属中发现，其中一些还具有显著的药理活性。

（二）聚酮类化合物

聚酮类（polyketides）化合物在自然界中广泛存在，由乙酸单元通过缩合反应经多聚-β-酮链中间体生物合成获得。多聚-β-酮链是由连续的克莱森缩合反应产生，这一过程在脂肪酸的合成章节中已有详述。按结构特点分，聚酮类化合物可分为大环内酯类、聚醚类以及芳香聚酮类等多种类型，此外，初级代谢中的脂肪酸也可以看作是聚酮类化合物。

1. 大环内酯类

大环内酯类（macrolides）化合物的结构特征为分子中含有一个内酯结构的十四元或

十六元大环。通过内酯环上的羟基和去氧氨基糖或 6 - 去氧糖缩合成苷。这类化合物的代表性产物如红霉素（erythromycin）、阿维菌素（spiramycin）等（表 15 - 5）。

表 15 - 5　　　　　　　　　　　　　代表性大环内酯类化合物

化合物名称	结构	来源	说明
红霉素 A（erythromycin A）	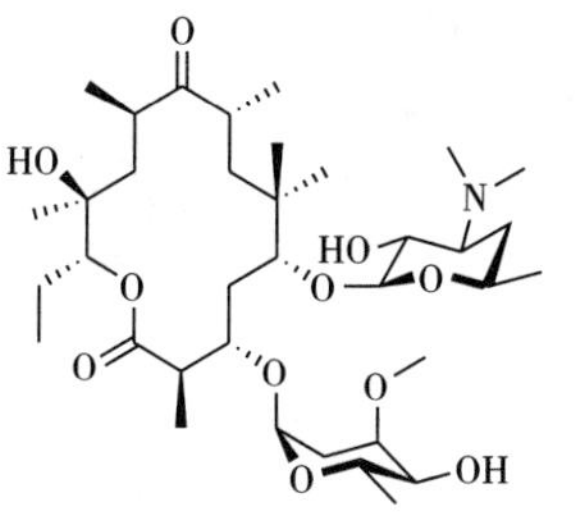	红色链霉菌（*Streptomyces erythreus*）	红霉素通过抑制细菌蛋白质合成实现抗菌作用。Erythromycin A 为抗菌的主要成分，通常说的 erythromycin 即指 erythromycin A，其他两个组分 B 和 C 则被视为杂质。
阿维菌素 B1a（avermectin B1a）	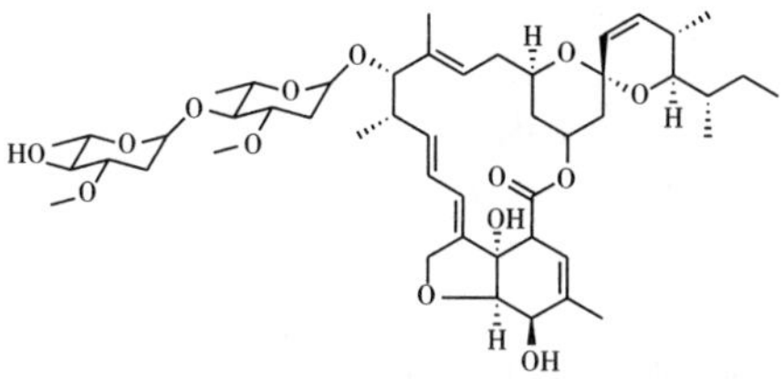	阿维链霉菌（*Streptomyces avermitilis*）	阿维菌素包含八种类似物，阿维菌素 B1a 为代表性化合物。具有抗寄生虫、杀虫、杀螨等生物活性，对人和动物毒性较小。其发现者大村智和威廉·C·坎贝尔于 2015 年获得诺贝尔生理学和医学奖。
制霉菌素（nystatin A1）	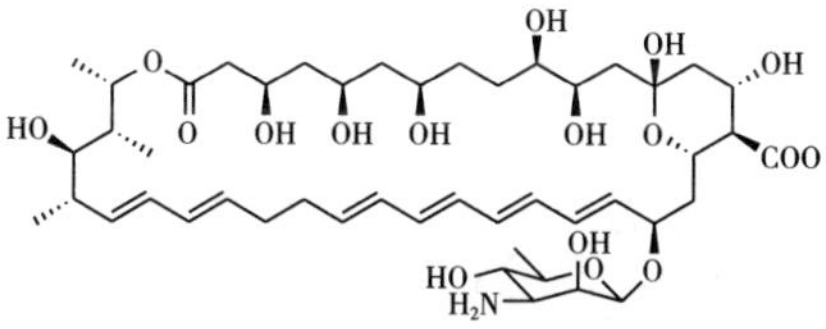	诺尔斯链霉菌（*Streptomyces noursei*）	具有抗真菌活性，可局部外用，但其毒性太强，所以不能用于全身治疗。

大环内酯类化合物的生物合成过程具有较强的代表性。以红霉素 A 的生物合成过程为例，起始单元为丙酸酯，延伸单元为甲基丙二酸单酰辅酶 A。碳链延伸过程中羰基经一系列还原反应，有 1 个生成亚甲基，4 个还原成醇，1 个没有被还原，随后内酯化生成脱氧红霉内酯（deoxyerythronolide）（图 15 - 32）。最后脱氧红霉内酯的 C - 6 和 C - 12 位被羟基化，C - 3 和 C - 5 位上的羟基分别连接 L - 碳霉糖（mycarose）和 D - 德胺糖（desosamine），生成红霉素 A。

2. 聚醚类

聚醚类（polyether）化合物的结构特征表现沿碳链形成多个四氢呋喃环或（和）四氢吡喃环。这一类化合物可以作为离子载体，增加钠离子向寄生虫体的内流，导致渗透压增加，杀灭寄生虫。该类化合物的代表如拉沙菌素 A（lasalocid A）和莫能菌素 A（monensin A）等（表 15 - 6）。

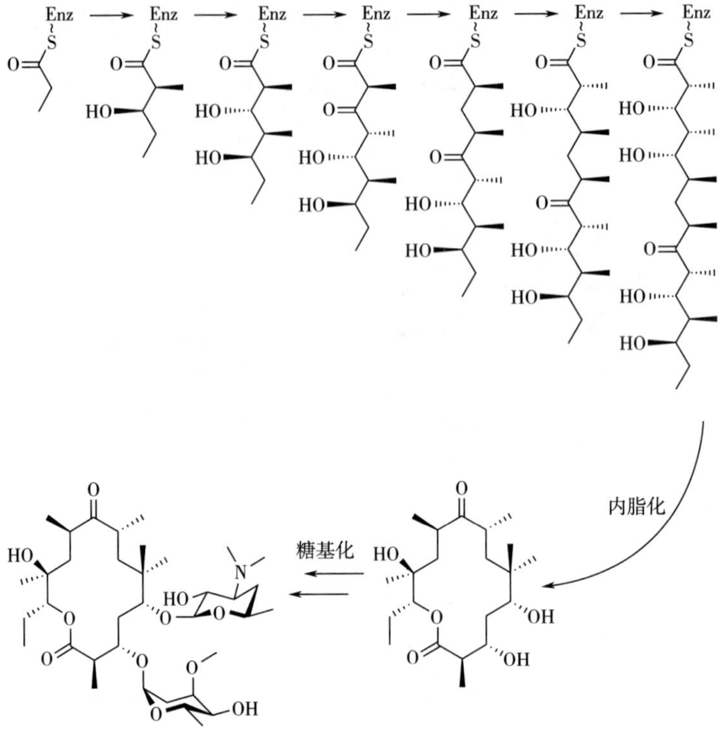

图 15-32　红霉素的生物合成过程

表 15-6　　　　　　　　　　　　　代表性聚醚类化合物

化合物名称	结构	来源	说明
拉沙菌素 A （lasalocid A）	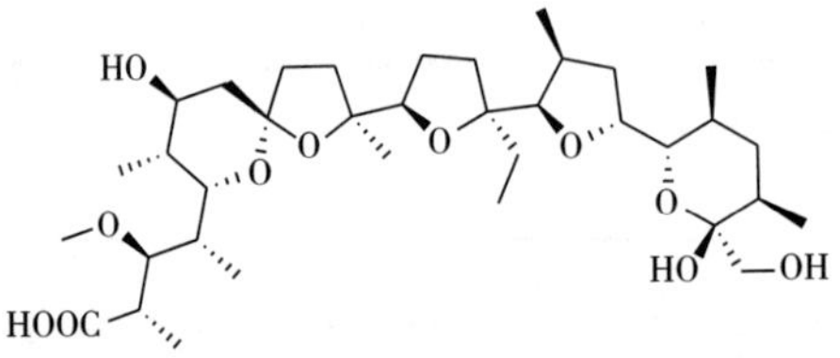	链丝菌 （*Streotimyces lasaliensis*）	常用于治疗和预防球虫病。
莫能菌素 A （monensin A）	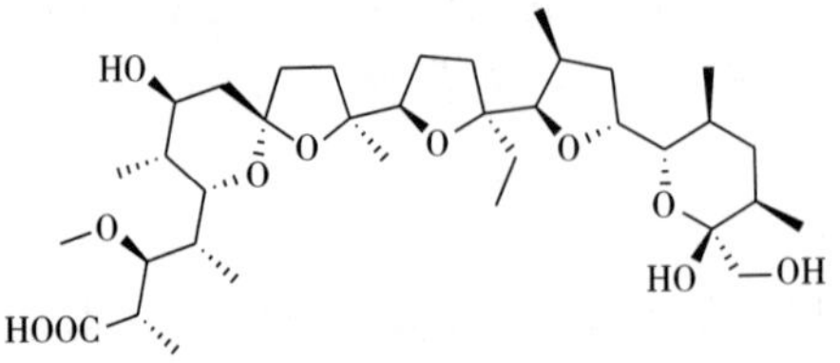	肉桂地链霉菌 （*Streotimyces cinnamonensis*）	又称"瘤胃素"（rumensin），是一种在反刍动物中运用较广泛的饲料添加剂。

参与莫能菌素生物合成的结构单元包括乙酰辅酶 A、丙二酸单酰辅酶 A、甲基丙二酸

单酰辅酶 A 和乙基丙二酸单酰辅酶 A。三者缩合形成三烯中间体，随后发生环氧化，最后立体选择性环化形成终产物（图 15-33）。

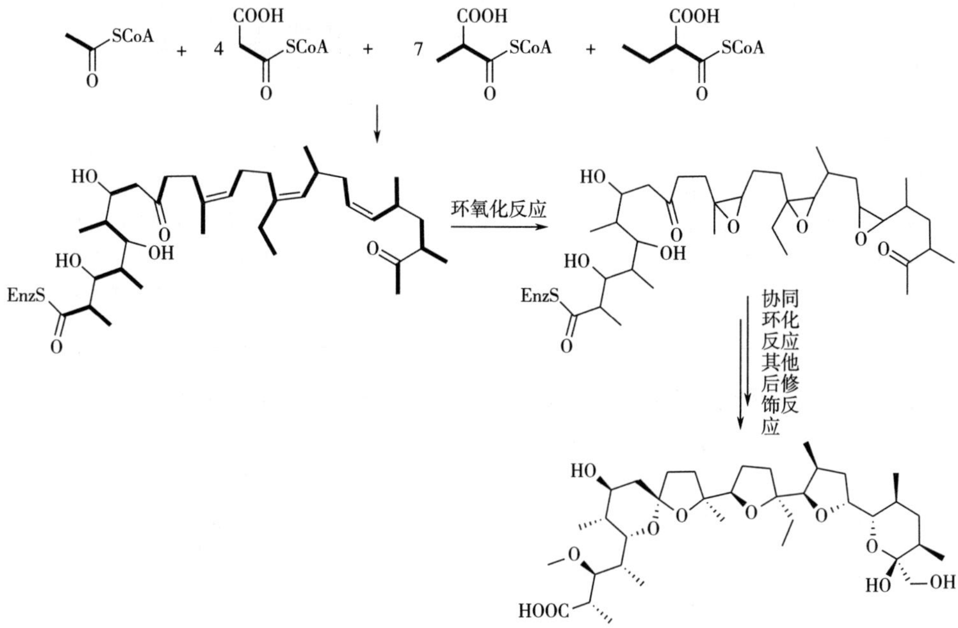

图 15-33 莫能菌素 A 生物合成过程

3. 芳香聚酮类

芳香聚酮类化合物的结构中含有一个或多个芳香环。脂肪酸生物合成中缩合反应和还原反应交替进行，生成不断延长的烃链；芳香聚酮类化合物的碳链延伸过程中往往缺少还原步骤，因此形成多聚-β-酮酯。多聚-β-酮酯反应活性高，易发生分子内克莱森缩合和羟醛缩合反应，反应位置和聚酮链折叠方式取决于酶的特性，从而在分子中形成芳香环。

该类化合物分部广泛，植物、真菌、细菌均能产生。黄酮类（flavonoids）、芪类（stilbene）、蒽醌类（anthraquinones）、四环素类（tetracyclines）等化合物均属于芳香聚酮类。代表性的化合物如白藜芦醇（resveratrol）、大黄素（emodin）、金霉素（chlortetracycline）等（表 15-7）。

表 15-7　　　　　　　　　　代表性芳香聚酮类化合物

化合物名称	结构	来源	说明
白藜芦醇（resveratrol）	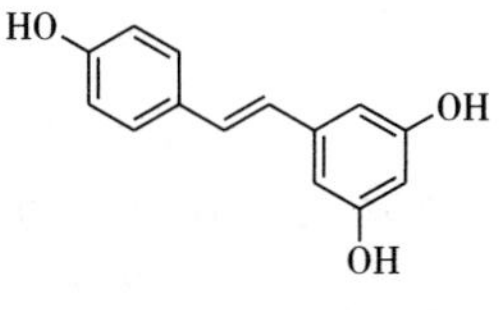	毛叶藜芦（*Veratrum grandiflorum*）	1940 年首次从毛叶藜芦（Veratrum grandiflorum）的根中分离得到。在葡萄叶片中也有分布。具有抗氧化等作用。

续表

化合物名称	结构	来源	说明
大黄素 (emodin)	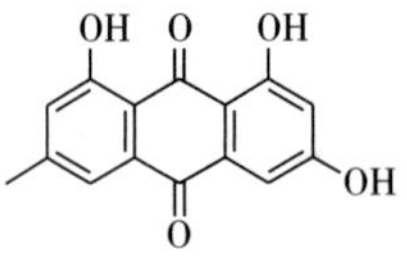	鼠李属 (*Rhamnus*) 和酸模属 (*Rumex*) 等高等植物；青霉属真菌 (*Penicillium*)	大黄素及其衍生物大黄素甲醚、大黄酚、芦荟大黄酚、大黄酸等具有泻下作用。
金霉素 (chlortetracycline)	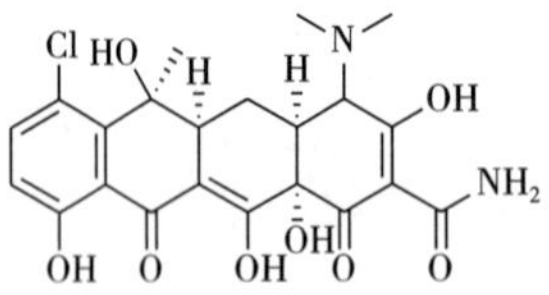	金色链霉菌 (*Streptomyces aureofaciens*)	1948 年被发现，又名氯四环素，是第一个四环素类抗生素。通过阻断生物合成过程中的氯化步骤，可以获得四环素 (tetracycline)。四环素类抗生素通过抑制细菌蛋白质合成发挥抗菌作用。

金霉素的生物合成过程如图 15-34 所示。以丙二酸单酰辅酶 A 为起始单元。碳链延伸过程中一个羰基先被还原，碳链折叠，环化，随后发生甲基化反应。A 环经羟基化、氧化反应生成醌，随后在 A/B 环结合部位进行水合作用，并破坏 B 环方向系统。D 环酚羟基对位发生氯代反应，A 环发生立体选择性转氨基反应，随后氨基被甲基化。然后发生一系列氧化还原反应，最终生成金霉素。

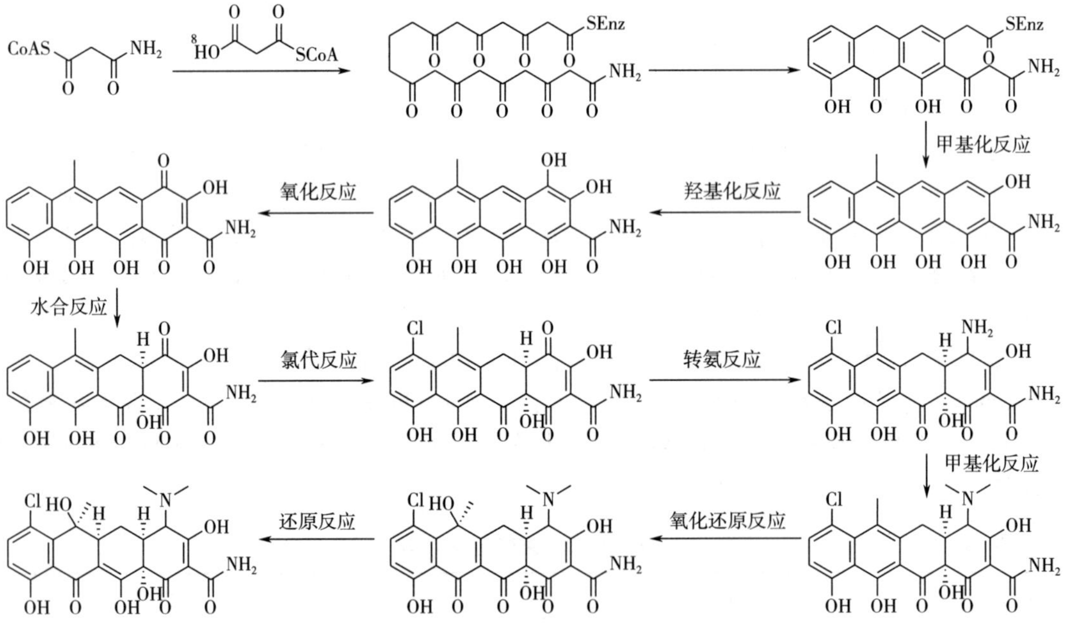

图 15-34　金霉素生物合成过程

（三）多肽类化合物

多肽 (peptides) 类化合物的构建模块为氨基酸，包括组成蛋白质的天然氨基酸和一些特殊的、并非蛋白质组成单元的氨基酸。多肽类次级代谢产物主要可以分为：核糖体肽类 (ribosomally synthesized and posttranslational modified peptides, RiPPs) 和非核糖体肽类

(non-ribosomal peptides，NRPs)。另一些化合物如 β-内酰胺类（β-lactams），也可以认为是多肽类化合物。

1. 核糖体肽类

核糖体途径合成的肽成为核糖体肽。其中代表性化合物如乳链菌肽 A（nisin A）、诺西肽（nosiheptide）等（表 15-8）。核糖体肽类化合物的生物合成途径中，一般由核糖体翻译形成 20~110 氨基酸的前体肽（precursor peptide），经过一系列翻译后修饰，形成最终的产物。

核糖体肽的生物合成过程与蛋白质的合成过程类似，在此不做赘述。其多样性体现在氨基酸组成不同以及多种后修饰反应。以乳链菌肽 A 为例，终产物由 34 个氨基酸组成，其分子中含有羊毛硫氨酸（lanthionine），来源于一个半胱氨酸残基和一个苏氨酸残基，通过半胱氨酸的硫原子相连，羊毛硫氨酸的生物合成过程如图 15-35 所示。苏氨酸脱水形成脱水氨基酸，然后半胱氨酸的巯基对新生成的脱水氨基酸进行 Michael 加成，形成羊毛硫氨酸。含有羊毛硫氨酸的多肽也成为羊毛硫肽，在其他羊毛硫肽中，也可以是丝氨酸脱水随后形成羊毛硫氨酸。

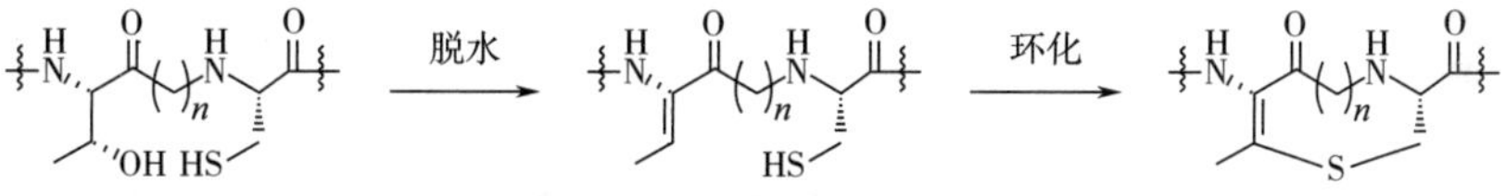

图 15-35　乳链菌肽 A 中羊毛硫氨酸的生物合成过程

表 15-8　　　　　　　　　　　代表性核糖体肽类化合物

化合物名称	结构	来源	说明
乳链菌肽 A nisin A	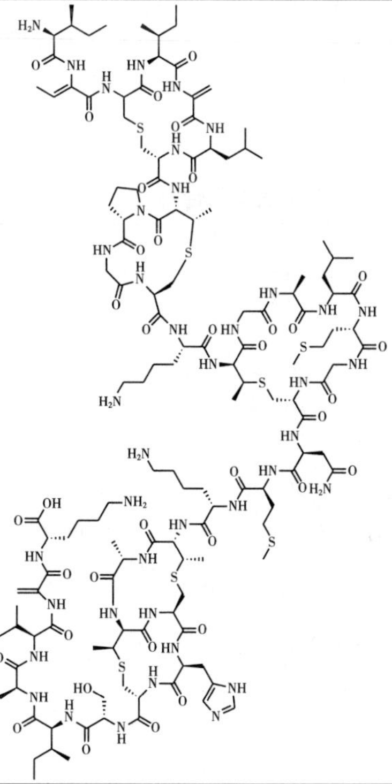	乳酸乳球菌 （*Lactococcus lactis*）	具有抗革兰氏阳性菌活性，作为一种安全的食品添加剂，其使用历史已超过 60 年，其作用机制为通过阻碍细菌细胞壁的合成造成细菌死亡。

续表

化合物名称	结构	来源	说明
诺西肽 nosiheptide	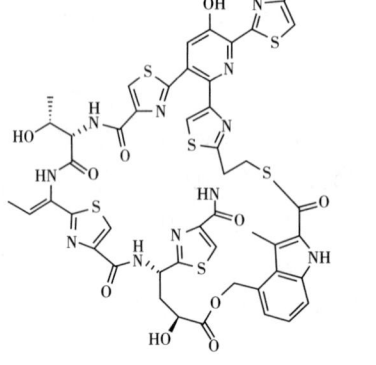	活跃链霉菌 (*Streptomyces actuosus*)	多肽类抗生素，作为兽药、饲料添加剂而广泛使用。其作用机制为通过抑制细菌蛋白质的合成而抑制细菌生长。

2. 非核糖体肽类

非核糖体途径合成的多肽中代表性的化合物如环孢霉素 A（ciclosporin A），万古霉素（vancomycin）以及短杆菌肽 S（gramicidin S）等（表 15-9）。与核糖体肽不同，非核糖体肽的生物合成不通过中心法则，而是由非核糖体肽合成酶（Nonribosomal Peptide Synthetase）合成。其生物合成过程与聚酮类化合物有类似之处，不同的是其构建单元并非乙酸单元，而是氨基酸单元。氨基酸首先被活化，通过硫酯键与酶相连，随后各氨基酸残基形成一系列肽键，最后从酶上释放多肽。这类化合物中往往含有 DNA 不能编码的特殊氨基酸和经过修饰的氨基酸。此外，非核糖体肽合成酶还可以将天然的 L 构型氨基酸转变为 D 构型，增加了这类化合物的多样性。

表 15-9　　　　　　　　　　代表性非核糖体肽类化合物

化合物名称	结构	来源	说明
环孢霉素 A (ciclosporin A)		柱孢霉菌 (*Cylindrocarpon lucidum*)	具有免疫抑制和抗炎活性。现已广泛用于器官和组织抑制手术，用来预防骨髓、肾脏、肝脏以及心脏移植后的排异反应，提高了移植器官的成活率。

续表

化合物名称	结构	来源	说明
万古霉素（vancomycin）	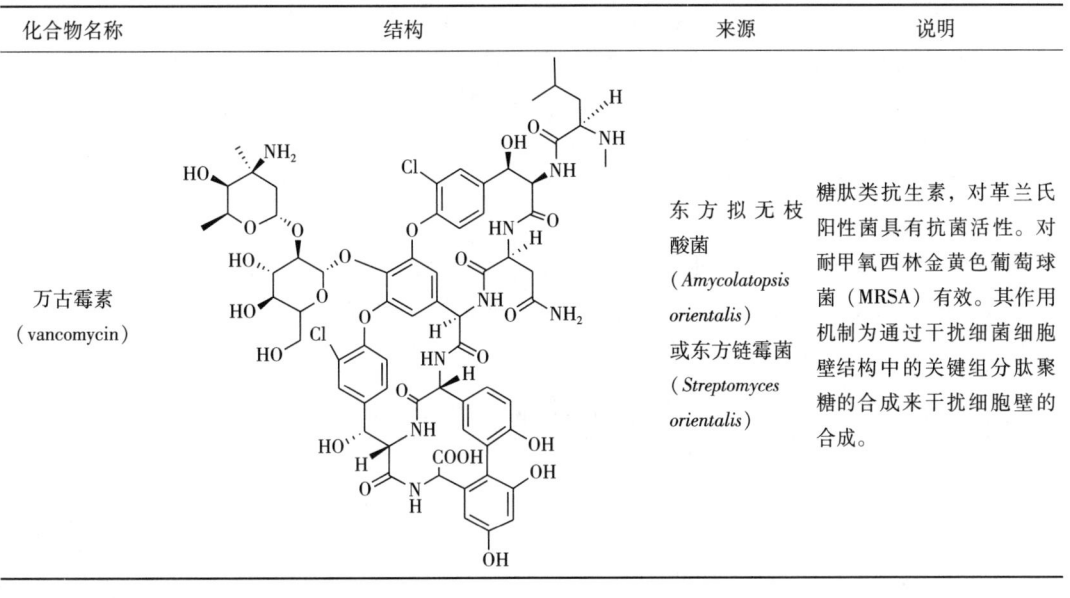	东方拟无枝酸菌（*Amycolatopsis orientalis*）或东方链霉菌（*Streptomyces orientalis*）	糖肽类抗生素，对革兰氏阳性菌具有抗菌活性。对耐甲氧西林金黄色葡萄球菌（MRSA）有效。其作用机制为通过干扰细菌细胞壁结构中的关键组分肽聚糖的合成来干扰细胞壁的合成。

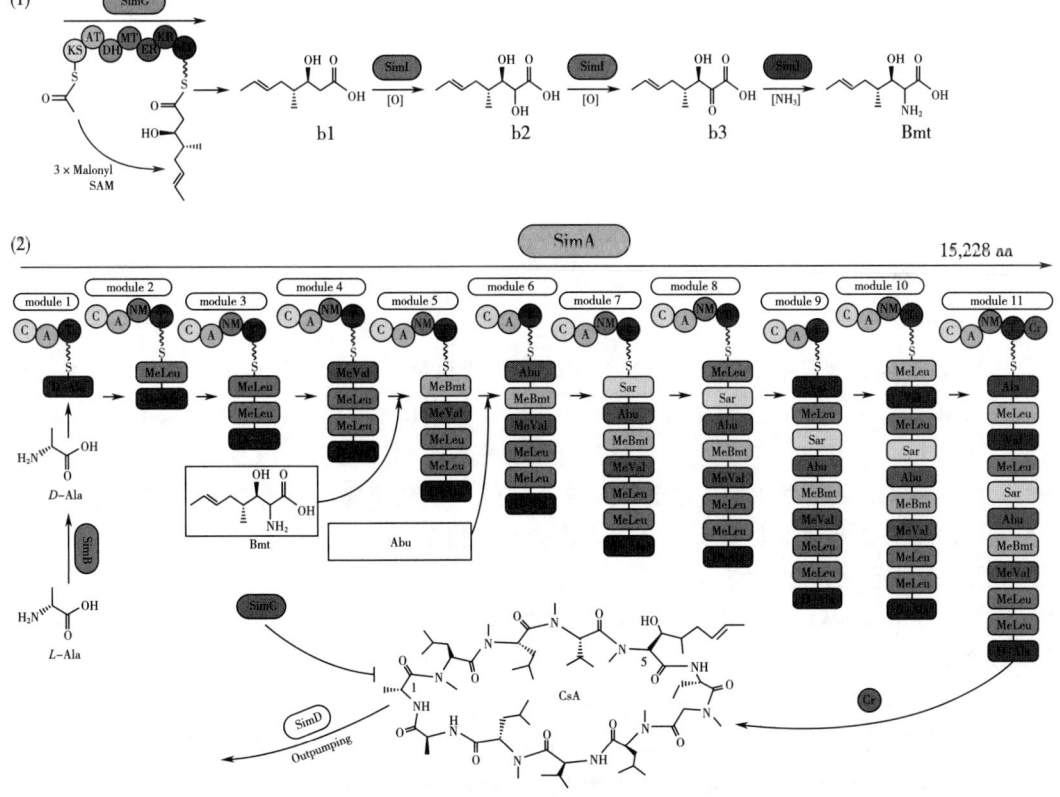

图 15-36 环孢菌素 A 的生物合成过程

注：A 丁烯甲基苏氨酸由聚酮途径合成。SimG：该生物合成途径的聚酮合酶；KS：酮基合酶；AT：酰基转移酶；DH：脱氢酶；MT：甲基转移酶；ER：烯醇还原酶；KR：酮基还原酶；ACP：酰基载体蛋白；SAM：S-腺苷甲硫氨酸。B 环孢霉素 A 的生物合成过程。SimA：该生物合成途径的非核糖体肽合成酶；C：缩合酶；A：腺苷化酶；T：硫酯酶；NM：N-甲基转移酶；CT：环化酶；SimC：该条途径的亲环素；SimD：该条途径的转运蛋白；aa：氨基酸。

以环孢菌素 A 的生物合成过程为例。该化合物中含有多个 N-甲基化的氨基酸残基，以及一些少见的氨基酸，如 L-α-氨基丁酸（Abu）、丁烯甲基苏氨酸（Bmt）和肌氨酸（Sar）。与羊毛硫氨酸不同，这些氨基酸是在肽链形成之前就已被合成。如丁烯甲基苏氨酸，是由聚酮途径，经转氨基反应生成［图 15-36（1）］。从 D-丙氨酸开始合成肽链，亮氨酸在酶的作用下生成 N-甲基亮氨酸，随后形成肽键，以此类推，最终形成 11 肽，在酶的作用下发生环化［图 15-36（2）］。

3. 氨基内酰胺类化合物

除了这两大类外，青霉素类（penicillins）、头孢菌素类（cephalosporins）等 β-内酰胺类化合物，也可以归为多肽类化合物。β-内酰胺类抗生素通过抑制细菌细胞壁合成来杀死细菌（表 15-10）。

表 15-10　　　　　　　　　　　代表性 β-内酰胺类化合物

化合物名称	结构	来源	说明
青霉素 G （penicillin G）		产黄青霉菌 （*Penicillium chrysogenum*）	1928 年，英国微生物学家弗莱明发现该类抗生素。青霉素类是临床上应用最早的抗生素，第一个广泛应用的是青霉素 G。
头孢菌素 C （cephalosporin C）		头孢菌 （*Cephalosporium*）	头孢菌素是另一类应用广泛的抗生素。目前临床上已有 5 代头孢菌素。

以青霉素 G 的生物合成过程为例。青霉素 G 结构中含有一个由三肽合成的 β-内酰胺四氢噻唑环，其中三个氨基酸分别为 L-氨基己二酸、L-半胱氨酸和 L-缬氨酸。L-氨基己二酸由赖氨酸形成。三肽是非核糖体肽途径合成，缩合过程中缬氨酸残基构型翻转为 D 型。随后环化，水解掉 L-氨基己二酸单元后与苯甲酰辅酶 A 缩合生成青霉素 G；或者不经水解，直接发生酰基转移反应生成青霉素 G（图 15-37）。

（四）萜类和甾体化合物

萜类（terpenoids）和甾体（steroids）化合物是一类骨架庞杂、种类繁多、数量巨大、结构多样又活性广泛的天然产物，其骨架由异戊二烯单元通过"首尾相连"的方式连接而成。根据异戊二烯单元的多少，萜类化合物可分为半萜、单萜、倍半萜、二萜、二倍半萜和三萜等。生物体内活性的异戊二烯单元为焦磷酸二甲基烯丙酯（dimethylallyl pyrophosphate，DMAPP）和焦磷酸异戊烯酯（isopentenyl pyrophosphate，IPP），由甲羟戊酸途径或脱氧木酮糖途径生成。IPP 和 DMAPP 二者可以转化为半萜，或头尾相连缩合为焦磷酸香叶酯（geranyl pyrophosphate，GPP），衍生为单萜类化合物；GPP 也可进一步与 IPP 结合，生成焦磷酸金合欢酯（farnesyl pyrophosphate），产生倍半萜类化合物。以此类推，可形成焦磷酸香叶基香叶酯（geranylgeranyl pyrophosphate，GGPP），焦磷酸香叶基金

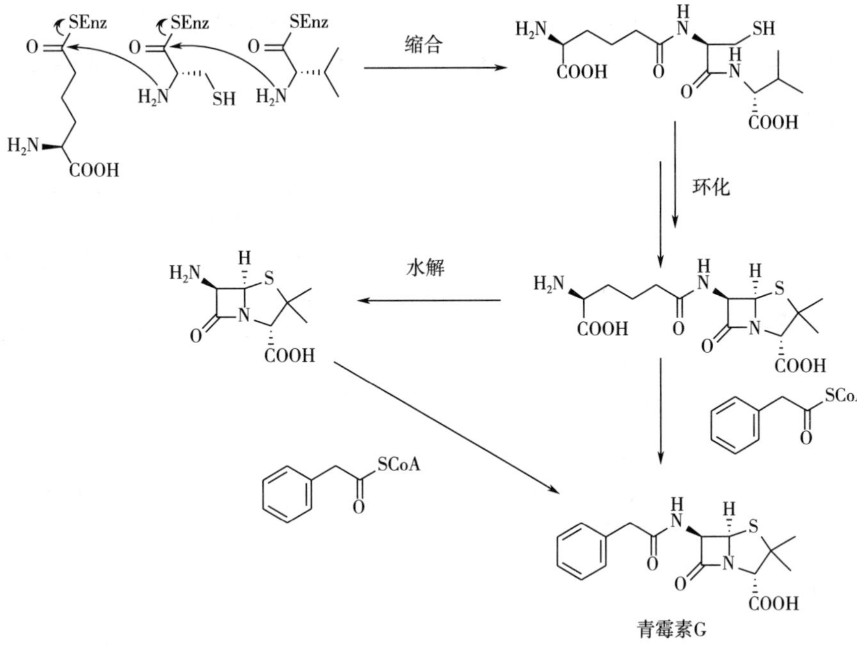

图 15-37 青霉素 G 的生物合成过程

合欢酯（geranylfarnesyl pyrophosphate，GFPP），从而生成二萜、二倍半萜等化合物；三萜并非是通过增长 IPP 单元从而延长碳链的方式形成的，它的前体角鲨烯（squalene）是两个焦磷酸金合欢酯通过"尾尾相连"的方式缩合生成，角鲨烯经环化等反应生成具有多环结构的三萜化合物，甾体则是结构被修饰的三萜（图 15-38）。

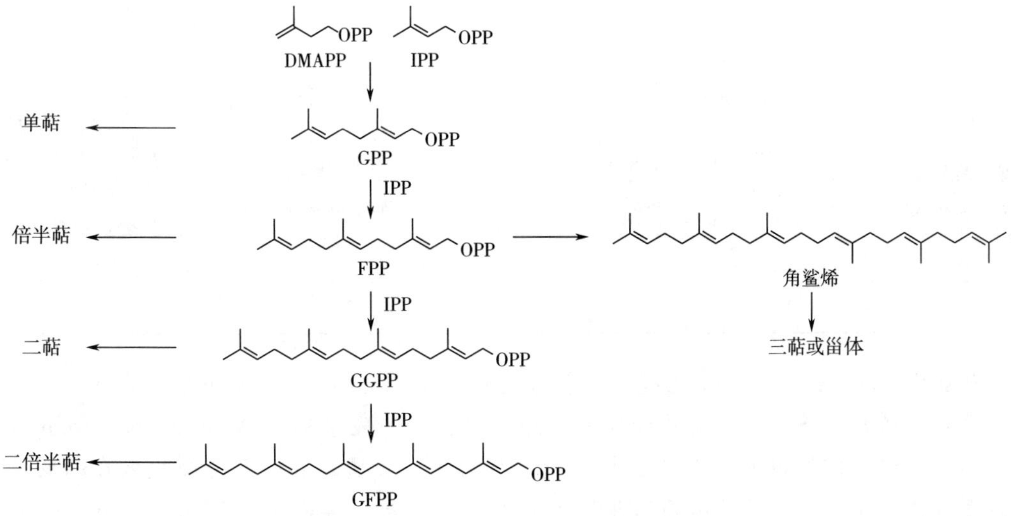

图 15-38 萜类和甾体化合物的生物合成途径

1. 萜类化合物

萜类化合物在自然界中十分常见,动物、植物、微生物体内具有分布。萜类化合物在医药、化妆品、食品工业等方面有广泛的应用。表 15-11 列举了几种萜类化合物及其用途。

表 15-11　　　　　　　　　　代表性萜类化合物

化合物名称	结构	来源	说明
樟脑 (camphor)	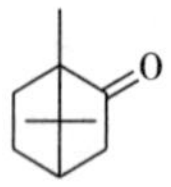	樟树 (*Cinnamomum camphora*)	单萜类化合物。樟脑丸的主要成分,有独特气味,可用于驱虫
青蒿素 (artemisinin)	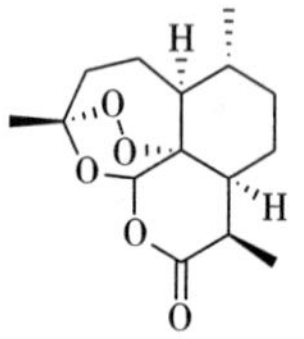	黄花蒿 (*Artemisia annua*)	倍半萜类化合物。抗疟药,我国科学家屠呦呦于 1971 年发现青蒿素,并因此获得了 2015 年诺贝尔生理学和医学奖
紫杉醇 (taxol)	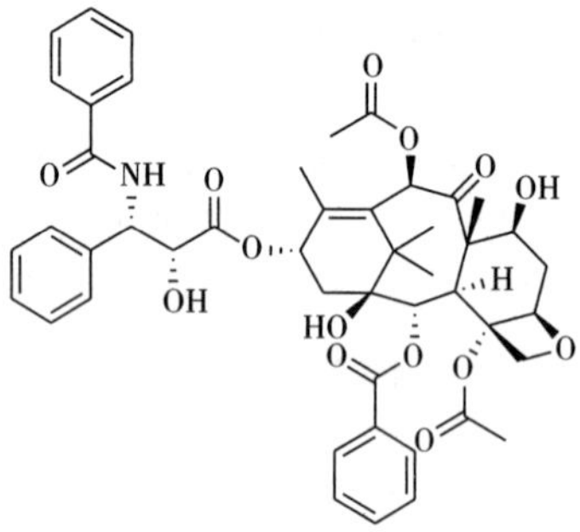	太平洋红豆杉 (*Taxus brevifolia*)	二萜类化合物。抗肿瘤药物,临床上用于乳腺癌、卵巢癌和部分头颈癌和肺癌的治疗。其作用机制为抑制细胞有丝分裂,导致细胞死亡
蛇孢菌素 A (ophiobolin A)	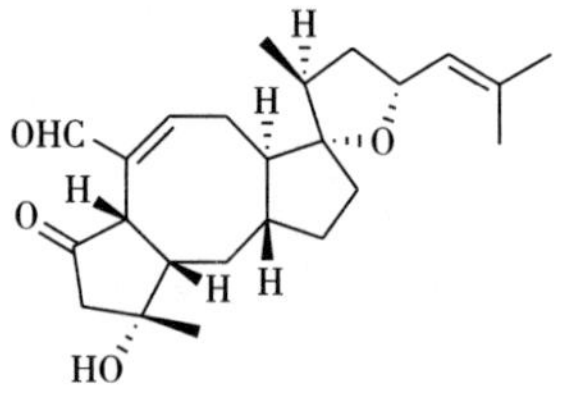	玉蜀黍长蠕孢菌 (*Helminthosporium maydis*)	二倍半萜类化合物。是一种植物毒素,并具有抗真菌作用。其衍生物具有抗线虫、抗癌等活性

萜类化合物的生成主要依靠碳正离子的反应,这一过程中,重排现象较为常见。重排过程主要包括氢迁移、甲基迁移和烃基迁移。这些迁移现象称为 Wanger-Meerwein 重排 (W-M 重排)。以蛇孢菌素 A 的生物合成过程为例。焦磷酸香叶基金合欢酯在酶的作用下折叠成合适的构象,随后烯丙基阳离子引发环化反应,接着发生 Wanger-Meerwein 重排,即 1,5-氢迁移,进一步发生环化反应。然后阳离子被水猝灭,最后经一系列后修饰反应,最终生成蛇孢菌素 A (图 15-39)。

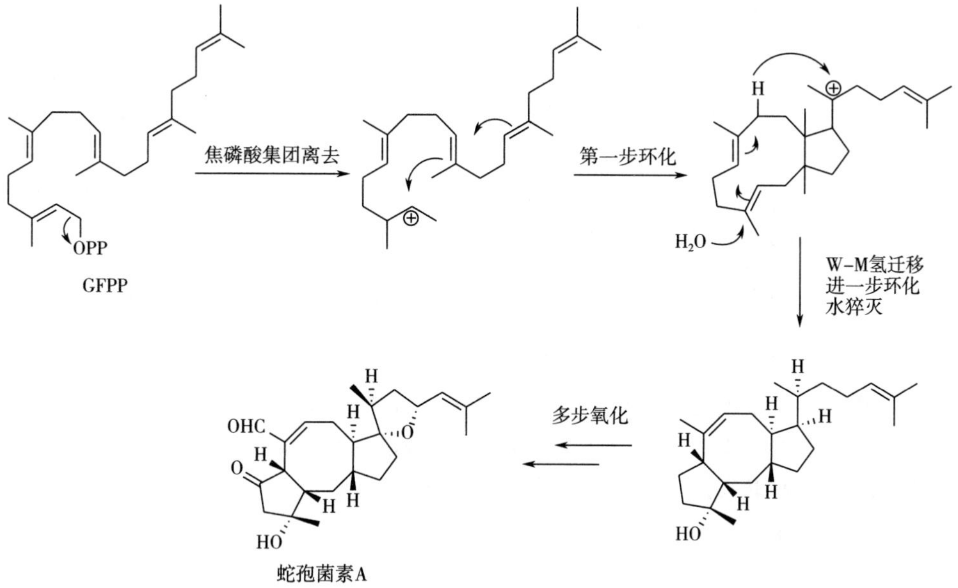

图 15-39 蛇孢菌素 A 的生物合成途径

2. 三萜和甾体化合物

三萜和甾体类化合物同样分布广泛，且往往具有良好的生物活性。典型的三萜化合物如灵芝酸（ganoderic acid），而麦角甾醇（ergosterol）是典型的甾体类化合物（表15-12）。

三萜和甾体类化合物经常以皂苷形式存在。皂苷即糖苷，由于其具有表面活性和类似肥皂的性质，在水溶液中，即使浓度很小也会起沫而得名。三萜或甾体皂苷在多种药材和食物中很常见，是一类具有多种生物活性的物质，如人参皂苷（ginsenoside）（表15-12）。

表 15-12　　代表性三萜和甾体类化合物

化合物名称	结构	来源	说明
灵芝酸 A（ganoderic acid A）	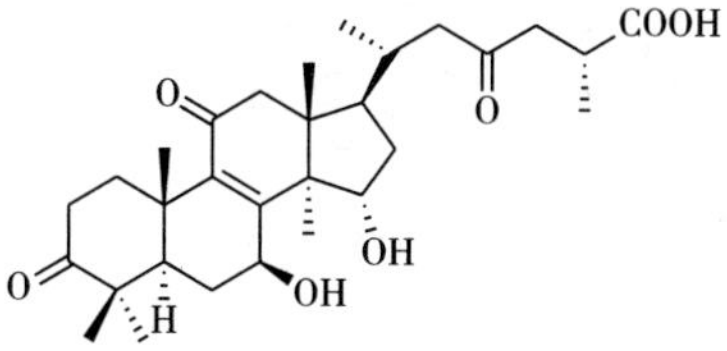	灵芝（*Ganoderma lucidum*）	三萜类化合物。灵芝酸的一种。有抑制胆固醇合成及调控血脂等作用
麦角甾醇（ergosterol）	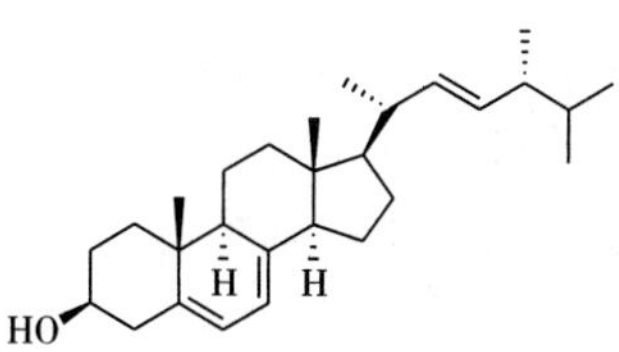	多数真菌中均有分布	甾体类化合物。是真菌细胞壁的重要成分

续表

化合物名称	结构	来源	说明
人参皂苷（ginsenoside Rb1）	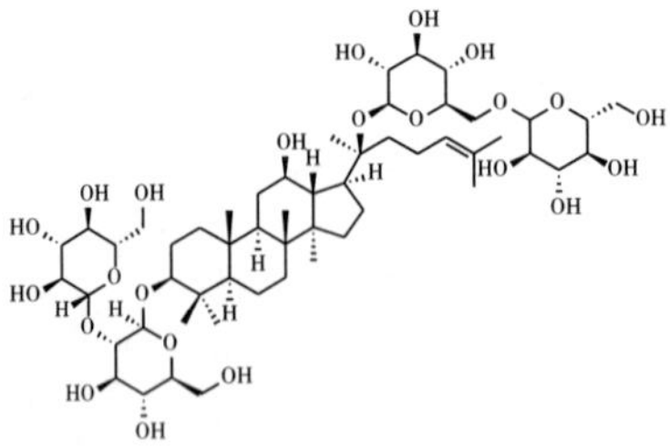	人参（*Panax ginseng*）	三萜皂苷。人参皂苷的成分之一。人参皂苷具有多种活性，其各种成分的抗肿瘤、降血压、降血脂等活性研究近年来取得了多项进展

麦角甾醇的生物合成过程极具代表性。角鲨烯首先被氧化，生成 2,3-环氧角鲨烯，随后经重排环化生成碳正离子，脱去质子后生成羊毛甾醇（lanosterol），接着在细胞色素氧化酶的作用下脱去甲基，然后发生一系列甲基化、氧化、脱氢、异构等反应，最终生成麦角甾醇（图 15-40）。

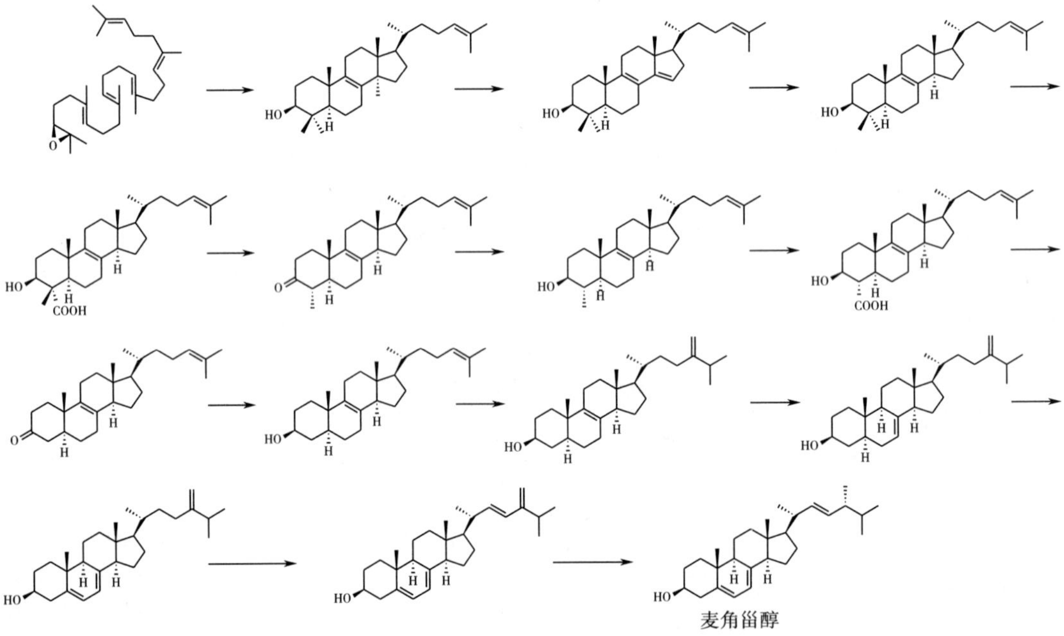

图 15-40　麦角甾醇的生物合成途径

（五）生物碱类化合物

生物碱（alkaloids）是一类含氮有机化合物，主要分布于植物中，微生物和动物中也有分布。这类化合物含有一个或多个氮原子，并通常以伯胺、仲胺或叔胺的形式存在，常具有碱性，因此命名为生物碱。随着越来越多的生物碱被分离鉴定，一些生物碱由于其分子结构以及其他官能团种类和连接位置不同，酸碱性差异较大，有些生物碱实际上呈中性。

生物碱常按含氮结构的特征进行分类，如吡咯烷、哌啶、喹啉、异喹啉、吲哚等，但一些生物碱结构复杂、是分类数目增多。实际上，生物碱生物合成中涉及的前体较少，主要有氨基酸、烟酸以及嘌呤等。这里，我们依据来源对生物碱进行大致的分类，并列举代表性的化合物阐述其活性和生物合成特征等。

1. 来源于氨基酸的生物碱

这里的氨基酸不单单指组成蛋白质的氨基酸，还包括邻氨基苯甲酸等具有氨基和羧基的物质。这一类生物碱的前体可以是鸟氨酸、赖氨酸、酪氨酸、色氨酸、组氨酸等。这一类生物碱通常由氨基酸中的氨基提供氮原子（表15-13）。

表15-13　代表性来源于氨基酸的生物碱类化合物

化合物名称	结构	来源	说明
阿托品 (atropine)	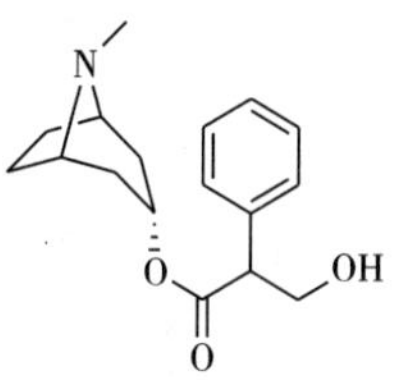	颠茄属（*Atropa*）、天仙子属（*Hyoscyamus*）、曼陀罗属（*Datura*）、莨菪属（*Scopolia*）等植物中具有分布	来源于鸟氨酸，托品烷类生物碱。胆碱受体拮抗剂，临床用于治疗消化性溃疡、散瞳、平滑肌痉挛导致的内脏绞痛等
石榴碱 (pelletierine)	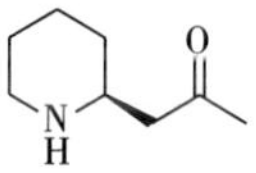	石榴皮（石榴科，*Punica granatum*）	来源于赖氨酸，哌啶类生物碱。石榴皮中的碱性成分之一。这些生物碱的混合物有抗绦虫活性
吗啡 (morphine)	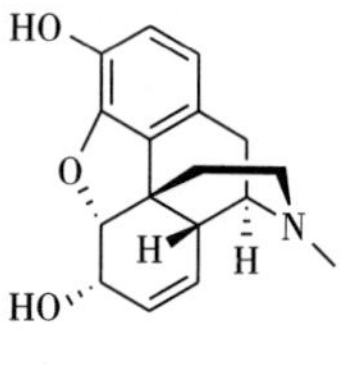	罂粟（*Papaver somniferum*）	来源于酪氨酸，苄基四氢异喹啉类生物碱。强效止痛药和麻醉剂，主要用于缓解晚期病人的疼痛，有耐受性和成瘾性
奎宁 (quinine)	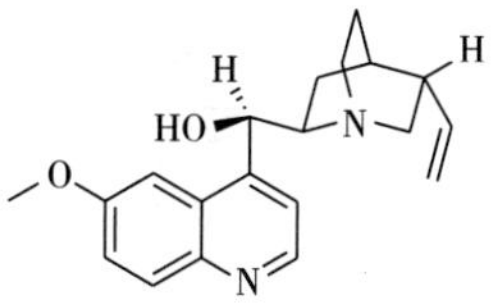	金鸡纳树（*Cinchona ledgeriana*）	来源于色氨酸，喹啉类生物碱。有良好的抗疟活性，治疗剂量和中毒剂量差别较小

续表

化合物名称	结构	来源	说明
野麦角碱 (elymoclavine)	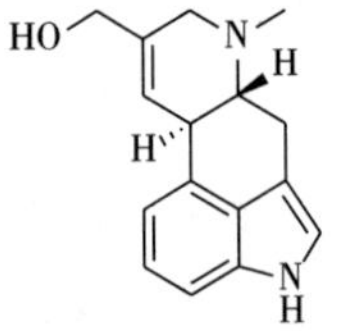	麦角属真菌 (Clavieps)	来源于色氨酸，麦角生物碱。麦角属真菌是引起麦角症的原因
毛果芸香碱 (pilocarpine)	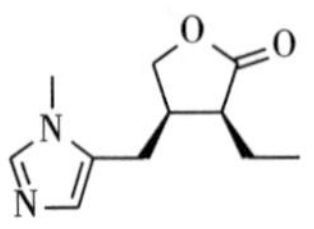	毛果芸香 (Pilocarpus jaborandi)	来源于组氨酸，咪唑类生物碱。胆碱受体激动剂，可用于治疗原发性青光眼

来源于氨基酸的生物碱的生物合成过程中往往需经过脱羧和成环过程。以野麦角碱的生物合成过程为例，色氨酸首先被异戊烯基化，随后发生 N - 甲基化反应。紧接着经氧化脱羧、环氧化、醛胺缩合等作用成环，再经羟基化作用，形成野麦角碱（图 15-41）。

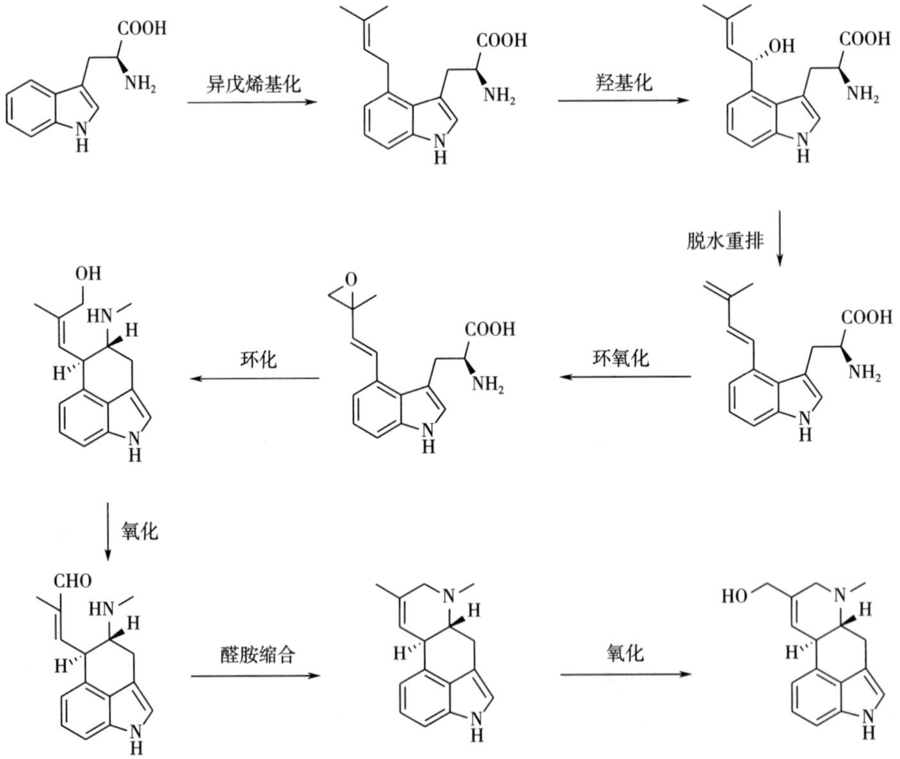

图 15-41 野麦角碱的生物合成途径

2. 来源于烟酸的生物碱

烟酸（nicotinic acid），也称维生素 B_3 或维生素 PP，氨基化产物烟酰胺被广泛应用于食品、化妆品、医药等领域。烟酸本身可以算作吡啶类生物碱，也可以为其他生物碱提供骨架，如尼古丁（nicotine）（表15-14）。

表 15-14　　　　　　　　　代表性来源于烟酸的生物碱类化合物

化合物名称	结构	来源	说明
尼古丁 （nicotine）	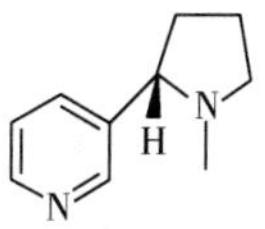	烟草 （Nicotiana tabacum）	小剂量尼古丁可以起到呼吸兴奋作用，大剂量则会导致呼吸抑制。吸烟时，烟草中的尼古丁进入呼吸系统，有大量证据表明尼古丁的摄入与癌症密切相关

在尼古丁的生物合成过程中，吡咯烷环由鸟氨酸提供。烟酸被还原生成二氢烟酸，再与 N-甲基吡咯啉阳离子发生类似羟醛缩合的反应，最终二氢吡啶环再脱氢生成尼古丁（图15-42）。

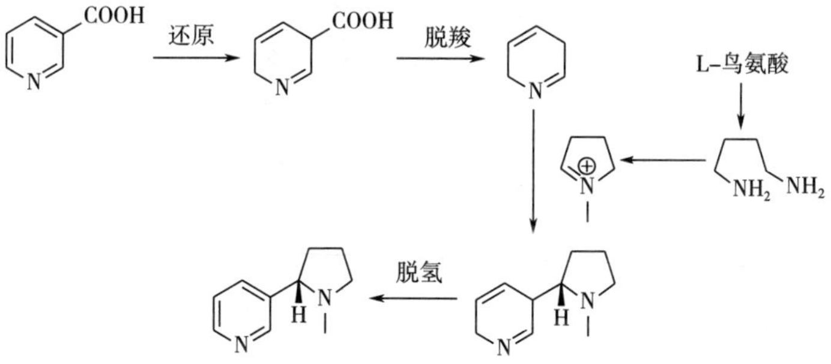

图 15-42　尼古丁的生物合成途径

3. 嘌呤生物碱

嘌呤生物碱是嘌呤（purine）的衍生物，其分布范围较窄，但与人们的生活联系紧密。在日常饮用茶、咖啡、可乐等饮料中，就含有大量嘌呤生物碱，如咖啡因（caffeine）、可可碱（theobromine）和茶碱（theophylline）等。

表 15-15　　　　　　　　　代表性嘌呤生物碱类化合物

化合物名称	结构	来源	说明
咖啡因 （caffeine）	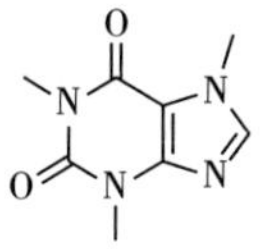	咖啡树（Coffea arabica）、 茶树（Camellia sinensis）	可作为中枢神经兴奋剂使用

续表

化合物名称	结构	来源	说明
可可碱 (theobromine)	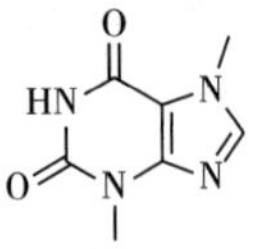	咖啡树（*Coffea arabica*）、茶树（*Camellia sinensis*）	可作为利尿药和平滑肌松弛药
茶碱 (theophylline)	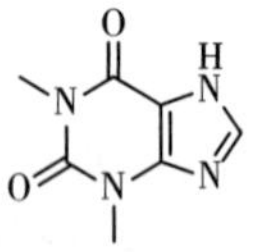	咖啡树（*Coffea arabica*）、茶树（*Camellia sinensis*）	可缓解支气管痉挛

嘌呤生物碱的生物合成过程是由5'嘌呤生磷酸黄苷脱掉磷酸或发生甲基化生成7-甲基黄苷后脱去磷酸，随后脱掉核糖，发生不同程度的甲基化，从而生成茶碱、可可碱和咖啡因等（图15-43）。

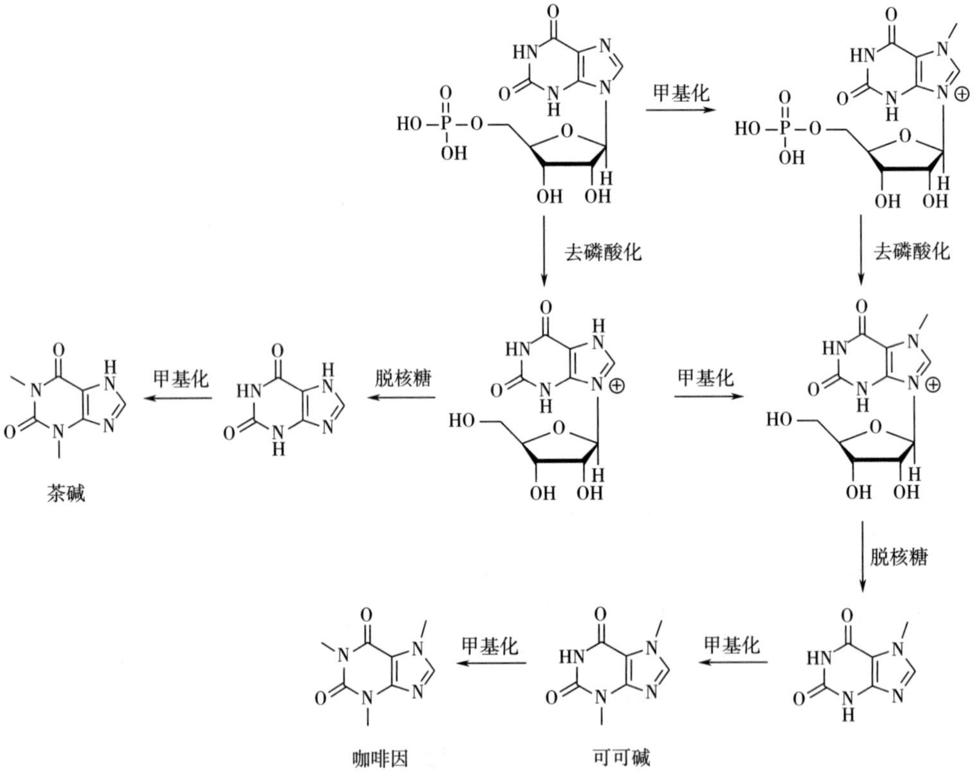

图15-43 咖啡因、可可碱和茶碱的生物合成途径

习 题

1. 何谓代谢调节？何谓细胞调节？
2. 细胞调节有哪几种调控机制？各种调控机制的组成和调节效果如何？

3. 调节酶主要有哪些种类？酶分子催化活性调节机制主要有哪些？
4. 变构酶的分子结构和动力学性质有什么特点？何谓变构作用？何谓协同效应？
5. 简述酶活变构调节作用产生的机制？何谓变构激活？何谓反馈抑制？
6. 何谓共价修饰酶？为什么说共价修饰调节有放大调节信号的作用？果糖磷酸激酶是否只具有共价修饰调节性质？
7. 何谓操纵子？操纵子的基本类型有哪些？它们的基本组成和调控性能有什么异同？
8. 试用操纵子学说解释酶的诱导合成和阻遏作用是如何产生的？诱导和阻遏的生理意义何在？
9. 何谓阻遏蛋白，CRP，衰减子？试比较它们对操纵子调控作用的位点、效应物和调控效果。
10. 试举出分支代谢途径调节控制的种模式，并绘图说明之。
11. 何谓能荷？能荷在代谢调控方面能起什么作用？试解释巴斯德效应产生的机制。
12. 何谓代谢调控发酵？它与自然发酵的根本区别何在？
13. 何谓营养缺陷型？发酵生产上利用微生物营养缺陷型可达到什么目的？为什么？
14. 微生物抗反馈突变的含义是什么？它的产生机制如何？定向选育抗反馈突变株为什么要用结构类似物（不能用代谢物）梯度平板？
15. 试总结研究细胞调节的理论意义和实践意义。

参 考 文 献

1. 朱圣庚，等．生物化学（第4版）[M]．北京：高等教育出版社，2017.
2. 张克旭，等．代谢控制发酵［M］．北京：中国轻工业出版社，2007.
3. 陈三凤，等．现代微生物遗传学（第2版）[M]．北京：化学工业出版社，2011.
4. 常桂英，等．生物化学（第2版）[M]．北京：化学工业出版社，2018.
5. 戴灼华，等．遗传学（第3版）[M]．北京：高等教育出版社，2016.
6. 王鄭生．代谢调控［M］．北京：高等教育出版社，1990.
7. 韩德权，等．微生物发酵工艺学原理［M］．北京：化学工业出版社，2013.
8. 储炬，等．现代工业发酵调控学．[M]．北京：化学工业出版社，2016.